W0262287

Berichte des German Chapter of the ACM

Band 1: **Wippermann, PASCAL** 2. Tagung in Kaiserslautern
Tagung I/1979 am 16./17. 2. 1979 in Kaiserslautern. 204 Seiten, DM 34,—

Band 2: **Niedereichholz, Datenbanktechnologie**
Tagung II/1979 am 21./22. 9. 1979 in Bad Nauheim. 240 Seiten, DM 38,—

Band 3: **Remmele/Schecher, Microcomputing**
Tagung III/1979 am 24./25. 10. 1979 in München. 280 Seiten, DM 44,—

Band 4: **Schneider, Portable Software**
Tagung I/1980 am 18. 1. 1980 in Erlangen. 176 Seiten, DM 36,—

Band 6: **Hauer/Seeger, Hardware für Software**
Tagung III/1980 am 10./11. 10. 1980 in Konstanz. 303 Seiten, DM 54,—

Band 7: **Nehmer, Implementierungssprachen für nichtsequentielle Programmsysteme**
Tagung I/1981 am 20. 2. 1981 in Kaiserslautern. 208 Seiten, DM 38,—

Band 8: **Schlier, Personal Computing**
Tagung II/1981 am 12. 10. 1981 in Freiburg i. Br. 195 Seiten, DM 40,—

Band 10: **Kulisch/Ullrich, Wissenschaftliches Rechnen und Programmiersprachen**
Fachseminar am 2./3. 4. 1982 in Karlsruhe. 231 Seiten, DM 52,—

Band 11: **Langmaack/Schlender/Schmidt, Implementierung PASCAL-artiger
Programmiersprachen**
Tagung II/1982 am 12. 7. 1982 in Kiel. 221 Seiten, DM 46,—

Band 13: **Schneider, Proceedings of the International Computing Symposium 1983
on Application Systems Development**
March 22—24, 1983 Nürnberg. 528 Seiten, DM 90,—

Band 14: **Balzert, Software-Ergonomie**
Tagung I/1983 des German Chapter of the ACM am 28./29. 4. 1983 in Nürnberg.
422 Seiten, DM 72,—

Band 15: **Stoyan/Wedekind, Objektorientierte Software- und Hardwarearchitekturen**
Tagung II/1983 am 5./6. Mai 1983 in Berlin. 386 Seiten, DM 68,—

Band 16: **Giloi/Schulze-Vorberg jr., Intelligenztechnologie**
Fachseminar am 3./4. 5. 1983 in Berlin. 184 Seiten, DM 42,—

Band 17: **Remmele/Schecher, Microcomputing II**
Tagung III/1983 vom 25. bis 27. 10. 1983 in München. 358 Seiten, DM 64,—

Band 18: **Morgenbrod/Sammer, Programmierumgebungen und Compiler**
Tagung I/1984 vom 2. bis 4. 4. 1984 in München. 293 Seiten, DM 56,—

Band 19: **Morgenbrod/Remmele, Entwurf großer Software-Systeme**
Workshop des German Chapter of the ACM vom 8. bis 11. 5. 1984 in Grassau.
464 Seiten, DM 82,—

Fortsetzung 3. Umschlagseite

B. G. Teubner Stuttgart

Berichte des German Chapter
of the ACM   33

D. Ackermann / E. Ulich (Hrsg.)
Software-Ergonomie '91
Benutzerorientierte Software-Entwicklung

Berichte des German Chapter of the ACM

Im Auftrag des German Chapter
of the ACM herausgegeben durch den Vorstand

Chairman
Hans-Joachim Habermann, Neuer Wall 32, 2000 Hamburg 36

Vice Chairman
Prof. Dr. Gerhard Barth, Erwin-Schrödinger-Straße 57, 6750 Kaiserslautern

Treasurer
Eckhard Jaus, Gemsenweg 12, 7250 Leonberg

Secretary
Prof. Dr. Peter Gorny, Ammerländer Heerstraße 114—118, 2900 Oldenburg

Band 33

Die Reihe dient der schnellen und weiten Verbreitung neuer, für die Praxis relevanter Entwicklungen in der Informatik. Hierbei sollen alle Gebiete der Informatik sowie ihre Anwendungen angemessen berücksichtigt werden.

Bevorzugt werden in dieser Reihe die Tagungsberichte der vom German Chapter allein oder gemeinsam mit anderen Gesellschaften veranstalteten Tagungen veröffentlicht. Darüber hinaus sollen wichtige Forschungs- und Übersichtsberichte in dieser Reihe aufgenommen werden.

Aktualität und Qualität sind entscheidend für die Veröffentlichung. Die Herausgeber nehmen Manuskripte in deutscher und englischer Sprache entgegen.

Software-Ergonomie '91

Benutzerorientierte Software-Entwicklung

Herausgegeben von

Dr. David Ackermann und Prof. Dr. Eberhard Ulich,
Institut für Arbeitspsychologie, ETH Zürich

B. G. Teubner Stuttgart 1991

CIP-Titelaufnahme der Deutschen Bibliothek

Software-Ergonomie ... : gemeinsame Fachtagung des German
Chapter of th ACM ... - Stuttgart : Teubner, 1991.
  Beitr. teilw. dt., teilw. engl.
Benutzerorientierte Software-Entwicklung : vom 18. bis
  20. März 1991 in Zürich. - 1991
  (Berichte des German Chapter of the ACM ; Bd. 33)
  ISBN 978-3-519-02674-7   ISBN 978-3-322-94654-6 (eBook)
  DOI 10.1007/978-3-322-94654-6
  ISSN 0724 9764

NE: Association for Computing Machinery / German Chapter :
  Berichte des German ...

Gesamtherstellung: Präzis-Druck GmbH, Karlsruhe
Einband: P.P.K,S-Konzepte, Tabea Koch, Ostfildern/Stuttgart

Programmkomitee

Dr. David Ackermann, Institut für Arbeitspsychologie, ETH Zürich
Dr. Heiner Dunckel, Institut für Humanwissenschaft, TU Berlin
Prof. Dr. Peter Gorny, Institut für Informatik, Universität Oldenburg
Prof. Dr. Siegfried Greif, FB Psychologie, Universität Osnabrück
Dr. Reinhard Helmreich, Kommunikationssysteme & Systemplanung, Siemens
AG, München
Dr. Theo Herrmann, Abt. Informatik & Gesellschaft, Universität Dortmund
Prof. Dr. Wolfgang Hesse, FB Informatik, Universität Marburg
Dipl. - Ing. Friedrich Holl, Kooperationsstelle Hochschule / Gesellschaft, TU
Berlin
Dr. H. U. Hoppe, IPSI, GMD Darmstadt
Prof. Dr. R. Marty, Ubilab Schweizerische Bankgesellschaft Zürich
Prof. Dr. Horst Oberquelle, Fachbereich Informatik, Universität Hamburg
Prof. Dr. Harald Raum, Institut für Psychologie, TU Dresden
Dipl. Psych., Dipl. Inf. Matthias Rauterberg, Institut für Arbeitspsychologie,
ETH Zürich
Dr. -Ing. Karl-Heinz Rödiger, FB Informatik, Universität Bremen
Dipl.-Ing., Dipl. Wirtsch.-Ing. Constantin Skarpelis, HdA/BMFT Bonn
Prof. Dr. Eberhard Ulich, Institut für Arbeitspsychologie, ETH Zürich,
(Vorsitzender)
Dipl.-Ing. Jürgen Ziegler, Fraunhofer-Institut für Arbeitswirtschaft und
Organisation, Stuttgart

Organisationskomitee

Dr. David Ackermann, Institut für Arbeitspsychologie, ETH Zürich (Vorsitzender)
Dipl. Inf. Ing. ETH Thomas Greutmann, Institut für Arbeitspsychologie, ETH
Zürich
Dipl. Psych., Dipl. Inf. Matthias Rauterberg, Institut für Arbeitspsychologie,
ETH Zürich
Dr. Philipp Spinas, Institut für Arbeitspsychologie, ETH Zürich
Lic. phil. Daniel Waeber, Institut für Arbeitspsychologie, ETH Zürich

Vorwort der Herausgeber

Die fünfte Software-Ergonomie Tagung überschreitet erstmals die nationalen Grenzen und wird so ihrem Ruf als grösste Tagung dieser Disziplin im deutschen Sprachraum gerecht. Folgerichtig beteiligen sich nicht nur das German Chapter of the ACM, welches bereits der ersten Software-Ergonomie Tagung vor sieben Jahren Pate stand, und die Deutsche Gesellschaft für Informatik, sondern erstmals auch die Schweizerische Informatiker Gesellschaft. Wir deuten dies als hoffnungsvolles Zeichen für den Beginn einer verstärkten Kooperation innerhalb des gemeinsamen Sprachbereiches.

Anfang der achtziger Jahre stand die Entwicklung und Festlegung von Kriterien, Normen und Standards im Mittelpunkt des Interesses. Die vorläufige Klärung dieser Fragen ermöglichte, sich der Problemstellung der System-Evaluation zuzuwenden. Hintergrund der gleichzeitig geführten Diskussion um die Rolle und Struktur "Mentaler Modelle" bildete die Frage, woraus der Entwickler seinen Entwurf ab- oder herleiten sollte sowie die Hoffnung, aus den Antworten zu ergonomisch guten Lösungen zu kommen. Diese Diskussion wurde inzwischen teilweise abgelöst durch die Thematik der Methoden, Werkzeuge und Techniken des Software-Entwurfs, welche durch die Unterstützung des Entwicklungsprozesses das Erreichen ergonomischer Zielsetzungen per se ermöglichen sollen.

Anlässlich der letzten Tagung in Hamburg zeichnete sich ab, dass das "klassische" Paradigma des "einsamen Designers" abgelöst wird durch Konzepte, welche die Benutzer in den Entwicklungsprozess mit einbeziehen. Die Frage nach der Berücksichtigung interindividueller Unterschiede durch Entwicklung adaptiver bzw. adaptierbarer Systeme wurde von einzelnen Forschungsgruppen schon vor einer Reihe von Jahren thematisiert. Die Zeit scheint nun reif, Aspekte und Realisierungsmöglichkeiten der individuellen Systemanpassung zu untersuchen.

Das Programm dieser Tagung widerspiegelt den Stand der Forschung im deutschen Sprachraum, wenn nicht gar im europäischen Bereich. Es sind nicht nur Kostengründe, die dazu geführt haben, dass erstmals in der Geschichte dieser Tagung kein Referent aus Übersee eingeladen wurde; vielmehr war es die bewusste Absicht, "Propheten im eigenen Land bzw. auf dem eigenen Kontinent" zu Wort kommen zu lassen. Gerade das, was von skandinavischen Kollegen im Bereich der Arbeitsgestaltung und der Systementwicklung auf verschiedensten Ebenen erarbeitet wurde, verdient eine eingehende Würdigung. Stellvertretend wird Kirsten Nygaard "Vergangenheit, Gegenwart, und die Entwicklungsmöglichkeiten" dieser Konzepte skizzieren. Bedauerlicherweise konnte sein Beitrag nicht mehr in diesen Tagungsband aufgenommen werden, da Kirsten Nygaard wegen Arbeitsüberlastung das Manuskript nicht mehr rechtzeitig fertigstellen konnte[1]. Generelle Perspektiven für Gestaltung und Entwicklung der Mensch-Computer-Interaktion sind Gegenstand von Horst Oberquelles Überlegungen. Form und Funktion interaktiver Systeme soll so aufeinander abgestimmt werde, dass sie (Spiel-) Räume für den Benutzer eröffnen, in denen diese sich bei der Arbeit entfalten und entwickeln können. Jan Witt

---

[1] Wir hoffen, den Beitrag im separat herausgegebenen Posterband aufnehmen zu können.

vertritt den industriellen Bereich der Software-Entwicklung und hinterfragt die jetzige wie auch die künftige Rolle des Software-Entwicklers in einer sich rasch verändernden Welt..

Die wichtigsten vier Themenbereiche dieser Tagung "Der Benutzer im Software-Entwicklungsprozess", "Methoden und Werkzeuge", KI in der Arbeitswelt" sowie "Individuelle Systemanpassung", werden durch Diskussionsrunden abgeschlossen, die zwar eigenständig von den vorangehenden Referaten sind, aber neben neuen Aspekten und Diskutanten deren Erfahrungen mit berücksichtigen sollen. Wo möglich werden die andern Themengebiete durch Kurzdiskussionen abgerundet, in welchen den Autoren der vorangehenden Beiträge und Publikum Gelegenheit für eine zwar kurze, aber vertiefte Auseinandersetzung geboten wird.

Das Programmkomitee hat sich die Arbeit nicht leicht gemacht und in intensiven Diskussionen das vorliegende Tagungsprogramm aus der Fülle der eingereichten Beiträge ausgewählt und strukturiert. Allen Kollegen sei für ihr Engagement herzlich gedankt. Dank gebührt auch allen Diskussionsleitern, Autorinnen und Autoren von Referaten, Postern und Systemdemonstrationen für Ihren Einsatz für diese Tagung. Horst Oberquelle gab uns aus seiner Erfahrung viele nützliche Ratschläge für die Organisation. Dr. Peter Spuhler vom Teubner Verlag unterstützte uns in gewohnt kompetenter und unkomplizierter Weise. Frau Nicolet vom Sekretariat der Schweizerischen Informatiker Gesellschaft besorgte die Administration der Anmeldungen sowie die Kontenführung und Charlotte Heer erledigte einen Grossteil der anfallenden Korrespondenz. Beiden gilt unser herzlicher Dank. Nicht vergessen dürfen wir die Kollegen vom Organisationskomitee; sie haben sehr viel Arbeit in die Vorbereitung dieser Tagung gesteckt. Besonders zu erwähnen ist Mathias Rauterberg, der sowohl im Programm- als auch im Organisationskomitee mitwirkte und für die Organisation der Posterausstellung sowie die Herausgabe des Posterbandes verantwortlich zeichnet. Was wäre aus dieser Tagung geworden, wenn nicht die Universität Zürich uns Gastrecht gewährt hätte? Frau Brütsch vom technischen Dienst und der Universitätsleitung möchten wir für die uns gewährte Unterstützung vielmals danken.

Zürich, im Januar 1991

David Ackermann
Eberhard Ulich

Inhaltsverzeichnis

MCI - Quo vadis ?
Perspektiven für die Gestaltung und Entwicklung der
Mensch-Computer-Interaktion

Horst Oberquelle, Hamburg

Zusammenfassung

Vor dem Hintergrund von neuen Entwicklungen bei Technik, Aufgaben, Organisation und den hierin eingebundenen Menschen werden bisherige Bemühungen der Software-Ergonomie einge-ordnet und neue Herausforderungen aufgezeigt. Nutzungsperspektiven, die der Gestaltung der MCI zugrundeliegen, werden charakterisiert und bewertet. Für die Entwicklung der MCI wird der Software-Ergonomie die Rolle von Architektur zugewiesen, die Form und Funktion interak-tiver Systeme so aufeinander abstimmt, daß sie (Spiel-) Räume für andere Menschen eröffnen, in denen diese sich bei der Arbeit entfalten und entwickeln können.

1. Einleitung

"Mensch-Computer-Interaktion - Quo vadis ?" Die 5. Fachtagung über Software-Ergonomie im deutschsprachigen Raum ist sicherlich ein guter Anlaß, die aktuelle Situation der MCI und mög-liche Wege in die Zukunft zu reflektieren. Ein kleines Stück Reflektion spiegelt sich schon in der Wortwahl im Titel dieses Beitrags wider. Es wird von "Mensch", nicht von "Benutzer" ge-sprochen. Damit soll bereits die Wichtigkeit einer ganzheitlichen Sicht angedeutet werden. Es wird von "Computer", nicht von "Rechner" gesprochen. Damit soll der primäre Gestaltungsge-genstand in seiner Funktion möglichst ohne Einnahme einer speziellen Perspektive gekennzeich-net werden - schließlich ist Rechnen nicht mehr die Hauptnutzungsform von Computern. Es wird von "Interaktion", nicht von "Kommunikation" gesprochen, da auch mit letzterem Begriff bereits eine bestimmte Perspektive hinsichtlich der Handhabung eingenommen würde.

Mit Absicht wird von "Perspektive" gesprochen. Dies erlaubt das Aufzeigen von vielfältigen Gestaltungs- und Entwicklungsmöglichkeiten, ohne daß damit unbedingt eine Aussage über de-ren Wahrscheinlichkeit oder eine Bewertung von Alternativen verbunden sein muß - Perspekti-ven als Spielraum. Allein eine Betrachtung des Umfeldes der MCI lohnt sich, um bisherige An-strengungen und Ergebnisse der Software-Ergonomie einzuordnen und neue Fragen zu ent-decken. Dies wird Gegenstand des 2. Abschnitts sein.

Perspektiven sind andererseits Sichtweisen, die von Menschen eingenommen werden, um ihre Umwelt zu interpretieren, zu bewerten und auch zu verändern. Eine Perspektive kann durch den betrachteten Weltausschnitt, die für wichtig erachteten Aspekte und verwendete Bewertungs-maßstäbe charakterisiert werden. Untersuchungen zur MCI haben sich in der Vergangenheit fast ausschließlich mit einer einzelnen Person (dem Benutzer) an einem Bildschirmarbeitsplatz als Weltausschnitt beschäftigt. Ihre Interaktion mit dem Computer als "Kommunikation" zu betrachten, bedeutet, eine bestimmte Perspektive einzunehmen und manche Aspekte von zwischenmenschlicher Kommunikation zu ignorieren. Diese "Kommunikation" möglichst einfach oder "narrensicher" zu gestalten, ist eine oft genannte Zielsetzung, die von einem bestimmten Menschenbild über die interagierende Person und der Bewertung von Gestaltungsalternativen durch den Entwickler eines Computersystems bestimmt wird. Perspektiven in diesem Sinne sind wirksam bei der Konstruktion von interaktiven Systemen und werden beim Erlernen, während ihrer Nutzung und bei ihrer Evaluation benötigt. Häufig sind Perspektiven allerdings unbewußt und werden nicht weiter hinterfragt, da sie als selbstverständlich richtig betrachtet werden. Verschiedene Perspektiven müssen sich nicht gegenseitig ausschließen (wie etwa Paradigmen), multiperspektivische Reflektion kann zum besseren Verständnis einer Situation beitragen (Nygaard & Sørgaard, 1987). Eine bewußte Auseinandersetzung mit Perspektiven der Computernutzung vor dem Hintergrund einer Diskussion über Menschenbilder ist eine wichtige Aufgabe für alle, die bei der Gestaltung der MCI mitwirken. Abschnitt 3 soll dazu Anregungen geben.

Perspektiven können sich sowohl auf die geplante oder die wahrgenommene Erscheinung eines konkreten interaktiven Computersystems in seiner Umgebung beziehen ("Sein", Gestalt-/Raum-Orientierung), wie auf den Prozeß seiner Entstehung und Weiterentwicklung ("Werden", Prozeß-/Zeit-Orientierung). Sein und Werden, Gestalt und Prozeß sind nicht unabhängig voneinander, und es ist eine interessante Frage, ob sich auch hier eine Perspektivenverschiebung andeutet oder anbietet, die das Selbstverständnis von "Software-Ergonomie als Disziplin" verändert . Dieser Frage werden wir schließlich im 4. Abschnitt nachgehen.

2. MCI in einem dynamischen Umfeld

Mensch-Computer-Interaktion ist kein Selbstzweck, vielmehr ist sie primär in menschliches Arbeitshandeln eingebunden, welches sich in Organisationen abspielt. Daß sie auch im Privatleben eine Rolle spielen kann, soll dabei nicht vergessen werden, auch wenn wir uns hier auf die Gestaltung und Entwicklung im Kontext von Arbeit konzentrieren.

Um bisherige Defizite und neue Chancen der MCI besser erkennen zu können, ist es sinnvoll, das relevante Umfeld genauer zu gliedern und über Wechselwirkungen nachzudenken. Hierzu bietet sich die Leavitt-Raute (Leavitt, 1974) an, die auf den wechselseitigen Einfluß von vier wesentlichen Faktoren, Mensch, Computer (Technologie), Aufgabe und Organisationsform (Struktur) hinweist und damit prinzipielle Gestaltungsdimensionen benennt, die das betriebliche Umfeld aufspannen, in welches MCI eingebettet ist (vgl. Abb. 1). Die Doppelpfeile in den Abbildungen können statisch und dynamisch interpretiert werden. Sie drücken einerseits Beziehungen aus und besagen, daß bei optimaler Arbeitsgestaltung alle vier Faktoren zueinander passen müssen. Andererseits können sie auch so gelesen werden, daß jede Veränderung bei einem Fak-

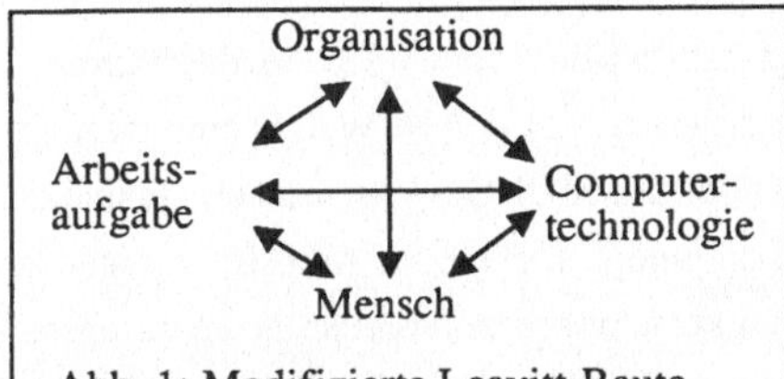

Abb. 1: Modifizierte Leavitt-Raute

tor Änderungen bei allen anderen Faktoren hervorruft oder zumindest erwarten läßt. Wir wollen dieses Schema hier zum Ausgangspunkt nehmen, um Veränderungen der MCI unter Berücksichtigung von Umfeldveränderungen generell zu diskutieren.

Fangen wir bei dem Faktor **Mensch** an. Inzwischen ist fast jeder Einzelne (in den westlichen Industrieländern) durch die MCI betroffen. Die menschliche Komponente ist aber der Faktor, der den langsamsten Änderungen unterliegt. Während Grundeigenschaften menschlicher Wahrnehmung, Informationsverarbeitung und Handlungsregulation ziemlich konstant sind, können durch Lernen und Erfahrung Kompetenzänderungen erfolgen.

Die allgemeine *Nutzungskompetenz*, d.h. das Allgemeinwissen über den Umgang mit Computern, wächst nur langsam, ohne bisher das Niveau etwa der Beherrschung von Schreibmaschine oder KFZ zu erreichen. Mitverantwortlich ist einerseits die noch in rasanter Entwicklung befindliche Technik, andererseits das Fehlen einer breiten Übereinkunft über einheitliche Benutzungsschnittstellen, die eine Übertragung einer einmal erlernten Handhabung auf ein anderes System ermöglichen würde.

Hinsichtlich der *Gestaltungskompetenz* klafft eine große Lücke zwischen DV-Spezialisten und "normalen Nutzern". Diese Lücke wird um so größer, je komfortabler die Benutzungsschnittstellen sein sollen, da der Aufwand und die Komplexität für Gestaltung und Entwicklung mit steigendem Benutzungskomfort anwachsen. Die Programmierung auf der Basis von Fenstersystemen ist beispielsweise um ein Vielfaches komplizierter als auf der Basis von traditioneller Text-Ein-/Ausgabe. Allerdings kann man beobachten, daß punktuell "normale" Benutzer Kompetenzen entwickeln, die an das Niveau von DV-Experten heranreichen.

Neben den Qualitäten des bewußten, geplanten Denkens und Handelns auf der Basis von *Wissen* wird inzwischen auch die Bedeutung von *Können* (häufig als implizites *Erfahrungswissen* ("tacit skills") bezeichnet) für die MCI hervorgehoben (vgl. Volpert, 1990b; Böhle & Milkau, 1988). Beide Qualitäten spielen eine eng verzahnte Rolle bei kompetenten Personen.

Außerdem ist die menschliche Komponente über Einzelpersonen hinaus auf *Gruppen* zu erweitern, weil Arbeit fast nie isoliert stattfindet und Computereinsatz immer stärker auch Gruppen von Menschen und ihre sozialen Beziehungen betrifft.

Für den Bereich der **Computertechnologie** sind mehrere Entwicklungen von Bedeutung.
Die Verfügbarkeit von *Arbeitsplatzcomputern* (Workstations) mit großflächigen, hochauflösenden, farbigen Graphikbildschirmen, Zeigeinstrumenten (Maus u.ä.), großer Speicherkapazität und ständig verbesserter Rechenleistung zu fallenden Preisen bietet umfangreiche Möglichkeiten der Gestaltung von Benutzungsschnittstellen für immer neue Anwendungsbereiche. Hinzu kom-

men Möglichkeiten der Klang-Ein-/Ausgabe, der Integration von Video, der Gestikerfassung. Weiterhin spielt die immer besser beherrschte *Computervernetzung* (LAN, WAN) eine wesentliche Rolle bei der Umgestaltung des technischen Umfeldes der MCI. Sie kann sowohl dazu dienen, eine Vielzahl von unterschiedlichen vernetzten Computern von einem Arbeitsplatz aus zu nutzen wie auch die Zusammenarbeit von Menschen an verschiedenen Arbeitsplätzen zu unterstützen. Langfristig ist davon auszugehen, daß Rechnernetze die Zentralrechner ablösen werden und zentrale DV-Abteilungen als Organisationseinheiten an Bedeutung verlieren, ohne daß deren Gestaltungskompetenz überflüssig wird. Sie wirft zwangsläufig neue Fragen für die Software-Ergonomie auf, z.B. in der Folge von ISDN-Netzen (Herrmann, 1988) oder für den Bereich der Bürokommunikation (Klotz, 1990).

Ein zweiter Strang der Technikentwicklung sind die einander immer ähnlicher werdenden *graphischen Benutzungsoberflächen*. Die Unterschiede zwischen Macintosh Desktop, OSF Motif, OpenLook, MSWindows 3.0, DECWindows etc. sind nur noch gering. Mit netzwerkbasierten Fenstersystemen wie X-Windows (X11) und NeWS ist dafür eine konvergierende technische Basis geschaffen. Hilfsmittel zur Interaktionsgestaltung in Form von Werkzeugkästen mit höheren Fensterfunktionen und Dialogmanagern füllen langsam die Lücke zwischen elementaren Fensterfunktionen und Regelwerken für die äußere Erscheinung aus. Es ist zu hoffen, daß die juristischen Auseinandersetzungen über ein Copyright für "look and feel" (vgl. Stallman & Simson, 1990) nicht zu einer künstlichen Diversifizierung führt, die Menschen zum ständigen Umlernen zwingt und routinierte Handhabung und ihren Transfer (wie beim Autofahren) unterbindet. Quasi-Standards dürfen hier andererseits nicht die weitere Optimierung von Handhabung behindern. Insbesondere ist Flexibilität zwecks Anpassung von Benutzungsschnittstellen an veränderliche Aufgaben, Organisation und Benutzerpräferenzen notwendig.

Mit der *Hypertexttechnologie* steht ein mächtiges, aber noch längst nicht beherrschtes Hilfsmittel bereit, um multimediale Anwendungsobjekte mit vielfältigen internen Verknüpfungen (z.B. komplexe Dokumente) ebenso wie interaktionsspezifische Objekte (z.B. Hilfeinformation, Online-Handbücher) zu gestalten.

Die *objektorientierte Programmierung* bietet schließlich ein neues Fundament, welches sowohl zur flexiblen Gestaltung von Benutzungsoberflächen wie zur funktionalen Adaption (vgl. Haaks, 1990) eingesetzt werden kann und generell zur Flexibilisierung von Software beiträgt.

Auf das große Potential von wissensbasierten Techniken haben schon Bullinger, Fähnrich & Ziegler (1987) hingewiesen, ohne daß bisher im Bereich der MCI damit ein entscheidender Durchbruch gelungen wäre. Wir werden im nächsten Abschnitt Überlegungen präsentieren, die manche der sogenannten wissensbasierten Ansätze aus anderen Gründen in Frage stellen.

Als drittes ist der Komplex der **Aufgaben** zu betrachten, für den in Fachabteilungen Computer genutzt werden (sollen). Hier scheinen mir zwei Tendenzen wichtig.

Zum einen wächst die Klasse von *primären Aufgaben*, für die Computer eingesetzt werden sollen, in zwei Richtungen weiter an. Nach den vollständig algorithmisierbaren Aufgaben (z.B. komplexen Berechnungen) und den stark-strukturierten Tätigkeiten (z.B. Routinesachbearbeitung) werden zunehmend schwach-strukturierte (z.B. planende, dispositive, konstruierende) Tätigkeiten einbezogen. Zusätzlich sind Aufgaben betroffen, die die flexible Zusammenarbeit mehrerer Menschen oder ganzer Organisationen erfordern.

Zum anderen werden *sekundäre Aufgaben*, die arbeitsgestaltenden, reorganisierenden Charakter haben, verlagert. Ein Teil der Arbeit von Organisatoren und Entwicklern wird Bestandteil der Aufgaben der Fachabteilungen, z.B. in Form von Konfigurierungs- und Anpassungsaufgaben. Benutzerprogrammierung ist dabei der Extremfall.

Die technische Vernetzung und die Einbeziehung von kooperativen Aufgaben bringen zusätzlich die Komponente **Organisation** ins Blickfeld. Zwar hat schon das IFIP-Modell für Benutzungsschnittstellen (vgl. Dzida, 1983) eine Organisationsschnittstelle angedeutet, dieser Aspekt ist aber in der Software-Ergonomie bisher kaum bearbeitet worden. Computergestützte Zusammenarbeit in Gruppen, zwischen Gruppen bis hin zur Kooperation zwischen Firmen machen deutlich, daß auch Fragen der menschengerechten Arbeitsorganisation die Systemgestaltung beeinflussen und bei jeder technischen Gestaltung mit Rückwirkungen auf die Organisation zu rechnen ist. Die aktuelle Diskussion über "computer-supported cooperative work" (CSCW) und "groupware" ist ein typisches Beispiel für eine Software-Ergonomie-Fragestellung, die durch die Verfügbarkeit einer erweiterten und verbesserten Technik, die Ausdehnung der unterstützten Aufgabenklassen, den Übergang von Einzelpersonen auf Gruppen und Fragen der Organisation entsteht. Die angebotenen technischen Lösungen werden Rückwirkungen auf Menschen, Aufgaben und Organisation haben. Die bisherigen Gestaltungsansätze der Software-Ergonomie sind nicht einfach auf diesen Fall erweiterbar (vgl. Herrmann, 1988).

Die *Beziehung zwischen MCI und Umfeld* kann vor diesem Hintergrund folgendermaßen charakterisiert werden:
Die Software-Ergonomie dehnt schrittweise ihr Betrachtungsfeld aus. Nachdem anfänglich neben den technischen Möglichkeiten fast ausschließlich der Einfluß menschlicher (insbesondere kognitiver) Faktoren berücksichtigt wurde (a), hat sich die europäische Software-Ergonomie vor allem unter dem Einfluß der Arbeitswissenschaften schon recht früh mit dem Dreieck Mensch - Computer - Arbeitsaufgabe befaßt (b). Frese & Brodbeck (1989) geben eine praxisorientierte Zusammenfassung dieser Diskussion unter expliziter Verwendung dieses Dreiecks. Die nordamerikanische Szene scheint die Komponente Aufgabe erst kürzlich entdeckt zu haben (vgl. Wulff & Mahling, 1990). Die Diskussion über "task-artifact cycles" bei Carroll, Kellogg & Rosson (1990), d.h. die wechselseitige Beeinflussung von interaktiven Systemen und damit bearbeiteten Aufgaben, führt zwar über kognitivistisch orientierte "human factors"-Ansätze hinaus, konzentriert sich aber auch nur auf einen Teilbereich des gesamten Wirkungsgefüges. Die Einbeziehung organisatorischer Faktoren steht noch ganz an ihren Anfängen, auch wenn sie schon

auf der CHI'86 als Aufgabe für das Jahr 2000 von mehreren Teilnehmern genannt wurde (vgl. Panel, 1986).

Diese Entwicklung kann man teilweise auch an den Schwerpunktthemen der vergangenen Software-Ergonomie-Tagungen ablesen. Wurde 1983 primär ein Überblick über technische Möglichkeiten (Fenster, Masken, Graphik, Werkzeuge etc.) gegeben (Balzert, 1983), so trat 1985 und 1987 neben technischen Fragen die Komponente Mensch stärker ins Blickfeld (Bullinger, 1985; Schönpflug & Wittstock, 1987). Während 1989 Aufgabenorientierung und Funktionalität für die Arbeit Einzelner im Vordergrund standen (Maaß & Oberquelle, 1989), findet sich die Frage der aufgabenorientierten Unterstützung von kooperativer Arbeit 1991 im "Call for Papers", aber sie findet noch kaum ihren Niederschlag im Programm. Auf vergleichbaren amerikanischen Fachtagungen wird computergestützte Gruppenarbeit seit einiger Zeit intensiv behandelt.

Während sich das Betrachtungsfeld der MCI langsam auf alle vier angesprochenen Faktoren ausdehnt, weiten sich deren relevante Aspekte selbst rasant aus. Die Software-Ergonomie scheint den Entwicklungen in der Praxis permanent hinterherzulaufen - zumindest solange sie analysierend-reagierend arbeitet und nicht aktiv-gestaltend wirkt. Das Motto dieser Tagung, "Benutzerorientierte Software-Entwicklung", kann als Hinweis auf eine neuerlich notwendige Perspektivenverschiebung gedeutet werden, bei der dem evolutionären Prozeß Vorrang vor der Betrachtung von Produkten eingeräumt wird. Fragen dieser Art werden wir im 4. Abschnitt näher beleuchten.

3. Menschengerechte Nutzungsperspektiven

Menschengerechte Gestaltung in dem soeben beschriebenen dynamischen Feld erfordert einerseits umfassendes Wissen (im Sinne von zutreffenden Vorstellungen) über die technischen Möglichkeiten ebenso wie über Menschen, Aufgaben und Organisation. Dieses Wissen spannt für die Entwickler den *Raum der wahrgenommenen Gestaltungsmöglichkeiten* auf. Realisierte Systeme definieren für ihre Benutzer den *Raum der Nutzungsmöglichkeiten*. Allerdings gibt es keine naturgesetzliche Entwicklung der Nutzungsformen, vielmehr werden sie durch die *Zielvorstellungen* der Forscher und Entwickler darüber, wie Computer von anderen Menschen zur Aufgabenerledigung in Organisationen genutzt werden sollten, stark beeinflußt, wenn auch nicht vollständig determiniert. Die Arbeitswissenschaften und die Software-Ergonomie versuchen mit ihren allgemeinen Forderungen nach Ausführbarkeit, Schädigungslosigkeit, Beeinträchtigungsfreiheit und Persönlichkeitsförderlichkeit sowie Gestaltungsvorschlägen (vgl. Hacker, 1987; Ulich, 1989) und deren weitere Konkretisierung in Kriteriensätzen (z.B. DIN 66234 Teil 8), den Entwicklern Leitlinien an die Hand zu geben. Sie legen dabei implizit ein ganzheitliches Menschenbild zugrunde, welches erst in neuerer Zeit explizit beschrieben wurde (Volpert, 1990a; Schallberger, 1990) und über das bisher mit Entwicklern wenig diskutiert wurde. Der arbeitende Mensch wird als kompetente, verantwortungsbewußte, entwicklungsfähige leiblich-in-der-Welt-seiende und sozial eingebundene Person gesehen. Seine Entfaltungsmöglichkeiten werden weitgehend durch die verfügbaren Tätigkeitsspielräume bestimmt (Hacker & Richter, 1990). Wieweit durch Technikeinsatz vorhandene Spielräume verschwinden oder neue entstehen, ist in diesem Zusammenhang eine wichtige Frage. Bezogen auf die MCI erfordert menschengerechte Gestaltung die Bereitstellung von Nutzungsspielräumen für primäre Aufgaben und Gestaltungsspielräumen für sekundäre Aufgabenbestandteile - soweit überhaupt Computer eingesetzt werden sollen.

Eine andere, weitgehend ungeklärte Frage ist, wieweit die Vorstellungen der Forscher und Entwickler über die Nutzung ihrer Artefakte indirekt auch durch ihr Selbstbild, die Vorstellung darüber, wozu sie selbst in der Lage sind und welche Ansprüche sie an ihre eigene Arbeit stellen (dürfen), beeinflußt werden. Auf eine mögliche Diskrepanz zwischen Selbstbild und Menschenbild über Betroffene haben bereits Weltz & Lullies (1983) bei Organisatoren hingewiesen.

Soweit alles durch eine "Maschinenbrille" gesehen wird, sollte man sich nicht wundern, wenn die resultierenden Systeme den von Garson (1990) beschriebenen Fließbändern für geistige Arbeit entsprechen. Wird geistige Arbeit nur als Informationsverarbeitung einer unzuverlässigen "brainware", Aufgabenerledigung als Abarbeitung vorgegebener Pläne und Organisation als Dienst nach Vorschrift gesehen, so liegt es vielleicht nahe, Systeme gemäß einer **Maschinenperspektive** zu gestalten: alles, was automatisierbar erscheint, wird automatisiert, und Personen werden als "Störfaktoren" betrachtet, für die die Systeme "narrensicher" sein müssen. Handlungsspielräume für Maschinen"bediener" werden so klein wie möglich gehalten, Bedienungsrezepte machen umfassendere Qualifikation überflüssig. Jegliche Reparatur oder Anpassung der Maschine an veränderte Bedingungen ist selbstverständliche Aufgabe der Entwickler. Eine solche Perspektive steht in krassem Gegensatz zu den Forderungen der Software-Ergonomie nach Handlungsspielräumen für Benutzer.

Maximale Automatisierung stellt aber offensichtlich eine Herausforderung für die Entwickler dar und beschert ihnen selbst eine abwechslungsreiche, anspruchsvolle Tätigkeit mit großen Handlungsspielräumen - allerdings mit der Gefahr des Scheiterns wegen Überschätzung der eigenen Möglichkeiten und unzutreffenden Annahmen über das Gestaltungsfeld. Allein die Feststellung, daß Dienst nach Vorschrift fast jede Organisation ruiniert und qualifizierte Mitarbeiter sich vor allem dadurch auszeichnen, daß sie in der Lage sind, in ihrer Aufgabenbeschreibung nicht vorhergesehene Fälle im Sinne der Organisation richtig zu behandeln, müßte jeden Gestalter interaktiver Systeme mit großem Automatisierungsdrang nachdenklich machen.

Die wesentliche Frage für menschengerechte Gestaltung ist hier offensichtlich nicht "Was *können* Computer im Prinzip?", sondern "Wie *sollen* Menschen mit Computern arbeiten können?".

Dies wirft die grundsätzliche Frage nach der *Mensch-Computer-Beziehung* auf, die die Frage nach den *Menschenbildern* (Selbstbilder und Bilder über die jeweils anderen bei Entwicklern und Benutzern) und nach Optimierungszielen ebenso nach sich zieht, wie die Frage nach der Zuständigkeit für die Gestaltung der MCI.

Neben der oben angedeuteten Maschinenperspektive kann man weitere, häufig anzutreffende Nutzungsperspektiven unterscheiden (vgl. Maaß & Oberquelle, 1991), die auf die angesprochenen Fragen ganz unterschiedliche Antworten geben.

Unter einer **Systemperspektive** werden Computer und Programme als gleichberechtigte Komponenten des informationsverarbeitenden (Sub-)Systems eines Unternehmens neben den Mitarbeitern gesehen und MCI primär als Datenaustausch betrachtet, der sicher und effizient zu gestalten ist. Im Unterschied zur Maschinenperspektive wird die Notwendigkeit menschlicher Komponenten anerkannt, wobei sie aber auf ihre Funktion als Informationsverarbeiter reduziert werden. Die primäre Funktion des Computers ist es, vor dem Hintergrund einer integrierten, systemischen Repräsentation des Unternehmens alle Abläufe zentral zu kontrollieren. Ergebnisse der Software-Ergonomie werden hier vor allem benötigt, um die MCI schnell und fehlerfrei zu gestalten. Systemperspektiven sind unter Entwicklern sehr verbreitet und bilden die Grundlage für viele Verfahren der Systemanalyse und Anforderungsermittlung. Den einzelnen Benutzern derartiger integrierter Systeme wird in der Regel kein Einblick in den Gesamtzusammenhang gegeben und somit die Einnahme einer Systemperspektive verwehrt. Garson (1990) weist insbesondere darauf hin, daß häufig nicht etwa maximale Effizienz das Motiv für weitgehende Automatisierung ist, sondern ein tiefsitzendes Mißtrauen gegenüber anderen Menschen, welches den Wunsch nach umfassender Kontrolle hervorbringt. Die Idee der umfassenden systemischen Repräsentation und der Automatisierbarkeit von Kontrolle zeugt andererseits von einem "gesunden" Selbstvertrauen der Entwickler.

Wenn von Dialogen, Mensch-Maschine-Kommunikation usw. gesprochen wird, liegt eine **Kommunikationsperspektive** zugrunde. Die MCI wird als Austausch von Nachrichten in einer gemeinsamen Dialogsprache verstanden. Es können zwei Varianten unterschieden werden.
Bei Verwendung einer **Dialogpartner-Perspektive** werden Mensch und Computer als gleichberechtigte, eigenständige Partner in der Kommunikation beschrieben. Ziel der Entwickler ist es, den Computer möglichst menschenähnlich erscheinen zu lassen. Dem Benutzer soll hierdurch eine Entlastung von jeglicher Routinetätigkeit geboten werden, bzw. er soll auf *den* mutmaßlich optimalen Weg der Aufgabenerfüllung gelenkt werden - den es in vielen Fällen aber gar nicht gibt. Man hofft, durch den Einsatz von KI-Techniken den "Partner Computer" intelligent zu machen. Eine solche Perspektive bedeutet für den Benutzer eine Verstärkung der Tendenz zur Anthropomorphisierung des Computers, bis hin zu dem Eindruck, daß der Computer selbst intelligent, autonom und anpassungsfähig sei. Zur Realisierung von adaptivem Verhalten ist es

notwendig, komplexe Benutzermodelle zu implementieren, die aus Beobachtung und Interpretation des Benutzerverhaltens gespeist werden. Transparenz und Erwartbarkeit des Verhaltens sind für den Benutzer kaum gegeben. In der Regel wird bei Einnahme einer solchen Perspektive "menschenähnliches Verhalten" mit "menschengerecht" gleichgesetzt, meist ohne überhaupt auf die Gestaltungsforderungen der Software-Ergonomie einzugehen. Die Vision von "Benutzerassistenten" oder "Benutzeragenten" wurde u.a. von Bullinger, Fähnrich & Ziegler (1987) als zukunftsweisend für die MCI propagiert. Die Automatisierung von kommunikativem Verhalten stellt wiederum eine besonders herausfordernde Aufgabe für Forscher und Entwickler dar.

MCI als spezielle Form **formalisierter Kommunikation** zu sehen (vgl. Kupka, Oberquelle, Maaß, 1982; Maaß, 1984) bedeutet hingegen, die Einschränkungen im Vergleich zu zwischenmenschlicher Kommunikation deutlich zu machen und die Entwickler als Urheber von kommunikativem Verhalten des Computers zu benennen. Die im Umgang mit dem Computer spürbaren Intentionen, Partnerbilder und Konventionen werden auf den Entwickler zurückgeführt und damit verständlich gemacht. Optimierungsziel dieser Perspektive ist sowohl Transparenz für den Benutzer wie die Erweiterung metakommunikativer Funktionen zur Unterstützung, z.B. in Form von Anpassungsmöglichkeiten und Hilfen. Eine wesentliche Möglichkeit zur Optimierung der Mensch-Computer-Kommunikation wird dabei in verbesserter Benutzer-Entwickler-Kommunikation gesehen, bei der die Entwickler einen Schritt auf die Benutzer zu gehen und für die die Benutzer qualifiziert werden müssen.

Werkstattperspektiven gehen vom einzelnen Benutzer als einem qualifizierten Arbeitnehmer aus, für den der Computer die Funktion von umfassender Unterstützung hat. Die Betrachtung vom Computer als Werkzeug für die Aufgabenerledigung (z.B. Ehn & Kyng, 1985; Ehn, 1988), über welches der Benutzer die permanente Kontrolle hat und dessen Wirkungen er unmittelbar sehen kann, ordnet sich hier nahtlos ein. Andere Aspekte einer Werkstatt sind der bereitgestellte Raum, z.B. in Form eines "Schreibtisches", und die verfügbaren Materialien, z.B. veränderbare, transportable Dokumente. Eine Werkstatt ist dann gut gestaltet, wenn sie bei der Bearbeitung von primären Aufgaben aus dem Bewußtsein des "Werkers" verschwindet, dieser sich weitgehend in vertrauter Umgebung auf seine Aufgabe konzentrieren kann und die Folgen seines Tuns soweit überblickt, daß er die Verantwortung dafür tragen kann. Die Anpassung von Werkzeugen an sich ändernde Aufgaben und aktuelle Besonderheiten von Material und Raum werden in dieser Perspektive ebenso als genuine Aufgaben des "Werkers" angesehen wie die Einrichtung seines Arbeitsplatzes. Eine Werkstattperspektive läßt sich besonders leicht mit direkt-manipulativen Interaktionstechniken und graphischer Ausgabe realisieren. Die Vision einer unterstützenden Werkstatt für "Wissensarbeiter" hat schon früh die Arbeiten von Englebart (Englebart, Watson & Norton, 1973) geleitet. Die Werkstattperspektive basiert auf einem Menschenbild, welches dem Menschenbild der Arbeitswissenschaft weitgehend entspricht.

Im Zusammenhang mit Computerunterstützung für kooperativer Arbeit sind neue Nutzungsperspektiven erforderlich.

Die Vorstellung von Computernetzen als **Kommunikationsmedien** für den freien Austausch von Nachrichten in Form von beliebigen Dokumenten hat sich bewährt (e-mail). In dieser Sicht wird der Computer als passive Komponente betrachtet, die nur auf Initiative der Benutzer tätig wird. Eine vorgegebene Strukturierung der Austauschprozesse (z.B. gemäß von außen vorgegebenen Verhaltensmustern, wie sie der Coordinator aus der Sprechakttheorie übernommen hat; vgl. Winograd, 1986), erscheint hingegen problematisch (vgl. Carasik & Grantham, 1988). In ähnlicher Weise können Computer und Computernetze auch die Funktion einer **passiven, gemeinsam genutzten Ressource** übernehmen, die für eine Gruppe Raum und Material bereitstellt, welche gleichzeitig beobachtet und in Absprache bearbeitet werden können ("shared material", vgl. Sørgaard, 1987). Wenn man individuelle und kooperative Anteile von komplexen Arbeitsprozessen integriert betrachtet und notwendige Anpassungen während der Nutzung einbezieht, können Computer zusammenfassend als **flexibel durch ihre Benutzer gestaltbare, über gemeinsame Ressourcen und Kommunikationswege verbundene Werkstätten** betrachtet werden (vgl. Oberquelle, 1991). Sie sollten so transparent gestaltet werden, daß die Gruppe der Benutzer die Verantwortung für alle automatisierten Funktionen tragen kann.

In Verallgemeinerung der Dialogpartner-Perspektive kann von einer **Agenten-Perspektive** gesprochen werden, wenn Computer und Programme die Rolle von selbständigen Einheiten bei der Kooperation zwischen mehreren Personen spielen sollen. Wissensbasierte, adaptive, kooperative Agenten-Systeme fordern die Entwickler erneut heraus. Der Einsatz wissensbasierter Techniken kann als der Versuch der Entwickler verstanden werden, auch hier die Kontrolle über die Benutzer zu gewinnen. Meist bleibt die Frage der Verantwortung für das Verhalten von automatisierten Agenten - wie in der Dialogpartnerperspektive - undiskutiert, da die Entwickler im Hintergrund bleiben.

Wesentliche **Charakteristika der genannten Perspektiven** für die MCI werden in Abb. 2 tabellarisch zusammengefaßt.

Meiner Überzeugung nach ist es notwendig, bei Entwicklung und Einsatz der MCI Nutzungsperspektiven zugrundezulegen, die

• auf einem umfassenden, möglichst explizit zu beschreibenden Menschenbild beruhen,

• Aufgaben als sozial definierte Anforderungen und Aufgabenbearbeitung als sozial zu verantwortende Tätigkeiten begreifen und

• Organisationen als lebende, einer Evolution unterliegende, von Menschen getragene Systeme zu verstehen.

In allen drei Bereichen - Menschen, Aufgaben und Organisation - muß Evolution ermöglicht werden. Dies erfordert die **Bereitstellung von Spielräumen** bei primären und sekundären Aufgaben und ist eine wirkliche Herausforderung für eine menschengerechte Gestaltung der MCI.

Per-spektive	MC-Beziehung / Optimierungsziel	Menschenbilder (Entwickler) "Benutzer"	Selbstbild	Menschenbilder (Benutzer) "Entwickler"	Selbstbild	Anpassung
Maschine	Mensch als Anhängsel / maximale Automatisierung u. techn. Effizienz	zu eliminierender Störfaktor	"groß"	"übergroß"	"klein"	durch Entwickler
System	Mensch unter der Regie des Computers / maximale Kontrolle	zu kontrollierende unzuverlässige Komponente	Alleskönner + Kontrolleur	"großer Bruder"	"Rädchen im Getriebe"	durch Entwickler
Partner	Mensch und Computer gleichberechtigt / Menschenähnlichkeit	freundlich zu behandelnder "Patient"	besserwissender "Helfer"	(unsichtbar)	"überbehütet", passiviert	adaptives System auf der Basis von Benutzermodellen und "Aufgabenwissen"
formale Kommunikation	Transparenz und Kontrolle / möglichst geringe Anpassung des Benutzers	ganzheitliche Person, Anwendungsexperte	bescheidener Partner, Interaktionsgestalter	Computerexperte, Anwendungslaie	aufgeklärt über Grenzen und Verantwortlichkeiten, aktiv mitgestaltend	adaptierbares System (durch Metakommunikation) und durch Benutzer-Entwickler-Kommunikation
Werkstatt	volle Kontrolle durch Benutzer / Verschwinden der Werkzeuge aus dem Bewußtsein	Anwendungsexperte	Werkzeugbauer, der Computer beherrscht, aber auf Anwenderwissen angewiesen ist	Computerexperte, Anwendungslaie	kompetenter, selbstbewußter Werker, der Computerspezialwissen braucht	durch "Werker" selbst und Entwicklerunterstützung
verbundene Werkstätten	Gruppe in Kontrolle über gemeinsame Komponenten und Konventionen / Kommunikation und Kooperation ohne Störung durch Computer	soziale Gruppe von Anwendungsexperten	Werkzeug-, Materialien-, Raum- und Mediengestalter	Computerexperte, Anwendungslaie	kooperierender Werker und Medienkenner, der Computerspezialwissen braucht	Einrichtung und Anpassung durch Nutzer, Erweiterungsunterstützung durch Entwickler
Agentengruppe	Benutzer und Computer als gleichberechtigte Agenten / autonome Unterstützung	zu unterstützende Gruppe von Agenten	Kooperations-Helfer und -kontrolleur	(unsichtbar)	Rädchen im Agentennetz	adaptive Agenten auf der Basis von Benutzer- und Kooperationsmodellen

Abb. 2: Charakteristika von Nutzungsperspektiven der MCI

4. Menschengerechte Entwicklungsperspektiven

Software-Ergonomie hat in der Vergangenheit bei der Entwicklung von interaktiven Systemen eine nachgeordnete Rolle gespielt. Sie hat sich vornehmlich mit der Analyse und Bewertung von Benutzungsoberflächen von Produkten beschäftigt. Systeme wurden in Laborversuchen getestet und bezüglich elementarer Meßgrößen, wie Ausführungszeiten, Lernzeiten, Fehlerhäufigkeiten für Standardaufgaben etc., verglichen. Ergonomische Anforderungen auf höherer Ebene, etwa in Form der DIN 66234, Teil 8, haben sich einer Operationalisierung weitgehend entzogen (Rödiger & Piepenburg, 1989) und können deshalb kaum als Grundlage für verbesserte Laboruntersuchungen dienen. Sie scheinen eher die Rolle von Architekturprinzipien als von Meßverfahren oder Konstruktionsprinzipien zu spielen. Dies gilt ganz besonders für die Aufgabenangemessenheit. Software-Entwickler scheinen von der Software-Ergonomie-Forschung enttäuscht, weil sie ihnen keine Rezepte an die Hand gibt, wie von Anfang an bessere Benutzungsschnittstellen entwickelt werden können. Diese Situation ist vergleichbar mit der Situation von Bauhandwerkern, die ohne mit den Bauherren zu sprechen und nur aus einem Buch über gute Architektur entnehmen möchten, wo sie welche Fenster und Türen einbauen sollen.

Inzwischen sind viele Software-Ergonomen auf der Suche nach einem neuen Selbstverständnis. Einige beginnen Selbstzweifel zu plagen, ob bisher für richtig gehaltene Perspektiven wirklich menschengerecht sind. Beispielsweise soll in der GMD die Idee des "Assistenzcomputers" einer kritischen Reflektion unterzogen werden (Tepper, 1990).

In der British Computer Society diskutieren Long & Dowell (1989), ob "Human-Computer Interaction (HCI)" ein Handwerk, eine angewandte Wissenschaft oder eine Ingenieurwissenschaft sei. Sie kommen zu dem Schluß, daß HCI als Disziplin sich wechselseitig unterstützende Anteile von allen Dreien enthalte und sich mit dem "design" von Menschen *und* Computern befasse, die interagieren, um Arbeit effizient zu erledigen. Die "Gestaltung von Menschen" gleichberechtigt mit der Gestaltung von Computern zu nennen, zeugt von einer erstaunlichen Überheblichkeit der Gestalter - auch wenn in der Tat die Gestaltung der MCI immer eine Beeinflussung von Menschen beinhaltet.

"Contextual design" (Wixon, Holtzblatt & Knox, 1990) betont die Gestaltung und die Wichtigkeit des Einsatzkontextes, auch wenn Benutzer hier primär einbezogen werden sollen, um deren Erfahrungen den dominierenden Gestaltern zugänglich zu machen. "Konstruktives Design" (Keil-Slawik, 1990) stellt den Gesichtspunkt der Gestaltung ebenfalls in den Vordergrund.

Volpert (1990b) kritisiert die Idee einer *Gestaltungswissenschaft* und spricht vom "Mythos des Gestalten-Müssens". Er schlägt die Perspektive einer "Wissenschaft von den Spielräumen des Menschen und dem verantwortlichen Handeln in ihnen" vor.

Fischer (1990) erklärte unlängst in einem Vortrag mit dem Titel "Eliminating the High-Tech Scribes" die Entmachtung der Gestalter zur Aufgabe der Software-Ergonomie für die 90er Jahre, was einer Selbst-Entmachtung der Entwickler gleichkäme. Später revidierte er den Titel zu "Reducing the Power of the ... ", was mir realistischer erscheint.

Schließlich schlägt Shneiderman (1990) eine "Declaration of Empowerment" vor, in der Gestalter der MCI sich verpflichten sollen, Benutzer bei der Erreichung ihrer Ziele und Bedürfnisse zu unterstützen, für jedes MCI-Projekt Rechenschaft über die Umweltverträglichkeit abzulegen sowie an der Erarbeitung von human-orientierten langfristigen Zielvorstellungen mitzuwirken. Er kritisiert insbesondere die KI als irreführende Philosophie: "I believe that users want the sense of their own accomplishment rather than to admire a magically smart, intelligent or expert system. Users want to be empowered by technology to be able to apply their knowledge and ex-

perience to make judgements that lead to improved job performance and greater satisfaction"
(S.4).

Die Software-Ergonomie ist also vielfach aufgerufen, ihre eigenen Perspektiven für die
Entwicklung von Systemen zu klären. Das gilt in ähnlicher Weise für die Softwaretechnik (vgl.
Oberquelle, 1990). Dazu scheinen mir drei wesentliche Schritte notwendig:

• *Erstens sind die Vorstellungen über Menschen, Aufgaben und Organisationen zu thematisieren.* Der vorige Abschnitt gibt dazu Anstöße. Eine Diskussion über Diskrepanzen zwischen den
Selbstbildern der Entwickler und ihren Vorstellungen über Benutzer, zwischen der Gestaltung
von Entwicklerarbeitsplätzen und Benutzerarbeitsplätzen, zwischen Formen der Teamarbeit bei
der Systementwicklung und strikten Reglementierungen bei integrierten Systemen für andere
könnte diese Diskussion befördern. Eine offene Frage ist auch, inwieweit Systementwickler
möglicherweise ein sozial eingeschränktes Verhalten zeigen, ein eingeschränktes Selbstbild besitzen und dieses in ihrer Arbeit auf andere übertragen.

• *Zweitens sind vor der Entwicklung interaktiver Systeme menschengerechte Nutzungsperspektiven bewußt auszuwählen.* Unter dem Gesichtspunkt der menschengerechten Gestaltung sind
solche Perspektiven zu bevorzugen bzw. (weiter) zu entwickeln, die dem Menschen weitreichenden Handlungsspielraum sowohl bei der Aufgabenerledigung wie bei der Anpassung der Arbeitsbedingungen bereitstellen und ihn nicht weitgehend dem Computer (und damit den Entwicklern) unterordnen.

• *Drittens ist die Rolle der Software-Ergonomen in bezug auf den gesamten Systementwicklungsprozeß neu zu überdenken.*
Aus meiner Sicht ist die Aufgabe des Software-Ergonomen der eines **Architekten** ähnlich, der
in Kenntnis der Bedürfnisse seiner Kunden und der technischen Möglichkeiten (Spiel-) Räume
nach menschlichen Maßen entwirft, bei denen Funktion und Form harmonieren und sich wechselseitig bedingen, in denen sich die Bewohner ohne Probleme orientieren können, ohne Behinderungen ihre Aufgaben erfüllen, sich wohlfühlen und sich entfalten können. Zemanek (1986)
hat darauf hingewiesen, daß es gemeinsame Prinzipien von abstrakter Architektur gibt, die für
Gebäude, Computer, Verkehrssysteme und Fahrzeuge anwendbar seien. Er weist der Architektur
die Aufgabe der planenden Gestaltung und hilfreichen Beschreibung der Erscheinungsform zu.
Die Architektenaufgabe ist eine Gestaltungsaufgabe, die Wissen und Können erfordert und auf
Tradition aufbaut. Sie ist keine Ingenieursaufgabe, auch wenn der Architekt auf Ingenieurswissen angewiesen ist und ohne qualifizierte Handwerker kein stabiles Gebäude entsteht. Die Einbeziehung der späteren Bewohner in den Entwurfsprozeß ist eine Selbstverständlichkeit; die Besichtigung von ähnlichen Gebäuden ist eine Möglichkeit, den Kunden einen realistischeren Eindruck zu verschaffen, als es eine Zeichnung erlaubt. Modelle können für denselben Zweck eingesetzt werden. Die Einrichtung der Räume kann zwar unter Beratung der Architekten gesche-

hen, ist aber Aufgabe der Benutzer. Vorschriften für die Benutzung der Räume wird sich ein Architekt niemals überlegen. Vielmehr wird er seine Freude daran haben, wenn die von ihm gestalteten Räume noch ideenreicher genutzt werden, als er es sich ausgemalt hatte. Für den guten Architekten steht das Bedürfnis seiner Kunden nach behaglichem, selbstbestimmtem Wohnen als allgemeines menschliches Bedürfnis außer Frage. Dabei soll nicht verschwiegen werden, daß es immer wieder Architekten gibt, die eher ihrem eigenen Spieltrieb folgen, als die Interessen der Kunden in eine gute Gestaltung umzusetzen.

Im Vergleich zur Baukunst bieten Computer ein wesentlich flexibleres Material, welches Probebauen, Probewohnen und Umbau während der Bauphase und nach Bezug erlaubt. Auf jeden Fall sollte auch hier die Gestaltung durch den Architekten dem Bau von Systemen vorausgehen.

Der Software-Technik fällt in diesem Vergleich die Aufgabe zu, gemäß den Regeln der Baukunst stabile und gleichzeitig flexible Räume herzustellen und in einem evolutionären Prozeß zu verbessern. Die in neuerer Zeit propagierten Verfahren der iterativen, inkrementellen, prototypgestützten und partizipativen Software-Entwicklung lassen sich hier mühelos einordnen.

Der Entwicklung einer Architekturlehre für die MCI stehen mehrere Schwierigkeiten im Wege: Die Änderungsgeschwindigkeit der "Baustoffe" und "Bauverfahren" ist hier so groß, daß es kaum gelingt, Erfahrung zu sammeln, geschweige denn Traditionen zu entwickeln. Ausdrucksmittel für die Darstellung von Entwürfen fehlen ebenso wie erprobte Werkzeuge für ihre Umsetzung. Ausbildungsgänge für Architekten fehlen erst recht.

Benutzer haben kaum eine vergleichbare Kompetenz wie Bauherren, da ihnen langfristige eigene "Wohnerfahrung" fehlt und sie für das "Bauen" erst qualifiziert werden müssen.

Trotz allem scheint mir die Vorstellung vom Systemarchitekten als Gestalter von reichhaltigen, umgestaltbaren Räumen, in denen sich die MCI evolutionär entwickeln kann, eine Perspektive für die Entwicklung der MCI zu sein, in der sich der Widerspruch zwischen Gestaltung und Evolution aufhebt und für die sich der Einsatz lohnt.

Ich danke Susanne Maaß, Ulrich Piepenburg und Arno Rolf für hilfreiche Kommentare und Korrekturhinweise.

Literaturverzeichnis

Balzert, H. (Hrsg.) (1983). Software-Ergonomie. Teubner, Stuttgart
Böhle, F., Milkau, B. (1988). Vom Handrad zum Bildschirm. Eine Untersuchung zur sinnlichen Erfahrung im Arbeitsprozeß. Campus, Frankfurt/Main
Bullinger, H.-J. (Hrsg.) (1985). Software-Ergonomie '85. Mensch-Computer-Interaktion. Teubner, Stuttgart, 1985
Bullinger, H.-J., Fähnrich, K.-P., Ziegler, J. (1987). Software-Ergonomie: Stand und Entwicklungstendenzen. in: Schönpflug & Wittstock (1987), 17 - 30

Carasik, R.P., Grantham, C.E. (1988). A case study of computer-supported cooperative work in a dispersed organization. in: Solloway, E., Frye, D., Sheppard, S.B. (Eds.). CHI´88. Human Factors in Computing Systems, Conference Proceedings. ACM SIGCHI Bulletin, Special Issue, 61-65

Carroll, J.M., Kellogg, W.A., Rosson, M.B. (1990). The Task-Artifact Cycle. IBM Yorktown Heights, RC 15731

Dzida, W. (1983). Das IFIP-Modell für Benutzerschnittstellen. Office Management, Sonderheft, 3 - 9

Ehn, P. (1988). Work-Oriented Design of Computer Artifacts. Arbetslivscentrum, Stockholm

Ehn, P., Kyng, M. (1985). A Tool Perspective on Design of Interactive Computer Support for Skilled Workers. Aarhus University, Computer Science Department, DAIMI PB-190

Englebart, D.C., Watson, R.W., Norton, J.C. (1973). The augmented knowledge workshop. AFIPS Conference Proceedings, Vol. 42, AFIPS Press, Montvale, New Jersey , 9 - 21

Fischer, G. (1990). Eliminating the High-Tech Scribes. Eingeladener Vortrag, 10. Arbeitstagung MMK, Königswinter, 18.-21. November 1990

Frese, M., Brodbeck, F.C. (1989). Computer in Büro und Verwaltung. Psychologisches Wissen für die Praxis. Springer, Berlin

Garson, B. (1990). Schöne neue Arbeitswelt. Wie Computer das Büro von morgen zur Fabrik von gestern machen. Campus, Frankfurt, New York

Haaks, D. (1991). Anpaßbare Informationssysteme - Basis für aufgabenorientierte Systemgestaltung und Funktionalität. (in diesem Band)

Hacker, W. (1987). Software-Ergonomie: Gestalten rechnergestützter geistiger Arbeit ?! in: Schönpflug & Wittstock (1987), 31 - 54

Hacker, W., Richter, P. (1990). Psychische Regulation von Arbeitstätigkeiten - Ein Konzept in Entwicklung. in: Frei, F., Udris, I. (Hrsg.). Das Bild der Arbeit. Huber, Bern, 125 - 142

Herrmann, T. (1988). Grenzen der Software-Ergonomie bei betrieblichen ISDN-Systemen. in: Valk, R. (Hrsg.). GI - 18. Jahrestagung, Springer, Berlin, 521 - 532

Keil-Slawik, R. (1990). Konstruktives Design. Ein ökologischer Ansatz zur Gestaltung interaktiver Systeme. TU Berlin, Bericht 90-14

Klotz, U. (1990). Die Wende in der Bürokommunikation. Neue Perspektiven für Ergonomie und Organisationsentwicklung. Office Management, 6/1990, 46 - 50 und 7/1990, 32 - 45

Kupka, I., Oberquelle, H., Maaß, S. (1982). Kommunikation in Mensch-Rechner-Dialogen. in: Nehmer, J. (Hrsg.). Proc. 12. GI-Jahrestagung, Springer, Berlin, 211 - 230

Leavitt, H.J. (1974). Grundlagen der Führungspsychologie. Moderne Industrie, München

Long, J., Dowell, J. (1989). Conceptions of the Discipline of HCI: Craft, Applied Science, and Engineering. in: Suttcliff, A. (Ed.). People and Computers V. Cambridge University Press, Cambridge, 9 - 32

Maaß, S. (1984). Mensch-Maschine-Kommunikation. Herkunft und Chancen eines neuen Paradigmas. Universität Hamburg, Fachbereich Informatik, Bericht Nr. 104

Maaß, S., Oberquelle, H. (Hrsg.) (1989). Software-Ergonomie ´89. Aufgabenorientierte Systemgestaltung und Funktionalität. Teubner, Stuttgart

Maaß, S., Oberquelle, H. (1991). Perspectives and Metaphors for Human-Computer Interaction. in: Budde, R., Floyd, C., Keil-Slawik, R., Züllighoven, H. (Eds.), Software Development and Reality Construction. Springer, Berlin (in Vorbereitung)

Nygaard, K., Sørgaard, P. (1987). The Perspective Concept in Informatics. in: Bjerknes, G., Ehn, P., Kyng, M. (Eds.). Computers and Democracy. A Scandinavian Challenge. Avebury, Gowers, Aldershot, 371 - 394

Oberquelle, H. (1990). Ergonomic Software and Software Engineers. in: COMPEURO '90 Proc. IEEE International Conference on Computer Systems and Software Engineering, IEEE Computer Society Press, Los Alamitos, 226 - 235

Oberquelle, H. (1991). Perspektiven der Mensch-Computer-Interaktion und kooperative Arbeit. in: Frese, M., Kasten, C., Zang-Scheucher, B. (Hrsg.). Software für die Arbeit von morgen. Bilanz und Perspektiven anwendungsorientierter Forschung. Springer, Heidelberg

Panel (1986). Human Computer Interaction in the Year 2000. in: Mantei, M., Orbeton, P. (Eds.). Human Factors in Computing Systems CHI '86, SIGCHI Bulletin, Special Issue, 253 - 255

Rödiger, K.-H., Piepenburg, U. (1989). Prüfung von Software auf die Grundsätze ergonomischer Dialoggestaltung. in: Maaß & Oberquelle (1989), 163 - 173

Schallberger, U. (1990). Menschenbilder und das Bild menschengerechter Arbeit. in: Frei, F., Udris, I. (Hrsg.). Das Bild der Arbeit. Huber, Bern, 56 - 70

Schönpflug, W., Wittstock, M. (Hrsg.) (1987). Software-Ergonomie ´87. Nützen Informationssysteme dem Benutzer? Teubner, Stuttgart

Shneiderman, B. (1990). Human Values and the Future of Technology: A Declaration of Empowerment. Proc. Conf. Computers and the Quality of Life CQL '90, ACM SIGCAS 20,3, 1 - 6

Sørgaard, P. (1987). A cooperative work perspective on use and development of computer artifacts. Aarhus University, Computer Science Department, DAIMI PB-234

Stallman, R., Garfinkel, S. (1990). Viewpoint. Against User Interface Copyright. CACM 33, 11, 15 - 18

Tepper, A. (1990). Leitbilder in der Informatik. Potentiale und Risiken. Untersuchungen am Beispiel des Assistenz-Leitbildes. (Projektbeschreibung, Faltblatt), GMD, St. Augustin

Ulich, E. (1989). Arbeitspsychologische Konzepte der Aufgabengestaltung. in: Maaß & Oberquelle (1989), 51 - 65

Volpert, W. (1990a). Welche Arbeit ist gut für den Menschen? Notizen zum Thema Menschenbild und Arbeitsgestaltung. in: Frei, F., Udris, I. (Hrsg.). Das Bild der Arbeit. Huber, Bern, 23 - 40

Volpert, W. (1990b). Verantwortbare Gestaltung für Informatik-geprägte Arbeitsplätze. in: Reuter, A. (Hrsg.). GI - 20. Jahrestagung I. Springer, Berlin, 168 - 177

Weltz, F., Lullies, V. (1983). Menschenbilder der Betriebsorganisatoren. in: Rammert, W., Bechmann, G., Nowotny, H., Vahrenkamp, R. (Eds.), Technik und Gesellschaft. Jahrbuch 2, Campus, Frankfurt, New York, 109 -128

Winograd, T. (1986). A Language / Action Perspective on the Design of Cooperative Work. in: CSCW´86. Proceedings MCC/ACM Conference on Computer-Supported Cooperative Work. MCC Software Technology Program, Austin, Texas, 203 - 220

Wixon, D., Holtzblatt, K., Knox, S. (1990). Contextual Design: An Emergent View of System Design. in: Chew, C., Whiteside, J. (Eds.). Empowering People. CHI'90 Conference Proceedings, ACM, SIGCHI Bulletin, Special Issue, 329 - 336

Wulff, W., Mahling, D.E. (1990). An Assessment of HCI: Issues and Implications. ACM SIGCHI Bulletin 22, 1, 80 - 87

Zemanek, H. (1986). Gedanken zum Systementwurf. Ein von Gebäude und Computer generalisierter Architekturbegriff, der auch für Fahrzeuge und Verkehrssysteme nützlich sein könnte. in: Maier-Leibnitz, H. (Hrsg.). Zeugen des Wissens. v. Hase & Koehler, Mainz, 99 - 125

Prof. Dr. Horst Oberquelle
Fachbereich Informatik
Universität Hamburg
Rothenbaumchaussee 67/69
D-2000 Hamburg 13

Die Weitsicht des Software-Entwicklers

Jan Witt, München

1   Zusammenfassung

Der Software-Entwickler bewegt sich in einer sich rasch verändernden Welt. Es wird versucht, einige Fragen hierzu zu beantworten: Gibt es stabile Gesetze, die diese Welt beherrschen? Wird der Software-Entwickler entbehrlich? Kann Software-Entwicklung ähnlich inhumane Resultate hervorbringen wie die Auswüchse des modernen Städtebaus? Bringt die künstliche Intelligenz die Lösung?

2   Einleitung -Weltsicht oder Weitsicht

Der Titel meines Vortrages ist das Ergebnis eines "Lapsus styli ", eines fast Freudschen Verschreibers. Ursprünglich war nämlich die **Weltsicht** des Software-Entwicklers, nicht seine **Weitsicht** gemeint. Dann aber auf den Spuren der Prinzen von Serendip wandelnd, die zu finden verstanden, was sie nicht gesucht hatten, fand auch ich: es zeigte sich immer mehr der neue, unbeabsichtigte Titel als die eigentliche "Trouvaille", als die wichtige Findung.

Ist nicht Weitsicht etwas, was die Träger des technischen Fortschritts und der persönlichen Verantwortung, die diese Fortschritts-Trägerschaft mit sich bringt, gut gebrauchen können, gar bitter nötig haben?

Was ist mit "Weitsicht" gemeint? Der Begriff hat, wie viele andere, eine zeitliche und eine räumliche Dimension:

Er bezeichnet eine Tugend, eine positive Eigenschaft, vorzugsweise einer einzelnen Person, die zugleich **Rücksicht, Vorsicht** und **Voraussicht**, aber auch die Fähigkeiten der pluralistischen Toleranz und der Offenheit gegenüber dem Zeit- und Regionalgenossen und schließlich auch Gelassenheit gegenüber den hochfrequenten Überschwingern des Tagesgeschehens und ephemeren Wunderheilungen umschließt.

Weitsicht als Weltsicht verlangt nicht einen illusionären Glauben an eine "Heile Welt", wohl aber die Überzeugung, daß es Regeln und Gesetzmäßigkeiten gibt. Der **Software-Entwickler**, wie im Grunde jeder "Profi" muß den Anspruch erheben, die "ehernen" Gesetze zu kennen, kennen zu wollen, kennen zu können, die seiner täglichen Arbeit zu Grunde liegen.

3   Was macht der Software-Entwickler morgen?

Wenn man über die Tätigkeit des Software-Entwicklers diskutiert, muß man sich natürlich auch die Frage stellen, was denn nun der unverlierbare Kern dieser Tätigkeit sein könnte, und welche Berufsbilder mit welchen Populationen hier mittel- und langfristig entstehen bzw. verbleiben werden.

So wie der Schneider heute häufig nur noch ein Änderungsschneider ist, der Schuster ein Flickschuster, so muß sich z. B. die Frage stellen, ob der Software-Entwickler der Zukunft nicht eher ein Software-Flicker und -Reparierer sein wird als ein Neuhersteller von Software.

Wenn man das neue Schlagwort von der Software-Wiederverwendung , dem "Software reuse" , ernst nimmt, so muß man ja auch an den Gebraucht-Software -Markt, ja an den Second-hand-Softwareladen denken.

Hier stellt sich dann auch die Frage, was denn mit der existierenden Software geschehen wird. Im Prinzip ist Software ja keinem Verschleiß unterworfen, muß, wie wir wissen aber trotzdem "gewartet" werden.

Wird man zukünftig wartungsarme, gar wartungsfreie Software entwickeln können? Wird diese auf den Paradigmen des logischen Programmierens und/oder des objektorientierten Entwurfes basieren?

Wird neue Software die alte völlig substituieren?

4 Rationalisiert sich der Software-Entwickler selbst hinweg?

Es ist vielfach darauf hingewiesen worden, daß der Software-Entwickler sich selbst möglicherweise ums Brot bringt, sich und seinesgleichen wegrationalisiert. Sollte sich herausstellen, daß es sich in der Tat vermeiden läßt, daß mal wieder einer zum 155ten Male das fünfeckige Rad erfindet, so wäre dies in der Tat ein harter Schlag für den betreffenden, sofern er sich auf nichts anderes versteht als auf das Erfinden eckiger Räder. (Man könnte ihm vielleicht einen Posten als Heizer auf einer Diesellok vermitteln).

Etwas ernsthafter fragend gelangt man zu drei Varianten:

1. Der Bedarf an Software-Entwicklern nimmt ab, weil alle benötigte Software schon existiert und via Wiederverwendung genutzt werden kann.

2. Das Software-Entwickeln kann von jedermann selbst ausgeübt werden. (Vgl. die Berufe Telephonist, Photograph, Chauffeur.)

3. Die " künstliche Intelligenz " hat die Software-Entwicklung überflüssig gemacht.

Zunächst zu den ersten zwei Möglichkeiten, die dritte werden wir in der Schlußbemerkung kurz behandeln.

Falls eine der beiden ersten Varianten tatsächlich eintreten sollte, hängt es von der Bandbreite des Bildungs- und Erfahrungshintergrundes des Einzelnen zusammen, ob er deshalb um seinen Job fürchten muß.

Es geht dabei vor allem um die Frage, ob sich der Entwickler als Universalist oder als Spezialist versteht und betätigt.

Die Frage, ob Informatik und Software-Technik überhaupt weiterhin eine kohärente Disziplin darstellen oder in Zukunft in mehrere Teile zerfallen werden, ist sicherlich genauso schwer zu beantworten und letzlich müßig wie die Fragen, ob der Physiker ein Universalist oder ein Spezialist ist, und ob die Physik etwa eine oder viele Wissenschaften darstellt.

Die Frage, ob es sich bei der Informatik der Zukunft oder ihren Nachfolgedisziplinen um Wissenschaften oder Ingenieur-Disziplinen handelt, soll an dieser Stelle nicht weiter erörtert werden.

Wichtig ist sicherlich, daß die gegenwärtige Software-Technik darauf abzielt, wie so viele andere Disziplinen auch, die Dinge ein für allemal zu lösen, und zwar dadurch, daß an die Stelle des konkreten Arbeitsablaufes das Verfügbarmachen eines Verfahrens tritt.

Wenn wir sagen, " ein für allemal lösen ", so lohnt es sich auch, noch ein bißchen über den Unterschied zwischen der " eigentlichen " Informatik, d.h. der Kerninformatik im engeren Sinne, und der Informationstechnik oder Informationstechnologie im weiteren Sinne nachzudenken.

Es gibt heute sicherlich in der Welt nur wenige Leute, die die Chance haben, einen Automobilmotor neu zu konstruieren, der dann tatsächlich in einer größeren Anzahl von Autos eingesetzt wird.

Gleichwohl ist es überaus nützlich, gelernt zu haben, wie man einen solchen Motor konstruiert und zu wissen, warum die landesüblichen Konstruktionen in welcher Weise entwickelt wurden. Viele technische Produkte wie z. B. auch das Fahrrad erfahren nach ihren stürmischen Anfangsjahren eine gewisse Stabilisierung, die für alle Personen, die mit diesem technischen Gegenstand umgehen, Verkäufer, Käufer, Benutzer, Reparateure eine faktische Situation festschreibt, der kaum noch ausgewichen werden kann.

Sind diese strukturellen Verkrustungen nun die zuvor erwähnten ehernen Gesetze?

Die Tierart Frosch hat sich in den letzen 60 Millionen Jahren genetisch praktisch nicht mehr verändert, etwa im Gegensatz zum Menschen, dessen Vorfahren nach derzeit herrschender Meinung erst vor weniger als drei Millionen Jahren mit dem Neocortex, den " kleinen grauen Zellen " ausgestattet wurden, die es Agatha Christie gestatteten, sich den Hercule Poirot auszudenken.

Wenn der Frosch als Resultat einer natürlichen Evolution und das moderne Fahrrad als Resultat der Koevolution von Mensch, Asphaltstraße und synthetischem Gummi jeweils einen stabilen Zustand für weitere 10 Millionen Jahre bzw. weitere 10 Jahre erreicht haben sollten, so bedeutet dies nur relative Stabilität gegenüber dem rascher Flüchtigen, wenig mehr.

Ich glaube, es wird schon zu einer gewissen allmählichen Ausdünnung der Nur-Informatiker kommen, so wie die Frösche mit der Trockenlegung der Sümpfe auch weniger werden.

Dies bedeutet aber zunächst noch keine Krise der Ausbildungspläne und Curricula sofern diese sich bemühen, verstärkt langlebiges und anwendungsneutrales Wissen in den Vordergrund zu schieben.

Es bedeutet eher schon eine Krise der im Berufsleben stehenden Software-Entwickler, und zwar im Hinblick auf die Fragen,

1. ob das was sie in ihrer Ausbildung gelernt haben für den tatsächlich ausgeübten Beruf nützlich und relevant ist

2. ob und in welcher Weise sie hier eine Möglichkeit des hierarchischen Aufstiegs in der traditionellen Form des Karrieremachens sehen.

Zu 2. ist nicht so sehr viel zu sagen: Es ist bekannt, daß in der technisch orientierten Industrie eine deutliche Tendenz besteht, vorhandene tiefgeschachtelte Hierarchien abzuflachen und Informationswege zu verkürzen.

Dies gilt ganz besonders im Bereich der Innovation technischer Artefakte, wo möglicherweise solche Hierarchien auf fachlicher Ebene nie ernsthaft wirksam waren.

Zu 1, zu den zu vermittelnden Inhalten gibt es allerdings einiges zu sagen. Ein paar grundsätzliche Tendenzen in der Berufswelt des Software-Entwicklers von heute und morgen muß man einfach zur Kenntnis nehmen:

1. Software besteht zu einem immer kleineren Teil nur aus von Computern ausführbaren einzelnen Programmen. Sie umfaßt vielmehr komplexe Systeme von solchen Programmen, zusammen mit riesigen Datenbeständen, Normen, Vereinbarungen, organisatorischen Randbedingungen und Maßnahmen.

2. Erfolgreiche, sehr weit verbreitete Software wurde meist nicht am Reißbrett designed und geplant, sondern wuchs organisch aus einer Keimzelle, möglicherweise gestützt auf eine Vision oder ein allgemeines Prinzip.

3. Der Erfolg von Software stellt sich in der Evolution und in der Bewährung im Wettbewerb heraus, er ist nur bedingt planbar und hängt, wie jede Innovation, von den sich öffnenden und sich schließenden Zeitfenstern ab.

4. Software wird (aus Anwendersicht) nicht gemacht, sondern gekauft. Die Schwierigkeit besteht nur darin, zu entscheiden, was man kaufen soll. Der berühme Papiertiger, der nur als Glanzbroschüre existiert, hat keine Chance mehr. Der Kunde will "hands on " Erfahrung sammeln. Oft heißt daher das Gebot der Stunde Prototyping.

5. Software hängt in zunehmenden Maße von technischen Gegebenheiten ab, die nicht einfach als grössere, schnellere und billigere Computer zu klassifizieren sind, nämlich z.B. von Informationsnetzen und anderen umfangreichen technischen Einrichtungen, die ihre sehr spezifischen Eigengesetzlichkeiten haben.

5 Die ehernen Gesetze und die Wissensbasen

Die Redeweisen der künstlichen Intelligenzler, haben uns gelehrt, zwischen Regeln und Fakten , die der Objektorientierten, zwischen Klassen und ihren exemplarischen Ausprägungen zu unterscheiden.

Die Gesetze, von denen zuvor die Rede war, stellen bei einem wissensbasierten System herkömmlicher Prägung Anschreibungen ohne jeglichen Realitätsbezug dar, die geeignet sein sollen, die Fakten d.h. die auftretenden Phänomene zu klassifizieren bzw. sie wirken als einschränkende Bedingungen (Constraints), die es gestatten, nur für solche Situationen Vorkehrungen zu treffen, die tatsächlich eintreten können.

Wissensbasierte Systeme befassen sich in der Regel nicht mit der Frage, wie Gesetze gelernt werden bzw. wie sie gefunden werden, noch wie die Wahrheit von Fakten geprüft werden soll und schließlich auch nicht, wie weit der Beobachtungsapparat die beobachteten Fakten selbst beinflußt. (Vgl. [Bro78]).

6 Wie ehern und ewig sind die Gesetze?

Gesetzmäßigkeiten sind begrenzt räumlich über den Grad der Allgemeinheit, den Geltungsbereich im Begriffsraum oder im Raum des Vorfindlichen, und zeitlich über die Fortdauer der Gültigkeit von Beziehungen im Lauf der Veränderungen.

Der Begriff des Gesetzes, (griech. nomos), konnotiert sehr stark Beharrlichkeit, Beständigkeit und fortdauernde Gültigkeit. [1]

Seit Hammurabis Zeiten wird der Gesetzesbegriff verknüpft mit der Frage, ob Gesetze menschliche Setzungen, oder unauflösliche Vorgaben der Götter oder der Natur, also Naturgesetze sind, bzw. umgekehrt, ob auch das reversibel "gesetzte" gleichwohl "Gesetz" genannt werden soll.

Gerade heute muß man sich stets aufs neue die Frage stellen, was denn zufällige (d.h. nicht notwendige) menschliche Setzungen auszeichnet, vor welchem Hintergrund eines möglichen Andersseins sie zu sehen sind. Heute einmal deshalb, weil der Konnektionismus , das

---

[1] Der griech. Wortstamm ist ja auch Bestandteil des Wortes Ergonomie.

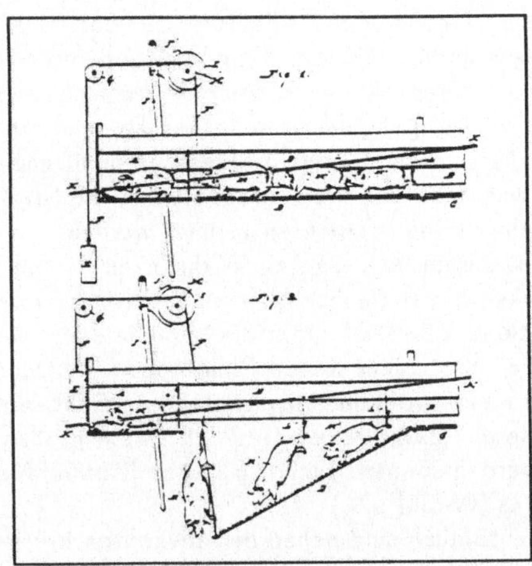

Abbildung 1: Apparat zum Aufhängen von Schweinen. 1882 nach [Gie87]

Kehren wir zurück zur Gebäude-Archtiktektur-Analogie: Der Software-Entwickler von heute ist in der Mehrzahl der Fälle - wir wiesen bereits darauf hin - eigentlich nicht so sehr ein Architekt, der auf der grünen Wiese (bisher Bauerwartungsland) Neues entwickelt, sondern er ist meist damit befaßt zu modernisieren, zu sanieren und auch zu integrieren, d.h. Verbindungen zwischen Komponenten herzustellen, die vorher nicht bestanden.

Wenn einige vermeintlich glückliche System-Designer die Möglichkeit bekommen, einmal ganz von Grund auf neu "Software-Städteplanung" zu betreiben oder zumindest ein Stadtviertel oder einen Gebäudekomplex zu planen und dann zu realisieren, dann führt das in der Regel zu einem Desaster.

Dies Phänomen ist ja auch aus dem Bereich der echten Städteplanung bekannt, man denke an Brasilia, an das märkische Viertel in Berlin, an die Vielzahl der "aus der Tube gequetschten" Vorstädte, Kulturzentren etc. Warum kommt es eigentlich immer wieder zu diesen Dilemmas? Warum entstehen Piranesische unbewohnbare und unbewohnte Hallen anstelle von freundlichen bewohnbaren Strukturen? (Abbildung 3). Auf diese Fragen gibt es sicher viele verschiedene Antworten. Es fällt schwer, hier Position zu beziehen, ohne zumindest teilweise in Kulturpessimismus zu verfallen, bzw. zumindest die Mißbeschaffenheit der Epoche zu beklagen. vgl.[III73, III78, I+79, Pad84]) Die Ursachen sind sicher vielgestaltig: Betrachten wir zunächst den hohen Stellenwert der persönlichen Erfahrung gegenüber dem bloß angelesenen Wissen. So mancher hält sich für einen Designer und bewährt sich auch, solange er von einer bewährten Grundstruktur nicht allzuweit abweicht, versagt aber, sobald der Entwurfsspielraum allzu groß und vieldimensional wird.

Wahrscheinlich liegen die Ursachen aber noch tiefer:

Umgehen mit automatischen, "lernenden" Klassifikatoren auf Basis der "künstlichen neuronalen Netze" neue Zugänge zum Verständnis von Begriff, Sprache und Lernen liefern und zum anderen zur Beantwortung der Frage, welcher ethische Rahmen der menschlichen Freizügigkeit, Gesetze zu setzen , denn als Grenze zukünftig zu dienen habe, welche denn die großen kosmischen und säkularen Invarianten sind, die zu verändern dem Menschen nicht gegeben ist, es sei denn um den Preis der Hybris, und was denn der Preis dieser Hybris, die Strafe des Frevels wider die Götter sein möchte, wenn eben diese Invarianten verletzt werden.

Entdecken oder Schaffen wir unsere tägliche Wirklichkeit? Und - ist das Beobachtete, zusammen mit den Möglichkeiten der Beobachtbarkeit nicht auch vorgeprägt durch die beabsichtigte spätere Interpretation? Wie stark prägt die Sprache unser Denken und Handeln?

Etwa seit dem Anfang der 60er Jahre weisen Philosophen, Wissenschaftler und Techniker verstärkt darauf hin, daß wir nicht nur manifeste physische Artefakte um uns herum gruppieren, sondern daß auch viele unserer "Entdeckungen" zu einem großen Teil als willkürliche Kreationen betrachtet werden können. (vgl. z.B. Kuhn [Kuh62], Nelson Goodman [Goo77, Goo78], Winograd und Flores [WF86] u.a.)

Dem Gesetzesbegriff eigentümlich sind neben der erwähnten Persistenzeigenschaft auch

- der Anspruch auf eine räumlich und zeitlich begrenzte Ausdehnung des Gültigkeitsbereiches. (d.h. es ist ihnen eigentümlich, daß sie zu anderer Zeit und an anderem Orte auch nicht gelten könnten.)

- der Anspruch der Unmißverständlichkeit, Genauigkeit.

- der Anspruch auf Formalisierbarkeit, Kodifizierbarkeit oder zumindest auf Aufschreibbarkeit.

Gesetze sind Gebote oder Verbote und dementsprechend sind sie, in der Sprache der Informatik, weder rein prozedural noch rein deskriptiv, sie haben überwiegend den Character von "constraints". Sie erzwingen Sachverhalte und schließen andere Sachverhalte aus, dort wo sie und dann wenn sie gelten. Sie erlauben auch das Herleiten quantitativer Zusammenhänge.

Nicht nur der allgemeine Wissensdrang des Menschen, sondern auch seine wirtschaftlichen Interessen machen gerade das Auffinden bzw. Festlegen der zeitlichen und räumlichen Grenzen von Gesetzen außerordentlich interessant.

Formulierbarkeit von Projektkosten, Lebensdauer von Software, Bedarf an Software-Spezialisten , Wiederverwendung von Software, Wohlverhalten im Umgang mit Software, etc. können nur auf der Basis von Gesetzmäßigkeiten sichergestellt werden.

Es geht also einmal darum, weltausschnitts-spezifische "quasi-ewige" Invarianten zu finden dazu aber auch einigermaßen stabile (extrapolierbare) Trends, d.h. zeitliche Veränderungen, die sich formal packen lassen. In diesen Bereich gehören die Versuche, Software-Metriken, "Software-Physics", Software-Arbeitsmethoden und, last not least, auch Gesetzmäßigkeiten der Software-Ergonomie zu finden.

Zum anderen ist empirisches Weltwissen, das sich der Formalisierung entzieht und stets hochgradig erfahrungsabhängig bleibt, in geeigneter Weise zu klassifizieren, zu sammeln und zumindest heuristisch beherrschbar und fortschreibbar zu machen.

Die Weitsicht des Software-Entwicklers müßte sich also auf beides stützen:

- (hoffentlich langlebige) monolithische axiomatische Theorien

- detailreiche feingeflochtene Erfahrungsmuster ohne faßbare axiomatische Basis.

Diesem Wunsch stehen entgegen:

- Die Widersprüche zwischen empfohlener Technik und geübter Praxis (wie finden Software-Design und -Implementierung tatsächlich statt?)

- Die Begrenztheit der persönlichen Erfahrungen des Einzelnen und die Schwierigkeit, diese weiterzugeben. (Vgl. [Pol62, Pol67, Pol69].)

7 Software-Entwicklung ist wie Städtebau

Im Bereich der Informatik ist die Analogie zum Häuserbauen oder besser gesagt zur Architektur ja sehr verbreitet. Man spricht von Computer-Architektur von der Architektur eines Systems usw.

Bei der Computer-Architektur ist aber meist eher das gemeint, was beim Häuserbau der Statik entspricht, der technischen Funktionstüchtigkeit, vielleicht auch der Wirtschaftlichkeit, nicht so sehr der Benutzbarkeit.

Ähnliches ist bei der "Architektur" eines Anwendungssystems gemeint. Selten ist die Rede von der Bewohnbarkeit eines so entworfenen und realisierten Gebäudes und dem eigentlichen Leben, das sich dort auf die Dauer abspielt. Man denke an Mitscherlichs "Unwirtlichkeit der Städte ", oder man vergleiche hierzu auch z.B. die Ausführungen von Tzonis [Tzo76] über den Entwurfsprozeß des "vor-rationellen Menschen" .

Im Bereich der Realisierung von Computer-Anwendungen beobachtet man immer wieder noch eine ausufernde Begeisterung für das technisch Machbare, wie sie zu Beginn des Maschinenzeitalters mit der Apotheose des Zahnrades Hand in Hand ging. Bekannte Kritiker wie Joseph Weizenbaum oder die Brüder Dreyfus bemängeln vor allem den Verlust von Lebensqualität, aber auch die materiellen Schäden, die aus dem Ausschöpfen der technischen Möglichkeiten resultieren können. Ich meine aber auch, daß es hier auch noch eine unbewußte Verrohung, ein genüßliches Auskosten von unerfreulichen Begleitphänomenen der technischen Schöpfung gibt. Ich möchte hierzu zwei Beispiele als Analogie aus der frühen Maschinenzeit geben, beide aus [Gie87] entnommen. Das erste (Abbildung 1) ist eine technische Einrichtung, die es gestattet, Schweine "am laufenden Band" zu schlachten. Natürlich ist das Schlachten von Schweinen sicher in keinem Fall eine besonders ästhetische Angelegenheit. Hier wird jedoch ein lebendes Schwein nach dem anderen an einem Hinterfuß kopfüber aufgehängt und so zu seinem Tode transportiert, wobei der Zeichner durch geöffnete Mäuler noch andeutet, daß die Schweine erschreckt aufquieken. Das zweite Beispiel (Abbildung 2) ist ein mechanischer Zahnarztstuhl, aus der gleichen Zeit, sicherlich zweckmäßig gebaut, den heutigen Stühlen dieser Art nicht unähnlich. Die Darstellung konzentriert sich darauf, zu zeigen, mit Hilfe welcher Justierschrauben der Patient für den Behandelnden in optimale Lage gebracht und dort fixiert werden kann: Technik als Mittel der Ausübung (wohltätigen) physischen Zwanges.

Mit diesen beiden Beispielen sollte natürlich nicht gesagt werden, daß der Software-Entwickler ein "armes Schwein" sei, oder daß es sich empfehle, ihm "auf den Zahn zu fühlen".

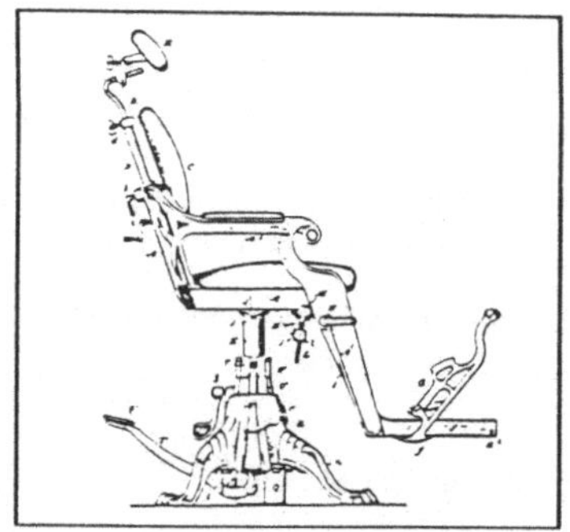

Abbildung 2: Zahnarztstuhl, 1879 nach [Gie87]

Abbildung 3: Piranesi: Carceri - vor 1750

8 Arbeitsteilige Software-Entwicklung

Bevor wir mit den ehernen Gesetzen fortfahren, ist es vielleicht angemessen, einmal über die Frage nachzudenken, wen wir eigentlich mit dem Software-Entwickler gemeint haben.

Es gab eine Zeit, sie liegt, Gott sei Dank, schon eine Weile zurück, in der man glaubte, daß es jeweils einen Chef und viele Untergebene bei den Software-Entwicklern gibt. Der Chef gibt die Befehle und die Mitarbeiter setzen sie in die Tat um.

Man darf das nicht belächeln, denn es gab auch eine Zeit, in der ein gewisser Dawson in den USA die ersten Verkehrsflugzeuge (aus Sperrholz) baute, wobei er selbst - wie ein Kapitän auf der Brücke stehend - Kommandos gab, die ein Steuermann dann in die Tat umsetzte. (Leider stürzte eines seiner Flugzeuge mit sehr vielen Prominenten an Bord dann in den Sumpf. Einige meinten, es habe an der Kommandostruktur gelegen).

Aber wie soll man denn eine Horde ungebärdiger Hacker im Schach halten, wenn nicht durch eine paramilitärische Organisationsform?

Eine Kompromißformel bot sich Anfang der 70er Jahre in der Form des legendären Chief-

Programmer-Teams an, wobei allerdings damals noch niemand wußte, daß das vielgepriesene New York Times-Projekt, bei dem das Chief-Programmmer-Team angeblich die wundervollsten Wirkungen vollbrachte, selbst ein ziemlicher Flop war, dessen Ergebnisse nie zum praktischen Einsatz kamen ([Bak72, BM73]).

In diesem Zusammenhang kann man sicherlich über Sinn und Unsinn von Arbeitsteiligkeit philosophieren, aber auch über die Fragen von Qualifikation und der Rolle, die ein Entwickler in einem Projekt spielt.

Am einen Ende der Skala steht sicher nach wie vor der geniale halbverrückte Hacker, äußerlich unter die "great unwashed" einzuordnen, der die Nacht zum Tage macht, seine Instruktionen direkt von den Göttern bekommt, dafür aber unübertrefflich perfekte Software produziert, und am anderen Ende der begnadete, peitschenknallende Manager, der auch dem armseligsten Würstchen noch Höchstleistungen abpreßt, ohne selbst von der Software-Entwicklung mehr zu verstehen als der Software-Entwickler vom Käsehandel.

Irgendwie kommt es hierbei natürlich darauf an, was eigentlich getan werden soll, und daß, falls hier wieder ein Kapitän auf der Brücke steht und Kommandos ruft, eigentlich sichergestellt ist daß das, was angeblich getan werden soll überhaupt sinnvoll ist zu tun.

Mit dem Aussterben der "grüne-Wiese"-Projekte verschwindet auch der Wunsch, große Teams zu bilden, und damit (hoffentlich) auch der Software-Kommandant.

9 Die " Software-Zunftmeister "

Seit längerem etablierte Wissenschaftszweige oder Ingenieur-Disziplinen verfügen neben dem inhaltlich stabilen Wissensgebäude, das die herrschende Lehrmeinung reflektiert, auch über Stile und Konventionen wie mit diesem Wissensgebäude umzugehen ist.

Die Professionalität wird oft daran gemessen, in welchem Umfang diese Konventionen eingehalten werden. Wer sich diesen Konventionen nicht fügt, wird im wissenschaftlichen Bereich als Hochstapler, im Bereich der Ingenieur-Disziplinen als Pfuscher oder zumindest als unprofessionell angesehen.

Hierüber wachen Berufsverbände, Standesorganisationen, Hochschullehrer und Herausgeber von Zeitschriften als strenge Zunftmeister.

Bei sehr neuen oder sich rasch verändernden Disziplinen und Ingenieur-Methoden, wie sie ja im Bereich der Informationstechnik die Regel darstellen (wenigstens bis jetzt), ist zu unterscheiden zwischen (schon) dogmatisierten d.h. reglementierten Themenbereichen und Themenbereichen, die ihre endgültige feste Form noch nicht gefunden haben.

Unreglementiert sind naturgemäß vor allem Bereiche, in denen auch noch keine gültigen Standards existieren, und in denen subjektiv gefärbte Mutmaßungen stellvertretend für gesicherte Tatsachen einspringen müssen.

Die Zunftmeister überwachen in erster Linie die fest dogmatisierten Bereiche und erklären auch, was als experimentell und daher tolerabel und was als falsch dogmatisiert, d.h. als ketzerisch zu gelten hat.

Für die Welt des Software-Entwicklers gibt es (zur Zeit noch) einige unabhängig dogmatisierte Hochburgen, die noch nicht gar so lange diplomatische Beziehungen miteinander aufgenommen haben. Es sind dies

- Die strenggläubigen KI-Forscher.(" hard ai ", besondere Eiferer: die Anhänger von COMMON LISP, CLOS etc., sowie der mehrfachen Vererbung als Bestandteil der Schöpfungsgeschichte.)

- Die strenggläubigen nicht objektorientierten Algorithmiker. (Besonders asketisch: Anhänger des Functional Programming : Sie wollen als Programmiersprache neben Miranda eigentlich nur Haskell gelten lassen.)

- Die strenggläubigen (nicht objektorientierten) Datenbankler. (Den Vertretern des Entity-Relationship-Glaubens ist es bei Strafe der Exkommunikation verboten, das Wort " Wissensrepräsentation " auszusprechen.)

- Die strenggläubigen Software-Project-Manager. (sie glauben, Strand 88 sei nur eine Adresse in London, Eiffel nur ein scheußlicher Turm in Paris.)

- Die strenggläubigen Konnektionisten. (Das Leben ist Lernen.)

- Die gemäßigt rechtgläubigen Objektorientierten. (Sie glauben nicht an die klassenlose Gesellschaft.)

- Die strenggläubigen Software-Metriker.(Im Aussterben.)

- Die strenggläubigen Psycholinguisten. (Auch sie dürfen das Wort "Wissensrepräsentation nicht gebrauchen, sich sich aber mit Begriffen wie "Deep semantic Model" helfen.)

Für (grundsätzliche) Fragen der Dogmatisierung siehe auch [Bar73, Cas46, MCL66, Pol62].

Wir erwähnten bereits die Frage nach der Gültigkeit, Absolutheit und Verbindlichkeit von Gesetzen. In diesen Bereich gehört auch die Treffsicherheit von Prozeduren d.h. die Planbarkeit der Zukunft vor dem Hintergrund von Determinismus und Entscheidbarkeit auf der einen und Chaos-Theorie auf der anderen Seite.

10 Schlußbemerkung

Software-Entwicklung sollte nach Inhalt und Methode (Software-Ergonomie) eine Wissenschaft nicht nur von den Dingen, sondern auch vom und für den Menschen sein, und zwar von dem Menschen, der Vorhandenes lernt und weiter vervollkommnet, also vom Homo faber, vom menschlichen Schmied im besten Sinne. Der Software-Schmied ist grundsätzlich mit beidem befaßt: mit dem Hammer, der den Nagel schmiedet und dem Hammer, der den Nagel einschlägt. Die Hervorbringungen der künstlichen Intelligenz können bei beidem hilfreich sein, beim Nagelschmieden und beim Nageln. Sie helfen jedoch wenig beim Üben der menschlichen Kunst des sich etwas Wünschens und auch nicht bei den Fragen der Akzeptierbarkeit des Herbeigewünschten, das nur allzu oft alsbald zum Teufel verwünscht wird wie im Märchen von den drei Wünschen die Wurst, die der Bäuerin an der Nase angewachsen war. Die Besorgnis, unser Software-Entwickler könnte über kurz oder lang von der künstlichen Intelligenz auf dem Wege des " Automatic Programming " arbeitslos gemacht werden, erweist sich dort als unbegründet, wo klar wird, daß es keine Wunschmaschine (sondern allenfalls eine Wunscherfüllungsmaschine) geben kann, wenngleich der Computer immer wieder als eine solche angepriesen wird ([Tur84]).

Die Weitsicht des Software-Entwicklers sollte ihn natürlich nicht dazu verleiten, allzu weit in die Ferne zu schauen, ohne auf das zu achten, was auf seinem Schreibtisch liegt. Insbesondere sollte er Fachliteratur, Fachzeitschriften und eventuell "Network News"-Dienste in Anspruch nehmen um im Auge zu behalten, was weltweit in der Informationstechnik vor sich geht, sonst wird er am Ende vielleicht doch noch ein "armes Schwein".

Literatur

[Bak72] Terry F. Baker. Chief programmer team management of production programming. *IBM Systems Journal*, 11(2):56–73, 1972.

[Bar73] Roland Barthes. *Mythologies.* orig: Editions du Seuil, 1957, engl. tr. Paladin, Grafton, London, Glasgow, 1973.

[BM73] Terry F. Baker and Harlan D. Mills. Chief programmer teams. *Datamation*, 19(12):58–61, 1973.

[Bro78] Jacob Bronowski. *The Origins of Knowledge and Imagination.* Yale University Press, New Haven, Ct., 1978.

[Cas46] Ernst Cassirer. *Language and Myth.* Harper and Brothers, 1946.

[Gie87] Sigfried Giedion. *Die Herrschaft der Mechanisierung.* Europäische Verlagsanstalt, Frankfurt am Main, 1987.

[Goo77] Nelson Goodman. *The Structure Of Appearance.* Reidel, Dordrecht, Holland, 1977.

[Goo78] Nelson Goodman. *Ways of Worldmaking.* Hachett Publishing Company, 1978.

[I+79] I.D. Illich et al. *Entmündigung durch Experten.* rororo aktuell, 1979.

[Ill73] I.D. Illich. *La Convivialité.* 1973.

[Ill78] I.D. Illich. *Fortschrittsmythen.* rororo aktuell, 1978.

[Kuh62] T.S Kuhn. *The Structure of Scientific Revolutions.* 1962.

[MCL66] Marshal MCLuhan. *Understanding Media.* 1966.

[Pad84] Hanspeter Padrutt. *Der epochale Winter. - Zeitgemäße Betrachtungen -.* Diogenes, Zürich, 1984.

[Pol62] Michael Polanyi. *Personal Knowledge.* Routledge and Kegan Paul, 1962.

[Pol67] Michael Polanyi. *The Tacit Dimension.* Routledge and Kegan Paul, 1967.

[Pol69] Michael Polanyi. *Knowing and Being.* Routledge and Kegan Paul, 1969.

[Tur84] Sherry Turkle. *Die Wunschmaschine - vom Entstehen der Computerkultur -.* Rowohlt, 1984.

[Tzo76] Alexander Tzonis. *Vers un environment non-oppressif.* Pierre Mardaga, Brussels, 1976.

[WF86] Terry Winograd and Fernando Flores. *Understanding Computers and Human Cognition.* 1986.

Anschrift des Verfassers:
Dr. Jan Witt c/o PCS Computer Systeme GmbH
Pfälzer Wald Straße 36
D-8000 München 90

**Benutzerbeteiligung aus der Sicht von
Endbenutzern, Softwareentwicklern und Führungskräften
mit Beteiligungserfahrung**

Philipp Spinas, Daniel Waeber, Zürich

Zusammenfassung

In jenen Wissenschaftsdisziplinen, welche sich mit der ergonomischen Gestaltung von
Software befassen, besteht ein weitgehender Konsens über die Notwendigkeit der Beteiligung von Endbenutzern an der Software-Entwicklung. Über die Einstellung der direkt betroffenen betrieblichen Gruppen zur Benutzerbeteiligung ist allerdings wenig bekannt.
Deshalb wurde im Rahmen des Forschungsprojektes BOSS - Benutzerorientierte Software-Entwicklung und Schnittstellengestaltung[1] eine Fragebogenerhebung bei 65 Benutzern, 61 Entwicklern und 31 Führungskräften aus 10 Betrieben durchgeführt. Die hier re-
ferierten Ergebnisse zeigen, dass einerseits die befragten Gruppen der direkten Benutzerbeteiligung positiver als oft vermutet gegenüberstehen und dass andererseits in Bezug auf
das adäquate Vorgehen gewisse Unsicherheiten bestehen.

1.　　Einleitung

Die erste 'Software-Ergonomie'-Tagung 1983 (Balzert 1983) war Ausdruck - oder Folge -
der Einsicht, dass die Herausforderungen ergonomischer Softwaregestaltung nur durch
interdisziplinäre Vorgehensweisen von Informatik, Psychologie und Arbeitswissenschaft
bewältigt werden können. Das seither rege interdisziplinäre Interesse an dieser Tagung,
die expandierende Publizität, die zunehmende Ausrichtung von Forschungsinstitutionen
auf softwareergonomische Fragestellungen und nicht zuletzt die Qualität der Forschungsergebnisse selbst zeugen von der Richtigkeit dieser Einsicht. Die Erarbeitung und theoretische Fundierung von softwareergonomischen Gestaltungskriterien (Spinas 1987; Spinas
et al., 1989; Ulich 1986) sowie der Erfahrungsgewinn aus den zahlreichen Forschungspro-
jekten und Untersuchungen zur praxisgerechten Realisierung von softwareergonomischen
Systemen führten in den letzten Jahren zum folgenden - von Maass & Oberquelle (1989,7)
so beschriebenen - Verständnis: "Ergonomische Softwaregestaltung darf sich nicht in einer
Verschönerung der Benutzerschnittstelle, einer Erleichterung der Systemhandhabung er-
schöpfen. Sie muss die Ausrichtung der Systemfunktionalität an den Strukturen des An-

---

1　　　Gefördert durch das Bundesministerium für Forschung und
Technologie, Projektträger Arbeit und Technik, Kennzeichen 01HK706.
Das Projekt wird in Kooperation mit der ADI Software GmbH,
Karlsruhe durchgeführt.

wendungsgebietes und an den Benutzererfordernissen im Rahmen der jeweiligen Aufgabenbearbeitung mit einschliessen." Diesem Verständnis - von Hacker bereits 1987 mit der grundlegenden Frage nach dem eigentlichen Gestaltungsgegenstand: Tätigkeiten oder Schnittstellen ? angezeigt - folgend wurden und werden Aspekte der Aufgaben- und Benutzerorientierung in der Softwareentwicklung in verstärktem Mass zum Gegenstand der Forschung (z.B. Ulich 1989). Um den Anforderungen aufgaben- und benutzerorientierter Softwareentwicklung vor dem Hintergrund immer komplexerer Anwendungssysteme gerecht zu werden, bedarf es der wissenschaftlichen Auseinandersetzung mit Fragen des direkten Einbezugs von Endbenutzern in den Entwicklungsprozess, der aufbau- und ablauforganisatorischen Auslegung von Entwicklungsprojekten, der technischen Voraussetzungen ergonomischer Software und mit den Werkzeugen der Softwareentwicklung (vgl Spinas et al. 1989).

Im Forschungsprojekt BOSS (Benutzerorientierte Softwareentwicklung und Schnittstellengestaltung) befassen wir uns nebst der Weiterentwicklung und empirischen Überprüfung von Gestaltungskriterien mit Möglichkeiten des direkten Einbezugs von Endbenutzern in die Analyse-, Gestaltungs- und Evaluationsarbeiten von Softwareentwicklungsprozessen (vgl. auch Strohm 1990). Der direkte Benutzereinbezug bei der Softwaregestaltung wird - ähnlich wie partizipative Vorgehensweisen bei der soziotechnischen Gestaltung von Arbeitssystemen auf einer höheren Gestaltungsebene - von der wissenschaftlichen Fachwelt angesichts der Anwendungskomplexität und der Umsetzungsschwierigkeiten allgemein gültiger Gestaltungskriterien im konkreten Anwendungsfeld als zunehmend unabdingbar erachtet (vgl. hierzu Rödiger 1987). Im Rahmen von BOSS hat uns daher interessiert, ob und inwiefern diese Notwendigkeit auch in der Praxis anerkannt wird. Hierzu haben wir Software-Entwickler, Führungskräfte und Endbenutzer mit Beteiligungserfahrung zu ihren Einstellungen und Vorstellungen zur Benutzerbeteiligung befragt. Im folgenden werden aus dieser Untersuchung einige zentrale Ergebnisse vorgestellt.

2.   Fragestellung, Methode und Stichprobe

Die schriftliche Befragung wurde in zehn Betrieben (6 Dienstleistungsbetriebe, 3 Industriebetriebe, 1 Verwaltungsbetrieb) mit eigenen Softwareentwicklungsabteilungen durchgeführt. Zielgruppe des Fragebogens waren Endbenutzer, Softwareentwickler und Führungskräfte, welche nach eigenen Angaben Beteiligungserfahrung in Softwareentwicklungsprojekten im Bürobereich haben. Der Fragebogen wurde eigens für die Untersuchung in drei inhaltlich und strukturell gleichen, in der spezifischen Frageformulierung jedoch an die Zielgruppen angepassten Versionen entwickelt. Der grösste Teil der Fragen wird geschlossen mit jeweils einer offenen Antwortkategorie gestellt. Die Fragen beziehen sich auf die folgenden Bereiche:

- Soziodemographische Daten und Beteiligungserfahrung
- Vorstellungen zu Grad, Methode und Form der Beteiligung
- Voraussetzungen und Qualifizierung zur Kooperation
- Fach- und Informatikwissen der beteiligten Gruppen
- Bereitschaft zur Kooperation
- Vorgehensweise bei der Entwicklung
- Fördernde und hemmende Faktoren

Der Fragebogen wurde von 65 Benutzern, 61 Entwicklern und 31 Führungskräften aus den zehn Betrieben ausgefüllt. In der Gesamtstichprobe (N = 157) sind die Frauen mit sechs Benutzerinnen (9,2%) und vier Entwicklerinnen (6,5%) krass untervertreten. Altermässig stellen die Entwickler die jüngste Gruppe mit 61% unter vierzig Jahren. Sie unterscheiden sich von den Benutzern jedoch nur insofern, als diese in der Altersklasse zwischen 40 und 50 Jahren stärker vertreten sind. Bei den Führungskräften sind 19% zwischen 30- und 40-jährig, 58% zwischen 40- und 50-jährig und 23% 50- bis 60-jährig. Beteiligungserfahrung haben die Benutzer in durchschnittlich zwei, die Entwickler in sechs und die Führungskräfte in elf Entwicklungsprojekten.

3.   Ergebnisse

3.1.   Einstellungen zur Benutzerbeteiligung

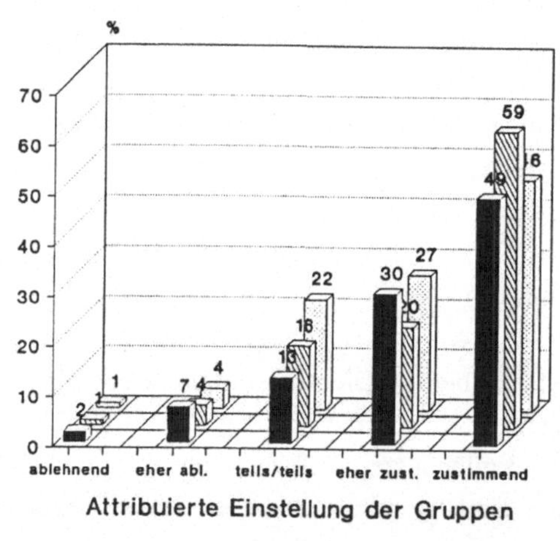

Abb. 1: Einschätzung der Bereitschaft zur Benutzerbeteiligung der drei Betroffenengruppen   (N = 157)

Zentrales Interesse galt der Einschätzung der Befragten bezüglich der Einstellung der verschiedenen Betroffenengruppen ihrer Firma in bezug auf die Mitwirkung von Benutzern bei der Software-Entwicklung. Abbildung 1 zeigt, dass von einem überraschend hohen Anteilder Befragten, nämlich über 70%, die Einstellung im Sinne einer Zustimmung eingeschätzt wird. Auf konkrete Erfahrungen in Projekten angesprochen zeigt sich (vgl. Abbildung 2) ebenfalls eine hohe Bereitschaft zu enger Zusammenarbeit von Entwicklern und Benutzern.

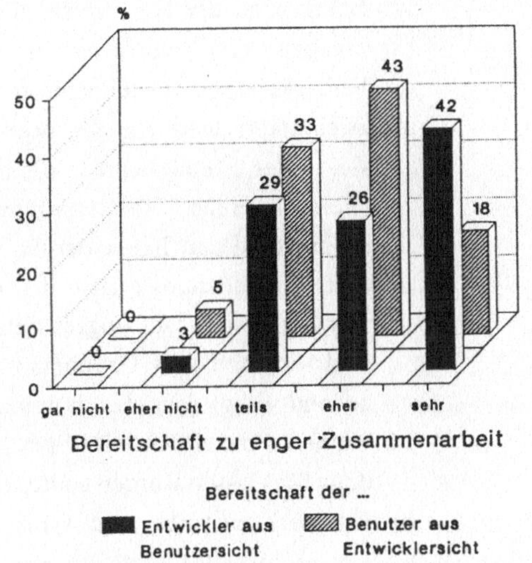

Abb. 2: Gegenseitige Beurteilung der Bereitschaft zu enger
Zusammenarbeit von Benutzern und Entwicklern
(N = 65 Benutzer/61 Entwickler)

Die vielzitierte Kluft zwischen EDV- und Fachabteilung scheint geringer geworden zu sein. In unseren Fallstudien zeigte sich, dass gerade von jüngeren Entwicklern ein Benutzereinbezug als unerlässlich für die Entwicklung eines aufgabenangemessenen, benutzerfreundlichen Systems erachtet wurde. Offenbar besteht in den befragten Betrieben - sei es aus Einsicht in die Notwendigkeit des Benutzereinbezugs zur Lösung immer komplexer werdender Probleme oder auf Grund positiver Erfahrungen mit partizipativ durchgeführten Projekten - eine hohe Bereitschaft zur Beteiligung von Endbenutzern. Offen bleibt die Frage, ob und gegebenenfalls welche

Vorstellungen bezüglich Grad, Form, Methode und Inhalt der Beteiligung bestehen.Auf die Frage nach den an einem Projekt zu beteiligenden Personengruppen wurden von 100% der Befragten Entwickler und direkt betroffene Endbenutzer sowie - von 84% der Benutzer - Vorgesetzte betroffener Abteilungen genannt. Interessanterweise sollten nach Meinung eines Teils der Führungskräfte (25%) zusätzlich noch indirekt betroffene Mitarbeiter sowie Führungskräfte anderer Abteilungen in die Entwicklung einbezogen werden; dies lässt sich vermutlich damit erklären, dass Führungskräfte aufgrund ihrer Erfahrung eine breitere Abstützung für den Erfolg eines Projektes für notwendig halten. So können z.B. - beabsichtigte oder unbeabsichtigte - Auswirkungen eines Systems auf benachbarte Abteilungen früher erkannt und korrigiert werden.

3.2. Beurteilung von Grad und Methode der Benutzerbeteiligung

Die betroffenen Gruppen wurden gebeten, ihre bisherige Beteiligungserfahrung bezüglich Grad und Methode zu verschiedenen Beteiligungsinhalten anzugeben und gleichzeitig ihre Bedürfnisse in Form von Soll-Angaben mitzuteilen. Grad bedeutet dabei die Stärke der möglichen Einflussnahme der Endbenutzer auf die Systemgestaltung. Methode bedeutet die Art und Weise, wie diese Einflussnahme erfolgt beziehungsweise erfolgen sollte.

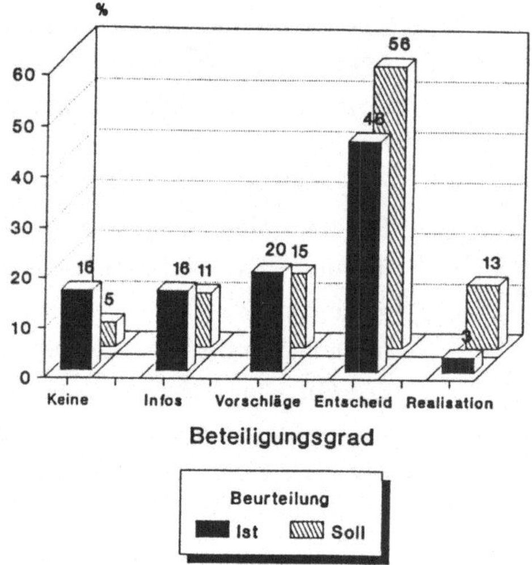

Abb. 3: Grad der Benutzerbeteiligung bei der Maskengestaltung (N = 157)

Beim Grad der Benutzerbeteilung ergaben die Antworten in Abhängigkeit vom Beteiligungsinhalt zwei unterschiedliche Sichtweisen: Bei der einleitend zitierten 'Verschönerung der Benutzerschnittstelle und Erleichterung der Systemhandhabung', also bei der Masken- und Dialoggestaltung, sind sich alle drei Gruppen weitgehend einig, dass den Benutzern vermehrt das Recht auf Entscheidung überlassen werden sollte. Differenzen zwischen den Gruppen gibt es in erster Linie bei Fragen der Funktionalität und des Informationsumfanges des Systems. So zeigt zum Beispiel Abbildung 3 - die einzelnen Gruppen sind wegen der grossen Übereinstimmung in der Beurteilung nicht einzeln aufgezeichnet - , dass 46% der Gesamtstichprobe bereitsjetzt Entscheidungen bei der Maskengestaltung den Endbenutzern zuschreiben und dies eher noch verstärkt werden sollte (56%).

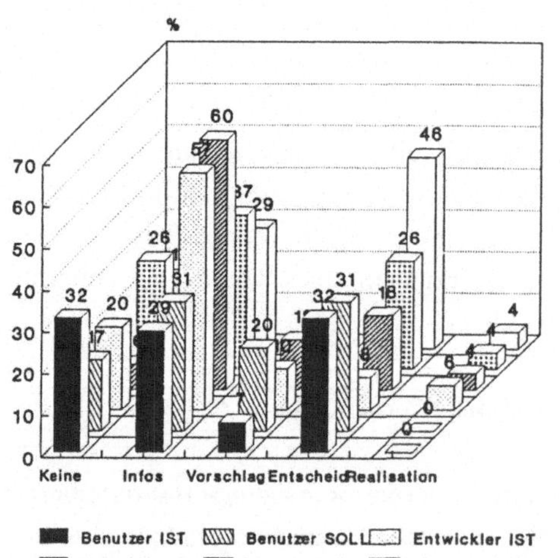

Abb. 4: Grad der Benutzerbeteiligung bei der Festlegung
des Informationsumfanges (N = 65 Benutzer/
61 Entwickler/31 Führungskräfte)

Demgegenüber macht Abbildung 4 deutlich, dass die Entwickler für die Festlegung des Informationsumfanges in einem System weiterhinvorwiegend nur Fachinformationen der Benutzer wollen (60%), während sich die Führungskräfte einen Ausbau der Entscheidungsbefugnis der Endbenutzer wünschen (von 26% auf 46%). Die Ausgeglichenheit zwischen dem Liefern fachbezogener Informationen (29%) und der Entscheidungsbefugnis(32%) sowie die gewünschte Beibehaltung des Status quo (beide 31%) bei den

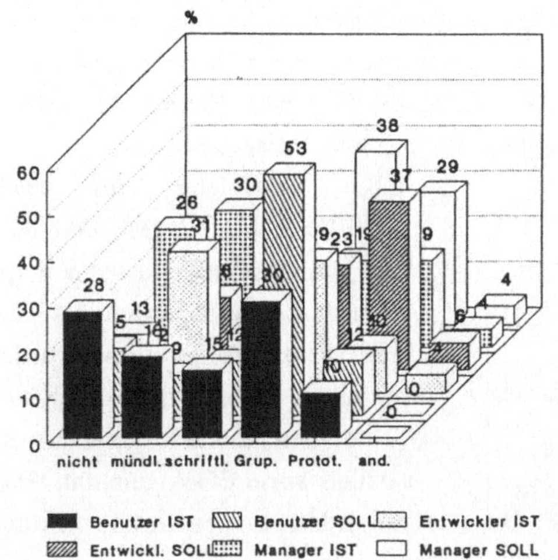

Abb. 5: Methodeneinsatz zur Benutzerbeteiligung bei der Dialoggestaltung (N=65 Benutzer/61 Entwickler/31 Führungskräfte)

Endbenutzern könnte ein Hinweis auf eine gewisse Unsicherheit der Benutzer darüber sein, welchen Einfluss auf die Systemgestaltung ihre Informationen letztendlich haben.

Die Ergebnisse bezüglich methodischer Aspekte zeigen ein ähnlich uneinheitliches Bild zwischen den Gruppen. Als Beispiel sollen hier die Methoden zur Dialoggestaltung (Abbildung 5) dienen. Interessant erscheint uns hier, dass sich vor allem die Endbenutzer und Führungskräfte ein stärkeres Gewicht auf Gruppendiskussionen wünschen (53% und 38%), während Prototyping vor allem von den Entwicklern und Führungskräften

(37% und 29%), aber kaum von den Endbenutzern (12%) als ein probates Mittel zur Dialoggestaltung erachtet wird. Eine mögliche Erklärung hierfür liefert der vermutlich eher geringe Bekanntheitsgrad von Prototyping bei den Endbenutzern.Die insgesamt deutlich werdende Unterschätzung von Prototyping ist umso erstaunlicher als Strohm (1990) erst kürzlich zeigen konnte, dass mit Hilfe dieser Methode eine erhebliche Verbesserung der Effizienz von Entwicklungsprojekten erreicht werden kann.

3.3. Voraussetzungen für Benutzerbeteiligung

Von besonderem Interesse ist die Frage, welche Voraussetzungen Benutzer erfüllen müssen, damit sie für die Beteiligung an der Software-Entwicklung als qualifiziert gelten. Abbildung 6 zeigt, dass erwartungsgemäss dem fachlichen Anwendungswissen der Benutzer von allen drei Interessengruppen grösste Bedeutung beigemessen wird. Eher überraschend ist dagegen der geringe Stellenwert, der den EDV-Kenntnissen zugeschrieben wird; offenbar werden in dieser Hinsicht keine grossen Erwartungen an einen Benutzer gestellt. Dies zeigt sich auch in den Antworten auf die Frage nach der Wichtigkeit des EDV-Wissens der Benutzer, welches von der Mehrheit (69%) der befragten Entwickler und Führungskräfte als 'unwichtig' bis 'lediglich teilweise wichtig' eingestuft wird; demgegenüber scheint es aber 83% der Führungskräfte und Benutzer wichtig, dass ein Entwickler 'gut über das Fachgebiet des Anwenders Bescheid weiss'.

Auf die Mitarbeit in einem konkreten Projekt angesprochen gab ein Drittel der befragten Benutzer und Entwickler an, dass keine Vorbereitung auf die bevorstehende Zusammenarbeit stattgefunden hatte; die übrigen Befragten wurden ihren Aussagen zufolge v.a.

durch 'mündliche Tips' sowie schriftliche Unterlagen und/oder den Besuch eines Kurses auf die Projektarbeit vorbereitet. Als Themen dieser Vorbereitung wurden vor allem Projektorganisation und Teamarbeit, von den Benutzern zusätzlich auch EDV genannt. Dies zeigt, dass Fragen des Projektmanagements und der Arbeit in Gruppen eine Schlüsselrolle beigemessen und eventuellen Qualifikationsdefiziten der Projektbeteiligten durch frühzeitige Ausbildung begegnet wird.

Aus Abbildung 6 ist weiter ersichtlich, dass Benutzer der Projektarbeit 'besonderes Interesse' entgegenbringen sollten.

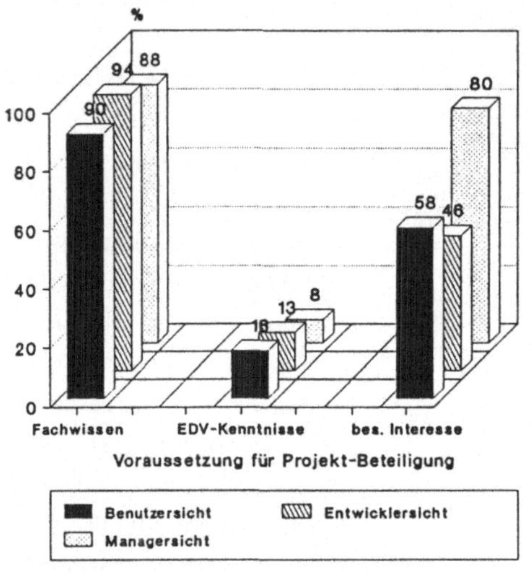

Abb. 6: Benötigte Voraussetzungen der Benutzer für die Projekt-Beteiligung ((N=65 Benutzer/61 Entwickler/31 Führungskräfte)

Dieser motivationale Aspekt erfährt speziell aus der Sicht der Führungskräfte starke Betonung; möglicherweise widerspiegelt sich darin die Erfahrung, dass gerade bei Projekten längerer Dauer und dementsprechend verzögertem Feedback von Projektergebnissen die Motivation der beteiligten Benutzer abzusinken droht (vgl. Spinas 1990).

Ferner zeigen die Ergebnisse, dass Benutzer und Entwickler sich gegenseitig als Spezialisten ihres jeweiligen Fachgebietes betrachten; so gestehen einander nämlich über 75% der befragten Gruppen 'gute' bis 'sehr gute' Fachkompetenz zu. Dies lässt auf positive bisherige Erfahrungen bzw. grosses Vertrauen schliessen, was eine wichtige Basis für die Zusammenarbeit bildet; auf diesem Hintergrund ist auch die hohe Bereitschaft zur Zusammenarbeit (vgl. Abschnitt 3.1) zu verstehen. So bleibt festzuhalten, dass von Benutzern v.a. fachliches Anwendungswissen und besonderes Interesse, von den Entwicklern darüber hinaus - selbstverständlich - fundierte EDV-Kenntnisse für eine Projektbeteiligung vorausgesetzt werden. Die Benutzer werden also vorwiegend in der Rolle von Spezialisten ihres Fachgebietes gesehen, dementsprechend gering sind auch die Erwartungen an ihre EDV-Kenntnisse.

3.4 Vorgehen bei der Entwicklung

Traditionellerweise wird Software anhand eines einmal definitiv erstellten, auf Anforderungsermittlung und Pflichtenheft basierenden Grobkonzeptes entwickelt, v.a. auf technische Variablen getestet und eingeführt; eventuelle Fehler bzw. Unzulänglichkeiten werden in der Wartung behoben (sequentieller Phasenablauf). Neuere Modelle der Software-Entwicklung betonen demgegenüber die Wichtigkeit und Überlegenheit eines iterativ-zyklischen Prozessverlaufs. In diesem Zusammenhang sind die Antworten auf die Frage nach der bevorzugten Vorgehensweise von Bedeutung. Abbildung 7 zeigt, dass die Mehrheit der Befragten ein schrittweises Vorgehen bevorzugt; interessanterweise sind es die Benutzer, welche stärker als die beiden anderen Interessengruppen ein iteratives Entwicklungsmodell in dem Sinne befürworten, dass Vorversionen bzw. Prototypen des Systems von ihnen unter Gesichtspunkten der Benutzung ausgetestet und sodann gemeinsam mit allen Projektbeteiligten verbessert werden. In den Aussagen der Führungskräfte widerspiegelt sich eine eher konservative Haltung, die u.a. durch die geringere Kontrollierbarkeit zyklisch-iterativer Prozesse und damit verbundene Ängste vor Fehlentwicklungen erklärt werden kann. Die ähnlich gelagerte Einstellung der Entwickler kannauf dem Hintergrund von Interviews und Fallstudien derart interpretiert werden, dass es Software-Entwicklern in der Regel schwer fällt, aus ihrer Sicht unvollständige Produkte zur Beurteilung und Bewertung vorzulegen. Insgesamt stellen aber die Befürworter eines schrittweisen Vorgehens eine klare Mehrheit dar.

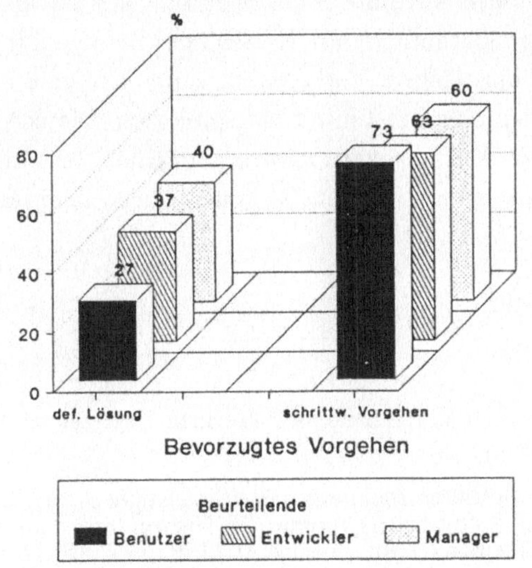

Abb. 7: Soll-Vorstellungen zur Vorgehensweise bei der Software-Entwicklung ((N=65 Benutzer/61 Entwickler/31 Führungskräfte)

4. Schlussbemerkungen

Die hier vorgestellte Untersuchung zeigt in der Gesamtheit ihrer Ergebnisse, dass in den untersuchten Betrieben auch bei nicht wissenschaftlich begleiteten oder beratenen Projekten eine grössere Bereitschaft der Betroffenen zum Endbenutzereinbezug als vermutet besteht. Auch wenn über Inhalt, Grad und Methoden der Beteiligung zum Teil unterschiedliche Vorstellungen und Unsicherheiten bestehen, kann der Wunsch nach verstärketer Verlagerung der Entscheidungskompetenz zum Endbenutzer hin festgestellt werden. Interessant erscheint uns, dass die Voraussetzungen und Kompetenzen der Benutzer vor allem im fachlichen Bereich als notwendig erachtet werden und EDV-Kenntnisse der Benutzer keine so dominante Rolle mehr spielen. Es wird vor allem der Dialog verlangt, und schrittweise Vorgehensweisen werden bevorzugt. In den offenen Fragen nach hemmenden Faktoren werden jedoch auch Kommunikationsprobleme, Zeitdruck, zu grosse Projektgruppen, Konzeptlosigkeit, zum Teil aber auch Arroganz, Nicht-Beachtung von Benutzerwünschen und Sturheit genannt. Demgegenüber fördern aus der Sicht der Befragten frühzeitige enge Zusammenarbeit, Qualifizierung, längere Vorbereitungszeiten und gute zwischenmenschliche Kontakte den Erfolg von Software-Entwicklungsprojekten. Diese Aussagen bestätigen uns in der Hypothese, dass Anstrengungen zur ergonomischen Gestaltung von Software über Fragen der Mensch-Computer-Schnittstelle hinausgehend unternommen werden müssen.

Literaturverzeichnis

Balzert, H. (Hrsg.) (1983). Softwareergonomie. Berichte des German Chapter of the ACM, Band 14. Stuttgart: Teubner.

Hacker, W. (1987). Software-Ergonomie; Gestalten rechnergestützter geistiger Arbeit?! In W. Schönpflug & M. Wittstock (Hrsg.), Software-Ergonomie '87. Nützen Informationssysteme dem Benutzer. Berichte des German Chapter of the ACM, Band 29 (S. 31-54). Stuttgart: Teubner.

Maass, S. & Oberquelle, H. (1989). Vorwort der Herausgeber. In S. Maass & H. Oberquelle (Hrsg.), Software-Ergonomie '89. Aufgabenorientierte Systemgestaltung und Funktionalität. Berichte des German Chapter of the ACM, Band 32, S. 7-8. Stuttgart: Teubner.

Rödiger, K.H. (1987). Arbeitsorientierte Gestaltung von Dialogsystemen im Büro- und Verwaltungsbereich. Dissertation am Fachbereich 20 (Informatik), Technische Universität Berlin.

Spinas, P. (1987). Arbeitspsychologische Aspekte der Benutzerfreundlichkeit von Bildschirmsystemen. Dissertation an der phil.-hist. Fakultät, Universität Bern.

Spinas, P. (1990). Benutzerfreundlichkeit von Dialogsystemen und Benutzerbeteiligung bei der Software-Entwicklung. In F. Frei & I. Udris (Hrsg.), Das Bild der Arbeit (S. 158-171). Bern: Huber.

Spinas, P., Waeber, D. & Strohm, O. (1989). Kriterien benutzerorientierter Dialoggestaltung und partizipative Software-Entwicklung. Eine Literaturaufarbeitung. In P. Spinas, M. Rauterberg, O. Strohm, D. Waeber & E. Ulich (Hrsg.), Projektbericht Nr. 1 zum Forschungsprojekt BOSS 'Benutzerorientierte Software-Entwicklung und Schnittstellengestaltung'. ETH Zürich: Institut für Arbeitspsychologie.

Spinas, P., Waeber, D. & Strohm, O. (1989). Entwicklung und empirische Überprüfung von Kriterien, Methoden und Modellen zur benutzerorientierten Software-Entwicklung und Dialoggestaltung. Projektzwischenbericht BOSS. ETH Zürich: Institut für Arbeitspsychologie.

Strohm, O. (1990). Arbeitsorganisation, Methodik und Benutzerorientierung bei der Softwareentwicklung. Eine arbeitspsychologische Analyse und Bestandsaufnahme. In P. Spinas, M. Rauterberg, O. Strohm, D. Waeber & E. Ulich (Hrsg.), Projektbericht Nr. 2 zum Forschungsprojekt BOSS 'Benutzerorientierte Software-Entwicklung und Schnittstellengestaltung'. ETH Zürich: Institut für Arbeitspsychologie.

Ulich, E. (1986). Aspekte der Benutzerfreundlichkeit. In W. Remmele & M. Sommer (Hrsg.), Arbeitsplätze morgen. Berichte des German Chapter of the ACM, Band 27 (S. 102-122). Stuttgart: Teubner.

Wir möchten uns an dieser Stelle bei M. Walser, M. Beck, F. Bose, P. Buck, M. Locher, D. Steiner, J. Frattaroli, B. Wagner und M. Fritsch für ihre Mitarbeit bei der Planung, Durchführung und Auswertung der Untersuchung ganz herzlich bedanken.

Dr. Philipp Spinas, lic.phil. Daniel Waeber
Institut für Arbeitspsychologie IfAP
ETH Zürich
Nelkenstrasse 11
CH-8092 **Zürich**

Projektmanagememt bei der Software-Entwicklung
Eine arbeitspsychologische Analyse und Bestandsaufnahme

Oliver Strohm, Zürich

Zusammenfassung

Im Rahmen des Forschungsprojektes "Benutzerorientierte Software-Entwicklung und Schnitt-stellengestaltung" wurde das arbeitsorganisatorische, methodische und benutzerbezogene Vor-gehen bei der Entwicklung von Applikationssoftware für Büro und Verwaltung in 106 Firmen mittels Dokumentenanalysen, Interviews sowie schriftlichen Befragungen analysiert.
Die zentralen Ergebnisse dieser Untersuchung werden im Rahmen des Beitrages vorgestellt und diskutiert.

1. Einführung

Im Rahmen des Forschungsprojektes "Benutzerorientierte Software-Entwicklung und Schnitt-stellengestaltung" (BOSS), das vom BMFT Bonn, Projektträger "Arbeit und Technik" finanziert und am Institut für Arbeitspsychologie der ETH Zürich bearbeitet wird, werden neben der em-pirischen Ueberprüfung von Kriterien zur Dialoggestaltung arbeitspsychologisch begründete Methoden für eine aufgaben-, benutzernahe und wirtschaftlich effiziente Software-Entwicklung entwickelt und in der betrieblichen Praxis evaluiert.

Als Ausgangspunkt und Basis für dieses Ziel wurden Software-Entwicklungsprozesse in der betrieblichen Praxis analysiert. Dabei standen weniger technische Aspekte als vielmehr das arbeitsorganisatorische, methodische und benutzerbezogene Vorgehen sowie die damit ver-bundenen Probleme im Vordergrund.

2. Zentrale Fragestellungen

Im Rahmen der Untersuchung wurde das Hauptaugenmerk auf die folgenden Fragestellungen gelegt:

1. Welche **Rahmenbedingungen** sind bei der Gestaltung von Software-Ent-wicklungsprozessen zu berücksichtigen ?

2. Welche **projektorganisatorische Modelle** werden bei der Realisierung von Softwareprojekten praktiziert ?
Welche Rollen neben dabei die am Projekt beteiligten Personen ein ?

3. Welche **ablauforganisatorische Modelle** werden bei der Realisierung von Softwareprojekten praktiziert ?

In welcher zeitlichen Abfolge und mit welchem Aufwand werden dabei die einzelnen Entwicklungsphasen bearbeitet ?

4. Welche **Methoden** werden bei der Software-Entwicklung speziell zur Analyse, Anforderungsermittlung, Darstellung und Zusammenarbeit mit den Benutzern eingesetzt ?

5. In welcher **Form**, zu welchen **Inhalten** und zu welchem **Grad** werden **Benutzer** in der betrieblichen Software-Entwicklungspraxis **beteiligt** ?
    Wie wird die Zusammenarbeit mit den Benutzern durch Software-Entwickler bewertet ?

6. Welche **Qualifizierungsmassnahmen** werden bei Softwareprojekten gleichermassen für die Software-Entwickler und die beteiligten Benutzer verfolgt ?

7. Welche **"Entwicklungsphilosophie"** herrscht bei der Realisierung von Software-Entwicklungsprozessen in der betrieblichen Praxis vor ?
    Welche **Vorstellungen** haben Software-Entwickler von benutzerfreundlicher Software ?

8. Welche **Zusammenhänge** bestehen zwischen dem arbeitsorganisatorischen, methodischen und benutzerbezogenen Vorgehen bei der Software-Entwicklung ?

9. Welche **Probleme** herrschen bei der Realisierung von Softwareprojekten in der betrieblichen Praxis vor ?
    Welcher Zusammenhang besteht zwischen dem Vorgehen und diesen Problemen ?

3. Anlage, Methoden und Stichprobe der Untersuchung

Zur Beantwortung der Fragestellungen wurden folgende Forschungsmethoden eingesetzt:

1. In mehrstündigen, semistrukturierten **Interviews** wurde das allgemeine Vorgehen bei der Software-Entwicklung erfragt.

2. Im Rahmen einer **postalischen Befragung** wurden die Untersuchungspartner aufgefordert ein konkretes, abgeschlossenes für die Abteilung repräsentatives Projekt zu beschreiben.

3. In **Dokumentenanalysen** wurden Organigramme, Projektmanagementhandbücher und -richtlinien etc. gesichtet und analysiert.

Die Datenerhebung wurde ausschliesslich in Betrieben durchgeführt, die Applikationssoftware für den Büro- und Verwaltungsbereich entwickeln. Dies bedeutete, dass neben Softwarefirmen auch Banken, Versicherungen, Industriebetriebe etc. mit firmeninternen Entwicklungsabteilungen in die Analysen einbezogen wurden. Als Untersuchungspartner standen gleichermassen Firmen-, Abteilungs- und Projektleiter sowie in Einzelfällen Softwareergonomen und Produktmanager der Firmen zur Verfügung. Die Betriebe wurden nach dem Kriterium der Branchenzugehörigkeit sowie dem Kriterium der Zugänglichkeit ausgewählt. Die Analysen wurden gleichermassen in

Betrieben in der Bundesrepublik Deutschland und Schweiz durchgeführt. In der nachfolgenden Ergebnisdarstellung sind die Daten aus 22 Interviews sowie 84 Fragebögen (N=540 Firmen wurden angeschrieben, Rücklauf 16%) berücksichtigt.

Die Branchenverteilung der Firmen (N=106) ist in der folgenden Abbildung dargestellt.

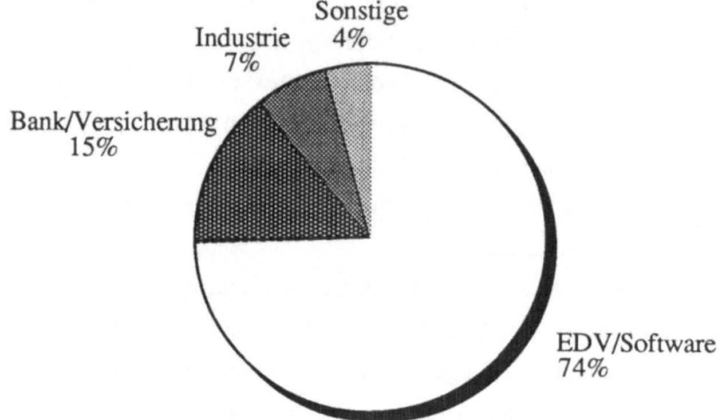

Abbildung 1: Branchenverteilung der Firmen (N=106)

4. Ergebnisse

In den folgenden Abschnitten werden die zentralen Ergebnisse der Untersuchung vorgestellt. Dabei wird zunächst seperat auf die Aspekte Rahmenbedingungen, Projektorganisation, Entwicklungsprozess, Methoden, Benutzerbeteiligung und Probleme eingegangen. Daran anschliessend wird der Zusammenhang zwischen dem Vorgehen bei der Software-Entwicklung und problembezogenen Aspekten thematisiert.

4.1 Rahmenbedingungen bei der Software-Entwicklung

Für die Gestaltung benutzerorientierter Software-Entwicklungsprozesse kann es keinen "one best way" geben. Vielmehr müssen solche Prozesse in Abhängigkeit von verschiedenen Rahmenbedingungen unterschiedlich konzipiert, d.h. vor allem auch hinsichtlich des Projektmanagements variiert werden.

Die Ergebnisse der Untersuchung zeigen, dass als wesentliche Rahmenbedingungen, die den Entwicklungsprozess betreffen, der Projekttyp, die Projektgrösse, die Komplexität und Innovativität eines Projektes sowie die Softwarelebensdauer zu betrachten sind. Auf die Rahmenbedingung Projekttyp soll im folgenden exemplarisch näher eingegangen werden.

4.1.1 Projekttypen bei der Software-Entwicklung

In den untersuchten Betrieben wurden im wesentlichen vier vorherrschende Projekttypen identifiziert:

Typ A: Individuallösung für firmeninterne Fachabteilung

  Beispiel: Agendierungssystem zur Schadenbearbeitung in einer Versicherung

Typ B: Individuallösung für externe Kunden

  Beispiel: Kreditbearbeitungssystem für eine Kleinbank

Typ C: Standardbranchenlösung für externe Kunden

  Beispiel: Buchhaltungssystem für Krankenkassen

Typ D: Standardsoftware für anonymen Kundenkreis

  Beispiel: Relationales Datenbanksystem

Die vier Projekttypen unterscheiden sich in der Voraussetzung zu partizipativer Software-Entwicklung erheblich. Von Projekttyp A über B und C bis hin zu D sind dafür wichtige Bedingungen wie die Bekanntheit der Benutzer, die Bekanntheit der zu unterstützenden Aufgaben sowie die Zugangsmöglichkeiten zu den Benutzern immer weniger gegeben.

Das heisst in Abhängigkeit der genannten Projekttypen muss die projektorganisatorische Integration der Benutzer sowie das methodische Vorgehen unterschiedlich gestaltet werden. Bei Projekten des Typs A und B z.B. bietet sich die Integration von Benutzern in die Projektteams an, bei Projekten des Typs C und D dagegen müssen alternative Modelle wie z.B. die Bildung von Benutzergruppen - oder sogenannte "User groups" - praktiziert werden.

4.2. Die Projektorganisation

Die Fragen zur Projektorganisation bei Software-Entwicklungsprozessen bezogen sich auf die Aufgaben-, Rollen- und Kompetenzverteilung zwischen den am Projekt beteiligten Personen.

In Abhängigkeit von der Firmengrösse und -struktur, von Projektgrösse und -typ werden in der betrieblichen Praxis sehr unterschiedliche Organisationsmodelle praktiziert.

Softwareprojekte werden auf operativer Ebene vorwiegend in Teams realisiert, deren Grössenordnung von 3 bis 20 Personen variiert .

Bei großen Projekten und/oder großen Abteilungen ist häufig eine funktionsorientierte Teamorganisation anzutreffen, so dass z.B. ein Team die Analyse und Konzeption, ein anderes die technische Realisierung und wiederum ein anderes Team die Wartung in mehreren Projekten übernimmt. Organisatorische Alternativen bestehen hauptsächlich bei großen Projekten, bei denen ganze, in sich geschlossene Module eines komplexen Softwaresystems in verschiedenen Teams realisiert werden oder ein Softwaresystem in Komponenten wie z.B. Systemkern, Funktionalität, Benutzeroberfläche etc. zerlegt wird. In kleineren Projekten und/oder Entwicklungsabteilungen

werden die Aufgaben dagegen häufig von der Problemanalyse bis zur Wartung in einem Team -
das heisst auch: ganzheitlich - bearbeitet.

Die Projektteams auf operativer Ebene setzen sich durchschnittlich zu vier Fünftel aus EDV-
Fachleuten und einem Fünftel Kunden- und Benutzervertretern zusammen.

Weitere Analysen zur Projektorganisation auf operativer Ebene machen deutlich, dass dort häufig
- unabhängig von den skizzierten Entwicklungsstrategien - stark arbeitsteilige Strukturen bestehen.
Dies kommt u.a. in der folgenden Abbildung zum Ausdruck, in der die zentralen Aufgaben bei der
Software-Entwicklung sowie die prozentuale Häufigkeit mit der verschiedene Funktionsträger
diese Aufgaben erfüllen, dargestellt sind.

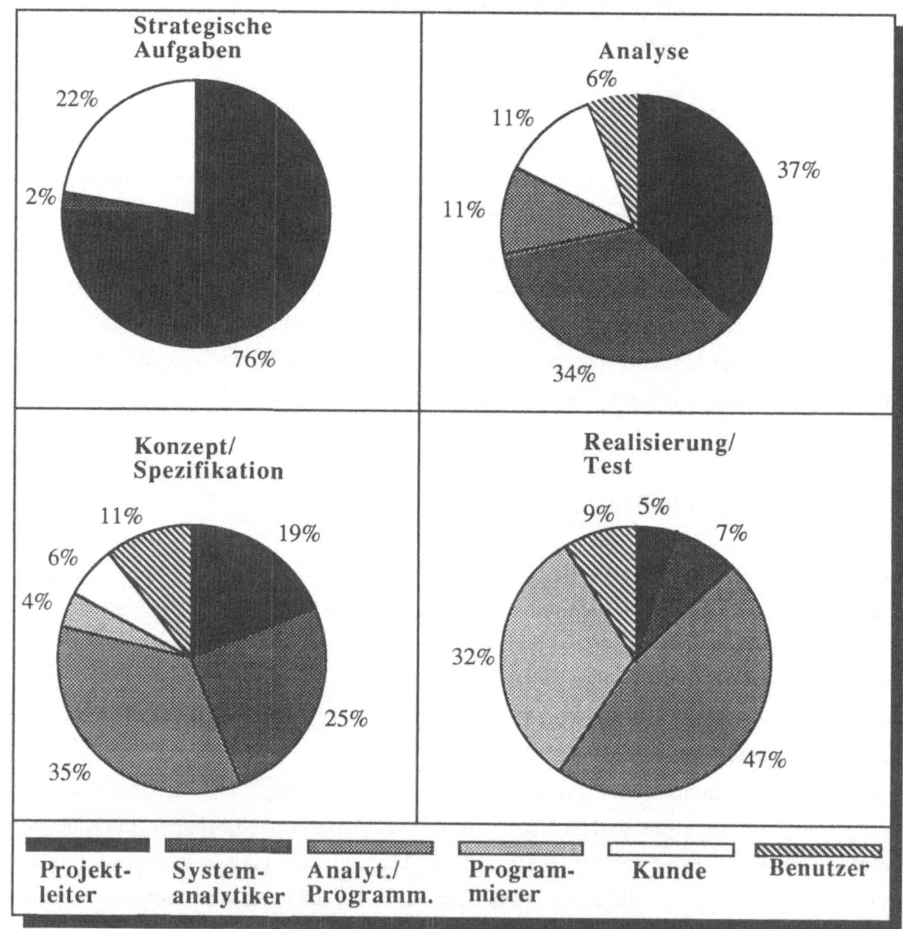

Abbildung 2: Aufgaben und prozentuale Häufigkeit mit der verschiedene Funktionsträger diese
Aufgaben übernehmen (N=54)

Aus der Abbildung ist exemplarisch zu erkennen, dass Programmierer weder strategische, analytische sowie sehr selten konzeptionelle und spezifizierende Aufgaben übernehmen. Programmierer werden dagegen fast auschliesslich für die "handwerklichen, ausführenden" Aufgaben Realisierung und Test eingesetzt.

Arbeitspsychologische Untersuchungen (Hacker, 1989) zeigen jedoch auch, dass Programmierer, die unter solchen arbeitsteiligen Bedingungen arbeiten, mit ihrer Arbeitssituation häufig unzufrieden sind, da für sie keine Kooperationsmöglichkeiten mit anderen Programmierern und den Benutzern speziell in der Problem- und Konzeptionsphase bestehen. Durch mangelnden Überblick über eine komplexe, ganzheitliche Aufgabe erleben sie ihre Arbeit häufig als partialisiert und entfremdet.

Basili (1979) konnte - im Zusammenhang mit diesen Ergebnissen von Interesse und aus arbeitspsychologischer Perspektive nachvollziehbar - aufzeigen, dass die Häufigkeit von Programmänderungen infolge von Fehlern weitgehend von der Organisationsform des Entwicklungsteams bestimmt wird. Teams mit einer starken Arbeitsteilung zeichneten sich bei dieser Untersuchung im Gegensatz zu selbstregulierten Teams durch eine deutlich höhere Änderungs- bzw. Fehlerrate aus.

Strategische Entscheidungen werden in der betrieblichen Software-Entwicklungspraxis fast ausschließlich von Repräsentanten der Firmenleitung und/oder Kundenvertretern des mittleren und höheren Managements getroffen. Dies führt häufig dazu, dass die Projektbeteiligten auf operativer Ebene mit Rahmen-, Kosten- und Terminvorgaben konfrontiert werden, die ihren Handlungsspielraum bei der Aufgabenerfüllung erheblich einschränken. Eine stärkere Partizipation der betroffenen Projektbeteiligten an solchen Entscheidungen wäre als eine Möglichkeit zu betrachten, um an dieser häufig als negativ erlebten Situation konstruktiv etwas zu verändern.

4.3   Der Entwicklungsprozess

Softwareprojekte werden in den von uns untersuchten Betrieben fast ausschließlich auf der Basis von strukturierten Phasenplänen mit fest definierten Meilensteinen realisiert. Typischerweise enthalten diese Modelle die Phasen Problemanalyse, Grobkonzept, Detailspezifikation, Realisierung, Test und Einführung.

Der durchschnittliche zeitliche Anteil der einzelnen Phasen ist im folgenden Schaubild dargestellt.

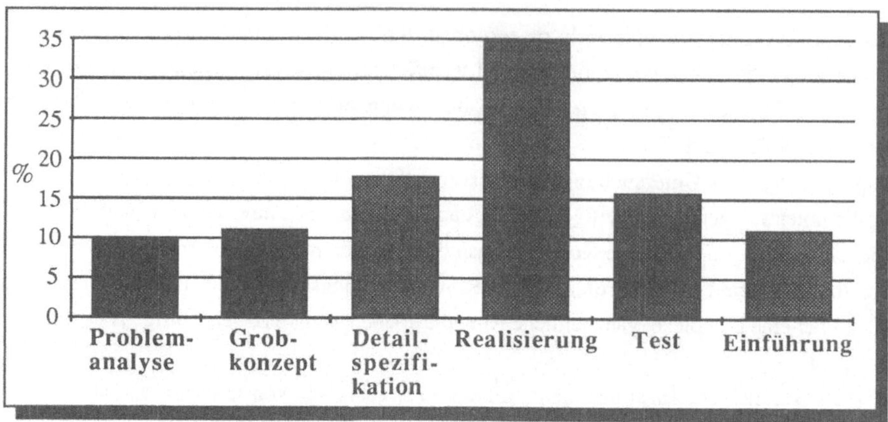

Abbildung 3: Durchschnittlich aufgewendeter, zeitlicher Anteil der einzelnen Phasen bei der
Software-Entwicklung (N=79)

Aus Abbildung 3 ist ersichtlich, dass in den analysierten Projekten fast die Hälfte des Aufwandes
für die "ausführenden, handwerklichen" Arbeitsschritte Realisierung und Test (47%) entsteht.
Für die analytischen, konzeptionellen und somit "planenden" Arbeitsschritte Problemanalyse und
Grobkonzept wird dagegen weit weniger Aufwand (21%) investiert.
Der prozentuale, bisher entstandene Wartungsaufwand beträgt im Verhältnis zum Aufwand des
Gesamtprojekt durchschnittlich 22,5%. Interessanterweise wird nur ca. 1/3 des Aufwandes in der
Wartung für die Fehlerbehebung, dagegen 2/3 des Aufwandes für Systemänderungen benötigt,
die z.B. infolge von Anforderungsänderungen der Kunden und/oder Benutzer entstehen.
Im Zusammenhang mit den Ergebnissen zum Aufwandverhältnis der verschiedenen Entwicklungs-
phasen sind auch andere Forschungsergebnisse von Interesse. Eine Reihe von Autoren (Peschke,
1986, Foidl, Hillebrand & Tavolato 1986) weist auf die Wichtigkeit der frühen Phasen bei der
Software-Entwicklung hin und Wasserman (1983) vertritt die Auffassung: "A key assumption of
modern software development practices is that increased effort in the earlier stages of development
will result in a better system".
Welche kostenbezogenen Risiken eine unsorgfältige Bearbeitung der frühen Phasen haben kann,
wurde von Tavolato & Vincenca (1984) aufgezeigt.
Die Untersuchungsergebnisse zeigen weiter, dass Phasenmodelle mehrheitlich im Sinne eines
linear-sequentiellen Vorgehens durchlaufen werden. Das heißt: die Aufgabeninhalte einer Phase
werden bearbeitet, abgeschlossen und dokumentiert, bevor zur nächsten Phase übergegangen
wird. Phasenrückschritte sind nicht vorgesehen; in der Praxis ergibt sich jedoch die Notwendigkeit
von kosten- und zeitintensiven Phasenrückschritten tatsächlich häufig und zwar als Folge
unzureichender Anforderungsermittlung und/oder von Änderungswünschen der Benutzer oder
Kunden. Auch in anderen Untersuchungen (Peschke, 1986) wurde gezeigt, dass linear-
sequentielle Phasenmodelle in der Annahme, dass eine grundsätzliche Systemanforderung zu

Projektbeginn formuliert und eine fehlerfreie Entwurfsphase daran angeschlossen werden kann, weder machbar noch wünschenswert ist.

Aufgaben- und benutzerorientierte Software-Entwicklungsprozesse benötigen alternative ablauf-organisatorische Modelle wie z.B. das Vorghen mittels Prototyping oder das inkrementelle Vorgehen (vgl. Krüger, 1987), welches eine laufende Validierung der Phasen und Phasen-ergebnisse z.B. durch die Entwicklung von strukturiert programmierten aber dennoch relativ einfach veränderbaren bzw. erweiterbaren Systemversionen erlaubt.

4.4 Methoden zur Analyse und Anforderungsermittlung

Insgesamt zeigen die Ergebnisse der Untersuchung, dass in der betrieblichen Praxis sehr wenig Methoden zur Analyse und Anforderungsermittlung eingesetzt werden. Formale Methoden, die sich vorwiegend an Daten- und Informationsflüssen wie z.B. strukturierte Analyse, Datenfluss-diagramme, Jackson-Diagramme etc. orientieren, herrschen dabei vor. Aufgaben- und benutzernahe Methoden wie z.B. Interviewtechniken, Beobachtungen, Arbeits- und Aufgaben-beschreibungen aus Benutzersicht etc. die sich stärker an der Arbeitsorganisation und den Arbeitsaufträgen der Fachbereiche orientieren, werden viel seltener eingesetzt.

In der folgenden Abbildung ist die prozentuale Häufigkeit des Einsatzes von einerseits stärker aufgaben- und andererseits stärker systemorientierten Methoden sowie die Häufigkeit der Projekte, in denen gar keine Methoden eingesetzt wurden, dargestellt.

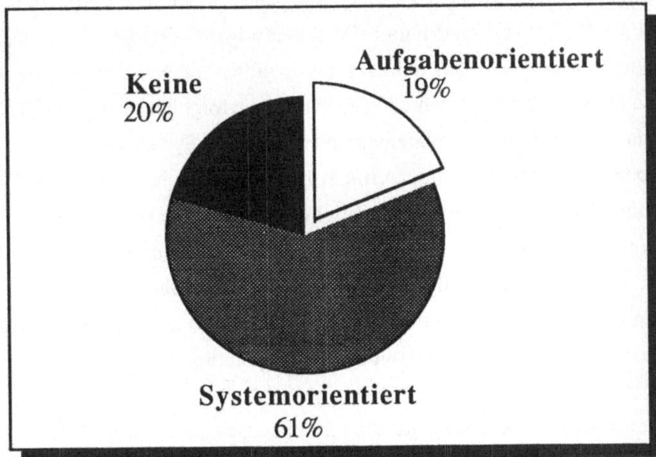

Abbildung 4: Häufigkeit des Einsatz von arbeits- und systemorientierten Methoden sowie Projekte ohne Methodeneinsatz (N=74)

Prototyping als eine benutzernahe Entwicklungsmethode für den Software-Entwicklungsprozess hat inzwischen eine breitere Verwendung gefunden. In der Untersuchung gaben mehr als 50% der Betriebe an, Prototyping regelmäßig einzusetzen. Prototyping wird dabei hauptsächlich zur methodischen Unterstützung von Konzeptions- und Spezifikationsaufgaben herangezogen und dient vorwiegend zur Abklärung von Fragen zur Benutzeroberfläche. Insgesamt wird das Vorgehen mit Prototyping durch Software-Entwickler als "sehr nützlich" bewertet, da es aus ihrer Sicht eine sinnvolle Problemlösemethode für den Software-Entwicklungsprozess darstellt und dabei vor allem auch die Zusammenarbeit mit den Benutzern erleichtern kann.

4.5. Benutzerbeteiligung bei der Software-Entwicklung

In der betrieblichen Praxis wird vermehrt der Versuch unternommen, Benutzer am Software-Entwicklungsprozess zu beteiligen. Aussagen der von uns befragten Praktiker wie "man muss auf alle Fälle die Benutzer beteiligen " oder "ohne Benutzer geht es nicht" sowie die Auswahl der Benutzer für die Mitarbeit nach vorwiegend fachlichen Gesichtspunkten weisen insgesamt daraufhin, dass die Notwendigkeit von Benutzerbeteiligung zunehmend akzeptiert wird. Dies gilt vor allem für jene Fälle, in denen komplexe Softwaresysteme mit u.U. erheblichen arbeits-organisatorischen Konsequenzen wie z.B. Veränderungen in der Aufbau- und Ablauf-organisation verbunden sind.

Ueber aktive und frühe Benutzerbeteiligung wurde in insgesamt 25% der betrachteten Projekte berichtet. Das heisst bei diesen Projekten wurden die Benutzer bereits zu Projektbeginn involviert. Dabei erarbeiten sie Vorschläge und hatten Entscheidungsmöglichkeiten zu den wesentlichen Gestaltungsaspekten wie Aufgabengestaltung, Funktionalität und Benutzeroberfläche. In 60% der Projekte wurde dagegen nur passive Benutzerbeteiligung verfolgt. Das heisst die Benutzer lieferten hier vorwiegend fachspezifische Informationen und evaluierten Systemvorschläge.

Als hauptsächliche Probleme der Benutzerbeteiligung werden aus Sicht der Untersuchungs-partner mangelnde EDV-bezogene und fachliche Qualifikationen der Benutzer, Verständi-gungsschwierigkeiten zwischen Software-Entwicklern und Benutzern sowie der durch die Benutzerbeteiligung entstehende zeitliche Aufwand genannt. In den Projekten mit intensiver und früher Beteiligung der Benutzer jedoch traten diese Probleme in viel geringerem Masse auf. Dieses Ergebnis ist ein empirischer Beleg für aktive und frühe Beteiligung von Benutzern an Software-Entwicklungsprozessen.

15% der betrachteten Projekte wurden ganz ohne Benutzerbeteiligung realisiert.

4.6 Probleme bei der Software-Entwicklung

Im folgenden sind die intensivsten Probleme, die im Laufe der betrachteten Projektrealisierungen auftraten nach der Häufigkeit ihrer Nennung aufgelistet. Inhaltlich sind die Probleme organisatorischen, sozialen, qualifikatorischen, technischen, strategischen und sonstigen Aspekten zugeordnet.

Organisatorische Aspekte Anforderungsermittlung (N=17) Projektkomplexität (N=13) Anforderungsänderungen (N=11) Projektmanagement (N=6) Projektinterne Kommunikation (N=3)	**Soziale Aspekte** Mitarbeiterstabilität (N=8) Mitarbeitermotivation (N=2)
Qualifikatorische Aspekte Mitarbeiterqualifikation (N=9)	**Technische Aspekte** Entwicklungsumgebung (N=15) Hardware (N=7)
Strategische Aspekte Termindruck (N=17) Kosten (N=8)	**Sonstige Aspekte** Softwarequalität (N=6) Externe Einflüsse (N=4)

Abbildung 5: Probleme bei der Software-Entwicklung (N=75)

Aus Abbildung 5 ist ersichtlich, dass Probleme in der betrieblichen Entwicklungspraxis vorherrschen, die aus vorwiegend organisatorischen Ursachen resultieren. So besteht oftmals die Schwierigkeit Anforderungen zu ermitteln, da - wie bereits erwähnt - entweder die Benutzer für diesen Arbeitsschritt nicht angemessen beigezogen werden, die Wichtigkeit dieses Arbeitsschrittes unterschätzt wird und/oder dafür angmessene Methoden fehlen oder nicht eingesetzt werden. Erwartungsgemäss ergeben sich auch häufig Probleme infolge instabiler Mitarbeiterzusammensetzung, da u.a. aus der EDV- und Softwarebranche eine hohe Fluktuationsrate bekannt ist. Die vielen Probleme, die in Zusammenhang mit der Mitarbeiterqualifikation stehen, sind insofern nicht überraschend, da im Rahmen der Untersuchung deutlich wurde, dass Qualifikationsmassnahmen in der betrieblichen Praxis eine untergeordnete Rolle spielen. So wurden nur in 25% der betrachteten Projekte Qualifizierungsmassnahmen für die Projektmitarbeiter verfolgt und durchgeführt. Bezüglich der Probleme, die u.a. aus strategischen Vorgaben resultieren, zeigt sich, dass bei Softwareprojekten häufig erhebliche betriebswirtschaftliche Risiken be- bzw. entstehen. So wurden bei den Projekten die Kosten um durchschnittlich 45% (Streubreite 0-400%), die Termine um durchschnittlich 4,7 Monate (Streubreite 0-24 Monate) überschritten. Im folgenden Abschnitt wird deutlich, welcher Zusammenhang zwischen dem Vorgehen bei der Projektrealisierung und einigen der genannten Probleme sowie diesen betriebswirtschaftlichen Aspekten besteht.

4.7 Auswirkungen von innovativen und partizipativen Vorgehensweisen bei der Software-Entwicklung

Die Ergebnisse der Untersuchung zeigen, dass ganzheitliche Projektstrukturen, auf die frühen Phasen zentrierte Entwicklungsprozesse, der kombinierte Einsatz von aufgaben- und system- orienierten Analysemethoden, der Einsatz von Prototyping sowie aktive Benutzerbeteiligung erheblich dazu beitragen können, dass Projekte problemfreier und effizienter - kosten-, termin- und wartungsaufwandbezogen - realisiert werden (vgl. Strohm, 1991).

In der folgenden Tabelle sind exemplarisch Projekte mit einer stärkeren Systemorientierung sowie Projekte mit einer stärkeren Benutzerorientierung bezüglich Kosten-, Terminüberschreitungen sowie Wartungsaufwand einander gegenübergestellt.

Projekte	**System- orientiert** N = 9	**Benutzer orientiert** N = 6
Benutzer- beteiligung	Keine	Aktiv
Aufwand für die frühen Phasen	Niedrig	Hoch
Prototyping	Nein	Ja
Wartungsaufwand (bis zum Erhebungs- zeitpunkt)	28%	10%
Kostenüber- schreitungen	60%	13%
Terminüber- schreitungen	10 Monate	1 Monat

Abbildung 6: Wartungsaufwand, Kosten- und Terminüberschreitungen bei Projekten mit System- und Benutzerorientierung (N=15).

Aus Abbildung 6 ist ersichtlich, welche wartungsaufwand-, kosten- und terminbezogenen Vorteile bei den Projekten mit aktiver Benutzerbeteiligung, auf die frühen Phasen zentrierten Entwicklungsprozessen sowie dem Einsatz von Prototyping bzw. starker Benutzerorientierung im Vergleich zu den Projekten mit starker Systemorientierung entstanden.

5. Diskussion

Die Ergebnisse der Untersuchung geben einen Ist-Stand des arbeitsorganisatorischen, methodischen und benutzerbezogenen Vorgehens bei der Realisierung von Softwareprojekten wieder. Darüber hinaus wurden einige der zentralen Probleme transparent und dabei auch erkennbar, in welchem Zusammenhang diese mit unterschiedlichen Projektmanagementansätzen stehen. Die Ergebnisse der Untersuchung lassen den Schluß zu, dass - allerdings unabhängig von verschiedenen zu berücksichtigenden Rahmenbedingungen - zu einem guten und effizienten Projektmanagement ganzheitliche Projektstrukturen, aktive und frühe Benutzerbeteiligung, der kombinierte Einsatz von arbeits- und systemorientierten Methoden, der Einsatz von Prototyping sowie ein auf die frühen Entwicklungsphasen zentrierter Entwicklungsprozess gehören (vgl. Strohm, a.a.O). Dieses Vorgehen sollte darüber hinaus in einen Prozess eingebettet sein, bei dem Kriterien benutzerorientierter Dialoggestaltung (Spinas, 1987, Ulich, 1991) sowie Konzepte einer arbeitsorientierten Gestaltung computerunterstützter Arbeitssysteme (Ulich, 1991) als normative Zielgrössen gelten.

Dieser Anspruch erfordert einen ganzheitlich optimierten Software-Entwicklungsprozess, bei dem arbeitsorganisatorische, methodische sowie benutzerbezogene Aspekte gemeinsam in einer erweiterten Konzeption betrachtet und aufeinander abgestimmt werden. Auf die Systementwicklungsumgebung sowie die Projektaufgaben abgestimmte Arbeits- und Organisationsstrukturen in den Software-Entwicklungsabteilungen bilden dafür eine wesentliche Voraussetzung. Eine solche soziotechnische Konzeption der Software-Entwicklung wurde im Rahmen des Projektes entwickelt und wird in weiteren Untersuchungen empirisch überprüft.

Literatur

Basili, V.R. (1979) An investigation of Human Factors in Software Development. Computer, 12, p.18-25.

Foidl, H., Hillebrand, K. & Tavolato, P. (1986). Prototyping: die Methode-das Werkzeug-die Erfahrungen. Angewandte Informatik, 3, 95-100.

Hacker, W. (1989) Designing the designer´s Tasks´: Participative Analysis and Evaluation of Software Development Tasks. In Smith, M. & Salvendy, G. (Eds.), Work with computers: Organizational, Management, Stress and Health Aspects (p. 163-168). Elsevier: Amsterdam.

Krüger, W. (1987). Problemangepaßtes Management von Projekten. Zeitschrift Führung & Organisation, 4, 207-216.

Peschke, H. (1986). Betroffenenorientierte Systementwicklung. Frankfurt: Peter Lang.

Spinas, P. (1987). Arbeitspsychologische Aspekte der Benutzerfreundlichkeit von Bildschirmsystemen. Dissertation der Universität Bern.

Strohm, O. (1991). Arbeitsorganisation, Methodik und Benutzerorientierung bei der Software-Entwicklung. In Frese, M. & Zang-Scheucher, B. (Hrsg.) Software für die Arbeit von Morgen (Band 1). Berlin: Springer Verlag.

Tavolato, P. & Vincenca, K. (1984). A prototyping methodology and its tool. In Budde, R., Kuhlenkamp, K., Matthiassen, L. & Züllighoven, H. (Hrsg.), Approaches to prototyping (S. 23-44). Berlin: Springer Verlag.

Wasserman (1983). Characteristics of software development methodologies. In Olle, T.W., Sol, H.G. and Tully, J.C. (Eds.), Information systems design methodologies: a feature analysis. Amsterdam: North-Holland.

Ulich, E. (1991). Arbeitspsychologie. Zürich: Verlag der Fachvereine. Stuttgart: Poeschel.

Oliver Strohm, Dipl.-Psych.
Institut für Arbeitspsychologie der ETH Zürich
Nelkenstr. 11
8092 Zürich

Partizipative Gestaltung handlungsorientierter DV-Unterstützung für Arbeitsabläufe in der Industrie

Wolfgang Apitz, Hanau

Zusammenfassung

Am Beispiel der partizipativen Gestaltung eines handlungsorientierten DV-Systemproto-
typen für ein reales Arbeitssystem

Chemieanlage - Betriebsingenieur - vernetzter PC

werden die über 5 Jahre dauernde praxisbezogene Vorgehensweise, aufgetretene
Probleme und deren Lösungen schwerpunktmäßig dargestellt.

Partizipation stand während des ca. 50 Mitarbeiterjahre umfassenden Entwicklungsprozesses für ein integrationsfähiges DV-Teilsystem des Instandhaltungsbereiches methodisch im Mittelpunkt für die Gestaltung des Zusammenwirkens kognitiver Tätigkeiten
und einer Nutzung von DV-Funktionen.

Fachinhaltlich wurden situative Instandhaltungsereignisse, daraus erforderliche Instandhaltungsmaßnahmen und deren Auswertungen für das Arbeitsobjekt und arbeitsorganisatorische Abläufe zugrundegelegt. Hinsichtlich Perspektiven und Konsequenzen
wird aufgezeigt, wie relevant Ansatz und Vorgehensweise sind, um das Entscheidungsverhalten des Managements durch Beteiligung zukünftig Betroffener zu beeinflussen.

1. Ausgangssituation => Zweck/Ziele

Zur Verwaltung von Arbeitsaufträgen befand sich seit 1980 ein aus der Praxis entwik-
keltes - batchorientiertes - Teilsystem für eine DV-unterstützte Abwicklung von Instandhaltungsmaßnahmen im Einsatz (ASW=Arbeitsauftragssystem Werkstätten). Gestiegene Anforderungen für Planung und Steuerung von Instandhaltungsarbeitsaufträgen
sowie eine Ablösungsnotwendigkeit der Hardware (Philips/Motorola) erforderten eine
Neuorientierung der konzernweit acht dezentralen Installationen für ASW, Materialwirtschaft, Einkauf und Kostenrechnung. Anstelle eines betriebswirtschaftlich funktions-
orientierten Ansatzes zur Ablösung des Teilsystems ASW mit integrierter dezentraler
Materialwirtschaft wurde von der Fachabteilung für die Arbeitsgestaltung mit Hard- und
Softwareeinsatz ein arbeitswissenschaftlich ausgerichteter gewählt (s. Abb. 1. und
Rohmert, 1983).

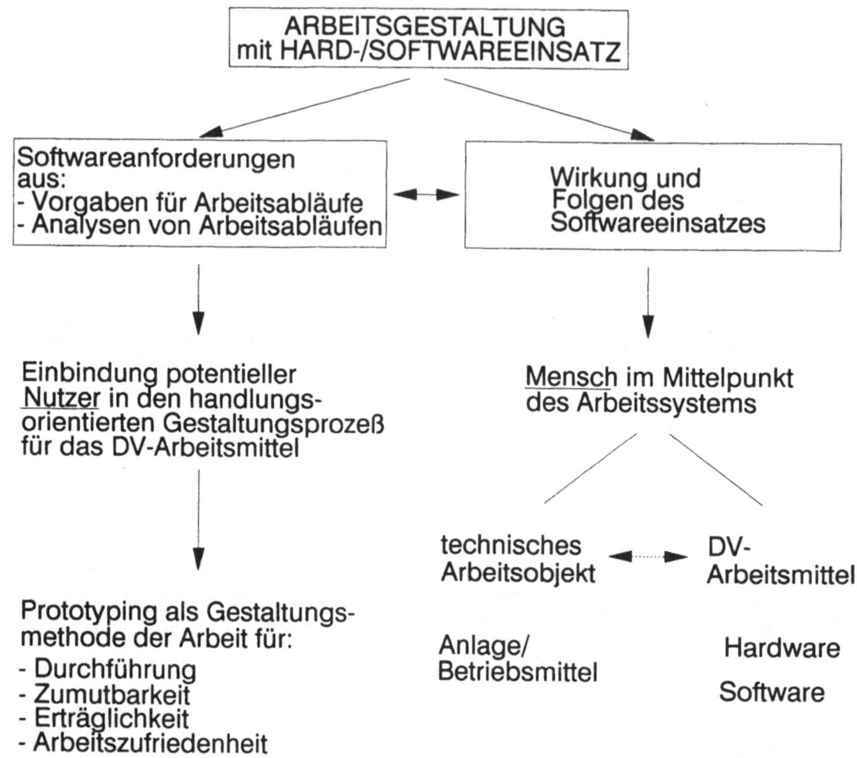

Abb. 1:   Arbeitswissenschaftlich und partizipativ orientierte Arbeitsgestaltung mit
Hard- und Softwareeinsatz für ein Arbeitssystem:
Arbeitsobjekt-Mensch-Hilfsmittel

Belastung/Beanspruchung sowie Bedürfnisse/Interessen zukünftig Betroffener der Bereiche Produktion, Betriebstechnik und Instandhaltung bildeten die Ausgangslage. Koordination und Moderation sowie Dokumentation erfolgten durch die Fachabteilung. Ziel war die Erstellung eines arbeitsplatzbezogenen, handlungsorientierten und aufgabenangemessenen Anforderungsprofils in Form eines integrationsfähigen DV-Prototypteilsystems für die DV-unterstützte Abwicklung von Instandhaltungsmaßnahmen und relevanter Auswertungen. Eine Abgrenzung zum Umsystem mit Festlegung der globalen Netzbeziehungen zu diesem und innerhalb der Systemgrenzen erfolgte gemäß Abb. 2.

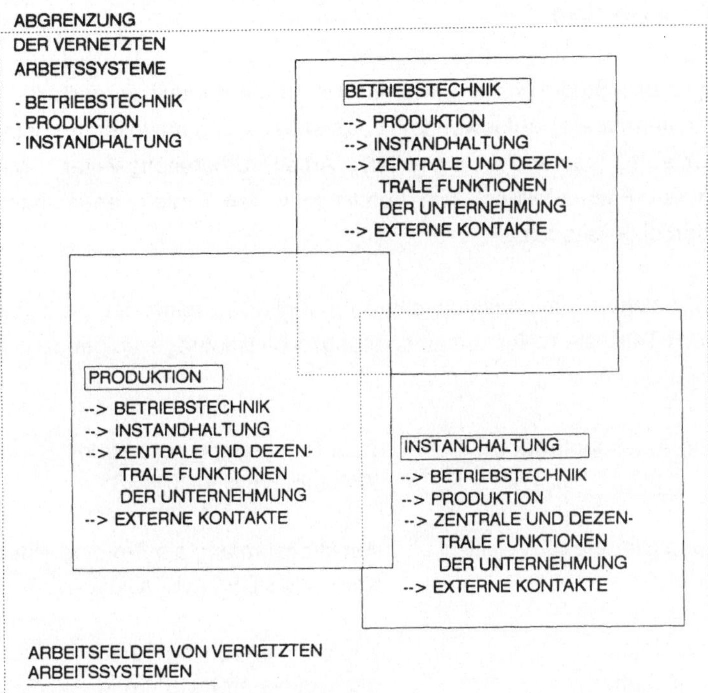

Abb. 2:   Abgrenzung vernetzter Arbeitsfelder zu zentralen und dezentralen Funktionen der Unternehmung und externen Beziehungen

Fachinhaltlich orientiert wurde der Informationsbedarf für das Arbeitsobjekt -ein bestehendes technisches System: Chemieanlage- an der DIN 31051 (1982: Entscheidungsstruktur Schad-/Schwachstelle). Eine Modellierung des Arbeitsauftragsablaufes erfolgte mit dem DV-Werkzeug NET (PSI/2) als Kanal-Instanzen-Netz.

Für das zu erstellende Konzept einer handlungsorientierten DV-Unterstützung für die Abwicklung von Instandhaltungsmaßnahmen waren neben einer unternehmensintern erstellten Analyse/Studie sowie Erkenntnissen aus Veröffentlichungen (Rohmert, 1983; Fürstenberg, 1983; Hanau, 1983; Kreikenbaum, 1983) und Erfahrungen des Softwarepartners PSI (PSI/1) vor allem zwei Forschungsbeiträge von Bedeutung (Floyd/Keil, 1984; de la Mare, 1983).

Aufbauend auf diesem Kenntnisstand begann unter Beteiligung zukünftig Betroffener Anfang 1985 die Konzepterstellung.

2. Stand August 1990

Für Analyse und Studie wurden, wie auf Abb. 3 mit Kontext dargestellt, 14 Zeitmonate (56 Mitarbeitermonate) aufgewendet. Vorgesehene Teammitglieder (Betriebsleiter, Betriebsingenieure, Instandhaltungsleiter, Arbeitsvorbereitungsleiter, Meister, Koordinatoren der Fachabteilung), die partizipativ den Prototypen mitgestalten sollten, wirkten hierbei bereits mit.

Nach erfolgreichem Teilprojektabschluß im Juni 1990 hatte das partizipativ gestaltete DV-Prototyp-Teilsystem für Instandhaltungsarbeitsaufträge folgenden Entwicklungsstand:

Einrichtung Arbeitsaufträge: Funktionsumfang portierungsfähig in die Zielumgebung VAX/VMS

Planung und Steuerung: Funktionsumfang als Prototyp einsatzfähig unter VMS/DEC-NET/DOS

Technische Dokumentation: als "Softwarerohling" fertig
Materialwirtschaft: als "Softwarerohling" fertig
Inspektion und Wartung: als "Softwarerohling" fertig

Module für Grunddatenverwaltung, Systemdienste, Auswertungen, Budgetierung, Text-Retrieval wurden jeweils soweit fertiggestellt, wie es die fachinhaltliche Orientierung erforderte.

Die Software für den DV-Teilprototyp/die "Softwarerohlinge" wurde mit Clipper erstellt. Für Dokumentation wurden die DV-Werkzeuge BOIE (PSI/3) und DEMO (DEMO II, 1985) eingesetzt.

Während des ca. 2,5-jährigen Gestaltungsprozesses und des etwa gleich lang dauernden Feldversuchs konnten Methodik, Dokumentation, Prototypfunktionalität, Integration in den Handlungsablauf und Softwareergonomie im Spannungsfeld von Theorie und Praxis ständig verbessert werden. Risiken wurden abschätzbar in den Stufen:

- Erstellung Analyse/Studie
- Aufstellung integrationsfähiges Rahmenkonzept
- Herstellung "Softwarerohling"
- Prototyping/Feldversuch
- Portierung in Zielsystem

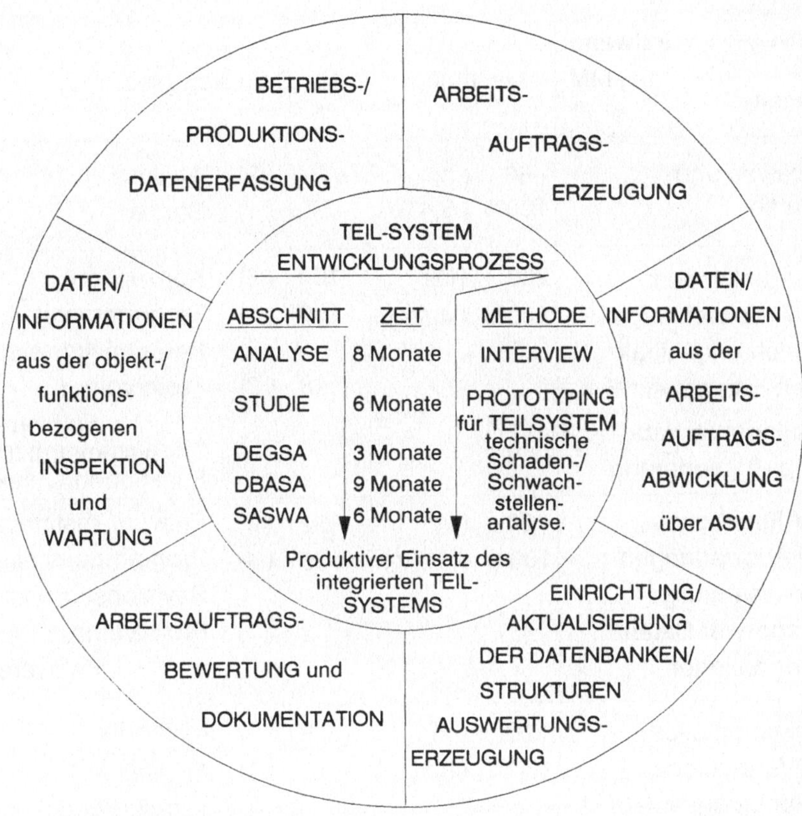

Abb. 3:   Zeiten und Inhalte des Gestaltungsprozesses (DEGSA, DBASA, SASWA
sind Arbeitstitel für Gestaltung: Erfassungen, Basissystem, Auswertungen
--> Schwachstelleninformationen)

3. Aufwand der Prototypgestaltung/partizipative Anteile ( )

Schwerpunkte partizipativer Mitwirkung waren:

- Festlegung einheitlicher Begriffe/Datenmodellierung
- Maskendesign   : Aufbau/Farbgestaltung/Mehrsprachigkeit
- Abstimmung   : Dialog/Handlungsablauf
- Dialogsteuerung/aktive Hilfen/Hilfetexte
- Antwortzeitverhalten
- Fachinhaltliche Diskussionen/Festlegung Handlungsabläufe

Inhalt ╲ Aufwand MM *	Gesamt	für Detailkomplex
Analyse und Studie	56 (3) 100% (5,4%)	- 24 (2) Analyse - 32 (1) Studie
DV-Funktionen für Arbeitsauftrags- einrichtung mit ak- tiven Hilfen wie z.B. - Anlagenstruktur - Objektgliederung	268 (12) 100% (4,5%)	-104 (5) Konzeption ** -156 (5) Programmerstellung/ Revisionskorrekturen - 8 (2) Prototyping/ Feldversuch ** -Systemstrukturen Funktionen/Objekte-
DV-Funktionen für Auswertungen arbeitsauftrags- bezogener Daten/ Informationen	60 (7) 100% (11,7%)	- 22 (2) Entwurf/Abstimmung - 36 (4) Programmerstellung/ Revisionskorrekturen - 2 (1) Prototyping/ Feldversuch
Dokumentation - DV-Funktionen - Handlungsablauf	20 (2) 100% (10%)	- 8 (1) Methodik - 12 (1) fachinhaltliche Arbeit - strukturorientiert -
DV-Funktionen für Planung und Steuerung von Arbeitsaufträgen für: - Instandhaltung - Investition - Hilfsleistung	166 (17) 100% (10,2%)	- 60 (1) "Softwarerohling" - 30 (1) unternehmenseigene Ergänzungen - 26 (3) Revisionen - 50 (12) Prototyping/ Feldversuch geplant für 1991
Einsatzfähiger Prototyp zur DV-Unterstützung bei der Abwicklung von Instandhaltungs- erfordernissen	570 (41) 100% (7,3%)	- 64/11,2% (4/10%) Vorbereitung -168/29,5% (9/22%) Konzept -252/44,2% (10/24%) "Software- rohling" - 86/15,1% (18/44%) Prototyping/ Feldversuch

* MM = Mitarbeiter(innen)-Monate   ( ) partizipativer Anteil

Ergänzender Schulungsaufwand für die DV - Werkzeugnutzung: 30 (3) MM

4. Vorgehensweise

Auf Basis einer Analyse informationsrelevanter Handlungen während der Abwicklung von Instandhaltungsmaßnahmen (Belegerstellungen, Aufzeichnungen, Berichterstellung, Informationsbeschaffung/-weitergabe/-nutzung und Kommunikation) wurde mit dem DV-Werkzeug NET (PSI/2) ein globales, allgemeingültiges Gesamtmodell eines Unternehmens der chemischen Industrie erstellt.

Dieses Modell umfaßt für den Teilbereich der DV-unterstützten Abwicklung von Instandhaltungsmaßnahmen für die Bereiche Produktion, Betriebstechnik und Instandhaltung ca. 140 Transitionen (Aktivitätsknoten). Neun Transitionen waren erforderlich, um die oberste Ebene des repräsentativ ausgewählten Unternehmens abzubilden. Mit dem DV-Werkzeug BOIE (PSI/3) wurde daraus für den Teilbereich der Arbeitsauftragsabwicklung die Menüstruktur für das DV-Arbeitsmittel abgeleitet. Die handlungsablaufbezogenen Beschreibungen wurden jeweils "hinter den Knoten" als Dokumentation abgelegt. Mit zukünftigen Nutzern wurde der Text permanent anhand realer Instandhaltungsvorgänge abgestimmt. Alle für die DV-unterstützte Gestaltung des Arbeitsmittels (Hard- und Software) und der Arbeit im Handlungsablauf erkannten Veränderungserfordernisse wurden dokumentiert und im Einigungsfall realisiert. Im Konfliktfall erfolgte eine Harmonisierung. In allen Fällen wurde Einigung erreicht.

Nach Gestaltung des Maskendesigns mit dem DV-Werkzeug DEMO (DEMO II, 1985) erfolgten im Rahmen von Teambesprechungen Revisionen mit zukünftigen Nutzern. Dialoggestaltung und -steuerung wurden hierbei ebenfalls eingehend erörtert. Danach erfolgte die Programmerstellung, um mit echten Daten im Handlungsablauf konkrete Instandhaltungsarbeitsaufträge DV-unterstützt abwickeln zu können. Die Masken wurden als Dokumentation und zur Kommunikation mit den Beteiligten farbig ausgedruckt. Auf diese Weise entstanden über 400 in Handlungsabläufe integrierte Maskenlayouts. Stellte sich im produktiven Einsatz des Prototypen heraus, daß Verbesserungen hinsichtlich Softwareergonomie und/oder Eingabezeitreduzierung (z.B. aktive Hilfen, Eingabefolgen u.ä.) möglich sind, so wurden Veränderungen der Software, die der Arbeitszufriedenheit und Effizienzsteigerung menschlicher Arbeit dienten, in gleicher Weise iterativ abgestimmt vorgenommen.

Nicht unerwähnt bleiben soll, daß mit einer am Markt erhältlichen Standard-Software eines "renommierten Softwarehauses" für den Teilbereich Erzeugung bis Historisierung von Instandhaltungs-Arbeitsaufträgen Durchschnittszeiten von 8 Minuten/Auftrag ermittelt wurden. Dieser Wert konnte mit dem Prototypen um 50% reduziert werden. Bei 100 Aufträgen/Tag entspricht dies ca. der Arbeitszeit eines Arbeitsvorbereiters.

Hauptziel von Gestaltungsprozeß und Revisionen war es jedoch, die Belastung des mit dem System arbeitenden Menschen durch angemessenen Bedienungskomfort so gering wie möglich zu halten. Ferner sollte durch ein hohes Maß an "Bedienerfreundlichkeit" der Schulungsaufwand reduziert werden. Ergebnisse der Gestaltung wurden erst dann als zufriedenstellend akzeptiert, wenn eine Beanspruchung des Systemnutzers während des Zusammenwirkens kognitiver Tätigkeiten und einer DV-Bedienung so reguliert war, daß sich der Nutzer voll auf seine fachliche Arbeit konzentrieren konnte (s. hierzu auch Heeg, 1988, S. 87-89).

5. Probleme/Hemmnisse => Lösungen und Erkenntnisse/Perspektiven

Probleme grundsätzlicher Art gab es während des Gestaltungsprozesses keine. Die Vorgehensweise und Methode des Prototypings wurde von Verantwortlichen des Fachressorts und allen zukünftigen Nutzern, die am Gestaltungsprozeß mitwirkten, positiv aufgenommen. Gelang es doch damit, die DV-Erfordernisse den Nutzerbedürfnissen aufgabenangemessen anzupassen. Schwierig war mitunter die Moderation im Team aufgrund der Zusammensetzung (Betriebsleiter, Betriebsingenieure, Instandhaltungsleiter, Arbeitsvorbereiter, Meister und Mitarbeiter der Fachabteilungen) und des damit unterschiedlichen Wissensstandes der Teammitglieder sowie auch hinsichtlich formaler Erfordernisse, die ein Gestaltungsprozeß von Software erfordert (s. hierzu auch Heeg, 1988, S.121-126). In den ca. 100 Zusammenkünften gelang es nur aufgrund guter Vorbereitung und konsequenter Verfolgung der Ziele mit daraus abgeleiteten Aufgaben/Teilaufgaben Ergebnisse zu erreichen, die zukünftige Nutzer, Unternehmensleitung und Belegschaftsvertretung zufriedenstellten. Im Hinblick auf §§ 90 und 91 BetrVG wurde die Belegschaftsvertretung viermal eingehend informiert.

Hemmnisse entstanden durch Vertreter der kommerziellen EDV-Abteilung und Entscheidungsgremien, die diesen nahestehen. Die Vorgehensweise, daß zukünftige Nutzer und kompetente Vertreter der Fachabteilungen richtungsweisend die Systemgestaltung prägen, widerspricht ihren Vorstellungen und bedroht ihre Machtposition. Dies erschwert(e) eine sachliche Diskussion erheblich (s. hierzu auch Maier, 1987).

Als eine wesentliche Erkenntnis des Gestaltungsprozesses ist zu vermerken, daß Einsparungspotentiale informationsrelevanter Abläufe und technische Verbesserungen in komplexen Arbeitssystemen nur durch einen auf die ablaufbezogenen Arbeitsergebnisse auszurichtenden Ganzheitsansatz erschließbar sind. Komplexe Insellösungen führen früher oder später zu erheblichen Integrationsproblemen und Kosten.

Im Rahmen einer Neu-/Veränderungsgestaltung der DV-Unterstützung zur Abwicklung von Instandhaltungsmaßnahmen in Arbeitssystemen der oben genannten Bereiche wurde ferner die Erfahrung gewonnen, daß Partizipation der einzige Weg ist, um durch die Mitgestaltungsmöglichkeit zukünftig Betroffener einen nutzenbringenden Einsatz von DV-Arbeitsmitteln sicherzustellen hinsichtlich Wirtschaftlichkeit der Informationserstellung/-nutzung (bei Berichterstellung/Auswertungen bis zum Faktor 10:1 günstiger) und humanen Aspekten (Ausschöpfung des Handlungsspielraumes, Qualifikationserweiterung, Reduktion von Belastungs-/Beanspruchungssituationen u.a.).

Durchgesetzt werden können partizipative Gestaltungsprozesse jedoch nur, wenn deren wirtschaftliche Überlegenheit gegenüber konventionellen Vorgehensweisen belegbar ist. Hierzu bedarf es erst einmal der Einsicht, daß Organisationsentwicklung und DV-Entwicklung für arbeitssystembezogene Neugestaltung und Veränderungen von Arbeitsstrukturen/-abläufen und -inhalten Systemgestaltung bedeutet. Organisationsentwicklung auf der Basis komplexer DV-Standardsysteme zu beginnen, führt in eine "Sackgasse" und zu hohen Folgekosten.

Eine DV-Unterstützung muß konsequent auf die arbeitsorganisatorischen Prozesse ausgerichtet werden, wenn damit wirtschaftliche und humane Ziele erreicht werden sollen. Ein geeigneter zielgerichteter Weg ist jener, kleine Softwaremodule zu standardisieren, diese zu sogenannten "Softwarerohlingen" zusammenzufügen und partizipativ zu handlungsbezogenen DV-Funktionen zu gestalten. Hierbei ist das gesamte informationsrelevante Arbeitsumfeld an dem jeweiligen Arbeitsplatz unter Berücksichtigung des Bezugs zum Arbeitssystem und zu den Schnittstellen in den Gestaltungsprozeß einzubeziehen (s. Floyd/Keil, 1984, S. 19-21).

Um jedoch eine derartige Vorgehensweise zu beherrschen, bedarf es neben Sach- und Fachkompetenz auch geeigneter softwaretechnischer Hilfsmittel, mit denen für den Gestaltungsprozeß Transparenz erreicht und Effizienz sichergestellt werden kann. Die hohen Kosten der Investition für den Gestaltungsprozeß sind durch Mehrfachverwendung erstellter Module und über "Softwareschichten", die eine Anpassungen dieser Module an Benutzeroberfläche, Datenbank, verschiedene Hardware und Betriebssysteme ermöglichen, sicherzustellen.

Für zukünftige arbeitsorganisatorische Gestaltungsprozesse mit DV-Unterstützung bedeutet dies, daß für die Komplexität auf der jeweiligen Arbeitsplatzebene handlungsbezogen und aufgabenangemessen zu berücksichtigen sind:
Funktionen, Daten/Informationen, Algorithmen, Systemumgebung bei eingebetteten Systemen, Dialoggestaltung/-steuerung, Antwortzeitverhalten/zeitabhängiges Verhalten

6. Konsequenzen

Ansatz und Vorgehensweise für eine Neugestaltung/Veränderung arbeitsorganisatorischer Maßnahmen in Arbeitssystemen sind ausschlaggebend für das Ergebnis des Gestaltungsprozesses. Diese Aussage ist in der Realität keineswegs selbstverständlich. Vergleicht man die Darstellungs- und Aufbereitungsform von Daten und Informationen mit älterer Software, die noch vielfach im Einsatz ist (s. auch Heeg, 1988, S.141-148), und die Möglichkeiten heutiger Gestaltung durch DV-Hilfsmittel und Methoden, so wird deutlich, daß eine DV-Funktionsbereitstellung zukünftig die völlige Integration in den Handlungsablauf am Arbeitsplatz ermöglicht. Eine der Grundforderungen der Softwareergonomie ist damit erfüllbar (s. Heeg, 1988, S.88-89). Arbeitsinhalt (technologische Komponente) und Eignung von Hard- und Software im Handlungsablauf (Arbeitsumfeld und Integration der Softwarefunktionen) bilden eine Einheit. Nur eine bis ins Detail abgestimmte arbeitsplatzbezogene Dialoggestaltung stellt die permanente Akzeptanz des Nutzers sicher und ermöglicht so eine Effizienzsteigerung menschlicher Arbeit im Arbeitssystem durch DV-Einsatz. Akzeptanz bildet hierbei die Basis der Arbeitszufriedenheit.

Eine Umorientierung, die in letzter Konsequenz zur Auflösung überproportional gewachsener EDV-Abteilungen in Großunternehmen führen wird, von zentral orientierter DV-Entwicklung/Unterstützung zu dezentraler wird durch Hard- und Software (Client-Server-Architektur) hierbei begünstigt (s. auch Meier, 1987). Um jedoch das Entscheidungsverhalten jener Manager, die durch Versprechungen hinsichtlich möglicher DV-Lösungen in der Vergangenheit enttäuscht wurden, zu beeinflussen, sind Ergebnisse erforderlich, die Skepsis hinsichtlich der Machbarkeit einer wirtschaftlichen und humanen DV-Unterstützung gegenstandslos machen.

Mit DV-Arbeitsmitteln, die arbeitsplatzbezogen und aufgabenangemessen in erforderlicher Funktionsbreite und -tiefe die Bearbeitung komplexer, unstrukturierter Aufgaben (Maßnahmen der Instandhaltung beinhalten solche) unterstützen, läßt sich überzeugend darstellen, daß ein DV-Einsatz für den Aufgabenbereich der Instandhaltung wirtschaftlich ist. Für die Gestaltung derartiger DV-Arbeitsmittel mit qualitativ hochwertiger, handlungsbezogener Software ist jedoch eine Durchsetzung der Partizipation unabdingbar. Mit dem Prototyp-System DEG-Inst/PSI-Inst (einem handlungsbezogenen DV-System zur Unterstützung bei der Durchführung von Instandhaltungsmaßnahmen der Degussa AG/PSI GmbH) ist ein Durchbruch in dieser Richtung gelungen, da eine volle Akzeptanz zukünftiger Nutzer und die Befürwortung der Ressort-Unternehmensleitung sowie eine Zustimmung der Belegschaftsvertretung gem §§ 90 und 91 BetrVG erreicht wurden.

69

Literaturverzeichnis

BetrVG (1972). Betriebsverfassungsgesetz. Gesetzblatt.

de la Mare R.F. (1983). Fachtagung Instandhaltung. Verlust an Zuverlässigkeit durch Instandhaltung. DKIN, Wiesbaden S. X1 und X17.

DEMO II (1985). DAN BRICKLIN'S Program (PETER NORTON Computing).

DIN (1982). DIN 31051. Instandhaltung -Begriffe und Maßnahmen-. Beuth Verlag GmbH, Köln 1.

Floyd/Keil (1984). Integrative Systementwicklung. Ein Ansatz zur Orientierung der Softwaretechnik auf die benutzergerechte Entwicklung rechnergestützter Systeme. Forschungsbericht DV 84-003 des Bundesministeriums für Forschung und Technologie, S. 1-13, 15-21, 22-31, 32-34.

Fürstenberg, F. (1983). Wie Rohmert, S. 78-89.

Hanau, P. (1983). Wie Rohmert, S. 11-13, 20-22, 28-33.

Heeg, F.J. (1988). Empirische Software-Ergonomie. Springer Verlag, S. 87-89, 88-89, 121-126, 141-148.

Kreikenbaum, H. (1983). Wie Rohmert, S. 93-100.

Meier, W. (1987). Durchsetzen von Strategien. Verlag Indus-trielle Organisation, 2. Auflage, S. 204.

Rohmert, W. (1983). Menschengerechte Gestaltung der Arbeit. Bibliographisches Institut, Bd. 9, Gesellschaft, Recht, Wirtschaft, S. 44-58, 63-68.

PSI/1. PSI Gesellschaft für Prozeßsteuerungs- und Informationssysteme mbH Kurfürstendamm 67, 1000 Berlin 15.

PSI/2. DV-Werkzeug NET zur Darstellung der Dynamik von Abläufen mit Kanal-Instanzen-Netzen der Fa. PSI (PSI/1); Benutzerhandbuch/DV-System.

PSI/3. DV-Werkzeug BOIE=Baumorientiertes Interaktives Entwicklungswerkzeug der Fa. PSI (PSI/1). Benutzerhandbuch/DV-System.

Dipl.-Ing. Wolfgang Apitz
Degussa AG
Fachbereich Ingenieurwesen Werkstechnik
Postfach 13 45
D-6450 **Hanau 1**

Softwareentwicklung als Prozeß
der Arbeitsstrukturierung[1]

Friedrich Weltz, Veronika Lullies, Rolf G. Ortmann
SPG - Sozialwissenschaftliche Projektgruppe, München

Zusammenfassung

Das Verständnis des besonderen Charakters von Softwareprojekten wie der Anforderungen, mit denen sich deren Gestaltung auseinanderzusetzen hat, erschließt sich nicht zuletzt aus dem Anwendungsbezug der entwickelten Produkte. Softwareentwicklung heißt, technisches Potential für die Bewältigung von Aufgaben verfügbar zu machen. Software liefert jedoch nicht nur technische Lösungen, sie strukturiert zugleich das Feld, in dem sie Anwendung findet. Dort, wo die Aufgaben von Menschen wahrgenommen werden - und dies ist ja noch immer zum weitaus größten Teil der Fall - heißt dies: Softwareentwicklung ist zugleich Technikgestaltung und Arbeitsstrukturierung.

Der Einsatz von Software kann zu Veränderungen in der Ausführung der Arbeit, ja selbst in der Definition der Arbeitsaufgaben führen. Die Entwicklung benutzer- und aufgabenorientierter Software ist also Teil eines Prozesses, in den sowohl softwarebezogene wie aufgabenbezogene Aspekte und Aktivitäten eingehen und aufeinander abgestimmt werden müssen. Sie kann gesehen werden als ein wechselseitiger Anpassungsprozeß zwischen dem software-technischem Potential und der Strukturierung der Arbeitsaufgaben.

Die optimale Lösung erfordert also Anpassung von beiden Seiten: von softwaretechnischer Seite, die möglichst maßgeschneiderte Berücksichtigung der Anforderungen,

---

[1] Der Beitrag entstand im Rahmen des Projektes IPAS (Interdisziplinäres Projekt zur Arbeitssituation in der Softwareentwicklung). Das Projekt besteht aus einem sozialwissenschaftlichen Teilprojekt (SPG - Sozialwissenschaftliche Projektgruppe, München, Projektleiter Prof. F. Weltz), einem Teilprojekt Informatik (Universität Marburg, Projektleitung Prof. W. Hesse) und einem arbeitspsychologischen Teilprojekt (Universität München, Projektleitung Prof. M. Freese). Das Projekt wird vom Bundesministerium für Forschung und Technologie (BMFT) im Rahmen des Programmes "Arbeit und Technik" gefördert.

die sich aus der Arbeitsaufgabe ergeben; auf der Seite der Gestaltung der Arbeitsaufgabe die Berücksichtigung des technischen Unterstützungspotentials.

Dort, wo Software Arbeit im kooperativen Zusammenhang unterstützt - und dies ist faktisch bei allen betrieblichen Anwendungen der Fall - hat ihr Einsatz meist über den einzelnen Arbeitsplatz hinausreichende Auswirkungen. Sie kann Arbeitsabläufe, die Arbeitsteilungs- und Kompetenzstrukturen verändern. Software ist in diesem Fall nicht nur ein Arbeitsmittel, sondern ein Organisationsinstrument. Ihrer Entwicklung wächst damit eine betriebspolitische Signifikanz zu, d.h. sie berührt in ihrem Anwendungsfeld bestehende Einfluß- und Interessenverteilungen.

Dies alles ist natürlich von Projekt zu Projekt in sehr unterschiedlichem Maße relevant, je nach den möglichen Auswirkungen, den der Einsatz der Software im Anwendungsfeld haben kann. Tendenziell gilt: In dem Maße, wie die Verfahren der Computerunterstützung zugleich umfassender wie auch flexibler nutzbar werden, gewinnt die Anwendungssituation als Gestaltungsdimension an Bedeutung und muß im Prozeß der Softwareentwicklung mit berücksichtigt werden.

Diese arbeitsstrukturierende und betriebspolitische Bedeutung von Software hat nun ihrerseits Konsequenzen für den Prozeß ihrer Entwicklung selbst: Sie stellt Anforderungen an dessen Gestaltung, sie definiert deren Rahmenbedingungen. Anforderungen ergeben sich etwa bezüglich der Konsensbildung, d.h. des Ausgleichs divergierender Interessen, die mit der Entwicklung und dem Einsatz der Software verbunden sind. Die Notwendigkeit zu solchem Interessenausgleich ergibt sich, wie bei allen Entwicklungsprozessen, aus den Wünschen, Zielvorstellungen und Erfahrungen, die Entwickler eine seits, Auftraggeber bzw. Nutzer andererseits in den Entwicklungsprozeß einbringen. Bei Softwareentwicklung stehen tendenziell technikimmanente Aspekte im Vordergrund (etwa geringe Beanspruchung von Speicherkapazität, "Kompatibilität", "professionelle" Qualitätskriterien, "Eleganz" der Programme), bei den Nutzern dagegen aufgaben- und arbeitsbezogene Aspekte (etwa Erleichterung bei der Aufgabenerledigung, Belastungsreduzierung, Erweiterung oder Einschränkung des Gestaltungsspielraumes).

Abweichende Interessen können auch bestehen innerhalb der Softwareentwicklung: etwa zwischen hierarchisch übergeordneten und ausführenden Positionen oder zwischen den in den einzelnen Phasen des Entwicklungsprozesses Beschäftigten. Divergenzen können sich aber vor allem ergeben zwischen einzelnen Gruppierungen von Nutzern. Viele Softwareentwicklungen berühren - zumindest potentiell - bestehende Arbeits- und Einflußstrukturen in Unternehmen und zwar umso mehr, als der Einsatz von Software zu Veränderungen in den Aufgaben- und Arbeitsstrukturen führt bzw. führen könnte. Allein die Möglichkeit solcher Veränderungen verleiht Softwareprodukten eine betriebspolitische Qualität, d.h. sie werden auf Interessenposition bezogen.

Die Entwicklung angemessener Softwareprodukte setzt die Berücksichtigung dieser unterschiedlichen Interessen voraus. Der Prozeß der Entwicklung von Software muß daher immer auch ein Prozeß der Konsensbildung sein.

Auf dem Hintergrund dieser Interessendivergenzen sind nun wiederum die Lernprozesse zu sehen, die faktisch in jedem Softwareentwicklungsprojekt notwendig sind. Die Entwicklung aufgaben- und nutzungsgerechter Software setzt Wissen voraus:
- bei den Softwareentwicklern vor allem über die Aufgaben, die Bedingungen und Anforderungen der Arbeitssituation, die durch Softwareprodukte zu unterstützen sind;
- bei den Auftraggebern bzw. Nutzern vor allem über das Leistungspotential und die Leistungsbeschränkungen der Software, die sich daraus ergebenden Möglichkeiten und Konsequenzen für die Gestaltung ihrer Aufgaben.

Dieses Wissen ist im Regelfalle nur unvollständig vorhanden, Lernprozesse sind erforderlich. Wesentlich ist dabei, daß diese Lernprozesse meist die Grenzen des eigenen Fachwissens überschreiten müssen. Informationsvermittlung spielt also eine große Rolle: aus dem Anwendungsbereich in den Entwicklungsbereich und umgekehrt sowie im Entwicklungsbereich selbst.

Solche Informationsvermittlung stößt auf strukturelle Schwierigkeiten, etwa das jeweilige Fachwissen und den Fachjargon auf beiden Seiten, Zeitmangel, Unterschätzung der Wissensanfordernisse, vor allem aber, daß Informationsvermittlung häufig interessengesteuert erfolgt.

Im Regelfalle spielen in diesen Lernprozessen die jeweiligen "Kontrahenten" eine zentrale Rolle. Für die Softwareentwickler sind die Auftraggeber bzw. Nutzer wesentliche Informationsquelle, wie umgekehrt sie für diese. Der (potentielle) Informant bringt spezifische Interessen ein, ist Partei. Der Systementwickler mag an bestimmter Hard- oder Softwarekonfiguration interessiert sein, der Nutzer an bestimmten arbeitsorganisatorischen Lösungen (häufig Beibehaltung des Status quo). Dies bedeutet, daß zu den allgemeinen Schwierigkeiten, die in diesen Lernprozessen überwunden werden müssen (z.B. die Komplexitäten technischer Details), noch erschwerend hinzukommt, daß die Lernprozesse eingebettet sind in das Feld divergierender Interessen, in das faktisch jede Softwareentwicklung stößt. Diesen Schwierigkeiten gegenüber erweisen sich die formalisierten Instrumente der Wissensvermittlung (Ist-Analysen) meist als inadäquat.

Erschwert werden diese Lernprozesse auch durch die Abstraktheit des Gestaltungsgegenstandes. Darin besteht ein wesentlicher Unterschied der Softwareentwicklung zu anderen Entwicklungsprozessen. Das Produkt, sein Leistungsprofil, die Anforderung, die an es gestellt werden, sind nur in abstrakten Termini beschreibbar. Diese sind nicht nur meist in einer großen Bandbreite interpretierbar, sie haben unter Umständen für einzelne Beteiligte gar keine oder sogar eine falsche Bedeutung.

Natürlich stellt sich dieses Problem in gewisser Weise allen Entwicklungsprozessen in ihren Frühphasen. Anders als im Softwareentwicklungsprozeß allerdings steht meist die Möglichkeit, relativ rasch diese Abstraktheit - etwa durch Skizzen, Vorentwürfe etc. - zu reduzieren und damit auch den Spielraum des Mißverstehens, unterschiedlicher Interpretationen etc. zu verringern.

Diese Abstraktheit erschwert den Austausch der notwendigen Informationen zwischen Softwareentwicklern und Anwendern und zwar gleichermaßen in beiden Richtungen. Nicht nur ist es für die Anwender schwierig, den besonderen Charakter der Anforderung, die an die Technik gestellt werden, dem Softwareentwickler zu vermitteln, auch umgekehrt ist es schwierig, das Leistungspotential der Technik in vollem Maße anschaulich und nachvollziehbar darzustellen. Vor allem dürfte die Abstraktheit des Gestaltungsgegenstandes die systematische Ermittlung aller Interdependenzen, Besonderheiten und Abhängigkeiten, die bei der jeweiligen Anwendung der Technik zu berücksichtigen sind, erschweren wie auch den Wunsch der Umwandlung von allgemeinen Zielen und Wünschen in präzise, eindeutige Vorgaben für die Softwareentwicklung.

All dies schlägt umso mehr zu Buche, als Softwareprodukte zunehmend komplex werden: durch ihren Umfang, durch die Zahl der zu berücksichtigenden Variablen, durch die Integration von Teilsystemen, durch die Bedeutung der Kompatibilität mit bereits eingesetzter Hard- und Software. Entsprechend wird auch die Durchführung von Entwicklungsprojekten zunehmend komplexer. Zu dieser Komplexität trägt insbesondere auch der Bezug zur Anwendungssituation bei.

Man könnte von einer strukturellen Komplexität sprechen: Softwareimmanente Gegebenheiten, das technische Umfeld, die qualifikatorischen und motivationalen Voraussetzungen bei den Nutzern, die Struktur des Anwendungsfeldes und der Aufgaben müssen gleichermaßen berücksichtigt und aufeinander bezogen werden.

Die Anforderungen, die sich aus dieser strukturellen Komplexität ergeben, werden verstärkt durch die prozessuale Komplexität des Softwareentwicklungsprozesses. Diese ergibt sich vor allem aus der Notwendigkeit zu ständigen Feedbackprozessen und Korrekturschleifen. Es gilt, die im fortschreitenden Entwicklungsprozeß gemachten Erfahrungen auf die vorangegangenen Entwicklungsschritte zurückzubeziehen, was möglicherweise zu "retrospektiven" Korrekturen, etwa in der Definition der Zielvorgaben, führen kann.

Aus dieser Komplexität ergeben sich Anforderungen an die Gestaltung des Softwareentwicklungsprozesses: an die Regelung der Arbeitsteilung, der Kooperationsbezüge und auch ihres Ablaufs. Dies gilt sowohl innerhalb des Entwicklungsbereiches als auch für die Beziehung zum Anwendungsfeld.

Dabei zeichnet sich ein Spannungsverhältnis ab zwischen der Notwendigkeit zu einer zunehmenden Arbeitsteiligkeit in der Organisation der Entwicklungsprozesse und der Notwendigkeit zur Integration. Fragen der Verteilung und Abgrenzung der Zuständigkeiten und Aufgaben sowohl im Entwicklungsbereich wie auch zwischen Entwicklungs- und Anwendungsbereich bekommen zentrales Gewicht. Ein Spannungsverhältnis besteht auch in der prozessualen Dimension zwischen der Notwendigkeit zu verbindlichen Zielsetzungen und Vorgaben und der Notwendigkeit zu ständigen Korrekturen im Laufe des Entwicklungsprozesses.

Fazit

Die Gestaltung von Softwareentwicklungsprojekten unter der Zielsetzung der Entwicklung menschen- und aufgabengerechter Software steht vor der Anforderung, einerseits der effektiven Organisation des technischen Entwicklungsprozesses, andererseits der wechselseitigen Abstimmung von Leistungspotential der Technik und der Möglichkeiten zur Umgestaltung der Arbeit, die sich durch diese eröffnen, gerecht zu werden.

Dies macht Lernprozesse bei Entwicklern und Anwendern erforderlich und setzt Konsensbildung voraus. Diese ihrerseits erfordern Reduzierung der Unbestimmtheit des Gestaltungsgegenstandes wie auch die Bewältigung der strukturellen und prozessualen Komplexität des Entwicklungsvorhabens. Diesen Anforderungen werden die herkömmlichen Konzepte von Softwareergonomie und von Nutzerpartizipation kaum gerecht, die Anforderungen verweisen vielmehr auf ein grundsätzliches Verständnis von Softwareentwicklung als Prozeß der Arbeitsstrukturierung.

In der wissenschaftlichen Literatur wie in der Praxis ist in den letzten Jahren eine zunehmende Hinwendung auf ein solches Verständnis zu erkennen. Vielfach allerdings wird der Prozeß der Entwicklung von Software noch sozusagen eindimensional gesehen: als Gestaltung von Technik. Die Bezeichnung "Softwareengineering" drückt diese Sichtweise sehr präzise aus, es geht um die ingenieursmäßige Optimierung der Entwicklungsprozesse, bei der natürlich soziale Aspekte - "Motivation", "Akzeptanz", "Nutzerpartizipation" - mit berücksichtigt werden, die aber selbst nicht als sozialer und "betriebspolitischer" Prozeß behandelt wird; dabei ist der Gegenstand des Prozesses nicht die Gestaltung von Technik, sondern letztlich von Arbeit.

Methoden und Werkzeuge
für die frühen Phasen der Software-Entwicklung

Astrid Beck, Jürgen Ziegler
Fraunhofer-Institut für Arbeitswirtschaft und Organisation (IAO), Stuttgart

Zusammenfassung

Den zunehmenden Ansprüchen und Möglichkeiten der interaktiven Verarbeitung komplexer und umfangreicher Information steht nach wie vor ein Mangel an arbeits- und benutzerorientierten Analyse- und Gestaltungsverfahren gegenüber. Dieser Beitrag gibt einen Überblick über Methoden und Werkzeuge, die bisher in den frühen Phasen der Software-Entwicklung eingesetzt werden. Es werden darüberhinaus Ansätze anderer Disziplinen untersucht, die im Software-Entwicklungsprozeß bisher noch wenig Beachtung gefunden haben. Aufgrund nach wie vor bestehender Probleme in der Software-Entwicklung und der Defizite vorhandener Methoden und Werkzeuge werden Anforderungen an eine aufgaben- und benutzer-orientierte Methodik formuliert und ein in der Entwicklung befindliches Verfahren skizziert.

1   Probleme in den frühen Phasen der Software-Entwicklung

In den frühen Phasen der Software-Entwicklung, also während der Anforderungsanalyse, der Aufgabenanalyse und der Spezifikation des zu entwickelnden Software-Systems stellt sich nach wie vor das Problem, eine für alle Beteiligten adäquate Anforderungsdefinition zu erstellen. Durch sich häufig ändernde Anforderungen, nur unzulänglichem Wissen von Arbeitsabläufen und fehlender Benutzerorientierung wird es für den Software-Entwickler immer schwieriger, eine vollständige, aufgabengerechte und für die Gestaltung unmittelbar umsetzbare Anforderungsdefinition zu entwickeln.

Die Folge sind unzulängliche Software-Produkte, die die Benutzer jedoch nicht mehr so einfach und widerspruchslos hinnehmen. Es ist zu erwarten, daß Mitarbeiter in Zukunft in noch stärkerem Maße die Befriedigung ihrer Bedürfnisse und Interessen am Arbeitsplatz fordern und aktiv bei der Analyse und Gestaltung mitarbeiten wollen (Schubert, Zink 1990). Nach wie vor gibt es aber einen Mangel an konzeptueller und methodischer Unterstützung für die Beteiligung von Benutzern an Systemanalyse und -entwurf. Es ergeben sich Mißverständnisse, die möglicherweise erst sehr spät - wenn überhaupt - geklärt werden können. Wir glauben, daß dies vor allem auf das Fehlen geeigneter Kommunikationsmittel zur wirksamen Benutzerbeteiligung zurückzuführen ist.

Ein weiteres Problem liegt in der fehlenden Qualifikation aller am Prozeß Beteiligten. Auf Seiten der Benutzer fehlt meist das Grundwissen über Möglichkeiten und Probleme des EDV-Einsatzes. Auf Seiten der Software-Entwickler fehlt die Kompetenz, gemeinsam Arbeitsprozesse mit den Benutzern zu gestalten.

Die vorgefundene Arbeitssituation wird oftmals unkritisiert in den Entwurf übernommen und als Grundlage für das System festgelegt. Eine für den Benutzer ungünstige Aufgabenverteilung läßt sich später aber kaum noch korrigieren. Oft deckt sich die ermittelte Systemfunktionalität gar nicht mit der Struktur der Aufgabe und den Aufgabenzielen, oder sie ist nicht auf die Reihenfolge der Arbeitsschritte abgestimmt.

Bisher gibt es keinen systematischen Übergang von der Anforderungs- und Aufgabenanalyse zum Systementwurf. Dies gilt insbesondere für die Gestaltung von Benutzungsschnittstellen. Eine wesentliche Ursache dafür sind die Verwendung nicht aufeinander abgestimmter Methoden. Es gibt bislang keine durchgängige Methode, die den Übergang von der Analyse zur Gestaltung unterstützt.

2 Methoden zur Aufgabenanalyse

In dem vom BMFT geförderten Vorhaben TASK (Technik der aufgaben- und benutzerangemessenen Software-Konstruktion) wurden daher eine Reihe von Methoden untersucht, mit dem Ziel, Analysemethoden zu ermitteln, die den Aufgabenanalyseprozeß besser unterstützen und Ergebnisse und Ansätze für eine aufgaben- und benutzerangemessene Gestaltung von Software liefern (Beck, Müller-Haffner 1989).

Methoden zur Analyse von Bürotätigkeiten

Ziel von Methoden zur Analyse von Bürotätigkeiten ist eine problem- und zeitgerechte Gewinnung und Handlungsumsetzung von Informationen (VDI 5003, S. 5). Die meisten Methoden zur Analyse und Gestaltung von Arbeitssystemen im Büro (Schönecker und Nippa 1987) beschränken sich ausschließlich auf die Identifizierung von technischem Unterstützungsbedarf, Betrachtungen der Gesamtunternehmung und dem Kommunikationsfluß zwischen den einzelnen betrieblichen Stellen. Die Methoden haben Rationalisierung zum Ziel und orientieren sich daher vornehmlich am Interesse nach effektiver und ökonomischer Wirksamkeit. Diese Methoden blenden eine benutzerorientierte Perspektive dabei fast vollständig aus. Die psychosoziale Dimension des Analyse- und Gestaltungsfeldes wird ausgeklammert (Berr, Feuerstein und Rödiger 1989). Einige Methoden werden nur von externen Beratern angewendet oder es sind umfangreiche Hard- und Softwareanschaffungen zur Durchführung der Analyse notwendig.

Methoden der psychologischen Arbeitsanalyse

Die psychologische Arbeitsanalyse wird bei Frei (1981) definiert als die "Analyse des Prozesses, der psychologischen Struktur und Regulation menschlicher Arbeitstätigkeiten im Zusammenhang mit ihren Bedingungen und Auswirkungen." (S. 12). Das Verfahren zur Analyse von Regulationserfordernissen in der Arbeitstätigkeit (VERA, Volpert et al. 1983) und das Tätigkeitsbewertungssystem (TBS, Rudolph et al. 1987) ermöglichen beispielsweise die Analyse insbesondere von geistiger Beanspruchung. Methoden, die eine aufgaben- und benutzerorientierte Analyse auch für die Gestaltung von Software anstreben sind VERA/B (Rödiger 1987) und die Kontrastive Analyse (Dunckel 1989). Es wird die Interaktion zwischen Mensch und Arbeit untersucht, um Lösungen für unterschiedliche Problemstellungen ableiten zu können. Psychologische Arbeitsanalysen können im Hinblick auf Maßnahmen der Arbeitsgestaltung durchgeführt werden, mit dem Ziel, Handlungs- und Entscheidungsspielräume zu erhalten und zu erhöhen.

Methoden zur Aufgabenanalyse aus dem Software Engineering

Eine Reihe von Software-Engineering-Methoden wurden bereits in den 70er Jahren als Analyse- und Entwurfsmittel entwickelt (wie SADT, Petri-Netze, Entscheidungstabellen). In letzter Zeit - obwohl auch keine neue Methode - gewinnt Structured Analysis (DeMarco 1978) zunehmende Bedeutung als quasi-Standard-Methode in Systemanalyse und -Entwurf. In Structured Analysis werden Entity-Relationship- (Chen 1976) und Data-Flow-Diagramme für Analyse und Entwurf eines Funktions- und Datenmodells eingesetzt. Diese Reduktion der Arbeitsaufgabe auf den informationsverarbeitenden Aspekt läßt aufgaben- und benutzerorientierte Herangehensweisen und die Gestaltung von Arbeitsabläufen jedoch zu kurz kommen.

Methoden zur kognitiven Aufgabenanalyse

Ziel der kognitiven Aufgabenanalyse ist es, die mentale Repräsentation von Aufgaben durch den Benutzer zu modellieren, um daraus Aussagen über die Erlernbarkeit von Rechnerfunktionen, deren Konsistenz, Gedächtnisbelastungen und mögliche Fehlerquellen zu gewinnen (Ziegler 1988). Task-Action-Grammatiken (Green, Schiele, Payne 1989), GOMS (Card, Moran und Newell 1983) und Cognitive Complexity Theory (CCT, Polson 1987) sind Ansätze, die sich unter den kognitiven Methoden durchgesetzt haben. Diese Methoden beziehen sich auf eine sehr niedrige Ebene der Handlungsregulation, die im wesentlichen auf die Ebene der Ausführung abzielt (beispielsweise das Drücken von Tasten). Dabei setzen die kognitiven Methoden eine bereits getroffene Mensch-Maschine-Funktionsteilung voraus; die funktionale Gestaltung des Systems wird also nicht hinterfragt bzw. als optimal eingestuft.

Methoden zur Aufgabenanalyse aus der "Künstlichen Intelligenz"

Die KI-Forschung entwickelte ihren eigenen Weg zur Datenerhebung, da herkömmliche Software-Engineering-Methoden für KI-Probleme als ungeeignet angesehen wurden (Partridge 1989). Dies führte zu einer eigenen Variante der Softwaretechnik, dem Knowledge Engineering. Einen umfassenden Überblick zu Methoden und Werkzeugen des Knowledge Engineering gibt Boose (1989). Zum Einsatz kommen eine Fülle sozialwissenschaftlicher Methoden, "aus denen der Informatiker sich bedienen kann, die er jedoch ohne sozialwissenschaftliche Ausbildung nicht sicher und kompetent beherrschen kann" (Bonsiepen, Coy 1990). Gefordert sind also auch hier zusätzliche Kompetenzen des Informatikers beim Einsatz von entsprechenden Methoden.

Nicht nur zur Erhebung von Wissen, sondern auch zu dessen Darstellung wurden im Bereich der Künstlichen Intelligenz eine Reihe von Repräsentationsmethoden entwickelt (vgl. Freksa 1989). Repräsentationsmodelle wie Frames (Schemata, Skripts) lassen sich z.B. zur Beschreibung von Aufgaben verwenden. Das Knowledge Engineering kann also durchaus verwertbare Ansätze bieten, von Kritikern wird vor einer eigenen Disziplin jedoch gewarnt, da sie den Problemen des Software Engineering nicht begegnet, im Gegenteil diese sogar noch verstärkt (Partridge 1989). Es ist daher eine stärker umfassende Betrachtung gefordert, formale Beschreibungen allein verkennen den kommunikativen und dynamischen Charakter der zu analysierenden Arbeitssituation.

3　CASE-Werkzeuge

CASE (Computer Aided Software Engineering) - Werkzeuge sollen den Software-Entwicklungsprozeß in allen Phasen unterstützen. Die Verbreitung von CASE-Werkzeugen findet in letzter Zeit einen deutlichen Zuwachs (Rock-Evans 1989). Die Hoffnung kam auf, einerseits die steigende Komplexität der Systeme und andererseits die Probleme in der Anforderungs- und Aufgabenanalyse mit einem Software-Werkzeug eher überwinden zu können. Die oftmals sehr hochgesteckten Erwartungen wurden jedoch bis jetzt nicht erfüllt.

Betrachtet man die Werkzeuge bezüglich ihrer Unterstützung des Analyseprozesses, so nehmen alle für sich in Anspruch, Analyse zu unterstützen. Diese Unterstützung beschränkt sich jedoch darauf, "intelligente" graphische Editoren für die einschlägigen Methoden zur Verfügung zu stellen (vgl. Abb. 1). Unter dem Gesichtspunkt einer aufgabenorientierten Systemanalyse finden arbeitspsychologische oder kognitive Aspekte aber keinerlei Berücksichtigung. Konzepte, wie CASE-Werkzeuge im Team bei der kooperativen Software-Entwicklung einzusetzen sind, gibt es bislang nicht.

CASE Produkt	E/R Diagrams	DFD Diagrams	Data Dictionary	Real-time Modeling	weitere Methoden
Anatool / Blues	-	*	*	-	
Auto-Mate Plus	*	*	*	-	SSADM, LSDM
Design / IDEF	-	-	*	-	SADT
DesignAid	*	*	*	*	
Excelerator	*	*	*	-	
Foundation (Design/1)	*	*	*	-	Structure Charts, ..
Jackson-Tool	-	-	-	*	Jackson
IEW	*	*	*	*	Structure Charts, ..
MacAnalyst	*	*	*	*	State-Transition (ST)
Mac Bubbles	-	*	*	*	
Maestro	*	*	*	*	SEtec, SSADM, LSDM
Pace	-	-	-	*	Petri-Netze
Power Tools	*	*	*	*	ST, Struct. Charts
Predict Case	*	-	*	-	ISOTEC
ProMod	-	*	*	*	Structure Charts, ..
Software through Pictures	*	*	*	*	ST, DT, Struct. Charts
Teamwork	*	*	*	*	ST, Decision Table
TurboCASE	*	*	*	*	ST
Visible Analyst Workbench	-	*	*	*	
VSF	*	*	*	*	SSADM

Abb. 1 CASE-Werkzeuge und Analyse-Unterstützung

Trotz der Defizite von CASE-Werkzeuge hat die Diskussion um das Für und Wider ihres Einsatzes die Aufmerksamkeit verstärkt auf die frühen Phasen der SW-Entwicklung gelenkt. Dies beweist auch das gestiegene Interesse an Methoden wie Strukturierter Analyse und Entity-Relationsship-Modellierung.

4 Anforderungen an eine aufgaben- und benutzerorientierte Analysemethodik

Trotz einer Vielzahl von zur Verfügung stehenden Methoden und Werkzeugen sind die eingangs geschilderten Probleme nach wie vor akut. Der folgende Katalog von Anforderungen sollte daher von einer Analysemethodik erfüllt werden, wenn sie dem Ziel näherkommen soll, den Menschen mit seinen Arbeitsaufgaben als zentralen Maßstab für den Analyse- und Gestaltungsprozeß zu begreifen.

Integrierte, systematische Vorgehensweise

Diese Forderung zielt auf eine integrierte Analysemethodik, die technische, organisatorische und soziale Aspekte mit aufeinander abgestimmten Methoden und Werkzeugen gleichermaßen berücksichtigt. Nach Möglichkeit sind erprobte und bewährte Verfahren zu integrieren.

Flexible Methodik

Die Methodik muß so flexibel sein, daß sie den jeweiligen Gegebenheiten angepaßt werden kann und möglichst universell einsetzbar ist. Sie muß verschiedene Perspektiven erlauben, muß aber selbst einfach zu nutzen sein. In der Methodik selbst sollten Alternativen in der Vorgehensweise angeboten werden, mit dem Ziel, dem Software-Entwickler Hilfestellung bei der Auswahl von Werkzeugen und Methoden zu geben. Es sollte möglichst keine aufwendige Hard- und Software erforderlich sein.

Ganzheitliche Herangehensweise

Die Analyse darf nicht reduziert werden auf den informationsverarbeitenden Aspekt. Die Analyse und Gestaltung von Aufgaben und Arbeitsabläufen sollte vorranges Ziel sein. Die Einbettung der einzelnen Aufgaben in den Kontext der gesamten vorgefundenen oder geplanten Arbeitstätigkeit muß berücksichtigt werden.

Gestaltungsrelevante Merkmale erfassen

Es sollen nur die für die spätere Gestaltung relevanten Merkmale erfaßt werden, d.h. eine Methodik soll nicht mehr als nötig erfassen. Es sollten qualitative oder quantitative Beobachtungen bzw. Abschätzungen vorliegen.

Übergang von Analyse zur Gestaltung unterstützen

Die verwendeten Methoden sollen aufeinander abgestimmt werden. Es muß deutlich werden, wie die Ergebnisse der Analyse in den Entwurf umgesetzt werden sollen. Sinnvoll ist u.U. ein systematischer Übergang zum Prototyping.

Qualität

Der Begriff der Qualität generell muß ausgedehnt werden auf aufgaben- und benutzergerechte Gestaltung und bereits in der Analyse berücksichtigt werden. Unterstützt werden sollen aber auch Aspekte der Qualitätskontrolle. Dazu gehören Hilfsmittel für Projektmanagement und Produkt- bzw. Fortschrittskontrolle, Versionsverwaltung und Wiederverwendbarkeit.

Benutzerorientierung durch Partizipation

Die Interessen der Systemnutzer sollen bereits in der Analysephase durch die Möglichkeit der aktiven Beteiligung berücksichtigt werden. In diesem Zusammenhang muß eine Methodik berücksichtigen, wann und in welcher Weise die Systemnutzer einzubeziehen sind und geeignete Kommunikationsmittel bereitstellen.

Aufgabenmerkmale werden charakterisiert durch die Aspekte *Organisation, Arbeitsumge-bung, Arbeitsmittel, Information*. Im Mittelpunkt des Untersuchungsinteresses steht der *Mensch* mit seinen *Arbeitsaufgaben*. Die Merkmale bezüglich der Arbeitsaufgabe und der zu verarbeitenden Information gibt die Abb. 2 wieder. Merkmale bezüglich der Arbeitsaufgaben sollten möglichst objektiv feststellbar und unabhängig von der jeweiligen Problemstellung erfaßbar sein. Mit einem psychologischen Arbeitsanalyseverfahren wie VERA lassen sich die Merkmale größtenteils erfassen und bewerten und mit erweiterten Entity-Relationship- und Data-Flow-Diagrammen graphisch darstellen. Dem Software-Entwickler stehen somit eine Reihe von Kriterien zur Verfügung, die ihn hin zu einer mehr aufgaben- und benutzerorientierten Vorgehensweise führen. Die Beschreibung von Aufgaben auf der Basis von Aufgabenmerkmalen läßt sich rechnergestützt verwalten.

Es wird eine Methodik entwickelt, die die untersuchten Methoden sowie Anforderungen an eine aufgaben- und benutzerangemessene Vorgehensweise für die Analyse berücksichtigt (Beck, Ilg 1990). Im Rahmen der Analyse der Informationsflüsse werden alle für die Gestaltung relevanten Aufgabenmerkmale im Problemmodell erfaßt (vgl. Abb. 2).

6   Ausblick

Aufbauend auf dem Problemmodell wird das Lösungsmodell entwickelt. Dies beinhaltet eine Kritik des Problemmodells und den Entwurf des Funktions- und Datenmodells. Auf diese werden wiederum Sichten definiert, die die Entwicklung der Dialogschnittstelle unterstützen.

Auf Basis dieses Aufgabenbeschreibungsmodells werden Software-Werkzeuge für verschiedene Hardware (Workstation, PC, Apple Macintosh) erarbeitet. Diese unterstützen nicht nur eine konsistente und vollständige Dokumentation, sondern auch die Wiederverwendbarkeit von Aufgabenbeschreibungen für alle folgenden Phasen und für weitere Projekte. Ein Begriffsglossar enthält für Benutzer und Entwickler relevante Definitionen und Kontextinformationen. Diese stehen für alle Phasen online zur Verfügung und sollen der gemeinsamen Verständigung zwischen Benutzer und Entwickler dienen. Es umfaßt alle wichtigen Vorgänge und orientiert sich an der Begriffs-welt des Anwenders.

Die skizzierte Analysemethodik und das zugrundeliegende Modell werden im Augenblick in praktischen Untersuchungen erprobt. Sind diese Untersuchungen weitgehend abge-schlossen, wird die Vorgehensweise hinsichtlich des Entwurfs erweitert. Erste Reaktionen von Software-Entwicklern und Benutzern auf die Methodik waren durchaus positiv.

Verständliche Darstellungsmittel

Die Darstellungsmittel zur Modellierung von Aufgabenmerkmalen sollen als verständliches Kommunikationsmittel für alle Beteiligten nutzbar sein. Es muß eine verständliche Repräsentation mit leicht nachvollziehbarem Bezug zur realen Arbeitssituation haben.

Kritik und Neugestaltung bestehender Arbeitsabläufe

Arbeitsabläufe sind nicht statisch aufzufassen sondern als gestaltbar zu begreifen. Eine differentielle Neugestaltung ist Aufgabe des Software-Entwicklers unter aktiver Beteiligung der Anwender. Die Gestaltung soll sich an Kriterien, wie Vermeidung von Belastungen, Erhaltung und Schaffung von Handlungsspielräumen und Förderung der Persönlichkeit orientieren. Die Analyse muß Ansatzpunkte für Bewertungsverfahren bieten.

Qualifizierung

Anwendern und Benutzern müssen Grundlagen zum Verständnis der Möglichkeiten und Einschränkungen der Software-Gestaltung vermittelt werden. Umgekehrt müssen die Systemgestalter ein Grundwissen an arbeitswissenschaftlichen und software-ergonomischen Kenntnissen erwerben, damit arbeitsorganisatorische Gestaltungsmaßnahmen getroffen werden können und eine interdisziplinäre Zusammenarbeit machbar wird.

Keine übermäßige Papierarbeit ...

Methoden und Werkzeuge müssen die Zahl der Dokumente überschaubar halten und deren Erstellung und Verwaltung unterstützen. Der Aufwand, Dokumente zu aktualisieren, ist so gering wie möglich zu halten.

5 Ein Modell zur Analyse von Aufgabenmerkmalen

In dem vom BMFT geförderten Vorhaben TASK wird in Zusammenarbeit mit zwei Software-Häusern an einer Analyse- und Gestaltungsmethodik gearbeitet, die diesen Anforderungen genügen soll. Das Ziel dieses Projekts ist die exemplarische Realisierung einer Software-Produktions-Umgebung. Unter Produktions-Umgebung wird sowohl ein CASE-Tool zur Unterstützung des Entwurfs aufgaben- und benutzerorientierter Software als auch ein Projektabwicklungsmodell und Schulungskonzept verstanden.

Zunächst wurde ein Modell entwickelt, das die Merkmale charakterisert, die in einer Aufgabenanalyse zu ermitteln sind. Es geht davon aus, daß sich die Arbeitssituation im wesentlichen durch Aufgabenmerkmale beschreiben läßt.

Arbeitsaufgaben

Name	• Bezeichnung der Aufgabe
Art	• Aufgabentyp
Struktur	• Hierarchie der Teilaufgaben • Ablaufstruktur (Kontrollfluß) • Anfangszustand • Endzustand (Ziel) • Vorgänger der Aufgabe • Nachfolger der Aufgabe
Ereignis	• Auslöser für Aufgabe
Vor- und Nachbedingung	• was muß vor Ausführung erfüllt sein • was gilt nach Ausführung
Häufigkeit Wiederholungsrate Priorität Dauer	• wie oft tritt Aufgabe auf • wie oft wird die Aufgabe wiederholt • Wichtigkeit (gekoppelt an auslösendes Ereignis) • mittlere Ausführungsdauer
Vollständigkeit	• sequentiell • hierarchisch
Eingriffs- und Auswahlmöglichkeiten	• Wahl unterschiedlicher Arbeitsmittel • Wahl unterschiedlicher Verfahren • Variation in der Abfolge • Unterbrechung / Abbruch von Prozessen • Rücknahme/Stornierung
Belastungsfaktoren / Restriktionen	• Zeit- und Te Fehler und mögliche Konsequenzen • Fehlerrisiko • Unterbrechungen
Technische Durchführbarkeit	• Ausführbarkeit der (Teil-)Aufgabe mit Dialogsystemen -> Funktionsteilung
Sicherheit	• kein Verlust von Daten • kein unerlaubter Zugriff
Komplexität	z.B. • Zahl der Teilaufgaben • Zahl der Operationen • Zahl der Auswahlmöglichkeiten • Zahl der zu verarbeitenden Dokumente • Zahl der Entscheidungsmöglichkeiten • Vollständigkeit

Information

Struktur	• Name • Identifikation • Beschreibung • Komponenten • Wertebereich • Typ • Medium • Anzahl (durchschn., max.)
Relationen	• Relation zu Ziel • wird erzeugt von {Aufgabe(n) | Entität} • wird {benutzt | gelesen | geändert | gelöscht} von {Aufgabe(n)} • wird {benutzt | gelesen | geändert | gelöscht} im Kontext von {Aufgaben | Informationen} = parallel verfügbar • Komplexitätsgrade • Alternative: {Information}
Informationsflüsse	• Quelle: {Entität} (Eingangsinformation) • Ziel: {Entität} (Ausgangsinformation) • Mengengerüste
Anforderungen	• Zeitabhängigkeit / Verfügbarkeit • Aktualität • Genauigkeit / Vollständigkeit • Änderungshäufigkeit

Abb. 2 Modell der Aufgabenmerkmale und Merkmale bezüglich Information

Literatur

Beck, A. ; Müller-Haffner, E. (1989): Aufgabenanalyse. Ein Überblick über Methoden zur Analyse von Arbeitsaufgaben, Projektbericht, Stuttgart, 88 S. (wird momentan aktualisiert)

Beck, A. ; Ilg, R. (1991): Aufgabenorientierte Analyse und Gestaltung mit TASK. Erscheint in: Frese, M. ; Kasten, C. ; Zang-Scheucher, B. (Hrsg.): Software für die Arbeit von Morgen: Bilanz und Perspektiven anwendungsorientierter Forschung, Heidelberg: Springer Verlag

Berr, M.-A. ; Feuerstein, G. ; Rödiger, K.-H. (1989): Defizite der VDI-Richtlinie "Methoden zur Analyse und Gestaltung von Arbeitssystemen im Büro" aus arbeitsorientierter Sicht. In: Maaß, S ; Oberquelle, H. (Hrsg.): Software Ergonomie ´89 Aufgabenorientierte Systemgestaltung und Funktionalität, Stuttgart : Teubner, 387-397

Bonsiepen, L. ; Coy, W. (1990): Szenen einer Krise - Ist Knowledge Engineering eine Antwort auf die Dauerkrise des Software Engineering? In: KI, 2, 5-11

Boose, J.H. (1989): A survey of knowledge acquisition techniques and tools. In: Knowledge Acquisition, London: Academic Press, 1, 1, 3-37

Card, S. ; Moran, T. ; Newell, A. (1983): The Psychology of Human Computer Interaction, Hillsdale: Lawrence Erlbaum Associates

Chen, P. (1976): The Entity-Relationship Model - Towards a Unified View of Data. In: ACM Transactions on Database Systems, 1/1, 9-36

DeMarco, T. (1978): Structured Analysis and System Specification, Yourdon Inc., New York

Dunckel, H. (1989): Arbeitspsychologische Kriterien zur Beurteilung und Gestaltung von Arbeitsaufgaben im Zusammenhang mit EDV-Systemen. In: Maaß, S. ; Oberquelle, H. (Hrsg.): Software-Ergonomie ´89, Teubner, Stuttgart, 69-79

Freksa, C. (1989): Wissensdarstellung und Kognitionsforschung. In: Informationstechnik, 31/2, 134-140

Frei, F. (1981): Psychologische Arbeitsanalyse - Eine Einführung zum Thema. In: Frei, F. ; Ulich, E. (Hrsg., 1981) Beiträge zur psychologischen Arbeitsanalyse, Bern, 11-36

Green, T. ; Schiele, F. ; Payne, S. (1988): Formalisable models of user knowledge in human-computer interaction. In: Green, T. ; Hoc, J. ; Muray, D. ; van der Veer, G. (Eds.): Theory and outcomes in human-computer interaction, London: Academic Press

Mumford, E. ; Welter, H. (1984): Benutzerbeteiligung bei der Entwicklung von Computersystemen: Verfahren zur Steigerung der Akzeptanz und Effizienz des EDV-Einsatzes, Berlin : Schmidt Verlag

Partridge, D. (1989): KI und das Software Engineering der Zukunft, MacGraw-Hill: Hamburg

Polson, P. (1987): A quantitative model of human-computer interaction. In: Carroll, J. (Ed.): Interfacing Thought: Cognitive Aspects of Human-Computer Interaction, Cambridge: MIT Press, 184-235

Rock-Evans, R. (1989): Ovum. CASE Analyst Workbenches: a Detailed Product Evaluation, Vol. 1, Ovum Ltd, London

Rödiger, K.-H. (1987): Das Arbeitsanalyseverfahren VERA/B in der Softwareentwicklung. In: Nullmeier, E./Rödiger, K.-H. (Hrsg.): Dialogsysteme in der Arbeitswelt, Mannheim

Rudolph, E. ; Schönfelder, E. ; Hacker, W. (1987): Tätigkeitsbewertungssystem - Geistige Arbeit, Psychodiagnostisches Zentrum Sektion Psychologie der Humboldt-Universität zu Berlin

Schönecker, H. ; Nippa, M. (Hrsg., 1987): Neue Methoden zur Gestaltung der Büroarbeit, Baden-Baden

Schubert, H. ; Zink, K. (1990): Partizipation - Psychologische Grundlagen eines Leitprinzips von Arbeits- und Organisationsgestaltungsmaßnahmen. In: Zeitschrift für Arbeitswissenschaft, 44, 2, 82-88

VDI-Richtlinie 5003 (1987): Bürokommunikation, Methoden zur Analyse und Gestaltung von Arbeitssystemen im Büro, Entwurf, Verein Deutscher Ingenieure

Volpert, W. ; Oesterreich, R. ; Gablenz-Kolakovic, S. ; Krogoll, T. ; Resch, M. (1983): Verfahren zur Ermittlung von Regulationserfordernissen in der Arbeitstätigkeit (VERA), Köln

Ziegler, J. (1988): Aufgabenanalyse und Funktionsentwurf. In: Balzert, H. ; Hoppe, H. ; Oppermann, R. ; Peschke, H. ; Rohr, G. ; Streitz, N. (Hrsg.): Einführung in die Software-Ergonomie, Berlin: De Gruyter, 231-252

Verwendbarkeit von SE-Methoden bei der Entwicklung dialogorientierter Systeme

Bernd Schend, Ludwigshafen

Zusammenfassung

Software-Ingenieure verfügen heute über eine Vielzahl von Methoden, die sie in den unterschiedlichsten Entwicklungsphasen eines Software-Systems einsetzen können. Der überwiegende Teil dieser Methoden entstammt jedoch einer Zeit, in der Benutzeroberflächen — so wie wir sie heute kennen — noch größtenteils unbekannt waren. Zudem richteten damals Systementwickler ihr Augenmerk hauptsächlich auf das Innere eines Systems. Das Äußere, die Benutzeroberfläche, spielte im allgemeinen nur eine untergeordnete Rolle und wurde überlicherweise erst nachträglich erstellt. So ist es nicht verwunderlich, daß die meisten SE-Methoden, insbesondere in der Phase der Systemanalyse, Aspekte der Benutzeroberfläche vernachlässigen. Es stellt sich daher die Frage, ob und wie sie dennoch bei der Entwicklung dialogorientierter Systeme einsetzbar sind. Einige Antworten hierauf lieferte im konkreten Fall die oberflächen- bzw. benutzerorientierte Entwicklung eines Systems zur Kosten/Nutzenanalyse chemischer Verfahren.

1. Einleitung

Dialogorientierte Systeme zeichnen sich durch eine intensive Kommunikation mit ihren Benutzern aus. Schnittstelle zwischen beiden Kommunikationspartnern bildet die Oberfläche des Systems, die sich einem Benutzer in Form von Fenstern, Menüs und Masken präsentiert. Charakteristisch für Dialogsysteme ist insbesondere, daß Aktivitäten weniger durch systeminterne Abläufe als durch Benutzeraktionen ausgelöst werden. Im Unterschied zu reinen Batch-Anwendungen hängt darüberhinaus die Akzeptanz dieser Systeme entscheidend von der Qualität ihrer Oberfläche ab. Aus naheliegenden Gründen sollte daher ihre Entwicklung auf eine benutzerorientierte Weise erfolgen, d.h. die Gestaltung von Oberfläche und Systeminneren muß sich wesentlich nach den Bedürfnissen zukünftiger Benutzer richten.

Eine an der Benutzeroberfläche orientierte Systementwicklung fand in der Vergangenheit so gut wie nicht statt und stellt auch heute noch eher die Ausnahme dar. Nicht selten sieht man sich mit Oberflächen konfrontiert, die einfach über ein System "gestülpt" wurden und daher weder dem System noch den Bedürfnissen seiner Benutzer entsprechen. Ein in diesem Zusammenhang häufig gemachter Fehler besteht darin, aus einem vorhandenen Systeminneren einfach eine Oberfläche abzuleiten. Kein Wunder also, wenn sich Unzulänglichkeiten des Inneren direkt in der Oberfläche widerspiegeln. Aber auch der Versuch, eine Oberfläche nicht einfach nur aus dem Systeminneren abzuleiten, sondern sie nach ergonomischen Gesichtspunkten neuzuentwickeln, bereitet im allgemeinen erhebliche Schwierigkeiten. Nämlich dann, wenn Ergonomie und Systeminneres nicht zueinander passen und folglich aufwendige Änderungen an Funktionalität und Daten erforderlich sind.

Richtiger und sinnvoller ist es, die Benutzeroberfläche von Anfang an in die Entwicklung eines dialogorientierten Systems einzubeziehen. Dies setzt natürlich die Verfügbarkeit spezieller Werkzeuge voraus, mit denen Entwickler ihre Oberflächen in angemessener Weise modellieren bzw. simulieren können. Jedoch dürfen sie — mit diesen Hilfsmitteln ausgestattet — nicht der Versuchung erliegen, Oberflächen in einer "quick&dirty"-Manier zu entwerfen. Eine solche Vorgehensweise wird, genauso wie es bei einer überstürzten Implementierung von Programmen der Fall ist, zu einem schlecht strukturierten und unübersichtlichen System führen.

Eine schlechte Struktur bedingt bekanntlich erhebliche Probleme im Hinblick auf die Verständlichkeit und Wartbarkeit von Software-Systemen. Um gerade solche Nachteile zu vermeiden, sollten Entwickler in allen Phasen der Software-Erstellung methodisch vorgehen. Hierzu wiederum steht ihnen auf dem Gebiet des Software Engineering eine Reihe von formalen Methoden zur Verfügung, die zur Bewältigung so unterschiedlicher Aufgaben wie beispielsweise Analyse, Design und Implementierung unterstützend eingesetzt werden können. Zudem basieren diese SE-Methoden in der Regel auf einer graphischen Beschreibungssprache, in der sich auch relativ komplexe Sachverhalte erfassen und anschaulich darstellen lassen.

Im allgemeinen leisten die meisten Methoden jedoch keine explizite Unterstützung bei der Gestaltung von Benutzeroberflächen. Die Frage, ob sie deswegen für die Entwicklung dialogorientierter Systeme prinzipiell ungeeignet sind, kann jedoch verneint werden. Im Verlauf einer konkreten Entwicklung zeigten sich nämlich Ansätze und Wege, wie SE-Methoden in den Entwicklungsprozeß, insbesondere die Systemanalyse, einbezogen werden können. Als Beispiel dafür dient im folgenden das eingangs erwähnte System zur Kosten/Nutzenanalyse chemischer Verfahren. Bei der Entwicklung dieses Systems kamen die Methoden "Strukturierte Analyse" (De Marco, 1978) und "Strukturiertes Design" (Yourdan, 1979) zum Einsatz. Weil die Modellierung der Oberfläche sich in erster Linie in der Analysephase des Systems abspielte, stehen hier Erfahrungen über die Verwendbarkeit der ersten Methode im Vordergrund.

2. Strukturierte Analyse

Die Analyse eines Software-Systems bildet einen der ersten Schritte in seinem Lebenszyklus. Der Systemanalytiker versucht in dieser Phase alle an das System gestellten Anforderungen zu bestimmen und in einer Spezifikation festzuhalten. Seine Bemühungen resultieren schließlich in einem abstrakten Modell des angestrebten Systems, das all die gewünschten Eigenschaften zum Ausdruck bringt. Bei Strukturierter Analyse, kurz SA, wie auch bei vielen anderen

Analysemethoden erfolgt die Modellierung eines Systems in einer graphischen Beschreibungssprache. Im Falle von SA sind dies Datenflußdiagramme, eine spezielle Art von Graph, bei dem die Knoten *Prozesse* und die Kanten *Datenflüsse* zwischen Prozessen darstellen. Dazu ein kleines Beispiel.

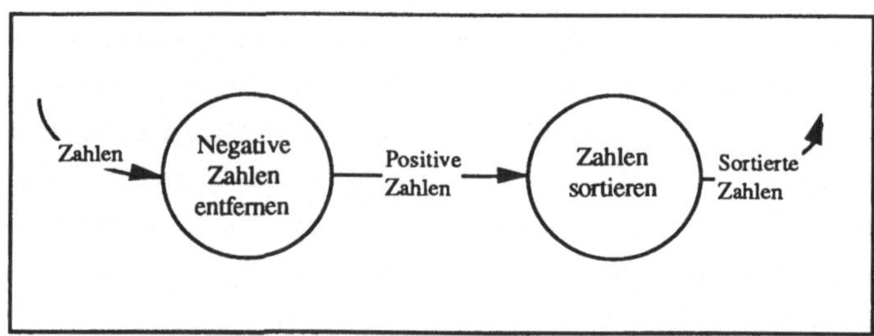

Abb. 1 Datenflußdiagramm

Abb. 1 zeigt ein Datenflußdiagramm mit zwei Prozessen. Der linke erhält als Eingabe eine Liste von Zahlen, aus der er alle negativen Zahlen entfernt. Anschließend gibt er die so transformierte Liste an den Prozeß "Zahlen sortiern" weiter, dessen Ausgabe wiederum aus den sortierten Zahlen besteht.

Die Modellierung eines Systems mittels SA erfolgt nach dem Prinzip der schrittweisen Verfeinerung. Prozesse zerfallen dabei in Sohnprozesse, die ihrerseits Teilaufgaben des Vaterprozesses übernehmen. Nach und nach entsteht so eine Hierarchie von Datenflußdiagrammen, die zusammengenommen die Funktionalität des zugrundeliegenden Systems sowie den in ihm stattfindenden Datenaustausch beschreiben. Sollte sich bei einem Prozeß eine weitere Verfeinerung als nicht mehr sinnvoll erweisen, werden seine Aktivitäten in einer Art von strukturiertem Freitext beschrieben. Das Prinzip der schrittweisen Verfeinerung gelangt auch bei der Spezifikation der in Datenflußdiagrammen vorkommenden Datenflüsse zur Anwendung. Sie alle werden in einem sog. *Data Dictionary* gespeichert und ggf. in einzelne Komponenten zerlegt. Dieses Dictionary wiederum ist die Grundlage von Tests, mit denen beispielsweise CASE Tools die Konsistenz eines Systemmodells automatisch überprüfen.

Computergestützte Werkzeuge sind für den praktischen Einsatz von SE-Methoden unerläßlich. Selbst bei kleineren Systemen fallen schon so umfangreiche Datenmengen an, daß eine manuelle Anwendung der Methoden nicht mehr praktikabel ist. Aus diesem Grund wurde auch bei der Entwicklung des Kosten/Nutzensystems ein CASE-Werkzeug (Teamwork von Cadre Technologies) eingesetzt. Neben reiner SA erlaubt Teamwork auch die Verwendung sog.

Echtzeiterweiterungen (Ward&Mellor, 1985), wie beispielsweise Kontrollflüsse und Zustandsübergangsdiagramme.

Nach dieser Kurzvorstellung von SA nun zu ihrer Verwendbarkeit bei der Modellierung dialogorientierter Systeme.

3. Modellierung dialogorientierter Systeme

Die Akzeptanz eines dialogorientierten Systems hängt in einem entscheidenden Maß von seiner Benutzeroberfläche ab. Ein Entwickler darf sich daher nicht einseitig auf das Innere des Systems, seine Funktionen und Daten, konzentrieren. Vielmehr muß er der Gestaltung der Benutzeroberfläche mit all ihren Fenstern, Menüs und Masken die gleiche Aufmerksamkeit entgegenbringen. Aus der Sicht eines Systemanalytikers zerfällt somit die Analyse dialogorientierter Systeme in zwei Teilaufgaben (s. Abb. 2).

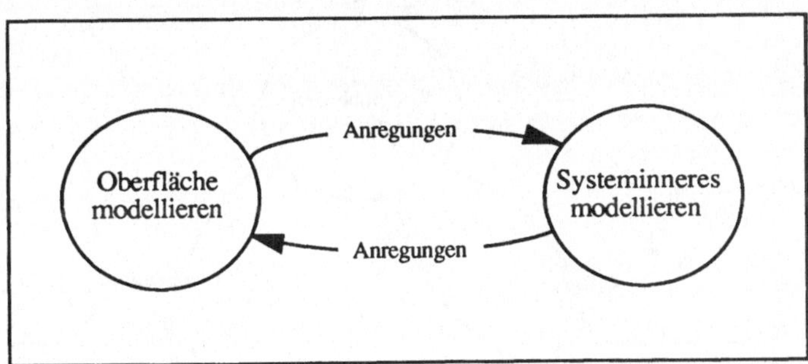

Abb. 2 Analyse eines dialogorientierten Systems

Wie in Abb. 2 gezeigt, teilt sich die Systemanalyse in die Prozesse "Oberfläche modellieren" und "Systeminneres modellieren". Zwischen beiden Prozessen besteht eine kontinuierliche Wechselwirkung, die sich in Anregungen zur Ausführung des jeweiligen Gegenübers äußert.

Bei solch einer zyklischen Wechselwirkung stellt sich natürlich die Frage, welcher der beiden Prozesse als erster gestartet werden soll. Die Modellierung der Benutzeroberfläche oder die des Systeminneren ? Die Antwort ergibt sich von selbst, denn zuerst muß ja eine — wenn auch nur ungefähre — Vorstellung des Systeminneren vorhanden sein, bevor mit der Ausgestaltung der Benutzeroberfläche begonnen werden kann. Der Entwickler eines dialogorientierten Systems wird also in aller Regel versuchen, zunächst eine grobe Vorstellung von dessen Funktionalität und Daten zu gewinnen.

Ein kurzer Rückblick in die Analysephase des Systems zur Kosten/Nutzenberechnung chemischer Verfahren soll nun einen anschaulichen Eindruck von der Wechselwirkung der Modellierungsprozesse aus Abb. 2 geben. Im Vordergrund stand dabei zunächst der Erwerb von Basiswissen über die Problematik von Kosten/Nutzenrechnungen. Nach dieser eher informellen Phase begann dann die Modellierung mittels SA, wie üblich mit der Erstellung eines *Kontextdiagramms*. Ein solches Diagramm dient in erster Linie dazu, die externe Umgebung des zugrundeliegenden Systems zu beschreiben (s. Abb. 3).

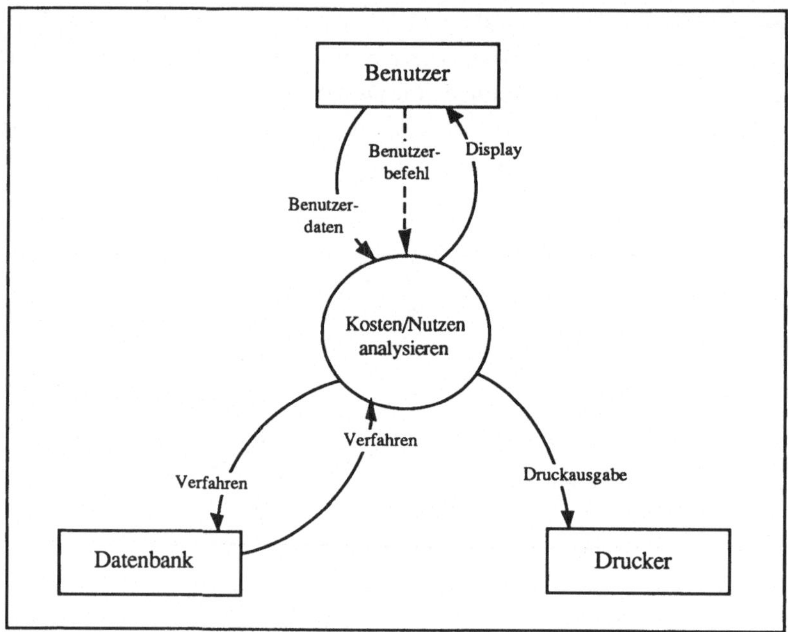

Abb. 3 Kontextdiagramm

Demnach finden sich in der Umgebung des Prozesses "Kosten/Nutzen analysieren" ein Benutzer, eine Datenbank und ein Drucker. Aus dem Diagramm geht weiterhin hervor, daß der Benutzer durch Absetzen geeigneter Befehle Dienstleistungen des Systems aktivieren kann. Benutzerbefehle stellen Kontrollflüsse dar (im Graphen gestrichelt gezeichnet), die — wie bereits erwähnt — zu den Echtzeiterweiterungen von SA gehören. Kontrollflüsse haben im Unterschied zu Datenflüssen einen aktiveren Charakter, weil sie im System nicht wie "normale" Daten verarbeitet werden, sondern bestimmte Aktionen auslösen. Wie die gezeigten Daten- bzw. Kontrollflüsse in die nächsttiefere Ebene des Systems hineinreichen, zeigt Abb. 4. In einer Verfeinerung des Prozesses "Kosten/Nutzen analysieren" sehen wir dort den Prozeß "Benutzerdialog führen", der je nach Benutzerbefehl die ihn umgebenden Prozesse aktiviert und abschließend dem Benutzer Rechenergebnisse über ein Display anzeigt.

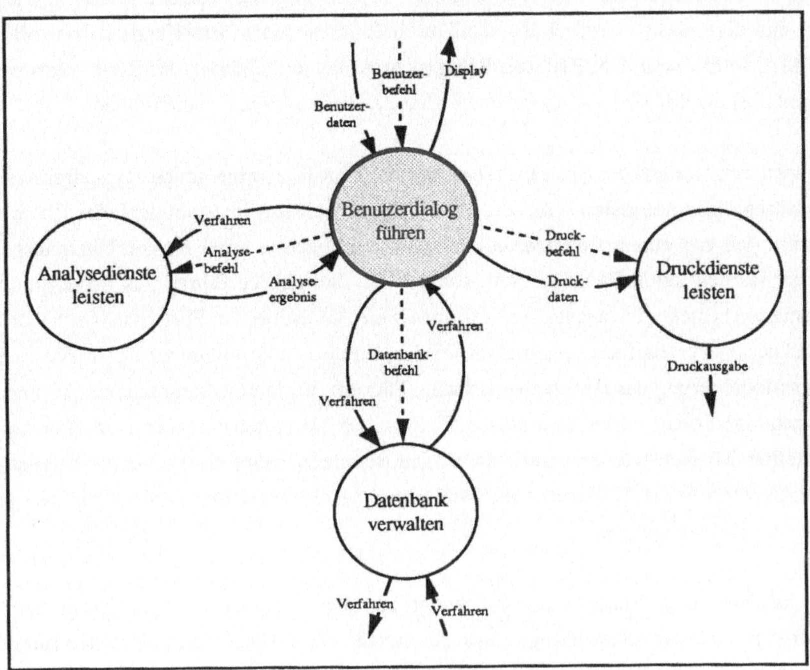

Abb. 4 Rolle des Benutzerdialogs

Deutlich zu erkennen ist die zentrale und dominante Rolle des Dialogprozesses. Er verkörpert den aktiveren Teil des Systems, aus dessen Sicht alle "peripheren" Prozesse nur Dienstleistungscharakter haben. Will etwa ein Benutzer ein in der Datenbank gespeichertes Verfahren einer Kosten/Nutzenanalyse unterziehen, so aktiviert er ein entsprechendes Analysemenü, über das er das betreffende Verfahren sowie die gewünschte Analyseart auswählt. Der Benutzerdialog startet daraufhin den Prozeß "Datenbank verwalten", um das selektierte Verfahren aus der Datenbank zu laden. Als nächstes stößt er den Prozeß "Analysedienste leisten" an, der seinerseits das gewünschte Analyseergebnis berechnet. Das Ergebnis wird abschließend dem Benutzer über eine spezielle Ergebnismaske am Bildschirm präsentiert.

Auffällig an Abb. 4 ist die Tatsache, daß Dienstleistungsprozesse nicht untereinander kommunizieren. Natürlich kann in anderen Systemen die Notwendigkeit einer solchen

Kommunikation bestehen; ein Systemanalytiker sollte jedoch stets prüfen, ob dies wirklich der Fall ist. Denn je geringer die Kopplung der Prozesse, desto übersichtlicher und wartungsfreundlicher das implementierte System. Am Rande sei hier bemerkt, daß in einer früheren Version des Datenflußdiagramms ursprünglich auch Dienstleistungsprozesse miteinander Daten austauschten. Während der Verfeinerung der Prozesse stellte sich jedoch heraus, daß dies nicht erforderlich war. Durch Entfernen der betreffenden Kontroll- und Datenflüsse wurde zwar dem Benutzerdialog mehr Arbeit aufgebürdet, das System erwies sich insgesamt aber als flexibler — besonders im Hinblick auf künftige Erweiterungen.

Im weiteren Verlauf der Systemanalyse stand als nächstes eine genaue Beschreibung des Datenflusses "Benutzerdaten" an. Zu diesen Daten gehörte insbesondere das chemische Verfahren, daß von einem Benutzer editiert und anschließend unter Kosten/Nutzenaspekten analysiert werden kann. Es zeigte sich schließlich, daß ein Verfahren aus insgesamt zehn Komponenten besteht (Einsatzstoffe, Nebenprodukte, Investitionen, Endprodukt etc.), die alle im Data Dictionary detailliert beschrieben wurden. Zu diesem Zeitpunkt wechselte die Analyse über zur Modellierung der Benutzeroberfläche. Für jede Verfahrenskomponente entstand dort eine zugehörige Editiermaske, über die der Benutzer ein Verfahren eingeben bzw. ändern kann. Die erstellten Masken wurden dann zukünftigen Benutzern präsentiert. Hieraus ergaben sich Änderungswünsche, die sowohl eine Änderung der Masken als auch der hinter ihnen verborgenen Daten bedingten.

Das Editieren eines Verfahrens selbst passiert unmittelbar am Bildschirm und zählt daher zu den Aufgaben des Benutzerdialogs. Aus diesem Grund erhielt er in einem der folgenden Verfeinerungsschritte einen Sohnprozeß namens "Editierdialog führen". Um zu diesem Zeitpunkt eine anschauliche Vorstellung vom Ablauf eines Editierdialogs zu erhalten, wurde die Oberfläche des Systems entsprechend erweitert. Dabei entstanden in erster Linie Menüs, über die ein Benutzer bestimmte Editierfunktionen, wie beispielsweise das Ändern, Drucken und Löschen eines Verfahrens aktivieren kann (s. Abb. 5).

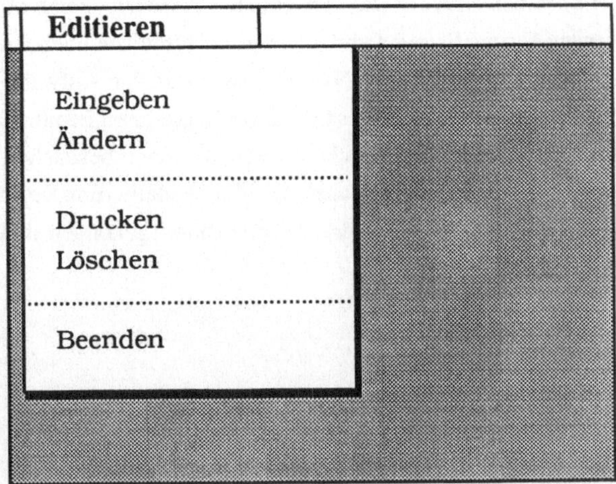

Abb. 5 Editiermenü

Erneut fand nun ein Wechsel zur Modellierung des Systeminneren statt. Sämtliche Editierfunktionalitäten wurden dort in die Verfeinerung des Prozesses "Editierdialog führen" eingebracht, der dadurch u.a. die Sohnprozesse "Druckdialog führen" und "Löschdialog führen" erhielt.

Nachdem der Editierdialog und damit verbunden auch der datenmäßige Aufbau eines chemischen Verfahrens ausmodelliert waren, konnte als nächstes die Verfeinerung des Prozesses "Analysedienste leisten" aus Abb. 4 in Angriff genommen werden. Hier galt es zunächst, sämtliche Arten der vom Endbenutzer gewünschten Kosten/Nutzenanalysen zu spezifizieren. Jede Analyseart, wie beispielsweise die Berechnung von Einsatzstoff-, Fertigungs- oder Herstellkosten, lieferte wiederum ein zugehöriges Analyseergebnis. Der Aufbau dieser Ergebnisse wurde wie gehabt im Data Dictionary spezifiziert und anschließend durch zugehörige Ausgabemasken für den Benutzer visualisiert.

Basierend auf einer kontinuierlichen Wechselwirkung zwischen der Modellierung von Benutzeroberfläche und Systeminneren entstand so nach und nach ein vollständiges Bild des zu entwickelnden Systems. Menüs und Masken der Oberfläche fanden dabei ihr Pendant in Funktionen und Daten des Systeminneren und umgekehrt. Die enge Verbindung von Elementen der Oberfläche und Systeminneren blieb auch in der Designphase des Systems erhalten. Das Editiermenü aus Abb. 5 beispielsweise fand sich in einem Modul wieder, das je nach ausgewähltem Befehl Unterfunktionen zum Eingeben, Ändern, Drucken und Löschen von chemischen Verfahren aufruft.

Abschließend sei noch bemerkt, daß das verwendete CASE Tool keine Möglichkeiten zur Oberflächenmodellierung besitzt. Es war somit erforderlich, sämtliche Elemente der Oberfläche mit Hilfe eines Graphikeditors zu zeichnen. Natürlich ist ein solcher Aufwand im allgemeinen nicht zu vertreten. Wünschenswert wären hier CASE Tools, die ihren Benutzern entsprechende Teilwerkzeuge für die Gestaltung und Simulation von Benutzeroberflächen zur Verfügung stellen. Wichtig ist in diesem Zusammenhang, daß die Modellierung von Oberfläche und Systeminneren entsprechend ihrer Wechselwirkung miteinander gekoppelt sind, beispielsweise über ein gemeinsames Data Dictionary.

4. Fazit

Bereits in der Analysephase dialogorientierter Systeme muß der Grundstein für zwei Dinge gelegt werden. Zum einen für die Implementierung eines strukturierten Systeminneren, zum anderen aber auch für eine strukturierte, übersichtliche Benutzeroberfläche. Während zur Lösung der ersten Aufgabe formale Methoden des Software Engineering eingesetzt werden können, ist dies im Falle der zweiten nicht direkt möglich. Die Ursachen hierfür sind hauptsächlich darin zu sehen, daß SE-Methoden ursprünglich nur für die Entwicklung des Systeminneren konzipiert wurden. Dennoch kann die Entwicklung von Oberflächen von einem formal methodischen Vorgehen profitieren, wenn — wie im zurückliegenden Beispiel — eine kontinuierliche Wechselwirkung zwischen der Modellierung von Systeminneren und -äußeren eingeführt wird. Im Falle des Kosten/Nutzensystems konnte so die Methode SA (mit den entsprechenden Echtzeiterweiterungen) wesentlich zur Strukturierung der Benutzeroberfläche beitragen.

Was die Analyse von dialogorientierten Systemen allgemein betrifft, ist eine Vorgehensweise gemäß Abb. 4 zu empfehlen. Zunächst sollten die Dienstleistungsprozesse des Benutzerdialogs sowie die zwischen ihnen ausgetauschten Daten bestimmt werden. Dabei gilt es, eine Kopplung der Dienstleistungsprozesse nach Möglichkeit zu vermeiden. Im Anschluß daran kann der Systementwickler mit der Verfeinerung von Daten beginnen, die ihrerseits in Form von Masken in die Modellierung der Oberfläche eingehen. Menüs zur (An)steuerung dieser Masken wiederum resultieren in Anregungen für die Funktionalität des Systeminneren.

Diese Art von Wechselwirkung war kennzeichnend für den gesamten Entwicklungsprozeß des Systems zur Kosten/Nutzenanalyse, bei dem sich die Modellierung von Benutzeroberfläche und Systeminneren auf sehr nützliche Weise ergänzten. Die frühzeitige Einbeziehung der Oberfläche in den Entwicklungsprozeß erlaubte es darüberhinaus, Endbenutzer rechtzeitig am Entwicklungsgeschehen zu beteiligen. So war einerseits sichergestellt, daß notwendige Änderungen bereits zu einem frühen Zeitpunkt gemacht werden konnten, und andererseits der Benutzer eine auf seine Bedürfnisse zugeschnittene Oberfläche erhielt. Auch wurde erreicht, daß Systeminneres und -äußeres zueinander passen.

5. Literatur

De Marco , T. (1978), Structured Analysis and System Specification, Yourdan Press.

Hatley, D.J. (1984), The Use of Structured Methods in the Development of Large Software-Based Avionics Systems, in AIAA/IEEE 6th Digital Avionics Systems Conference, Baltimore.

Yourdan, E., Constantine, L.L.(1979), Structured Design: Fundamentals of a Discipline of Computer Program and System Design, Englewood Cliffs, N.J., Prentice Hall.

Ward, P.T., Mellor, S.J.(1985), Structured Development for Real-time Systems, Vol. 1-3, Yourdan Press.

Dr. Bernd Schend
BASF AG
ZXT - Informatik-Technologie
Kaiser-Wilhelm-Str. 52
DW-6700 **Ludwigshafen**

Benutzungs-orientierte Benchmark-Tests: eine Methode zur Benutzerbeteiligung bei Standardsoftware-Entwicklungen[1]

Matthias Rauterberg

Zusammenfassung

Es werden zwei Methoden - induktive und deduktive benutzungsorientierte Benchmark Tests - zur partizipativen Entwicklung von Standardsoftware vorgestellt, mit denen es möglich ist, unter Verwendung von Benchmark-Aufgaben das zu bewertende interaktive System durch ausgewählte Benutzer zu testen. Diese beiden Methoden wurden im Rahmen einer mehrjährigen Standardsoftware-Weiterentwicklung eines relationalen Datenbankprogrammes erfolgreich angewendet.

1. Einleitung

Es lassen sich vier Arten von Software-Entwicklungsprojekten unterscheiden (STROHM 1990; WAEBER 1990): 1. spezifische Anwendungen für firmeninterne Fachabteilungen (*Typ-A*); 2. spezifische Anwendungen für externe Kunden (*Typ-B*); 3. Standardbranchenlösungen für externe Kunden (*Typ-C*); 4. Standardsoftware für einen anonymen Kundenkreis (*Typ-D*). Während bei Typ-A bis C die potentiellen Benutzer weitgehend bekannt sind, müssen bei Typ-D neue Wege der Benutzerbeteiligung beschritten werden. Es wird nun eine Möglichkeit vorgestellt, aus Ergebnissen empirischer Studien generalisierbare Aussagen in Form von benutzer-orientierten Gestaltungsvorschlägen auf der Grundlage des Kriterienkonzeptes von ULICH (1985, 1986, 1991) ableiten zu können (RAUTERBERG 1988, 1990b).

2. Stand der Forschung zur Benutzerbeteiligung

Je nach Form, Grad, Inhalt, etc. der Benutzerbeteiligung (ACKERMANN 1988, SPINAS 1990) werden schon heute schon bei der Entwicklung von Standardsoftware ansatzweise Benutzer beteiligt (STROHM 1990). Die am häufigsten eingesetzten Methoden sind: 'hot-line', alpha-, beta-Tests, 'user group'-Workshops, Kontakt zu speziellen Kunden, etc. Diese Methoden dienen jedoch fast ausschließlich der Überprüfung auf funktionale Vollständigkeit und Korrektheit. Benutzungsprobleme im handlungs- und arbeitspsychologischen Sinne werden dabei kaum berücksichtigt. Hier setzt die Methode der *benutzungs-orientierten Benchmark-Tests*[2] an. Benutzerbeteiligung ist deshalb notwendig, weil bestimmte Eigenschaften interaktiver Systeme nur in der konkreten Interaktion meßbar sind (DZIDA 1990, S.10).

---

[1] Die Ergebnisse dieser Studie sind im Rahmen des vom BMFT geförderten Forschungsprojektes "Benutzerorientierte Software-Entwicklung und Schnittstellengestaltung (BOSS)" am Institut für Arbeitspsychologie (IfAP) der ETH-Zürich im Verbund mit der ADI-GmbH aus Karlsruhe gewonnen worden.

[2] zur Verwendung des Begriffes "Benchmark" im Kontext von Benutzerbeteiligung siehe: WILLIGES, WILLIGES & ELKERTON (1987, S. 1434); WHITESIDE, BENNETT & HOLTZBLATT (1988, S. 796); MACAULAY et al. (1990, S. 109).

3. Benutzerbeteiligung bei Standardsoftware-Entwicklungen

Als ein besonderes Problem im Zusammenhang mit der Beteiligung von Benutzern bei Standard-
software-Entwicklungen muß die große *Heterogenität des Benutzerkreises* angesehen werden.
Um nun benutzungs-orientierte Benchmark-Tests durchführen zu können, sollte das zu testende
System bestimmte Voraussetzungen erfüllen (siehe weiter unten bei der Beschreibung der Methode). Dies führt dazu, daß benutzungs-orientierte Benchmark-Tests vorwiegend im Entwicklungs-
oder Lebenszyklus des Standardsoftware-Produktes eingesetzt werden (siehe Abb. 1).

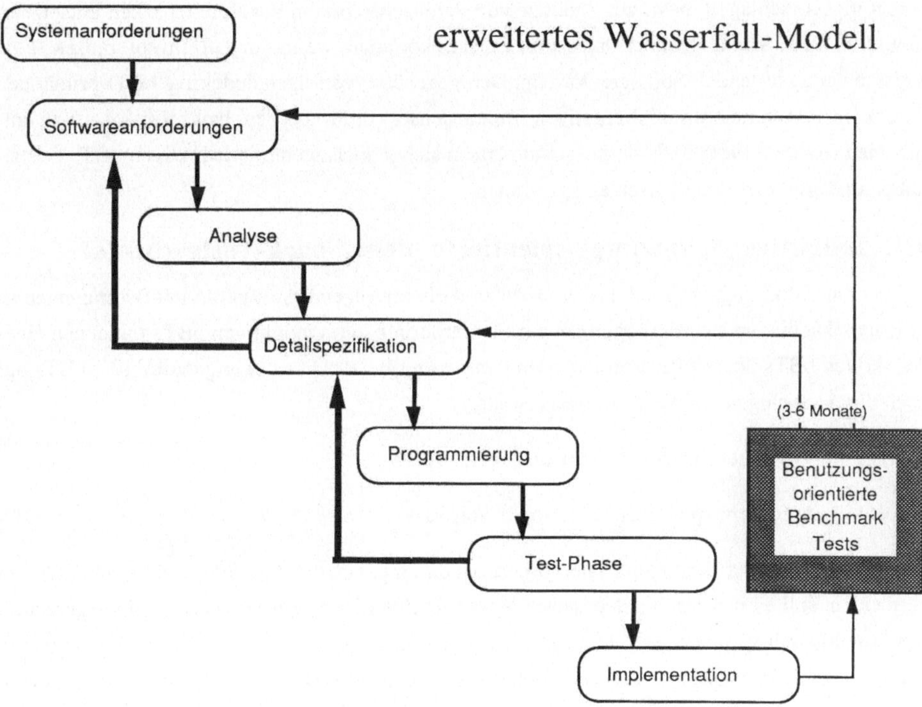

Abbildung 1: Das traditionelle "Wasserfall"-Modell der Software-Entwicklung (nach BOEHM
1981) erweitert um Rückkopplungszyklen über benutzungs-orientierte Benchmark-Tests (siehe
auch WILLIGES, WILLIGES & ELKERTON 1986, S. 1418).

Um ein möglichst repräsentatives Abbild der verschiedenen Benutzungskontexte von Standardsoftware-Produkten zu erhalten, lassen sich Befragungen mittels *Fragebögen* unter dem regis-
trierten Benutzerkreis durchführen (KLAS, KUICH & LAES 1990; HUNZIGER & HÄSSIG 1990;
STUTZ et al. 1990). In einer verkürzten Form können auch wichtige Informationen über eine entsprechend erweiterte Version der *Registrierkarten* fortlaufend erhalten werden (MOLLENHAUER
1991). Um End-Benutzer möglichst direkt und unmittelbar einzubeziehen, können *Benutzer-Ent-*

wickler-Treffen durchgeführt werden (WAEBER 1990). Bei reinen Neu-Entwicklungen lassen sich im Rahmen von Marktanalysen auch stichprobenartig Befragungen (mittels Fragebogen oder Interview) unter dem potentiellen Benutzerkreis durchführen.

4. Benutzungs-orientierte Benchmark-Tests (bBTs)[1]

Benutzungs-orientierte Benchmark-Tests (bBTs) lassen sich in zwei Typen unterteilen: *induktive* und *deduktive bBTs* (RAUTERBERG 1990a). Die induktiven bBTs sind bei der Evaluation eines (z.B. vertikalen) Prototypen, oder einer (Vor)-Version zur Gewinnung von Gestaltungs- und Verbesserungsvorschlägen, bzw. zur Analyse von Schwachstellen in der Benutzbarkeit einsetzbar. Induktive bBTs können immer dann zum Einsatz kommen, wenn nur *ein* Prototyp, bzw. *eine* Version der zu testenden Software vorliegt. Demgegenüber verfolgen deduktive bBTs primär den Zweck, zwischen mehreren Alternativen (mindestens zwei Prototypen, bzw. Versionen) zu entscheiden (KARAT 1988, S. 894). Zusätzlich lassen sich jedoch auch mit deduktiven bBTs Gestaltungs- und Verbesserungsvorschläge gewinnen.

4.1. Induktive benutzungs-orientierte Benchmark-Tests (bBTs)

Bei der Durchführung eines induktiven bBTs sind die im folgenden aufgeführten Bedingungen zu beachten. Da die meisten Bedingungen zur Durchführung eines induktiven bBTs mit denen eines deduktiven bBTs übereinstimmen, werden dann später bei der Darstellung deduktiver bBTs nur noch die Änderungen und Ergänzungen erwähnt.

4.1.1. Vorgehensweise bei induktiven bBTs

4.1.1.1. Anforderungen an die zu testende Software

Um Artefakte bei der Benutzung - hervorgerufen durch unvollständige Systemfunktionalität - zu vermeiden, sollte im Bereich der zu testenden Systemfunktionen ein möglichst realitätsgerechtes Systemverhalten gegeben sein. Um die einzelnen Aktionen der Benutzer später auswerten zu können, empfiehlt es sich, eine automatische Aufzeichnung der Tastendrucke in das Test-System einzubauen (MOLL 1987, MÜLLER-HOLZ et al. 1991).

4.1.1.2. Gestaltung der Beobachtungssituation

Konstruktion der Benchmark-Aufgaben:

Als erstes sollte man eine oder mehrere Benchmark-Aufgaben abgestimmt auf die zu testenden Systemteile festlegen. Diese Benchmark-Aufgaben sind dem typischen Aufgabenkontext des zukünftigen End-Benutzers zu entnehmen. Sofern dieser Aufgabenkontext nicht oder nur recht vage gegeben ist, sollten die Benchmark-Aufgaben zumindest jedoch typische Teil-Aufgaben enthalten. Eine einzelne Benchmark-Aufgabe sollte nicht zu komplex, aber auch nicht zu einfach sein; die

---

[1] bBT = benutzungs-orientierter Benchmark-Test; mit dem Adjektiv "benutzungs-orientiert" soll eine Verwechslung mit den sonst üblichen, rein system-technischen Benchmark-Tests vermieden werden.

Bearbeitungszeiten sollten ungefähr zwischen fünf und fünfzehn Minuten liegen. Die Formulierung der Aufgaben sollte als schriftliche Fassung den Benutzern während der Aufgabenbearbeitung zugänglich sein. Je nach fach-spezifischem Vorwissen der Benutzer über den Aufgabenkontext ist es sinnvoll, die Aufgabenbeschreibung unterschiedlich abzufassen; bei hohem fach-spezifischem Vorwissen ist die Beschreibung möglichst *problem-orientiert*[1] abzufassen, bei geringem, bzw. keinem fach-spezifischen Vorwissen ist die Beschreibung *handlungs-orientiert*[2] zu halten. Die handlungs-orientierte Aufgabenbeschreibung soll verhindern helfen, daß die beobachteten Benutzungsprobleme überwiegend aufgrund fehlenden Fachwissens zustande gekommen sind.

Auswahl der Benutzer:

Die Benutzergruppe sollte möglichst *repräsentativ* für die Population der End-Benutzer sein (siehe CAMPBELL & STANLEY 1970). Die Auswahl der Benutzer muß daher *zufällig* aus dem potentiellen oder aktuellen Benutzerkreis erfolgen. Die ausgewählten Benutzer sollten das zu testende System nicht kennen. Da sich diese Bedingung oftmals bei größeren Entwicklungsphasen, bzw. Weiterentwicklungen nicht einhalten läßt, muß die Vorerfahrung der Benutzer mit dem System, bzw. ähnlichen Systemen kontrolliert werden (siehe dazu mehr im Abschnitt zur "Messung von intervenierenden Variablen"). Die Gruppengröße sollte aus statistischen Gründen zwischen sechs und zwanzig Personen liegen. Wenn kein oder nur sehr wenig Wissen über die Population der End-Benutzer vorliegt, lohnt es sich, die Benutzergruppe hinsichtlich der folgenden Parameter möglichst *heterogen* zusammenzusetzen: EDV-Vorerfahrung, Alter, Geschlecht, Ausbildung, Beruf.

Umgebungsbedingungen während der Beobachtung:

Anzustreben ist eine möglichst den realen Einsatzbedingungen entsprechende Beobachtungs-Umgebung (siehe zum Thema "kontext-sensitive Beobachtung" WHITESIDE, BENNETT & HOLTZBLATT 1988). Da es für die spätere Auswertung jedoch oftmals sehr wichtig ist, das Verhalten der einzelnen Benutzer sowie das entsprechende Systemverhalten auf Video, Tonband, "Screen-recording", etc. aufzuzeichnen (siehe VOSSEN 1991), empfiehlt es sich, einen ruhigen, abgeschlossenen Raum mit entsprechendem Mobiliar zu benutzen. Stehen keine speziellen Aufzeichnungsgeräte zur Verfügung, sind für den Beobachter einfach auszufüllende Protokollbögen (z.B. mittels Strichlisten für vorgegebene Problem-, Fehler-Kategorien, etc.) schon sehr nützlich.

4.1.1.3. Vorbereitung der Benutzer

Der Beobachter sollte sich stets darum bemühen, jedem Benutzer das Gefühl der Wichtigkeit und Wertschätzung zu vermitteln (WEISER & SHNEIDERMAN 1987, S. 1401). Die folgenden drei Aspekte sind für die Schaffung eines vertrauensvollen und für Kritik offenen Klimas hilfreich.

---

[1] z.B. "Erstellen Sie bitte einen Brief mit folgendem Inhalt: ... und bereiten Sie ihn zum Eintüten und Versenden an folgende Adressen: ... vor. Benutzen Sie dabei bitte als Briefvorlage das Dokument mit dem Namen: ..."

[2] z.B. "Laden Sie bitte das Textdokument mit folgendem Namen: ... und ergänzen es um den folgenden Inhalt: ... Versehen Sie dieses Textdokument mit allen für die Serienbrieferstellung notwendigen Steueranweisungen. ... usw."

Beschreibung von Ziel und Zweck:

Mit möglichst allgemein verständlichen Worten wird dem Benutzer Ziel und Zweck des bBTs erläutert (z.B. Test eines Prototypen in einem frühen Entwicklungsstadium, etc.)[1]. Es ist besonders wichtig, dem Benutzer verständlich zu machen, daß das System und *nicht* der Benutzer getestet werden soll. Jede Art von Schwierigkeiten seitens des Benutzers bei der Aufgabenbearbeitung sind von besonderem Interesse!

Das Recht des Benutzers auf Beendigung:

Jedem Benutzer muß zugesichert werden, daß er die Durchführung des bBTs jederzeit unter- und sogar abbrechen kann, ohne daß irgendwelche negativen Konsequenzen (z.B. Wegfall einer zugesagten Bezahlung, etc.) erfolgen. Die vollständige Freiwilligkeit der Teilnahme und Zusicherung der Anonymität ist unabdingbar für die Gewinnung von brauchbaren Beobachtungen.

Vertrautmachen mit der Untersuchungssituation:

Jedem Benutzer werden alle für die Durchführung des Benchmark-Tests in dem Beobachtungsraum vorhandenen Geräte (Computer, Video-Kamera, Mikrophone, etc.) hinsichtlich Einsatzzweck und Funktionsweise erläutert. Als besonders wichtig erweist sich eine möglichst standardisierte Einführung in die Handhabungs- und Bedienungsweise der zu testenden Software. Je nach Vorerfahrung des Benutzers können unterschiedliche Schwerpunkte gesetzt werden. Um die Motivation der Benutzer bei einer längeren Einführungsphase (in die Benutzung der Software) aufrechtzuerhalten, hat es sich als sinnvoll gezeigt, den Benutzer zur Generierung von Frage- und Problemstellungen über die "Welt der Anwendungsobjekte" zu stimulieren und zur selbstständigen Exploration anzuregen. Dennoch muß unbedingt darauf geachtet werden, daß jeder Benutzer das gleiche Vorwissen erhält. Da diese Bedingung nur schwer zu kontrollieren ist, begnügt man sich oftmals mit Personen *ohne* jegliches EDV-Vorwissen.

Die Technik des "lauten Denkens":

Viele Benutzer haben Schwierigkeiten, ihre Gedanken während der Bearbeitung einer Aufgabe laut zu äußern. Es empfiehlt sich daher, dem Benutzer zu verdeutlichen, was mit "lautem Denken" gemeint ist, und mit ihm einige Übungsbeispiele gemeinsam durchzugehen. Trotzdem neigen Benutzer einerseits bei hoch routinisierten Handlungen, andererseits bei komplexen Problemlösungsprozessen dazu, das "laute Denken" einzustellen. Dies kann man durch folgende Maßnahmen umgehen: a) der Beobachter fordert den Benutzer in solchen Situationen zum "lauten Denken" auf; b) es werden *zwei* Benutzer als Paar mit der Aufgabenbearbeitung betraut, wodurch die verbale Kommunikation zwischen beiden Partnern das "laute Denken" ersetzt; c) man führt nach Beendigung des bBTs dem Benutzer problematische Ausschnitte per Videoaufzeichnungen vor und bespricht mit ihm seine jeweiligen Ziele und Handlungsabsichten (MOLL 1987).

---

[1] für weitere Formulierungsvorschläge siehe GOMOLL (1990, S. 87).

4.1.1.4. Durchführung der Beobachtung

Es empfiehlt sich, vor Beginn einer Beobachtungsserie, ein bis zwei Probe-Durchläufe zur Optimierung der gesamten Beobachtungsprozedur durchzuführen.

Messung von intervenierenden Variablen:

Als bedeutsame Einflußgrößen auf die Art und Weise der Aufgabenbearbeitung haben sich die EDV-Vorerfahrung der Benutzer und die Hilfestellungen durch den Beobachter herausgestellt (RAUTERBERG 1988). Beide Variablen sollten gemessen werden, um sie später bei der statistischen Auswertung berücksichtigen zu können. Die Vorerfahrung läßt sich mittels Fragebogen erfassen (YAVERBAUM & CULPAN 1990). Die Art und die Anzahl der gegebenen Hilfestellungen des Beobachters wird von diesem während des bBTs auf einem Protokollbogen vermerkt.

Messung der abhängigen Variablen:

Als "abhängige" Variablen werden alle erhobenen Meßwerte bezeichnet, welche bei der Auswertung Aufschluß über die Güte der Benutzbarkeit des zu testenden Systems Auskunft geben können (BOOTH 1990, S. 123). Die Menge der abhängigen Variablen teilt sich auf in die Menge der *qualitativen* Variablen (problematische Benutzungssituationen, handlungs-psychologische Bedingungskomplexe, etc.) und die Menge der *quantitativen* Variabeln auf (Bearbeitungsdauer, Einlernzeit, Überlegungszeit[1], Anzahl Tastendrucke, Anzahl Fehler[2]; siehe MÜLLER-HOLZ et al. 1991).

Aufgabenbearbeitung durch den Benutzer:

Es gibt grundsätzlich zwei verschiedene Vorgehensweisen für die Gestaltung des zeitlichen Rahmens: 1. der Benutzer wird aufgefordert, die gestellte Aufgabe solange zu bearbeiten, bis er sie vollständig gelöst hat oder die Bearbeitung auf eigenen Wunsch abbricht; 2. dem Benutzer wird eine maximale Zeitspanne für die Aufgabenbearbeitung zur Verfügung gestellt. Falls die Aufgabenbearbeitungszeit als ein relevanter Indikator für Benutzungseigenschaften des zu testenden Systems herangezogen werden soll, empfiehlt sich die erste Variante. Bei der zweiten Variante muß man für die Auswertung den erreichten Lösungsgrad der Aufgabe bewerten. Diese Bewertung ist oft nicht einfach möglich.

Verhalten des Beobachters:

Der Beobachter hält sich während der Aufgabenbearbeitung ruhig im Hintergrund. Für ihn ist es sehr wichtig, seinen natürlichen Impuls, dem Benutzer in problematischen Situationen sofort zu helfen, "im Zaume zu halten". Hier kann eine klare Absprache zwischen Beobachter und Benutzer hilfreich sein: nur wenn sich der Benutzer explizit an den Beobachter wendet und um Hilfe nachfragt, wird der Beobachter aktiv. Ein zu frühes Eingreifen des Beobachters hindert den Benutzer, eine eigene Lösung zu finden. Als Beobachter sollten daher keine an der Entwicklung des zu

---

[1] siehe hierzu ACKERMANN & GREUTMANN (1987), bzw. GREUTMANN & ACKERMANN (1987).

[2] zum Thema "Fehler"-Analyse siehe ZAPF & FRESE (1989).

testenden Systems unmittelbar beteiligten Personen eingesetzt werden. Es wird sogar empfohlen, um eine möglichst realistische Beobachtungssituation herzustellen, daß der Beobachter sich völlig passiv verhält und dies dem Benutzer vorher deutlich macht (GOMOLL 1990, S.89).

4.1.1.5.   Nachbereitung mit dem Benutzer

Jedem Benutzer muß die Gelegenheit gegeben werden, sofern dies nicht schon im Rahmen der Video-Konfrontation[1] eingeplant ist, für ihn wichtige und noch offene Fragen zu Zwecken und Zielen des bBTs, problematische Situationen während der Aufgabenbearbeitung, etc. in einem Gespräch nach Beendigung der Aufgabenbearbeitung mit dem Beobachter klären zu können. Meistens erhält man sehr zutreffende Problemsichten aus diesen Gesprächen. In dieser Nachbereitung lassen sich auch Fragebögen mit standardisierten oder offenen Fragen zur Beantwortung spezieller Benutzungsaspekte einsetzen.

4.1.1.6.   Auswertung der Beobachtungen

Während der Durchführung eines bBTs wird man immer wieder überraschende und sehr informative Benutzungsweisen beobachten können (KARAT 1988, S. 895). Es lohnt sich, diese auf Video aufzuzeichnen, um sie dann mit den Entwicklern später detailliert diskutieren zu können. Wichtig ist dabei, daß die beobachtbaren Schwierigkeiten niemals dem Benutzer, sondern ausschließlich der Benutzbarkeit des zu testenden Systems angelastet werden.

Aufbereitung der Daten:

Die aufgezeichneten Beobachtungsdaten (Video, Tonband, Logfile, 'screenrecording') müssen hinsichtlich der design-relevanten Informationen ausgewertet werden. Dazu empfiehlt es sich, auf der Grundlage der durchgeführten Beobachtungen ein Auswertungsraster aufzustellen und dieses Raster systematisch auf die Beobachtungsdaten aller Benutzer anzuwenden. Aufwendig und schwierig sind die qualitativen Auswertungen von Logfile-Daten, weil es sich hierbei oftmals um komplexe Mustererkennungsprozesse handelt, welche bisher nur begrenzt automatisch ausführbar sind (ACKERMANN & GREUTMANN 1987, MÜLLER-HOLZ et al. 1991).

Qualitative Auswertungen:

Als eine besonders informative Quelle für design-relevante Entscheidungen hat sich die Analyse von Videoaufzeichnungen ergeben. Hierbei werden Erklärungsmodelle für bestimmtes Benutzungsverhalten aufgestellt, um das beobachtbare Verhalten in problematischen Situationen handlungspsychologisch begründen zu können. Die eingehendere Beschäftigung mit diesen Situationen führt dann unter Berücksichtigung des Kriterienkonzeptes von ULICH (1985, 1986, 1991) zu konstruktiven, tragfähigen Gestaltungsvorschlägen.

---

[1]   siehe mehr zur Methode der Videokonfrontation bei MOLL 1987, S. 183f.

Quantitative Auswertungen:

Um die in der qualitativen Auswertung gewonnenen Erklärungsmodelle für einzelne Benutzungsprobleme auf eine möglichst breite Basis zu stellen (Problem der 'Generalisierbarkeit'), sind statistische Auswertungen unumgänglich. Diese können von einfachen Häufigkeitszählungen bestimmter Problemklassen, bis hin zu komplexen inferenz-statistischen Zusammenhangsanalysen gehen (siehe mehr bei LANDAUER 1988). Dazu ist es notwendig, daß die verschiedenen Benutzungseigenschaften (Dauer der Aufgabenbearbeitung, mittlere Überlegungszeit, Fehlerart, Ausmaß an Beanspruchung, etc.) pro Benutzer in quantifizierter Form vorliegen.

4.2. Deduktive benutzungs-orientierte Benchmark-Tests (bBTs)

Deduktive bBTs dienen primär der Entscheidungsfindung zwischen verschiedenen System-Alternativen (z.B. WANDKE 1990), bzw. zur Kontrolle der erreichten Verbesserung (siehe zum Stichwort "Oberflächen-Effekt" bei RAUTERBERG 1991) und erst sekundär der Gewinnung von Gestaltungsvorschlägen (KARAT 1988). Es ergeben sich daher einige unterschiedliche Anforderungen an die Durchführung von deduktiven bBTs.

4.2.1. Vorgehensweise bei deduktiven bBTs

4.2.1.1. Voraussetzungen an die zu testende Software

Im Gegensatz zu induktiven bBTs müssen die verschiedenen zu testenden, alternativen Systemversionen beim deduktiven bBT verstärkt der Forderung nach einem - an realen Einsatzbedingungen gemessenen - realistischen Systemverhalten (d.h. möglichst funktionale Vollständigkeit, adäquates Systemantwortzeitverhalten, etc.) genügen. Diese Anforderungen sind deshalb wichtig, weil die Entscheidung zwischen den System-Alternativen primär mittels quantitativer Meßgrößen gefällt wird.

4.2.1.2. Gestaltung der Beobachtungssituation

Je nachdem, ob viele Benutzer wenig Zeit haben (Fall-I), oder, ob wenige Benutzer viel Zeit haben (Fall-II), an einem bBT teilzunehmen, wird die Gruppenbildung unterschiedlich vorgenommen. Im Fall-I wird pro System-Alternative eine eigene Gruppe gebildet. Im Fall-II hat lediglich eine Gruppe alle System-Alternativen zu testen. Um Lerneffekte zu kontrollieren, muß dann die Reihenfolge der zu testenden Systeme innerhalb dieser einen Gruppe ausbalanciert werden (BORTZ 1984, S. 422ff).

Konstruktion der Benchmark-Aufgaben:

Im Fall-II müssen für jede System-Alternative *parallele* Benchmark-Aufgaben entwickelt werden (siehe als ein Beispiel RAUTERBERG 1991).

Auswahl der Benutzer:

Die Gruppengröße sollte aus statistischen Gründen mindestens sechs Personen pro Gruppe betragen. Wenn man plausible Annahmen über den zu erwartenden Oberflächeneffekt hinsichtlich einer quantitativ zu messenden Benutzungseigenschaft (z.B. Dauer der Aufgabenbearbeitung, Anzahl Fehler, etc.) für die Alternativen hat, kann man die genau benötigte Gruppengröße auch ausrechnen (BORTZ 1984, S. 504ff; LANDAUER 1988, S. 918ff). Die einzelnen Gruppen müssen hinsichtlich verschiedener Parameter möglichst homogen sein: EDV-Vorerfahrung, Geschlecht, Alter, Beruf.

4.2.1.3.   Auswertung der Beobachtungen

Mittels inferenzstatistischer Auswertungsverfahren können die gewonnenen Beobachtungsergebnisse auf ihre *Generalisierbarkeit* hin getestet werden (LANDAUER 1988; BORTZ 1989).

4.3. Aufwandabschätzung der Methode

Der Durchführungsaufwand von bBTs hängt im wesentlichen von der Anzahl der zu beteiligenden Benutzer ab. Je mehr Benutzer beteiligt sind, desto repäsentativer und umfassender sind die Ergebnisse. Dennoch ist es ratsam, den Aufwand auf ein notwendiges Minimum zu beschränken. Am einfachsten lassen sich induktive bBTs durchführen. Für die Planung, Durchführung und Auswertung sind in diesem Fall einige Tage bis Wochen zu veranschlagen. Dagegen ist bei deduktiven bBTs in der Regel mit einigen Wochen bis Monaten zu rechnen.

5. Das Fallbeispiel ADIMENS

Im Rahmen der Benutzerbeteiligung bei der Standardsoftware-Entwicklung des relationalen Datenbank-Programmes ADIMENS wurden Evaluationsstudien (induktive bBTs) und experimentelle Vergleichsstudien mit zwei verschiedenen Oberflächenvarianten (deduktive bBTs) durchgeführt (ADIMENS-ST, ADIMENS-ascii vs. ADIMENS-GT; siehe RAUTERBERG 1989, 1990b). Die konkreten Analyseergebnisse flossen in die Oberflächengestaltung von ADIMENS-GT+ (Version 3.0 und 3.1) und in die Windows-Portierung GX ein (MOLLENHAUER 1991; siehe auch Abb. 2). Die Veränderungen zwischen GT und GT+ wurden bereits experimentell auf ihre ergonomische Relevanz anhand von vier Benchmark-Aufgaben getestet (RAUTERBERG 1991).

In den empirischen Untersuchungen mit ADIMENS-GT wurde eine Reihe von verbesserungswürdigen Oberflächeneigenschaften gefunden (RAUTERBERG 1988): 1. die Aufteilung der Pulldown Menüs erwies sich als mögliche Quelle von Fehlbedienungen; 2. die Funktionalität der Desktop-Ikonen konnte von Anfängern nicht "entdeckt" werden, weil sie diese in den Pull-down Menü-Optionen vergeblich suchten; 3. die Wirkung einer Reihe von wichtigen Schaltern wurde oft deshalb falsch berücksichtigt, weil ihre Schalterstellung nicht permanent sichtbar waren; 4. die enorme Bedeutung der "Wahl" (permanente Selektion von Datensätzen mittels 'Filter') war durch die sehr häufige Verwendung der Ausgabeform "Anzeigen als Liste" begründet; hier soll die Möglichkeit zur temporären Selektion vorab Entlastung bringen; dies wird dem Benutzer durch die Implementation des Bearbeitungsmodus "Bearbeiten" ermöglicht; 5. die wichtigste Eigenschaft eines relationalen DBMS - die *Relationalität* - sollte dem Benutzer in einer direkt-manipulativ interaktiven Form durch Verbund-Dateien bei ADIMENS-GT+ zugänglich sein (RAUTERBERG 1991).

PRODUKT	JAHR	MASSNAHMEN	ERGEBNIS
ADIMENS-ascii	1987	Kriterien-geleitete Softwareentwicklung	Entwicklung der Desktop-Oberfläche
ADIMENS-GT	1988	induktiver Bench-mark-Test "GT" (N=8)	Gestaltungs-vorschläge
		deduktiver Bench-mark-Test "GT - ascii" (N=24)	Entscheidung zugunsten der Desktop-Oberflächen
ADIMENS-GT+ Vers. 3.0	1989	Fragebogen (N=220)	Gestaltungs-vorschläge
ADIMENS-GT+ Vers. 3.1	1990	deduktiver Bench-mark-Test "GT - GT+" (N=30)	empirische Über-prüfung der Ge-staltungsvorschläge
ADIMENS-GX	1991	deduktiver Bench-mark-Test "GT+ - GX" (geplant)	empirische Über-prüfung der Ge-staltungsvorschläge

Abbildung 2: Übersicht über die durchgeführten und geplanten Benchmark-Tests (fett umrandete Maßnahmen) im Rahmen der Standardsoftware-Entwicklung von ADIMENS in den Jahren 1988 bis 1991.

6. Zusammenfassung

Die Methode der benutzungs-orientierten Benchmark-Tests (bBTs) läßt sich nicht nur zur Gewinnung von Gestaltungsvorschlägen (induktive bBTs), sondern auch zur Entscheidung zwischen Systemalternativen, bzw. zur Überprüfung von getroffenen Designentscheidungen (deduktive bBTs) sinnvoll im Rahmen der partizipativen Entwicklung von Standardsoftware einsetzen.

7. Literatur

ACKERMANN D. (1988): Empirie des Softwareentwurfes: Richtlinien und Methoden. In: Einführung in die Software-Ergonomie. Mensch-Computer Kommunikation - Grundwissen 1. (BALZERT H. et al.; Hrsg.), Berlin New York: Walter de Gruyter; S. 253-276.

ACKERMANN D. & GREUTMANN T. (1987): Interaktionsgrammatik und kognitiver Aufwand. In: German Chapter of the ACM Bericht 29: Software-Ergonomie'87; (SCHÖNPFLUG W. & WITTSTOCK M.; Hrsg.); Stuttgart: Teubner; 262-270.

APENBURG E. (1986): Befindlichkeitsbeschreibung als Methode der Beanspruchungsmessung. Zeitschrift für Arbeits- und Organisationspsychologie, 30 (N.F. 4); 3-14.

BOEHM B.W. (1981): Software Engineering Economics. Englewood Cliffs, NJ: Prentice-Hall.

BOOTH P. (1990): An Introduction to Human-Computer Interaction. Hove London Hillsdale: Lawrence Erlbaum.

BORTZ J. (1984): Lehrbuch der empirischen Forschung für Sozialwissenschaftler.Berlin New York: Springer.

BORTZ J. (1989): Lehrbuch der Statistik. Berlin Heidelberg New York: Springer.

CAMPBELL D.T. & STANLEY J.C. (1970): Experimentelle und quasi-experimentelle Anordnungen in der Unterrichtsforschung. In: Handbuch der empirischen Unterrichtsforschung I. (INGENKAMP K.H.; Hrsg.), Weinheim: Beltz.

DZIDA W. (1990): Ergonomische Normenkonformität. In: 5. Herbstschule 'Software-Ergonomie' in Zürich. 18.-21. Spet. 1990, (GI Deutsche Informatik-Akademie, Ahrstr. 45, D-5300 Bonn 2); S.1-15.

GOMOLL K. (1990): Some Techniques for Observing Users. in: The Art of Human-Computer Interface Design. (LAUREL B.; ed.) Reading, Mass.: Addison-Wesley; pp.85-90.

GREUTMANN T. & ACKERMANN D. (1987): Individual differences in human-computer interaction: how can we measure if the dialog grammar fits the user's needs? In: Human-Computer Interaction: INTERACT'87; (BULLINGER H.-J. & SHACKEL B.; eds.); Amsterdam: North-Holland; 145-149.

HUNZIKER C. & HÄSSIG S. (1990): ADIMENS-Umfrage: Untersuchung von Datenbankstrukturen. unveröffentlichte Gruppensemesterarbeit WS'89/90. Institut für Arbeitspsychologie, Zürich: Eidgenössische Technische Hochschule.

KARAT J.. (1988): Software Evaluation Methodologies. in: Handbook of Human-Computer Interaction. (HELANDER M.; ed.), Amsterdam: Elsevier Science; pp. 891-903.

KLAS H., KUICH D. & LAES T. (1990): Auswertung der Fragebögen zur Anwendung und Beurteilung von ADIMENS ST/GT. unveröffentlichte Gruppensemesterarbeit WS'89/90. Institut für Arbeitspsychologie, Zürich: Eidgenössische Technische Hochschule.

LANDAUER T.K. (1988): Research Methods in Human-Computer Interaction. in: Handbook of Human-Computer Interaction. (HELANDER M.; ed.), Amsterdam: Elsevier Science; pp. 905-928.

MACAULAY L., FOWLER C., KIRBY M. & HUTT A. (1990): USTM: a new approach to requirements specification. Interacting with Computers. vol 2 no 1, pp. 92-118.

MOLL T. (1987): Über Methoden zur Analyse und Evaluation interaktiver Computersysteme. In: Software-Ergonomie. State of the Art 5. (FÄHNRICH K.P.; Hrsg.), München Wien: Oldenbourg, S. 179-190.

MOLLENHAUER R. (1991): Benutzerorientierte Software-Entwicklung des voll-grafischen Datenbanksystems Adimens: Projektreflexionen aus der Perspektive des beteiligten Softwarehauses. in: Software für die Arbeit von morgen. Bilanz und Perspektiven anwendungsorientierter Forschung. Ergänzung zum Tagungsband. Herausgegeben für DLR, Projektträger Arbeit und Technik. Krefeld: Vennekel & Partner.

MÜLLER-HOLZ auf der Heide B., ASCHERSLEBEN G., HACKER S. & BARTSCH T. (1991): Methoden zur empirischen Bewertung der Benutzerfreundlichkeit von Bürosoftware im Rahmen von Prototyping. In: Software für die Arbeit von morgen. Bilanz und Perspektiven anwendungsorientierter Foschung. (FRESE M.; KARSTEN C.; SKARPELIS C. & ZANG-SCHEUCHER B.; Hrsg.), Berlin Heidelberg New York: Springer.

RAUTERBERG M. (1988): Untersuchung der Benutzerfreundlichkeit einer desktop-orientierten Benutzungsoberfläche am Beispiel eines relationalen Datenbanksystems. unveröffentlichter Forschungbericht, Institut für Arbeitspsychologie, Zürich: Eidgenössische Technische Hochschule.

RAUTERBERG M. (1989): MAUS versus FUNKTIONSTASTE: ein empirischer Vergleich einer desktop- mit einer ascii-orientierten Benutzungsoberfläche. In: German Chapter of the ACM Bericht 32: Software-Ergonomie'89. (MAASS S. & OBERQUELLE H.; Hrsg.). Stuttgart: Teubner; 313-323.

RAUTERBERG M. (1990a): Induktive versus deduktive Untersuchungsmethoden: Vor- und Nachteile für die Gestaltung von Benutzungsoberflächen in der Mensch-Computer-Interaktion. in: 32. Tagung experimentell arbeitender Psychologen Regensburg. April 9-12. 1990. (IRTEL H. & DRÖSLER J.; Hrsg.), Fachbereich Psychologie, Regensburg: Universität Regensburg.

RAUTERBERG M. (1990b): Experimentelle Untersuchungen zur Gestaltung der Benutzungsoberfläche eines relationalen Datenbanksystems. In: Projektberichte zum Forschungsprojekt Benutzer-orientierte Softwareentwicklung und Schnittstellengestaltung (BOSS), Nr. 3. (SPINAS P.; RAUTERBERG M.; STROHM O.; WAEBER D. & ULICH E. ; Hrsg.), ETH-Zürich: Institut für Arbeitspsychologie.

RAUTERBERG M. (1991): Benutzungsorientierte Benchmarktests: eine Methode zur Benutzerbeteiligung bei der Entwicklung von Standardsoftware. In: Projektberichte zum Forschungsprojekt Benutzer-orientierte Softwareentwicklung und Schnittstellengestaltung (BOSS), Nr. 6. (SPINAS P.; RAUTERBERG M.; STROHM O.; WAEBER D. & ULICH E. ; Hrsg.), ETH-Zürich: Institut für Arbeitspsychologie.

SPINAS P. (1990): Benutzerfreundlichkeit von Dialogsystemen und Benutzerbeteiligung bei der Software-Entwicklung. In: Das Bild der Arbeit. (FREI F. & UDRIS I.; Hrsg.), Bern: Hans Huber; S. 158-171.

SPINAS P., WAEBER D. & STROHM O. (1990): Kriterien benutzerorientierter Dialoggestaltung und partizipative Softwareentwicklung: eine Literaturaufarbeitung. In: Projektberichte zum Forschungsprojekt Benutzer-orientierte Softwareentwicklung und Schnittstellengestaltung (BOSS), Nr. 1. (SPINAS P.; RAUTERBERG M.; STROHM O.; WAEBER D. & ULICH E. ;Hrsg.), ETH-Zürich: Institut für Arbeitspsychologie.

STROHM O. (1990): Arbeitsorganisation, Methodik und Benutzerorientierung bei der Softwareentwicklung. In: Projektberichte zum Forschungsprojekt Benutzer-orientierte Softwareentwicklung und Schnittstellengestaltung (BOSS), Nr. 2. (SPINAS P.; RAUTERBERG M.; STROHM O.; WAEBER D. & ULICH E. ; Hrsg.), ETH-Zürich: Institut für Arbeitspsychologie.

STUTZ R., STAUBL, A., ROHRBACH C. & KRIESL K. (1990): Auswertung der Umfrage über die ADIMENS-Datenbank. unveröffentlichte Gruppensemesterarbeit SS'90. Institut für Arbeitspsychologie, Zürich: Eidgenössische Technische Hochschule.

ULICH E. (1985): Einige Anmerkungen zur Software-Psychologie. sysdata. Nr. 10, S. 53-58.

ULICH E. (1986): Aspekte der Benutzerfreundlichkeit. In: Arbeitsplätze von morgen. Berichte des German Chapter of the ACM, Band 27. (REMMELE W. & SOMMER M.; Hrsg.), Stuttgart: Teubner, S. 102-121.

ULICH E. (1991): Arbeitspsychologie. Stuttgart: Poeschel-Verlag.

VOSSEN P. (1991): EVA II - ein Werkzeug zur interaktiven Protokollerstellung und -analyse. In: Software-Ergonomie'91 - Benutzungsorientierte Software-Entwicklung. Poster-Band. (RAUTERBERG M. & ULICH E.; Hrsg.), Institut für Arbeitspsychologie, Zürich: Eidgenössische Technische Hochschule.

WAEBER D. (1990): Entwicklung und Umsetzung von Modellen partizipativer Softwareentwicklung. In: Projektberichte zum Forschungsprojekt Benutzer-orientierte Softwareentwicklung und Schnittstellengestaltung (BOSS), Nr. 4. (SPINAS P.; RAUTERBERG M.; STROHM O.; WAEBER D. & ULICH E. ; Hrsg.), ETH-Zürich: Institut für Arbeitspsychologie.

WANDKE H. (1990): Zielkonflikte bei der psychologischen Gestaltung von Mensch-Rechner-Schnittstellen. in: Proceedings of 6th Internatinal Symposium on Work Psychology Dresden, March 27-29, 1990. Sektion Arbeitswissenschaften Wissenschaftsbereich Psychologie, Dresden: Technische Universität; S. 132-138.

WEISER M. & SHNEIDERMAN B. (1987): Human Factors of Computer Programming. in: Handbook of Human-Computer Interaction. (HELANDER, M.; ed.), Amsterdam: Elsevier Science; pp. 1398-1415.

WHITESIDE J.; BENNETT J. & HOLTZBLATT K. (1988): Usability Engineering: Our Experience and Evolution. in: Handbook of Human-Computer Interaction. (HELANDER M.; ed.), Amsterdam: Elsevier Science; pp. 791-817.

WILLIGES R.C., WILLIGES B. & ELKERTON J. (1987): Software interface design. in: Handbook of Human Factors. (SALVENDY G.; ed.), New York: Wiley & Sons.

YAVERBAUM G.J. & CULPAN O. (1990): Exploring the Dynamics of the End-User Environment: The Impact of Education and Task Differences on Change. Human Relations. vol 43 no 5, pp. 439-454.

ZAPF D. & FRESE M. (1989): Benutzerfehler im Kontext von Arbeitsaufgabe und Arbeitsorganisation. In: Software-Ergonomie'89. Aufgabenorientierte Systemgestaltung. (MAASS S. & OBERQUELLE H.; Hrsg.), Stuttgart: Teubner, S. 213-222.

Matthias Rauterberg
Institut für Arbeitspsychologie
Eidgenössische Technische Hochschule (ETH)
CH-8092 ZÜRICH

Prototyping in einem Designteam: Vorgehen und Erfahrungen bei einer benutzerorientierten Software-Entwicklung[1]

Bernd Müller-Holz auf der Heide und Susanne Hacker, München

Zusammenfassung

Prototyping in einem Designteam wird als Software-Entwicklungsstrategie vorgestellt, durch die ein möglichst hohes Maß an Benutzerfreundlichkeit verwirklicht werden kann. Im Projekt PROTOS wird exemplarisch ein an diesem Konzept orientierter Entwicklungsprozeß durchgeführt. Die Voraussetzungen dafür - eine Qualifizierungsmaßnahme für Designteam-Mitglieder sowie Methoden zur empirischen Prüfung der Software-Prototypen - werden skizziert. Unser Vorgehen und die Erfahrungen bei dieser benutzerorientierten Software-Entwicklung werden erläutert und wichtige Rahmenbedingungen diskutiert.

1. Benutzerorientierte Software-Entwicklung - aber wie ?

Die informationsverarbeitenden Technologien haben sich in den zurückliegenden Jahren rasant weiterentwickelt und sind in immer weitere Arbeits- und Lebensbereiche vorgedrungen. Analog dazu sind die Ansprüche an die Qualität der Software gestiegen, wobei die Benutzerfreundlichkeit - oder auch Bedienbarkeit bzw. Benutzbarkeit - zu einem Gütekriterium ersten Ranges avanciert ist. Zahlreiche ExpertInnen versuchen seit geraumer Zeit, Kriterien dafür zu formulieren, wie benutzerfreundliche Systeme auszusehen haben. Will man derartige allgemeingültig formulierte Anforderungen an die Softwaregestaltung im konkreten Entwicklungsprozeß angemessen berücksichtigen, treten häufig Umsetzungsprobleme auf. Hält man sich zudem vor Augen, was die Formulierung Benutzerfreundlichkeit beinhaltet, nämlich das Ausmaß, in dem ein Software-System den Ansprüchen der konkreten BenutzerInnen gerecht wird, so wird die Problematik eines expertendefinierten Konzepts deutlich. Was den Erfordernissen der Aufgaben, die EDV-unterstützt bearbeitet werden sollen, und den Bedürfnissen der BenutzerInnen, die mit dem EDV-System umgehen sollen, angemessen ist, kann im voraus nur schwer und nur auf sehr abstraktem Niveau geklärt werden.

Zunehmend gerät daher der Entwicklungsprozeß selbst ins Zentrum des Interesses. Nicht so sehr, *was* Benutzerfreundlichkeit ist, sondern *wie* man zu benutzerfreundlichen Systemen kommen kann, wird dabei thematisiert. In der Praxis wird Software aber immer noch überwiegend nach

---

[1] Der vorliegende Beitrag entstand im Rahmen des Forschungsprojekts PROTOS - Entwicklung von Methoden zur Herstellung und Bewertung von Prototypen für Benutzeroberflächen (01 HK 088-6), das vom BMFT (AuT-Programm) gefördert wird. Projektleitung: Prof. Dr. C. Graf Hoyos

einem *linearen* Ablaufmodell entwickelt, das durch starke Arbeitsteilung zwischen Entwicklungsplanung und -ausführung sowie durch fehlende Zusammenarbeit mit den späteren BenutzerInnen dieser Systeme charakterisiert werden kann. Auf diese Weise werden die EndnutzerInnen mit bereits fertigen Systemen konfrontiert, die häufig ihren Ansprüchen und Schwierigkeiten nicht gerecht werden. Arbeitsabläufe, die umständlicher sind als vor Einführung der EDV, neue Belastungen sowie berechtigter Ärger und Widerstände sind nicht selten das Ergebnis einer derartigen "Innovation".

Um diese Probleme zu vermeiden, ist eine grundsätzlich andere Entwicklungsstrategie und -philosophie vonnöten. Diese kann durch folgende, sinngemäß bereits 1984 von Gould und Lewis formulierte Forderungen charakterisiert werden:

- *Frühe Ausrichtung auf die BenutzerInnen:* Die späteren BenutzerInnen und deren Arbeitsaufgaben müssen von Anfang an im Mittelpunkt der Systemgestaltung stehen.

- *Interaktives Gestalten:* EntwicklerInnen und BenutzerInnen sollen sich nicht nur gegenseitig informieren, sondern eng zusammenarbeiten, etwa in Form eines "Designteams".

- *Empirische Bewertungen:* Die Benutzerfreundlichkeit der entworfenen Systeme muß durch systematische empirische Tests mit echten BenutzerInnen anhand typischer Arbeitsaufgaben geprüft werden.

- *Iteratives Design:* Durch einen zyklischen Entwicklungsprozeß mit systematischen Rückkopplungsschleifen sollen Korrekturen des Systementwurfs erleichtert werden.

Ein Software-Entwicklungskonzept, bei dem diese Forderungen erfüllt werden, ist das *Prototyping in einem Designteam*. Hierbei bilden BenutzerInnen und EntwicklerInnen ein gemeinsames Team, das auf der Basis der konkreten Arbeitsaufgaben Prototypen der Benutzerschnittstelle erarbeitet, die dann empirisch überprüft und in einem iterativen Prozeß verbessert werden.

Dieses Vorgehen bietet gegenüber einem linearen Entwicklungskonzept eine Reihe von Vorteilen (vgl. hierzu Müller, Aschersleben & Hacker, 1989). So können ungeeignete Designkonzepte und Schwachstellen frühzeitig erkannt und leicht korrigiert werden, wobei die Anschaulichkeit der Prototypen den BenutzerInnen hilft, konstruktive Beiträge zur Gestaltung zu leisten. Zudem können mit geringem Aufwand alternative Wege parallel ausprobiert werden. Systeme, die auf der Basis eines solchen benutzerorientierten Entwicklungskonzepts erstellt werden, entsprechen mit größerer Wahrscheinlichkeit den Wünschen und Anforderungen der BenutzerInnen sowie den Erfordernissen, die sich aus deren Arbeitszusammenhang ergeben. Darüberhinaus - und das ist nicht zu unterschätzen - werden durch die Zusammenarbeit und die Partizipation am Prozeß der Software-Entwicklung bei *allen* Beteiligten wichtige fachliche und soziale Lernprozesse gefördert.

Trotz vieler Vorteile wird jedoch diese Form der Software-Entwicklung im kommerziellen Bereich bisher kaum eingesetzt, wie in der Planungsphase unseres Projekts durchgeführte Befragungen ergaben (Aschersleben & Zang-Scheucher, 1989). Ein großes Hindernis sind zum Einen der Mangel an Erfahrungen, die bisher mit Prototyping gemacht worden sind. Ein iterativer, von einem Designteam gesteuerter Entwicklungsprozeß stellt derzeit für die Unternehmen ein kaum kalkulierbares Risiko dar. Zum Anderen sind wichtige Voraussetzungen für eine breite Umsetzung von Prototyping noch nicht erfüllt.

Im Projekt PROTOS, das derzeit am Lehrstuhl für Psychologie durchgeführt wird, durchlaufen wir deshalb exemplarisch einen solchen Prototyping-Entwicklungsprozeß, indem wir eine Büroanwendung entwickeln. Als Voraussetzung dafür erarbeiteten wir

- ein Konzept zur Qualifizierung der Mitglieder eines Prototyping-Designteams und

- ein Inventar an empirischen Bewertungsmethoden, die im Rahmen von Prototyping nützlich und praktikabel sind.

Im folgenden stellen wir unser Vorgehen bei der Realisierung von Prototyping in einem Designteam vor und diskutieren die Erfahrungen, die wir dabei gewinnen konnten. Unsere Qualifizierungsmaßnahme und die Bewertungsmethodik können im Rahmen dieses Beitrags natürlich nicht ausführlich erläutert, sondern nur über ihren Bezug zum Entwicklungsprozeß skizziert werden. (Eine ausführliche Darstellung findet sich in Müller-Holz auf der Heide, Hacker & Bartsch, 1990 bzw. in Müller-Holz auf der Heide, Aschersleben, Hacker & Bartsch, 1991).

2. Rahmenbedingungen beim Prototyping in einem Designteam

Prototyping in einem Designteam bildet nach unserem Verständnis *ein* Element einer partizipativen, benutzerorientierten Software-Gestaltung. Ein vollständiges System-Entwicklungskonzept muß neben dieser eigentlichen Entwicklungsarbeit auch sämtliche vor- und nachgelagerten Schritte umfassen - von der Gestaltung der in Frage stehenden Arbeitsaufgabe nach arbeitspsychologischen Gesichtspunkten bis hin zur Form der Systemeinführung und der Qualifizierung der BenutzerInnen. Themen wie Partizipation und menschengerechte Arbeitsgestaltung können daher durch Prototyping allein nicht abgedeckt werden, sondern müssen im Gesamtprojekt integriert sein.

Unsere Ausführungen beziehen sich damit auf einen *Ausschnitt* aus einem System-Entwicklungsprozeß, der im Projekt PROTOS zu Forschungszwecken herausgegriffen wird. Dadurch entfallen bestimmte Restriktionen und Interessenkonflikte, die sich bei einer Einbindung in ein betriebliches Gesamtprojekt ergeben würden. Die Problembereiche und Lösungen, die wir darstellen, sind jedoch in entsprechenden Entwicklungsprojekten hochgradig relevant.

2.1 Die Arbeitsaufgabe

Für unser Projekt wurde in Zusammenarbeit mit unserem Kooperationspartner Siemens AG eine Arbeitsaufgabe ausgewählt, die rechnergestützt bearbeitet werden soll. Hierbei handelt es sich um eine spezielle Datenbankanwendung, deren Komplexität einen großen Gestaltungsspielraum zuläßt. Die konkrete Arbeitsaufgabe besteht darin, betriebsinterne "Produktvereinbarungen" zu verwalten. Eine Produktvereinbarung ist eine Art Vertrag zwischen der Entwicklungsabteilung und der Vertriebsabteilung, in dem Festlegungen über ein Produkt getroffen werden (Produkteigenschaften, Produktgruppen, Termine, Entwicklungsstadien, verantwortliche Personen etc.). Die Verwaltung dieser Produktvereinbarungen umfaßt die formale Prüfung, die Archivierung, Aktualisierung und zeitliche Überwachung sowie das Erteilen von Auskünften auf der Grundlage von Recherchen.

2.2 Das Designteam

Für die Entwicklungsarbeit haben wir ein Designteam gebildet, das sich aus zwei BenutzerInnen, einem Informatiker und einer Psychologin zusammensetzt. Durch die Zusammenarbeit dieser Fachleute wird sichergestellt, daß zentrale Aspekte bei der Entwicklung von Software angemessen berücksichtigt werden:

- Die BenutzerInnen bringen ihre Fachkenntnisse, ihr Wissen und ihre Erfahrungen sowie ihre Bedürfnisse als Experten für die Arbeitsaufgabe ein und formulieren entsprechende Anforderungen.

- Der Informatiker vertritt die EDV-Seite und ist für alle EDV-technischen Belange bei Entwurf und Realisierung der Prototypen zuständig.

- Die Psychologin stellt arbeitspsychologische und software-ergonomische Kenntnisse bereit und begleitet den Prototyping-Prozesses.

Alle Festlegungen über den Prototypen werden von den Designteam-Mitgliedern gemeinsam erarbeitet und beschlossen. D.h. dem Entwicklungsprozeß liegt ein Team-Modell zugrunde, das von unterschiedlichen Fachkompetenzen der Team-Mitglieder bei gleichberechtigter Entscheidungsstruktur ausgeht. Expertenwissen, das von den Beteiligten eingebracht wird, dient als Entscheidungshilfe, auf dessen Basis Beschlüsse ausgehandelt werden.

Die Vor- und Nachbereitung der Designteam-Sitzungen wird je nach Fachkompetenz von einzelnen Team-Mitgliedern geleistet (z.B. Zusammenstellen aufgabenbezogener Informationen durch die Benutzer, Vorbereiten und Darstellen von Lösungsvorschlägen durch den Informatiker, Bereitstellen eines Aufgabenanalyseinstruments durch die Psychologin). Die Umsetzung der getroffenen Festlegungen in einen Software-Prototypen wird vom Informatiker durchgeführt bzw. überwacht. Da hier Freiheitsgrade bestehen, werden zu Beginn jeder Designteam-Sitzung alle Neuerungen am Prototypen dem Team vorgestellt.

Wie in einem gemeinsamen Rückblick nach einem Jahr Arbeit im Designteam deutlich wurde, bewerten alle Designteam-Mitglieder ihre Erfahrungen mit diesem Team-Modell positiv. Dieses Modell soll jedoch nicht statisch verstanden werden, sondern unterliegt selbst dynamischen Veränderungsprozessen. Es ist daher sinnvoll, in größeren Abständen eine Reflexion des bisherigen Vorgehens einzuplanen, denn insbesondere in fortgeschrittenen Projektphasen kann eine Modifikation des dargestellten Vorgehens erforderlich sein.

2.3 Die Qualifizierungsmaßnahme

Eine konstruktive Zusammenarbeit im Designteam stellt hohe Anforderungen an die fachliche und soziale Kompetenz der einzelnen Mitglieder und erfordert ihre Bereitschaft, sich auf einen unbekannten Prozeß einzulassen. In der Regel sind damit die Übernahme einer ungewohnten Berufsrolle und - gerade für EntwicklerInnen - neue Methoden und Arbeitstechniken verbunden, häufig auch eine Zusatzbelastung. Die Bereitschaft zu konstruktiver Auseinandersetzung, die Wertschätzung der jeweils anderen Beteiligten als ExpertInnen sowie die Fähigkeit, Belange aus dem eigenen Fachgebiet allgemeinverständlich darzustellen, sind sowohl die Grundlagen für eine Kooperation, als auch Ergebnis eines Lernprozesses, der durch die Teamarbeit selbst entsteht. Um diesen Prozeß zu unterstützen, haben wir eine Qualifizierungsmaßnahme konzipiert, die die Vermittlung fachspezifischer Kenntnisse mit dem Training sozialer Fertigkeiten kombiniert.

Ausgangspunkt unserer Konzeption waren die Arbeitsschritte, die beim Prototyping-Prozeß durchlaufen werden. Den einzelnen Schritten des Designzyklus wurden jeweils die Aufgaben zugeordnet, die an dieser Stelle vom Designteam zu leisten sind. Aus diesen Aufgaben haben wir die zur Bearbeitung benötigten Kenntnisse - und damit die Lernziele der fachlichen Qualifizierung - abgeleitet. Um diese Lernziele zu erreichen, wurden die Qualifizierungsbausteine 'EDV-Grundlagen' und 'Software-Ergonomie' entwickelt. Zusätzlich zu diesen beiden fachlichen Bereichen haben wir den Qualifizierungsbaustein 'Kommunikation und Kooperation' konzipiert, durch den die Zusammenarbeit im Designteam gefördert werden soll. Im folgenden werden die Ziele und Methoden der drei Qualifizierungsbausteine im Überblick vorgestellt.

Qualifizierungsbaustein 'EDV-Grundlagen'. - Die TeilnehmerInnen erwerben hier elementare EDV-Kenntnisse, damit in diesem Bereich eine gemeinsame Sprach- und Wissensbasis besteht, die es ermöglicht, im Team die Funktionalität des Prototypen festzulegen und den Prototypen zu gestalten. Als Anregung dafür erhalten die TeilnehmerInnen einen Überblick über vorhandene Büro-Programme. Sie sollen allerdings nicht zu "Hilfs-InformatikerInnen" geschult werden, sondern weiterhin ihre jeweilige Sicht vertreten.

Qualifizierungsbaustein 'Software-Ergonomie'. - Die TeilnehmerInnen erwerben hier Grundwissen zum Thema Software-Ergonomie, das es den Designteam-Mitgliedern ermöglichen soll, ergonomische Probleme bei der Gestaltung des Prototypen zu erkennen und zu lösen. Dazu werden verschiedene Lösungsansätze aufgezeigt.

Qualifizierungsbaustein 'Kommunikation und Kooperation'. - Die TeilnehmerInnen lernen hier, eigenes und fremdes Kommunikationsverhalten differenziert wahrzunehmen und die Möglichkeiten eines offenen, problemorientierten Dialogs zu erkennen und zu nutzen. Auf diese Weise soll eine partnerschaftliche Zusammenarbeit und eine kreative Aufgabenbearbeitung in den späteren Designteam-Sitzungen gefördert werden.

Die jeweiligen Seminarinhalte werden in Lehrgesprächen oder Kurzvorträgen eingeführt und dann von den TeilnehmerInnen durch Diskussionen und Übungen (z.B. Arbeiten am Rechner, Rollenspiele) erweitert und vertieft. Dadurch soll den TeilnehmerInnen die Möglichkeit zur intensiven Auseinandersetzung mit den Themen gegeben und ein Transfer des Erlernten auf die spätere Designteam-Situation erleichtert werden.

Für die Durchführung der beiden fachlichen Qualifizierungsbausteine wird je nach Vorkenntnissen der TeilnehmerInnen jeweils 1/2 - 1 Tag benötigt, für den dritten Qualifizierungsbaustein sind je nach Gruppengröße 2 - 4 Tage erforderlich.

Wir haben die vorgestellte Qualifizierungsmaßnahme in unserem Designteam durchgeführt. Wie sich in der Abschlußbesprechung zeigte, wurden die vermittelten Inhalte und die entsprechenden Arbeitsformen bzw. -methoden durchweg positiv aufgenommen. Auch bei einer 12 Monate später durchgeführten Befragung zeigte sich dieses Ergebnis. Demzufolge konnten einige grundsätzliche Fragen und Probleme, die in den späteren Designteam-Sitzungen auftraten, bereits in der Qualifizierungsphase erörtert und geklärt werden. Insbesondere dem Qualifizierungsbaustein

ʹKommunikation und Kooperation maßen die TeilnehmerInnen dabei eine wesentliche Bedeutung für den Teamprozeß zu.

Demnach wurde durch die Qualifizierungsmaßnahme die Zusammenarbeit der TeilnehmerInnen sowohl auf der fachlichen als auch auf der sozialen Seite verbessert.

2.4 Das Entwicklungskonzept

Bevor das Designteam seine Entwicklungsarbeit aufnehmen kann, müssen bestimmte Voraussetzungen erfüllt sein. So ist ein adäquates Zeitbudget einzuplanen (die Freistellung der im Designteam mitarbeitenden BenutzerInnen für die Sitzungen ist selbstverständlich), es müssen angemessene technische Ressourcen (Hardware und Entwicklungsumgebung) und geeignete Bewertungsmethoden zur Verfügung stehen. Ist dies gegeben, schlagen wir in Anlehnung an Williges, Williges und Elkerton (1987) folgendes Ablaufmodell mit systematischen Rückkopplungsschleifen für die Entwicklung vor (Abbildung 1).

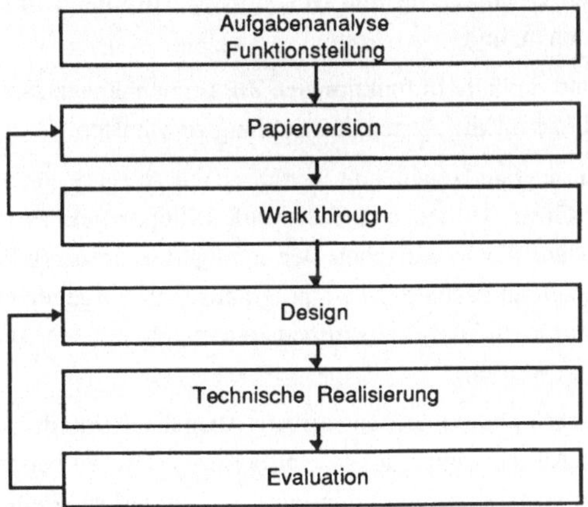

Abbildung 1. *Prototyping-Entwicklungskonzept*

Dieser Entwicklungsprozeß wird vom Designteam eigenverantwortlich gesteuert. Zunächst wird die Arbeitsaufgabe analysiert und die Funktionsteilung durchgeführt. Das Designteam entscheidet, welche Teilaufgaben der Rechner übernimmt und welche beim Benutzer verbleiben. Dann wird ein erster Entwurf - die sogenannte *Papierversion* - des Prototypen erstellt und anhand typischer Arbeitsabläufe so lange überarbeitet, bis eine befriedigende Ausgangsbasis erstellt wurde (*Walk through*). Darauf aufbauend erfolgt dann das eigentliche Design und schließlich die technische Realisierung des Prototypen. Der Prototyp wird dann mit Hilfe geeigneter Bewertungsmethoden in Hinblick auf seine Benutzerfreundlichkeit getestet. Bei diesen Tests - die außerhalb des Designteams durchgeführt werden - bearbeiten (potentielle) BenutzerInnen typische Arbeitsaufgaben mit dem Prototypen. Die Testergebnisse werden in das Designteam rückgemeldet und dort in ein Redesign des Prototypen umgesetzt. Der Zyklus aus (Re)Design, technischer Realisierung und

Evaluation wird so oft wiederholt, bis die Tests befriedigende Ergebnisse liefern und der optimierte Prototyp schließlich in ein Programm umgesetzt werden kann.

3. Durchführung von Prototyping in einem Designteam

Im Anschluß an die Qualifizierung nahm das Designteam seine Entwicklungsarbeit auf. Das Team trifft sich in der Regel einmal monatlich ganztägig. Zwischen den Sitzungen wird das Erarbeitete aufbereitet und dokumentiert und die Gestaltungsentscheidungen werden auf einem Macintosh-System umgesetzt. Im folgenden wird der bisherige Prototyping-Prozeß in einzelnen Schritten dargestellt, die dem Ablaufschema (vgl. Abb. 1) folgen..

3.1 Analyse der Arbeitsaufgabe

Die Aufgabenanalyse im Designteam hat das Ziel,

- die Arbeitsaufgabe der Benutzer für alle Designteam-Mitglieder möglichst anschaulich und nachvollziehbar zu machen, und

- die Arbeitsaufgaben und -abläufe in funktionalen Zusammenhängen systematisch zu beschreiben und damit eine Grundlage für die Systementwicklung zu schaffen.

Dazu haben wir, in Anlehnung an bestehende Verfahren zur Aufgabenanalyse (Rödiger, Nullmeier & Oesterreich, in Vorb.; Greif, Monecke & Tolksdorf, 1986; Projekt Prosoz, 1987), ein Analyseverfahren konzipiert, das auf die spezifischen Bedingungen in unserem Projekt zugeschnitten ist. Wir haben uns hier nicht zuletzt deshalb für ein pragmatisches Vorgehen entschieden, weil es noch an praktikablen und ausgereiften Analyseinstrumenten mangelt, die den Anforderungen im Rahmen des Systemdesigns gerecht werden.

Das Verfahren folgt einem hierarchischen Aufbau: Ausgehend von der übergeordneten organisatorischen Ebene wird die Aufgabe auf immer detaillierterem Niveau betrachtet. Die Erhebung, die in Form einer teilstrukturierten Befragung durchgeführt und auf speziellen Protokollbögen dokumentiert wird, gliedert sich in vier Stufen:

1. *Organisatorischer Rahmen und Arbeitsplatz*: Bezeichnung und Funktion der Abteilung/Stelle; Organisatorische Einbindung; Qualifikation der Stelleninhaber; Überblick über den Arbeitsplatz: Skizze zur Ausstattung und zum Informationsfluß

2. *Bestandteile der Tätigkeit*: Aufgabenbereiche; Definition und Spezifizierung der Arbeitsaufgaben

3. *Ablaufprotokolle für jede Teilaufgabe*: Angaben zu Arbeits- und Hilfsmitteln, zum Zeitaufwand und zu Kooperations- und Kommunikationsbeziehungen

4. *Probleme beim Arbeitsablauf und Veränderungsvorschläge*

Diese Form der Aufgabenanalyse hat sich dazu bewährt, Basisunterlagen für die Systementwicklung zu erhalten und den Aufgabeninhalt im Designteam zu kommunizieren. Sie ermöglicht damit ein grundlegendes Verständnis der Arbeitsaufgabe. Um jedoch alle Details der Arbeitsaufgabe nachvollziehen und verstehen zu können, ist ein längerer Prozeß erforderlich, der sich nach unserer Erfahrung durch die Arbeit im Designteam ergibt.

3.2 Funktionsteilung und Funktionsspezifizierung

Ziel dieses Entwicklungsschrittes war der Entwurf einer aufgabenangemessenen Funktionalität des Systems. Dazu wurden zunächst verschiedene Vorgehensweisen und Strategien der Funktionsteilung diskutiert und entsprechende Anforderungen an die Aufgabenbearbeitung formuliert. Auf der Basis der Aufgabenanalyse wurde dann schrittweise die Funktionsteilung zwischen Mensch und Computer - und damit der Umfang der rechnergestützten Aufgabenbearbeitung - festgelegt. Ausgehend davon wurden die Systemfunktionen genauer spezifiziert, d.h. einzelne Arbeitsabläufe wurden im Designteam "durchgespielt" und die Art der Rechnerunterstützung festgelegt. (Natürlich ist später immer eine Korrektur dieser Entscheidungen möglich.)

3.3 Diskussion und Modifikation des ersten Entwurfs

Ziel dieser Entwicklungsschritte - bei dem die erste systematische Rückkoppelungsschleife durchlaufen wurde - war es, die getroffenen Festlegungen bis zu einem Grad zu optimieren, der die Realisation eines ersten Prototypen ermöglicht.

Dazu wurde die vom Designteam beschlossene Funktionalität vom Informatiker in eine einfache Programm-Simulation umgesetzt und dem Designteam direkt am Bildschirm sowie in Form von Hardcopies vorgestellt. (Der Begriff "Papierversion" ist also nicht im Wortsinn zu verstehen.) Die simulierten Programm- bzw. Arbeitsabläufe wurden im Team wiederholt systematisch durchgegangen und entsprechende Korrekturen oder Modifikationen vereinbart (Walk through). Hierbei verlagerte sich der Schwerpunkt von der Gestaltung der Systemfunktionalität in den ersten Durchgängen hin zu Dialog- und Darstellungsaspekten in späteren Durchgängen. Fragen der Benutzerfreundlichkeit wurden jeweils anhand gegebener Probleme diskutiert und Lösungen erarbeitet.

3.4 Design und technische Realisierung des ersten Prototypen

Nach mehrfacher Überarbeitung wurde der erste Prototyp nach und nach vollständig auf dem Entwicklungssystem realisiert. Ein Teil der Funktionalität wurde dabei nicht mehr nur simuliert, sondern direkt ausprogrammiert, um eine realistische Beurteilung zu ermöglichen (z.B. die freien Datenbankabfragen). Damit war die Entwurfsphase in der 1. Iteration abgeschlossen und der Prototyp wurde vom Designteam für die empirische Bewertung "freigegeben".

Das Stadium, in dem der erste Prototyp evaluiert werden soll, kann dabei nicht nach eindeutigen Kriterien festgelegt werden, sondern ist ein Abwägungsproblem. Einerseits erschien es dem Designteam - trotz einiger bekannter Schwachpunkte des Prototypen - zu diesem Zeitpunkt notwendig, die grundlegenden Strukturen frühzeitig einer empirischen Überprüfung zu unterziehen, um nötigenfalls auch umfangreichere Kurskorrekturen vornehmen zu können. Andererseits mußte für eine realistische empirische Bewertung ein relativ hoher Anteil an ausprogrammierter Funktionalität bereits vorhanden sein.

3.5 Testen der ersten Iteration des Prototypen

Dieser Entwicklungsschritt, der außerhalb des Designteams durchgeführt wird, soll zum Einen Antworten auf die Frage "Why bad?", d.h. direkte Hinweise auf Schwachstellen im System und Gestaltungsvorschläge liefern. Zum Anderen soll er - das wird ab der 2. Iteration relevant - die

Frage "How good?" beantworten, d.h. die je nach den Rahmenbedingungen der Systementwicklung unterschiedlich definierte Benutzerfreundlichkeit des Prototypen erheben, um dadurch einen Vergleich zwischen den Iterationen zu ermöglichen.

Um dies zu erreichen, wurden Versuche durchgeführt, bei denen (potentielle) BenutzerInnen typische Arbeitsaufgaben mit dem Prototypen bearbeiteten. Dabei wurden durch unterschiedliche Methoden (spezielle Rechnerprotokolle, direkte Beobachtung, Videoaufzeichnung, schriftliche Befragung, Videokonfrontation und Teachback) verschiedene Zeit- und Fehlermaße sowie Probleme, Kritik, Verbesserungsvorschläge und die Beurteilung einzelner Eigenschaften des Prototypen erhoben. (Eine ausführliche Darstellung der Versuche und Methoden findet sich in Müller-Holz auf der Heide et. al.,1991).

3.6   Rückmeldung der Evaluationsergebnisse

Bei diesem Entwicklungsschritt sollen die Ergebnisse der empirischen Bewertung dem Designteam in einer Form zur Verfügung gestellt werden, die ein schnelles und gezieltes Redesign des Prototypen ermöglicht.

Das Designteam erhielt dazu eine detaillierte schriftliche und mündliche Rückmeldung über die Evaluationsergebnisse des ersten Prototypen: Fehler- und Problemschwerpunkte, direkte Gestaltungshinweise sowie die Beurteilung des Prototypen und seiner Teilfunktionen durch die BenutzerInnen wurden - nach unterschiedlichen Funktionsbereichen des Prototypen geordnet - vorgestellt und z.T. direkt am Prototypen erläutert.

Was die Form der Rückmeldung anbetrifft, hat es sich als sinnvoll erwiesen, das Augenmerk insbesondere auf folgende Aspekte zu richten: Die Ergebnisse müssen in verständlicher und anschaulicher Form dargestellt werden und möglichst konkret bleiben (z.B. Erläuterung von Beispielen am Prototypen anstatt ausgefeilter zusammenfassender Diagramme). So haben sich beispielsweise eher "psychologische Kategorien" nicht bewährt, da das Designteam mit den abstrahierten Informationen nicht viel anfangen kann (z.B. mit der Aussage "Es wurden viele Planungsfehler gemacht"). Deutlich günstiger ist es, die arbeitspsychologisch fundierten Implikationen aus diesen Ergebnissen zu vermitteln. Dabei sollte der Verbindlichkeitsgrad der durch die Ergebnisse nahegelegten Modifikationen deutlich werden (z.B. durch eine Differenzierung nach "Muß-, Sollte- und Kann-Korrekturen"). Wichtig ist auch eine am Prototypen selbst orientierte Ordnung der Ergebnisse (z.B. nach einzelnen Funktionsbereichen), die am besten mit dem Designteam abgesprochen wird.

3.7   Redesign

Mit dem Redesign schließt sich die zweite Rückkoppelungsschleife des Prototyping-Prozesses. Die rückgemeldeten Testergebnisse wurden im Designteam in thematischen Blöcken bearbeitet, wobei ein Teil der Problembereiche aufgrund ihrer Komplexität zunächst von einzelnen Designteam-Mitgliedern für die Diskussion vorbereitet wurde. Das Vorgehen bei der Überarbeitung des Prototypen entsprach dann weitgehend dem in der ersten Design- und Realisierungsphase. D.h. die beschlossenen Verbesserungen wurden schrittweise realisiert und sind nach wiederholter Überarbeitung als 2. Iteration des Prototypen in eine neue Testphase eingegangen.

4. Einige Erfahrungen bei der Durchführung von Prototyping mit Benutzerbeteiligung

Im vorgestellten Projekt hat die Durchführung von Prototyping in einem Designteam den Charakter einer Fallstudie. Der skizzierte Ablauf und die Erfahrungen, die wir damit gemacht haben, sind vor diesem Hintergrund zu sehen. Ohne den konkreten Ablauf in unserem Projekt als Richtschnur zu nehmen, seien hier einige Aspekte angesprochen, die bei der Konzipierung eines Prototyping-Prozesses mit Benutzerbeteiligung berücksichtigt werden sollten.

- Der zeitliche und personelle Aufwand wird häufig als Argument gegen die Durchführung einer Prototyping-Entwicklung genannt. Tatsächlich erscheint zunächst der Aufwand bis zur Realisierung des ersten Prototypen - je nach Umfang und Komplexität der zu unterstützenden Arbeitsaufgabe - relativ hoch. Es darf jedoch nicht übersehen werden, daß in der ersten Phase des Designprozesses ein Großteil der konzeptionellen Arbeit geleistet wird und sich damit der Aufwand für die weiteren Iterationen ganz erheblich verringert.

- Der Gestaltung der Arbeitsaufgabe - unter Berücksichtigung arbeitspsychologischer Erkenntnisse - kommt ein großes Gewicht im Prototyping-Prozeß zu (vgl. z.B. Hacker, 1978; Spinas, Troy, & Ulich, 1983; Frese & Brodbeck, 1989). Oft ist jedoch ein Großteil der Arbeitsaufgabe bereits im Vorfeld des eigentlichen Entwicklungsprozesses festgelegt worden - und fast genauso oft ohne Berücksichtigung arbeitspsychologischer Gesichtspunkte. Um sich entfalten zu können, darf aber das kreative Potential einer Prototyping-Entwicklung in einem Designteam nicht durch Vorgaben oder Rahmenbedingungen zu stark eingeschränkt werden.

- Grundlegend für den Prototyping-Prozeß ist auch die Form der Zusammenarbeit im Designteam: Häufigkeit und Strukturierung der Treffen, Zusammensetzung und Größe sowie die Aufgaben- und Rollenverteilung im Team und der Entscheidungsmodus bestimmen maßgeblich den Designprozeß. Das hier zugrundegelegte Team-Modell hat den Schwerpunkt auf Verständigungs- und Aushandelungsprozessen (s.o.). Aber auch dieses Konzept unterliegt einem dynamischen Prozeß und muß gegebenenfalls verändert werden. Wir haben deshalb zwei Reflexionsphasen eingeschoben, in denen die bisherige Arbeit von den Designteam-Mitgliedern bewertet wurde. Dies führte jeweils zu einer weiteren Verbesserung der Zusammenarbeit. Darüberhinaus wurden in der zweiten Reflexionsphase einige Veränderungen beschlossen, die die Art der Beteiligung der jeweiligen Fachleute, insbesondere die der Benutzer, an der Entwicklung betreffen: Rollenverteilung und Arbeitsstrukturen wurden dahingehend abgeändert, daß die Benutzer zunehmend beurteilende und beratende Funktionen übernehmen und von der eigentlichen Designarbeit - bei der es mehr und mehr um "Oberflächenkosmetik" geht - entlastet werden. In dieser Entwicklungs-Phase wäre ein Experte für derartige Software-Aspekte, beispielsweise ein spezialisierter Graphik- oder Industrie-Designer, sinnvoll einzubeziehen. Auf diese Weise wird ein weiterhin optimaler und gezielter Einsatz der jeweiligen Fachkompetenzen gewährleistet.

Literatur

Aschersleben, G. & Zang-Scheucher, B. (1989). Der Prozeß der Software-Gestaltung. Eine Bestandsaufnahme in Wissenschaft und Industrie. In S.Maaß & H.Oberquelle (Hrsg.), Software-Ergonomie'89 (S. 244-253). Stuttgart: Teubner.

Frese, M. & Brodbeck, F. (1989). Computer in Büro und Verwaltung. Berlin: Springer.

Gould, J. D. & Lewis, C. (1984). Designing for usability - key principles and what designers think. Human-Computer Interaction, Proceedings of the ACM, 50-53.

Greif, S., Monecke, U. & Tolksdorf, M. (1986). Heterarchische Aufgabenanalyse. Eine Methode zur Untersuchung der Interaktionsprozesse am Computer. Referat zum 25. Kongreß der DGfP, 28.9.-2.10.1986, Heidelberg.

Hacker, W. (1978). Allgemeine Arbeits- und Ingenieurpsychologie. Bern: Huber.

Müller, B., Aschersleben & G., Hacker, S. (1989). Benutzerfreundlichere Software durch Prototyping. In S. Höfling & W. Butollo (Eds.), Psychologie für Menschenwürde und Lebensqualität: aktuelle Herausforderung und Chancen für die Zukunft. Bonn: Deutscher Psychologen Verlag.

Müller-Holz auf der Heide, B., Hacker & S; Bartsch, T. (1990). PROTOS - Entwicklung von Methoden zur Herstellung und Bewertung von Prototypen für Benutzeroberflächen. Zwischenbericht 8/90. Lehrstuhl für Psychologie der TU München.

Müller-Holz auf der Heide, B., Aschersleben, G. Hacker, S. & Bartsch, T. (1991). Methoden zur empirischen Bewertung der Benutzerfreundlichkeit von Bürosoftware im Rahmen von Prototyping. In M. Frese, C. Kasten, C. Skarpelis & B. Zang-Scheucher (Eds.), Software für die Arbeit von morgen: Bilanz und Perspektiven anwendungsorientierter Forschung. Heidelberg: Springer.

Projekt Prosoz (1987). Verbandsgemeinde Untermosel: Ist-Analyse. Projektbericht.

Rödiger, K.H., Nullmeier, E. & Oesterreich, R. (in Vorb.). Verfahren zur Ermittlung von Regulationserfordernissen in der Arbeitstätigkeit von Sachbearbeitern (VERA/S) (Vorläufige Version). Bern: Huber.

Spinas, P., Troy, N.& Ulich, E. (1983). Leitfaden zur Einführung und Gestaltung von Arbeit mit Bildschirmsystemen. München: CW-Publikationen.

Williges, R. C., Williges, B. H. & Elkerton, J. (1987). Software interface design. In G. Salvendy (Ed.), Handbook of human factors (pp. 1416-1449). New York: John Wiley & Sons.

Susanne Hacker, Dipl.-Psych.

Bernd Müller-Holz auf der Heide, Dipl.-Psych.

Lehrstuhl für Psychologie

Technische Universität München

Lothstraße 17

W-8000 München 2

Prototyping mit "Hyper-Tools"

Der Einsatz von Intermedia und Supercard als Prototypinginstrumente
für ein komplexes Bank-Informationssystem

Josef Bösze und Doris Aschacher, Zürich

Partizipative SW-Entwicklung bedingt unter anderem rasches Prototyping, damit der Dialog mit dem Benutzer möglichst rasch anhand von konkreten Fragestellungen an einem konkreten System in Gang kommt. Dies ist umso wichtiger, je innovativer das zu entwickelnde System sein soll. In diesem Erfahrungsbericht wird aufgezeigt, wie die Produkte Intermedia und Supercard während verschiedener Phasen im Prototyping Zyklus optimal eingesetzt werden können. Es wird gezeigt, dass die Verwendung von mehreren verschiedenen Prototyping Werkzeugen und die damit verbundenen Werkzeugwechsel und Redesigns durchaus sinnvoll und nützlich sein können.

1. Kurzbeschreibung des Projektes KAP-92

Im Rahmen eines Forschungsprojektes wird zur Zeit ein Informationssystem entwickelt, das alle Mitarbeiter - Sekretärinnen, Sachbearbeiter/innen und Direktionsmitglieder - einer Abteilung der Schweizerischen Bankgesellschaft in ihrer Arbeit unterstützen soll. Aufgabe der zukünftigen Systembenutzer ist es, alle Geschäftsbeziehungen, die gewisse Konzerne und ihre Tochterfirmen mit in- und ausländischen Geschäftsstellen unserer Bank unterhalten, zu koordinieren und zu kontrollieren. Sowohl die Menge der pro Kunde zu bearbeitenden Informationen wie auch deren komplexe Vernetzung stellen besondere Ansprüche an das zu entwickelnde System. Ziel des Projektes ist es, bis Ende 1992 eine erste produktiv eingesetzte Version des Konzernbetreuer Arbeits-Platzes (KAP-92) zu entwickeln, welcher die Benutzer in den Bereichen Bürotätigkeit, Management der Gesamtgeschäftsbeziehung und operative Abwicklung von einzelnen Geschäftsfällen unterstützt.

Der KAP-92 orientiert sich (als Metapher) an einem erweiterten Dokumentbegriff. Dabei wird ein Dokument nicht nur als eine statische Darstellung von Information aufgefasst. Vielmehr werden den Dokumenten zwei weitergehende Funktionalitäten zugeordnet: zum einen eine dynamische Verarbeitungsleistung, die den Zugriff auf Daten (aus Datenbanken und anderen Dokumenten) und deren Prozessierung im Dokument selber erlaubt; zum anderen ein Referenzierungsmechanismus (Links), der die sinnvolle Vernetzung der Dokumente untereinander und so das schnelle Aufsuchen von zusammenhängenden Informationen ermöglicht. Das Dokument wird zum Träger von sowohl strukturierter als auch unstrukturierter Information.

2. Überblick über den Entwicklungsprozess

Ziel dieses Artikels ist es, die von uns gesammelten Erfahrungen im Einsatz von "Hyper-Tools" für das Prototyping im Projekt KAP-92 darzustellen. Damit die Stellung der verschiedenen von uns entwickelten Prototypen verständlich wird, werden an dieser Stelle einige wichtige Punkte unserer Vorgehensweise kurz beleuchtet:

- Die Beteiligung der Benutzer am Entwicklungsprozess ist für uns äusserst wichtig und selbstverständlich. Dies widerspiegelt sich auch in der Zusammensetzung des Projektteams: 4 Informatiker und 2.5 Benutzer. Die anderen zukünftigen Benutzer werden regelmässig informiert und spezielle Fragestellungen werden intensiv diskutiert.

- Das Projekt wird nicht stur gemäss dem klassischen Wasserfallmodell (Vorstudie - Analyse - Detailspezifikation - Implementation - Test - Einführung) entwickelt. Nach einer ersten relativ grobkörnigen Analyse und ersten Prototypen wurden verschiedene Systemkomponenten identifiziert, die nacheinander - und teilweise auch gleichzeitig - in iterativen Entwicklungszyklen auf der Basis von Prototyping realisiert werden.

- Die einzelnen Komponenten wie auch das Gesamtsystem werden in Tests durch die Benutzer bezüglich Bedienbarkeit und Funktionalität evaluiert. Resultate dieser Tests fliessen in die weitere Entwicklung ein.

- Strukturierte Analyse- und Spezifikationsmethoden (Datenflussanalyse, semantische Datenmodellierung) werden für die Detailspzifikationen ebenfalls angewandt.

3. Prototyping im KAP-92 Projekt

Die Prototypingphilosophie und die von uns entwickelten Prototypen lassen sich am besten mit den Begriffen "horizontaler Prototyp", "vertikaler Prototyp" und "Szenario" beschreiben (Nielsen 89). Bild 1 illustriert diese Begriffe.

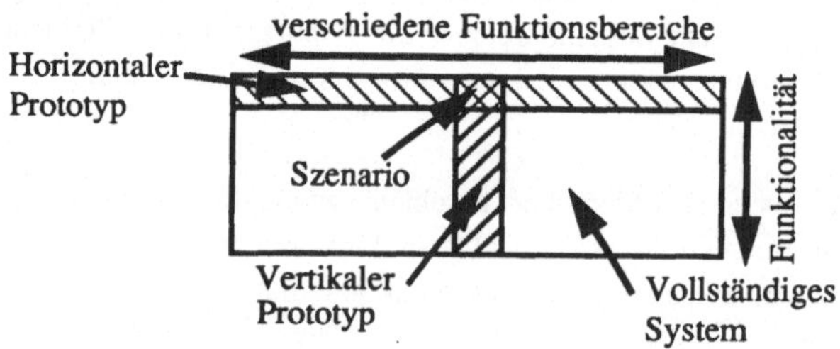

Bild 1:   Die zwei Dimensionen des Prototyping. Nach Nielsen (89).

Ein **horizontaler Prototyp** deckt zwar alle Funktionsbereiche des Gesamtsystems ab, es fehlt ihm aber weitgehend eigentliche Funktionalität, d.h. die Fähigkeit, Daten zu prozessieren. Ein **vertikaler Prototyp** weist in einem Teil des Gesamtsystems sehr viel eigentliche Funktionalität auf, er kann unter Umständen auch als einsetzbares Subsystem betrachtet werden. Ein **Szenario** stellt weder die ganze Breite des Funktionenspektrums noch die Tiefe der Funktionalität dar, eignet sich aber durchaus, um bestimmte Einzelaspekte eines Systems zu modellieren und mit den Benutzern zu diskutieren.

Im Rahmen des KAP-92 Projektes wurden und werden in verschiedenen Prototypingphasen mehrere unterschiedliche Prototypen entwickelt. Sie können wie folgt beschrieben werden:

- Beschreibungen und Skizzen auf Papier: Einzelne Szenarien wurden auf Papier skizziert, um eine erste Diskussionsbasis zu haben. Es wurden weder alle Funktionsbereiche abgedeckt noch wurde die gesamte Funktionalität angedeutet. Erstelldauer: Wenige Stunden.

- Mit Intermedia erstellter Prototyp: Ein horizontaler Prototyp, der alle Funktionsbereiche abdeckt. Es konnte - und sollte - keinerlei Funktionalität implementiert werden. Neue Formen der Informationsdarstellung wurden getestet und Elemente des Dialogs angedeutet. Erstelldauer: 2 Wochen.

- Mit Supercard erstellter Prototyp: Ein vorwiegend horizontaler Prototyp, der aber gewisse Szenarien mittels einer Pseudofunktionalität präziser modelliert. Handlungsabfolgen können realistisch simuliert werden, Dialogelemente können optimiert werden. Erstelldauer: 8 Wochen.

- Mit ET++ und Ingres Windows 4GL erstellte Prototypen: Mit diesen Werkzeugen wurden und werden vertikale Prototypen entwickelt. Diese Prototypen verwenden Daten aus einer Datenbank und implementieren echte Funktionalität. Erstelldauer: Je nach Grösse des Prototyps mehrere Wochen bis Monate.

In jeder dieser vier Phasen werden spezifische Eigenschaften des zukünftigen Systems ausgestaltet. Leider ist uns bisher kein Werkzeug bekannt, das eine sowohl gleich gute als auch gleich schnelle Modellierung aller Aspekte erlaubt.

Bei den Prototypen, welche mit Intermedia und Supercard realisiert wurden, handelte es sich um reine Wegwerfprototypen. Die in C++/ET++, bzw. Ingres Windows 4GL implementierten Prototypen werden teilweise vom Prototyp zum Produkt weiterentwickelt und ins definitve System integriert. Das ET++ System wird hier nicht näher beschrieben, für eine Referenz siehe (Weinand, Gamma und Marty, 1988 und 1989). Für eine Beschreibung von Ingres Windows 4GL sei auf die entsprechende Dokumentation der Firma Ingres verwiesen.

In den folgenden Kapiteln sollen nun die Erfahrungen dargestellt werden, die wir im Einsatz der Hyper-Werkzeuge Intermedia und Supercard gesammelt haben. Wegen der starken Verbreitung von Hypercard präsentieren wir auch einen Vergleich zwischen Supercard und Hypercard. Alle 3 Hyper-Tools werden nur unter den für das Prototyping relevanten Aspekten beschrieben.

4. Prototyping mit Intermedia

Intermedia wurde vom Institute for Research in Information and Scholarship (IRIS) der Brown Universität, Providence Rhode Island, entwickelt. Intermedia ist ein Hypertext System, welches neben Textdokumenten auch Graphik- und andere spezialisierte Dokumenttypen unterstützt. Zwischen den Informationsblöcken in den Dokumenten können beliebige **bidirektionale Verweise (Links)** definiert werden. Durch die Aktivierung eines Linkmarkers mit der Maus wird das entsprechende Dokument geöffnet und auf dem Bildschirm angezeigt. Intermedia läuft auf Apple Macintosh unter A/UX. Eine detaillierte Beschreibung von Intermedia findet sich in (Brown University 1988; Yankelowich et al 1988). Bild 2 zeigt einen Ausschnitt aus dem KAP-92 Intermedia Prototyp .

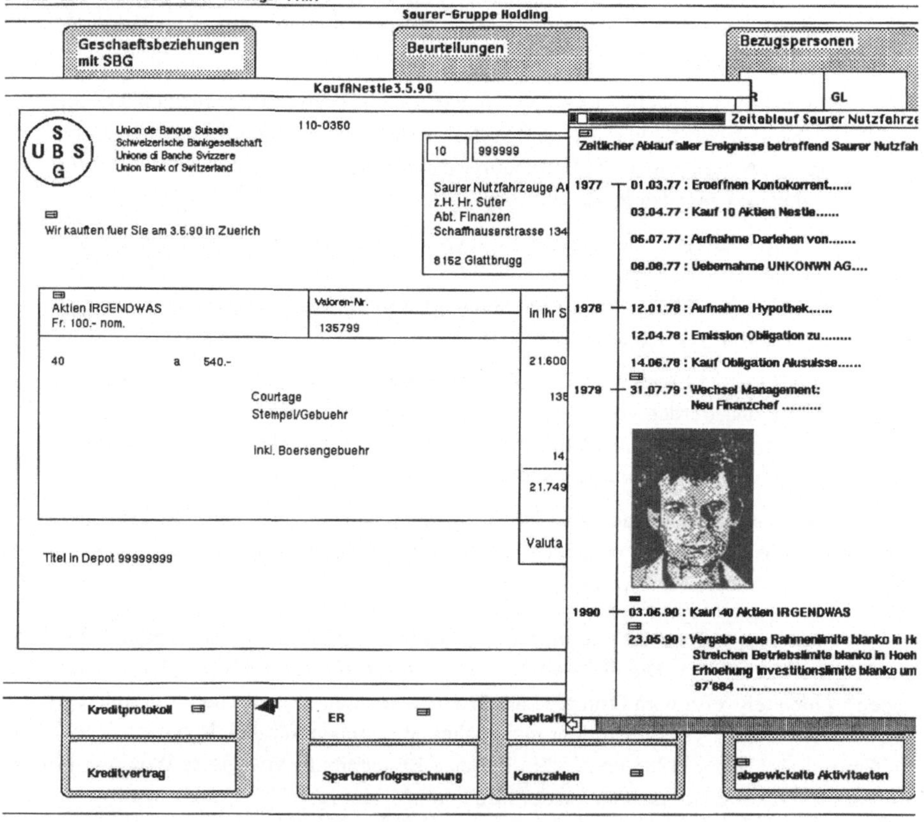

Bild 2: Ausschnitt aus dem KAP-92 Intermedia Prototyp. Es sind drei Dokumente sichtbar, rechts eine Darstellung von Ereignissen als Zeitreihe, links ein Formular und im Hintergrund ein Übersichtsdokument. Die kleinen Rechtecke mit den Pfeilen sind die standardisierten Intermedia Linkmarker

Intermedia zeichnet sich aus der Sicht des Prototyping durch folgende Eigenschaften aus:

- Jedes Dokument wird in einem eigenen Fenster angezeigt, mehrere Fenster können gleichzeitig sichtbar sein, die Grösse der Fenster ist beliebig wählbar.

- Durch die Aktivierung von Links werden Bildwechsel (=Dokumentwechsel) erzeugt. So können typische Handlungsabfolgen simuliert werden.

- Die Definition von Links ist so einfach wie "Cut und Paste". Von und zu einem Ankerpunkt (Informationsblock) können mehrere Links definiert werden. Alle Links sind bidirektional.

- Die Text- und Graphikdokumente können in der typischen Macintosh Philosophie bearbeitet und erstellt werden.

Da mit diesem Werkzeug keine Programmierung möglich ist, ist man gezwungen, sich auf die Gesamtzusammenhänge und reinen Darstellungsaspekte zu konzentrieren. Uns ging es in erster Linie darum, einen Rahmen abzustecken und so eine geeignete Ausgangslage für Diskussionen mit den späteren Benutzern zu schaffen, ohne sich dabei in diesem ersten Schritt bereits in Details zu verlieren. Zumal so auch keine Programmierfehler auftreten konnten, entfiel die Fehlersuche, die ja meist sehr zeitaufwendig ist. Dies und die einfache Definition von Links trugen dazu bei, dass mit diesem Instrument ausserordentlich schnell, mit einem Einarbeitungsaufwand von einem Tag, erste Resultate erzielt werden konnten.

In unserem Fall verwendeten wir Intermedia hauptsächlich für die Modellierung des Schreibtischoberflächen-Grundbildes, für die Ausarbeitung von Beispiel-Dokumenten und Masken und insbesondere für das Aufzeigen der Navigationsmöglichkeiten im System (Wechsel zwischen verschiedenen Dokumenten und Masken).

5. Prototyping mit Supercard

Supercard, ein Produkt der Firma Silicon Beach Software, ist eine Weiterentwicklung von Apple's Hypercard. Beide Hypermedia-Pakete bieten dem Benutzer eine relativ einfache Entwicklungsumgebung für Macintosh-Programme unter Verwendung verschiedenster Medien wie Text, Graphik, Animation und Ton an. Applikationen werden in der Scriptsprache Hypertalk, bzw. Supertalk programmiert. Eine nähere Beschreibung findet sich in folgenden Publikationen: Supercard (1989), Gookin (1989), Goodman (1988), Waite et al (1989), Mourant (1989). Hypertalk und Supertalk werden verbreitet für Prototyping eingesetzt. Als ein Beispiel siehe Hofer (1990).

Die für das Prototyping relevanten Unterschiede zwischen Hypercard und Supercard sind in Tabelle 1 zusammengefasst:

Im Projekt KAP-92 wurde Supercard zur Ausarbeitung wichtiger Details der Benutzungsoberfläche und Systemfunktionalität eingesetzt. Durch den geschickten Einsatz der Möglichkeiten von Supercard konnten mit relativ geringem Aufwand komplexe Szenarien realistisch durch den Pro-

WAS	HYPERCARD	SUPERCARD
Karten	Fixe Kartengrösse (9 " Diagonale), ausgerichtet auf den klassischen Mac Plus/SE Bildschirm. (wird in Version 2.0 geändert)	Beliebige, variable Kartengrösse. Dies erleichert das Arbeiten auf 19" Zoll Bildschirmen.
Stapel	Ein Stapel besteht aus mehreren Karten. Nur eine Karte kann gleichzeitig auf dem Bildschirm angezeigt werden. (wird in Version 2.0 geändert)	Eine Applikation besteht aus verschiedenen Fenstern. Zu jedem Fenster gehört ein Stapel. In einem Fenster kann gleichzeitig nur eine Karte des Stapels angezeigt werden.
Fenster	Fenstergrösse entspricht immer der Kartengrösse (9").	Unterschiedliche Fenstertypen werden unterstützt. Es können mehrere Fenster gleichzeitig geöffnet sein. Kartengrösse kann verschieden von der Fenstergrösse sein.
Farbe	Nicht vorhanden.	Wird gut unterstützt.
Menus	Keine eigenen Menus definierbar	Eigene Menus können erstellt werden (Pull-down, Pop-Up und Floating Palette)
Geschwindigkeit	Auf allen Mac's genügend schnell	Relativ langsam, benötigt für effizientes Arbeiten teurere Maschine (Mac IIfx)

Tabelle 1: Vergleich zwischen Hypercard und Supercard.

totyp simuliert werden. Als besonders geeignet erwies sich Supercard für die Modellierung von Dialogboxen, von Selektionsdialogen und Aktionen, die durch das Drücken von Tasten, Graphiken oder Ikonen ausgelöst werden. Es wurden auch einige echt direktmanipulative Dialogelemente mit "Drag and Drop" Mechanismus implementiert, wobei allerdings die Grenzen von Supercard erreicht wurden. Die Benutzer konnten sich aufgrund von Vorführungen ein Bild machen und den Entwicklern entsprechenden "Feedback" geben, inwieweit Darstellung, Funktionalität und Dialog ihren Bedürfnissen entsprechen. Bild 3 zeigt einen Ausschnitt des mit Supercard entwickelten KAP-92 Prototyps.

Trotz komfortablem Editor, Tracer und Debugger schnellte die Entwicklungszeit im Vergleich zum Intermedia-Prototyp in die Höhe. Die Einarbeitungszeit betrug etwa 2 Wochen statt nur einen Tag. Der Mangel einer klaren und konsequenten Syntax von Hypertalk/Supertalk, die ungenügende Dokumentation diverser Befehle sowie die Schwierigkeit, sich einen Überblick über alle unterstützten, bzw. vorhandenen Möglichkeiten zu verschaffen, erhöhten den Einarbeitungsaufwand und führten zu Fehlern und anschliessender Fehlersuche.

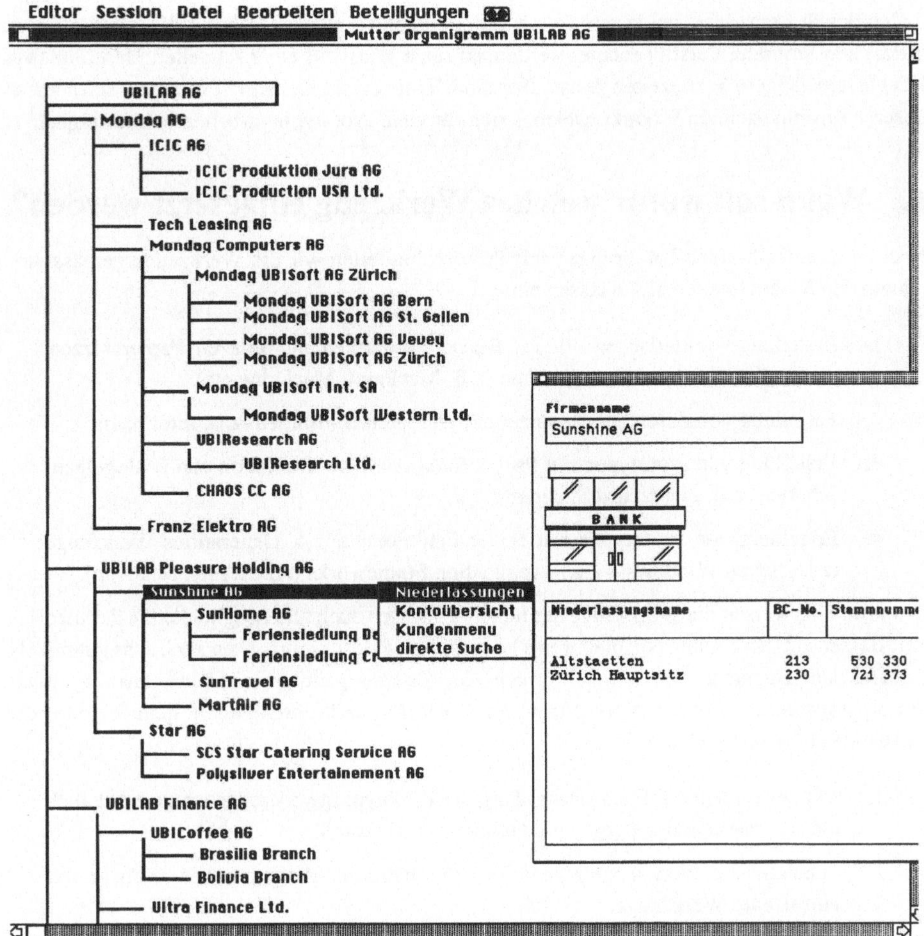

Niederlassungsname	BC-No.	Stammnummer
Altstaetten	213	530 330
Zürich Hauptsitz	230	721 373

Bild 3: Ausschnitt aus dem KAP-92 Supercard Prototyp. Es sind zwei Dokumente sichtbar. Links ist das Organigramm einer Firmengruppe dargestellt. Durch die Selektion der "Sunshine AG" erscheint ein Pop-Up-Menu, aus dem der Menupunkt "Niederlassungen" ausgewählt wurde. Dies öffnete das kleinere Fenster rechts, in dem nun, aufgrund einer simulierten Datenbankabfrage, alle Geschäftsstellen der SBG angezeigt werden, mit denen die "Sunshine AG" Geschäftsbeziehungen pflegt.

Weil die Hypertalk/Supertalk-Programme lediglich interpretiert werden, sind zwar Programmänderungen jederzeit möglich (selbst der in Supertalk geschriebene Supertalk-Editor kann abgeändert werden) und Compile-Link-Zeitverluste treten nicht auf, aber das Geschwindigkeitsverhalten des Systems lässt bei komplexeren Programmen zu wünschen übrig. Es muss auf einen effizienten Programmierstil geachtet werden, da sonst selbst auf einer schnellen Maschine (Mac IIfx) bereits längere Wartezeiten feststellbar sind. Trotz dieser kleineren Probleme ist Supercard unserer Ansicht nach ein Produkt, welches sich für viele Prototypingarbeiten bestens eignet.

6.   Wann soll wofür welches Werkzeug eingesetzt werden?

Nach unseren bisherigen Erfahrungen mit Prototyping teilen wir die Werkzeuge gemäss ihren maximalen Möglichkeiten in 4 Klassen ein:

1.   Erstellung von statischen Bildern, Bildschirmmasken und Skizzen: Papierskizzen, allgemeine Zeichnungsprogramme (z.B. MacPaint, MacDraw etc).

2.   Erstellung von durch den Benutzer aktivierbaren Bildfolgen: z.B. Intermedia

3.   Erstellung von Prototypen mit Pseudofunktionalität, Simulation von Dialogeigenschaften: z.B. Hypercard/Supercard.

4.   Erstellung von Prototypen mit echter Funktionalität: 4. Generations Werkzeuge (z.B. Ingres Windows 4 GL), Application Frameworks (z.B. ET++, MacApp)

Grundsätzlich weisen die Werkzeuge der höheren Klassen auch alle Möglichkeiten der niedrigeren Klassen auf. So können beispielsweise Layouts von Bildschirmmasken auch sehr gut mit Hypercard oder Supercard modelliert werden. Im Grunde genommen könnte man auch alle Prototypingarbeiten mit den Werkzeugen der 4. Klasse durchführen, wenn nicht folgende drei Umstände zu beachten wären:

1.   Mit zunehmendem Funktionsumfang der Prototypingwerkzeuge steigt meist auch die Komplexität der Bedienung und der Lernaufwand.

2.   Spezialisierte Werkzeuge eignen sich für bestimmte Aufgaben besser als breiter einsetzbare Werkzeuge.

3.   Die Verfügbarkeit von mehr Funktionalität in den Werkzeugen der höheren Klassen verführt den Entwickler dazu, diese auch zu gebrauchen.

Besonders der dritte Punkt verdient grösste Beachtung: Je nach Prototypingphase oder Zweck des Prototyps kann ein Mangel an Selbstdisziplin und -beschränkung des Entwicklers dazu führen, dass die Erstellung des Prototyps viel zu lange dauert, beziehungsweise im Prototyp Merkmale implementiert sind, die im entsprechenden Entwicklungsstand gar nicht von Interesse sind. Aus eigener Erfahrung wissen wir, dass Werkzeuge wie Hypercard, Supercard und auch Ingres Windows 4GL sehr verführerisch sind und den Spieltrieb fördern. Der Entwickler findet in seinem Prototyp immer etwas, was besser oder noch raffinierter gelöst werden könnte. Auch besteht die Gefahr, dass schlecht implementierte Prototypen plötzlich unkontrolliert zum eigentlichen System weiterentwickelt werden. Den Preis zahlt man dann meist in Form von hohen Wartungskosten und grosser Unzuverlässigkeit des Systems.

Es hat sich gezeigt, dass es nützlich und notwendig ist, folgende Fragen **vor** Beginn der Entwicklung eines Prototyps zu beantworten:

1. Welchen Zweck hat der Prototyp? Welche Fragen und Probleme soll er lösen? In welcher Form wird der Prototyp den Benutzern zugänglich gemacht?

2. Wie lange darf die Entwicklung maximal dauern?

3. Soll die Möglichkeit bestehen, den Prototyp zum eigentlichen System weiterzuentwickeln?

In der Tabelle 2 ist dargestellt, welche Prototypingwerkzeuge sich unserer Meinung nach für die verschiedenen Arten von Prototyping eignen.

Werkzeug / Medium **Zweck des Prototyps / Prototypingphase**	Papierskizzen, Zeichnungswerkzeuge	Intermedia, Hypercard/Supercard ohne Programmierung	Hypercard/Supercard mit Programmierung	4. Generationssprachen (Ingres Windows 4GL) Application Frameworks (ET++, MacApp)
Brainstorming, erste Entwürfe	***	***	*	
Abstecken des Gesamtrahmens, Navigation im System, (Horizontaler Prototyp)	*	***	**	
Darstellung von Information, Layouts, Bildschirmmasken, (Horizontaler Prototyp, Szenarien)	**	***	**	*
Dynamische Dialogaspekte, Pseudofunktionalität, (Szenarien)			***	**
Echte Funktionalität mit echten Daten, Weiterentwicklung zum Produkt möglich (Vertikaler Prototyp)			*	***

Tabelle 2: Zuordnung von geeigneten Werkzeugen zu Prototypingphasen.
Legende: *** = sehr gut geeignet, kein * = ungeeignet.

Werden im Laufe eines Projektes verschiedene Prototypen gemäss dieser Philosophie entwickelt, kommen zwangsläufig mehrere Werkzeuge zum Einsatz. Der Werkzeugwechsel mag zwar auf den ersten Blick lästig sein, weist aber auch einige bedeutende Vorteile auf:

- In jeder Phase kann ein wirklich geeignetes Werkzeug zum Einsatz kommen, ohne die Notwendigkeit, stets unnötigen Ballast mitzuschleppen. Bei Wegwerfprototypen muss weniger auf eine saubere Programmierung und gute Dokumentation geachtet werden.

- Erste Prototypen lassen sich schneller und billiger entwickeln und erlauben es, die Benutzer schon früh in Diskussionen einzubeziehen. Die Kommunikation zwischen Anwendern und Entwicklern wird dadurch positiv beeinflusst.

- Man ist gezwungen, gewisse Aspekte des Systems zweimal zu gestalten. Dies gibt die Möglichkeit, beim zweiten Versuch Benutzerreaktionen einzubeziehen, Verbesserungen anzubringen und neue Erkenntnisse umzusetzen.

7. Fazit

Prototyping ist nur attraktiv, wenn man relativ schnell und mit geringem Aufwand zu ersten Resultaten gelangt. Die Einfachheit der Erlernung eines Werkzeugs ist ebenso wichtig wie die problemlose, effiziente Bedienung nach der Lernphase. Kostet die Erstellung fast soviel (Zeit, Mitarbeiter, Maschinen, Geld) wie die Entwicklung des eigentlichen Systems, ist Prototyping uninteressant.

Die rasche Implementierung einiger weniger Basisfunktionen gibt Gelegenheit, diese durch den Benutzer erproben und verbessern zu lassen. Zumal es vielen Benutzern Schwierigkeiten bereitet, abstrakte Sytemspezifikationen zu verstehen und umzusetzen, bietet erst diese Vorgehensweise eine echte Diskussionsgrundlage zwischen Anwender und Entwickler und beseitigt die bestehende Kommunikationskluft.

Es lohnt sich, verschiedene Prototypingphasen, die sich durchaus zeitlich und inhaltlich überlappen dürfen, zu unterscheiden und jeweils die für die entsprechende Aufgabe adäquaten Prototypingwerkzeuge einzusetzen.

Literaturverzeichnis

Apple Computer Inc., 1987. Human Interface Guidelines: The Apple Desktop Interface.Addison-Wesley, Reading, MA

Belew R.K., Rentzepis J.,1990. Hyper Mail: Treating Electronic Mail as Literature.Conference on Office Information Systems, ACM Press

Brown University Institute for Research in Information and Scholarship,1988. IRIS Intermedia User's Guide Release 3.0. Brown University Institute for Research in Information and Scholarship, Providence, Rhode Island

Conklin. J., 1987. Hypertext: An Introduction and Survey. IEEE Computer 20.9 : 17-41

Goodman D.,1988. The Complete HyperCard Handbook. Bantam Books, New York

Gookin D., 1989. The Complete SuperCard Handbook. COMPUTE! Books, Radnor, Pennsylvania

Heeg F., Neuser R., 1988. Nutzergerechte Ausgestaltung von Software durch Prototyping - Grundlagen, Vorgehensweise, Wirtschaftlichkeitsaspekte-.VDI Verlag GmbH., Düsseldorf

Hirsch M.C.,1990.Neue Horizonte (Hypercard 2.0). Macwelt 8'90

Hofer E and Ruggiero F., 1990: Hypermedia as Communication an Prototyping Tools in the Concurrent Design of Commercial Airplane Products. INTERACT 90. D. Diaper et al (Editors). Elsevier Science Publ.

Meyrowitz N., 1986: Intermedia: The Architecture and Construction of an Object Oriented Hypermedia System and Applications Framework. In OOPSLA 86 Proc. , pp 186-201, ACM Press.

Mourant R.,1989. Designing Human Interfaces with Hypercard. In Salvedy G. and Smith M.: (eds): Designing and Using Human-Computer Interfaces and Knowledge Based Systems, Elsevier Science Publishers, Amsterdam ,

Nielsen J., 1989: Usability Engineering at a discount. In Salvedy, G. and Smith, M.: (eds): Designing and Using Human-Computer Interfaces and Knowledge Based Systems, Elsevier Science Publishers, Amsterdam , pp 394-401

Pomberger G., Bischofberger W., Keller R., Schmidt D., 1987. Prototypingorientierte Softwareentwicklung theoretische und organisatorische Aspekte Teil 1. Institut für Informatik Universität Zürich Irchel, Zürich

Waite M., Prata S., and Jones T.,1989. The Waite Group's HyperTalk Bible. Hayden Books, Indianapolis, IN

SuperCard, 1989. SuperCard: The personal software toolkit, User Manual. Silicon Beach Software Inc., San Diego

Weinand A., Gamma E., Marty R., 1988: ET++ - An Object Oriented Application Framework in C++. OOPSLA 88, Special Issue of SIGPLAN Notices, Vol. 23, No. 11.

Weinand A., Gamma E., Marty R., 1989: Design and Implementation of ET++, a Seamless Object -Oriented Application Framework; Structured Programming, Vol. 10, No. 2.

Yankelovich N., Haan B.J., Meyrowitz K., Drucker M., 1988. Intermedia: The Concept and the Construction of a Seamless Information Environment. IEEE Computer, no 1, pp 81- 96.

Josef Bösze, Doris Aschacher
Schweizerische Bankgesellschaft
Abt. UBILAB (Union Bank Informatics Laboratory)
Universitätsstr 84
Postfach
CH-8033 Zürich

Partizipative Softwareentwicklung

Harald Raum, Sabine Baronick, Dresden

Zusammenfassung

Auch die Berufsberatung orientiert sich auf computergestützte
Beratungsformen. Die Beobachtungen bei der Entwicklung eines
Programms zur Selbstinformation für Schüler boten Gelegenheit,
die Möglichkeiten und Effekte einer auf Nutzerpartizipation
beruhenden Entwicklungsstrategie zu demonstrieren. Befragungs-
und Beobachtungsdaten belegen, wie die Modifikationen des
textlichen Aufbaus und der didaktischen Struktur zu einem immer
nutzerfreundlicheren Programm führen.

1. Anliegen

Bei der Entwicklung von Software ist die Nutzerbeteiligung unerläßlich, weil ein theoretisch befriedigendes Modell fehlt, an
dem sich der Softwareentwickler über die Nutzungserfordernisse
orientieren könnte. Das betrifft besonders die aufgabenspezifi-
schen Handlungsabläufe, aber auch viele der übergreifenden
Forderungen zur Schnittstellen- und Dialoggestaltung.

Ungeachtet dessen wird die Nutzerbeteiligung von den Software-
entwicklern häufig unterschätzt und fehlverstanden. Das drückt
sich in verschiedenen Bewältigungsmustern aus, von denen die
drei folgenden (rein oder kombiniert) am häufigsten anzutreffen
sind:

- Das "Stellvertreterprinzip" läuft darauf hinaus, den tatsächlichen Programmnutzer durch Vertreter (Arbeitswissenschaftler
oder Meister) zu ersetzen und nur mit diesen zu kooperieren.

- Das "Lokalisierungsprinzip" besteht darin, die Zusammenarbeit
auf wenige Aktionen zu begrenzen. Unter Bezug auf das über-
lebte "Wasserfall-Modell der Systementwicklung" (BOEHM 1983)
und den "linearen Software-Lebens-Zyklus" (MELZER 1989) wird
der Nutzer meist nur zur "Anforderungsanalyse" herangezogen.

- Das "Mittäter-Prinzip" schließlich degradiert die Nutzerbeteiligung zu einem "psychologischen" Mittel der Akzeptanzsi-
cherung. Es kommt nur zur Scheinkooperation. Der Entwickler
hofft auf die spätere widerspruchslose Abnahme des Programms.

Das folgende Fallbeispiel soll zeigen, wie echte Nutzerbeteiligung realisiert und mit welchen Effekten gerechnet werden kann.

2. Ein Fallbeispiel

2.1. Konkreter Anlaß der Programmentwicklung

Die Berufsberatungszentren sind an Auskunftssystemen für die
Selbstinformation der Schüler über Ausbildungsmöglichkeiten und
zur Unterstützung der Arbeit der Berufsberater interessiert.
Daraus entstand der Auftrag, ein solches Programm zu entwickeln.

1. Es soll die Informationen anbieten, die für den Schüler bei
   seiner Berufswahl interessant bzw. unerläßlich sind.

2. Der Schüler soll am Ende Berufe bzw. Ausbildungsstellen angeboten erhalten, für die er sich erfolgreich bewerben kann.

3. Die Abarbeitung des Programms soll die Einsicht fördern, daß
   man sich bei der Berufwahl nicht nur von Wunschträumen, sondern auch von den realen Gegebenheiten leiten lassen sollte.

```
                    -----------
                    I  Start  I
                    -----------
                         :
                         V
      -------------------------------------
      I Sammlung/Präzisierung von:      I
      I 1. Vorstellungen der            I
      I          - Schüler              I
      I          - Eltern               I
      I          - Berufsberater        I *(- - - - - - -.
      I 2. notwendigen Daten            I               :
      I          - Gesetze              I               :
      I          - Materialien          I               :
      I          - usw.                 I               :
      -------------------------------------             :
                         :                              :
                         V                              :
      -------------------------------------             :
      I     Erstellen/Korrigieren       I               :
      I     eines Programm(entwurf)s    I               :
      -------------------------------------             :
                         :                              :
                         V                              :
      -------------------------------------             :
      I 1. Beobachtung von              I               :
      I    Schülern bei der Nutzung     I               :
      I 2. Demonstration vor            I               :
      I          - (Eltern)             I               :
      I          - Berufsberatern       I               :
      -------------------------------------             :
                         :                              :
                         V                              :
      -------------------------------------             :
      I Befragung von                   I               :
      I          - Schülern             I     ------     :
      I          - (Eltern)             I - ( Kritik ) - '
      I          - Berufsberatern       I     ------
      -------------------------------------
                         :
                      -----
                    (  o.k. )
                      -----
                         :
                         V
                    ------------
                    I Resultat I
                    ------------
```

Abb. 1:   Iterative, rückgekoppelte Verbesserung des Programms
          HAUPT durch Nutzerbeteiligung (BARONICK 1989)

Um diese Ziele zu erreichen, war es nötig, Schüler, Eltern und Berufsberater in die Erarbeitung einzubeziehen und die Nutzerfreundlichkeit des Programmes iterativ zu verbessern.

2.2. Programmerarbeitung im iterativen Prozeß

Die Programmentwicklung folgte grundsätzlich dem in Abb. 1 dargestellten Algorithmus.

Die jeweils erste Aktivität innerhalb eines Iterationszyklus betraf die Sammlung und Ordnung von Informationen, die die Datenbank enthalten sollte, und von Vorstellungen über den Dialog.

- Berufsberater, Schüler und Eltern wurden befragt, die Beschaffbarkeit der Informationen überprüft und Klassifikationsvorschläge gesammelt. Spätere Iterationen dienten der Präzisierung dieser Forderungen.

- Besonders um das "pädagogische Konzept" entbrannte der Streit und konzentrierte sich auf die Frage der "freien Wahl der Informationsabfolge". Die Berufsberater forderten, bestimmte Aspekte nicht ignorieren zu lassen (z.B. individuelle Voraussetzungen, territoriale Möglichkeiten), auch wenn der Bewerber dafür wenig Verständnis aufbringen sollte. Außerdem spielte das Problem der Textgestaltung (Formulierung und Layout von Informationen und Handlungsanweisungen) eine große Rolle.

Als nächstes erfolgte die Umsetzung in ein Programm. Der Streit um das pädagogische Konzept führte zur Variantenentwicklung:

    a) total freie, menügestützte Auswahl der Auskünfte
    b) Zwangsabfolge nach den Vorschlägen der Berufsberater oder
    c) entsprechend einer Vorsortierung durch Schüler und Eltern
    d) Kompromiß (erzwungener Anfangs- und menügestützter Hauptteil)

Erst nach der 4. Iteration fand man zur Form (d), die eine "gelenkte" Suche mit der Wahlmöglichkeit verband.

Merkmal/Item	2. Etappe	3. Etappe	4. Etappe	5. Etappe
1. STRATEGISCHES KONZEPT (Variantenangebot)	– 1 Menü	* 3 Menü Abfolge BB Abfolge Sch	– 3 Menü Abfolge BB Abfolge Sch	* 1 Kombination von fixiertem Start u. Menü
2. INHALT/VOLUMEN	– 20 Berufe	* 80 Berufe	* 165 Berufe	– 165 Berufe
3. VERBALISIERUNG				
– Texte	– Urform	* verbessert	* verbessert	* verbessert
– Schlußinstruktion	– Urform	– Urform	* erweitert	* präzisiert
KATEGORISIERUNG				
– Berufsrichtungen	– 29 Klassen	* 17 Klassen	– 17 Klassen	* 17 Kl (+Hilfen)
– Spezialis-Richtgn.	– als Ausbild.-besonderheit	– als Ausbild.-besonderheit	– als Ausbild.-besonderheit	* als Abschluß-information
TEXTANORDNUNG				
– Berufsrichtungen	– mehrspaltig	* einspaltig	– einspaltig	– einspaltig
– Lstgsvoraussetzgn	– 1 BS-Seite	– 1 BS-Seite	* 2 BS-Seiten	– 2 BS-Seiten
4. HILFEN				
– Berufsrichtungen	– ohne	– ohne	– ohne	* Entschdgs-Hilfe
– Lehrstellenangebot	– ohne	– ohne	* mit einfacher	* mit Hilfs-Seite
5. EINGABEMODUS				
– Antwortkundgabe	– "Ja"/"Nein"	– "Ja"/"Nein"	* teils "J"/"N"	* Markierung
– Eingabekontrolle	– ohne	– ohne	* realisiert	– realisiert
– Eingabenabforderung	– ungleichmäßig	– ungleichmäßig	* gleichmäßig	– gleichmäßig
– Eingabeabschluß	– erforderlich	– erforderlich	* selbsttätig	– selbsttätig
– Interpreterkommandos	– bei Fehlern	– bei Fehlern	* ausgeschaltet	– ausgeschaltet

Tabelle 1: Übersicht über die wichtigsten Veränderungen am Programmpaket im Verlaufe der iterativen Prozedur der Programmentwicklung (BB = Berufsberater, BS = Bildschirm, Sch = Schüler) (ausgelassen: Programmtechnische Verbesserungen wie Dateisicherung, Rollbild u.ä.)

Das Programm wurde nun Schülern, Eltern und Berufsberatern zur
ungebundenen verbalen Beurteilung vorgestellt und an Schülern
praktisch erprobt. Die Erprobung erfolgte ab zweitem Iterationszyklus (1987 bis 1989) unter quasiexperimentellen Bedingungen an
188 Schülern der Klassenstufen 7, 8 und 9 im Rahmen von studen-
tischen Praktika und Diplomarbeiten. Die Gruppen bildeten "an-
fallende Stichproben", wurden aber pro Alterstufe nach Noten-
durchschnitt, Konzentrationsfähigkeit, Computererfahrung und
Geschlechterverteilung kontrolliert.

Beobachtet bzw. erfaßt wurden:

- Ungewollte Pragrammabbrüche ("Absturz")
- Fehleingaben
- Rückfragen / Bemerkungen
        - bezüglich der Instruktionstexte
        - zu Einzelaussagen (Items)
        - im Anschluß an Fehleingaben
- Lesezeiten pro Ausgabeeinheit
- Selbstaussagen über sachliche Schwierigkeiten bei der
  Abarbeitung des Programms (z.B. bei der Angabe von
  Tauglichkeitseinschränkungen des Bewerbers)
- Allgemeine Werturteile und Hinweise zum Programm

Die Befragungen und Beobachtungen führten dann zu der Entscheidung über eine neuerliche Iteration (Kritik) oder den Abschluß
der Softwareentwicklung. Im vorliegenden Beispiel waren 5 Ite-
rationszyklen erforderlich, ehe ein akzeptiertes Entwicklungs-
ergebnis vorlag.

2.3. Ergebnisse der Nutzerbeteiligung

2.3.1. Veränderungen am Programm

Wenn man die in Tab.1 aufgelisteten Veränderungen am Programm
zusammenfaßt, gelangt man zu einer quantitativen Bilanz der
durch Nutzerbeteiligung erzielten Effekte (Tab. 2).

| | Etappe | | | | |
Veränderungen	2	3	4	5	gesamt
Strategisches Konzept	1	1		1 (1)	3 (1)
Textgestaltung/Formulierungen	6	3	3 (1)	4 (3)	16 (4)
Einfügen von Hilfen			1	2 (1)	3 (1)
Eingabemodus	4		5	1 (1)	10 (1)
Gesamt	11	4	9 (1)	8 (6)	32 (7)

Tab.2: Übersicht über die Anzahl und Zielrichtung von Verände-
rungen während der Programmentwicklung (vgl. Tab 1)
( ) = Wiederholte Änderungen
Formulierungsänderungen an Instruktionen und Texten sind
nur global berücksichtigt.
Volumenänderungen des Datenpools sind weggelassen

Es wird deutlich, daß sich neben den Formulierungspräzisierungen
das gros der programmtechnischen Änderungen auf die allgemeine
Form des Programmaufbaus (Konzept, Hilfen), die Dialogführung
(Eingabemodus) und die Art und Weise der Strukturierung des Da-
tenangebots (Textgestaltung) bezog.

Es zeigt sich auch, daß in 7 der 32 erreichten Änderungen erst
mehrere Versuche zum gewünschten Ergebnis führten. Hauptgrund
dafür war die Wandlung der Nutzervorstellungen, nicht deren
unvollkommene Umsetzung durch den Softwareentwickler.

Interessant ist, daß sich entgegen landläufiger Erwartungen von
Iteration zu Iteration kein deutlicher Trend zur Verminderung
der Veränderungsanzahlen ergibt. Das unterstreicht die bleibende
Bedeutsamkeit der Nutzerbeteiligung über den gesamten Entwick-
lungszeitraum hinweg.

2.3.2. Die Wirksamkeit der Programmänderungen

Die durch Nutzerbeteiligung erreichten Programmänderungen sind
erst dann wirklich zu begrüßen, wenn sich ihr Nutzen auch "hart"
nachweisen läßt. Eine höhere Zufriedenheit der Beteiligten stei-
gert zwar die aktuelle Akzeptanz, ist aber eine "vergängliche"
Größe und kann deshalb nicht alleiniger Maßstab für die Sinn-
fälligkeit der Programmänderungen sein.

Hier sollen die Verständlichkeit der Informationen und die Hand-
habbarkeit (Fehlerrobustheit, Selbsterklärungsfähigkeit) des
Programms durch den Schüler exemplarisch herausgegriffen und
deren Verbesserungen anhand der Beobachtungsdaten gezeigt
werden.

Diese Daten belegen:

Die Verständlichkeit der Instruktionen und des (textlichen) Informationsangebots hat sich verbessert (Tab. 3). Rückfragen und
Fehlhandlungen werden seltener. Rückfragen zu den Instruktions-
texten tragen mehr und mehr nur noch rückversichernden
Charakter.

	3. Etappe	4.Etappe	5.Etappe
Instruktionsrückfragen/Vp davon:	2,2	1,2	1,9
- Rückversicherungen %	21,4	33,8	42,6
- Mißverständnisse %	78,6	66,2	57,4
Itemrückfragen/Vp	0,9	0,8	0,3
Fehlhandlungen/Vp	1,8	0,8	0,3

Tab. 3: Veränderung der Rückfragebedürfnisse und der Fehlhandlungen der Schüler von Entwicklungsetappe 3 zu 5

Verständlichkeitsgewinne sind streng genommen nur auf die Gesamtheit aller zwischenzeitlichen Programmänderungen zurückzuführen. Trotzdem kann man am Beispiel der Textänderungen verdeutlichen, worauf die Nutzer besonderen Wert legten. Sie
achteten auf die Anzahl und die Wahl der Worte. Je knapper und
treffender eine Information formuliert werden konnte, um so
größer war die Chance, daß sie von den Schülern auch verstanden
wird. Tab. 4 zeigt das anhand der Lesezeiten.

	3. Etappe		4. Etappe		5. Etappe	
Bildschirmseite	Silbenanzahl	Lesezeit	Silbenanzahl	Lesezeit	Silbenanzahl	Lesezeit
	n	n/sec	n	n/sec	n	n/sec
höchste Silbenanzahl	291	3,0	262	4,0	188	4,4
beste Lesbarkeit	153	3,5	186	5,6	135	5,8
kleinste Silbenzahl	70	2,3	54	3,3	68	4,4
schlechteste Lesbkt	79	1,0	80	3,2	140	3,1
Mittelwert	127	2,3	137	4,2	130	4,2
Streuung	65	0,7	59	0,9	32	0,9
Streuung %	51	32	43	22	24	22

Tab. 4: Silbenanzahl (Silben/Bildschirmseite) und Lesegeschwindigkeit (Silben/Sekunde) für ausgewählte
Bildschirmseiten der Programmvarianten der
Entwicklungsetappen 3 bis 5

Man erkennt, wie von Etappe zu Etappe trotz etwa gleicher
mittlerer Silbenanzahl/Bildschirmseite, aber ausgeglichenerer
Packungsdichte die Lesegeschwindigkeiten wachsen und sich
gleichmäßiger verteilen (Streuungen!).

3. Schlußfolgerungen und Nachbemerkungen

Das Fallbeispiel zeigt einerseits die Nützlichkeit der Nutzerbeteiligung im Softwareentwicklungsprozeß, macht aber auch auf
einige Probleme aufmerksam, die die eingangs beschriebenen Vorbehalte der Softwareentwickler nachvollziehbar machen.

1. Durch Nutzerbeteiligung werden nicht nur Zufriedenheitsge-
   winne erzielt. Nutzerbeteiligung führt auch zu solchen
   Programmveränderungen, die sich in "harten" Leistungsdaten
   niederschlagen. Die Nutzer verfolgen dabei intuitiv Gestal-
   tungsgrundsätze, die zwar theoretisch aus der Literatur bekannt sind, sich aber kaum ad hoc umsetzen lassen.

2. Es zeigte sich, daß "Nutzer" ein Sammelbegriff für durchaus
   unterschiedliche Interessentengruppen sein kann, zwischen
   denen ein Kompromiß herbeigeführt werden muß. Hier könnten
   Gruppenprozeduren hilfreich sein. Der Softwareentwickler
   geriete jedoch in die Rolle eines Moderators oder gar in
   Interessenkonflikte (er soll die Forderungen der Gruppe ja
   umsetzen!) und könnte dadurch überfordert sein.

3. Nutzerwünsche unterliegen selbst Wandlungen im Prozeß der
   Befassung mit der entstehenden Software. Diese Dynamik mag
   zum Teil in der Inkonstanz der Bedürfnisse selbst begründet
   sein, ist aber wohl zuerst der tatsächlichen Umgangserfahrung
   geschuldet, die der Nutzer mit den (Zwischen-)Ergebnissen der
   Umsetzung seiner Wünsche macht. Es ist deshalb eine Illusion,
   Nutzerbeteiligung auf einmalige Vorbefragungen und Problem-
   diskussionen in der Phase der Aufgabenanalyse und des Erstel-
   lens eines Forderungskatalogs an das Endprodukt beschränken
   zu wollen. Auch der Nutzer braucht den Umgang mit Zwischenre-
   sultaten, um sich kompetent einbringen zu können.

4. Die Effektivität der Nutzerbeteiligung scheint von der Systematik der projektbegleitenden Zwischenauswertungen abhängig
   zu sein. Der Aufwand dafür gerät in die Nähe von Felduntersuchungen und macht die Mitarbeit z.B. eines Arbeitswissen-

schaftlers wünschenswert. Er könnte auch als Moderator
wirksam werden und damit den Softwareentwickler entlasten.

5. Schließlich muß darauf verwiesen werden, daß die Geduld und
   Verfügbarkeit von Nutzern für partizipative Prozeduren nicht
   stillschweigend angenommen werden kann. Der Untersucher war
   zu großen Teilen seiner Zeit damit beschäftigt, Testpersonen
   zu gewinnen und Gesprächspartner zusammenzuführen. Die
   Vermittlung von Einsichten in die Nützlichkeit der Partizipation sollte sich daher nicht einseitig auf den Entwickler
   konzentrieren. Auch dem Nutzer sollte klar sein, daß partizi-
   patives Design wichtig, zeitraubend und arbeitsintensiv ist.

Literaturverzeichnis

Baronick, S. (1989). Erprobung einer Methodik zur Softwaregestaltung. Fo.-ber., TU Dresden, WB Psychologie

Boehm, B. W.(1984). Seven Basic Principles of Software
   Engineering. Journ. Systems and Software, Heft 3

Melzer, W. (1989). User Participation in Software Design –
   Problems and Recommendations.
   In: Teikari, V.; Hacker, W.; Vartiainen, M. (ed.):
   Psychological Task Analysis, Design, and Training in
   Computerized Technologies.
   Otaniemi (Finnl.), Rep. No. 113, S. 109 - 120

Prof. Dr.sc. nat.Harald Raum, Dipl.-Psych. Sabine Baronick
Technische Universität Dresden
Fakultät für Naturwissenschaften und Mathematik
Abteilung Human- und Biowissenschaften
Institut für Psychologie
Mommsenstr.13
O-8027 Dresden

Integration software-ergonomischer Forschungsergebnisse in die betriebliche Software-Entwicklung

Erfahrungen, Strategien, Potentiale und Probleme

Edmund Eberleh, Walldorf

mit Beiträgen von U. Arend, C. Kasten, T. Strothotte und J. Ziegler

Zusammenfassung

Seit mehr als einem Jahrzehnt findet mittlerweile Forschung zur Software-Ergonomie statt. Die Ergebnisse dieser Bemühungen sind in einer Fülle von Veröffentlichungen und Experimental-systemen dokumentiert. Die meisten Benutzer müssen jedoch zwangsläufig mit *der* Software arbeiten, die von den Softwarehäusern entwickelt wird und auf dem Markt tatsächlich verfügbar ist. In diesem Sinne sind betriebliche Softwareentwickler die (oftmals unfreiwilligen) Vermittler und Umsetzer der software-ergonomischen Forschungsergebnisse. Die hehren Ziele der benutzergerechten und aufgabenangemessenen Softwaregestaltung sind nur insoweit tatsächlich realisiert, als sie sich auch in kommerziellen Softwareprodukten niederschlagen. Hier existieren jedoch eine Reihe von Barrieren zwischen Forschung und Entwicklung, die diesen wünschenswerten Ergebnistransfer hemmen (können). Nach einer kurzen Skizzierung dieser Barrieren werden in vier Beiträgen Erfahrungen und Lösungsstrategien zu diesem Problemkreis diskutiert.

1. Problemlage

Schauen wir zur Einstimmung in die Thematik einmal einer Kollegin bei ihrer Arbeit über die Schulter: Frau Hilfreich ist Mitarbeiterin in einem Softwarehaus im Bereich Software-Ergonomie. Sie arbeitet in einem Entwicklungsteam mit, welches ein bestehendes Programm für eine neue Version grundlegend überarbeitet. Frau Hilfreich hat dadurch die Möglichkeit, eine Reihe ergonomischer Verbesserungen in das neue Produkt einzubringen. Auch die Entwickler legen viel Wert auf eine verbesserte Benutzbarkeit der Software.

Als Grundlage der Neugestaltung dienen Designrichtlinien eines führenden Computerherstellers und bereits bestehende Standards der Oberflächengestaltung. Frau Hilfreich führt darüberhinaus eine Benutzer- und Aufgabenanalyse durch. Sie verwendet dazu standardisierte und validierte Verfahren aus der Literatur. Die Ergebnisse der Analysen führen im Rahmen der vorgegebenen Gestaltungsrichtlinien zur Entwicklung eines ersten Prototypen, der von einigen potentiellen Benutzern oder Pilotkunden beurteilt wird. Für die dabei identifizierten Problembereiche schaut Frau Hilfreich in der Fachliteratur nach Lösungen nach und diskutiert sie informell mit einigen Kollegen aus der Hochschule und von Forschungsgesellschaften. Ihre so entstandenen Vorschläge zur Verbesserung des Prototypen diskutiert sie anschließend mit den übrigen Mitgliedern des

Entwicklungsteams. Ein von ihnen nicht lösbares bzw. bearbeitbares Problem wird als Auftrag an eine Forschungsinstitution abgegeben. Zusammen mit den weiteren Ergebnissen des Protoypings fließen diese Lösungen in die vorläufig letzte Version des neuen Produkts ein. Es wird abschließend mit einem standardisierten Evaluationsverfahren auf Einhaltung der zentralen software-ergonomischen DIN-Kriterien geprüft.

So etwa könnte die Entwicklung eines Software-Produktes unter Berücksichtigung aktueller software-ergonomischer Erkenntnisse aussehen (vgl. Schmidt, 1990). In der Praxis wird dieser Idealablauf allerdings nur mit Abstrichen realisiert werden können (vgl. Aschersleben & Zang-Scheucher, 1989).

In diesem Papier bzw. in der Diskussiongruppe sollen Erfahrungen und Strategien von Software-Ergonomen aus Forschung und Entwicklung ausgetauscht werden und Potentiale und Probleme der Integration software-ergonomischer Forschungsergebnisse in die betriebliche Softwareentwicklung diskutiert werden. Ziel und Hoffnung hierbei ist, frühere Mißerfolge und Sackgassen zukünftig zu vermeiden und Strategien zu ermitteln, die das Wissen um eine benutzergerechte Softwaregestaltung direkter und schneller in der in der Arbeitswelt benutzten Software abzubilden erlauben.

Zur Identifikation und Systematisierung möglicher Hemmnisse und Problembereiche sei die Entwicklung eines Software-Produktes grob und idealtypisch in verschiedene Phasen aufgeteilt: Eine theoretische Forschungsphase (I) und eine praktische Entwicklungsphase (II). Innerhalb beider Phasen lassen sich weitere Teilphasen identifizieren:

I Forschung	1 Fragestellung
	2 Lösung
II Entwicklung	3 Kenntnisnahme der Lösung
	4 Berücksichtigung in Entwicklung
	5 Produkt

Eine optimale Berücksichtigung software-ergonomischer Forschungsergebnisse bedingt einen vollständigen und schnellen Informationsfluß von Teilphase 1 zu Teilphase 5 (und von dort zurück zu Teilphase 1). Sowohl zwischen der Forschungs- und Entwicklungsphase als auch zwischen den einzelnen Teilphasen können jedoch Barrieren bestehen, die den Informationsfluß behindern.

2. Barrieren bei der Integration software-ergonomischer Erkenntnisse

Barrieren zwischen den Hauptphasen Forschung und Entwicklung

1. Die Fragestellungen und Lösungen sind für das Produkt irrelevant (Teilphase 1# Teilphase 5).

2. Das Produkt berücksichtigt nicht die relevanten Lösungen oder Anforderungen (5#1).

3. Die Lösungen werden nicht zur Kenntnis genommen bzw. sind (noch) nicht bekannt und
   zugänglich (2#3).

Barrieren zwischen Teilphasen innerhalb der einzelnen Hauptphasen

4. Die Problemlösung ist zeitlich und/oder personell so aufwendig, daß in absehbarer Zeit keine
   praktisch verwendbare Lösung zu erwarten ist (1#2).

5. Bekannte Problemlösungen werden bei der Produktentwicklung nicht berücksichtigt (3#4).

6. Bei alternativen Produktprototypen wird gegen eine benutzergerechte Version entschieden
   (4#5).

Beispielhafte Konkretisierung der einzelnen Barrieretypen

1a. Die Hochschulforschung ist für die betriebliche Softwareentwicklung irrelevant. Es besteht
    mangelnde Generalisierbarkeit und Übertragbarkeit der Forschungsergebnisse auf
    Anwendungsprobleme (vgl. Grünupp & Muthig, 1990). Die Fragestellungen sind oft nur auf
    wissenschaftlichen Kontext beschränkt (z.B. nur Bürosoftware oder wissenschaftliche
    Anwendungen).Die Forschung bearbeitet Probleme, die für die Praxis erst in Jahren relevant
    werden.
    Die Hochschule kennt die betrieblichen Probleme nicht.
    Die Hochschule ist oft mehr an Grundlagenforschung interessiert. Auftragsforschung ist oft nur
    Mittel zur Geldbeschaffung.
    Zu allgemeine Lösungen, wie bei einer Reihe software-ergonomischer Checklisten. Das Problem
    steckt jedoch oft im Detail.

1b. Die zentrale Ergonomie-Abteilung eines Softwarehauses bearbeitet Fragestellungen, die für die
    Entwicklungsabteilungen irrelevant sind.

2. Die Betriebe, für die Software entwickelt wird, haben nicht die neueste Technologie bzw.
   Hardware. Bei der Software-Entwicklung für diese ältere Hardware können
   Forschungsergebnisse, die oft von neuester Hardware ausgehen, nicht angewendet werden.

3. Die Industrie ist aus dem "Verteiler" der Hochschulinformationen ausgeschlossen, nicht in deren
   Kommunikationskanäle integriert.
   Lösungen werden so theoretisch-abstrakt formuliert, daß sie nur schwer von Praktikern mit
   länger zurückliegender (Hochschul-) Ausbildung verfolgt werden können.
   Praktiker haben wenig Zeit für intensives und kontinuierliches Literaturstudium. Lohnt sich der
   Aufwand der kontinuierlichen Weiterbildung in der wissenschaftlichen Fachliteratur?

4. Im Labor theoretisch mögliche Lösungen werden in realistischen Anwendungsgebieten oft nicht
   mehr mit vertretbaren Zeit-und Kostenaufwand handhabbar (z.B. GOMS-Modellierung)

5. Der Entwicklungsprozeß ist so dynamisch, daß eine systematische und fundierte Anwendung und
   Übertragung der prinzipiell bekannten Methoden und Ergebnisse nicht möglich ist. Schnelle

Lösungen sind gefragt.

Vorschläge aus dem eigenen Hause werden nicht so gewichtet wie von externen Institutionen (Motto: der Prophet gilt nichts im eigenen Lande). Eine software-ergonomische Stabsabteilung schafft Distanz zu Entwicklern, ist oft aber nötig um Entwicklung im Überblick zu koordinieren und komplexe Produkte konsistent zu gestalten.

Kommunikationsschwierigkeiten und Konkurrenz zwischen Personen verschiedener Fachdisziplinien und Organisationshierchien.

6. Eine zu kurz gegriffene Kosten-Nutzen Rechnung führt zur Ablehnung eines vorerst aufwendiger zu entwickelnden Software-Produktes. Die später entstehenden Kosten durch mangelnde Akzeptanz, Motivation, Krankheit und Verkaufsrückgang werden nicht mit einbezogen.

3. Einige Themenkreise, die auf dieser Grundlage diskutiert werden könnten:

- Gibt es aufgrund der Erfahrungen bestimmte häufig auftretende Barrieren? Gibt es besonders schwerwiegende Barrieren? Wie wurden diese Probleme bisher von den einzelnen bearbeitet oder gelöst? Lassen sich gewisse Problemlösestrategien identifizieren ?

- Haben wir einen Stand der software-ergonomischen Erkenntnisse erreicht, ab dem anwendungsbezogene Forschung nicht mehr so wichtig ist, da es bereits eine Reihe von Richtlinien und Normen gibt ? Bleibt nur noch eine gewisse Konkretisierung von kontextspezifischen Detailfragen übrig? Kann (muß) jedes Softwarehaus seine eigenen Probleme lösen?

- Ist das eigentlich benötigte Wissen vielleicht mehr ein implizites Designwissen (vgl. Carroll, 1989)? Bilden die Hochschulen dafür aus? Wie kann man dieses Wissen erwerben?

- Können allgemeine Designregeln formuliert werden, oder ist die Wirkung einer Oberfläche so sehr von Wechselwirkungen mit anderen Gestaltungsfaktoren abhängig, daß sowieso der konkrete Einzelfall untersucht werden muß?

- Wie ist das Verhältnis Hochschule-Hersteller: Soll die Hochschule überhaupt anwendungsrelevante, betriebliche Probleme lösen? Sind Hersteller überhaupt an Hochschul-Forschung interessiert? Probleme bei Aufträgen an Hochschule und Forschungsinstitutionen: Die wissenschaftlichen Mitarbeiter müssen sich in die oft komplexe Funktionalität einarbeiten, kennen interne sachliche und personelle Randbedingungen des Software-Hauses nicht.

- Verhältnis Staat-Wirtschaft: Was wird von öffentlichen Mitteln gefördert ? Nur die Forschung und Problemlösung oder auch die Umsetzung der Lösung in ein Produkt?

In den folgenden vier Beiträge (in alphabetischer Folge) wird dieser Fragenkomplex diskutiert von einem in einem Softwarehaus tätigen Software-Ergonomen, von einem Vertreter des BMFT-Programms Arbeit und Technik, einem Hochschulangehörigen sowie einem Mitarbeiter eines angewandt arbeitenden Forschungsinstituts.

Udo Arend, SAP AG, Walldorf

1. Software-Ergonomie innerhalb der SAP AG

Zur Zeit umfaßt die Software-Ergonomiegruppe bei der SAP AG sieben Ergonomen, die sich interdisziplinär zusammensetzen (Informatiker, Psychologen und eine Betriebswirtin). Basis für die Arbeit der Software-Ergonomiegruppe stellt die Entscheidung der Firmenleitung dar, bei der Weiterentwicklung des R/2-Systems für die Gestaltung der Bedienoberfläche die CUA-Richtlinien der IBM (Common User Access) zu verwirklichen.
Zu den Aufgaben der Ergonomiegruppe gehören die Beratung der Anwendungsentwickler bei der Oberflächengestaltung und die Erstellung von SAP-Standards zur Oberflächengestaltung. Einen breiten Raum der täglichen Arbeit nimmt die Beratung der Anwendungsentwickler und die Koordinierung der unterschiedlichen Anwendungsbereiche ein. Dabei zeigt sich, daß sich die größten Fortschritte in der Entwicklung der Bedienoberfläche dann ergeben, wenn Ergonom und Entwickler gemeinsam Konzepte entwickeln und realisieren. Die speziell entwickelten Normen bilden dabei den Rahmen, der eine Vereinheitlichung der Bedienoberfläche fördert.

Herausfordernde Randbedingungen bei der konzeptionellen Gestaltung der SAP-Software durch die Software-Ergonomie sind:
a) Die SAP-Software ist ein funktional sehr mächtiges, vollständig aus verschiedenen Modulen integriertes Softwareprodukt, das den gesamten betriebswirtschaftlichen Bereich abdeckt. Die Komplexität des Systems und die herausragende Bedeutung der Interaktion über Folgen von Bildschirmmasken erlaubt jedoch keine einfache Übertragung der CUA-Richtlinien. Dazu kommt, daß die SAP-Software sowohl auf Großrechnern mit "dummen" Terminals als auch auf Workstations (UNIX-Welt) und PCs (OS/2) mit graphikfähigen Terminals ablauffähig sein muß.
b) Komplexe betriebswirtschaftliche Abläufe müssen in eine funktional angepaßte Ablaufstruktur umgesetzt werden. Dazu ist eine genaue Kenntnis von typischen Arbeitsplätzen und deren Anforderungen in der Industrie erforderlich. Je nach Industriebranche und Größe des Betriebes, aber auch innerhalb eines Betriebes unterscheiden sich Arbeitsplätze mit ähnlichen Aufgaben jedoch beträchtlich hinsichtlich ihrer Anforderungen an die Funktionalität des Systems.

2. Forderungen der betrieblichen Ergonomie

Da zeitaufwendige Untersuchungen sowohl bei den Endanwendern (z.B. Aufgabenanalysen, Arbeitsplatzanalysen, Beobachtungen usw.) als auch aufwendiges Rapid Prototyping oder zeitverschlingende Evaluationsstudien im Haus nur eingeschränkt möglich sind, müßte der Input über diese Themenbereiche auf eine andere Weise erfolgen. Es existieren zwar diverse "Guidelines", diese sind jedoch entweder viel zu allgemein, so daß keine Designentscheidungen ableitbar sind, oder so spezifisch, daß sie für den genannten Problembereich nicht einsetzbar sind (z.B. ein Kompendium zu "Human Perception and Performance"). Handbücher - ähnlich wie in den Ingenieurwissenschaften - die entweder eine "harte" Entwurfsmethodik beinhalten oder wenigstens Wissen über bestimmte Themenbereiche (z.B. betriebswirtschaftliche Arbeitsabläufe, Arbeitsplatzbeschreibungen) katalogartig verfügbar machen, fehlen.

Die Methodik zur systematischen Aufgabenmodellierung bevor mit der Entwicklung begonnen wird, als auch "Toolbaukästen", die Usability Tests in einer schnellen standardisierten Form ermöglichten, sind nicht ausreichend entwickelt. Tools zum Rapid Prototyping existieren zwar, die damit entwickelten Programme sind aber nicht auf die SAP-Welt überführbar. Zudem erlauben solche Tools nicht die Definition eigener Oberflächenkonstrukte, sondern geben vorgefertigte Konstrukte vor.

So bleibt der Ergonom in der Praxis faktisch auf sein akademisch erworbenes ergonomisches Wissen und seine eigene Erfahrung beim Softwareentwurf bzw. im Umgang mit Anwendern angewiesen. Hat T. Winograd (Vortrag auf der CHI'90-Conference) also Recht, wenn er von Softwaregestaltung als einer "Designwissenschaft" ähnlich wie der Architektur spricht?

3. Barrieren zwischen Hochschule und Industriepraxis

Ich möchte bestehende Barrieren zwischen Hochschule und Praxis als Thesen formulieren:

These 1: Die Hochschulforschung kümmert sich nicht um Belange, die aus der Praxis kommen. Es wird immer noch über Texteditoren geforscht, obwohl diese im gesamten Softwaremarkt nur eine untergeordnete Rolle spielen.

These 2: Ergebnisse der Hochschulforschung sind oft so "akademisch", daß sie nicht auf praktische Anforderungen übertragbar sind, oder diese auch gar nicht berücksichtigen.

These 3: Methodenentwicklungen innerhalb der Hochschule erlangen oftmals nur Prototypencharakter. Direkt einsetzbare Methoden (als Toolkits ähnlich wie psychologische Tests) fehlen.

These 4: Die Anforderungen praktischer Softwareentwicklung sind um ein vielfaches komplexer als die im Forschungsbereich untersuchten Probleme. Beispielsweise werden Anforderungen, die durch Industriearbeitsplätze gestellt werden (z.B. Massenerfassung von Belegen), nicht berücksichtigt.

These 5: Die Forschung kümmert sich nicht darum, wie softwareergonomisches Arbeiten erfolgreich unter industriellen Bedingungen erfolgen kann. Dazu gehörten beispielsweise Strategien zur Beratung von Softwareentwicklern oder auch Szenarien zur Entscheidung über grundsätzliche Designalternativen (costs and benefits).

C. Kasten, DLR PT-AUG, Bonn

Beiträge des Programms Arbeit und Technik zur Verbesserung der Softwareentwicklung

Die benutzungs- und aufgabengerechte Ausgestaltung von Softwaresystemen ist von vielfältigen Voraussetzungen und Einflußfaktoren des Herstellungprozesses abhängig. Über ihr Wirkungsgefüge und Opimierungsmöglichkeiten liegen bisher wenige Erkenntnisse vor. Im Rahmen des Programms Arbeit und Technik des BMFT werden Forschungen und Entwicklungen zur Verbesserung der Softwareentwicklung gefördert. Als zentrale Aspekte, die es in Vorhaben zu erhellen gilt, haben sich aus der Sicht des Programms vor allem folgende herausgestellt:

1. Der Nachweis der Wirtschaftlichkeit der Entwicklung benutzungs- und aufgabengerechter Software ist unter Einbeziehung der Phase der Benutzung und Pflege zu erbringen. Damit lassen sich ggf. die Kostenrestriktionen für den Entwicklungsprozeß, die sich aus einem verengten Wirtschaftlichkeitsverständnis ergeben, aufbrechen.

2. Unterschiedliche Software-Entwicklungsansätze (z. B. objektorientierte, prozeßorientierte und Prototyping Ansätze versus z. B. produktorientierte Ansätze) sind hinsichtlich ihrer Beiträge zur verbesserten Software-Gestaltung vergleichend zu bewerten und auszubauen.

3. Für die benutzungs- und aufgabenbezogene Ausdifferenzierung und Flexibilisierung der Software sind Systemkonzepte und Verfahren einer benutzerseitigen Anwendungsanpassung weiter zu entwickeln.

4. Arbeits- und Betriebsorganisation von Softwarehäusern bzw. Herstellern bedürfen der Überprüfung, inwieweit sie genügend Raum für ganzheitliche anwendungs- und benutzungsbezogene Entwicklungsprozesse bieten. Es mangelt an zukunftsgerichteten ausgereiften organisatorischen Alternativen zu arbeitsteiliger Entwicklungspraxis, die auch eine verbesserte Qualitätskontrolle mit einschließen.

5. Die Ausgestaltung von Entwicklungswerkzeugen muß sich an Formen kooperativer wie auch benutzerorientierter Entwicklungsarbeit ausrichten und darf die Kreativität der Entwickler nicht einschränken. CASE kann auch für notwendige tutorielle Unterstützung genutzt werden.

6. Neben der Weiterentwicklung software-ergonomischer Gestaltungskriterien, insbesondere auf dem Gebiet der Anforderungen aus arbeitsorganisatorischer Sicht - z. B. bezüglich kooperativer Arbeit - und ihrer Differenzierung für bestimmte Bereiche und Branchen sind für die Entwicklungspraxis Vorgehensweisen und Verfahren zur Optimierung unterschiedlicher, zum Teil auch widersprüchlicher Benutzungs- und Entwicklungskriterien von Bedeutung.

7. Es mangelt an Weiterbildungscurricula und -Organisation zur Umsetzung neuer Methoden, Verfahren und Instrumente des Software-Engineering wie auch zur Vermittlung von Erfahrungswissen zur Technikanwendung und Organisationsgestaltung, differenziert nach Branchen und Bereichen.

8. Die Möglichkeiten neuer Ansätze der Ausbildung von Softwareentwicklern, wie z. B. ein neues Berufsbild Informatiker/Softwareergonom, sind in die Überlegungen zur Umsetzung von Software-Ergonomie einzubeziehen.

Thomas Strothotte, FU Berlin

Die heute eingesetzten Verfahren zur Mensch-Computer Interaktion beruhen auf jahrelanger Grundlagenforschung, die an Hochschulen, aber auch zum Teil in industriellen Forschungslabors ihren Ursprung hat. Dabei liegen oft viele Jahre zwischen der einschlägigen Forschung und ihrem Praxiserfolg. Als Beispiel kann hier die direkte Manipulation dienen, die Anfang der siebziger Jahre erforscht wurde, aber erst ein Jahrzehnt später ihren breiten Einsatz fand.

Zu einem gegebenen Zeitpunkt besteht also zwischen der Grundlagenforschung und der für die Entwicklung einsetzbaren Technik und den damit verbundenen Problemstellungen eine große Kluft, die meiner Erfahrung nach in starkem Maße mit den unterschiedlichen Zielsetzungen der jeweiligen Personengruppen verknüpft ist.

Wissenschaftler, die sich mit Grundlagenforschung beschäftigen, wollen neue Begriffe prägen und dabei prinzipielle Lösungsstategien möglichst breitangelegter Problemklassen aufzeichnen. Ihre Ergebnisse werden möglichst abstrakt formuliert und wirken tiefsinnig ("formal"), auch wenn die zugrundeliegenden Ideen oft einfach sind. Arbeitsintensive Ausarbeitungen werden hier von Fachkollegen nur wenig honoriert. Entwickler dagegen stehen unter ständigem Zeitdruck, um lauffähige Programme abzuliefern, die den Ansprüchen des Kunden genügen. Kurz gegriffene Zeitpläne erlauben einem Entwickler nicht, abstrakte Formulierungen eines Wissenschaftlers zu durchforsten. Dazu kommt, daß die Entwickler auch schon von ihrer Ausbildung her das Interesse hierzu oft nicht mit sich bringen.

Bei heutigen Entwicklungsprojekten wird - im Gegensatz zu noch vor wenigen Jahren - fast ausschließlich mit umfangreichen Programmpaketen (sog. Tools) gearbeitet. Manche Interaktionstechniken werden somit einem Entwickler aufgezwungen, zu anderen wird er ermutigt. Enthält beispielsweise ein Tool umfangreiche Funktionen für Menüs, so werden diese eher benutzt, als daß ein Entwickler einen natürlichsprachlichen Dialog ermöglicht, auch wenn dieser ihm als angemessener erscheint. Dagegen hat er Freiheitsgrade bei Fragestellungen, die ihm in der Regel nicht vertraut sind und für die er auch nur wenig Zeit investieren kann (beispielsweise wo auf dem Bildschirm ein Menü plaziert werden soll).

Diese Sachlage eröffnet für Wissenschaftler neue Möglichkeiten, gezielt zu forschen:

1. Erstellen von Tools

Das Ergebnis eines Forschungsprojektes sollte möglichst nicht nur aus einer wissenschaftlichen Abhandlung und einer prototypischen Anwendung bestehen, sondern auch aus einem oder mehreren Tools, in denen sich die neuen Erkenntnisse widerspiegeln. Auf diese Weise sollten einem Entwickler die Erkenntnisse anwendungsnahe zur Verfügung gestellt werden, damit er - ohne sich mit den wissenschaftlichen Details zu beschäftigen - an den technischen Problemen arbeiten kann.

2. Skilltransfer an Entwickler

Mehr Aufwand sollte von Wissenschaftlern getrieben werden, um die Handhabung der von ihnen den Entwicklern implizit überlassenen Freiheitsgrade zu dokumentieren und deren Ausnutzung zu vermitteln. Die Ausbildung eines Entwicklers sollte also nicht nur auf die Funktionalität eines Tools beschränkt werden ("Was kann damit alles gemacht werden"), sondern er sollte auch mit dessen Einsatz und seinen Grenzen ("Was sollte damit alles *nicht* gemacht werden") vertraut gemacht werden.

Jürgen Ziegler, FHG-IAO, Stuttgart

Die Software-Ergonomie kann bislang keinen ausgereiften und standardisierten Warenkorb an Erkenntnissen anbieten. Es kann deshalb nicht erwartet werden, daß es **einen** Königsweg zur Integration solcher Ergebnisse in die betriebliche Praxis gibt. Angesichts des heterogenen Leistungsspektrums müssen auch die Transfermechanismen differenziert werden.

Organisatorische und qualifikatorische Maßnahmen: Organisatorische Maßnahmen sind angezeigt, um z.B. die Einführung und Durchsetzung von Firmenstandards zu unterstützen. Aus der Sichts eines benutzerorientierten Entwicklungsprozesses ist andererseits eine organisatorische Trennung in (wenige) Software-Ergonomen und (viele) Entwickler nicht unproblematisch, da sich damit schon automatisch ein Transferproblem ergibt. Wichtig ist es, die Entwickler für eine software-ergonomische Sichtweise zu sensibilisieren und zu qualifizieren, da auch im Bereich der Software-Entwicklung eine zu starke Arbeitsteilung negative Effekte mit sich bringen kann (Wirtschaftlichkeit, Motivation etc.).

Methodeneinsatz: Software-Ergonomie muß zu einem normalen Bestandteil des Software-Engineering werden. Software-ergonomische Erkenntnisse sind vielfach prozeßorientiert und lassen sich deshalb nur über die Vorgehensmethodik nutzen. Dies ist angesichts der noch weit verbreiteten Unlust gegenüber methodengeleiteter Software-Entwicklung an sich eine schwierige Zielsetzung. Umso wichtiger ist es, bei der Einführung von Methoden (z.B. CASE) software-ergonomische Komponenten direkt mit einzubauen. Leider weiß die Software-Ergonomie bislang zu wenig darüber, wie diese Komponenten aussehen sollten. Hier liegt ein großes Defizit vor.

Bausteine als Richtlinienträger: Im Zuge der Entwicklung von Industriestandards für Benutzungsschnittstellen werden auch Software-Bausteine zur Verfügung gestellt, die eine Reihe von Gestaltungsrichtlinien direkt verkörpern. Dies gilt allerdings bislang nur für recht elementare Komponenten, bei denen oft auch die software-ergonomische Qualität in Frage gestellt werden muß. Dennoch ist dieser Weg bis jetzt sehr erfolgreich und sollte in Richtung software-ergonomisch abgesicherter Grundkomponenten und anwendungsspezifischer Bausteine weitergeführt werden.

Werkzeugunterstützung: Software-Werkzeuge bilden ein hervorragendes Mittel, um standardkonformes Vorgehen zu belohnen (und Abweichungen zu bestrafen). Jedes Werkzeug ist auf bestimmte Konzepte, Bausteine und Regeln hin ausgerichtet, die sich auch in den mit dem Werkzeug gefertigten Produkten wiedererkennen lassen. Bei der Schnittstellengestaltung kann dies z.B. die Verwendung bestimmter Widget-Sätze oder Dialoggrundstrukturen sein. Deshalb sind z.B. durch User Interface Design Systeme auch bestimmte software-ergonomische Konzepte implizit (oder explizit durch eingebautes Wissen) vermittelbar.

Bausteine und Werkzeuge können den Entwickler bei der Gestaltung der low-level Details entlasten. Allerdings ergibt die Summe software-ergonomischer Komponenten noch kein benutzergerechtes System. Deshalb müssen diese Maßnahmen Kapazität freimachen für anwendungs- und aufgabenbezogene Problemlösungen.

Literatur

Aschersleben, G. & Zang-Scheucher, B. (1989). Der Prozeß der Software-Gestaltung. Eine Bestandsaufnahme in Wissenschaft und Industrie. In S. Maaß und H. Oberquelle (Hrsg.), Software-Ergonomie 89, S. 247-253. Stuttgart: Teubner.

Carroll, J.M. (1989). Taking Artifacts Seriously. In S. Maaß und H. Oberquelle (Hrsg.), Software-Ergonomie 89, S. 36-50. Stuttgart: Teubner.

Grünupp, A., & Muthig, K.-P. (1990). Software-Ergonomie als prospektive Gestaltung der Funktionalität von Werkzeugen. In A. Reuter (Hrsg.), GI-20. Jahrestagung (pp. 532-542). Berlin: Springer.

Schmidt, K.F. (1990). Arbeitswissenschaftliche Aspekte des Software-Entwicklungsprozesses. Information Management 1, S. 48-55.

Anschriften der Diskussionsteilnehmer

Dr. Udo Arend
Dr. Edmund Eberleh
SAP AG
Abt. SAA-C
Max-Planck-Str. 8
6909 Walldorf

C. Kasten
Deutsche Forschungsanstalt
für Luft- und Raumfahrt
PT-AuG
Südstr. 125
5300 Bonn 2

Prof. Dr. Thomas Strothotte
FU Berlin
Institut für Informatik
Nestorstr. 8-9
1000 Berlin 31

Jürgen Ziegler
Fraunhofer Institut
für Arbeitswirtschaft und
Organisation
Senefelder Str. 26
7000 Stuttgart 1

EXPOSE
Ein Software-Ergonomie-Expertensystem

Peter Gorny und Axel Viereck
Universität Oldenburg

Zusammenfassung

Es wird ein Expertensystem zur Benutzungsschnittstellen-Entwicklung vorgestellt, das es dem Software-Entwickler ermöglicht, software-ergonomische Gesichtspunkte bei seinen Entwurfsentscheidungen systematisch berücksichtigen zu können. Ausgangspunkt für das System ist die Definition eines Phasenmodells, das beim Entwurf von Benutzungsschnittstellen von Software-Systemen unterscheidet zwischen Konzeptphase, Strukturphase, Konkretisierungsphase und Realisierungsphase. Das Expertensystem strukturiert in der Wissensbasis software-ergonomische Gestaltungsrichtlinien, Prinzipien und Normen phasenspezifisch und setzt sie mit den Darstellungsmöglichkeiten, -techniken und Dialogformen von UIMS und UIT's in Relation. In Abhängigkeit von den Bedingungen, Zielen, Voraussetzungen und Eigenschaften eines zu entwickelnden Software-Systems wird durch das Expertensystem eine auf den jeweiligen Anwendungsbereich eines System-Entwicklers ausgerichtete phasenspezifische Beratung durchführt.

1   Software-Ergonomie bei der Benutzungsschnittstellen-Entwicklung

Zur Vereinfachung der Implementierung von Benutzungsschnittstellen interaktiver Anwendungssysteme verwendet ein Software-Entwickler heute in der Regel User Interface Management Systemen (UIMS) und User Interface Toolsets (UIT). Diese Systeme stellen eine Reihe von standardisierten Interaktionsobjekten (Fenster, Buttons, Pop-Up-Menüs) zur Verfügung und übernehmen deren Verwaltung innerhalb eines Anwendungsprogramms. Zur Programmierung einer Benutzungsschnittstelle wählt der Software-Entwickler aus diesen Objekten aus und füllt sie mit anwendungsabhängigen Daten. Eine Hilfe bei der Entscheidung, welche Objekte wie in welchen Situationen software-ergonomisch günstig sind, bieten diese

Systeme allerdings nicht. Hier ist der Software-Entwickler auf Erkenntnisse zur benutzerfreundlichen Gestaltung von Benutzungsschnittstellen angewiesen.

Im Rahmen der Software-Ergonomie sind in den letzten Jahren vielfältige Richtlinien und Kriterienkataloge entwickelt worden, in denen beschrieben wird, welche Eigenschaften (Konsistenz, Aufgabenangemessenheit, Selbstbeschreibungsfähigkeit, usw.) ein interaktives Computersystem aufweisen soll, damit es benutzungsfreundlich ist. Darüberhinaus wird in den Katalogen versucht ansatzweise darzustellen (meist in Form von Beispielen), welche Arbeitsmittel (Bildschirm, Tastatur, Maus, usw.) und welche Arbeitsformen (Dialogformen und -techniken) in Abhängigkeit von den zu bewältigenden Aufgaben und von den Benutzern einzusetzen sind, um die gewünschten Eigenschaften zu erreichen.

Es stellt sich in der Regel aber heraus, daß ein Software-Entwickler aus den Katalogen zwar allgemeine Anregungen zur Benutzungsschnittstellen-Entwicklung erhalten kann, er aber für seine Entscheidungen letztlich doch auf sein Gefühl und seinen gesunden Menschenverstand angewiesen ist. Die Gründe dafür sind vielfältig:
- Interpretierbarkeit von Regeln durch zu allgemeine Formulierung,
- Beschränkung von Regeln auf einzelne Dialogformen und Anwendungsbereiche,
- zu großer Umfang von Regeln,
- teilweise unsystematische Darstellung,
- unterschiedliche Terminologie,
- fehlende Operationalisierung.

Molich und Nielsen (Molich, 1990) belegen die schlechte Anwendbarkeit solcher Kataloge durch ein Experiment, bei dem insgesamt 77 erfahrene Software-Entwickler ein Beispiel-Programm auf software-ergonomische Mängel hin untersuchten. Von den 30 im Beispiel-Programm enthaltenen software-ergonomischen Problemen wurden durchschnittlich nur 11 bei der Beurteilung gefunden. Das beste Ergebnis nannte lediglich 18 der 30 Probleme. Eine weitere Diskussion der Handhabungsprobleme solcher Kriterien-Kataloge - hier speziell der DIN 66234 - bietet die Arbeit von Piepenburg und Rödiger (Piepenburg, 1989), die über Art und Umfang von Tests zur Prüfung einzelner Kriterien Auskunft gibt.

2 Ein Expertensystem zur Beratung bei der Software-Entwicklung

Sind solche Kataloge bereits zur Beurteilung von Software-Systemen schlecht anwendbar, so gilt dies erst recht für ihre Anwendbarkeit bei der Entwicklung von Software. Untersuchungen, wie die von Piepenburg und Rödiger oder von Molich und Nielsen, repräsentieren die heute in der Software-Ergonomie typische Vorgehensweise: Systeme werden nachträglich auf ihre Übereinstimmung mit Normen und Kriterienkatalogen überprüft. Eine solche "Nachlauf-Evaluation" - Streitz spricht hier von "Nachlaufforschung" (Streitz, 1989) - ist sicherlich sinnvoll und notwendig, sie bringt eine Verbesserung für die Systembenutzer aber nur mit erheblicher Verzögerung und mit hohem Kostenaufwand - wenn aus Kostengründen überhaupt die Software nachträglich in der erforderlichen Weise verändert wird.

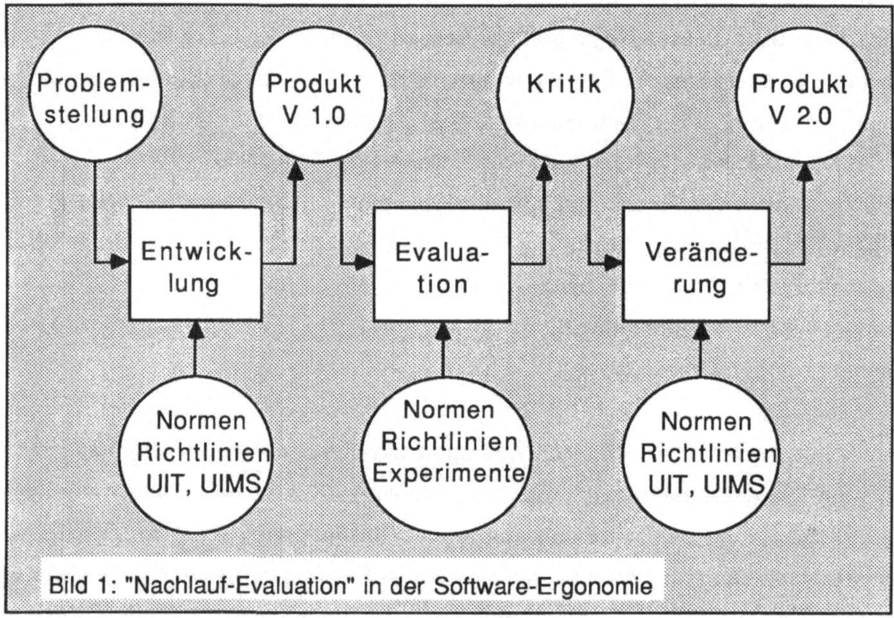

Bild 1: "Nachlauf-Evaluation" in der Software-Ergonomie

Ein Mittel diesen Schwierigkeiten vorzubeugen besteht in der frühzeitigen Entwicklung von Prototypen, die die wesentlichen Charakteristika der Schnittstelle, aber noch keine vernünftige Funktionalität, aufweisen. Prototypen werden parallel zu den Entwicklungsarbeiten experimentell untersucht, notwendige Veränderungen sind ohne hohen Kostenaufwand in das entstehende System aufzunehmen. Allerdings sind für die Untersuchungen Software-Ergonomie-Experten (Arbeitswissenschaftler, Psychologen) und die späteren Benutzer an dem Entwicklungsprozeß zu beteiligen - ein doch erheblicher Hemmschuh für diese Vorgehensweise, sodaß Prototypen hier oft mehr eine software- ergonomische Alibi-Funktion zukommt.

Wir schlagen deswegen für die software-ergonomische Beratung im Sinne einer "Begleit-Evaluation" während der Entwicklungsarbeiten zu einer Benutzungs- oberfläche die Inanspruchnahme eines Expertensystems vor.

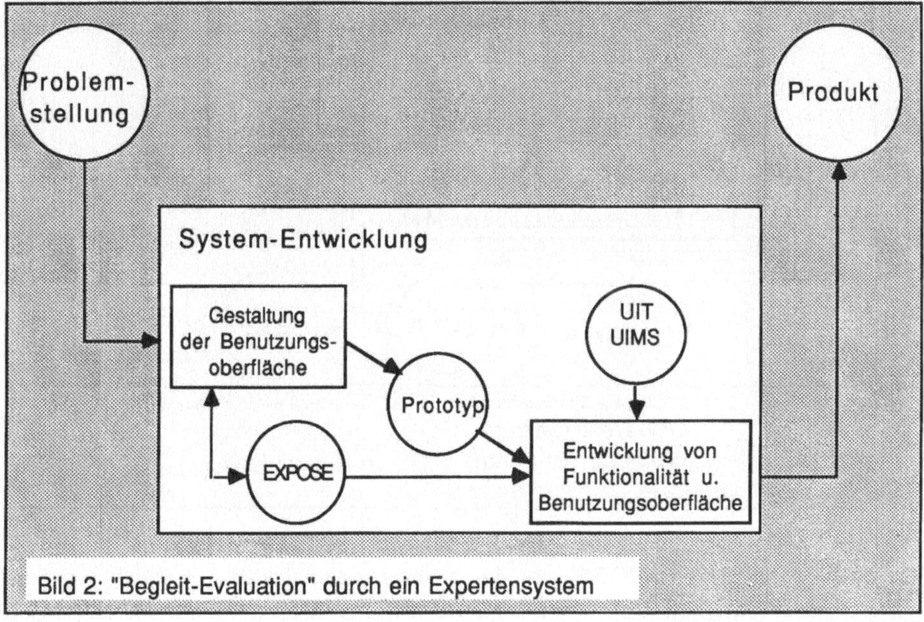

Bild 2: "Begleit-Evaluation" durch ein Expertensystem

Das von uns konzipierte Expertensystem EXPOSE (Expertensystem zur phasen-orientierten Software-Ergonomie-Beratung) beinhaltet in seiner Wissens- basis Subsysteme mit einerseits dem Fachwissen aus software-ergonomischen Normen, Kriterien und Prinzipien und andererseits der Beschreibung der Möglich- keiten, Leistungen und Eigenschaften von UIMS und UIT´s. Hinzu kommt ein Sub- system mit den situationsabhängigen Voraussetzungen, Wünschen und Vorstellun- gen für eine konkrete Entwicklungsarbeit. Dieses Wissen ist statisch in dem Sinn, daß es die Grundlage für die Beratung über den gesamten Prozess der Oberflächenentwicklung bildet. Davon zu unterscheiden ist das dynamische Wissen, das durch die Beratungstätigkeit von EXPOSE und durch einzelne Entwurfsentscheidungen des Software-Entwicklers entsteht.

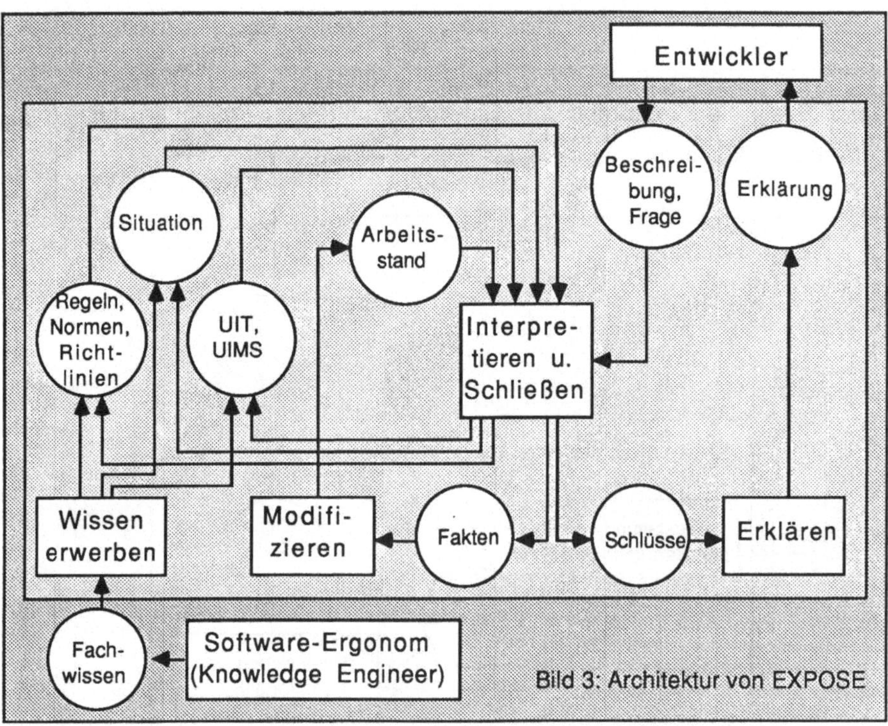

Bild 3: Architektur von EXPOSE

Für seine Arbeit mit EXPOSE gibt der Software-Entwickler - möglichst in Zusammenarbeit mit späteren Nutzern - zunächst grobe Randbedingungen, wie Hardware/Software-Voraussetzungen, Benutzerkreis, arbeitsorganisatorische Voraussetzungen, Arbeitsaufgaben, Schnittstellen zu anderen Systemen usw. vor. Im Anschluß daran legt er - im Rahmen von EXPOSE - Schritt für Schritt prototypisch die Benutzungsoberfläche fest. Dazu bestimmt er Reihenfolgen von Dialogschritten zur Durchführung von Funktionen, gestaltet Menü´s und Masken, legt fest, welche Tasten der Tastatur welche Wirkung haben usw. EXPOSE unterstützt ihn mit der Inferenzmaschine und der Erklärungskomponente dabei in zweierlei Weise. Zum einen kann der Software-Entwickler direkt Fragen zu einer Detailentscheidung stellen ("Ist es sinnvoll, die Meldung auf dem Bildschirm durch Blinken hervorzuheben?"), zum anderen kann EXPOSE gezielt Hinweise für einzelne Entwurfs-Entscheidungen geben ("Für das Beenden der Funktion nicht nur einen Menü-Punkt vorsehen, sondern auch die Möglichkeit mit der Funktionstaste F3 schaffen, weil ..."; "Als Benennung für das Kommando sollte ´beenden´ und nicht ´exit´ gewählt werden, weil ...").

Bei den Vorschlägen für die Gestaltung der Benutzungsschnittstelle eines Systems werden Besonderheiten des jeweiligen Fachgebietes und Bedürfnisse von späteren Benutzern berücksichtigt. Die Darstellungshinweise werden in der Regel durch Beispiele erläutert, Hinweise auf Wunsch begründet.

EXPOSE ist als Expertensystem unabhängig von UIMS, UIT´s oder anderen CASE-Tools. Es verfügt über eine Beschreibungssprache zur Gestaltung einer Benutzungsoberfläche und über eine Erklärungskomponente, die situationsabhängige Ratschläge gibt. Daneben wird eine Lernkomponente in EXPOSE integriert, über die das Wissen zu Tools und zu Normen und Richtlinien aktualisiert werden kann. Mithilfe der Lernkomponente wird auch das situationsabhängige Wissen für eine konkrete Entwicklungsarbeit eingegeben.

Der mit EXPOSE erstellte Prototyp bildet dann den Ausgangspunkt für die eigentliche Systementwicklung, indem die getroffenen Festlegungen bei der Realisierung der Funktionalität des zu entwickelnden Systems auf das Entwicklungssystem übertragen werden. Hierzu sind Überführungskomponenten zur Umwandlung von Elementen der EXPOSE-Beschreibungssprache in Elemente der konkret verwendeten Tools und Programmiersprachen vorgesehen.

3 Phasen-orientierte Beratung durch EXPOSE

Software-ergonomische Entwurfsentscheidungen werden auf unterschiedlichem Niveau getroffen. Ob in einem konkreten Dialogschritt eine Ausgabe blinken soll oder ob ´beenden´ oder ´exit´ als Bezeichnung für ein Kommando gewählt wird, sind

Entscheidungen, die konkret an der Oberfläche des Systems sichtbar sind. Davon zu unterscheiden sind Festlegungen, ob zu einem Dialogschritt überhaupt eine Ausgabe vorzusehen ist, und wenn ja, in welcher Form: grafisch oder textuell, oder ob der Benutzer die Darstellungsform beeinflussen kann. Eine weitere Ebene bilden Entscheidungen, welche Dialogformen (z.B. Kommando oder Menü) dem Benutzer für einen Dialogschritt zur Verfügung gestellt werden, welche Funktionen durch welche Operationen ausgelöst werden. Noch eine Ebene höher liegen Entscheidungen, welche Aufgaben durch die Software unterstützt werden, welche Hardware vorgesehen wird und wie das Programm in die Arbeitsorganisation eines Anwenders integriert wird.

Um also software-ergonomische Kriterien in EXPOSE für konkrete Entwurfsentscheidungen anwenden zu können, muß das System die Niveau-Unterschiede der Entscheidungen berücksichtigen, und muß den Prozeß von globalen und abstrakten Gesichtspunkten bis hin zu konkreten Details einbeziehen. Konsistenz als ein häufig genanntes software-ergonomisches Kriterium stellt sich - bedingt durch die Unterschiedlichkeit von Entwurfsentscheidungen - für den System-Entwickler dann beispielsweise wie folgt dar: Konsistenz zwischen verschiedenen in der Arbeitsorganisation eingesetzten Programmen; Konsistenz zu der herkömmlichen Aufgabenbearbeitung; Konsistenz in der Funktionalität des Programms; Konsistenz in den Operationen zur Durchführung von Dialogschritten; Konsistenz bei der Präsentation von Ausgaben auf dem Bildschirm.

In Anlehnung an die TOP-DOWN-orientierten Phasenmodelle des Software-Engineering und in diese integriert wird deswegen hier zur phasenorientierten Beratung durch EXPOSE ein Software-Ergonomie-Phasenmodell zugrundegelegt, das für den Entwurfsprozeß von Benutzungsschnittstellen die (abstrakte) Konzeptphase, die Strukturphase, die Konkretisierungsphase und die (dem Benutzer nächste) Realisierungsphase unterscheidet (vgl. Viereck, 1990).

Der Software-Entwickler durchläuft diese Phasen bei der Benutzungsschnittstellenentwicklung Top-Down, indem in der Konzeptphase zunächst arbeitsorganisatorische und arbeitsaufgabenbezogene Aspekte festgelegt werden. Die

Funktionen der Software zur Aufgabenbewältigung werden in ihren Grundzügen festgelegt, ebenso die einzusetzende Hardware. In der Strukturphase wird die Funktionalität detailliert und den einzelnen Funktionen werden Dialogformen zugeordnet. Durch die Abfolge von Funktionen zur Aufgabenbearbeitung und die Beschreibung, in welcher Form (Kommando, Datenabfrage, Auswahlangebot, Direkte Manipulation) sie im Dialog zur Verfügung stehen, entsteht eine abstrakte Dialogstruktur. Diese wird durch den Software-Entwickler konkretisiert, indem er in der Konkretisierungsphase das Vokabular von Dialogschritten festlegt, d.h. syntaktische und semantische Regelungen für Ein- und Ausgaben trifft. Die Detailfestlegungen der Zuordnung von Geräten zu Dialogschritten, von Gestaltungsmitteln und -möglichkeiten bei Ein- und Ausgaben in der Realisierungsphase vervollständigen den Entwurf der Benutzungsschnittstelle.

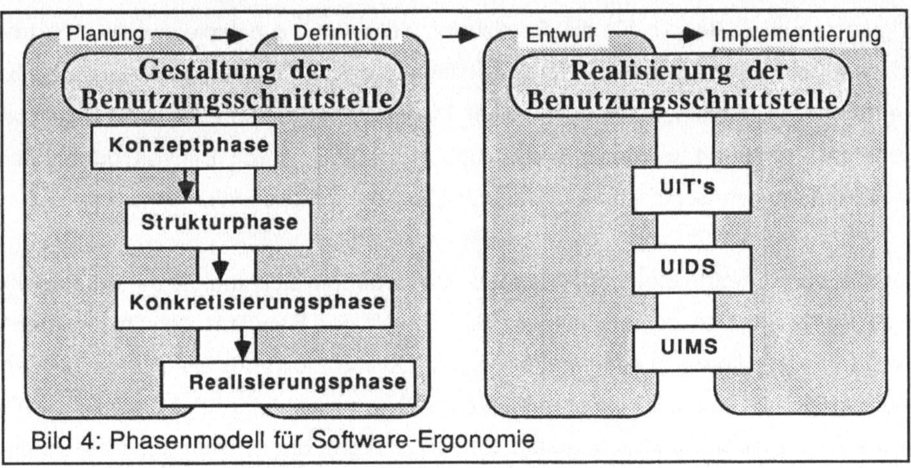

Bild 4: Phasenmodell für Software-Ergonomie

Wie bei Phasenkonzepten allgemein üblich, verläßt der Entwickler das strenge Top-Down-Verfahren oft, durchläuft Zyklen, verwirft Entscheidungen wieder usw. bis er letztlich das Produkt fertiggestellt hat. Das Phasenkonzept bietet die Möglichkeit, die in den Kriterienkatalogen, Richtlinien und Normen genannten Aspekte zu ordnen und in den einzelnen Phasen zu interpretieren. Die Festlegungen, welche Aspekte welcher Phase zuzuordnen sind und welche phasenspezifische Bedeutung einem Aspekt zukommt, bilden den Ausgangspunkt zur Strukturierung der Wissensbasis von EXPOSE.

Die entstehenden Regeln sind zum Teil allgemeingültig, teilweise hängen sie von speziellen Anwendungsmerkmalen und von den zur Verfügung stehenden Arbeitsmitteln ab und müssen situationsabhängig von der Inferenzmaschine in Abhängigkeit von dem Umgebungswissen und dem dynamischen Wissen über die bisherige Dialoggestaltung abgeleitet werden. Dabei stellt sich das software-ergonomische Wissen in den einzelnen Gestaltungsphasen sehr unterschiedlich dar: In der Realisierungs- und Konkretisierungsphase existieren detaillierte, meßbare und operationalisierbare Regeln aufgrund empirischer Untersuchungen oder theoretischer Erkenntnissen z.B. aus der Psychologie. In den frühen Phasen dominieren Faktoren, wie die zu bearbeitenden Aufgaben, der Benutzerkreis und die Organisationsform. Gestaltungsregeln können heute nur in allgemeiner, abstrakter und schwer nachprüfbarer Form angegeben werden.

Allgemeingültige Regeln für die Realisierungsphase sind beispielsweise: "Für die bessere Lesbarkeit sollte Groß- und Kleinschreibung für Text-Ausgaben vorgesehen werden"; "Die einzelnen Elemente einer Maske sollen entsprechend der Gestalt-Gesetze strukturiert werden"; "Hervorhebungen (z.B. durch Blinken oder durch vergrößerte Leuchtdichte) dürfen nicht mehr als 10 - 20% des Bildinhalts betreffen".

Für die vorhergende Konkretisierungsphase ergeben sich u.a. folgende Regeln: "Namen für Objekte sollten aus der Sprachwelt der Benutzer gewählt werden"; "Grafisch vorstellbare Zusammenhänge und Objekte sollten grafisch repräsentiert und zugegriffen, textuell besser vorstellbare Zusammenhänge und Objekte sollten textuell repräsentiert und zugegriffen werden"; "Wenn die Antwort auf eine Datenabfrage für eine Funktion mit einem Return abgeschlossen wird, so sollte sie in dieser Dialogform bei allen Funktionen mit einem Return abgeschlossen werden".

Für die Strukturphase lassen sich Regeln anführen, wie: "Einander ähnliche Operationen zur Durchführung von unterschiedlichen Funktionen sollten in der gleichen Dialogform gewählt werden"; "Für Kommandos ist eine einheitliche Form der Parametrisierung vorzusehen"; "Funktionen sollten parallel durch unterschiedliche Dialogformen aktivierbar sein, um dem Benutzer entsprechend seiner Fähigkeiten und Wünsche die Auswahl bei der Dialoggestaltung zu erlauben".

In der Konzeptphase stellen sich schließlich Regeln beispielsweise in folgender Weise dar: "Bewährte Arbeitsabläufe sollten durch die Funktionalität des Systems wiedergegeben werden"; "Funktionen und Operationen für einander ähnliche Aufgaben müssen sich entsprechen"; "Anhand der für einen Kontext dargestellten Information sollten vollständige Arbeitsschritte möglich sein".

5 Stand und Entwicklung

Die Arbeiten zur Erfassung und Strukturierung des software-ergonomischen Wissens und die Entwurfs- und Implementierungsarbeiten für das Expertensystem werden derzeit an der Universität durchgeführt. Es ist - abhängig von bewilligten und beantragten Fördermitteln - damit zu rechnen, daß erste Ergebnisse Ende 1991 vorgestellt werden können.

6 Literatur

DIN 66234, Teil 8: Bildschirmarbeitsplätze. Grundsätze der Dialoggestaltung. 1987
MOLICH, R.; Nielsen, J.: Improving a Human-Computer Dialogue. Communications of the ACM, Vol. 33, No. 3, March 1990, pp 338-348
PIEPENBURG, U.; Rödiger,K.-H.: Mindestanforderungen an die Prüfung von Software auf Konformität nach DIN 66234, Teil 8. Ministerium für Arbeit, Gesundheit und Soziales des Landes Nordrhein-Westfalen. Werkstattbericht 61, 1989
STREITZ, N.: Fragestellungen und Forschungsstrategien der Software-Ergonomie. IN: Balzert u.a. [Hrsg]: Einführung in die Software-Ergonomie. Berlin, New York: de Gruyter, 1988
VIERECK, A.: A Software Engineering Environment for Developing Human-Computer Interfaces". In: M.J. Tauber, P. Gorny (Hrsg): Visualization in Human- Computer-Interaction. Lecture Notes in Computer Science. Berlin, Heidelberg, New York: Springer, 1990

Prof. Dr. Peter Gorny und Dr. Axel Viereck
Fachbereich Informatik,
Universität Oldenburg
Postfach 2503, 2900 Oldenburg

Vielfalt von Interaktionsmöglichkeiten - ein Gestaltungsziel bei Expertensystemen

Thomas Herrmann, Bodo Busch, Marita Geenen
Universität Dortmund

Zusammenfassung:
Ausgehend von einer Literaturstudie wird gezeigt, daß es eine Vielfalt von Nutzungsformen und Anforderungen an die Transparenz im Umgang mit Expertensystemen gibt, die bisher relativ vernachlässigt wurden. Es wird unterstellt, daß aufgrund der fehlenden Anwendungsreife solcher Systeme vorrangig Experten als Nutzer vorzusehen sind. Ihnen sind prozeß-orientierte Formen der Lösungsfindung sowie Leistungen der Hypothesenprüfung und -ergänzung anzubieten. Expertensysteme können auch als Medium konzipiert werden. Anstelle von Erklärungskomponenten sind Explorationsinstrumente von Relevanz, die eine Erkundung des Leistungsspektrums eines Systems und der Qualität des Lösungsvorganges ermöglichen.

1) Einleitung

Expertensysteme sind zur Zeit in einem vergleichsweise großen Umfang Gegenstand der Technikfolgenforschung. Der vorliegende Beitrag entstand im Rahmen eines BMFT-geförderten Projektes "Qualifikations- und Qualitätssicherung als Zielkriterium im Expertensystem-Entwicklungsprozeß" [s. CREMERS/HERRMANN, 1990]. Diese derzeitigen Bemühungen um Folgenforschung stehen einerseits in einer Diskrepanz zu der Anwendungsreife von Expertensystemen. Andererseits sind sie ein Beitrag zu einer Form prospektiver Folgenforschung, die es ermöglichen kann, daß ihre Ergebnisse in den Entwicklungsprozeß von Technik integriert werden, anstatt diesen nur im nachhinein zu kommentieren.

Im folgenden gehen wir von Ansätzen aus, die sich mit arbeitsorientierter Software-Gestaltung befassen, wobei insbesondere die skandinavische Diskussion von Bedeutung ist und vergleichbare Herangehensweisen in der Bundesrepublik sowie die Verbindung der skandinavischen Ansätze zur KI-Diskussion[1]. Neben den Klassikern der TA-orientierten KI-Diskussion[2] wurden die Berichte der Enquete-Kommission Technikfolgenabschätzung des Deutschen Bundestages und ähnliche Studien berücksichtigt, wobei der Aspekt der Qualifikation von Experten und die Veränderung der Qualifikationsanforderungen von besonderem Interesse ist[3]. Die Ergebnisse der genannten Studien veranlassen uns zu folgender Argumentation, die den weiteren Ausführungen zugrundeliegt: Die geringe Zahl anwendungsreifer Expertensysteme läßt sich auf die Be-

---

[1] S. z.B. EHN, 1988; FLOYD u.a. 1987; GÖRANZON/JOSEFSON, 1988;, GÖRANZON/FLORIN, 1990
[2] S. WEIZENBAUM, 1978; DREYFUS, 1985; DREYFUS/DREYFUS, 1987; WINOGRAD/FLORES, 1989.
[3] S. COY/BONSIEPEN, 1990; DANIEL u.a., 1990; SCHEFE, 1988; LUTZ/MOLDASCHL, 1989; SEPPELFELD u.a., 1986; HILLENKAMP, 1989; BEUSCHEL, 1986.

grenztheit der Wissensrepräsentation, Wartungs- und Verantwortungsprobleme sowie mangelnde Benutzbarkeit zurückführen, wobei natürlichsprachliche Erklärungskomponenten die Verantwortungsproblematik nicht lösen können. Dennoch ist davon auszugehen, daß weiterhin versucht wird, anwendungsreife Expertensysteme zu entwickeln. Aufgrund der unkalkulierbaren Qualitätssicherheit für die mit Expertensystemen erzielbaren Ergebnisse ist zu fordern, daß solche Systeme nur von Experten benutzt werden. Deren Qualifikationsspektrum wird für die Nutzung von wesentlicher Bedeutung sein[4]. Es sind daher Interaktionsformen anzubieten, die den Kompetenzen und den Ansprüchen von Experten gerecht werden können. Die Entwicklung von Expertensystemen ist als Software-Gestaltung für Experten zu konzipieren.

Für die Benutzer/innen hängt die Ermöglichung von Sachkompetenz sowie Systemdurchblick und -beherrschung von verschiedenen Faktoren ab, wie der Arbeitsorganisation (z.B. Aufgabenzuschnitt und Funktionenverteilung), den Qualifizierungsmaßnahmen und den technischen Entscheidungen. Für letztere sind insbesondere die Aspekte der Wissensrepräsentation und der Interaktionsmöglichkeiten relevant. Kompetenzfordernder und -fördernder Einsatz von Expertensystemen muß den Benutzern/innen eine Vielfalt von Nutzungsformen offerieren, zu der eine hohe Flexibilität der angebotenen Interaktionsmöglichkeiten korrespondieren sollte. Hierbei ist zunächst nicht die Flexibilität der Dialogformen ausschlaggebend, sondern die Vielfalt der Werkzeuge bzw. der Funktionalität [s. zu dieser Differenzierung das IFIP-Modell, DZIDA, 1983].

2) Gängige Nutzungsformen: Expertensysteme als Problemlöser

Es wird als eine Stärke der Expertensystemtechnik angesehen, daß sie sich vom "General Problem Solver" abwendet und stattdessen ausgewählte, möglichst eingegrenzte Fachgebiete bearbeitet. Das Ziel der **Problemlösung** bleibt jedoch erhalten. In der Literatur[5] finden sich zahlreiche Ansätze, die die Menge der möglichen problemlösenden Nutzungsarten klassifizieren. Die folgenden Ausführungen beziehen sich vorrangig auf Analyse- versus Synthese-Aufgaben. Spezialfälle, wie Tutor- oder Unterstützungsysteme, werden nicht behandelt. Diese Klassifizierung orientiert sich an Anwendungen (s. Tafel 1). Für die Diskussion zur Software-Ergonomie ist die Perspektive der Interaktions- und Nutzungsfomen relevant.

---

[4] Dabei ist die Unterscheidung zwischen explizierbarem Wissen und nicht explizierbarem Wissen bedeutsam (letzteres wird z. T. auch als "Können" beschrieben, s. BECKER u.a., 1987). Weiterhin sind die Fähigkeiten relevant, die eine Fortentwicklung des Wissens ermöglichen, sowie die soziale und kommunikative Kompetenz.
[5] S. HAYES-ROTH u.a., 1983; MERTENS u.a., 1988; PUPPE, 1986; CLANCEY, 1985; JACKSON, 1990.

Tafel 1: Klassifizierung von Expertensystemen
Analysesyteme: Diagnose, Prognose, Kontrolle
Synthesesystme: Planung, Entwurf, Konfiguration
Tutorsysteme
Unterstützungssysteme

Ergebnis- versus prozeßorientierte Problemlösung

Gängige Konzepte für Expertensysteme trennen in der Regel zwischen einer Phase der Dateneingabe und der Präsentation des Ergebnisses. Beispiele für solche Systeme sind MYCIN und
CENTAUR. Durch solche Konzepte wird die Aufgabe der Benutzer/innen auf das Eingeben und
Selektieren von Daten und deren Erhebung reduziert. Der Lösungsprozeß wird somit nicht ohne
Exkurse nachvollziehbar und beeinflußbar. Dies ist besonders problematisch, wenn die Benut-
zer/innen ihre Ziele in Abhängigkeit vom Verlauf der Lösungssuche modifizieren bzw. präzisieren, was für viele Anwendungsfelder der angemessenere Weg ist. In der Literatur wird gefordert, für die Arbeitsweise von Expertensystemen menschliche Beratungsdialoge als Vorbild zu
wählen [POLLACK u.a., 1982; KIDD, 1985]. Auch wenn sich die Mensch-Computer-Interaktion nicht in Analogie zur menschlichen Kommunikation gestalten läßt, so kann man jedoch die
Struktur von Beratungen als Leitkriterium heranziehen. Diese Struktur bezeichnen wir als **pro-**
zeßorientiert. Im prozeßorientierten Dialog mit Expertensystemen erfolgen Datenabfragen und
die Präsentation von Zwischenergebnissen sowie Lösungsstrategien verschränkt, wodurch die
Flexibilität der Benutzer/innen erhöht wird [s. auch KIDD, 1985 und Tafel 2]. Der prozeßorientierte Dialog zur Lösung von Analyse- oder Syntheseproblemen kann jedoch nicht den Nachteil
ausschließen, daß die Benutzer/innen an dem Schlußfolgerungsprozeß zur Erzeugung der Lösung nur geringfügig beteiligt sind, wodurch es erschwert wird, Qualifikationen und Verantwortung einzubringen.

Tafel 2: Flexibilität durch prozeßorientierte Lösungsentwicklung

- das Nutzungsziel ist veränderbar,
- Eingaben werden revidierbar (etwa Modifikation der
  Bedingungen beim Konfigurationsprozeß zwecks Optimierung)
- der Lösungsweg kann abgekürzt werden,
- die Suche nach Alternativen zu einer Lösung ist initiierbar,
- ergänzende Informationen sind abrufbar,
- die Nutzung kann abgebrochen werden kann (wenn das System etwa das bearbeitete
  Gebiet nicht abdeckt oder die angesteuerte Lösung unbefriedigend ist).

3) Kompetenzfordernde und -fördernde Nutzungsformen

3.1) Hypothesenprüfende Systeme

Es ist eine Stärke der Menschen, schnell, intuitiv und auf Analogieschlüssen basierend eine Lösungshypothese zu Problemen zu finden. Mühsamer ist die Aufgabe, präzise und im Detail abzuprüfen, ob die Lösungshypothese stimmt und ob die Lösung optimiert ist. Das Konzept der kontrastiven Aufgabenanalyse [s. VOLPERT, 1987] orientiert sich daran, solche Tätigkeiten von Menschen ausführen zu lassen, die ihren Fähigkeiten und Neigungen entsprechen. Folgt man bei der Funktionsteilung zwischen Mensch und Maschine diesen Prinzipien, so liegt es nahe, die Arbeit der akribischen Hypothesenprüfung von der Maschine leisten zu lassen, während beim Menschen die Initiative verbleibt, Lösungsvorschläge zu unterbreiten.

Bei der Nutzung eines Systems zur Hypothesenprüfung kann es in Abhängigkeit vom Anwendungsfeld sinnvoll sein, daß bereits nach der Eingabe weniger Grunddaten eine Hypothese vom Benutzer vorschlagen wird. Das System versucht diese Hypothese zu widerlegen und fragt dementsprechend weitere Daten ab. Somit könnte der Prozeß der Dateneingabe stringenter und effektiver werden. Eine andere Vorgehensweise wird z.B. mit dem System ONCOCIN [s. LANGLOTZ/SHORTLIFFE 1983] angestrebt. Dort werden zuerst alle Daten eingegeben (formular- oder abfrageorientiert), das System berechnet dann eine Lösung, die es nicht präsentiert; stattdessen gibt der/die Benutzer/in einen Lösungsvorschlag ein. Nur wenn dieser vom Ergebnis des Systems abweicht, beginnt eine sogenanten Kritikphase.

Die Hypothesenprüfung kann Vorschläge der Benutzer/innen verwerfen, akzeptieren, als nicht überprüfbar kennzeichnen oder unberücksichtigte Constraints bzw. Fakten nennen. Die Vorschläge können auch ergänzt werden [s. KIDD, 1985], z.B. durch Nennung von besseren Lösungen, von gleichrangigen Alternativen, von Seiteneffekten oder von zusätzlich zu berücksichtigenden Lösungen (z.B. Nennung eines weiteren Mangels bei der Fehlerdiagnose).

Das Konzept der Hypothesenprüfung kann folgende Vorteile ermöglichen: Das Lösungspotential ist nicht per se auf das im System repräsentierte Wissen eingeschränkt; es können dem System auch solche Lösungen vorgelegt und dann als nicht überprüfbar klassifiziert werden, die nicht in seine Systematik passen; die Verantwortung für den Lösungsvorschlag ist eindeutiger dem Nutzer zuzuordnen.

3.2) Expertensysteme als Medium

Der Computer kann auch als Medium angesehen werden [s. etwa PETRI, 1979]. Dies bedeutet nicht, daß unter allen Aspekten eine Analogie mit anderen Kommunikationsmedien herstellbar ist. Es lassen sich jedoch aus der Entwicklungsgeschichte bisheriger Medien (z. B. Fachbücher) Erkenntnisse ziehen, die bei der Gestaltung von Expertensystemen nützlich sein können. Expertensysteme als Medien können zwischen verschiedenen Rollenträgern vermitteln (s. Tafel 3).

Tafel 3: Expertensysteme als Medium

a) **Zwischen den Experten/innen, deren Wissen akquiriert wird, und den Benutzern/ innen.** Es könnten Hintergründe des Akquisitionsprozesses, Quellen und Alter des Wissens, Fallbeispiele, vernachlässigte Alternativen etc. offengelegt werden.

b) **Zwischen Wissensingenieuren/innen bzw. Systementwicklern/innen und Benutzern/innen** (z. B. zu Wartungszwecken).

c) **Zwischen den Personen einer Organisationseinheit, die mit dem System bestimmte Aufgaben gemeinsam bewältigen,** (z .B. bzgl. Anwendungsproblemen und -grenzen, widersprüchlichen Erfahrungen oder Modifikationserfordernissen).

d) **Zwischen demselben Nutzer, der sein Erinnerungs- und Systematisierungsvermögen unterstützen will** (siehe c).

e) **Zwischen den Spezialisten einer Fachdisziplin** (vergleichbar dem Fachbuch).

---

4) Interaktionsformen zur Erhöhung der Transparenz von Expertensystemen

4.1) Explorationsinstrumente statt Erklärungskomponenten

Mit der Diskussion um Expertensysteme ist untrennbar auch die Diskussion um die Erklärungsfähigkeit solcher Systeme verbunden. Als Vorteile von Erklärungskomponenten werden Transparenz, Kontrollierbarkeit und vereinfachte Handhabung der Expertensysteme genannt [WAHLSTER, 1981]. Insbesondere Transparenz und Kontrollierbarkeit von Expertensystemen setzen voraus, daß die Erklärungen von den Benutzern/innen verstanden werden. In Erklärungen muß, um das Verständnis zu sichern, das Vorwissen und der Erfahrungshintergrund des/der Benutzers/in berücksichtigt werden. Dies setzt besondere menschliche Kompetenz wie z.B. Einfühlungsvermögen seitens der/des Erklärenden voraus [SCHANK/ CHILDERS, 1986; COY/ BONSIEPEN, 1990]. Die Konzepte derzeitiger Erklärungskomponenten schließen unseres Erachtens die Möglichkeit unerkannter Mißverständnisse nicht in ausreichendem Maße aus und werden nicht allen Informationsbedarfen gerecht.

Den Benutzern/innen sollten daher flexible Interaktionsmöglichkeiten angeboten werden, mit denen sie sich selbst, (durch eigene Aktivität und in eigener Verantwortung) Vorgänge im Expertensystem erklären können. Statt sich auf Erklärungskomponenten verlassen zu müssen, sollten sie Explorationsinstrumente in eigener Regie handhaben. Im Gegensatz etwa zu vorformulierten oder systemgenerierten "Erklärungen", bei denen Benutzer/innen etwas **über** das System erfahren, lernen sie es bei der **Exploration** kennen, indem sie **im** System erkundend oder experimentierend handeln [HERRMANN, 1986]. **Erkundung** bedeutet, daß abweichend von der unmittelbar zielgerichteten Interaktionsfolge Exkurse vorgenommen werden, um Informationen zu gewinnen. Mit **Experimentieren** ist das spielerische oder probeweise Verändern von Daten oder Aktivieren von Funktionen im Rahmen solcher Exkurse gemeint. Diese Vorgehensweise kann durch geeignete Interaktionsmöglichkeiten unterstützt werden.

Einen wesentlichen Beitrag hierzu stellen Maps, Browser und Filter dar. **Maps** sind strukturierte, meist grafische Präsentationen von Zusammenhängen und Abläufen, meist in Form von beschrifteten Netzen, Bäumen oder anderen Graphen. Mit ihnen können sich Benutzer/innen einen Überblick etwa über Zusammenhänge in der Wissensbasis oder über den bisherigen Inferenzprozeß verschaffen [POLTROCK u.a., 1986]. Allerdings scheitert die Darstellung der gesamten Struktur meist an der Beschränktheit der zur Verfügung stehenden Ausgabefläche. Fensterdarstellungen mit Verschiebemöglichkeiten (scrolling) bergen die Gefahr des Kontextverlustes. Auch ergänzende verkleinerte Übersichtsdarstellungen können die semantische Information meist nicht mehr abbilden [FOSS, 1989]. Abhilfe kann mit **Filtern** oder **Weitwinkelperspektiven** [FURNAS, 1986] geschaffen werden, die weniger wichtige Information ausblenden. Hierzu ist allerdings eine z.B. über die Struktur der Wissensbasis oder durch Angaben der Benutzer/innen definierte Bewertungsfunktion nötig. Mit Hilfe von **Browsern** können Maps durchquert, verfeinert, vergröbert oder auch verändert werden.

Ein wichtiges Einsatzgebiet für Browser stellen auch **Hypertextsysteme** dar [s. z.B. CONKLIN 1987]. Hypertext ermöglicht die Verbindung gespeicherter Texte, Grafiken u.ä. durch Querverweise zu einem nichtlinearen Netzwerk, so daß Benutzer/innen durch Explorieren dieses Netzwerks jeweils ihre eigene Textfolge bestimmen. Durch Kopplung von Expertensystemen mit Hypertextsystemen könnten Benutzer/innen von Expertensystemen zusätzliche Informationen auf individuell beeinflußbare Weise verfügbar gemacht werden.

Im folgenden werden wir versuchen, eine Kategorisierung von Informationsbedarfen der Benutzer/innen vorzunehmen. Teile der Fragemöglichkeiten haben wir der Literatur [z.B. MÖLLER, 1989; LADWIG/MELLIS, 1987; CLANCEY, 1983] entnommen, andere, die uns sinnvoll erschienen, haben wir ergänzt. Andeutungsweise soll gezeigt werden, wie Benutzer/innen mit Hilfe von Explorationsinstrumenten selbständig Informationsdefizite beseitigen können. Die Informationsbedarfe sind meist durch Fragepronomina benannt, was aber nicht heißt, daß sie als natürlichsprachliche Anfragen artikuliert werden sollen.

4.2) Untersuchung der Wissensbasis und der Schlußfolgerungsmöglichkeiten des Systems

Um überprüfen zu können, ob das Fachwissen adäquat im System abgebildet wurde, und was die Grundlagen des repräsentierten Wissens sind, sollten Benutzer/innen die Möglichkeit haben, den Inhalt der Wissensbasis direkt einzusehen. Es sollte ihnen möglich sein, auch unabhängig von einem konkreten Anwendungsproblem einzelne Elemente der Wissensbasis oder das Zusammenspiel von Regeln zu untersuchen. Dabei könnten seitens der Benutzer/innen verschiedene Informationsbedarfe auftreten (s. Tafel 4).

Tafel 4) Inspektion der Wissensbasis

Welche Regeln enthält die Wissensbasis und wie stehen sie miteinander in Verbindung?
Explorationsmöglichkeiten zum Verdeutlichen der Regelzusammenhänge könnten beispielsweise Maps, Browser, Filter (s.o.) oder (ggf. in natürlichsprachlicher Umschreibung) Ausgabe aller Regeln zu gegebenen Stichwörtern sein.

Von wem, Wann, Glossar, Warum: Explorierende Benutzer/innen können sich zur Beantwortung dieser Fragen Hintergrundinformationen zu einzelnen Elementen der Wissensbasis
beschaffen. Hierzu ist eine Kopplung mit einem klassischen Informationssystem oder einem
Hypertextsystem vorstellbar. Zu jeder Regel können dort Informationen über den Autor, das
Erstellungs bzw. Änderungsdatum und Begründungen verwaltet werden. Auch ein Glossar zu
den im System verwendeten (Fach-)Begriffen kann auf einem solchen Informationssystem
geführt werden. Die Warum-Frage ist hier im Sinne von 'Warum ist diese Regel in dieser
Form sinnvoll?' zu verstehen. Sie kann sich sowohl auf strategisches, strukturelles als auch
auf kausales Wissen [vgl. CLANCEY, 1983] beziehen. Da insbesondere kausales Wissen
maschinell kaum vermittelbar ist, könnten hier neben einer Kurzerläuterung auch Verweise
auf Literatur oder mögliche Ansprechpartner/innen stehen.

Beispielfälle: Es sollte Benutzern/innen möglich sein (beispielsweise als Trainingsmaterial
oder zu Vergleichszwecken), Daten, Verläufe und Ergebnisse von exemplarischen
Nutzungsprozessen in einer Falldatenbasis abzuspeichern, zu verwalten und wieder
abzurufen.

Einsatzbereich: Das Anliegen der Benutzer/innen ist es hier, allgemein die Möglichkeiten
und Grenzen des Expertensystems kennenzulernen. Dies könnte durch Durchspielen
typischer, mit dem System behandelbarer oder insbesondere nicht behandelbarer Probleme,
etwa auf der Grundlage von vorgegebenen **Spieldaten** oder durch **Scenario-Maschinen**
[CARROLL/KAY, 1986], geschehen. Scenario-Maschinen sind auf Spieldaten operierende
reduzierte Systeme, die nur noch einen vorgegebenen Aktionspfad zulassen.

4.3) Fragen zum Nutzungsvorgang

Der Informationsbedarf der Benutzer/innen besteht auch darin, die Schlußweise des Systems
während des Lösungsvorganges nachvollziehen zu wollen oder eigene Hypothesen zu überprüfen. Solche Informationsbedarfe treten direkt während des Nutzungsvorgangs auf (s. Tafel 5).
Die meisten Konzepte für Expertensysteme zielen darauf ab, natürlichsprachliche Erklärungen
zu generieren, die das maschinelle Schlußfolgern erläutern. Eine Alternative hierzu besteht
darin, in Anlehnung an Mittel der Direkten Manipulation (Browser, Maps, Filter, Zoom) die Anschaulichkeit des Ableitungsbaumes zu erhöhen.

Tafel 5: Exploration während der Nutzung

a) nachvollziehende Fragen
Wozu: Dieser Fragetyp entspricht der klassischen Warum-Frage wie etwa in MYCIN.
Der/die Benutzer/in möchte wissen, wozu das System eine bestimmte Information benötigt.
Eine Klärung kann über den Ableitungsbaum erfolgen. Es ist auch denkbar, die Notwendigkeit der erwarteten Eingabe zu "**neutralisieren**", d.h. die Folgezustände zu allen Eingabemöglichkeiten anzuzeigen, oder probeweise Eingaben vorzunehmen.
Wie: Durch Erkunden des Ableitungsbaumes ist die Frage zu klären, wie das System ein bestimmtes (Zwischen-)Ergebnis hergeleitet hat.
Was: Die bisher erhobenen oder durch Inferenz hergeleiteten Falldaten können abgefragt
werden. Das kann nach Stichworten oder anhand der Konsultationsgeschichte orientiert erfolgen.

b) direktive Fragen
Warum-nicht: Benutzer/innen sollten zu jedem Zeitpunkt des Inferenzprozesses eigene Lösungen formulieren können und gegen eine vom System vorgeschlagene Lösung abprüfen
lassen wie beispielsweise in TWAICE [LADWIG/MELLIS, 1987] realisiert. Dies entspräche
einer Hypothesenprüfung, (Abschnitt 3.1), die sich auf jeweils ausgewählte Teile des Lö-
sungsvorschlags bezöge.
Andere Regel: Es ist eine Funktion anzubieten, die alle Regeln anzeigt, deren Bedingungen
aktuell erfüllt sind. Daran anknüpfend wäre es initiierbar, daß vernachlässigten Ableitungs-
pfaden noch zusätzlich nachgegangen wird.
Andere Lösung: Benutzer/innen möchten eventuell mögliche (ggf. suboptimale)
Alternativen zur jeweils ermittelten Lösung vom System berechnen lassen.
Was wäre wenn: Hier kann Benutzern/innen die Möglichkeit gegeben werden, probeweise
Daten einzugeben oder nachträglich zu ändern (siehe 'What-if'-Fragen bei ELLIS, 1989). Es
muß die Möglichkeit gegeben werden, solche Aktionen zu kennzeichnen, um sie und ihre
Konsequenzen ggf. zu revidieren (z.B. durch das Setzen von Rückkehrpunkten).

5) Ausblick

Die dargestellte Vielfalt von Interaktionsmöglichkeiten eröffnet zum einen die Möglichkeit, daß
Probleme auf verschiedenen Wegen einer Lösung zugeführt werden, wie etwa durch prozeßorientierte Lösungsfindung, Hypothesenprüfung, medial vermittelte Verweise zu bereits gelösten Fällen etc. Darüber hinaus werden den Benutzern/innen Interventionsmöglichkeiten eröffnet, wie etwa Experimentieren, Erkunden und Modifizieren (letzteres wurde aus Platzgründen
hier nicht behandelt). Die angebotenen Interaktionsformen eröffnen ausreichende Flexibilität
angesichts der Metamorphosen, die die Expertensystemtechnik möglicherweise bis zu ihrer Anwendungsreife durchlaufen wird, etwa durch Zusammenwachsen mit herkömmlichen Informationssystemen oder durch die Ergänzung um konnektionistische Verarbeitungsformen.
Weiterhin verleihen Interventionsmöglichkeiten den Nutzern/innen von Expertensystemen eine
dominantere Rolle. Dies erfordert, daß die Benutzer/innen entsprechend qualifiziert und zu

einem gewissen Grad selbst Experten/innen sind. Die Komplexität der Interaktionsverläufe kann sich in diesem Zusammenhang erhöhen, was als Überforderung bewertet werden könnte. Es wird jedoch nicht unhinterfragt hinzunehmen sein, daß etwa das Personal einer Leitwarte bei der Nutzung wissensbasierter Prozeßleittechnik auf Interventionsmöglichkeiten verzichten soll, die in frühen Phasen der Technikkontrolle möglich waren, indem man sich zwecks Erkundung oder Nachregulierung in die Anlage "hinein begab". Eine höhere Komplexität der Interaktionsbedingungen ist auch in Kauf zu nehmen, wenn sich die Frage der Qualitätssicherung und der Verantwortbarkeit mehr in den Zuständigkeitsbereich des Menschen verlagern bzw. in diesem verbleiben soll.

Literatur

BECKER, Barbara (1987): Wissen und Können. In: GWAI'87. 11th German Workshop on Artificial Intelligence.

BEUSCHEL, Werner (1986): Qualifikationssicherung beim Einsatz von DV-Systemen. In: SCHULZ, Arno (Hrsg.)(1986): Die Zukunft der Informationssysteme. Berlin Heidelberg: Springer.

CARROLL, John M.; KAY, Dana S. (1986): Prompting, Feedback and Error Correction in the Design of a Scenario Machine. In: RC 12047. Almaden, Yorktown, Zürich, San José: IBM Research Division.

CLANCEY, William J. (1985): Heuristic Classification. In: Artificial Intelligence 27 (1985). pp. 289-350.

CLANCEY, William, J. (1983): The epistemology of a rule-based expert system - a framework for explanation. In: Artificial Intelligence 20 (1983) S. 215 - 251.

CONKLIN, Jeff (1987): Hypertext: An Introduction and Survey. In: IEEE Computer, Vol. 20, No. 9. pp. 17-41.

COY, Wolfgang; BONSIEPEN, Lena (1989): Erfahrung und Berechnung. Kritik der Expertensystemtechnik. Berlin, Heidelberg: Springer.

CREMERS, Armin B.; HERRMANN, Thomas (1990): Das Verbundprojekt "Veränderung der Wissensproduktion und -verteilung durch Expertensysteme". In: KI 3/90 (in Erscheinung).

DANIEL, Manfred; STRIEBEL, Dieter (1990): Humanorientierte Gestaltung von Expertensystemen. (Forschungsbericht Ibeg Karlsruhe): Düsseldorf: MAGS.

DREYFUS, Hubert L. ; DREYFUS, Stuart E. (1987): Künstliche Intelligenz. Von den Grenzen der Denkmaschine und dem Wert der Intuition. Hamburg: Rowohlt.

DREYFUS, Hubert L. (1985): Die Grenzen künstlicher Intelligenz - Was Computer nicht können. Königstein/Ts.: Athenäum. (amerik. Orig.: What Computers can't do - The Limitits of A.I.).

DZIDA, Wolfgang (1983): Das IFIP-Modell für Benutzerschnittstellen. In: OFFICE MANAGEMENT Sonderheft Mensch-Maschine-Kommunikation. S. 3-9.

EHN,Pelle (1988): Work Oriented Design of Computer Artifacts. Stockholm: Almqvist&Wiksell.

ELLIS, Charlie (1989): Explanation in intelligent systems. In: ELLIS, Charlie (Ed.): Expert Knowledge and Explanation. 108-126

FLOYD, Christiane, u.a. (1987): SCANORAMA. Methoden, Konzepte, Realisierungbedingungen und Ergebnisse von Initiativen alternativer Softwareentwicklung und -gestaltung in Skandinavien In: Werkstattbericht Nr.30. NRW: MMAGS.

FOSS (1989): Tools for Reading and Browsing hypertext. In: Inf. processing and management 4 pp. 407-418.

FURNAS, George W. (1986) : Generalized Fisheye Views. In: MANTEI, M.; ORBETON, Peter (eds.) (1986): Human Factors in Computing Systems III. Proc. CHI'86 Conf. Amsterdam u.a.: North Holland. pp. 16-23.

GÖRANZON, B. ; JOSEFSON, I. (1988): Knowledge, Skill and Artificial Intelligence. London: Springer.

GÖRANZON, Bo; FLORIN, Magnus (Hrsg.) (1990): Artificial Intelligence, Culture and Language: On Education and Work. Berlin, Heidelberg: Springer

HAYES-ROTH, F.; WATERMAN, D.; LENAT, D. (1983): Building Expert Systems. London u.a.: Addison-Wesley Publishing Co.

HERRMANN, Thomas (1986): Zur Gestaltung der Mensch-Computer-Interaktion: Systemerklärung als kommunikatives Problem. Tübingen: Niemeyer.

HILLENKAMP, Ulrich (1989): Expertensysteme - Gegenwärtiger Stand und Zukunftstendenzen: Auswirkungen auf Beschäftigung, Arbeitsleben und Berufsqualifikationen von Facharbeitern und Sachbearbeitern. (Projektbericht).

JACKSON, Peter (1990): Introduction to Expert Systems. Second Edition.   Wokingham u.a.: Addison Wesley.

KIDD, A.L. (1985): The consultative role of an expert system. In: JOHNSON; COOK (eds.) (1985): People and Computers: Designing the Interface; British Informatics Society Ltd. pp. 248-254.

LADWIG, Britta; MELLIS, Werner (1987): Negative Erklärungen in einem EMYCIN-artigen Expertensystem-Shell. In: BALZERT u.a.: Expertensysteme '87. Stuttgart: Teubner. S. 150-168.

LANGLOTZ, Curtis P.; SHORTLIFFE, Edward H. (1983): Adapting a consultation system to critique user plans. In: International Journal for Man-Machine Studies 19. pp. 479-496.

LUTZ, Burkhart; MOLDASCHL, Manfred. (1989): Expertensysteme und Qualifikation industrieller Fachkräfte. Frankfurt: Campus.

MERTENS, P.; BORKOWSKI, V.; GEIS, W. (1988): Betriebliche Expertensystem-Anwendungen - Eine Materialsammlung. Berlin-Heidelberg-New York: Springer.

MERTENS, Peter (1989): Expertisesysteme als Variante der Expertensysteme zur Führungsinformation. In: zfbf 41 (10/1989) S. 835-854.

MÖLLER, Marita (1989): Ein Ebenenmodell wissensbasierter Konsultationen - Unterstützung für Wissensakquisition und Erklärungsfähigkeit. Dissertation. Aachen.

PETRI, Carl Adam (1979): Kommunikationsdisziplinen. In: PETRI, C.A. (Hrsg.): Ansätze zur Organisationstheorie rechnergestützter Informationssysteme. Berichte der GMD Nr. 111. München, Wien S. 63-76.

POLLACK, Martha E.; HIRSCHBERG, Julia; WEBBER, Bonnie (1982): User Participation in the Reasoning Processes of Expert Systems. In: Proc. of the AAAI'82. pp. 358-361.

POLTROCK, Steven E.; STEINER, Donald D.; TARLTON, P. Nong (1986): Graphic Interfaces for Knowledge-Based System Development. In: MANTEI, Marilyn; ORBETON, Peter (eds.) (1986): Human Factors in Computing Systems III. Proc. CHI'86 Conf. Amsterdam, u.a.: North Holland. pp. 9-15.

PUPPE, FRANK (1986): Expertensysteme. In: Informatik-Spektrum, Nr.9, 1986. Universität Kaiserslautern.

SCHANK, R.C.; CHILDERS, P.G. (1986): Die Zukunft der künstlichen Intelligenz - Chancen und Risiken. Köln: DuMont.

SCHEFE, Peter (1988): Assesment of Expert Systems - State of the Art. Weakpoints, Impacts on Conditions of Work and Training Needs. Genf. (On behalf of International Labour Office).

SEPPELFELD, Erwin; ROST-SCHAUDE, Edith; KLATT, Günther (1986): Neue Technologien und Berufsbildung- Qualifizierungsmaßnahmen in der Bundesrepublik Deutschland. Frankfurt/New York: Campus.

VOLPERT,Walter (1987): Kontrastive Analyse des Verhältnisses von Mensch und Rechner als Grundlage des System-Designs. In: Zeitschrift für Arbeitswissenschaft, 41. S. 147-152.

WAHLSTER, Wolfgang (1981): Natürlichsprachliche Argumentation in Dialogsystemen. KI-Verfahren zur Rekonstruktion und Erklärung approximaler Inferenzprozesse. Berlin u.a.: Springer.

WEIZENBAUM, JOSEF (1978): Die Macht der Computer und die Ohnmacht der Vernunft. Frankfurt: Suhrkamp.

WINOGRAD, Terry; FLORES, Fernando (1989): Erkenntnis Maschinen Verstehen. Zur Neugestaltung von Computersystemen. Berlin: Rotbuch. (Engl.Orig.(1986): Understanding Computers and Cognition).

Adresse der Autoren/innen:

Universität Bonn
Institut für Informatik 3
Arbeitsgruppe Integrierte
Technikfolgenforschung
Römerstr.164
5300 Bonn1

MULTEX, Gestaltung von multimedialen Benutzungs-schnittstellen am Beispiel eines Expertensystems

Franz Koller, Stuttgart

Zusammenfassung

Multimedia-Techniken offerieren ein wachsendes Potential zur Verbesserung und Erweiterung von Mensch-Computer Schnittstellen. Dadurch können neue Anwendungsbereiche erschlossen werden. Dieser Beitrag beschreibt das prototypisch realisierte System MULTEX, das ein Diagnosesystem für technische Anlagen um eine multimediale Benutzungsoberfläche erweitert. Durch den Einsatz von Multimedia wurde nicht nur die Unterstützung für Diagnosefragestellungen verbessert, es bietet nun auch bessere Hilfe und Trainingsmöglichkeiten. Das System integriert Spracheingabe (Einzelworterkennung), synthetisierte Sprachausgabe, Text, Graphik, Animation und Video. Unter Nutzung dieser unterschiedlichen Medien erlaubt es eine illustrative Informationsdarstellung. Das System wurde auf einer UNIX-Arbeitsstation mit dem User Interface Management Systems DIAMANT /Trefz89/ unter X-Windows realisiert. In diesem Beitrag wird auf Design, Implementierung und Eigenschaften des Systems eingegangen und ein Ausblick auf künftige Entwicklungen gegeben.

1. Einleitung

In der Informations- und Kommunikationsindustrie ist durch die Einführung von Multimedia-Konzepten ein weitgreifender technischer Umbruch erkennbar, der von vielen als wesentlicher Erfolgsfaktor für die Zukunft der Computerindustrie /Shandle90/ eingestuft wird. Multimedia-Systeme erlauben die Nutzung von verschiedenen bereits bisher verfügbaren Medien wie Text, Graphik, Sprache, Video oder Animation. Neu ist, daß diese Medien in einem einzigen System zusammengeführt und integriert werden und dabei sehr viel stärker in interaktiver Weise genutzt werden können. So eröffnen Multimedia-Systeme in zunehmenden Maße Möglichkeiten zur Verbesserung von existierenden Anwendungen als auch zur Erschließung neuer Anwendungsgebiete. Verbesserungen von existierenden Anwendungen werden vor allem erreicht durch die Erweiterung des Kommunikationskanals zwischen Benutzer und System sowie durch die Nutzung von angemessenen Medien für unterschiedliche Aufgabenstellungen und durch den Einsatz flexibler und mächtiger Interaktionstechniken. In zunehmenden Maße sind auch Anwendungen zu realisieren, deren wesentliche Daten Multimedia-Informationen sind, die dargestellt, gespeichert und manipuliert werden müssen. Multimedia-Informationen sind vor allem für die Darstellung von komplexen Objekten der Realwelt und dynamischen Vorgängen geeignet und dadurch für die folgenden Bereichen besonders relevant:

- Schulung und Training
- Service und Wartung
- Benutzerführung
- Simulationen
- Prozeßüberwachung
- Informationsdienste
- Pressedienste
- Multimedia-Dokumente

Beim Design von Multimedia-Systemen ist neben den allgemeinen softwareergonomischen Anforderungen eine ganze Reihe von zusätzlichen Fragestellungen zu berücksichtigen. Einige der wichtigen Diskussionspunkte in Verbindung mit Multimedia sind:

- Für welche Aufgabenstellung ist welches Medium am besten geeignet?
- In welcher Umgebung sollte welches Medium verwendet werden?
- Welche Effekte resultieren aus der Kombination von verschiedenen Medien?
- Wie werden die Medien dem Benutzer am geeignetsten zur Verfügung gestellt?

Jeder dieser Punkte erlaubt eine Vielzahl von Gestaltungsoptionen. Für dynamische Vorgänge kann zum Beispiel animierte Graphik oder auch Video eingesetzt werden. Text kann einfach angezeigt, zusätzlich noch gesprochen oder nur gesprochen ausgegeben werden. Bezüglich der Benutzerakzeptanz dürfte im allgemeinen der angezeigte Text bevorzugt werden. Jedoch in Verbindung z.B. mit der Visualisierung eines dynamischen Prozesses ist Sprachausgabe durchaus geeignet, um gleichzeitig Erläuterungen zu dem visualisierten Prozeß zu geben, da Blickwechsel hin zu Texten unnötig werden.

Das System MULTEX wurde entwickelt, um Erfahrung über die Nutzbarkeit von Multimedia für Wartungsaufgaben zu gewinnen und um das mögliche Zusammenspiel von expertensystem-gestütztem Zugriff auf Informationen und freiem Browsen des Benutzers zu untersuchen.

2. MULTEX - Komponenten und Architektur

Ausgehend von der Diagnose-Expertsystemschale Id.est /Eichhorn87/, die an unserem Institut entwickelt wurde und für Anwendungen in der Maschinendiagnose eingesetzt wird, wurde ein Multimedia-Expertensystem (MULTEX) implementiert. Abb. 1 gibt einen Überblick über die Hardware-Konfiguration des Systems. Die Laufzeitkomponente des Expertensystems wurde durch einen Medien-Manager erweitert. Die Aufgabe des Medien-Managers ist die Steuerung und Synchronisation der angeschlossenen Medien: synthetische Sprachausgabe, Einzelworterkenner, Video, Animation, Graphik und Text.

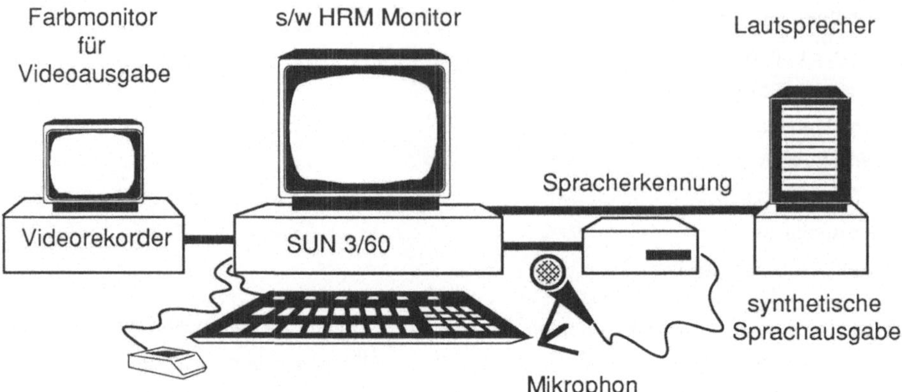

Abbildung 1: Hardwarekomponenten von MULTEX

Der Medien-Manager wurde mit der Beschreibungssprache UIDL (User Interface Description Language) von DIAMANT /Trefz89/ realisiert. UIDL ist eine objektorientierte Sprache (mit einfacher Vererbung) zur Verknüpfung und Modifikation von Objekten einer Benutzungsoberfläche. UIDL ermöglicht auch die Definition von Objektklassen, von der beliebig viele Ausprägungen (Instanzen) gebildet werden können. Eine UIDL-Klasse erbt auch automatisch alle Typinformation und alle Operationen seiner Superklasse. Alle Operationen einer UIDL-Klasse sind öffentlich zugänglich während alle Daten einer UIDL-Instanz nur von den Operationen der Instanz selbst zugreifbar sind.

Ausgehend von einem Modell von Objekten, die über Ereignisse miteinander kommunizieren, besteht die Hauptaufgabe einer Schnittstellenentwicklung mit UIDL in der Definition, Modifikation und Verknüpfung von Objektklassen. Eine Klasse beschreibt Aufbau und Verhalten der aus ihr erzeugten Objekte (Instanzen). In den meisten Fällen wird eine neue Klasse entweder eine bereits vorhandene Klasse spezialisieren (Vererbung) oder aber Objekte anderer Klassen zu einem speziellen Kontext zusammensetzen. Das Verhalten einer Klasse wird durch Reaktionen auf eintretende Ereignisse beschrieben. In der Beschreibung der Klasse wird dies durch Regeln ausgedrückt, die den Ereignissen zugeordnet sind. Ein eingetretenes Ereignis wird durch eine Regel in einem bestimmten Objektzustand interpretiert und kann zu einer Zustandsänderung des Objekts, zum Erzeugen neuer Instanzen oder zum Verschicken von neuen Ereignissen führen.

Der Anwendungsteil eines Systems kann von der Benutzerschnittstelle auf zwei Arten angesprochen werden. Die erste Möglichkeit besteht im Aufruf einer in C++ oder in C geschriebenen Anwendungsfunktion aus einer Regel heraus. Als zweite Möglichkeit kann die Anwendung als eigener Prozeß implementiert werden, welcher mit der Benutzerschnittstelle über die

Interprozesskommunikationsmöglichkeiten von DIAMANT kommuniziert ("Client - Server" Modell). Auf diese Art und Weise werden von dem Medien-Manager sowohl die verschiedenen Medien, als auch die eigentliche Anwendung, das Expertensystem angesprochen. Das folgende Beispiel zeigt, wie Erläuterungen zu Animationssequenzen gegeben werden.

```
on "MESSAGE" with (text) from "animation"{          // Ereignis MESSAGE von
                                                    // Animation
    if ((TALK == "on") && (ani_window == "open")) {
        send("talk","speak",text);                  // Text wird an Prozeß talk
    }                                               // geschickt
}


on "SELECTED" with (object) from "animation"{       // Ereignis Object selektiert
                                                    // von Animation
    if (object == "Ruecklicht")
        send(explainer,"show","Ruecklicht.data");   // explainer zeigt zusätzliche
    else if (object == "Schaltung")                 // Information zum selektierten
        send(explainer,"show","Schaltung.data");    // Objekt
    else
        ......
}
```

Der Laufzeitkern von DIAMANT übernimmt die Aufgabe, die Verbindung zu den Prozessen (hier "talk" und "animation") aufzubauen. Falls ihm diese Prozesse bisher nicht bekannt sind, sucht er automatisch in einer Datei nach einem Eintrag, auf welchem Rechner unter welcher Adresse er den jeweiligen Prozeß finden kann. Danach baut der Laufzeitkern die Verbindung auf und verwaltet die gesamte Kommunikation mit diesen Prozessen.

Auf dieselbe Art wurde das Expertensystem eingebunden. Es steuert einen einfachen Frage - Antwort Dialog. Es erfragt Zustände der Maschine und gibt Anweisungen, wie diese Zustände zu überprüfen sind, bzw. wie ein gefundener Fehler zu beheben ist. Dabei berücksichtigt es die vorhandenen Werte von Sensoren und benutzt Heuristiken /Pearl84/, um den Aufwand zur Fehlersuche und Reparatur möglichst minimal zu halten.

Um die Möglichkeiten des Systems darzustellen, wurde als Demonstrationsanwendung der multimedialen Oberfläche die Diagnose und Reparatur eines Fahrrades realisiert. Dazu wurde ein Regelsatz entworfen und entsprechende Graphiken, Animations- und Videosequenzen für diese Anwendung bereitgestellt.

3. Eine Beispielsitzung

Im folgenden soll in einer Beispielsitzung mit MULTEX der Medieneinsatz gezeigt werden. Der Benutzer startet das System, das mit der ersten Frage oder Anweisung beginnt. Diese wird auf dem Bildschirm angezeigt und wahlweise gleichzeitig durch synthetische Sprache ausgegeben. Die möglichen Antworten auf die Frage bzw. die Bestätigung der Anweisung werden auf Softbuttons angezeigt. Der Benutzer antwortet durch Sprechen, durch Klicken eines Softbuttons oder durch Eingabe mittels Tastatur. Die verschiedenen Eingabemöglichkeiten sind dabei gleichwertig.

Im Verlauf der Sitzung diagnostiziert das System z.B., daß die Gangschaltung nicht richtig justiert ist. Der Benutzer wird aufgefordert, die Schaltung zu justieren (siehe Abb. 2).

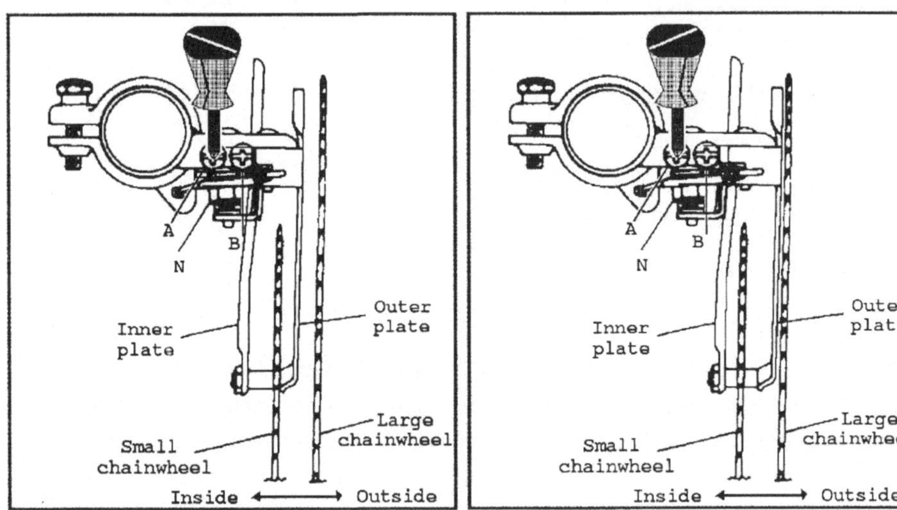

Abbildung 2: Ausschnitt einer Animation zur Justierung der Gangschaltung

Das System unterstützt ihn dabei, indem es ihm eine entsprechende Animationssequenz zeigt und gleichzeitig erklärt, welche einzelnen Schritte durchzuführen sind. Die Animation zeigt, an welchen Schrauben gedreht werden muß, wie sich das Drehen der Justierschrauben auswirkt und in welche Richtung gedreht werden muß. Dies wird visualisiert durch Einfahren von Werkzeugen, Drehen der Werkzeuge, Einblenden von Pfeilen, die die Aufmerksamkeit auf eine bestimmte Stelle lenken (siehe Abb. 3), Einblenden von Pfeilen, die sich in Drehrichtung bewegen, Bewegen der betroffenen Teile und gleichzeitige Darstellung verschiedener Sichten auf die Teile. Der Benutzer kann seine Aufmerksamkeit ganz der Animation widmen, da er die textuellen Erklärungen oder Anweisungen parallel zur Animation durch die Sprachausgabe mitgeteilt bekommt.

Längere und komplexe Vorgänge können nur schwer mit Animationstechniken realisiert werden. Deshalb werden komplexere Vorgänge wie z.B. der Ausbau und das Flicken des Reifens durch Videosequenzen illustriert. Sie erlauben eine umfangreiche Darstellung von Problemen, von einer globalen Sicht bis hin zu Detailaufnahmen. Das System zeigt dazu automatisch die entsprechenden Videosequenzen, die unabhängig von ihrer Reihenfolge auf dem Videoband angesteuert werden können.

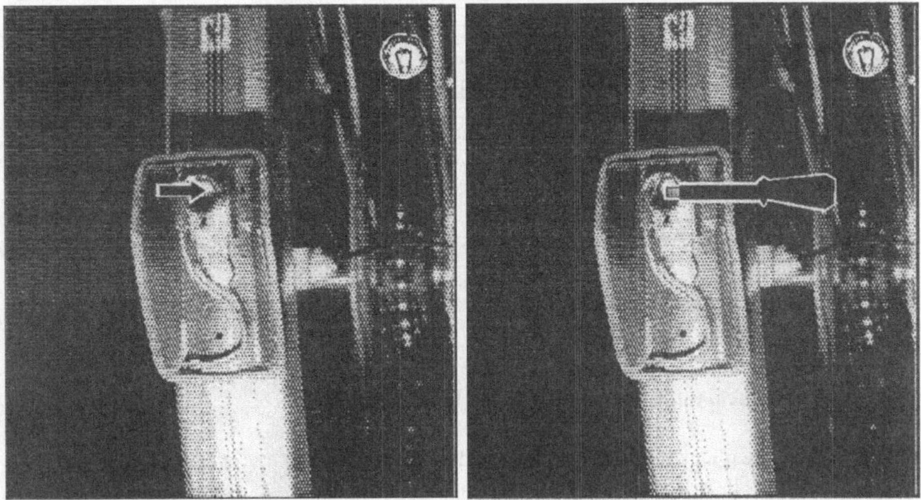

Abbildung 3: Ausschnitt einer Animation zur Reparatur des Rücklichtes

Der Benutzer hat außerdem jederzeit die Möglichkeit, in eine laufende Animation oder eine Graphik mit der Maus Objekte zu referenzieren. Dies öffnet ein Fenster mit weiteren Informationen über das referenzierte Objekt. Es erlaubt, ausgehend von der aktuell dargestellten Information, das aktive "Durchblättern" von Informationen in der Art eines Hypertext-Systems. Hierbei können Informationen sowohl textuelle oder graphische Informationen über Teile oder Werkzeuge sein, als auch Animations oder Videosequenzen über Arbeitsabläufe.

Um die jeweiligen Benutzerpräferenzen zu berücksichtigen, können die verschiedenen Medien über ein Steuerfeld mit unterschiedlichen Buttons einfach an- und abgeschaltet werden (siehe Abb. 4). Sind die Medien angeschaltet, werden sie immer genutzt, sobald entsprechende Informationen vorhanden sind. Bei Video und Animation gibt es weiterhin die Möglichkeit, dem Benutzer Sequenzen anzukündigen. In diesem Fall wird dies auf dem Steuerfeld angezeigt und über Sprachausgabe dem Benutzer mitgeteilt, sobald im Diagnoseablauf Sequenzen verfügbar sind. Der Benutzer kann diese über die Buttons auf dem Steuerfeld starten. (Für die Sprachausgabe gibt es auch die Möglichkeit des reduzierten Feedback. Bei dieser Einstellung werden die Eingaben des Benutzers nur dann durch die Sprachausgabe wiederholt, wenn die Eingabe durch die Spracheingabe erfolgte.)

```
Multex-Control-Panel
 [  F0  ] [  F1  ] [  F2  ] [  F3  ] [  F4  ] [  F5  ] [  F6  ] [  F7  ]
 [  <<  ] [  >>  ] [  -->  ] [  ^^^  ] [   ^   ] [   v   ] [  vvv  ] [ QUIT ]

                            [    TALK AGAIN    ]
  [ ] video available       [    SHOW VIDEO    ]
  [X] animation available   [  SHOW ANIMATION  ]

  talk       O off  @ on   O on, with reduced feedback
  speech     O off  @ on
  video      O off  @ on   O announce
  animation  O off  @ on   O announce

  detail of video       @ fast  O normal
  detail of animation   O fast  @ normal

  | FhG- |  <<  |  <| |  <   |  ||  |  >   |  |>  |      |
  | IAO  | Rew. | Step | Play | Stop | Play | Step | bike |
```

Abbildung 4: Steuerfeld für die unterschiedlichen Medien

Die unterschiedlichen Detailstufen für Video und Animation bieten auf beiden Stufen die für die
Aufgabenstellung relevanten Informationen. In der ersten Einstellung werden die Informationen
jedoch in einer komprimierten Form in kürzerer Zeit dargestellt, was während einer Diagnose-
sitzung durchaus wünschenswert ist. Auf der normalen Stufe werden die Informationen ausführlicher dargestellt und sind deshalb besser für Lern und Trainingszwecke geeignet.

Die unterste Reihe des Steuerfeldes erlaubt die direkte Steuerung der Animation durch Funktionen
wie Stop, schrittweise vorwärts, rückwärts etc. Dies erlaubt das direkte Eingreifen in laufende
Animationen zur Wiederholung von Ausschnitten einer Animationssequenz.

4. Gestaltungsfragen bei dem Prototypsystem

Die Erfahrungen mit der realisierten multimedialen Benutzungsoberfläche machen einige Punkte
deutlich, die beim Design eines solchen Systems beachtet werden sollten:

- Feedback bei Spracheingabe: Spracheingabe hat noch eine verhältnismäßig hohe Fehlerrate,
  deshalb ist es notwendig, ein direktes Feedback zu geben. Bei MULTEX werden die
  Eingaben von der Sprachausgabe wiederholt.

- Sprachausgabe mit unterschiedlichen Stimmen: Diese dienen der Verdeutlichung von verschiedenen Informationsinhalten. Bei unserer Implementierung verwenden wir eine weib-
  liche Stimme für die Fragen und eine männliche für das Feedback auf Benutzereingaben.

- Undo: Grundsätzlich sollte jedes System "undo" unterstützen. Dies gilt besonders in Verbindung mit Spracherkennung. MULTEX erlaubt schrittweises Zurücksetzen des Dialogs und des Diagnosezustandes.

- Leichte Wiederholbarkeit von Video, Animation oder Sprachausgabe: Um sich eine bestimmte Stelle noch einmal genauer ansehen zu können, muß es leicht möglich sein, eine Sequenz zu wiederholen, z.B. durch Drücken des entsprechenden Buttons im Steuerfeld.

- Abbruchmöglichkeit für die Ausgabemedien: Benutzer, die die angebotene Information schon kennen, wollen nicht warten, bis die Sprachausgabe, die Animation oder das Video beendet ist. Im System kann man die Ausgabemedien abbrechen, indem einfach die nächste Antwort gegeben wird oder das Medium explizit abgebrochen wird.

- Parallele Ausgabemedien: Die parallele Ausgabe von Informationen, z.B. Zeigen eines Vorganges durch Animation und gleichzeitige Erklärung des Vorganges durch Sprachausgabe, führt zu einer dichteren Informationsvermittlung. Der Benutzer kann seine Aufmerksamkeit ganz der visualisierten Information widmen, die parallel durch Audio unterstützt wird, was auch der natürlichen Informationsaufnahme des Menschen entspricht. Blickwechsel zu textuellen Erklärungen werden unnötig.

- Eingabe durch Referenzieren: Im Zusammenhang mit Animation oder graphischen Darstellungen z.B. von Baugruppen ist es möglich auf Elemente zu zeigen und zusätzliche Informationen zu dem referenzierten Objekt in der Art eines Hypermedia Systems /Yankelovich88/ zu erhalten. Durch solche Techniken kann eine aufgabenangemessene Dialogführung realisiert werden.

- Parallelität der verschiedenen Medien: Um die verschiedenen Medien wirklich parallel zur Verfügung stellen zu können, wurden sie in MULTEX als verschiedene Prozesse implementiert, die gleichzeitig ablaufen können. Die Synchronisation dieser Prozesse, und damit der Medien, wird durch den Medien-Manager realisiert.

- Differenzierte Darstellungsstufen von Informationen: In Abhängigkeit von verschiedenen Faktoren wie Zeitdruck, Wissensstand etc. werden unterschiedliche Anforderungen an die Geschwindigkeit und den Detailgrad der zu übermittelnden Informationen gestellt. Das System gibt dem Benutzer die Möglichkeit, zwischen zwei Darstellungsstufen zu wählen.

Eine wichtige Entscheidung ist auch, welche Visualisierungstechnik zur Darstellung von Informationen gewählt werden soll. Im Kontext des realisierten Prototyps zeigte sich, daß z.B. für längere Arbeitsabläufe Video besonders gut geeignet ist, für kürzere Arbeitsschritte

Animation. Eine allgemeinere Bewertung der unterschiedlichen Visualisierungstechniken bezüglich ihrer Einsetzbarkeit im technischen Bereich findet sich in Abbildung 5.

	Aufbau, Struktur	Komponentenbeschr.	Funktionsweise	Arbeitsschritte	Arbeitsabläufe
Text, Daten	○	●	○	○	○
Rasterbild	⊘	○	⊘	⊘	○
Objektgraphik	●	○	⊘	⊘	○
Animation	●	○	●	●	⊘
Video	○	○	●	⊘	●

● gut geeignet   ⊘ geeignet   ○ bedingt geeignet

Abbildung 5: Eignung von Visualisierungstechniken für technische Anleitungen

5. Diskussion

In dieser Prototypentwicklung wurde die eigentliche Dialogstruktur (Frage-Antwort) gegenüber der ursprünglichen Version (ohne Multimedia) nicht verändert. Es zeigte sich allerdings, daß bereits durch die dargestellten Erweiterungen der Kommunikationsmöglichkeiten eine bessere Informationsvermittlung stattfindet und die Qualität der Benutzungsoberfläche verbessert wurde.

Der realisierte Prototyp veranschaulicht, wie die verschiedenen Medien sinnvoll eingesetzt werden können. Grenzen sind jedoch bei dieser Realisierung durch den vom Expertensystem bestimmten Frage - Antwort Dialog gegeben. Um diese zu überwinden, wird an einer Reimplementierung des Expertensystems gearbeitet, das Eingaben zu jedem Zeitpunkt zuläßt, eine flexiblere Dialogstruktur erlaubt und den Zugriff auf die Wissensbasis zuläßt.

Um das System flexibler und in einem breiteren Anwendungsbereich einsetzen zu können, sollen folgende Arbeiten angegangen werden:

* Stärkere Integration der Hypermedia Fähigkeiten

* Integration von digitalisierten Geräuschen

- Unterstützungswerkzeuge zur
    - einfacheren Synchronisation der Medien
    - Planung des Medieneinsatzes
    - Unterstützung des Dialogdesigners
    - Anpassung an verschiedene Benutzerprofile

Insbesondere die Verfügbarkeit von Unterstützungswerkzeugen für den Entwickler von Multimedia-Systemen ist ein entscheidender Erfolgsfaktor für Multimedia. Momentan gibt es z.B. noch keine kommerziell erhältlichen Systeme, die den Entwickler bei der Organisation des "Multimedia-Informationsraums" unterstützen. Wünschenswert sind z.B. Interaktionsobjekte, die dem Benutzer anzeigen, ob er eine Information schon gesehen hat und wo er sich im System befindet.

Im Hardwarebereich wird der Trend zu multimedialen und damit hoch interaktiven Systemen durch die aktuelle Entwicklungen unterstützt. So erlauben inzwischen spezielle Hardwarekarten die Integration von digitalisiertem Video in Fenstersystemen; namhafte Hardwarehersteller bieten entsprechende Audio- und Videokarten/systeme an /Luther89/, /Philips88/. Den Anforderungen von Multimedia bezüglich der zu verarbeitenden Informationsmenge entsprechen auch die Entwicklungen von Hochleistungsnetzwerken, Breitband-ISDN und optischen Speichermedien.

6. Literatur

/Eichhorn87/: Ralf Eichhorn, Ralf D. Pütz "Fault diagnosis with an expert system tool: System architecture and inference mechanism" Proceedings of 4th European Congress Fair for Technical Automation, Essen, 12.-15. Mai 1987

/Koller88/: F. Koller, B. Trefz, J. Ziegler "Integrated Interfaces and their Architecture", Esprit Projekt 385 - HUFIT, Working Paper B3.4/B5.2 HUFIT-23-IAO-11/88, 1988

/Luther89/: A. Luther "Digital Video in the PC Environment" McGraw-Hill Book Company New York, 1989

/Pearl84/: J. Pearl, Heuristics, Addison-Wesley Publishing Company, 1984

/Philips88/: Philips International "Compact Disc-Interactive, A Designer`s Overview" McGraw-Hill Book Company New York, 1988

/Shandle90/: J. Shandle "Who will dominate the desktop in the `90s?" Electronics, Feb. 1990, 48-50, 1990

/Trefz89/: B. Trefz, J. Ziegler "The User Interface Management System DIAMANT", erscheint in: Proc. IFIP Working Conference "Engineering for Human Computer Interaction", Napa Valley, Cal., USA, 21.-25. August 1989

/Yankelovich88/: N. Yankelovich, K.E. Smith, L.N. Garrett, N. Meyrowitz "Issues in Designing a Hypermedia Document System" In: S. Ambron & K. Hopper (Hrsg.): Interaktive Multimedia, Microsoft Press, 1988

Adresse des Autors:

Franz Koller

Fraunhofer-Institut für Arbeitswirtschaft und Organisation (FhG-IAO)

Nobelstr. 12

7000 Stuttgart 80

Thesen zur Diskussionsgruppe

KI in der Arbeitswelt – Unterstützung oder Ersatz von Experten?

C. Skarpelis und G. Huba

Bestimmte KI-Anwendungen, wie z.B. Expertensysteme, sind bereits
aus den Entwicklungslabors heraus und verbreiten sich sowohl in
den Produktionsbetrieben als auch in den Dienstleistungsbereichen.
Der Umfang dieser Verbreitung kann heute noch nicht als nennens-
wert angesehen werden. Die Geschwindigkeit der Verbreitung nimmt
allerdings nach einigen Rückschlägen wieder zu. Vor allem nehmen
die Typen der Bereiche zu, in denen Expertensysteme eingesetzt
werden. In der letzten Zeit richtet sich die Aufmerksamkeit auf
Einsatzgebiete, in denen Arbeit mit höherwertigen Aufgaben geleistet wird, wie z.B. Planungs- und Konstruktionsaufgaben.

Daß wir vom Programmanagement "Arbeit und Technik" diese Diskussionsrunde vorgeschlagen haben, hat mehrere Gründe. Solange die KI-
Anwendungen -und hier speziell die Expertensysteme- eher für Entwicklungslabors, Universitätsinstitute und wissenschaftliche Tagungen interessant waren, haben wir im Programm "Arbeit und Technik", vor allem im Rahmen des Schwerpunktes "Menschengerechte
Softwareentwicklung" einige Projekte gestartet, die nur insoweit
Auswirkungen auf die Arbeitsbedingungen und das Arbeitsleben
untersuchen sollten, wie dies möglich ist für technische Entwicklungen, die noch nicht die Anwendungsreife erlangt haben. In
dieser Phase der Diffusion technologischer Prinzipien in Form
neuer Techniken mit unmittelbarem Anwendungsbezug sowie in der
noch früheren Phase der Entwicklung neuer Technologien mit Schlüs-
sel-Charakter, d.h. potentiell geeignet für vielfältigen Anwendungen, gibt es prinzipiell wenige, geringer gesicherte aber tief-
greifendere Gestaltungspotentiale der Technik als in der Ver-

breitungsphase. Damit zusammenhängende Fragestellungen werden
meist eher im Bereich der Technikfolgenabschätzung eingeordnet.
Wir haben im Kontext unseres Programmauftrages in unseren Projekten auch Gestaltungsfragen integriert und mitbearbeitet. Nunmehr
haben wir aufgrund der Einführung solcher Systeme in der realen
Arbeitswelt die Gelegenheit und zugleich die Verpflichtung mit
grösserer Sicherheit auch die vielfältigen Faktoren untersuchen
und gestalten zu lassen, die erst bei der konkreten Anwendung dieser Techniken im betrieblichem Umfeld sichtbar bzw. erfahrbar werden.

Aus der mittlerweile erkennbaren Vielfalt von Chancen und Risiken
haben wir eine Frage ins Zentrum der Diskussion gestellt, die einerseits uns besonders wichtig für die Arbeitsaufgaben und die Arbeitsbedingungen erscheint und andererseits eine Vielzahl von ge-
staltbaren Facetten enthält, in Bezug auf die Rolle, die den Beschäftigten zufällt, die mit KI-Systemen arbeiten.

Expertensysteme können zweifellos qualifizierte geistige Arbeit
sowohl unterstützen als auch ersetzen. Das haben sie allerdings
mit den herkömmlichen Software-Systemen gemeinsam -auch wenn man
über dem Umfang und das Niveau der Unterstützung oder der Ersetzung sehr wohl konträr diskutieren kann. Sowohl herkömmliche als
auch mit KI-Techniken programmierte Systeme maschinisieren die
Kopfarbeit in immer neuen Anwendungsfeldern. Wenn also eine Veror-
tung der Expertensystem-Technik im Kontext der Technikentwicklung
vorgenommen wird, dann werden die meisten Fachleute sich damit
einverstanden erklären, daß sie bei der Softwaretechnik aufgehoben
werden soll (Coy). Es handelt sich um dem Versuch, Systeme mit
Hilfe neuer algorithmischer Leitbilder auf eine andere Art zu entwickeln. Neu entwickelte Datenflußprinzipien und funktionale Architekturen, so wie sie sich in den KI-Modellen, den Expertensystemen und den neuronalen Netzarchitekturen materialisierten haben
zwar die klassische Struktur der von-Neumann-Welt verändert
(Seegmüller), sie blieben aber doch Domänen der Informatik und der
Software-Technik. Die bisherigen Anwendungserfahrungen sprechen im
übrigen dafür, daß KI-Systeme nur dann Chancen eines breiten Einsatzes haben werden, wenn sie sich vom Stand-Alone-Status befreien
und in herkömmlichen DV-Welten integriert werden.

Die Expertenarbeit insgesamt zu ersetzen wird aus den verschiedensten Gründen nicht gehen. Die Maschine hätte in einem solchen Fall
denken lernen müssen. Denken aber, und das ist nicht erst seit
Descartes erkannt, ist eine wesentlich reichhaltigere Tätigkeit
als etwa logisch (auch fuzzy-logisch) ablaufende Symbolmanipula-
tionen, die von Maschinen heute und morgen bewältigt werden kann
(Capurro). Denken setzt voraus, daß gezweifelt, begriffen, bejaht,
verneint, gewollt, nicht gewollt, vorgestellt und empfunden wird.
Und Wissen, das in der Wissensbasis abgelegt werden soll, mit dem
Anspruch Schlußfolgerungen zu ermöglichen, die der menschlichen
Expertise nahe kommen, muß die Kontextabhängigkeit und die Sub-
jektgebundenheit menschlichen Wissens widerspiegeln, sozial gebun-
den sein, den Unterschied zwischen Theorie und Praxis sowie zwischen Wissen und Können reflektiert haben -und das alles bei der
bekannt begrenzten Explizierbarkeit des Wissens: Nein, die Gefahr
eines weitgehenden Ersatzes des menschlichen Expertentums sind wir
nicht in der Lage zu erkennen.

Zwischen Ersatz und Unterstützung des menschlichen Expertentums
besteht allerdings ein Kontinuum und die Expertensysteme sowie andere technisch fortgeschrittene KI-Anwendungen sind mit Sicherheit
nicht nur an dem "Unterstützungs"ende zu finden. Sie ersetzen auch
-genauso, wie auch herkömmliche Softwaresysteme- geistige Arbeit.
Das geschieht bislang in der Regel in extrem engen Wissensdomänen,
sie können allerdings zweifelsohne breiter werden. Eine Begrenzung
von unerwünschten Folgen setzt zumindest voraus, daß Methoden und
Instrumente verfügbar gemacht werden müssen, um bei einer genauen
Betrachtung der Gesamttätigkeit, die mit einem Expertensystem unterstützt werden soll, in die Lage versetzt zu werden, die Aufgaben zwischen Maschine und Menschen sinnvoll aufzuteilen. Eine
sinnvolle Aufteilung berücksichtigt die spezifischen Stärken
menschlichen Expertentums und versucht keineswegs all das zu
automatisieren, was automatisierbar erscheint. Im Gegenteil: Die
Wesensmerkmale menschlichen Expertentums müssen erfaßt und die
Stärken, die Menschen bei der Bewältigung komplexer Aufgaben
haben, sollen durch die der Maschine übertragene Prozeduren
unterstützt und gefördert werden (Volpert). Dadurch wird nicht
bloß die Technikentwicklung in Richtung einer menschengerechten

Gestaltung der Arbeit unterstützt, sondern auch die
Organisationsprinzipien der Arbeitsverrichtung so strukturiert,
daß sie die Kompetenz, die Kreativität und die Motivation der
Beschäftigten stützen und deren Handlungsspielräume erweitern.
Eine solche Aufgabe läßt sich realistisch umsetzen, wenn sie
bereits in die Arbeit der Software-Entwickler eingebunden wird.
Dieser Weg hat sich in einigen der von uns geförderten Software-
Vorhaben als notwendig erwiesen. Wir werden versuchen, diesen Weg
zu unterstützen. Dieser Weg ist bereits in der herkömmlichen
Software-Entwicklung nicht leicht, weil er viele, zur bequemen
Gewohnheit gewordene Entwicklungspfade durchkreuzt und
Entwicklungsphasen in Frage stellt. Bei der KI-Entwicklung wird es
noch schwieriger, da die vermeintliche Eindeutigkeit der
erwünschten und realen Zuständigkeiten der Welt der herkömmlichen
Software-Entwicklung, dort komplizierten Modellen der Zusammenarbeit zwischen Software-Entwicklern, Experten, Wisseningenieu-
ren und Benutzern weichen muß. Diese Beteiligten übernehmen bei
der Erhebung, der Strukturierung und der Repräsentation von Wissen
sowie bei der Pflege der Wissensbasis unterschiedliche Rollen. Andererseits öffnen die Methoden des Wissenserwerbs, die Bemühungen
um eine funktionale Wissensrepräsentation, die Designversuche einer Erklärungskomponente, der erwünschte Verzicht auf das sog.
Kaskadenmodell zu Gunsten zyklischer Entwicklungsverfahren und vor
allem die notwendige Zusammenarbeit der Entwickler mit den fachlichen Experten Chancen für Modelle der Entwicklung, die lehrreich
sein können auch bei der Erstellung traditioneller Software.
Darüberhinaus können die Ergebnisse der KI-Arbeiten das Inventar
der konventionellen Software-Technik um flexiblere, mächtigere
Methoden sowohl der Programmstrukturierung als auch der Gestaltung
der verschiedenen Schnittstellen erweitern.

In der Diskussionsrunde werden wir einige der Chancen und Risiken
bisheriger Entwicklungskonzepte thematisieren. Die nachfolgenden
Beiträge der Teilnehmer konzentrieren sich auf die Frage bisheriger und zukünftiger Anwendungen von Expertensystemen und haben das
Ziel, Umfang und Ortung prinzipieller Betroffenheit zu zeigen.

1. Welche Erfahrungen zum Einsatz von Expertensystemen in der Arbeitswelt sind Ihnen bekannt, in welchen Bereichen und für welche Aufgaben werden diese Systeme eingesetzt?

Prof. Dr. A. Cremers, Universität Bonn

Die Bereiche, in denen Expertensysteme eingesetzt werden, lassen sich nach verschiedenen Kriterien typisieren (vgl. bspw. Puppe: Problemlösungsmethoden in Expertensystemen, Springer 90). Die wichtigsten Klassen sind mit Selektion, Konstruktion und Simulation bezeichnet. Dabei bedeutet Selektion die Auswahl aus einer fest vorgegebenen Lösungsmenge (Interpretation, Diagnose, Überwachung), Konstruktion das Zusammensetzen der Lösung aus einzelnen Bausteinen (Planung, Design) und Simulation die Herleitung möglicher Folgezustände aus einem vorgegebenen Anfangszustand (Bsp.: Störfallprognose). Aus den bislang gesammelten Erfahrungen beginnt sich eine Systematik dafür herauszuentwickeln, ein Anwendungsproblem einer jeweiligen Klasse zuzuordnen und damit angemessene Problemlösungsstrategien und Methoden der Wissensrepräsentation einzugrenzen. Die einheitliche Umsetzung einer solchen Vorgehensweise ist allerdings nur für wenige Anwendungsbereiche (z.B. Diagnose) hinreichend gut entwickelt. In jüngster Zeit hat sich der Einsatz von Expertensystemen für Planungsaufgaben beachtlich verstärkt. Gravierende technische Probleme liegen bei der dynamischen Weiterentwicklung und Konsistenzerhaltung von Wissensbasen. Diese Probleme sind selbst im Bereich herkömmlicher Datenbanken (4. Generation) noch nicht zufriedenstellend gelöst und erhalten im Zusammenhang mit der Aktualität und Zuverlässigkeit von Wissensbanken eine neue Dimension. Neue Perspektiven für "lernfähige" wissensbasierte Systeme werden derzeit im Zusammenhang mit sog. hybriden Systemen erforscht. Hybride Systeme verbinden wissensbasierte Softwaretechnik mit künstlichen neuronalen Netzen. Solche Systeme sind allerdings erst in wenigen Spezialanwendungen erprobt worden.

Dr. Dr. L. Fohmann, Ploenzke Informatik, Kiedrich

These 1.1:
Wissensbasierte Systeme sind bisher nicht in nennenswertem Umfang
in die Arbeitswelt eingedrungen.

Begründung: Repräsentative Ergebnisse einer Umfrage unter den
Banken in Deutschland (Quelle: KI 3/90, S. 59 ff.). Für andere
Branchen gilt grundsätzlich das gleiche.

Anzahl der Expertensysteme bei Banken (Stand Mai 1989):

	Großbanken	Kleinbanken	Gesamt
Eingesetzte XPS	0	3	3
XPS-Protptypen	9	8	17
Machbarkeitsstudien	2	1	3

Einsatzbereiche und Aufgaben:

1. Existenzgründungs- und Subventionsberatung (z.B. WGZ
   Genostar)
2. Kreditwürdigkeitsprüfung (z.B. Commerzbank CODEX)
3. Anlagenberatung (z.B. KKB-Bank RAMSES)

These 1.2:
Die geringe praktische Verbreitung deckt sich mit meinen persönlichen Erfahrungen.

Begründung: Persönliche Einsatzerfahrungen (nicht repräsentativ).

1. KKB-Bank RAMSES: Anlageberatung
2. BIK: Bilanzanalyse
3. BASF GASWEX: Angebotserstellung und Konfiguration von Gasab-
   reicherungsanlagen.

4. Aggripina NAIS-BAV: Vertriebsunterstützung von Direktver-
   sicherungen.

These 1.3:
Viele akademische Diskussionen (z.B. über Folgen der Wissenstechnologie) gehen an den gegenwärtigen Problemen der Praxis vorbei
oder eilen der Praxis mehrere Jahre voraus.

Begründung: Gegenwärtige praktische Probleme sind u.a.:

1. Zu geringe Anzahl praktisch erfolgreicher wissensbasierter
   Systeme im Produktionsstatus. Keine kritische Masse.
2. Unsicherheit/Verunsicherung möglicher Anwender über sinnvolle
   Anwendungsfelder. Deshalb außerhalb der KI-Gemeinde nur geringe Akzeptanz.
3. Ungeklärtes Software Engineering bei wissensbasierten
   Systemen.
4. Ungeklärtes Software Engineering bei gemischt-technologischen
   Systemen (bei gemischt-technologischen Systemen sind wissensbasierte Systeme lediglich Teilsysteme).
5. Ungeklärte
   - (ablauf-)organisatorische (z.B. Kooperation zwischen Mensch
   und Maschine),
   - personelle (z.B. Software-Ergonomie, Personalentwicklung,
   Benutzer-Qualifikation, Entwickler-Qualifikation) und
   - wirtschaftliche Aspekte.
6. Inflationärer Strom unreifer Werkzeuge.
7. Zu wenig Werkzeuge mit Chance zum Werkzeugstandard.

These 1.4:
In der Praxis gibt es weder "Erfolg" beim Ersatz von Experten
durch wissensbasierte Systeme, noch gibt es Ansätze hierzu.

Dr. K. Palme, Institut der deutschen Wirtschaft, Köln

Das Institut der deutschen Wirtschaft hat für seine Mitgliedsver-
bände und angeschlossenen Organisationen die Aufgabe übernommen,

die Entwicklung der EDV im Bereich Bürokommunikation und von Datenbanken zu beobachten und die Verbände aktiv und beratend zu unterstützen.

Im Rahmen dieses Aufgabengebietes sind bisher Expertensysteme in den Verbänden oder im Bereich der Bürokommunikation nicht zum Einsatz gekommen, so daß praktische Eigenerfahrungen nicht vorliegen.

Die sorgfältige Beobachtung des Marktes, insbesondere auch der KI-Systeme, ist jedoch aufgrund der genannten Aufgabenstellung selbstverständlich. Dabei interessieren uns insbesondere Einsatzgebiete, die den Bereich der Bürokommunikation und den Zugriff auf Datenbank umfassen:

Beurteilt man hierbei Tendenzen bei der Entwicklung und den betrieblichen Einsatz dieser Systeme, so ergeben sich hierfür folgende Merkmale:

- KI-Systeme für den Bereich Bürokommunikation oder Zugriff auf Datenbanken befinden sich allesamt im Stadium der Entwicklung oder des Entwurfes. Praktische Ergebnisse liegen bisher nicht vor.

- Ein wesentliches Merkmal wissensbasierter Systeme ist der Zugriff auf große und größte Datenmengen. Es ist jedoch meines Wissens noch nicht gelungen, den Bestand von weit über 4.000 Datenbanken, die online weltweit zur Verfügung stehen, in die Gestaltung von KI-Systemen aktiv mit einzubeziehen.

- Die in der Literatur veröffentlichten Einsatzbereiche von KI-Systemen betreffen immer nur sehr schmale und stark spezifizierte Einsatzgebiete. Verallgemeinerungen lassen sich hieraus noch nicht ableiten.

- Als Fazit zum Stand der KI-Systeme und deren Einsatzmöglichkeiten läßt sich aus meiner Sicht folgendes feststellen:

- KI-Systeme sind nur in schmalen und sehr begrenzten Einsatzgebieten versuchsweise nutzbar, an einen Masseneinsatz kann überhaupt nicht gedacht werden.

- Der Zugriff von KI-Systemen auf bereits bestehende Informationssammlungen ist nicht zufriedenstellend gelöst.

- Die Entwicklung von KI-Systemen in speziellen Bereichen beschränkt sich im wesentlichen auf modellartig dargestellte Sachverhlate und befindet sich im wesentlichen im Experimentierstadium.

- Eine weite Verbreitung von KI-Systemen droht an einem wesentlichen Punkt zu scheitern:

  Es existieren kaum praktikable Methoden, das Wissen von Experten mit pädagogisch-didaktischen Mitteln zu erfassen und mit heuristischen Algorithmen in Regelwerke umzusetzen. Dies bereitet bereits bei einem einzelnen Experten große Schwierigkeiten, die Schwierigkeiten vervielfachen sich noch, wenn mehrere Experten angesprochen werden sollen. Solange dieser Bereich, der durch Wissensingenieure abgedeckt werden sollte, methodisch nur schwach ausgeprägt ist, werden KI-Systeme kaum größere Verbreitung gewinnen können.

Darüberhinaus gibt es Tendenzen, herkömmliche Software-Entwicklungslinien in Richtung KI weiterzuentwickeln. Es kommt hierbei zu Mischformen und Überschneidungen, sodaß eine saubere Abgrenzung von KI-Produkten in Zukunft unter Umständen nicht mehr möglich sein wird. Deshalb sollte der Gesamtkomplex KI im wesentlichen ähnlich dem herkömmlicher Software behandelt werden, eine Sonderstellung im Bezug auf den betrieblichen Einsatz ist damit auf lange Sicht nicht mehr gegeben.

Dipl. Ing. W. Schliep, Bayerische Motorenwerke AG, München

Bei BMW werden seit 1986 wissensbasierte Systeme entwickelt und eingesetzt. Diese Systeme decken Anwendungen aus den Bereichen Diagnose, Beratung/Interpretation und Gefahrstoffklassifizierung ab. Im Bereich der Diagnosesysteme steht die Diagnose von Fertigungseinrichtungen wie Roboter und fahrerlose Transportsysteme im

Vordergrund. Die Beratungssysteme sind vorwiegend im Bereich Montagesteuerung, Fertigungsmittelplanung und Konstruktion (Klipsauslegung) angesiedelt. Da die Systeme nach einem bei BMW etablierten Knowledge-Life-Cycle entwickelt werden, der sehr stark die Experten sowie die zukünftigen Anwender der Systeme miteinbezieht, haben die Systeme eine sehr hohe Benutzerakzeptanz. Sie haben besonders dann eine hohe Akzeptanz bei den Anwendern, wenn sie nicht als "Black-box problem Solver" ausgelegt sind, sondern sich homogen in den Arbeitszyklus des Anwenders einordnen und ihn bei seinen Entscheidungen unterstützen und beraten.

Prof. Dr. W. Volpert, TU Berlin

Einsatzformen und Verbreitung sogenannter Expertensysteme sind durch neuere Publikationen hinlänglich belegt (z.B. Bullinger/ Kornwachs 1990; Coy/Bonsiepen 1990; Mertens/Borkowski/Geis, 2. Aufl. 1990; Lutz/Moldaschl 1989). Insgesamt bleiben Einsatzmöglichkeiten und Verbreitungsgeschwindigkeit erheblich hinter den vollmundigen Ankündigungen zurück. Eine vage Begrifflichkeit verdeckt dies teilweise. Wenn man unter "Expertensysteme" nur solche versteht, die mit heuristischen Regeln arbeiten, und wenn man als "einsatzfähig" nur jene Systeme bezeichnet, die voll entwickelt, hinlänglich überprüft sowie wartungsfreundlich sind und für welche es Einsatzbeispiele außerhalb ihres eigenen Entwicklungs-Umfeldes gibt, so dürfte die Zahl der "einsatzfähigen Expertensysteme" auch im internationalen Maßstab sehr gering sein.

2. Welche Tendenzen bei der Entwicklung und dem betrieblichen
   Einsatz dieser Systeme sehen Sie?

Prof. Dr. A. Cremers, Universität Bonn

Bei den Entwicklungsaspekten von Expertensystemen geht der Trend in Richtung Spezialisierung: Shells mit Basiswissen für dedizierte Anwendungen, Erklärungs- und Wissensakquisitionskomponenten, die auf Problemkreise kaufmännischer, medizinischer oder industrieller Art abgestimmt sind, seien hier als Beispiele erwähnt. Hybride Systeme, welche die herkömmliche Wissensverarbeitung mit den neuen Möglichkeiten künstlicher neuronaler Netzwerke koppeln, sind bereits erwähnt worden.

Mit zunehmender Verbreitung von Expertensystemen werden auch die Integrationsmöglichkeiten in bestehende Informationsverarbeitungsumgebungen verbessert. Schwerpunkte sind hierbei die Anbindung an Datenbanken, Prozeßleitrechner, Robotersysteme sowie Materialfluß- und Logistiksysteme. Ein großer Mangel derzeitiger Werkzeuge ist die fehlende Unterstützung bei der auf die spätere Integration abgestellten inkrementellen Entwicklung von Wissensbasen. Allenfalls sind hierfür Ansätze erkennbar, praxisreife Lösungen aber noch nicht in Sicht. So wird die Qualität einer Wissensbasis weiterhin stark von der Erfahrung und der Vorgehensweise des "Wissensingenieurs" abhängig sein. Die anschließende Administration und Pflege, insbesondere bei verteilten Wissensbasen, bringt Anforderungen mit sich, die von weithin verfügbaren Software-Werkzeugen noch auf Jahre hinaus nur unzureichend erfüllt werden.

Dr. Dr. L. Fohmann, Ploenzke Informatik, Kiedrich

These 2.1: Tendenz bei der Entwicklung.
Bei Anwendern, Softwarehäusern und Unternehmensberatern faßt man die Wissenstechnologie zunehmend als eine (bloße) Realisierungstechnologie z.B. neben der Datenbanktechnologie auf.

Bei der Systementwicklung versucht man, an das vorhandene Knowhow
  - im Software-Engineering,
  - in der Ablauforganisation und
  - in der Personalarbeit/-entwicklung
anzuknüpfen und hierauf aufzubauen (Stichwort "Wissensmanagement").

Die Sonderrolle der Wissenstechnologie wird beendet, ausgenommen diejenigen Punkte, wo ein abweichendes Vorgehen wegen der Besonderheiten der Wissenstechnologie erfolgreicher ist.

Entscheidender Erfolgsfaktor ist 'Integrations'-Know-how auf einer Ebene, die die Ganzheitlichkeit der Problemlösung oberhalb der einzelnen Fragen nach Wissens- und anderen IuK-Technologien, nach Organisation und nach den Inhalten der Personalarbeit betrifft.

Eine Gefahr der Ersetzung von Experten durch wissensbasierte Systeme entsteht nicht. Diese Pseudo-Gefahr wurde in der Vergangenheit zT durch Selbstüberschätzung der KI-Gemeinde, zT durch Marketing-Aussagen herbeigeredet.

These 2.2: Tendenz beim Einsatz.
Allmähliche/gemächlich zunehmende Einsatzbreite. Erheblich langsamer als von den Marktforschern prognostiziert.

Dipl. Ing. W. Schliep, Bayerische Motorenwerke AG, München

Die ersten von uns entwickelten Systeme waren "Stand-alone"-Systeme ohne Integration in die Einsatzumgebung. Es zeigte sich jedoch, daß solche Systeme zur Unterstützung der täglichen Arbeit nicht einsetzbar sind, da auch die Expertensysteme einen Bestandteil der jeweiligen Prozeßkette darstellen. Dies bedeutet, daß Informationen aus anderen Systemen benutzt bzw. an andere Systeme weitergegeben werden. Diese Forderung bedingt eine sehr hohe Integration in die jeweilige "kommerzielle" IV-Welt. Die heute von uns entwickelten Systeme sind daher alle in die jeweils vorhandene IV-Landschaft integriert (Ankopplung an Datenbanken, Integration von bestehenden Programmen usw.).

Mittelpunkt der heutigen Experten-System-Anwendung ist das Expertensystem mit seiner Integration in die IV-Welt. In Zukunft werden "kommerzielle" Anwendungen entwickelt, die in Teilbereichen mit wissensbasierten Methoden realisiert sind. Erste Ansätze dafür sind in den objektorientierten Programmiertechniken zu sehen, sodaß sich die wissensbasierten Methoden aus der Ecke "Exoten" hin zu gebräuchlichen IV-Techniken entwickeln.

Prof. Dr. W. Volpert, TU Berlin

Während die "Expertensysteme" im engen Sinne sich als eine ausgesprochene Entwicklungs-Sackgasse herausstellen dürften, werden bestimmte Prinzipien und Einsatzformen, die man mit solchen Systemen in Verbindung bringen kann, Verbreitung finden. Sie ordnen sich dabei in bereits bestehende Strategien des EDV-Einsatzes ein:

a) Im Zuge der Entwicklung von großtechnischen Systemen wird zunehmend versucht werden, experten-ersetzende Entscheidungsautomaten zum Einsatz zu bringen. Dies geschieht im Rahmen des Aufbaus zentralisierter, möglichst weitgehend automatisierter und "rechnerintegrierter" Gesamtsysteme.
Die generellen Probleme solcher großen Systeme sind auch die der Entscheidungsautomaten, die dabei verwendet werden:
- geringe Flexibilität,
- Schwierigkeiten bei der Zuverlässigkeit und Beherschbarkeit der Systeme,
- ungeklärte Fragen der Verantwortung und Haftung bei Fehlern und Havarien,
- Wissens-Erosion des Bedien-Personals, die wiederum verstärkend auf die erstgenannten Probleme wirkt.
Da die genannte Rationalisierungsstrategie auch weiterhin betrieben wird, wird es zum Einsatz solcher Entscheidungsautomaten kommen, mit entsprechender Verringerung der Leistung des Gesamtsystems.

b) Für hochqualifizierte Arbeiten, die einem derartigen Rationalisierungs-Zugriff (noch) nicht zugänglich sind, werden sich experten-unterstützende Systeme bilden, die insbesondere auf eine komfortable Informations-Darbietung und -Aufbereitung ausgerichtet sind. Dies gilt vor allem für jene Gebiete, deren Wissensgrundlagen umfangreich, heterogen und elementarisierbar sind. (Beispiele aus dem Bereich der Medizin wären etwa die Allergologie oder die Homöopathie.) Eine interessante Entwicklungsperspektive ist es hierbei auch, solche Datenbanken einer kooperativen Verwaltung und Wartung zu öffnen.

Solche Einsatzformen gibt es zur Zeit nur in wenigen Prototypen. Sie scheinen aber eine interessante Entwicklungsrichtung,
die eine Qualitätsverbesserung der Experten-Leistung mit sich
bringen kann. Da der Rationalisierungseffekt dieser Einsatzformen (im Sinne der Einsparung von Arbeitspersonen) aber per de-
finitionem gering ist, wird dies ihre Verbreitung hemmen bzw.
wird die Versuchung bestehen, aus den experten-unterstützenden
Systemen doch wieder ersetzende Systeme der unter a) beschriebenen Art zu machen.

Anschriften der Autoren

Dipl.-Ing. Gottfried Huba
Dipl.-Ing., Dipl.-Wirt.-Ing. Constantin Skarpelis
DLR, Projektträger Arbeit und Technik
Südstraße 125
5300 Bonn

Professor Dr. Armin B. Cremers
Universität Bonn
Institut für Informatik III
Römerstraße 164
5300 Bonn 1

Dr. Dr. Lothar Fohmann
Ploenzke Informatik
Am Hahnwald 1
6227 Kiedrich

Ulrich Klotz
IG Metall - Vorstandsverwaltung, Projekt BK
Postfach 11 10 31
6000 Frankfurt/Main 1

Dr. Klaus Palme
Institut der deutschen Wirtschaft
Gustav-Heinemann-Ufer 84-88
5000 Köln 51

Dipl.-Ing. W. Schliep
Bayerische Motorenwerke AG
Postfach 40 02 40
8000 München 40

Professor Dr. Walter Volpert
Technische Universität Berlin
Fachbereich 2
Ernst-Reuter-Platz 7
1000 Berlin 10

Entwicklung graphischer Benutzungsschnittstellen durch hierarchische Komposition

Michael Castner, Berlin

Der Gestaltungsspielraum für den Softwareentwickler bei der Entwicklung von graphischen Benutzungsschnittstellen hat sich im Vergleich zu den zeichenorientierten Benutzungsschnittstellen stark vergrößert und bietet ihm die Möglichkeit, neue und auf ein Anwendungsgebiet zugeschnittene Konzepte für den Benutzer angemessen zu verwirklichen. Allerdings wird die Kreativität der Entwickler einerseits durch die aufwendige Programmierung und andererseits durch die meist mangelnde Erweiter- und Änderbarkeit bestehender Repertoires von Standardbausteinen unnötig eingeschränkt. Im folgenden werden die Probleme bestehender Ansätze verdeutlicht und die Konzeption eines objektorientierten Fenstersystems (OFS) erläutert, das basierend auf einer hierarchischen Komposition beliebiger Bausteine eine flexible und kreative Entwicklung graphischer Benutzungsschnittstellen unterstützt.

1. Problempunkte bestehender Konzepte

Die Problempunkte bestehender Ansätze müssen vor dem Hintergrund verschiedener Anforderungen gesehen werden, die sowohl den Entwicklungsprozeß als auch die Qualität der Benutzungsschnittstelle betreffen. Eine wesentliche Erkenntnis der letzten Jahre ist, daß die Softwareentwicklung nicht als linearer Prozeß betrachtet werden darf, sondern vielmehr durch eine evolutionäre Entwicklungsstrategie geprägt ist, in der die Benutzer/Entwickler-Kommunikation in Verbindung mit prototyporientierten Vorgehensweisen im Vordergrund steht[1]. Keil-Slawik[2] führt dazu aus, daß die Qualität von Software sich erst im Einsatz erweist und ihre Angemessenheit nur in Beziehung zur Einbettung in den jeweiligen Arbeitskontext bewertet werden kann.

Die Forderungen nach einer prototypischen Entwicklung mit verstärkter Benutzer/Entwickler-Kommunikation besitzen gleichzeitig Auswirkungen auf den Entwicklungsprozeß von Benutzungsschnittstellen. Der Entwickler muß in der Lage sein, eine dem jeweiligen Arbeitskontext angepaßte Benutzungsschnittstelle ohne großen Aufwand zu entwickeln und sie dem Benutzer vorzuführen, um eine direkte und schnelle Evaluierung zu ermöglichen. Dabei ist wesentlich, daß die Benutzungsschnittstelle sowohl global als auch lokal einfach und schnell zu modifizie-

---

[1]Vgl. Floyd 89

[2]Vgl. Keil-Slawik 90 S. 37

ren ist, da sich einerseits im Verlauf des Entwicklungsprozesses die Anforderungen an die zu entwicklende Software ändern werden und andererseits eine evolutionäre Entwicklung eine schrittweise Erweiterung des Systems vorsieht. Desweiteren muß für eine schnelle Entwicklung auch der Aspekt die Wiederverwendbarkeit einzelner Komponenten der Benutzungsschnittstelle in Verbindung mit der Erweiterbarkeit der Gestaltungsrepertoires beachtet werden.

1.1 Entwicklung von Benutzungsschnittstellen mit Toolkits

Die Programmierung graphischer Benutzungsschnittstellen mithilfe graphischer Primitive hat sich als sehr komplex und zu aufwendig für den kommerziellen Einsatz erwiesen. Eine Erleichterung bei der Realisierung der Benutzungsschnittstelle stellen Fenstersysteme dar, zu deren Leistungen neben der Verwaltung von Flächen auf dem Bildschirm auch die Bereitstellung eines Toolkits gehört. Ein Toolkit kann als eine Bibliothek von Bausteinenn angesehen werden, die jeweils eine bestimmte Interaktionstechnik verbunden mit einer Präsentationsform festlegen[3]. Beispiele für Bausteine sind Menüs, Rollbalken oder Knöpfe. Es definiert also ein für das jeweilige Fenstersystem gültiges Repertoire an Standardbausteinen, aus denen eine Benutzungsschnittstelle zusammengesetzt bzw. komponiert werden kann. Dabei können die Bausteine in ihrer Funktionalität und Präsentationsform nur im geringen Maße geändert werden. Dieses hat zum Ziel, die Entwicklung konsistenter Benutzungsschnittstellen bzgl. der Präsentation und der Dialogabläufe zu unterstützen.

Individuelle aufgaben- oder firmenspezifische Lösungen sind durch diesen Ansatz nicht möglich, da durch Komposition der Standardbausteine nur komplexere aber keine wirklich neuen Elemente erzeugt werden können. Zusätzlich kommt durch die mangelnde Erweiterungsmöglichkeit eines Toolkits eine sehr eingeschränkte Wiederverwendbarkeit hinzu. Zwar besteht die Möglichkeit zur Komposition von Elementen, diese können aber nicht in die Bausteinbibliothek aufgenommen werden und stehen damit für weitere Entwicklungen nicht zur Verfügung. Betrachtet man die Vielfalt an verschiedenen Systemen, die konzeptuell unterschiedliche Benutzungsschnittstellen unterstützen (z.B. die Schreibtischmetapher, die Werkzeugmetapher, der Kartenstapel bei HyperCard oder die Raummetapher[4]), um aufgabenspezifisch angemessene Lösungen zu ermöglichen, so stellt sich die Frage nach dem Sinn dieser Beschränkung, vor allem unter dem Aspekt der bestehenden Inkompatibilität der meisten Fenstersysteme untereinander.

Vor dem Hintergrund, daß die Realisierung der Benutzungsschnittstelle zwischen 40 bis 60% des Programmcodes eines Anwendungsprogrammes ausmacht[5], muß davon ausgegangen werden, daß ein hoher Programmieraufwand zur Entwicklung einer Benutzungsschnittstelle notwendig ist. Durch die geringe Flexibilität und Wiederverwendbarkeit der Bausteine wird

---

[3]vgl. Meyers 89

[4]vgl. Henderson, Card 86

[5]vgl. Lane 89

sowohl eine prototypische Vorgehensweise in der Entwicklung behindert als auch die Kreativität der Entwickler, denen das einfache und schnelle Schaffen neuer Formen und Interaktionstechniken erschwert wird, stark eingeschränkt.

User Interface Development Systems (UIDS) basieren meist auf bestehenden Bausteinbibliotheken und bieten eine Sammlung von speziellen Werkzeugen, mit denen die Entwicklung von Benutzungsschnittstellen erleichtert werden soll. Ein wesentlicher Schwachpunkt besteht darin, daß die konzeptuellen Nachteile eines Toolkits durch ein UIDS nicht behoben werden. Insbesondere wird die Entwicklung applikationsspezifischer Interaktionstechniken durch die scharfe Trennung der Benutzungsschnittstelle von der Applikation nicht unterstützt.[6]

1.2 Der objektorientierte Ansatz

Demgegenüber stellen die objektorientierten **application frameworks** einen vielversprechenden Ansatz zur Entwicklung von graphischen Benutzungsschnittstellen dar. Dabei handelt es sich um eine Bibliothek abstrakter Klassen, die einen großen Teil der Standardbenutzungsschnittstelle eines Anwendungsprogrammes beschreiben bzw. implementieren. Schon aufgrund der Eigenschaften des objektorientierten Paradigmas, wie Einkapselung, Polymorphie und Vererbung, ist eine bessere Wiederverwendbarkeit sowie Änderbarkeit und daraus resultierend eine gute Grundlage für eine prototypische Vorgehensweise gegeben. Bekannte Beispiele für application frameworks sind das Smalltalk System[7] und MacApp[8].

Die Hauptkomponenten einer Benutzungsschnittstelle werden in Klassen beschrieben, wobei durch die Entwicklung von Unterklassen Anwendungen spezialisiert werden können. Die Klassenbibliothek eines application frameworks umfaßt sowohl Klassen zur Realisierung von Bildschirmobjekten (Fenster, Menüs) als auch Klassen zur Realisierung der Applikation selbst. In dieser Erweiterung besteht der große Unterschied zu den Klassenbibliotheken der objektorientierten Toolkits, die nur die Realisierung der Bildschirmobjekte beinhalten. Beiden ist aber gemeinsam, daß sie ein bestimmtes Repertoire an Standardbausteinen vorgeben. Zwar ist es dem Entwickler durch die Bildung von Unterklassen möglich, kleinere Änderungen an den vorgegebenen Standardbausteinen vorzunehmen, es ist ihm aber nahezu unmöglich andere Standards zu verwenden bzw. neu zu entwickeln. So werden z.B. Fenster meist als ein in sich geschlossener Standardbaustein angesehen, dessen interner Aufbau und festgelegte Interaktionstechnik von dem Entwickler nur in den vorgegebenen Grenzen beeinflußt werden kann. Neue Repertoires von Standardbausteinen für spezielle Anwendungsprobleme zu entwickeln wird dadurch sehr stark erschwert. Darin ist einer der wesentlichen Schwachpunkte bestehender application frameworks zu sehen, der auf fehlende Konzepte zur Konstruktion von Standardbausteinen zurückzuführen ist.

---

[6]vgl. Knolle 89 und Hartson 89

[7]vgl. Goldberg, Robson 83

[8]vgl. Schmucker 86

2. OFS - ein objektorientiertes Fenstersystem

Im folgenden wird ein objektorientiertes Fenstersystem (OFS) zur Unterstützung in der Entwicklung interaktiver Systeme vorgestellt, das wir zur Zeit am Institut für Angewandte Informatik an der TU-Berlin entwerfen und implementieren. OFS basiert auf dem von der Firma Sun entwickelten objektorientierten Fenstersystem NeWS[TM], ohne allerdings die vorhandene Klassenbibliothek zu nutzen. Wir haben eine vollständig neue Konzeption der Klassenbibliothek und darauf arbeitender Werkzeuge mit dem Ziel entworfen, dem Softwareentwickler eine möglichst änderbare, wiederverwendbare und flexible Arbeitsumgebung zur Verfügung zu stellen. Die Implementierung erfolgt in der Seitenbeschreibungssprache PostScript, die im NeWS-System um einen objektorientierten Ansatz der Programmierung erweitert worden ist.

Bei der Entwicklung dieser Umgebung haben wir zunächst das Hauptaugenmerk auf die Klassenbibliothek gelegt und die Entwicklung von Werkzeugen hintenangestellt. Zur Zeit existieren neben der Klassenbibliothek mehrere kleine Werkzeuge zur interaktiven Entwicklung und Gestaltung sowohl der Benutzungsschnittstelle als auch von Teilen der Applikation. Die Klassenbibliothek basiert auf mehreren Grundkonzepten.

◇   Die Benutzungsschnittstelle ist vollständig durch eine hierarchische Komposition von Bausteinen bzw. Objekten beschreibbar.

◇   Es stehen sehr einfache Basisbausteine zur Verfügung, die ohne Einschränkung zu komplexeren Strukturen zusammengesetzt werden können.

◇   Komplexe Strukturen werden genauso gehandhabt wie einfache Basiselemente.

◇   Jeder Baustein ist über seine Position in der Kompositionshierarchie adressierbar und dadurch direkt änderbar.

◇   Es besteht keine scharfe Trennung zwischen Benutzungsschnittstelle und Applikation.

Bevor auf die Prinzipien der hierarchischen Komposition näher eingegangen werden kann, wird zunächst die Grundstruktur der Klassenbibliothek kurz erläutert.

Die Klassenbibliothek basiert auf der einfachen Vererbungstechnik und kann in zwei große Bereiche unterteilt werden, die Klassen zur Generierung von sichtbaren und nicht-sichtbaren Objekten (vgl. Abb. 1). Die Klassen zur Erzeugung sichtbarer Objekte beschreiben Bildschirmobjekte bzgl. der Präsentation und ggf. das Verhalten der Objekte auf Eingaben des Benutzers. Nicht-sichtbare Objekte realisieren spezielle Funktionalität oder Beziehungen zwischen Objekten. Die Klasse **Base** bildet die Basisklasse der gesamten Klassenbibliothek und stellt die Grundfunktionalität für alle Klassen im OFS-System zur Verfügung. Die sichtbaren Klassen teilen sich weiterhin auf in sensitive also auf Eingaben des Benutzers reagierende Klassen bzw. Objekte (Area, Button, Menu) und nicht-sensitive Klassen (TextString, Image, Line). Das Dialogverhalten ist nicht von der Beschreibung der Präsentation getrennt und beide Aspekte der Benutzungsschnittstelle werden in der selben Klasse festgelegt. Dies hat den Vorteil, daß die Struktur der Benutzungsschnittstelle auf dem Bildschirm mit der der Programmierung weitgehend übereinstimmt und dadurch ein besseres Verständnis und eine leichtere Änderbarkeit erreicht wird.

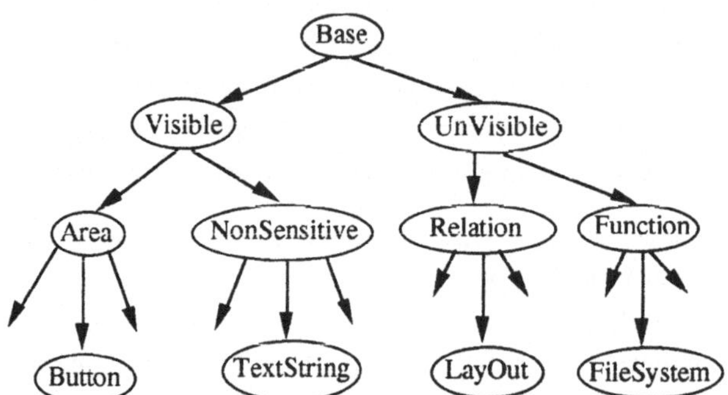

Abb.1: Auszug aus der Klassenhierarchie des OFS-Systems

Im folgenden wird die hierarchische Komposition unter dem Blickwinkel der Präsentation der Benutzungsschnittstelle erläutert. Da in dem System OFS nicht zwischen der reinen Benutzungsschnittstelle und der Applikation konzeptuell unterschieden wird, können die gleichen Techniken auch auf die applikativen Anteile angewendet werden.

2.1 Die hierarchische Komposition

Das Konzept der hierarchischen Komposition bildet die Grundlage der gesamten Klassenbibliothek. Dabei ist wesentlich, daß jedes Objekt eine beliebige Anzahl von weiteren Objekten anderer Klassen benutzen kann. Eine komplette Benutzungsschnittstelle besteht im Idealfall nur aus einer einzigen Klasse, die eine bestimmte Anzahl von Objekten benutzt, die wiederum Objekte anderer Klassen benutzen können. Die Erzeugung eines Objektes wird durch die jeweilige Klasse realisiert, wogegen die Methoden zum Entfernen und Einfügen von erzeugten Objekten zur Standardfunktionalität eines jeden Objektes im System gehören. Dadurch ist jedes Objekt ein potentieller Kandidat zur Verwaltung von weiteren Objekten, und eine explizite Unterscheidung zwischen atomaren und komplexen Klassen entfällt daher. Benutzt ein Objekt ein oder mehrere andere Objekte, so wird es **Vaterobjekt** dieser Objekte genannt. Wird ein Objekt von einem anderen Objekt benutzt, so ist es ein **Sohnobjekt** des Vaters.

In Abbildung 2 ist beispielhaft ein Objekt der Klasse **Area** abgebildet, in dem ein Objekt der Klasse **TextString** und ein Objekt der Klasse **TextButton** enthalten sind. Mithilfe der hierarchischen Komposition läßt sich dieser Sachverhalt einfach verdeutlichen bzw. als Unterklasse der Klasse **Area** beschreiben.

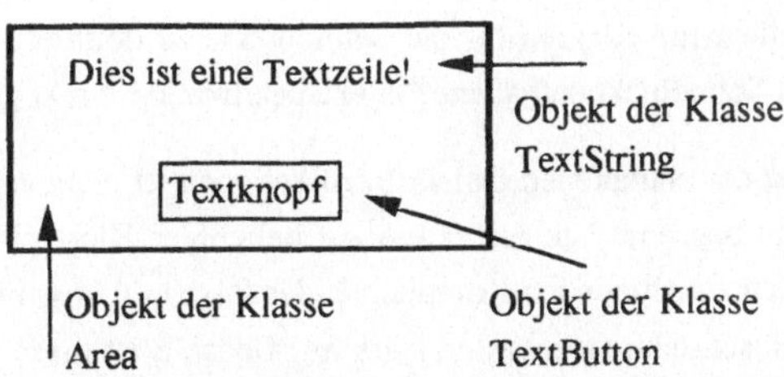

Abb.2: Ein komponiertes Bildschirmobjekt

In herkömmlichen objektorientierten Ansätzen erfolgt die Erzeugung der Sohnobjekte zur Laufzeit und geschieht genauso wie die Parametrisierung irgendwo im Programmcode der Klasse. Dieser Umstand macht es bei der Verwendung von Klassen sehr schwierig herauszufinden, welche Objekte erzeugt und in welcher Form sie parametrisiert werden. Die Möglichkeit ein Objekt zu parametrisieren, ist aber sehr wesentlich, da nicht zu erwarten ist, daß die Klasse des Objektes genau die Eigenschaften festgelegt hat, die für den speziellen Fall notwendig sind. Beispielsweise wird die Klasse **TextButton** (vgl. Abb. 1) nicht genau die Koordinaten für ihre Objekte festgelegt haben, die in diesem Beispiel erforderlich sind. Unterklassen erben die Beschreibungselemente zur Erzeugung der Sohnobjekte von ihren Oberklassen. Soll die Parametrisierung eines Sohnobjektes geändert werden, so muß die entsprechende Methode, die für die Erzeugung und Parametrisierung zuständig ist, überschrieben werden. Dies bedeutet unter Umständen einen immensen Aufwand, da auch die Teile der Methode, die gültig bleiben sollen, erneut beschrieben werden müssen.

Aus diesem Grund wurde eine spezielle Form der Beschreibung für benutzte Objekte entwikkelt, die sowohl eine gute Änderbarkeit der Parameter von Sohnobjekten als auch eine einfache Erweiterung und Verminderung der Sohnobjekte erlaubt. Diese Besehreibung ermöglieht es, alle benutzten Objekte vollständig in der Klasse des Vaterobjektes zu spezifizieren und zentral zu verwalten. Zur Spezifikation eines Sohnobjektes muß der Entwickler mindestens den Namen und die Klasse des Objektes festlegen. Darüberhinaus besteht die Möglichkeit, alle zu ändernden Parameter aufzuführen und mit einem neuen Wert zu belegen. Abbildung 3 zeigt einen Auszug aus der Beschreibung der enthaltenen Objekte für das in Abbildung 2 aufgeführte Beispiel. Diese Beschreibung erfolgt in einer Unterklasse der Klasse **Area**. Bei der Erzeugung eines Objektes dieser neuen Klasse wird die Beschreibung interpretiert und die spezifizierten Sohnobjekte mit der jeweiligen Parametrisierung erzeugt.

Jede Klasse erbt die Objektspezifikation ihrer Oberklassen und kann die Parametrisierung der zu erzeugenden Objekte verändern, ohne die schon festgelegten und nicht zu ändernden Parameter erneut aufzuführen. Eine solche einstufige Kompositionshierarchie innerhalb einer Klasse ist jedoch für eine gute Änderbarkeit und eine prototypische Vorgehensweise nicht ausreichend. In vielen Fällen ist es wünschenswert, Parameter von Sohnobjekten in Sohnobjekten zu verändern, ohne dafür neue Klassen für die Sohnobjekte zu definieren. Aus diesem Grund kann auch die in einem Sohnobjekt enthaltene Objektspezifikation direkt geändert werden.

Diese direkte Änderung der enthaltenen Objektspezifikationen ist nicht auf die zweite Stufe der Kompositionshierarchie begrenzt, sondern kann auf beliebiger Hierarchiestufe erfolgen. Auf Grund der unvermeidlich zunehmenden Komplexität der Beschreibung mit zunehmender Hierarchietiefe steigt der Beschreibungsaufwand stark an. Gedacht ist diese direkte Änderbarkeit nur für die Entwicklungsphase, in der es wichtig ist, verschiedene Ausprägungen der Benutzungsschnittstelle möglichst schnell und einfach zu erzeugen und zu testen. Im Endprodukt sollten mehrstufige Objektspezifikationen nicht mehr verwendet werden, sondern die gewünschte Parametrisierung als Klasse festgeschrieben sein.

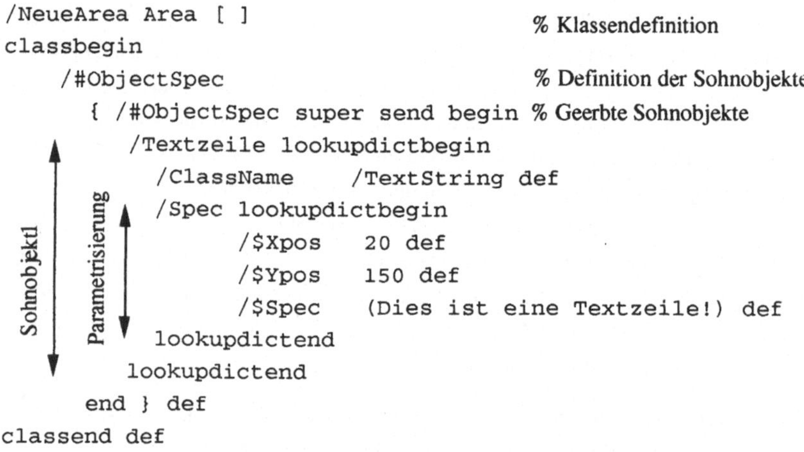

Abb.3: Spezifikation benutzter Objekte in PostScript-Syntax

Auch die vorgegebenen Standardbausteine (Fenster, Menüs, Dialogboxen) sind nach dem Prinzip der hierarchischen Komposition aus einfachen Basiselementen aufgebaut. Dadurch ist es dem Entwickler möglich, diese in ihrer Präsentation und Funktionalität ohne großen Aufwand zu verändern und seinen speziellen Anforderungen flexibel anzupassen.

2.2 Beziehungen zwischen Objekten

Die Spezifikation benutzter Objekte deckt nur einen Teil der gesamten Benutzungsschnittstelle ab. Ein wichtiger Aspekt bei der Entwicklung von Benutzungsschnittstellen sind die Beziehungen zwischen Sohnobjekten im Kontext eines Vaterobjektes. Dabei gilt es zunächst **graphische** und **semantische** Beziehungen zu unterscheiden. Graphische Beziehungen betreffen alle Aspekte der relativen Positionierung, d.h. der räumlichen Abhängigkeiten zwischen Sohnobjekten; semantische Beziehungen beschreiben dagegen funktionale Abhängigkeiten, wie z.B. das Schaltverhalten einer Gruppe von Stationstasten. Desweiteren muß eine Unterscheidung in **allgemeine** und **spezielle** Beziehungen getroffen werden. Spezielle Beziehungen betreffen nur ausgewählte Sohnobjekte eines Vaterobjektes, wogegen allgemeine Beziehungen zwischen allen Objekten einer Klasse und deren Unterklassen bestehen können. Diese vier Arten von Beziehungen treten immer in Kombination auf; die anzutreffenden Beziehungen sind entweder **allgemein-graphisch, speziell-graphisch, allgemein-semantisch** oder **speziell-semantisch.** Die folgende Tabelle zeigt für jede Art von Beziehung ein mögliches Beispiel.

Beziehungen	allgemein	speziell
graphisch	Alle Sohnobjekte der Klasse **TextString** werden horizontal angeordnet.	Das Sohnobjekt **Textzeile** liegt 10 Einheiten über dem Sohnobjekt **Textknopf.**
semantisch	Wenn ein Sohnobjekt der Klasse **TextButton** aktiviert wird, so werden alle anderen Sohnobjekte der Klasse **Text-Button** deaktiviert.	Wenn das Sohnobjekt **Text-knopf** aktiviert wird, wird das Sohnobjekt **Textzeile** kursiv dargestellt.

Tabelle 1: Beispiele für Beziehungen zwischen Sohnobjekten

In den meisten application frameworks sind diese Beziehungen ein fester Bestandteil der jeweiligen Klasse des Vaterobjektes und nur mit Schwierigkeiten an die speziellen Anforderungen des Entwicklers anzupassen, da sie nicht explizit beschrieben werden. Unter dem Blickwinkel von Wiederverwendbarkeit, Änderbarkeit und Flexibilität ist diese Vorgehensweise als ein Nachteil in der Struktur einer Klassenbibliothek zu bewerten.

Um dieses Problem zu lösen, werden im OFS-System alle Beziehungen, die zwischen Sohnobjekten auftreten können, durch spezielle sogenannte **Beziehungsklassen** realisiert. Diese Klassen erlauben es dem Entwickler sowohl allgemeine als auch spezielle Beziehungen zwischen Objekten zu beschreiben. Objekte dieser Beziehungsklassen werden genauso wie andere sichtbare Objekte als Sohnobjekte verwaltet. Dabei ist es dem Entwickler möglich, durch eine geeignete Parametrisierung sowohl konkrete Sohnobjekte als auch die Klassen der Sohnobjekte anzugeben, die verwaltet werden sollen. Die Anzahl der Sohnobjekte, die Beziehungen realisieren, ist dabei nicht beschränkt. Durch diese Strategie werden Beziehungen zwischen den

Objekten explizit beschrieben und ermöglichen eine einfache Anpassung der Benutzungsschnittstelle an neue oder geänderte Anforderungen.

2.3 Weitere Unterstützung in der Entwicklung

Die rein textuelle Beschreibung der gesamten Benutzungsschnittstelle mithilfe der hierarchischen Komposition ist in der Regel sehr aufwendig. Deswegen wurden mehrere kleine Werkzeuge entwickelt, mit denen Objekte interaktiv am Bildschirm komponiert und parametrisiert werden können. Das wichtigste Werkzeug ist der **ObjectComposer**, mit dem Objekte erzeugt, verändert oder gelöscht werden können. Dabei ist es nicht wesentlich, ob es sich bei den Objekten um sichtbare oder nicht-sichtbare Objekte handelt. Neben der Komposition von Objekten bietet dieses Werkzeug dem Entwickler die Möglichkeit, die Funktionalität der Objekte zu aktivieren, um einzelne Komponenten oder die gesamte Benutzungsschnittstelle sofort zu testen. Neben dem ObjectComposer stehen dem Softwareentwickler noch eine Reihe weiterer Werkzeuge zur Verfügung, mit denen die Klassenhierarchie, die Parametrisierung sowohl von Klassen als auch von Objekten und das Dialogverhalten der Bildschirmobjekte interaktiv verändert werden können.

Um einen Nutzen aus der interaktiven Komposition zu ziehen, ist es allerdings notwendig, die erarbeiteten Ergebnisse abzulegen und damit wiederverwendbar zu machen. Dies geschieht nicht in einer bzgl. der Klassenbibliothek externen Datei, sondern in der Klassenbibliothek selbst. Jedes Objekt stellt eine Methode zur Verfügung, mit deren Hilfe eine neue Klasse aus dem momentanen Zustand des jeweiligen Objektes generiert werden kann. Diese Klasse wird automatisch in die Klassenbibliothek aufgenommen und steht zur weiteren Verwendung sofort zur Verfügung. Dadurch wird gewährleistet, daß jeder neu entwickelte Baustein auf dieselbe Art und Weise wie die vorgegebenen Basisbausteine verwendet werden kann. Die neu erzeugte Klasse besitzt die Klasse des bearbeiteten Objektes als Oberklasse und umfaßt nur die Information, in der sich das veränderte Objekt von seiner eigenen Klasse unterscheidet. Dabei werden nicht nur die veränderten Parameter berücksichtigt, sondern auch die Spezifikation der Sohnobjekte bzgl. der gesamten Hierarchietiefe. Darüberhinaus ist es auch möglich, schon bestehende Klassen zu überschreiben oder zu duplizieren.

2.4 Zusammenfassung und Ausblick

Das Konzept der hierarchischen Komposition ermöglicht sowohl eine flexible und kreative Entwicklung von Benutzungsschnittstellen als auch eine einfache Erweiter- und Änderbarkeit vorgegebener Standards. Die stufenweise Spezifikation von Sohnobjekten und die Möglichkeit, Beziehungen zwischen Sohnobjekten im Kontext eines Vaterobjektes explizit zu beschreiben, unterstützen eine prototypische Vorgehensweise im Softwareentwicklungsprozeß. Vor allem die Möglichkeit allgemeine Beziehungen zwischen Objekten auszudrücken, versetzt den Entwickler in die Lage, allgemeingültige Komponenten zu entwerfen, die die Grundlage eines flexiblen application frameworks bilden. Desweiteren werden die Klassen zur Beschreibung komplexer Bildschirmobjekte übersichtlicher und damit einfacher zu beherrschen. Die Erweiterbarkeit der Klassenbibliothek sorgt darüberhinaus für eine gute Wiederverwendbarkeit der neu entwickelten Bausteine.

Die Arbeit an dem objektorientierten Fenstersystem ist noch nicht abgeschlossen. Zur Zeit werden die prototypisch entwickelten Werkzeuge bzgl. ihrer Funktionalität und ihrer Benutzungsschnittstelle überarbeitet. Desweiteren wird eine Schnittstelle zu nicht objektorientierten Sprachen geschaffen, die sowohl die Einbindung externer Programme ermöglicht als auch die uneingeschränkte Nutzung der Klassenbibliothek in Form eines erweiterbaren Toolkits erlaubt.

Literatur :

Floyd 89 : Floyd,C. : Softwareentwicklung als Realitätskonstruktion. In: Lippe,W.-M. (Hrsg) : "Softwareentwicklung. Konzepte Erfahrungen, Perspektiven - Proc. der GI-Fachtagung", Springer Verlag, 1989

Goldberg, Robson 83 : Goldberg,A., Robson,D. : SMALLTALK-80, The Language and its Implementation. Addison Wesley, Reading, Mass. 1983

Hartson 89 : Hartson,R. : User-Interface Management Control and Communication. IEEE Software, Januar 89, pp.62 - 70

Henderson, Card 86 : Henderson,D.A., Card,S.K. : Rooms: The Use of Multiple Virtual Workspaces to Reduce Space Contention in a Window-Based Graphical User Interface. In: ACM Transactions on Graphics, Vol.5, No.3, July 1986, pp.211 - 243

Keil-Slawik 90 : Keil-Slawik,R. : Konstruktives Design Ein ökologischer Ansatz zur Gestaltung interaktiver Systeme. Habilitationsschrift an der TU Berlin 1990

Knolle 89 : Knolle,N.T. : Why Object-Oriented User Interface Toolkits Are Better. In: Journal of Object-Oriented Programming, November/December 1989, pp.63 -67

Lane 89 : Lane,A. : Domesticating Microsoft Windows. In: Byte, Juni 89, pp.205-207

Myers 89 : Myers,B.A. : User-Interface Tools : Introduction and Survey. In: IEEE Software, Januar 89, pp.15-23

Schmucker 86: Schmucker,K.J. : Object-Oriented Programming for the Macintosh. Hayden Book Company 1986

Michael Castner
Technische Universität Berlin
Franklinstr. 28/29
Institut für Angewandte Informatik
Sekr. FR 5-6
1000 Berlin 10

Die Integration von Dialogablauf-Beschreibungen in eine objektorientierte User-Interface-Architektur

Josef Voss
FernUniversität Hagen
Praktische Informatik III
Postfach 940
D- 5800 Hagen

1 Einleitung

Die Realisierung anspruchsvoller graphischer Benutzeroberflächen hat sich als komplexer und damit aufwendiger Teil der Softwareerstellung erwiesen. Der Anteil an der Gesamtentwicklung eines Softwareprojekts wird mit bis zu 50% angegeben [11]. Insbesondere bei Benutzeroberflächen, die dem Prinzip der "direkten Manipulation" folgen, ergeben sich hohe technische Anforderungen:

- Nebenläufige Benutzeraktivitäten: Komplexe Anwendungen bestehen aus einer Reihe von Teilen, die ein Benutzer nicht streng sequentiell bearbeiten muß, sondern zwischen denen er jederzeit wechseln kann.

- Schnelles, anwendungsspezifisches Feedback (semantisches Feedback): Insbesondere, wenn auf die Bewegung der Maus eine anwendungsspezifische Reaktion erfolgen soll, etwa zur Visualisierung gültiger Positionen beim Verschieben eines Objekts.

- Komplexe Abhängigkeiten zwischen verschiedenen Dialogteilen: Beispielsweise können Selektionen und Veränderungen in einem Fenster auch Konsequenzen für das Erscheinungsbild anderer Fenster haben.

Aus der Sicht eines Entwicklers stellt sich eine Benutzeroberfläche unter den Gesichtspunkten

Bildschirmlayout, Dialogablauf und Softwarestruktur.

dar. Werkzeuge und die darin verwendeten Modelle müssen den Entwickler in diesen drei Bereichen unterstützen. Der folgende Abschnitt gibt einen kurzen Überblick, wie weit bei existierenden Werkzeugen die Unterstützung geht. Ein eigener Abschnitt ist dabei objektorientierten Architekturen gewidmet. Daran anschließend wird das Modell DIWA mit seiner Softwarestruktur vorgestellt. Der wesentliche Aspekt des Modells ist die Integration einer objektorientierten Architektur mit high-level Ablaufbeschreibungen. Dabei wird insbesondere deutlich, welche Rolle Vererbung bei der Beschreibung und Implementierung von Objektstruktur und Dialogverhalten spielen kann.

2 Werkzeuge zur User-Interface-Entwicklung - Überblick

2.1 Klassische User-Interface-Management-Systeme

Unter der Bezeichnung User-Interface-Management-System (UIMS) sind Werkzeuge entwickelt worden, die im wesentlichen aus einem Compiler oder Interpreter für textuelle Beschreibungen von Dialogabläufen bestehen. Einige derartige Systeme sowie das Seeheim-Modell, eine Art UIMS-Referenzarchitektur, sind in [13] beschrieben. Als wichtigste, aus heutiger Sicht allerdings nicht unumstrittene, Grundideen des UIMS-Ansatz kann man festhalten:

- User-Interface (UI) und Anwendungskomponente können voneinander getrennt werden; und die beiden Komponenten sind weitgehend unabhängig. Das heißt, daß man anwendungsunabhängige, wiederverwendbare UI-Komponenten auf verschiedene Anwendungen aufstecken kann.

- Eingaben und Ausgaben werden aus einer sprachlichen Sicht als Folgen von Eingabe- bzw. Ausgabezeichen, gesehen.

- Ein Dialogablauf ist im wesentlichen durch die erlaubten Folgen von Benutzereingaben festgelegt. Diese lassen sich programmiersprachenunabhängig spezifizieren, als Grammatik [12], Zustands-Transitions-Netz [9], Event-Response-System [8], Eventhandler [1], [4]. Die flexibelste Technik zur Ablaufbeschreibung sind Eventhandler. Das UI wird dabei als ein System kooperierender Prozesse aufgefaßt, die jeder für sich Benutzereingaben verarbeiten.

2.2 Probleme im Einsatz von UIMSen

UIMSe haben bisher noch nicht den Status einsetzbarer Werkzeuge erreicht. Im Grunde ist dafür deren mangelnde Flexibilität verantwortlich. Im einzelnen kann man folgende Gründe anführen:

- Die Idee der Unabhängigkeit von UI und Anwendung läßt sich nicht aufrecht erhalten, da ein UI im Detail eine Vielzahl von anwendungsspezifischen Reaktionen zeigen muß. Die logische Trennung in verschiedene Softwarekomponenten (Module, Objekte) bleibt aber sinnvoll.

- In UIMSen eingesetzte abstrakte Beschreibungen beschränken sich auf Dialogabläufe. Das Bildschirmlayout und graphische Ausgaben werden nicht erfaßt. Diese erfordern nach wie vor direkte Programmierung oder sind vom Entwickler nur wenig beeinflußbar.

- Semantisches Feedback erfordert, daß UI und Anwendung intensiv kommunizieren oder daß anwendungsspezifisches Wissen ins UI verlagert wird. Erfolgversprechend ist nur der zweite Ansatz. Allerdings muß dazu die UI-Software offen und erweiterbar sein.

- Anspruchsvolle Oberflächen lassen sich nicht allein durch die Kombination vorgefertigter Dialog-Bausteine (man spricht auch von interaction techniques) erstellen, sondern erfordern die Erzeugung von neuen und die Anpassung existierender Bausteine. Diese Möglichkeiten sind in der Regel nicht gegeben.

- UIMSe sind aufwendig zu erstellen und im Bezug auf eingesetzte Windowsysteme und die unterstützten Dialogarten schwer auf dem neusten Stand zu halten [14]. Ziel muß daher die Entwicklung flexibler, erweiterbarer Systeme sein.

2.3 Toolkits

Als effektiv einsetzbare Alternative zu UIMSen sind sogenannte Toolkits entstanden. Das sind Bibliotheken mit Prozeduren, bzw. Klassen und Methoden, die dem Entwickler einen komfortableren Zugang zu einem Windowsystem zur Verfügung stellen. Typischerweise wird damit die Erstellung und Verwendung von Menüs, Fenstern, Scrollbars usw. erleichtert. Ein Beispiel für ein Toolkit ist die Macintosh Toobox. Der Einsatz von Toolkits stellt den Entwickler allerdings vor die Aufgabe, eine Vielzahl (oft mehrere hundert) Prozeduren bzw. Methoden zu überschauen und für sein konkretes User-Interface in der richtigen Weise zu kombinieren. Dazu muß er sich weiterhin auf der Programmiersprachenebene bewegen.

Auf objektorientierten Programmiersprachen basierende Toolkits unterscheiden sich von den auf Prozeduren beruhenden dadurch, daß sie zum einen eine größere Flexibilität bieten. Man benutzt nicht mehr nur die vorgegebene interaction techniques, sondern hat die Möglichkeit, durch Unterklassenbildung Änderungen an den vordefinierten Bausteinen vorzunehmen. Zum anderen liegt einem objektorientierten Toolkit in der Regel ein Architekturkonzept zugrunde, das ein standardisiertes Muster vorgibt, aus welchen Objekttypen und nach welchen Strukturierungsprinzipien ein User-Interface aufgebaut wird. Die hierbei zu erkennende Idee, ein User-Interface als System kooperierender Objekte aufzufassen, ist auch für neuere Werkzeugentwicklungen von großer Bedeutung. Deshalb gehen wir im nächsten Abschnitt etwas ausführlicher darauf ein.

Das Ziel offener und erweiterbarer Systeme ist mit objektorientierten Toolkits erreicht. Allerdings sollte als wesentlicher Nachteil gegenüber UIMSen noch einmal festgehalten werden, daß die Möglichkeit, Dialogabläufe abstrakt zu beschreiben, bei der Verwendung von Toolkits nicht mehr gegeben ist. Dialogabläufe sind nur noch implizit im Programm enthalten.

3 Objektorientierte User-Interface Architekturen

Die Idee für objektorientierte User-Interface Architekturen resultiert aus dem Bestreben, die UI-Komponente nicht aus großen, in ihrer Komplexität nicht durchschaubaren Modulen (nach dem Seeheim Modell sind dies Presentation, Dialog-Control und Application-Interface-Model) aufzubauen, sondern aus kleinen Einheiten, die jede für sich einen in sich abgeschlossenen Teil des UI behandeln.

Man kann verschiedene Ansätze für eine globale Strukturierung des UI unterscheiden. Auf der einen Seite werden verschiedene spezialisierte Objekttypen identifiziert, die jeweils nur einen Teilaspekt - Eventverarbeitung, Bildschirmdarstellung, lokale Datenhaltung usw. - behandeln und die untereinander relativ frei kombiniert werden. Ein Beispiel ist MacApp [15], eine Erweiterung der Macintosh Toolbox, das die Objekttypen Window, Document, Command, View, Frame und Application unterscheidet.

Auf der anderen Seite stehen Modelle, die gerade die gemeinsamen Aufgaben verschiedener UI-Bestandteile betonen, indem sie ein User-Interface aus gleichartigen Objekten aufbauen. Solche Objekte umfassen in ihrem Inneren wiederum die oben aufgeführten Teilaspekte Eventverarbeitung, Bildschirmdarstellung und lokale Datenhaltung.

Man kann als Ausgangspunkt für die zweite Richtung das MVC-Modell von Smalltalk sehen [10]. Die Abkürzung "MVC" steht für Model, View und Controller, den drei wichtigsten Komponenten des Modells, die (evtl. in spezialisierter Form) in jedem UI-Bestandteil (das sind Fenster und Teilfenster) vorkommen. Derartig strukturierte Bestandteile sind z.B Fenster zum Präsentieren und Editieren von Listen, Texten oder Graphiken. Die Aufgabenverteilung zwischen Model, View und Controller ist dabei immer gleich. Es gibt allerdings keine Instanz, in der der Zusammenhalt und gemeinsame Aufgaben von Model-View-Controller Tripeln festgehalten wird[1].

In systematischerer Weise wird eine Architektur, die homogen strukturierte Objekte herausstellt, mit dem PAC-Modell von Coutaz [3] beschrieben. Die Objekte werden "interactive objects" genannt. Jedes besteht aus einer Presentation-, einer Abstraction- und einer Control-Komponente. Interactive Objects werden hierarchisch angeordnet, eine Idee, die sich im Kern schon bei MVC beobachten läßt. Neu ist die Abstraction-Komponente, die in jedem Interactive Object die Möglichkeit bietet, Anwendungsdaten zu speichern und zu manipulieren, womit insbesondere semantisches Feedback unterstützt wird.

1.. Genaugenommen handelt es sich um View-Controller Paare. Die Zuordnung von Model-Objekten ist flexibler. Ein Model kann für mehrere View-Controller Paare zuständig sein

User-Interface-Objekte

Als Quintessenz aus den genannten objektorientierten Architekturen kann man die Herausbildung eines speziellen Objektbegriffs für eine gemeinsame Abstraktion von Komponenten innerhalb des UI sehen. Diese Abstraktion soll einheitlich strukturierte UI-Bausteine beschreiben, aus denen man ein UI vollständig zusammensetzen kann. Wir werden im folgenden für diese Bausteine die Bezeichnung User-Interface-Objekt (UIO) verwenden; dieser Begriff wird auch in [7] benutzt.

Ein idealer Begriff von UIO beschreibt nicht nur selbständig und lokal agierende Softwarekomponenten mit einheitlicher Struktur und Schnittstelle zu anderen Objekten, sondern eignet sich gleichermaßen zur Strukturierung von Ablauf, Layout und Software-Architektur und führt dabei zu kongruenten Strukturierungen. Ein UIO bündelt dann ein zusammengehöriges Stück von Layout und Ablauf in einer Softwarekomponente.

4 Das Modell DIWA

DIWA knüpft in seiner Architektur bei MVC und PAC an. Es werden ebenfalls hierarchisch angeordnete UIO's verwendet. Die Architektur wird ergänzt durch eine abstrakte, an Zustands-Transitions-Netzen orientierte Beschreibungssprache für Dialogabläufe. Ablaufbeschreibungen ordnen den Objekten Eventhandler zu. Dementsprechend verstehen wir die UIO's als parallel arbeitende Agenten. Das Aussehen und Verhalten von Objekten wird durch die Definition von UIO-Klassen festgelegt.

Die Einbeziehung abstrakter Beschreibungen in das Modell hat das Ziel, die erhaltenswerte Idee aus den UIMS-Ansätzen, Dialogabläufe explizit und auf einem Niveau oberhalb von Programmiersprachen zu beschreiben, in die objektorientierte Umgebung hinüberzuretten, ohne daß deren Flexibilität verlorengeht.

Wichtigstes Kriterium zum Identifizieren von Objekten (UIO's) und ihren Klassen sowie von Objekt-Subobjekt Beziehungen ist die Zuständigkeit eines Objekts. Ein Entwurf orientiert sich an der Frage, welche Aufgaben ein Objekt hat und welches Wissen es zur Erledigung dieser Aufgaben benötigt, was insbesondere bedeutet, welche anderen (untergeordneten) Objekte es dabei zur Unterstützung braucht. Man kann von einem verantwortlichkeitsbestimmten Ansatz zum objektorientierten Entwurf sprechen [19].

Beim UI-Entwurf sind die Objekte in der Regel auf dem Bildschirm unmittelbar zu identifizieren, wobei mit der Zuständigkeit häufig ein geometrisches Enthaltensein von Subobjekten in Objekten einhergeht. Ein guter UI-Entwurf wird immer zusammengehörende Dinge, etwa die zu einer Anwendung gehörenden Kontrollfelder oder Scrollbars, auch räumlich zusammen anordnen, z.B. in einem Fenster oder in einem Formular. Andererseits bekommt man mit einem zuständigkeitsorientierten Entwurf auch Objekte mit eher koordinierenden Aufgaben, die dann nicht unbedingt eine Bildschirmrepräsentation haben, die sich unmittelbar aus ihrer Aufgabe ergibt.

Die Bedeutung der Objekt-Subobjekt-Beziehungen kann somit sowohl geometrisch als "liegt innerhalb" als auch logisch als "benutzt", "kontrolliert" oder "ist Teil von" interpretiert werden.

Ein weiteres Kriterium für den Entwurf von Klassen für UIO's ist deren Wiederverwendbarkeit. Man definiert Klassen, die immer wieder vorkommende Strukturen und Dialogabläufe beschreiben. Insbesondere setzen wir hierzu Mehrfachvererbung ein, damit verschiedene unabhängig voneinander formulierbare Strukturen und Abläufe isoliert und später in Unterklassen miteinander kombiniert werden können. Vererbung wird aber nicht nur dazu eingesetzt, daß durch Wiederverwenden existierender Beschreibungen die Erstellung neuer UI-Spezifikationen vereinfacht wird, sondern als bewußt eingesetztes Strukturmerkmal: Universelles Dialogverhalten soll so weit wie möglich extrahiert und damit sichtbar gemacht werden. Zur Unterstützung dieses Ansatzes führen wir Regeln ein, die die Bildung von Unterklassen reglementieren, so daß einmal ererbte Strukturen und Abläufe nur noch in engen Grenzen verändert werden können.

4.1 Die Basisarchitektur von DIWA

Wir wollen die Architektur hier nur soweit beschreiben, wie sie für die folgenden Abschnitte von Bedeutung ist. Weitere Details finden sich in [16],[18]. Ein einzelnes UIO besteht wieder aus drei Komponenten. Die folgende Abbildung zeigt den Aufbau eines UIO:

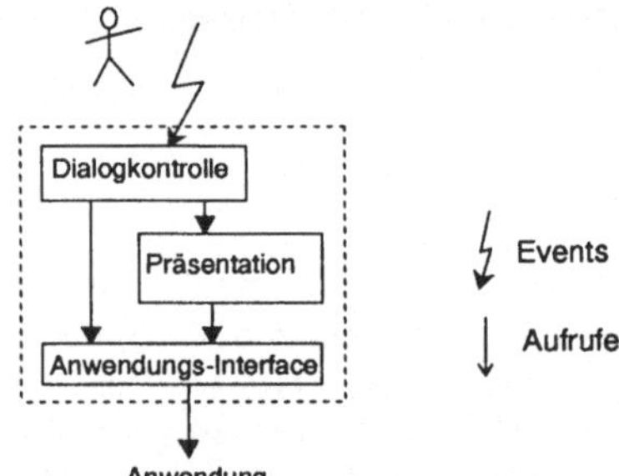

Abbildung 1

- Die Dialogkontrolle ist für die weiteren Betrachtungen die wichtigste der drei Komponenten. Sie empfängt und verarbeitet alle Events von außen, das sind Eingaben vom Benutzer und Signale von anderen Objekten, und entscheidet, wie darauf zu reagieren ist. Die Reaktionen bestehen aus Aufrufen an Präsentation und Anwendungs-Interface, sowie aus Signalen an andere Objekte. Durch die Einbindung in die Objekthierarchie ergibt sich für eine Dialogkontrolle die Aufgabe, untergeordnete Objekte zu kontrollieren, das heißt zu aktivieren oder zu deaktivieren, sowie zwischen verschiedenen Subobjekten zu vermitteln, da diese nicht direkt miteinander kommunizieren.

- Die Präsentation ist für die Bildschirmdarstellung des UIO verantwortlich. Dazu gehört auch die Berechnung, Veränderung und evtl. die lokale Speicherung der Objektdarstellung.

- Das Anwendungs-Interface sorgt für Datentransporte von und zur Außenwelt. Daten werden dabei direkt zwischen Präsentation und Anwendungs-Interface ausgetauscht. Die Dialogkontrolle ist nur als auslösende Instanz beteiligt. Dadurch ist die Dialogkontrolle nicht von programmiersprachenspezifischen Datenformaten abhängig.

4.2 UIO-Klassen

Die Architektur von DIWA könnte für sich stehen und als Modell für die Implementierung eines Toolkits dienen. Wir wollen aber einen Schritt weiter in Richtung Werkzeug gehen und UIO's so weit wie möglich abstrakt, das heißt programmiersprachenunabhängig beschreiben. Dabei soll die Flexibilität eines objektorientierten Toolkits erhalten bleiben.

Zu diesem Zweck wird ein programmiersprachenunabhängiges Schema zur Definition von UIO-Klassen eingeführt. Das Schema umfaßt neben der globalen Objektstruktur auch Dialogabläufe, also die Dialogkontrollkomponenten. Die Definition einer UIO-Klasse umfaßt Angaben über:

- Eine Reihe von Subobjekten, über die ein UIO dieser Klasse verfügt. Für jedes Subobjekt wird ein Name und eine Klasse spezifiziert.

- Eine Reihe von Attributen.

- Eine Reihe von Eventhandlern, die das Dialogverhalten von UIO's dieser Klasse beschreiben.

Jede Klasse wird als Unterklasse einer bereits definierten UIO-Klasse beschrieben. Die allgemeinste Klasse wird mit *DialogObjects* bezeichnet. Bei der Definition von Unterklassen werden lediglich die neu hinzukommenden Subobjekte, Attribute und Eventhandler angegeben. Geerbte Subobjektangaben können in Unterklassen modifiziert, das heißt spezialisiert werden, indem als neue Klasse des Subobjekts eine Unterklasse der alten angegeben wird. Einmal definierte Attribute und Eventhandler können in Unterklassen nicht mehr verändert werden.

Neben der Flexibilisierung der Typstruktur durch die Möglichkeit, neue, auch anwendungsspezifische UIO-Klassen zu definieren, ist eine Dynamisierung der Objektstruktur ein wesentliches Anliegen des DIWA-Ansatzes. Dazu müssen Anzahl und Anordnung von Subobjekten zur Laufzeit des Dialogs veränderbar sind. Zu diesem Zweck bietet DIWA die Möglichkeit, variabel große Mengen gleichartiger Subobjekte zu bilden. Die Elemente solcher Mengen müssen nicht individuell bezeichnet werden. Man kann daher auch von anonymen Objekten sprechen. Die Menge selbst bekommt einen Namen und wird weitgehend wie andere, einzelne Subobjekte behandelt.

Als Beispiel definieren wir eine Klasse für einfache Popup-Menüs. Objekte dieser Klasse besitzen als Subobjekte eine Menge *ItemSet* von Einträgen der Klasse *Items*, die schon definiert sei, sowie einen Titel, der ebenfalls von der Klasse *Items* ist. Oberklasse von *PopUpMenus* ist die Klasse *DialogObjects*.

```
DialogObjects class PopUpMenus
    subobjects:   [ Title:      Items,
                    ItemSet:    setOf Items ]
end PopUpMenus
```

In einer anwendungsspezifischen Unterklasse *EditMenus* werden schließlich individuelle Einträge als Elemente von *ItemSet* definiert.

```
PopUpMenus class EditMenus
    subobjects:   [ Insert:   InsertItems   elementOf ItemSet,
                    Delete:   DeleteItems   elementOf ItemSet,
                    Modify:   ModifyItems   elementOf ItemSet ]
end EditMenus
```

4.3 Die Integration von Ablaufbeschreibungen

Ein System von Eventhandlern realisiert die Dialogkontrollkomponente eines DIWA-UIO's. Die für Eventhandler entwickelte Beschreibungssprache erlaubt, Ereignisse und Aktionen, insbesondere solche mit Bezug zu anderen Objekten, zu beschreiben. Dazu werden auf die hierarchische Objektstruktur und auf die dynamisch veränderbaren Objektmengen zugeschnittene Objektausdrücke verwendet. Zum Beispiel bezeichnet der Ausdruck

ItemSet(cursor)

den gerade unter dem Mauscursor liegenden Menüeintrag.

Weiterhin werden Sprachmittel zur Kommunikation und Synchronisation mit anderen Eventhandlern und Objekten zur Verfügung gestellt. Bei der Auswahl der Sprachmittel, insbesondere für Objektausdrücke und Kommunikation, ist im Sinne einer besseren Transparenz von UI-Entwürfen als wichtiges Designkriterium die Beschränkung der Zugriffs- und Einflußmöglichkeiten eines Eventhandlers auf ihm untergeordnete Handler und Objekte verfolgt worden.

Wir wollen das Zusammenspiel verschiedener Eventhandler eines Objekts am Beispiel der Popup-Menüs demonstrieren. Der Besitzer des Menüs entscheidet, wann das Menü aktiviert und wo es dann dargestellt wird. Das Menüobjekt selbst sorgt für seine Darstellung, das Feedback (Invertieren von Einträgen, wenn die Maus hineinbewegt wird) und meldet schließlich ein Signal an den Besitzer, wenn der (rechte) Mausknopf über einem der Einträge losgelassen wird. Die gerade beschriebenen Aufgaben werden von den zwei Eventhandlern *FeedbackHandler* (der auch für die Darstellung bei der Aktivierung des Menüs verantwortlich ist) und *SendSignalHandler*, der den Besitzer über den angewählten Eintrag unterrichtet. Der *SendSignalHandler* kann allerdings erst in einer Unterklasse (z.B. *EditMenu*) definiert werden, wenn die konkreten Einträge und die damit verbundenen Signale festgelegt sind. Die Beschreibung der Klasse PopUpMenus einschl. der Eventhandler hat jetzt die Form:

```
DialogObjects class PopUpMenus
    subobjects:        [ Title:          Items,
                          ItemSet:        setOf Items ]
    attributes:-
    eventhandlers:     [ FeedbackHandler ]
    FeedbackHandler: eventHandler
        type: simpleHandler
        stateDesc:     ( Enter (ItemSet) → setAttr (Invers) to eventob → keepState
                       | Exit (ItemSet) → unsetAttr (Invers) to eventob → keepState )
        startActions:  setAttr (mapped);
                       setAttr (Invers) to ItemSet (cursor)
        stopActions:   unsetAttr (Invers) to ItemSet (Invers);
                       unsetAttr (mapped)
    end FeedbackHandler
end PopUpMenus
```

Als Erweiterung der Popup-Menüs, die die Bedeutung von Vererbung für die Beschreibung von Dialogverhalten illustriert, führen wir nun Submenüs ein. Dazu wird zunächst die Klasse *Items* zu *ItemsWithSubmenu* modifiziert. Ein solcher Eintrag besitzt als Subobjekt ein Feld *FollowBox* (mit einem Pfeil nach rechts darin). Das Submenü wird gezeigt, wenn die Maus in dieses Feld hineinbewegt wird. Die folgende Abbildung zeigt das Layout der Menü- und Itemobjekte:

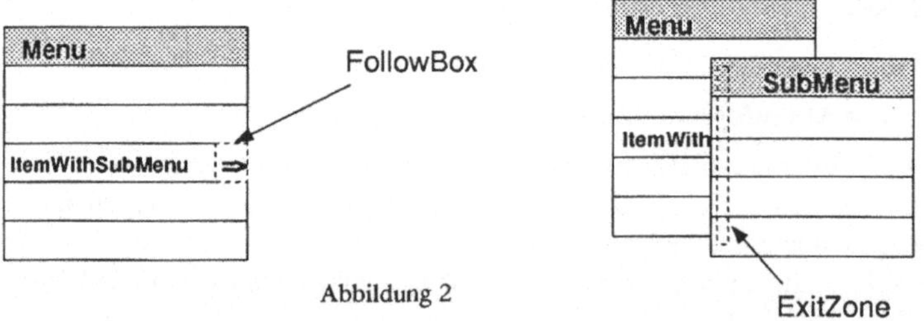

Abbildung 2

Das Submenü selbst wird als weiteres Subobjekt des modifizierten Items aufgefaßt. Das Attribut *Up* dient zum Markieren des Eintrags mit dem gerade aktivierten Submenü. Das Submenü bekommt ebenfalls eine eigene Klasse. Als Erweiterung gegenüber den normalen Popup-Menüs enthält es ein Subobjekt *ExitZone*, ein schmales unsichtbares Rechteck am linken Rand des Submenüs. Wenn die Maus über dieses Feld, das heißt nach links aus dem Submenü heraus, bewegt wird, verschwindet das Submenü wieder. Es verschwindet natürlich auch, wenn der rechte Mausknopf losgelassen wird. Über Aktivierung und Deaktivierung des Submenüs wacht ein neuer

Eventhandler *SubMenuWatchHandler* des übergeordneten Menüs:

```
Items class ItemsWithSubMenu
    subobjects:    [ FollowBox: TextButtons
                      SubMenu: SubMenus ]
    attributes:    [ Up ]
    eventhandlers:-
end ItemsWithSubMenus

PopUpMenus class SubMenus
    subobjects:    [ ExitZone: InvisibleRects ]
    attributes:    -
    eventhandlers:-
end SubMenus

PopUpMenus class PopUpsWithSubMenu
    subobjects:-
    attributes:-
    eventhandlers: [ SubMenuWatchHandler ]
    SubMenuWatchHandler: eventhandler
        stateDesc:Watching = (Enter (ItemSet . FollowBox ) →
                                      deactivateOtherHandlers to parenthdl;
                                      setAttr (Up) to eventob . parentob;
                                      start to eventob . parentob . SubMenu → ChildUp )
                   ChildUp =   (RightUp,
                                Enter (ItemSet . SubMenu . ExitZone) →
                                stop to ItemSet (Up) . SubMenu;
                                unsetAttr (Up) to ItemSet (Up);
                                reactivateHandlers to parenthdl → Watching )
    end SubMenuWatchHandler
end PopUpsWithSubMenu
```

Der *SubMenuWatchHandler* muß dafür sorgen, daß *FeedbackHandler* und *SendSignalHandler* des Obermenüs deaktiviert werden, solange das Submenü aktiv ist; denn die Maus kann das Submenü verlassen, ohne daß es verschwindet, und dann ins Obermenü (bzw. den davon sichtbaren Teil) bewegt werden. Dieses soll dann nicht reagieren, natürlich auch nicht, wenn der Mausknopf über einem der Items losgelassen wird. Die folgende Abbildung zeigt die Objekt-Subobjekt-Beziehungen in einem Menü mit Submenü. Objekte mit einem oder mehreren Eventhandler sind durch Umrandungen hervorgehoben:

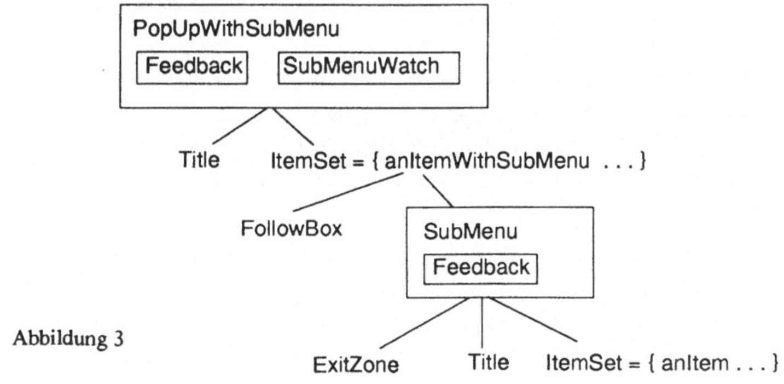

Abbildung 3

Man kann das Einsetzen von Submenüs in Submenüs iterieren, wenn man die Eigenschaften der Klassen *SubMenus* und *PopUpsWithSubMenu* kombiniert. Die neue Klasse *SubMenusWithSubMenu* benötigt außer den ererbten Eigenschaften keine weiteren Angaben und kann für alle Menüs genutzt werden, die sowohl ein Submenü als auch ein Obermenü haben.

```
[ SubMenus, PopUpsWithSubMenu ] class SubMenusWithSubMenu
    subobjects:    -
    attributes:    -
    eventhandlers: -
end SubMenusWithSubMenu
```

Schließlich hat die Klassenhierarchie für die vorgestellten Menü- und Itemklassen folgendes Aussehen:

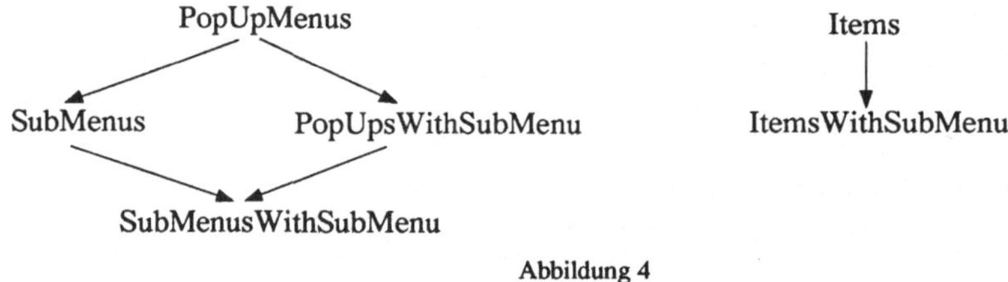

Abbildung 4

5 Zusammenfassung und Ausblick

Wir haben in dieser Arbeit zunächst in einem kurzen Abriß die Anforderungen an die Entwicklung anspruchsvoller graphischer Benutzeroberflächen sowie existierende Werkzeuge zur Unterstützung der User-Interface-Entwicklung beschrieben. Besonderes Augenmerk wurde dabei auf objektorientierte User-Interface-Architekturen gelegt. Als Quintessenz aus verschiedenen derartigen Architekturen wurde das Konzept der User-Interface-Objekte (UIO) vorgestellt, das einen zusammengehörigen Teil von Bildschirmlayout und Dialogablauf in einer weitgehend selbständig agierenden Softwarekomponente bündelt.

Wir haben dann das Modell DIWA vorgestellt, das neben seiner auf UIO's beruhenden Softwarearchitektur programmiersprachenunabhängigen Dialogablaufbeschreibungen integriert. Dialogabläufe werden als System kooperierender Eventhandler beschrieben. An Beispielen wurde gezeigt, daß es damit möglich ist, komplexe Abläufe zu zerlegen, und insbesondere durch den Einsatz von Vererbung universelle von anwendungsspezifische Abläufen zu trennen.

Bisher haben wir basierend auf dem Windowsystem NeWS [5] ein Toolkit mit einem darin enthaltenen Interpreter für Ablaufbeschreibungen implementiert. Ein wichtiger Ansatzpunkte für weitere Entwicklungen ist die Erweiterung des Beschreibungsmechanismus auf das Bildschirmlayout (Dieses steckt bisher noch in der Implementierung der Präsentationskomponenten der UIO's). Erste Ansätze für high-level Beschreibungen von Layout in einem Toolkit kann man z.B. in [17] finden.

6 Literatur

[1]   Alexander, H. *Executable Specifications as an Aid to Dialogue Design*. Proceedings Interact '87, Elsevier, 1987, 739-744.

[2]   Cardelli, L. und Pike, R. *Squeak: A Language for Communicating with Mice*. Proceedings SIGGRAPH '85, ACM Computer Graphics 19,3 (1985) 199-204.

[3]   Coutaz, J. *PAC, an Object Oriented Model for Dialog Design*. Proceedings Interact '87, Elsevier, 1987, 431-436.

[4]   Flecchia, M. und Bergeron, R. *Specifying Complex Dialogs in ALGAE*. Proceedings CHI+GI '87, ACM New York, 1987, 229-234.

[5]   Gosling, J., Rosenthal, D. und Arden, M. *The NeWS Book*. Springer Verlag, 1989.

[6]   Green, M. A *Survey of Three Dialogue Models*. ACM Transactions on Graphics 5,3 (1986), 244-275.

[7]   Herrmann, M. und Hill, R. *Abstraction and Declarativeness in User Interface Development. The Methodological Basis of the Composite Object Architecture*. Proceedings IFIP World Computer Conference, Elsevier, 1989, 253-258.

[8]   Hill, R. *Supporting Concurrrency, Communcation and Synchronization in Human-Computer Interaction - The Sassafras UIMS*. ACM Transactions on Graphics 5,3 (1986), 179-210.

[9]   Jacob, R. *A Specification Language for Direct-Manipulation User Interfaces*. ACM Transactions on Graphics 5,4 (1986), 283-317.

[10]   Krasner, G. und Pope, S. *A Cookbook for Using the Model-View-Controller User Interface Paradigm in Smalltalk-80*. Journal of Object-Oriented Programming, Aug./Sept. 1988.

[11]   Myers, B. *User-Interface Tools: Introduction and Survey*. IEEE Software, Jan. 1989 15-23.

[12]   Olson, D. und Dempsey, E. Syngraph: *A Graphical User Interface Generator*. ACM Computer Graphics 17,3 (1983), 43-50.

[13]   Pfaff, G. (Hrsg.) U*ser Interface Management Systems*. Springer Verlag, 1985.

[14]   Rosenberg, J., Hill, R. Miller, J., Schulert, A. und Shewmake, D. *UIMSs: Threat or Menace?* Proceedings CHI '88, ACM New York, 1988, 197-200.

[15]   Schmucker, K. *MacApp: An Application Framework*. Byte 11,8 (1986), 189-193.

[16]   Six, H.-W. und Voss, J. *DIWA- A Hierarchical Object-Oriented Model for Dialog Design*, Proc. IFIP Working Conference on Engineering for Human-Computer Interaction, Napa Valley, USA, 1989.

[17]   Szekely, P. und Myers, B. *A User Interface Toolkit Based on Graphical Objects and Constraints*. Proceedings OOPSLA '88, ACM SIGPlan Notices 23,11 (1988), 36-45.

[18]   Voss, J. *Entwurf und Implementierung von graphischen Benutzeroberflächen - Ein integrierter, objektorientierter Ansatz*, Dissertation FernUniversität Hagen 1990.

[19]   Wirfs-Brock, R. und Wilkerson, B. *Object-Oriented Design: A Responsibility-Driven Approach*. Proceedings OOPSLA '89, SIGPlan Notices 24,11 (1989), 71-75.

Eine objektorientierte Architektur für
direkt manipulative, verteilte Bürosysteme

Christian Janssen, Stuttgart[1]

Zusammenfassung

In diesem Beitrag wird eine Architektur für direkt manipulative, verteilte Bürosysteme vorgeschlagen. Die klassische Trennung von Ebenen der Präsentation, Dialogsteuerung und Anwendung wird im Prinzip beibehalten. Es wird aber auf Flexibilität und die Möglichkeit der semantischen Rückkopplung in der Präsentationskomponente geachtet. Außerdem wird die Möglichkeit paralleler Dialoge verschiedener Benutzer mit einer Anwendung vorgesehen. Als Werkzeugunterstützung dient ein objektorientierter Oberflächenbaukasten auf der Ebene der Präsentation. Auf der Ebene der Dialogsteuerung ist ein Anwendungsrahmen oder ein flexibles User Interface Management System (UIMS) erforderlich. Als Demonstrationsbeispiel wird die Implementation von Oberflächenobjekten für ein ikonisches Dateisystem beschrieben, die als wiederverwendbare Bausteine auf der Basis des Fenstersystems NeWS entwickelt wurden.

1. Einleitung

Die Dialogform der Direkten Manipulation (Shneiderman, 1982, 1983) verspricht für die

Benutzung von Software-Systemen Vorteile wie leichtes Lernen, gutes Behalten und geringe

Fehleranfälligkeit. Diese sind zwar noch nicht vollständig empirisch überprüft (Ilg und Ziegler,

1988), aber dennoch hat sich die Direkte Manipulation in vielen Bereichen, wie z.B. im

Bürobereich, verbreitet. Der Programmieraufwand bei der Entwicklung direkt manipulativer

Systeme ist jedoch im Vergleich zu anderen Dialogformen besonders hoch (Myers, 1989). Die

Unterstützung der Programmierung mit vorgefertigten Bausteinen und/oder Spezifikations-

sprachen ist hier schwieriger als etwa bei Masken- und Menüsystemen. Zum einen bieten heutige

Benutzungsoberflächenbaukästen noch keine vollständige Unterstützung für die Entwicklung

direkt manipulativer Systeme an. Zum anderen wird das traditionelle Konzept der User Interface

Management Systeme (UIMS) im Zusammenhang mit Direkter Manipulation von einigen

Stimmen als gescheitert angesehen (Rosenberg, 1988).

Im zweiten Abschnitt dieses Beitrags wird ausgeführt, wie das traditionelle Architekturkonzept für

interaktive Systeme mit der Trennung von Komponenten für Präsentation, Dialogsteuerung und

---

[1] Dieser Beitrag basiert auf meiner Diplomarbeit (Janssen, 1989), die im Rahmen des Esprit-Projektes "Communication Systems Architecture" (CSA, siehe Behr et al., 1988) in Zusammenarbeit mit dem Philips Forschungslabor in Hamburg durchgeführt wurde. Ich danke dem Forschungslabor, namentlich Barbara Fink und Rolf Stecher, für die Unterstützung. Besonders danke ich Horst Oberquelle für die Betreuung der Diplomarbeit an der Universität Hamburg und die Durchsicht dieses Beitrags.

Anwendung zu erweitern ist, damit es auch auf direkt manipulative Systeme angewendet werden kann. Außerdem werden Entwicklungen im Bereich der Fenstersysteme mit einbezogen und parallele Dialoge sowie die Verteilung von Anwendung und Komponenten der Benutzungsschnittstelle berücksichtigt. Im dritten Abschnitt werden Möglichkeiten der Werkzeugunterstützung für den Entwurf und die Implementation von Systemen gemäß der Architektur besprochen. Der vierte Abschnitt beschreibt die Implementation der Benutzungsoberfläche eines ikonischen Dateisystems, die unter Verwendung objektorientierter Programmiertechniken mit Hilfe von wiederverwendbaren Bausteinen konstruiert wurde. Das Beispiel zeigt die Bewegung von Ikonen mit der Maus als eine für Direkte Manipulation typische Interaktionsform. Der fünfte Abschnitt gibt einen Ausblick auf künftige Entwicklungen.

2 . Eine Architektur für direkt manipulative Systeme

In Green (1985a) wird das "Seeheim-Modell" für interaktive Systeme beschrieben, das heute vielen Architektur-Modellen zugrunde liegt. Es wird hierbei eine Trennung der Benutzungsschnittstelle von der eigentlichen Anwendung vorgenommen, wobei die Benutzungsschnittstelle selbst noch in eine Präsentations- und eine Dialogsteuerungskomponente zerfällt. Zusätzlich zur Anwendung ist eine gesonderte Komponente für die Anwendungsschnittstelle vorgesehen, die hier aber vernachlässigt werden soll. Im Zusammenhang mit der Verwendung dieses Modells für direkt manipulative Systeme treten einige Probleme auf (vgl. Hudson, 1987):

- Es ist große **Flexibilität in der Präsentationskomponente** erforderlich. Die Präsentationskomponente kann daher nicht, wie im urspünglichen Modell angenommen, auf einer festen Menge von Interaktionstechniken eines Standard-Graphiksystems aufbauen. Es müssen anwendungsabhängig Erweiterungen der Interaktionstechniken möglich sein, um dem Benutzer eine angemessene Rückkopplung geben zu können. Als Beispiel sei das Aufziehen von geometrischen Figuren in einem graphischen Editor angeführt. Steht, wie in vielen Graphiksystemen, bei Bewegungen mit der Maus nur das dynamische Zeichnen und Löschen einer Linie zu einem Referenzpunkt als Rückkopplung zur Verfügung, so kann beim Aufziehen von Kreisen, Rechtecken usw. keine angemessene Rückkopplung gegeben werden.

- In manchen Fällen werden Informationen über die Anwendung benötigt, um eine **semantische Rückkopplung** geben zu können. Zum Beispiel soll in einem ikonischen Dateisystem beim Bewegen eines Dateiikons über ein Verzeichnisikon das Verzeichnisikon invers dargestellt werden, um dem Benutzer die Möglichkeit der Operationsauslösung (Bewegen oder Kopieren einer Datei) anzuzeigen. Werden aber Dateiikone übereinander bewegt, soll keine Invertierung erfolgen. Um diese semantische Rückkopplung korrekt und unmittelbar geben zu können, müssen in der Benutzungsschnittstelle Informationen über die semantischen Beziehungen der Oberflächenobjekte zur Verfügung stehen.

Das in Abb. 1 dargestellte Architekturmodell trägt diesen Problemen Rechnung. Die Präsentationskomponente beruht dem heutigen Stand der Technik entsprechend auf einem Fenstersystem. Fenstersysteme bieten heute für hochdynamische Interaktionen, z.B. bei Mausbewegungen, weit flexiblere Möglichkeiten der Rückkopplung als frühere Standard-Graphiksysteme. Auf den Mechanismen des Fenstersystems bauen Oberflächenbausteine (z.B. Fenster, Ikone und Menüs) auf, die externe Präsentationen verwalten und zugehörige Eingaben (Eingabeereignisse) entgegennehmen.

Um semantische Rückkopplungen geben zu können, wird ein zweistufiges Modell vorgeschlagen: Statische semantische Informationen, die nicht vom Zustand der Anwendung abhängen, werden in den Oberflächenobjekten kodiert, so daß davon abhängige Rückkopplungen unmittelbar gegeben werden können. Zum Beispiel werden bei dem oben angeführten ikonischen Dateisystem nur statische semantische Informationen benötigt. Die Bereitstellung dynamischer semantischer Informationen verbleibt dagegen in der Anwendung. So erfolgt etwa die Prüfung, ob für das Kopieren einer Datei noch genügend Speicherplatz verfügbar ist, in der Anwendung.

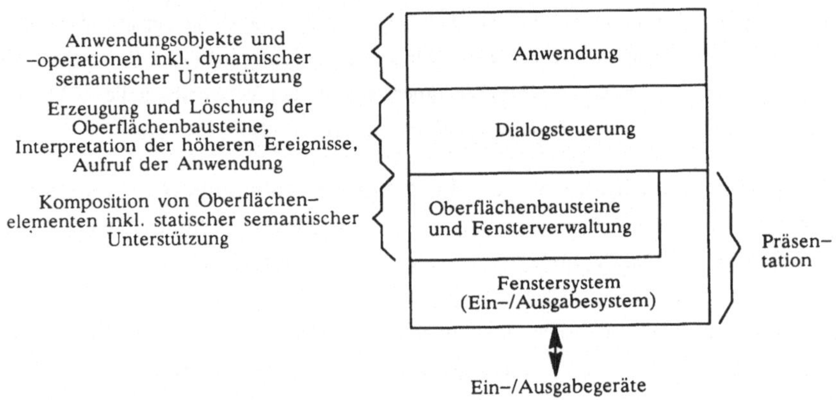

Abb. 1: Geschichtete Darstellung der Architektur

Die Dialogsteuerung hat die Aufgabe der Steuerung des Dialogablaufes aufgrund der Interpretation der Ereignisse, die von den Oberflächenobjekten an sie weitergegeben werden (höhere Ereignisse). Entsprechend der Interpretation wird ein Aufruf der Anwendung durchgeführt. Der neue Anwendungszustand wird abgefragt und durch Oberflächenaufrufe extern dargestellt. Zur Unterstützung paralleler Anwendungen und paralleler Zugriffe auf Anwendungen werden folgende Erweiterungen des Schichtenmodells vorgenommen (Abb. 2):

- Jeder Benutzer kann verschiedene Anwendungen parallel betreiben. Zur Steuerung jedes Dialoges mit einer Anwendung existiert dabei eine separate Dialogsteuerung. Die Zuordnung der Eingaben des Benutzers zu den einzelnen Dialogsteuerungen übernimmt das Fenstersystem.

- In einer vernetzten Umgebung, wie heute im Bürobereich üblich, können parallele Zugriffe verschiedener Benutzer auf dieselbe Anwendung sinnvoll sein. Man denke etwa an einen elektronischen Raumnutzungsplan zur Koordination der Raumbelegung. Hierbei existiert ebenfalls für jeden Dialog, den ein Benutzer mit der Anwendung führt, eine Dialogsteuerung. (Prinzipiell kann auch ein Benutzer mit derselben Anwendung parallel verschiedene Dialoge führen.) Die parallelen Dialoge entsprechen parallelen Sichten (Views) im Model-View-Controller-Modell (MVC-Modell) von Smalltalk (Krasner und Pope, 1988). Um Zustands-änderungen an alle zugehörigen Dialoge melden zu können, existiert in der Anwendung eine Liste dieser Dialoge. Aufgrund der Änderungsmeldung aktualisieren die Dialogsteuerungen den Oberflächenzustand, so daß dieser überall mit dem Anwendungszustand konsistent ist. Bei echt paralleler Ausführung von Dialogen müssen aber in Erweiterung des MVC-Modells Synchronisationsmechanismen existieren, um die Konsistenz des Anwendungszustandes zu gewährleisten. Im einfachsten Fall wird dies durch strenge Serialisierung der Aufrufe gewährleistet. In der Communication Systems Architecture (CSA; Behr et al., 1988) können dagegen mehrere Operationen in einem Objekt parallel ausgeführt werden. Hierbei werden dann Konsistenzbedingungen mit Hilfe von erweiterten, offenen Pfadausdrücken angegeben.

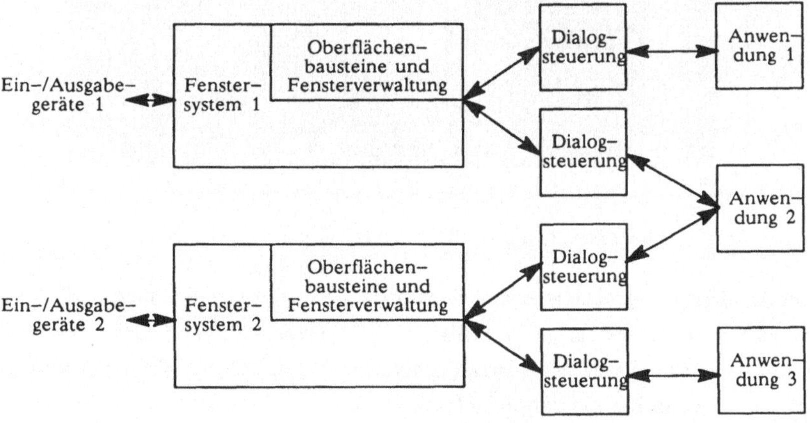

Abb. 2: Berücksichtigung paralleler Dialoge

Zur Erläuterung des beschriebenen Architekturkonzeptes sei als Beispiel die Architektur eines ikonischen Dateisystems beschrieben, dessen Benutzungsoberfläche in Abb. 3 dargestellt ist. Die Oberfläche ist hierarchisch strukturiert und besteht aus einem Fenster mit einem Rahmen und einer Darstellungsfläche, auf welcher sich wiederum die Ikone befinden. (Ein zugehöriges Pop-up-

Darstellungsfläche, auf welcher sich wiederum die Ikone befinden. (Ein zugehöriges Pop-up-Menü ist hier nicht dargestellt.) Mit Hilfe der Maus kann der Benutzer Manipulationen wie Selektion, Bewegung und Menüauswahl vornehmen. Zu jedem Fenster gehört eine Dialogsteuerung, wobei verschiedene Fenster eines Dialoges derselben Dialogsteuerung zugeordnet sind. Die Eingabeereignisse werden zunächst in den Oberflächenobjekten behandelt und nur dann an die Dialogsteuerung weitergegeben, wenn sie für diese relevant sind. Ein für die Dialogsteuerung relevantes Ereignis (höheres Ereignis) ist z.B. die Selektion eines Ikons, da bei einer nachfolgenden Menüauswahl die entsprechende Operation auf das aktuell selektierte Objekt angewendet werden muß. Die Bewegung von Ikonen an der Oberfläche ist für die Dialogsteuerung nur dann von Bedeutung, wenn zwei in semantischer Beziehung stehende Ikonen zur Deckung kommen und eine Anwendungsoperation ausgelöst werden muß. Anderenfalls wird die Bewegung von Ikonen allein von den Oberflächenobjekten behandelt.

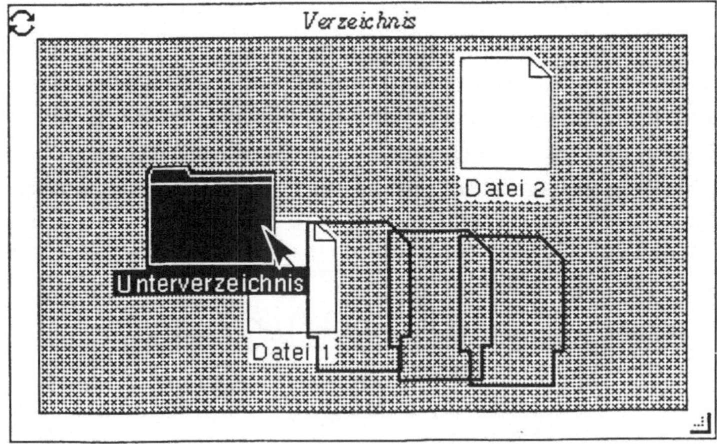

Abb. 3: Benutzungsoberfläche eines ikonischen Dateisystems

Das der Architektur zugrundeliegende Dialogmodell kann als objektorientiert bezeichnet werden und ist eine Variante des Ereignismodells (zu Dialogmodellen siehe Green, 1985b). Eingabeereignisse werden vom Fenstersystem aufgenommen und den Oberflächenobjekten zugeordnet, indem eine zugehörige Operation aufgerufen wird. Höhere Ereignisse werden von den Oberflächenobjekten durch Aufruf entsprechender Operationen in den jeweils zugehörigen Dialogsteuerungen weitergegeben, die hier auch als Objekte im Sinne der objektorientierten Programmierung verstanden werden. Wird zum Beispiel ein Ikon selektiert, so wird in der Dialogsteuerung die Operation "Selektion" mit dem Namen des Ikons als Parameter aufgerufen.

3. Werkzeuge für den Entwurf und die Implementation direkt manipulativer Systeme

Wesentliche Ziele, die durch die Werkzeugunterstützung beim Entwurf und der Implementation interaktiver Systeme erreicht werden sollen, sind

- Reduktion des Entwicklungsaufwandes,
- Unterstützung des Prototyping,
- unabhängige Änderbarkeit von Benutzungsschnittstelle und Anwendung und
- Konsistenz der entstehenden Benutzungsschnittstellen.

In diesem Abschnitt werden zunächst Oberflächenbaukästen als Werkzeuge für die Entwicklung der Präsentationskomponente und dann User Interface Management Systeme (UIMS) und Anwendungsrahmen für die Unterstützung der Dialogsteuerung diskutiert.

Oberflächenbaukästen beinhalten Bausteine für die Konstruktion der Benutzungsoberfläche, wie z.B. Fenster, Menüs und Ikone. Herczeg (1989) formuliert als Anforderungen an Oberflächenbaukästen die Modularisierbarkeit, Spezialisierbarkeit und Aggregierbarkeit der Bausteine sowie die Erweiterbarkeit um neue Bausteine, falls Aggregation und Spezialisierung nicht ausreichen. Insbesondere die Forderung nach Spezialisierbarkeit führt direkt zu objektorientierter Konstruktion und Implementation des Oberflächenbaukastens.

Im vorigen Abschnitt wurde darauf hingewiesen, daß für direkt manipulative Systeme große Flexibilität bei der Entwicklung der Oberflächenbausteine erforderlich ist. Andererseits sollte die Oberfläche dennoch soweit wie möglich auf Standardbausteinen beruhen, um die Konsistenz zu sichern und Mehrfach-Aufwand bei der Programmierung zu vermeiden. Diese Anforderungen werden durch objektorientierte Programmiertechniken optimal erfüllt (siehe auch Abschnitt 4). Heutige Oberflächenbaukästen bieten allerdings vielfach noch nicht diese gewünschte Flexibilität, da sie zwar meist objektorientiert entworfen sind, aber oft keine objektorientierte Implementationssprache verwendet wird.

Der Nachteil bei der ausschließlichen Verwendung von Oberflächenbaukästen für die Entwicklung interaktiver Systeme besteht darin, daß weder eine Trennung von Dialogsteuerung und Anwendung noch die Entwicklung der Dialogsteuerung unterstützt wird. Dementsprechend werden die Ziele der Minimierung des Entwicklungsaufwandes und der möglichst unabhängigen Änderbarkeit von Dialogsteuerung und Anwendung durch Benutzungsoberflächenbaukästen nicht erreicht.

Das Konzept der **User Interface Management Systeme** beinhaltete ursprünglich die Spezifikation der gesamten Benutzungsschnittstelle auf hohem Abstraktionsniveau. Dies ist für die Benutzungsoberfläche (d.h. die Präsentationskomponente) direkt manipulativer Systeme wegen der auf dieser Ebene benötigten Flexibilität nicht vollständig durchführbar, da die Mächtigkeit von Programmiersprachen benötigt wird. Die Verwendung einer Spezifikationssprache für die Dialogebene ist allerdings möglich, wenn dabei neue Klassen von Oberflächenbausteinen eingebunden werden können. Dieses Konzept verfolgen z.B. Trefz und Ziegler (1989).

Ein anderes Konzept zur Unterstützung der gesamten Benutzungsschnittstelle ist der **Anwendungsrahmen** (application framework; siehe z.B. Schmucker, 1986; Krasner und Pope, 1988). Anwendungsrahmen werden durch vordefinierte Klassen für Benutzungsschnittstellen- und Anwendungsobjekte in objektorientierten Systemen gebildet, wobei allerdings bisher nicht zwischen den Ebenen der Präsentation und der Dialogsteuerung unterschieden wird. Dennoch wird die Dialogsteuerung unterstützt. Im System MacApp (Schmucker, 1986) wird beispielsweise eine Rahmensteuerung für die Umkehrung von Operationen (UNDO) vorgegeben. Zusätzlich ist in Anwendungsrahmen Standardfunktionalität für Anwendungsobjekte vorhanden, die den Steuerfluß zwischen Benutzungsschnittstellen- und Anwendungsobjekten bei Veränderungen betreffen.

Die Entscheidung zwischen der Verwendung einer Dialogspezifikationssprache oder eines Anwendungsrahmens erfordert ein Abwägen zwischen der gewünschten Einfachheit und der erforderlichen Mächtigkeit auf der Ebene der Dialogspezifikation. Dialogspezifikationssprachen bieten gegenüber allgemeinen Programmiersprachen den Vorteil des höheren Abstraktionsniveaus und damit der einfacheren Benutzbarkeit. Nachteilig ist aber die eingeschränkte Mächtigkeit und die Tatsache, daß zusätzlich zur Oberflächen- und zur Anwendungsprogrammiersprache (die, z.B. bei der Verwendung von NeWS, unterschiedlich sein können, s.u.) eine weitere Sprachebene dazukommt. Diese Nachteile werden bei Anwendungsrahmen vermieden. Anders als in den bisher bekannten Anwendungsrahmen sollte aber eine konzeptionelle wie auch implementationstechnische Trennung der Ebenen der Präsentation und Dialogsteuerung in der Benutzungsschnittstelle vorgenommen werden.

4. Oberfläche eines ikonischen Dateisystems

Als Implementationsbeispiel für eine direkt manipulative Oberfläche wird hier das ikonische Dateisystem (siehe Abb. 3) weiter ausgeführt, da die Interaktionstechnik des Bewegens von Ikonen und der damit verbundenen semantischen Rückkopplung für Direkte Manipulation typisch ist. Für die Benutzungsoberfläche eines ikonischen Dateisystems sind im wesentlichen Bausteinklassen für Fenster, Ikone und Menüs erforderlich. Die folgende Darstellung ist weitgehend auf die Ikone beschränkt, da die anderen Bausteine bereits zum Stand der Technik in heutigen Oberflächenbaukästen gehören.

Die Implementation erfolgte auf der Basis des Fenstersystems NeWS (Network extensible Window System; Gosling et al., 1989). Die Bausteinklassen wurden in PostScript (Adobe, 1985) programmiert, für das unter NeWS eine objektorientierte Erweiterung verfügbar ist.

Die Funktionalität für die Selektierbarkeit ist in einer generischen Klasse "Subview" (Abb. 4) enthalten, um außer von Ikonen auch von anderen Klassen von Objekten verwendet werden zu können. Ein Subview besteht im wesentlichen aus einer Darstellungsfläche ("subviewcanvas") und aus Methoden für die Formfestlegung ("reshape") und die Zeichnung ("draw"). Letztere sind in den Unterklassen zu definieren, da verschiedene Sorten von "Subview" unterschiedliche graphische Darstellungen haben.

```
/Subview Object              %Klassenname, Oberklasse
dictbegin                    %Instanzenvariablen
    /objid null def          %Bezeichner des Objektes
    /subviewcanvas null def  %Darstellungsfläche f. d. Objekt
    /superview null def      %Fenster, zu dem d. Objekt gehört
    ...
dictend
classbegin                   %Hier beginnen die Klassenmethoden
    ...
    /selection {             %Ereignisroutine für die Selektion.
       highlight                 %Invers darstellen
       subviewcanvas canvastotop %Nach vorne holen
       self /setselection superview send   %Fenster benachrichtigen
    } def

    /highlight {             %Zeichne invertiert
       /background 0 store
       /foreground 1 store
       draw
    } def
    ...
classend def                 %Ende der Klassendefinition
```

Abb. 4: Skizze der Klasse "Subview"

Objekte der Klasse "Subview" gehören zu einem Fensterobjekt, welches die innerhalb des Fensters globale Steuerung im Zusammenhang mit der Selektion (Deselektion der alten Selektion) sowie die Meldung der Selektion an die Dialogsteuerung übernimmt.

Die Klasse "Icon" ist eine Unterklasse von "Subview" und enthält zusätzlich allgemeine Funktionalität für die Bewegung von Ikonen innerhalb eines Fensters und für die Steuerung der semantischen Rückkopplung. Die hierfür notwendige globale Steuerung sowie die Meldung einer semantisch bedeutsamen Bewegung an die Dialogsteuerung übernimmt wiederum das zugehörige Fenster.

Als spezielle Ikone wurden Dokumente und Ordner implementiert, für die es jeweils eine eigene Darstellung und spezifische Eigenschaften in bezug auf die semantische Rückkopplung gibt.

Aufgrund der vordefinierten Funktionalität in den Oberklassen umfaßt der Programmtext für jedes Ikon nur noch eine Seite.

Es zeigte sich, daß NeWS als Basis für die Implementation direkt manipulativer Systeme besonders geeignet ist. Da PostScript als Protokoll zwischen dem NeWS-Server und den Anwendungsprozessen verwendet wird, ist die Funktionalität des Servers erweiterbar, so daß die gesamte Oberfläche innerhalb des Serverprozesses ablaufen kann. Dies bietet Effizienzvorteile gegenüber Fenstersystemen mit festem Protokoll (z.B. dem X-Fenstersystem; Scheifler und Gettys, 1986), bei denen die Oberflächenobjekte dem Anwendungsprozß zugeordnet sind. Bei der Ikonenbewegung ist z.B. das Bewegen des gesamten Ikons (und nicht nur eines Rahmens) als Rückkopplung möglich. Ein weiterer Vorteil ist, daß als äußere Begrenzung von Darstellungsflächen beliebige Formen zugelassen sind. Dadurch entspricht die graphische Darstellung etwa eines Ikons seinem maussensitiven Bereich. Schließlich steht unter NeWS gegenüber anderen Umgebungen eine echt objektorientierte Implementationssprache für die Oberfläche zur Verfügung.

5. Ausblick

Die in diesem Beitrag beschriebene Werkzeugunterstützung ist natürlich noch nicht vollständig. Es fehlen z.B. bisher Möglichkeiten der Mehrfachselektion und -bewegung von Ikonen, sowie die Bewegung eines Ikons aus dem Fenster heraus, was aber keine prinzipiellen Probleme aufwirft. Ferner fehlt eine detailliertere Ausarbeitung der Werkzeugunterstüzung auf der Dialogebene. In einer vollständigen Entwicklungsumgebung müßten außerdem weitere Werkzeuge, wie z.B. graphische Oberflächeneditoren für Formulare, zur Verfügung stehen, die hier vernachlässigt wurden.

Der hier beschriebene Architekturansatz für direkt manipulative Systeme muß sich in der Praxis der Systementwicklung noch bewähren. Insbesondere sind folgende Punkte interessant:

- Ist das Antwortzeitverhalten bei der Verteilung von Anwendung und Oberfläche in realen Anwendungen akzeptabel? Für Rückkopplungen, die von der Oberfläche gesteuert werden, ist dies nach den hier gemachten Erfahrungen der Fall. Bei vollständigen Interaktionszyklen mit Durchgriff auf die Anwendung ist aber noch eine Überprüfung erforderlich.

- Inwieweit führt der parallele Zugriff mehrer Benutzer auf eine Anwendung zu untragbarer Verwirrung? Es wird hier eine Erweiterung der Direkten Manipulation vorgenommen, bei der bisher davon ausgegangen wurde, daß der Benutzer in einer virtuellen Welt allein agiert. Eventuell muß es eine Anzeige für die anderen Benutzer geben, wenn jemand eine Operation mit einem Objekt beginnt. Eine andere Möglichkeit wären Absprachen über andere Medien (z.B. Telefon).

6. Literatur

Adobe Systems (1985). PostScript Language Reference Manual. Reading: Addison Wesley.

Behr, J.P., Fink, B., Krämer, R., Stecher, R (1988). A Distributed Systems Architecture Supporting Multy-Threaded Objects. In: Valk, R. (Hrsg.), GI - 18. Jahrestagung. Band II. Berlin: Springer, 1988, 576-588.

Gosling, J., Rosenthal, D.S.H., Arden, M.J. (1989). The NeWS Book. An Introduction to the Network/extensible Window System. New York, Berlin, Heidelberg: Springer.

Green, M. (1985a). Report on Dialogue Specification Tools. In: Pfaff (1985), 9-20.

Green, M. (1985b). Design Notations and User Interface Management Systems. In: Pfaff (1985), 89-107.

Herczeg, M. (1989). USIT - Ein Benutzerschnittstellen-Baukasten für ein Interaktionskontinuum. In: Maaß und Oberquelle (1989), 254-263.

Hudson, S.E. (1987). UIMS Support for Direct Manipulation Interfaces. Computer Graphics 21 (2), 1987, 120-124.

Ilg, R., Ziegler, J. (1988). Direkte Manipulation. In: Balzert, H. et al. (Hrsg.). Einführung in die Software-Ergonomie. Berlin, New York: de Gruyter, 1988, 175-194.

Janssen, C. (1989). Eine objektorientierte Architektur für direkt manipulative, verteilte Bürosysteme. Diplomarbeit. Universität Hamburg, Fachbereich Informatik.

Krasner, G.E., Pope, S.T. (1988). A Cookbook for Using the Model-View-Controller User Interface Paradigm in Smalltalk-80. Journal of Object-Oriented Programming 1(3), 1988, 26-49.

Maaß, S., Oberquelle, H. (Hrsg.) (1989). Software-Ergonomie'89. Stuttgart: Teubner.

Myers, B.A. (1989). User Interface Tools: Introduction and Survey. IEEE Software 6(1), 1989, 15-23.

Pfaff, G. (Hrsg.) (1985). User Interface Management Systems. Berlin: Springer.

Rosenberg, J. (Moderator) (1988). Panel: UIMSs: Threat or Menace? CHI'88 Conference on Human Factors in Computing Systems, 197-200.

Scheifler, R.W., Gettys, J. (1986). The X Window System. ACM Transactions on Graphics 6(3), 1986, 79-109.

Schmucker, K. (1986). MacApp: An Application Framework. BYTE 11(8), 1986, 189-193.

Shneiderman, B. (1982). The Future of Interactive Systems and the Emergence of Direct Manipulation. Behaviour and Information Technology 1(3), 1982, 237-256.

Shneiderman, B. (1983). Direct Manipulation - A Step Beyond Programming Languages. IEEE Computer 16 (8), 1983, 57-69.

Trefz, B., Ziegler, J. (1989). DIAMANT - Ein User Interface Management System für graphische Benutzerschnittstellen. In: Maaß und Oberquelle (1989), 264-273.

Heutige Adresse des Autoren: Christian Janssen
Fraunhofer Institut für Arbeitswirtschaft
und Organisation (IAO)
Nobelstraße 12
7000 Stuttgart 80

Ansatz eines Dialogmanagers für ein intensivmedizinisches Informationssystem

B. Thull, M. Langen, G. Rau

Helmholtz-Institut für Biomedizinische Technik an der RWTH Aachen

Zusammenfassung

Die Gestaltung der Benutzerschnittstelle für ein medizinisches Informationssystem stellt insbesondere an die Auslegung der Dialog- und Interaktionssequenzen hohe Anforderungen. Es wird ein Ansatz für einen Dialogmanager vorgestellt, der die Definition komplexer Dialoge unterstützt, Mechanismen für eine Benutzerführung auf der Basis einer Farbkodierung anbietet und schließlich eine Analyse von Dialogen an einer Benutzerschnittstelle mit Hilfe graphentheoretischer Algorithmen ermöglicht. Am Beispiel einer Kontrolleinheit für eine Infusionspumpe wird der beschriebene Ansatz erläutert. Nach den bisherigen Erfahrungen haben sich vor allem die Möglichkeit zur einfachen Definition komplexer Dialoge und die automatisierte Benutzerführung bewährt. Der graphentheoretische Ansatz zur Analyse von Dialogen muß für einen praktischen Einsatz bei der Gestaltung noch weiter ausgebaut werden.

1. Einleitung

Die Entwicklung eines Informationssystems für die Intensivstation oder den OP-Bereich erfordert die Berücksichtigung einiger besonderer Randbedingungen des medizinischen Umfelds (/Bernotat & Rau, 1980/, /Rau & Trispel, 1982/). Ein solches Informationssystem muß in der Lage sein, große, vielschichtige und inhomogene Informationsmengen (Patientendaten, Vitalparameter, Bilder, usw.) schnell und zuverlässig in einer geeigneten Form zur Verfügung zu stellen. Auf der anderen Seite haben Ärzte oder das medizinische Personal in der Regel nur wenig Erfahrung im Umgang mit komplexer Informationstechnik. Die Gestaltung der Benutzerschnittstelle für ein medizinisches Informationssystem beeinflußt daher entscheidend den effektiven Einsatz des Systems. Sowohl die Ergebnisse aus einem früheren Projekt zur Gestaltung eines Anästhesie-Informationssystems (AIS) für kardiochirurgische Operationen (/Klocke et al., 1986, 1987/) als auch laufende Arbeiten an einem Informationssystem für eine kardiologische Intensivstation zeigen, daß eine Integration von Darstellung und Manipulation aller nötigen Daten auf einem Monitor ein geeigneter Lösungsansatz ist. Dazu werden hochauflösende Farbgrafik und multimodale Interaktion (Berühreingabe, Spracheingabe, usw.) nach den Prinzipien der direkten Manipulation (/Shneiderman, 1982/) eingesetzt.

Die Gestaltung und Implementierung der Interaktions- und Dialogformen ist insbesondere bei direkt-manipulativen Benutzerschnittstellen sehr aufwendig (/Wilson & Rosenberg, 1988/). Zusätzlich führen die Anforderungen des medizinischen Umfelds zur Einführung spezieller Interaktionsformen (z.B. modale Formen wie erzwungene Bediensequenzen, Quittier-Tasten, usw.) und zur Strukturierung großer Datenmengen in einzelne Arbeitsseiten, Ausschnitte oder Fenster, die einen hohen Interaktionsaufwand zur Kontrolle des Informationssystems benötigen. Daher können in einem umfassenden Informationssystem verzweigte, teils modale Interaktionssequenzen entstehen, die ein komplexes Dialogmanagement erfordern. Für den Entwickler der Benutzerschnittstelle sind dabei folgende Probleme zu bearbeiten:

• ein komplexes Dialogmanagement muß einfach und übersichtlich definiert werden können,
• die Konsistenz der Benutzerschnittstelle aus der Sicht des Benutzers muß gewährleistet sein (einheitliche Interaktionsformen und Systemreaktionen),
• Fehler im Dialogmanagement (wie Dialog-Sackgassen, fehlende Undo-Dialoge, usw.) müssen vermieden bzw. entdeckt werden können.

2. Beispiel: Kontrolleinheit für eine Infusionspumpe

Der im folgenden vorgestellte Ansatz für einen Dialogmanager soll am Beispiel des Entwurfs einer Kontrolleinheit für eine Infusionspumpe erläutert werden. Diese Kontrolleinheit ist ein Baustein, der z.B. beim Entwurf eines Informationssystems für eine Intensivstation eingesetzt werden kann. Er soll dazu dienen, den Verlauf der Infusion eines bestimmten Medikamentes zu überwachen und die Einstellung der dazu eingesetzten Infusionspumpe zu steuern (Förderrate, Alarme, usw.).

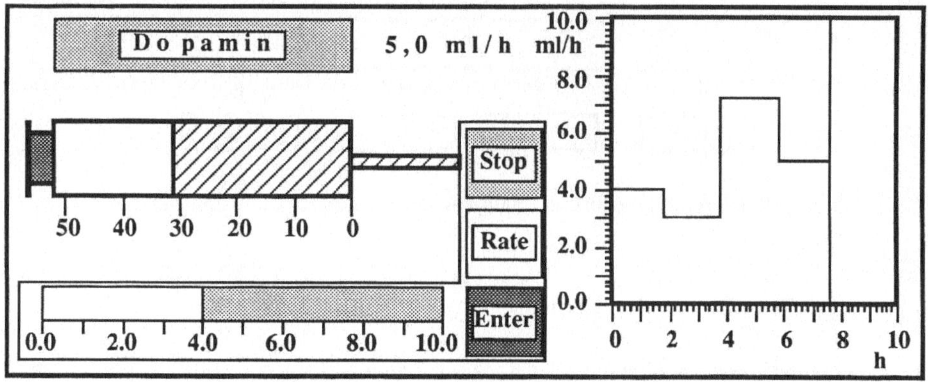

Abb. 1: Auslegung einer Kontrolleinheit für eine Infusionspumpe

Abbildung 1 zeigt den Entwurf für die Kontrolleinheit. Das verabreichte Medikament (Dopamin) wird in der Medikamentenanzeige zusammen mit der zur Zeit eingestellten Förderrate (5.0 ml/h) dargestellt. Die noch vorhandene Menge an Infusionslösung ist in der schematisch angedeuteten

Spritze angezeigt. Die Grafik auf der rechten Seite zeigt den Verlauf der verabreichten Raten für die zurückliegenden zehn Stunden. Mit der STOP-Taste kann die Infusion angehalten und wieder gestartet werden. Eine neue Förderrate wird eingestellt, indem zunächst die RATE-Taste angewählt (durch Anklicken mit der Maus oder Berühren mit dem Finger), danach der neue Wert mit Hilfe des virtuellen, analogen Schiebers unten links eingestellt und abschließend der eingestellte Wert über die ENTER-Taste bestätigt wird.

Die Benutzerschnittstelle wird mit Hilfe einer am Helmholtz-Institut entwickelten, objektorientierten Entwicklungsumgebung hierarchisch aufgebaut (/Langen et al., 1989/). Dabei wird eine Schnittstelle mit Hilfe von "Konstruktoren" aus elementaren Interaktionsobjekten wie Tasten, Schieber, Grafiken usw. zu (komplexen) Teilschnittstellen zusammengesetzt, die wiederum in neue Teilschnittstellen eingebettet werden können. Das Ergebnis ist eine hierarchische Struktur der Schnittstelle aus Elementarschnittstellen und zusammengesetzten (komplexen) Teilschnittstellen.

Abbildung 2 zeigt die hierarchische Struktur der hier vorgestellten Kontrolleinheit für eine Infusionspumpe.

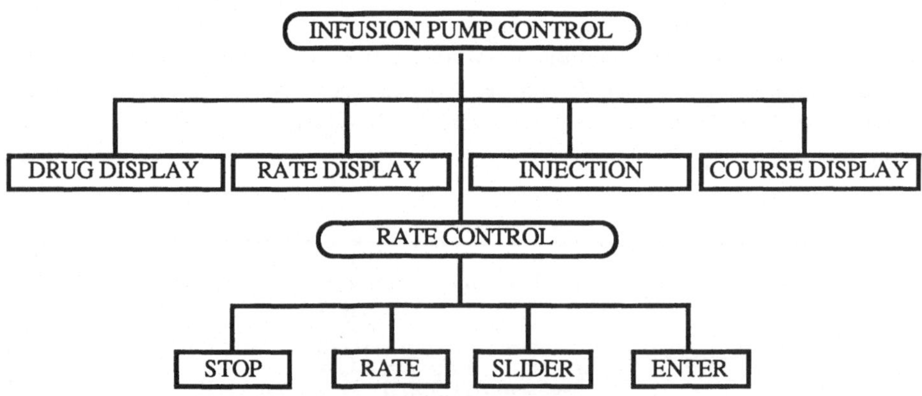

Abb. 2: Hierarchische Struktur für die Kontrolleinheit der Infusionspumpe

3. Ansatz: Erweiterung des Event-Modells

Die Funktionsweise der in Abbildung 1 dargestellten direkt-manipulativen Benutzerschnittstelle basiert auf dem Event-Modell (/Green, 1984/). Jede Funktion der Schnittstelle wird durch genau definierte Ereignisse (Events) ausgelöst. Diese Ereignisse können auf viele Arten erzeugt werden: Führen und Klicken einer Maus, Berühren einer Stelle auf dem Bildschirm mit einem Finger, Drücken von Tasten auf der Tastatur, Spracheingabesignale usw. Die Definition beliebiger Ereignisse zum Auslösen von Funktionen eröffnet einen großen Spielraum für die Gestaltung der Mensch-Maschine-Interaktion. Allerdings erfordern die vielfältigen Interaktionsmöglichkeiten eine geeignete Benutzerführung, die für jedes elementare Interaktionsobjekt anzeigt, in welchem Aktivierungszustand es sich momentan befindet, also z.B. ob es zur Zeit bedienbar ist oder nicht bzw. ob es gerade bedient (aktiviert) wurde. Weiterhin sollte das Interaktionsobjekt auf eine Benutzereingabe mit einer Rückmeldung (Feedback) reagieren, um stets den aktuellen Zustand zu visualisieren und so eine Benutzerführung zu ermöglichen. Dies kann ein Farbumschlag, ein Signalton oder eine andere Reaktion sein. Mit Hilfe von Automaten, die in den elementaren Objekten implementiert sind, wird die Benutzerführung realisiert. Ein Interaktionsobjekt kann drei Aktivierungszustände annehmen: STANDBY als der Zustand, in dem das Objekt aktiviert werden kann, ACTIVE als der Zustand, in dem sich ein angesprochenes Objekt befindet und schließlich LOCKED als der Zustand, in dem ein Objekt vom Benutzer nicht bedient werden kann.

Als ein Beispiel für ein Interaktionsobjekt und sein Verhalten wird im folgenden ein virtueller, analoger Schieber vorgestellt, der über einen berührempfindlichen Bildschirm manipuliert werden kann.

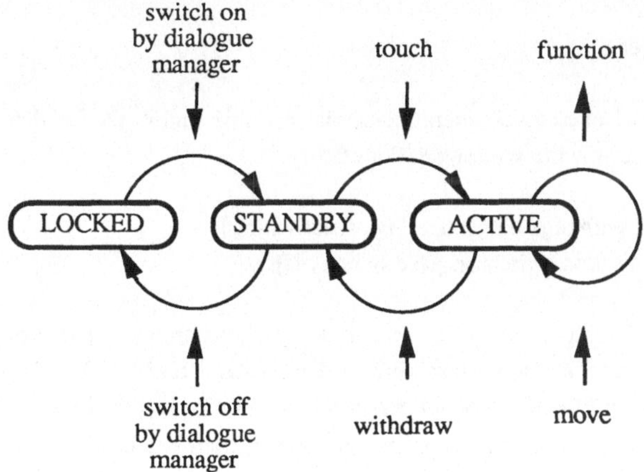

Abb. 3: Automat für einen virtuellen Schieber

Abbildung 3 zeigt den Automaten für einen virtuellen Schieber, mit dem der Benutzer einen Wert einstellen kann, indem er mit dem Finger auf dem Schieber entlangfährt. Der Benutzer aktiviert den Schieber durch die erste Berührung. Die Bewegung des Fingers auf dem Schieber resultiert in einer Schleife über den Zustand ACTIVE, in der der Schieber eine Funktion, wie z.B. das Aktualisieren eines bestimmten, einzustellenden Wertes, wiederholt durchführt. Der Schieber wird in den Zustand STANDBY zurückgesetzt, indem der Finger zurückgezogen wird. Die verschiedenen Zustände werden mit Hilfe einer für alle Interaktionsobjekte aus der Entwicklungsumgebung einheitlichen Farbkodierung angezeigt (dunkelblau für LOCKED, hellblau für STANDBY, weiß für ACTIVE). Der Übergang zwischen den Zuständen LOCKED und STANDBY wird prozeßbezogen über den Dialogmanager gesteuert.

Die Steuerung der direkt-manipulativen Benutzerschnittstelle erfolgt also durch die wiederholte Abfolge:

Event - Rückmeldung - Funktion

Diese Abfolge wird nun zur Definition und Modellierung eines Dialogs an einer Benutzerschnittstelle erweitert, indem nach Auslösen der mit dem Ereignis verbundenen Funktion ein weiterer Schritt ausgeführt wird. In diesem Schritt wird definiert, welchen Zustand die anderen Schnittstellenobjekte nach einer Aktivierung oder Deaktivierung eines Interaktionsobjekts annehmen. Die Abarbeitung eines Ereignisses sieht demnach wie folgt aus:

Event - Rückmeldung - Funktion - Einstellen neuer Zustände

Die Definition neuer Zustände erfolgt dabei über die Definition von Verbindungen zwischen Interaktionsobjekten, die von einem Dialogmanager bearbeitet werden.

4. Dialogmanager

Eine Verbindung zwischen zwei Interaktionsobjekten obj1 und obj2, die den Folgezustand des Objektes obj2 bestimmt, wird wie folgt definiert:

```
connect obj1 with obj2 on {activating | deactivating}:
if <condition> then switch on [else switch off].
```

Dabei beschreibt <condition> einen Zustand, in dem sich bestimmte Interaktionsobjekte befinden müssen, damit das verbundene Objekt obj2 in den Zustand STANDBY (switch on) geschaltet wird (z.B.: "KEY1 in LOCKED or KEY2 in STANDBY"). Durch diese Bedingung kann die Ausführung von Verbindungen zwischen Interaktionsobjekten von bestimmten Situationen, in der sich eine Benutzerschnittstelle befindet, abhängig gemacht werden. Für den Fall, daß der <condition>-Teil konstant TRUE oder FALSE ist, werden folgende abkürzende Schreibweisen eingeführt:

```
connect obj1 with obj2 on {activating | deactivating}: switch on
```

für den Fall, daß <condition> = TRUE und:

```
connect obj1 with obj2 on {activating | deactivating}: switch off,
```

falls <condition> = FALSE.

Eine solche Verbindung kann grafisch ausgedrückt werden, wie in Abbildung 4 an einem Beispiel gezeigt wird. Sei zu Beginn Taste KEY1 im Zustand STANDBY und Taste KEY2 im Zustand LOCKED. Wenn KEY1 durch ein dafür geeignetes Ereignis aktiviert wird, dann prüft der Dialogmanager nach, welche Verbindungen zwischen KEY1 und anderen Tasten (inklusive KEY1 selbst) definiert sind. In diesem Fall wird aufgrund der Verbindung "link A" KEY2 in den Zustand STANDBY geschaltet und KEY1 selbst aufgrund der Verbindung "link B" in den Zustand LOCKED.

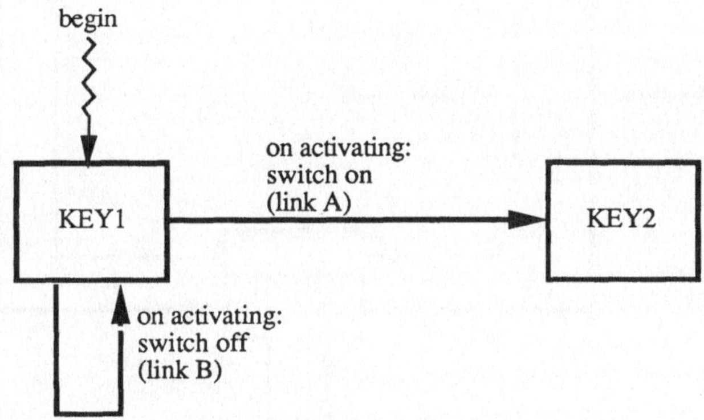

Abb. 4: Beispiel für eine Dialog-Verbindung zwischen zwei Tasten

Das Dialogmanagement ist so angelegt, daß Verbindungen nur zwischen Objekten definiert werden können, die zu einer (komplexen) Teilschnittstelle gehören, d.h. dem gleichen Konstruktor angehören (z.B. RATE, SLIDER und ENTER im Konstruktor RATE CONTROL in Abbildung 2). Auf diese Weise wird eine hierarchische Strukturierung des Dialogs in elementare Dialoge, Teildialoge, usw. analog zur hierarchischen Struktur der Schnittstelle erreicht.

Am Beispiel der Definition der Interaktionssequenzen zur Einstellung der Rate an der Kontrolleinheit der Infusionspumpe soll dies verdeutlicht werden (Abbildung 5). Folgende Anforderungen werden an die zu definierenden Interaktionssequenzen gestellt:

• Die Rate wird eingestellt, indem die RATE-Taste aktiviert, dann der Wert auf dem Werteschieber SLIDER eingestellt und anschließend der eingestellte Wert mit Hilfe der ENTER-Taste quittiert wird.
• Der Benutzer wird bei dieser Sequenz mit Hilfe einer Farbkodierung geführt.
• Durch Deaktivieren der RATE-Taste soll die Interaktionssequenz jederzeit abgebrochen werden können (Undo-Funktion).

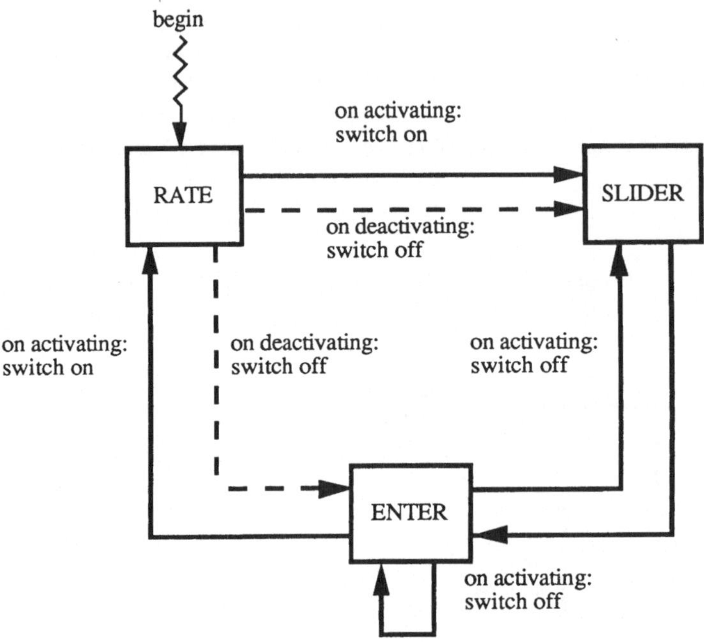

Abb. 5: Definition der Interaktionssequenzen für die Infusionspumpenkontrolleinheit

5. Erfahrungen und Diskussion

In der Einleitung wurden folgende Anforderungen an einen Dialogmanager formuliert:

- einfache Definition eines komplexen Dialogmanagements,
- (syntaktische) Konsistenz der resultierenden Interaktion,
- Möglichkeit zur Entdeckung von Fehlern im Dialogmanagement.

Im folgenden wird gezeigt, wie die Anforderungen durch den vorgestellten Ansatz für einen Dialogmanager umgesetzt werden, wo die Grenzen liegen und welche Erfahrungen damit gesammelt werden konnten.

Die Definition eines Dialogs durch Verbindungen zwischen einzelnen Interaktionsobjekten ermöglicht im Gegensatz zu der globalen Definition von Zustandsübergängen einer ganzen Schnittstelle (/Farooq & Dominick, 1988/, /Jacob, 1986/) eine lokale Sichtweise auf den Dialog. Eine weitere Strukturierung erfolgt durch die hierarchische Zergliederung der Dialogdefinition analog zur Hierarchie der Interaktionsobjekte der Benutzerschnittstelle. Daraus ergibt sich eine an semantischen Einheiten orientierte Sichtweise auf den Dialog (z.B. Einstellen der Rate - Kontrollieren der Infusionspumpe - Kontrolle aller für einen Patienten eingesetzten Geräte - Verwalten aller Patientendaten).

Die geforderte (syntaktische) Konsistenz der Benutzerschnittstelle wird erreicht durch Steuerung der Interaktionsobjekte mit Automaten und die einheitliche Darstellung der Zustände der Automaten mit Hilfe einer Farbkodierung. Die Verkapselung der implementierten Automaten in Objekten einer objektorientierten Umgebung bedeutet weiterhin, daß die angezeigten Zustände auch mit den tatsächlich möglichen Interaktionen übereinstimmen, da eine "falsche" Zuordnung der Zustände zu ihrer Visualisierung durch den Entwickler der Benutzerschnittstelle ausgeschlossen ist.

Die Entdeckung von Fehlern im Dialogmanagement wird durch die Ableitung eines "Dialoggraphen" ermöglicht. Der Dialoggraph eröffnet prinzipiell die Möglichkeit, ergonomische Anforderungen an eine Benutzerschnittstelle graphentheoretisch auszudrücken und mit Hilfe geeigneter Algorithmen zu analysieren. Mit Hilfe des folgenden Verfahrens läßt sich aus den Definitionen der Verbindungen zwischen den Interaktionsobjekten ein (gerichteter) Dialoggraph ableiten, der alle möglichen Interaktionssequenzen an der entwickelten Schnittstelle repräsentiert (multimodale Interaktion kann durch einen getypten Graphen ausgedrückt werden). Dazu wird der Zustand der Schnittstelle als Tupel der Zustände aller Interaktionsobjekte definiert. Durch systematisches Durchspielen der in diesem Zustand möglichen Interaktionen werden alle möglichen Folgezustände für diese Schnittstelle erzeugt. Die rekursive Fortsetzung dieses Verfahrens auf die so erhaltenen neuen Zustände erzeugt schließlich einen Graphen, der als Dialoggraph bezeichnet werden kann. Abbildung 6 zeigt den Dialoggraphen für die Interaktionsobjekte RATE, SLIDER und ENTER der Infusionspumpenkontrolleinheit. (Zu Beginn befinden sich RATE im Zustand STANDBY und SLIDER und ENTER im Zustand LOCKED. Daher ist zunächst die Aktivierung der RATE-Taste die einzig mögliche Interaktion.)

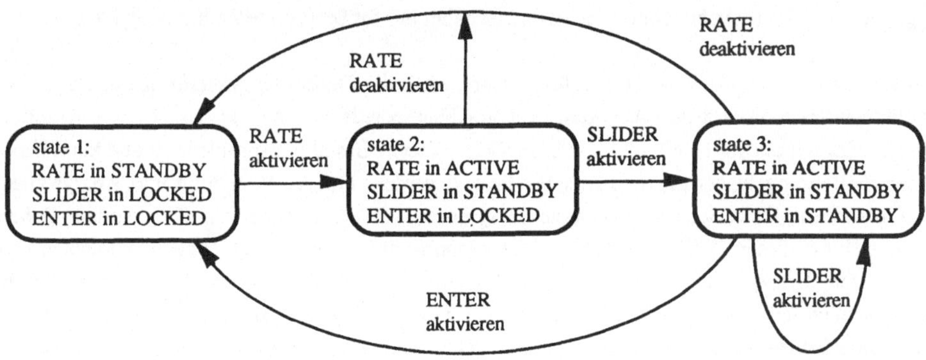

Abb. 6: Dialoggraphen für die Interaktionsobjekte RATE, SLIDER und ENTER

An diesem Graphen drücken sich Dialog-Sackgassen durch Blätter aus, von denen aus keine neuen Zustände mehr erreicht werden können; nicht-umkehrbare Interaktionssequenzen bilden sich ab auf Knoten, die nur einmal erreichbar sind, usw.

Der hier vorgestellte Dialogmanager wurde bisher dazu benutzt, die Interaktionssequenzen von drei sehr unterschiedlichen, komplexen Mensch-Maschine-Schnittstellen zu gestalten: eine Benutzerschnittstelle für ein entscheidungsunterstützendes System (/Schecke et al., 1988/), ein Werkzeug zur interaktiven Farbgestaltung (/Langen et al., 1989/) sowie Studien für ein intensivmedizinisches Informationssystem. Die als Beispiel verwendete Kontrolleinheit für eine Infusionspumpe ist ein Ausschnitt aus einer dieser Benutzerschnittstellen.

Der praktische Einsatz hat gezeigt, daß die besondere, lokale Sichtweise auf den Dialog (Definition von Verbindungen zwischen einzelnen Interaktionsobjekten im Gegensatz zu globalen Zustandsbeschreibungen einer Schnittstelle und ihre Zustandsübergänge) in Verbindung mit der hierarchischen Strukturierung des Dialogs sowie die automatisierte Benutzerführung die Gestaltung der Dialogsequenzen vereinfacht, die Übersichtlichkeit der Dialogdefinition erhöht und eine Fehlersuche erleichtert.

Ein Schwachpunkt des vorgeschlagenen Ansatzes zur Definition von Dialogen stellt die "Kontextfreiheit" der definierten Sequenzen dar, d.h. der Dialog ist nur abhängig vom Zustand der Benutzerschnittstelle und berücksichtigt keine Zustände innerhalb der durch die benutzerinitiierten Ereignisse ausgelösten Funktionen (der eigentlichen Applikation). Auf der anderen Seite läßt sich nach unseren Erfahrungen ein gewisser Anteil an kontextabhängigen (eigentlich applikationsabhängigen) Dialogsequenzen nicht vermeiden. Dies bedeutet, daß einige Verbindungen zwischen Interaktionsobjekten nur unter bestimmten (applikationsabhängigen) Umständen gültig sind, was in dem bisher definierten Modell des Dialogs nicht berücksichtigt wurde. Eine Verallgemeinerung der <condition>-Anweisung bei der Definition der Verbindungen auf beliebige Bool´sche Funktionen kann in diesem Fall Abhilfe schaffen. Dann kann allerdings der Dialoggraph nicht mehr applikationsunabhängig erstellen werden und ist daher nur für bestimmte Zeitpunkte gültig.

Ein Problem bei der Analyse von Dialoggraphen stellt die Definition weiterer geeigneter ergonomischer Kriterien und ihre Abbildung auf graphentheoretische Begriffe dar. Welche Kriterien hierfür wirklich relevant sind, hängt von dem betrachteten Gestaltungsproblem ab und kann nach unserer Erfahrung bisher nur heuristisch ermittelt werden. Für die Erstellung und Analyse des Dialoggraphen gibt es weiterhin Komplexitätsgrenzen, die recht schnell erreicht werden. Daher lassen sich mit diesem Verfahren bisher nur Ausschnitte einer Benutzerschnittstelle betrachten und analysieren. Um den in einer praktischen Anwendung nötigen Zusammenhang zu größeren Komponenten herzustellen, bedarf es einer noch zu entwickelnden Analysemethodik. Mit Hilfe der hierarchischen Struktur der Benutzerschnittstelle sollen dabei die Ergebnisse der Analysen von Ausschnitten zu einem Gesamtbild verknüpft werden.

6. Ergebnis

Der beschriebene Ansatz eines Dialogmanagers beruht auf einer Erweiterung eines Event-Modells, bei der für jedes benutzerinitiierte Ereignis ein "Dialog-Schritt" ausgeführt wird. In diesem Dialog-Schritt wird mit Hilfe von Verbindungen zwischen den elementaren Interaktionsobjekten definiert, welchen Zustand die anderen Schnittstellenobjekte nach einer Aktivierung oder Deaktivierung eines Interaktionsobjekts annehmen. Dieser Ansatz ermöglicht die Definition eines komplexen Dialogmanagements, die Einrichtung einer automatisierten Benutzerführung und in gewissen Grenzen die Erstellung von "Dialoggraphen" zur Analyse von Dialogen. In der Praxis haben sich die besondere, lokale Sichtweise auf den Dialog, seine hierarchische Strukturierung und die automatisierte Benutzerführung bewährt. Der graphentheoretische Ansatz zur Analyse von Dialogen muß dagegen noch weiter ausgebaut werden.

Literatur

Bernotat, R., Rau, G. (1980): Ergonomics in Medicine. In: H. Reul, D.N. Ghista, G. Rau (eds.): Perspectives in Biomechanics, New York: Harwood Academic Publishers, pp. 381-398.

Farooq, M.U., Dominick, W.D. (1988): A Survey of Formal Tools and Models for Developing User Interfaces. Int. Journal of Man-Machine Studies 29/5, pp. 479-496.

Green, M. (1984): Report on Dialogue Specification Tools. Computer Graphics Forum, 3 (1984), pp. 305-313.

Jacob, J.K.J. (1986): A Specification Language for Direct-Manipulation User Interfaces. ACM Transactions on Graphics, Vol. 5, No. 4, pp. 283-317.

Klocke, H., Trispel, S., Rau, G., Hatzky, U., Daub, D. (1986): An Anesthesia Information System for Monitoring and Record Keeping during Surgical Anesthesia. Journal of Clinical Monitoring 2(4), pp. 246-261.

Klocke, H., Rau, G., Schecke, Th. (1987): Direkte Manipulation durch Berühreingabe bei einem Anästhesie-Informations- und Entscheidungsunterstützungssystem. W. Schönpflug, M. Wittstock (Hrsg.): Software-Ergonomie ´87, Bericht des German Chapter of the ACM, Teubner: Stuttgart, 146 - 155.

Langen, M., Thull, B., Schecke, Th., Rau, G., Kalff, G. (1989): Prototyping methods and tools for the human-computer interface design of a knowledge-based system. In: G. Salvendy, M.J. Smith (eds.): Designing and Using Human-Computer Interfaces and Knowledge Based Systems, Amsterdam: Elsevier Science Publishers.

Rau, G., Trispel, S. (1982): Ergonomic Design Aspects in Interaction Between Man and Technical Systems in Medicine. Medical Progress through Technology 9, pp. 153-159.

Schecke, Th., Langen, M., Rau, G., Käsmacher, H., Kalff, G. (1988): Knowledge-Based Decision Support for Monitoring in Anesthesia: Problems, Design and User Interaction. In: O. Rienhoff, U. Piccolo (eds.): Expert Systems and Decision Support in Medicine, Springer, 256-263.

Shneiderman, B. (1982): The future of interactive systems and the emergence of direct manipulation. Behavior and Information in Technology 1(3), pp. 237-256.

Wilson, J., Rosenberg, D. (1988): Rapid Prototyping for User Interface Design. In: M. Helander (ed.): Handbook of Human-Computer Interaction, Amsterdam: North-Holland, pp. 859-875.

Dipl.-Inform. B. Thull
Helmholtz-Institut für Biomedizinische Technik
an der RWTH Aachen
Pauwelsstraße 30
D-5100 Aachen

Paradoxien der Direkten Manipulation

Einige Gründe, warum ein interessantes Prinzip
nur begrenzt angewendet wird

August Tepper, Gesellschaft für Mathematik und
Datenverarbeitung mbH, D-5205 St. Augustin

1.   Abstract

Direct manipulation claims to offer a number of advantages. In practice, however, direct manipulation is not used very often, even graphics programms are controlled mostly by means of conventional menu techniques.

Nature and range of direct manipulation are debatable and seem quite changeable. Often direct manipulation is reduced to a picture show. Restrictions like the number of supplied movements or actions and paradoxies such as the contradiction between realism and abstraction upon the design of pictograms are important reasons why direct manipulation is restricted to some parts of operating systems and application programs. The different communication capacity of pictures and text (menus, commands) is important too. New ideas like video interfaces with voice input and output as essential components point to a stagnant or even reduced importance of direct manipulation.

2.   Schön, aber selten

Die Direkte Manipulation ist die Form der Interaktion von Menschen und Computersystemen, die in den letzten Jahren fast immer lobend und empfehlend besprochen worden ist. Euphorisch wird von einer neuen Ära der Mensch-Rechner-Interaktion gesprochen[1], alles soll graphisch und in einer Form zu erledigen sein, die dem Denken und Handeln des Benutzers vergleichbar ist.

Die Frage, ob die Versprechen wirklich wahr sind, ist noch nicht endgültig beantwortet. Bei allen Vorteilen der Direkten Manipulation, so fragen Hutchins, Hollan & Norman (1986, 2), warum sie manchmal so umständlich wirkt. Kontrollierte Untersuchungen, die die mit der Direkten Manipulation verbundenen Ansprüche empirisch beweisen könnten, wurden wohl unter dem Eindruck scheinbar offensichtlicher Vorteile

---

[1]   Vgl. Ilg & Ziegler 1988, S. 175

kaum durchgeführt[2]. Die wenigen vorliegenden Untersuchungen widersprechen sich und kommen so insgesamt eher zu ambivalenten Ergebnissen. Und praktisch gibt es eine ganze Reihe von Beschränkungen und Mängeln, z.B. können verschiedene Operationen nicht als direkt manipulierbare Objekte präsentiert werden[3].

Zumindest eine Frage hat die Praxis beantwortet: Die Direkte Manipulation hat sich nicht breit durchsetzen können. Sie wird zwar häufig anpreisend in den Vordergrund gestellt, ist aber in der Regel nur für einige Teile von Software-Paketen verfügbar. Ohne einen meist auch noch umfangreichen Menü- oder Kommando-Vorrat kommt kein System aus. Praktisch gibt es nur hybride Systeme. Dies ist kein Zufall, sondern liegt in den grundsätzlich mit der Direkten Manipulation verbundenen Paradoxien begründet.

3. Begriffsreduktion

Ein interessanter Einstieg in den Widerspruch von euphorischer Beurteilung des Konzeptes und vergleichsweise magerer Praxis sind die eigentümlichen Unterschiede, die bei der Definition des Begriffes „Direkte Manipulation" feststellbar sind.

Formen der Direkten Manipulation waren bereits in Grafiksystemen realisiert, als der Begriff durch Gespräche mit Benutzern über die Gründe ihrer Zufriedenheit mit DV-Systemen von Shneiderman (1983) auch als «Konzept» kreiert wurde. Shneiderman selbst hat keine prägnante Formel entwickelt, sondern die ihm genannten Gründe zusammengefaßt und verdichtet. Ilg & Ziegler (1988) übersetzen die Hauptprinzipien wie folgt:

- permanente Sichtbarkeit der jeweils interessierenden Objekte
- schnelle, umkehrbare, einstufige Benutzeraktionen mit unmittelbarer Rückmeldung
- Ersetzung komplexer Kommandos durch physische Aktionen (wie Mausbewegung, Selektionsaktionen und Funktionstastenbestätigung).

Eine ganze Reihe weiterer Autoren hat ebenfalls versucht, Direkte Manipulation begrifflich zu fixieren. Besser oder präziser ist die Sache dadurch nicht geworden. Rohr (1990, 305) stellt wohl richtigerweise fest, daß es keine klaren und wissenschaftlich exakten Definitionen von Direkter Manipulation gibt. Insofern bleibt Shneiderman´s Beispiel für eine allen vertraute Form der Direkten Manipulation ein guter Maßstab

---

[2] Rauterberg 1989: „Die Vorteile von Desktop-Oberflächen scheinen so offensichtlich zu sein, daß es kaum experimentelle Untersuchungen gibt, die die Überlegenheit der Desktop-Oberflächen gegenüber anderen Arten des Dialogs aufzeigen". Vgl. ferner Streitz, Lieser & Wolters 1989

für die mit dem Konzept verbundenen Ansprüche: Beim Steuern eines Autos sind die
Szene und die wichtigen Instrumente für den Fahrer direkt sichtbar, seine Steuerbe-
wegungen bewirken ein gleichgerichtetes Einschlagen der Räder und entsprechende
Richtungsänderungen des Fahrzeuges, die unmittelbar kontrolliert und korrigiert werden können[4]. Dieser Anspruch steht auch bei Hutchins, Hollan & Norman im Vordergrund, die von einer möglichst geringen „Kluft" zwischen Ausführung und Auswertung
sprechen. Ilg & Ziegler (1988, 181f.) reden präzisierend von semantischer, operatio-
naler und formaler Direktheit[5].

Bei aller Unklarheit darüber, was Direkte Manipulation ist und was nicht, ist feststellbar, daß die von Shneiderman aufgelisteten Elemente Sichtbarkeit, Rückmeldung
und Umkehrbarkeit sowie einfache, analoge Handlungen verengt und umgewichtet
werden, teilweise wird der Begriff auf minimale Bestandteile reduziert. Im wahrsten
Sinne des Wortes „beschreibt" z.B. Altmann (1987) «Direkte Manipulation» als „Systeme, die die Objekte des Aufgabenbereiches visuell ... auf dem Bildschirm repräsentieren, und die mittels Maus etc. gesteuert werden". Ähnliche Formen der Reduzierung auf die Verwendung von Ikonen oder der Überpointierung von Aspekten wie
Rückmeldung finden sich in vielen Veröffentlichungen[6].

Vergleicht man solche Definitionen mit der von Shneiderman im zitierten Beispiel des
Autofahrens vorgestellten Vision, werden die Differenzen überdeutlich. Vor allem
wird die visuelle Präsentation von Objekten in den Vordergrund geschoben und bei
der Steuerung begnügt man sich mit traditionellen Menüs oder Kommandos. Der Begriff wird pragmatisch auf das technisch Machbare oder sogar nur auf das Vorhande-

---

[3] Vgl. dazu Chignell & Hancock 1988 sowie Gabriele Rohr (ohne Jahr)

[4] Shneiderman 1983, pp. 62

[5] Ilg & Ziegler 1988, S. 181f.

[6] „In Analogie zur herkömmlichen Arbeitsumgebung wird auf dem Bildschirm die reale Arbeitswelt
mit Hilfe von Objekten und durch Operationen zur Bearbeitung der Objekte (z.B. durch Abbildung
von Objekten eines Büroschreibtisches) nachgebildet. Der Benutzer wählt die Arbeitsobjekte mit
Hilfe von Zeigegerägten (wie z.B. der Maus) oder der Tastatur aus, wodurch sie aktiviert werden.
Die anschließende Bearbeitung erfolgt durch Anwählen von Operationen und Attributen. " Vgl.
Siemens AG 1989, S. 16

„Das Konzept der flexiblen Arbeitsumgebung wird am wirkungsvollsten unterstützt durch die Interaktion mittels der Maus und der Manipulation von Objekten, die als *Piktogramme* (Icons) dargeboten werden. Diese Interaktionsform entspricht am ehesten den Anforderungen auch des «naiven»
Gelegenheitsnutzers, insbesondere hinsichtlich der Erlernbarkeit und Bedienungsfreundlichkeit.
Denn Piktogramme, die ein Objekt oder einen Prozeß darstellen können, sind leicht erlernbar,
schnell zu erkennen, sehr einprägsam (man erinnert sich besser an sie als an verbale Inhalte) und
unabhängig von Sprache und Wissensstand des Benutzers". Vgl. Nixdorf Computer 1988, S.20f.

„Direct Manipulation connects an action to an observable response from an object. ... The imme-
diacy of the visual response is *crucial* to the experience of direct manipulation" . Hier wird wohl
von «visual response» gesprochen, worunter anspruchsvolle Rückmeldungen wie WYSIWYG
aber auch die Einblendung selbst simpelster Meldungen faßbar sind. Vgl. Open Software Foundation 1989, p.2

ne reduziert, und die Puristen ärgern sich. Am Ende könnte man fast alle Software-Systeme als direkt-manipulativ bezeichnen, wenn sie nur mit ein paar hübschen visuellen Effekten aufwarten können.

Ein deutliches Zeichen für die Misere ist, daß die Begriffe „Direkte Manipulation" und „ikonisches System" häufig synonym gebraucht werden, obwohl man sie besser einmal als Analogie von Zielen und Aktionen bzw. zum anderen als ein Hilfsmittel zum Übertragen von Erfahrungen und Wissen auf Systemoperationen unterscheiden sollte[7]. Die Reduktion der Vision auf die grafische Repräsentation von Objekten und auf simpelste Aktionsformen ist nicht nur nicht zufällig; sie hilft auch wenig, wie sich zeigen wird.

4.   Arbeiten oder Ziehen und Schieben?

In der realen Welt kommt eine ganze Reihe von Bewegungen vor[8]. Selbst eine mechanisch einfache Bewegung wie das Gehen hat eine Menge von Varianten: Schleichen, Wandern, Laufen, Rennen, Sprinten, Hüpfen oder Springen. Viele Bewegungskombinationen wurden erfunden, um bestimmte Arbeiten verrichten zu können. So wird man in einer handwerklichen Umgebung eine Vielzahl von einfachen und kombinierten Bewegungen vorfinden, ebenso wie im Büro. Zwar kann man «Schreiben» in eine Reihe von einzelnen Bewegungen unterteilen, aber niemand wird dies jedoch ohne besonderen Grund machen, denn normalerweise wird Schreiben für eine zusammenhängende, sozusagen „fließende" Tätigkeit gehalten. Es würde als Zumutung verstanden, solche Tätigkeiten als Folgen von Beugen und Strecken der Armmuskulatur zerteilen zu müssen.

Dies ist jedoch die Situation mit der Direkten Manipulation. Bis heute ist in der Regel nur ein ganz kleines Repertoire an Bewegungen in direkt-manipulativen Systemen realisiert: Ziehen und Schieben des Zeigeinstrumentes sowie Drücken von Maustasten. Erst in professionellen CAD-Systemen kommen Drehen und Zeigen hinzu, und in ferngesteuerten Handhabungsgeräten kann es auch einmal Heben und Senken geben. Komplexe Bewegungsabläufe wie Schreiben, Hämmern usw. sind bis jetzt nicht möglich.

---

[7]   Vgl. Ankrah, Frohlich & Gilbert 1990, Seite 73-78. Die Autoren unterscheiden «direct manipulation» und «metaphorical interaction» und zeigen, daß das eine ohne das andere benutzt werden kann.

[8]   Die Ergonomie kennt drei elementare anatomische Bewegungsarten: Beugen und Strecken, Heranziehen und Abziehen sowie das Drehen um die Längsachse des Körpergliedmaßes. Diese anatomischen Grundelemente können natürlich vielfältig kombiniert und angewandt werden. Vgl. Rohmert &Jenik 1973, S. 12

Genau genommen sind selbst die realisierten Bewegungen weder direkt noch manipulativ. Spitzfindig betrachtet, wird lediglich die Maus oder ein anderes Zeigeinstrument bewegt, worin allerdings bisher kaum jemand ein Problem gesehen hat. Problematischer ist dagegen, daß nicht alle Bewegungen der Maus und des Cursors auf dem Bildschirm analog sind: Nach vorne ziehen und nach hinten schieben wird auf dem Bildschirm in die Richtungen höher und tiefer übersetzt. Wie problematisch dies sein kann, sollte man einmal mit dem Spiel „Dark Castle" ausprobieren, wo durch Schieben und Ziehen der Maus der Arm einer Figur höher oder tiefer gerichtet wird und wo gleichzeitig durch Drücken der Maustaste das Werfen eines Steines veranlaßt wird. Die nicht analoge Übersetzung der Armbewegung und die Verzahnung mit parallelen Aufgaben genügen, um viele Benutzer zumindest anfangs zu überfordern.

Die in direkt-manipulativen Systemen möglichen Bewegungen sind dabei relativ bedeutungsarm. In vielen Fällen hat die Bewegung keine andere Bedeutung als die gezeigte örtliche Veränderung. In Anwendungsprogrammen wie z.B. Desktop Publishing oder Zeichenprogrammen bedeutet die Bewegung grundsätzlich nur eine räumliche Verlagerung des Objektes. Manchmal kann zusammen mit der räumlichen Position des Cursors eine gewisse Varianz erreicht werden. Ob z.B. in einem Textverarbeitungssystem Textteile oder Menüfunktionen bzw. mit dem Doppelklick der Maus nur ein Wort oder ein ganzer Absatz selektiert werden, hängt von der Position des Zeigers im Schreibfeld, in der Menüleiste oder am Rand des Schreibfeldes ab.

Komplizierter sind das Verlegen, Kopieren oder Löschen von Dateien mit Hilfe von impliziten Funktionsaufrufen, indem z.B. das jeweilige Symbol in einen anderen Ordner bewegt bzw. in den Papierkorb gelegt wird. Hier sind die Folgen für sich gesehen zwar durchaus schlüssig, aber nicht ohne weiteres erkennbar. Es kann zudem auch nicht konsistent sein, wenn die gleiche Bewegung unterschiedliche Funktionen auslöst, auch wenn durch unterschiedliche Zielsymbole ein unterschiedlicher Kontext angedeutet wird. Diese Unterschiede in der Funktionalität einer Bewegung müßten dem Benutzer grundsätzlich deutlich gemacht werden, damit nicht falsche Erwartung geweckt werden[9]. In Menü-Systemen ist dies durch die Wahl deutlich unterschiedlicher Namen einfach, bei der Direkten Manipulation aufgrund der wenigen Bewegungsformen fast unmöglich.

Feststellbar ist schließlich, daß eine Reihe von Funktionen, die direkt-manipulativ ausgeführt werden könnten, entweder alternativlos oder hauptsächlich durch Menü-Aufruf ausgelöst werden. Drucken z.B. kann nur bei einigen Systemen durch Schie-

---

[9] Billingsley 1988, pp. 413-436

ben eines Datei-Symbols auf das Drucker-Sinnbild ausgelöst werden. Das Öffnen einer Datei aus einem laufenden Anwendungsprogramm heraus wird wohl ausschließlich über eine Menüfunktion bewerkstelligt, obwohl man es auch direktmanipulativ machen könnte. Weiter werden in Grafikprogrammen schon aus Gründen der Präzision Operationen durch Menüfunktionen ausgelöst. Wenn z.B. grafische Elemente eine genau bestimmte Größe haben müssen, muß entweder mit vergrößerten Darstellungen oder - besser noch - mit Maßeingaben über das Menü gearbeitet werden.

Ob neue Eingabeinstrumente die Situation verändern, ist fraglich. Einerseits könnten z.B. mit einem Datenhandschuh auch komplexere Bewegungen übertragen werden. Andererseits dürften Faktoren wie Praktikabilität und Präzision dem Gebrauch zumindest diesen neuen Instrumentes enge Grenzen setzen. Gegenüber Bildern und erst recht gegenüber der Sprache wird die Bewegung allein wohl immer ein vergleichsweise kleines Ausdrucks-Repertoire haben.

5.   Realismus oder Abstraktion?

Ganz wesentliche Absicht bei der Verwendung der Direkten Manipulation ist es, mit möglichst starken Analogie die Kluft zwischen der dem Benutzer bekannten Welt und den Systemfunktionen zu überbrücken. Im Prinzip kann dies über eine ganze Reihe von Mitteln erreicht werden, die synergetisch zusammenwirken sollten. Eigentlich sollte die Aktion selbst im Vordergrund stehen. In der Praxis spielen jedoch Bilder ganz allgemein und insbesondere in ihrer Bedeutung als „unmittelbar verständliche" Metaphern[10] und nicht nur künstlichen Symbolen[11] eine herausragende Rolle bei der Direkten Manipulation. Die an solche Bilder gestellten Anforderungen sind jedoch prinzipiell widersprüchlich, und praktisch ist eine Reihe von Programmen zu Picture-Shows verkommen.

Eine erste Anforderung an ein als Metapher einsetzbares Bild ist, daß es reale Situationen widerspiegeln muß, damit überhaupt die Chance besteht, daß Benutzer ana-

---

[10] Metaphern sind durch einen Vergleich zustande gekommene Bilder, die unmittelbar verständlich sind. Prototypen symbolisieren eine Gattung von Umweltelementen, in ihnen verdichten sich ihre wesentlichen Dimensionen. Werden diese Bedeutungen auf künstliche Systeme projiziert, spricht man von einer Metapher. Neue, unbekannte Strukturen können vom Menschen unter Zuhilfenahme von Metaphern erfaßt werden. Metaphern haben in der Informatik die Funktion, Systemfunktionen in Kategorien zu präsentieren, die der Mensch zum Erfassen seiner Umwelt benutzt. Vgl. Rohr 1988, S.45f.

[11] Zeichen oder Bild, das eine nicht unmittelbar aus ihm ersichtliche Funktion ausdrückt. Die Bedeutung von Symbolen muß gelernt werden. Beispiele sind chemische Formeln oder Verkehrszeichen, wobei letztere aufgrund ihrer allgemein bekannten Bedeutung selbst schon wieder als Metaphern verwendet werden können.

loge Erfahrungen in systemtechnisch relevantes Werkzeug- und Handlungswissen umsetzen können[12]. Die Vielfalt der realen Welt und die Vielfalt der Deutungen müßten daher konsequenterweise zu reichhaltigen und unterschiedlichen Bildern führen. In der Tat gibt es solche Auffassungen. Jost Müller (1989) z.B. meint, daß aufgrund der vielfältigen Bedeutungen jedes Objekt verschiedene Darstellungen haben müßte.

Paradoxerweise gewinnen die für die Direkte Manipulation eingesetzten Bilder jedoch nicht durch möglichst große Realitätstreue, sondern durch die Abstraktion. Hoffmann & Reichberger (1989) setzen sich mit der Forderung „mehr Realismus in der Computergraphik" auseinander. Es geht um das Erkennenwollen einer figürlichen Darstellung durch den Betrachter. Betrachtet man eine Abbildung nicht unter dem Blickwinkel der objektiven Wiedergabe, sondern unter dem des subjektiven Eindrucks, dann können oft eine ganze Reihe von Merkmalen fehlen, die die abgebildete Situation in Wirklichkeit hat (z.B. können mechanische Bewegungen in Simulatoren vereinfacht werden, weil die Simulation den Betrachter so mitnimmt, daß die gewünschten Reaktionen trotz der Vereinfachung ausgelöst werden). Die Bilder aus der «realen Welt» sind eben oft ungeeignet, da sie zu komplex sind und vom wesentlichen ablenkende oder sogar irreführende Teile enthalten. Der Entwurf von direktmanipulativen Systemen soll deshalb auf einfachen, *emotional ansprechenden* Metaphern beruhen[13].

Unabhängig von der Frage, ob ein Bild realistisch oder abstrakt sein soll, macht Matthias Götz (1989, 58) auf Widersprüche beim „Komponieren" eines grafisches Zeichens aufmerksam. Ein Zeichen muß sich gegenüber seiner Umgebung visuell durchsetzen (Störungsimmunität), es muß auffallen und gleichzeitig beständig genug sein, um das jeweilige Signalelement über eine gewisse Dauer zu konservieren (optische Stabilität). Beides kann zueinander in Widerspruch geraten, z.B. wenn die optische Wirkung durch eine Irritation des Betrachters erzeugt wird. Im Konflikt zwischen Aufmerksamkeitserregung und kommunikativer Funktion eines Bildes ist immer zwischen Komplexitätsreduktion und Mitteilungskapazität, zwischen Irritation und Eindeutigkeit oder zwischen Abstraktion und Konkretion zu entscheiden: „Das grafische Zeichen trägt also von vornherein den Konflikt zwischen Fragilität und Stabilität, zwischen Störung und Störungsresistenz aus, einen Konflikt, der die visuelle Kommunikation von Grund an kennzeichnet ...".

---

[12] „Direct manipulation simulates the «real world» where users employ tools to perform tasks on physical objects". Vgl. Open Software Foundation 1989, p.2

[13] „Simple metaphors, analogies or models with a minimal set of concepts seem most appropriate. Mixing metaphors from two scources adds complexity, which contributes to confusion": Shneiderman 1983, pp. 64. Vgl. auch Ilg & Ziegler 1988, S. 176

Piktogramme sollen typisieren, können es aber eigentlich nicht: „Genaugenommen kann ein Bild entweder eine Eiche oder eine Tanne (usw.) darstellen, nicht aber einen »Baum«". Das Paradox: Die Befürworter einer Bildsprache berufen sich gerade auf eine Konkretheit des Bildes, die nicht erst konventionalisiert werden muß, um verstanden zu werden; andererseits erwarten sie von der Erweiterung des konkreten Bildes zu einem Piktogrammsystem gerade, daß sich das Bild doch auch förmlich behandeln (konventionalisieren) lasse. Dabei kann es kein Bild geben, das nur das Typische eines Gegenstandes herausarbeitet, sondern das Zufällige der Gestaltung ist immer mit dabei (die typischen Elemente z.B. eines Telefons können nur als konkrete Gegenstände gezeichnet werden, die konkrete Form ist zufällig). De facto ist oft nicht das Piktogramm selbst so entscheidend, um die Bedeutung zu verstehen, sondern eher der Ort, wo es angebracht wird (z.B. würden ohne die typische Umgebung Buchstaben oder Figuren zur Unterscheidung von Damen- und Herrentoiletten nicht verstanden).

 Piktogramme können abstrakte Inhalte (z.B. Funktionen wie «UNDO» oder Prozesse wie «automatischer Ablauf») kaum darstellen. Das erste der nebenstehenden Zeichen z.B. steht in der Siemens Norm 13390 für «automatischer Ablauf», was aus dem Zeichen ohne weitere Hilfen beim besten Willen nicht herauszulesen ist. Praktisch besteht ein großer Teil der in Computersystemen verwandten Piktogramme mittlerweile aus sogenannten Markenzeichen, die keinerlei metaphorische Qualität mehr haben[14] (vgl. dazu das ebenfalls abgebildeten Markenzeichen für das Programm MS-Word).

Letztlich ist die Zahl der überhaupt verwendbaren Bilder begrenzt, und die Zahl reduziert sich weiter, wenn ein Zeichen in verschiedenen kulturellen Kontexten verstanden werden soll. Dann liegt der Weg ins Unverbindliche nahe, was allerdings mit dem ursprünglichen Anliegen der Direkten Manipulation herzlich wenig zu tun hat. Im Extrem kann man sogar behaupten, daß die Direkte Manipulation eine Illusion ist. Dies stimmt mit Blick auf den virtuellen Charakter der manipulierbaren Objekte, und dies stimmt auch mit Blick auf den Inhalt von direkt-manipulativen Aktionen. Verplank (1988) verweist darauf, daß die direkte Manipulierbarkeit der Objekte eine Täuschung sein kann, z.B. wird beim Löschen eines Icons für einen Drucker nicht der Drucker gelöscht, sondern nur die Verbindung zu einem bestimmten Drucker. Der Drucker bleibt, wo er ist.

---

[14] Götz spricht vom Markenparadox: „Es besteht darin, daß markentechnisch ein Zeichen sein Objekt am besten dann repräsentiert, wenn es dieses gar nicht mehr repräsentiert, sondern statt dessen sich selbst repräsentiert." Vgl. Götz 1989, S.66

6. Grenzen und Widersprüche von Bildsystemen

Bei der Besprechung von Anforderungen an die Bildgestaltung wird meist zumindest implizit die Gestaltung eines einzigen Bildes besprochen. Praktisch handelt es sich jedoch um die Gestaltung von ikonischen Bildsystemen, die daran zu stellenden Anforderungen multiplizieren die beschriebenen Restriktionen. „Das Piktogramm ist ganz im Gegenteil ein »Systemzeichen«, von dem sich extrem formuliert sogar sagen ließe, daß es in der Einzahl gar nicht auftritt. Zum Piktogramm gehören immer zwei. Seine Funktion verlangt vom Piktogramm, im Idealfall eine regelrechte »Piktogrammatik« zu sein"[15].

Ein Bildsystem beruht Götz zufolge auf Mikroelementen (den einzelnen Piktogrammen und den darin enthaltenen Elementen) und Makroelementen (die einzelnen Piktogramme in ihrer Gesamtheit, d.h. die systembildenden Teile in der Gesamtschau). „Das Makroelement wird durch die Mikroelemente und durch das Format geprägt. Aus diesem Grunde ist es wichtig, bei der Mikroelementbildung zu berücksichtigen, daß, je mehr verschiedene Elemente das Repertoire enthält, um so weniger Kombinationsaufwand zu treiben ist, während, je sparsamer das Repertoire mit Elementen ausgestattet ist, die Code-Kombination um so aufwendiger ist". Mikro- und Makroebene treten in Widerspruch, weil „aber die Verwendung zu vieler verschiedener Elemente die Einheitlichkeit des Systems stört, die Verwendung zu vieler gleichartiger Elemente aber zu komplexe Kombinationen erfordern würde".

Dieser Widerspruch kann nicht prinzipiell aufgelöst werden, sondern der Entwickler muß einen mittleren Weg zwischen den Extremen wählen. Beispiele für einen gelungenen Weg zwischen den Extremen sind selten. Einzelne Teile von Computersystemen (z.B. die Ebene des Betriebssystemes) mögen wohl über ein begrenztes und schlüssiges Repertoire an Bildelementen verfügen, nur zu leicht wird es durch die zusätzlichen Elemente weiterer Systemmodule durchbrochen. Die praktische Unmöglichkeit durchgängiger Bildsysteme wird durch individuell programmierbare Software, z.B. Hypertext-Software, sehr anschaulich nachgewiesen. Der breite Anwendungsbereich solcher Systeme erzwingt die Entwicklung neuer Icons und der persönliche Geschmack legt „Verbesserungen" nahe. Wie auch immer, am Ende kann von einem konsistenten Bildrepertoire wohl nicht mehr gesprochen werden.

---

[15] Vgl. Götz 1989, S.68-69

7.   Bilder oder Sprache?

Artikel und Bücher über Direkte Manipulation enthalten manchmal die Schilderung
eines bewußt positiven, ganzheitlichen Menschenbildes: Menschen wollen lernen,
sie wollen ihre Umwelt kontrollieren, sie wollen Ergebnisse sehen und verstehen.
Menschen sind in der Manipulation von Symbolen geübt, sie benutzen dabei
Sprache, Bilder und Gesten[16]. Relativ leicht entsteht dabei die Gegenüberstellung
von Bild und Sprache, wobei Bilder und Ganzheitlichkeit - theoretisch fundiert oder
auch allein modisch motiviert - eng miteinander verknüpft werden.

In der Tat gibt es eine Reihe von Argumenten, mit denen man die Vorteile von Bildern unterstreichen kann. Nach Leroi-Gourhan (1980, 246) bildet nicht die Subordi-
nation, sondern die Koordination von Bild und Sprache den Ursprung der Entwicklung
des Menschen. Der graphische Ausdrucksmodus besaß gleiches Gewicht wie ge-
sprochene Sprache: „Die Hand wurde so zur Schöpferin von Bildern, von Symbolen,
die nicht unmittelbar vom Fluß der gesprochenen Sprache abhängen, sondern eine
echte Parallele dazu darstellen" (a.a.O., 261). Wir verfügen als Ergebnis unserer
Entwicklungsgeschichte über effiziente Verfahren der Bildverarbeitung, worauf früher
oder später wohl alle Protagonisten des Bildlichen auch argumentativ begründend
hinweisen.

Staufer (1987, 46ff.) zitiert eine ganze Reihe von wissenschaftlichen Untersuchungen, die die Vorteile der kognitiven Verarbeitung von Bildern belegen. Die Zusam-
menstellung begründet die Auffassung, daß Bilder nicht auf den höchsten (und damit
kompliziertesten und aufwendigsten) Stufen des Denkens verarbeitet werden, sondern einige Stufen darunter. Bilder werden gleichzeitig schneller und tiefer verarbeitet. Guastello & Traut (1989) betonen, daß Sprache und Grafik unterschiedliche Ge-
hirnpartien berühren, je nach individuellen Gegebenheiten wird das eine oder das
andere schneller verarbeitet. Gemischte Stimuli (Sprache + Grafik) haben daher - auf
die Gesamtheit der Benutzer bezogen - eine größere Chance, den schnellsten Verar-
beitungsweg zu erwischen.

Vehemente Plädoyers für das Bild kommen aus dem Bereich des graphischen Designs: „Das Grafik-Design konstruiert die Lesbarkeit der Welt"[17]. Betont wird das
„Nicht-Faßbare" der modernen Technik, die nach neuen Bildern ruft: „Vor allem die
Fähigkeit, Begriffe und Funktionen, die nicht unmittelbar abzubilden sind oder für die
auch keine unmittelbar abzubildenden Vorlagen existieren, dennoch auf visuellem

---

[16]   Apple Computer Inc. 1987, p.2
[17]   Moles 1989, S.11

Wege zugänglich zu machen, wird aktuell immer wichtiger. Aktuell nämlich entrücken technischer und wissenschaftlicher Fortschritt die Gegenstände zusehends dem Bereich des Sichtbaren: schreitet aber die Minimalisierung immer weiter fort, wird die Visualisierung immer wesentlicher"[18].

Die Sprache und Schrift kommen gegenüber diesen euphorischen Schilderungen der Bedeutung von Bildern meist schlecht weg, was jedoch völlig unangemessen ist. Mögen Bilder ganzheitlich oder schneller als Schrift zu verarbeiten sein, und mögen umgekehrt Sprache und Schrift vergleichsweise große kognitive Anstrengungen erfordern, so geht es ab einer bestimmten Stufe der Komplexität und der Strukturiertheit von Kommunikationsinhalten nur mit Sprache und Schrift. Die «Leichtigkeit des Seins» ist nur eine Seite der Medaille.

Ebenso leicht wie man eine Reihe vehementer Verfechter des Visuellen findet, findet man Verfechter des Sprachlichen und Schriftlichen. Neil Postman (1985, S.15f.) z.B. fragt danach, welche Inhalte mit einem Medium vermittelbar sind? Mit einem schönen Beispiel macht er die unterschiedliche Kommunikationskapazität von Medien deutlich: „Ich weiß zwar nicht genau, welche Inhalte die Indianer früher mit ihren Rauchzeichen übermittelt haben, aber ich bin mir sicher, daß philosophische Gedankengänge nicht dazugehörten. Rauchwölkchen sind nicht so komplex, daß man mit ihnen Gedanken über das Wesen des Daseins zum Ausdruck bringen könnte - und selbst wenn sie es wären, würden den Cherokee-Philosophen entweder das Holz oder die Decken ausgehen, bevor er auch nur zu seinem zweiten Axiom gelangt wäre. Mit Rauch kann man nicht philosophieren. Seine Form schließt diesen Inhalt aus".

Selbstverständlich ist Postman polemisch, wenn er das erste Gebot[19] so deutet, daß Gottes-Vorstellungen vorgebeugt werden mußte, damit die Juden einen klaren Gedanken fassen konnten: „Ein Volk, das sich die Vorstellung von einem abstrakten, universalen Gott zu eigen machen soll, wäre hierzu wohl nicht imstande, wenn es die Gewohnheit hätte, Bilder und Statuen anzufertigen oder seine Anschauungen in konkreten, ikonographischen Formen zu verkörpern". Kurz und gut, Postman (1985,18f.) plädiert für die Sprache und die Sprachkultur: „Die Sprache ist natürlich der primäre, unentbehrliche Modus des kommunikativen Austauschs. Sie hat uns zu Menschen gemacht und läßt uns Menschen bleiben, sie definiert geradezu, was *humanitas* bedeutet". Insbesondere das Schriftliche ermöglicht es, Ideen und Gedanken erstens

---

[18] Stankowski 1989, S.20
[19] „Du sollst keine anderen Götter neben mir haben! Du sollst dir kein Schnitzbild machen, noch irgendein Abbild von dem, was droben im Himmel oder auf der Erde unten oder im Wasser unter der Erde ist!" Exodus **20**,3-4

komplexer auszuformulieren, zweitens kritisch und breit zu überprüfen sowie drittens nochmals zu präzisieren. Die Schrift ist das Werkzeug, um ein Gedankengebäude (oder ein Software-Konzept) mit den Mitteln der Grammatik, der Logik oder auch der Rhetorik sauber durchzustrukturieren und für die Benutzung zu erschließen.

Wahrscheinlich ist der Streit ziemlich unfruchtbar, letztlich kann es nur ein vernünftiges Miteinander von Bildern und Sprache sowie Schrift gehen. Peter von Kornatzki (1989, S.188) vergleicht die Funktion von Text und Bild: „Aufgabe eines Textes als Mittel der Kommunikation ist, einen Sachverhalt so klar wie möglich zu benennen, die zu vermittelnde Aussage oder Absicht verständlich darzustellen und dafür wenn nötig auch Argumente zu liefern. In der visuellen Kommunikation - ob Publizistik oder Propaganda, Wissenschaft oder Didaktik - übernimmt das Bild traditionell Teilfunktionen des Textes, um ihn attraktiver zu machen und das Publikum stärker optisch zu unterhalten. Oder es ergänzt ihn um solche Aussagen, die verbal nicht so präzise, direkt, unmißverständlich oder lebendig zu vermitteln sind".

Diese Abwägung von Bild und Schrift, wenn man will auch von Imaginatio und Ratio oder Emotion und Logik, läßt sich auch auf die Direkte Manipulation anwenden: Ihre Mittel reichen nicht aus, um komplexe Aufgabenstellungen ausschließlich damit zu steuern. Wo die Anpassung der Aufgabenstellung an die Möglichkeiten einer Kommunikationsform nicht möglich oder sinnvoll ist, muß auf die Direkte Manipulation verzichtet werden.

8.   Ausblick

Zusammenfassend kann man daher feststellen, daß die Mittel, die zur Realisierung von direkt-manipulativen Benutzungsschnittstellen zur Verfügung stehen, außerordentlich begrenzt sind. Dies gilt sowohl für Bilder wie insbesondere für Bewegungen. Komplexe Systeme sind mit diesen wenigen Mitteln nicht steuerbar, die Direkte Manipulation ist insofern erklärbar auf Randbereiche der Software begrenzt. System-Design ist ein Trade-Off, wo andere Aspekte als die Direktheit - nicht zuletzt aufgrund ihrer eigentümlichen Umständlichkeit - häufig viel nützlicher sind, wenn sie denn überhaupt möglich ist[20].

Zugegebenermaßen hängt manche, hier vorgenommene Beurteilung der Direkten Manipulation vom verwendeten Begriff ab. Direkte Manipulation gibt es auch ohne Bilder und die Gegenüberstellung von Bildern und Text gehört nicht zu ihren grund-

---

[20]   Hutchins, Hollan & Norman 1986

legenden Ausgangspunkten. Es ist aber nicht zu übersehen, daß Land auf und Land ab die Direkte Manipulation zu einem ikonischen Interface verkommen ist und diese Aspekte entsprechend zu diskutieren sind.

Etwas weniger puristisch gedacht ließe sich einiges sicher noch als direkt-manipulativ bezeichnen, zumal es praktisch nur hybride Benutzungsschnittstellen geben kann. Genauer hinsehen macht aber Sinn, denn hinter den begrifflichen Verschiebungen werden Grenzen deutlich und neue Trends erkennbar. Man muß sehen, daß der Inhalt des Begriffes «Direkte Manipulation» fast mit der Menütechnik identisch wäre und insofern überflüssig würde, wenn man schon die Verwendung der Objekt-Funktion-Syntax, ein Sammelsurium von Ikonen oder eine möglichst unmittelbare Rückmeldung für direkt-manipulativ hält. Bei noch so schöner Präsentation der Szene fällt der Benutzer ohne Instrumente, die ihm eine direkte und analoge Aktion ermöglichen, auf Kommandoeingaben wie „Kurve 30° rechts in 200 Metern" zurück. Die Vision ist möglicherweise nicht einlösbar, dies ist aber kein Grund, mit dem Konzept und dem Begriff beliebig zu verfahren.

Einige Voraussetzungen für die Direkte Manipulation werden sich in den nächsten Jahren verbessern, insofern können Mängel demnächst noch behoben werden. Zu Maus und anderen, im Prinzip ähnlichen Zeigeinstrumenten werden weitere Manipulationsmöglichkeiten hinzukommen bzw. ausgebaut werden. Ob allerdings die grundsätzlichen Barrieren übersprungen werden können, darf bezweifelt werden.

Die Gewinner eines Wettbewerbes beispielsweise, bei dem Konzepte für den Personalcomputer des Jahres 2.000 beurteilt wurden, wollen den Computer wie ein Notizbuch konstruieren. Einziges Eingabeinstrument soll ein Touch-Screen sein, der nicht nur als Tastatur funktioniert, sondern wie Papier beschreib- und bemalbar ist[21]. «Anfassen» und «Machen» werden hier unmittelbarer als heute erlebbar sein. Mit Sicherheit bleibt die Verwendung der Grafik nicht bei einfachen Icons stehen, verschiedene visuelle Effekte bis hin zu kurzen Videospots werden das Repertoire ergänzen.

Eine große Rolle werden vor allem die Sprachausgabe und auch die Spracheingabe spielen[22]. Beides ermöglicht zusammen mit Videographik eine völlig neue Benutzungsschnittstelle (video-interface): „Künftig sollen anthropomorphe ... elektronische «Agents» den Menschen zu Diensten sein, für sie Informationen besorgen und Probleme lösen"[23]. Eine smarte Figur auf dem Bildschirm wird zum greifbaren Ausdruck der gesamten Benutzungsschnittstelle, sie kann alles und besorgt alles, was man

---

[21] Mel u.a. 1988
[22] Gasper 1988

249

von einem Assistenten erwarten kann[24].

Ob das Video-Interface noch ein direkt-manipulatives System genannt werden kann, ist unwahrscheinlich. Hier wird Sprache absolut dominierend sein, Gestik wird vor allem Beiwerk für ein lebendiges Image des Agents sein. An die Stelle der analogen und handgreiflichen Systemkontrolle tritt die sequentielle und logische Sprache. Um im Bild zu bleiben: Künftig fährt der Fahrer das Auto nicht mehr, sondern redet mit dem Auto über das Autofahren. Insofern sind nicht nur die Grenzen der Direkten Manipulation sichtbar, sondern möglicherweise auch schon der Ersatz der direkten, aber vielfach paradoxen Manipulation durch andere Ausdrucksformen.

9. Literaturverzeichnis

Alexandra **Altmann**: Direkte Manipulation. Empirische Befunde zum Einfluß der Benutzeroberfläche auf die Erlernbarkeit von Textsystemen. In: Zeitschrift für Arbeits- und Organisationspsychologie 3/1987, S. 108-114

Anne **Ankrah**, David M. Frohlich, G. Nigel Gilbert: Two Ways to Fill a Bath, With and Without Knowing it. In: Diaper et al (eds.); Human-Computer Interaction - INTERACT ´90. Elsevier Science Publishers B.V. (North Holland), Amsterdam u.a. 1990, Seite 73-78

Apple Computer Inc. (eds.): Human Interface Guidelines. The Apple Desktop Interface. Addison-Wesley Publishing, Reading Ma. u.a. 1987

Patricia A. **Billingsley**: Taking Planes. Issues in the Design of Windowing Systems. In: Helander (ed.); Handbook of Human-Computer-Interaction. North Holland 1988, pp. 413-436

Dieter **Brehde**, Thomas Höpker: Der totale Diener kommt. In: Stern Journal Computer, Stern Nr. 43 vom 19. Oktober 1989, S. 193

M.H. **Chignell**, P.A. Hancock: Intelligent Interface Design. In: Helander (ed.); Handbook of Human-Computer-Interaction. North Holland 1988

Elon **Gasper**: Getting ahead with HyperAnimation. In: Dr. Dobb´s Software Tools (USA), Volume 13 (1988), No.7, pp. 18-20, 22, 24, 26, 28, 32, 34, 66-7

David **Gittins**: Icon-based human-computer interaction. In: International Journal of Man-Machine Studies, Volume 24 (1986), No. 6, pp.519-543

---

[23] Vgl. Brehde & Höpke 1989, S. 193

[24] „Indeed, if US developers are to be believed, the smiling, talking computer will be part of our daily lives within the next decade. Tomorrow, people will be talking to, gesturing at and even arguing with the machines ...". Vgl. Kehoe 1989, p.16

Matthias **Götz**: Das grafische Zeichen. Kommunikation und Irritation. In: Stankowski & Duschek (Hrsg.); Visuelle Kommunikation. Ein Design-Handbuch. Dietrich Reimer Verlag, Berlin 1989, S.53-76

Stephen J. **Guastello**, Mary Traut: Verbal versus pictorial representations of objects in a human-computer-interface. In: Int. J. Man-Machine Studies (1989) 31, pp. 99-120

Georg Rainer **Hoffmann**, Klaus Reichberger: Realismus als eine Kategorie technischer Bildqualität? Ein Diskussionsbeitrag. In: Paul (Hrsg.); Computergestützter Arbeitsplatz. GI - 19. Jahrestagung, Band 1. Springer Verlag, Berlin u.a. 1989, S.486-496

Edwin L. **Hutchins**, James D. Hollan & Donald A. Norman: Direct Manipulation Interfaces. In: Norman & Draper (eds.); User Centered System Design. Lawrence Erlbaum Associates, Hillsdale N.J./London 1986

Rolf **Ilg**, Jürgen Ziegler: Direkte Manipulation. In: Balzert u.a. (Hrsg.); Einführung in die Software-Ergonomie. Verlag Walter de Gruyter, Berlin/New York 1988

Loise **Kehoe**: Welcome to your truly personal computer. The day of the smiling, talking workstation approaches. In: Financial Times, Friday April 28. 1989, p.16

Peter von **Kornatzki**: Text & Bild. In: Stankowski & Duschek (Hrsg.); Visuelle Kommunikation. Ein Design-Handbuch. Dietrich Reimer Verlag, Berlin 1989, S.188

André **Leroi-Gourhan**: Hand und Wort. Die Evolution von Technik, Sprache und Kunst. Suhrkamp Verlag, Frankfurt a.M. 1980, S. 246

Barlett W. **Mel** u.a.: Tablet. Personal Computer in the Year 2000. In: Communications of the ACM, June 1988, Volume 31, No. 6, pp.639-646

Abraham **Moles**: Das Grafik-Design konstruiert die Lesbarkeit der Welt. In: Stankowski & Duschek (Hrsg.); Visuelle Kommunikation. Ein Design-Handbuch. Dietrich Reimer Verlag, Berlin 1989, S.11

Jost **Müller**: Objektorientierte Bedieneroberflächen auf der Basis von Standard-Fenstersystemen. In. Paul (Hrsg.); Computergestützter Arbeitsplatz. GI - 19. Jahrestagung, Band 1. Springer Verlag, Berlin u.a. 1989, S.160-173

Nixdorf Computer (Hrsg.): HiF-Regelwerk. Regeln zur Gestaltung von Benutzeroberflächen. Nixdorf Computer AG, vervielfältigtes Manuskript, Paderborn, Stand Dezember 1988

Open Software Foundation (eds.): OSF/Motif Style Guide. Revision 1.0. Cambridge, Ma., 1989

Neil **Postman**: Wir amüsieren uns zu Tode. Urteilsbildung im Zeitalter der Unterhaltungsindustrie. S. Fischer Verlag, Frankfurt a.M. 1985

Matthias **Rauterberg**: Ein empirischer Vergleich einer desktop- mit einer menüorientierten Benutzungsoberfläche für ein relationales DBMS. In: Paul (Hrsg.); Computergestützter Arbeitsplatz. GI - 19. Jahrestagung, Band 1. Springer Verlag, Berlin u.a. 1989, S.243-258

Walter **Rohmert**, Premysl Jenik: Der menschliche Organismus. Anatomische und physiologische Grundlagen. In: Heinz Schmidtke (Hrsg.); Ergonomie. Grundlagen menschlicher Arbeit und Leistung. Band 1. Carl Hanser Verlag, München 1973, S. 12

Gabriele **Rohr**: Gestaltungsprinzipien grafischer Benutzungsoberflächen. Vervielfältigtes Manuskript, IBM Entwicklungslabor Böblingen, ohne Jahr

Gabriele **Rohr**: Grundlagen menschlicher Informationsverarbeitung. In: Balzert u.a.; Einführung in die Software-Ergonomie. Verlag Walter de Gruyter, Berlin/New York 1988

Gabriele **Rohr**: Mental concepts and direct manipulation. Drafting a direct manipulation query language. In: Ackermann/Tauber (eds.); Mental Models and Human-Computer Interaction 1. North Holland, Amsterdam u.a. 1990

Ben **Shneiderman**: Direct Manipulation. A Step Beyond Programming Languages. In: IEEE Computer, Vol. 16, August 1983, pp. 57-69

Siemens AG (Hrsg.): Benutzeroberflächen in Fenstersystemen. Selbstverlag Siemens ZFE EPO 33, Schriftenreihe „Blaue Broschüren", München und Erlangen 1989

Siemens AG (Hrsg.): Siemens Norm 13390. Büro- und Datentechnik. Kommunikations-Endgeräte. Bildzeichen. Juli 1987

Anton **Stankowski**: Visualisierung. In: Stankowski & Duschek (Hrsg.); Visuelle Kommunikation. Ein Design-Handbuch. Dietrich Reimer Verlag, Berlin 1989, S.20

Michael J. **Staufer**: Piktogramme für Computer. Kognitive VerArbeitung, Methoden zur Produktion und Evaluation. Verlag Walter de Gruyter, Berlin/New York 1987

Norbert **Streitz**, Alfons Lieser, Antonius Wolters: The combined effects of metaphor worlds and dialogue modes in human-computer interaction. In: Klix/Streitz/-Waern/Wandke (eds.); Man-Computer Interaction Research. North Holland, Amsterdam/New York/Oxford/Tokyo 1989, pp. 75-88

J. M. **Versendaal**: Direct Manipulation and other styles of man-machine interaction. Reports of the Faculty of Technical Mathematics and Informatics no. 88-53, Technische Universität Delft 1988

William L. **Verplank**: Graphic Challenges in Designing Object-oriented User Interfaces. In: Helander (ed.); Handbook of Human-Computer-Interaction. North Holland 1988, pp. 365-376

Die Konstruktion von Benutzerschnittstellen:
Ein neuer Ansatz für Systemarchitekturen und Werkzeuge

Thomas Greutmann, Zürich

Zusammenfassung

Es wird ein Ansatz zur Strukturierung von User Interface Management Systems (UIMS) vorgestellt, welcher auf einer "mehrdimensionalen" Architektur beruht. Diese Architektur beruht auf einem objektorientierten Ansatz, welcher durch zusätzliche Gliederungen ergänzt wurde. Die Architektur erlaubt die Konstruktion von erweiterbaren und in Bezug auf die Art der Benutzeroberfläche portablen UIMS. Die auf der Basis von solchen UIMS entwickelten Anwendungssysteme sind ebenfalls portabel und durch die Endbenutzer individualisierbar. Die zu einem UIMS notwendigen Entwurfswerkzeuge werden ebenfalls besprochen.

1.   Einleitung

Um die Entwicklung und Implementation von ergonomisch gut gestalteten Benutzer-schnittstellen für Anwendungssysteme zu vereinfachen und ökonomischer zu gestalten, wird seit Kasik (1982) der Ansatz der "User Interface Management Systems" (UIMS) verfolgt. Diese basieren auf einer möglichst vollständigen Trennung der Programmteile der Benutzerschnittstelle und der eigentlichen Anwendungs-Funktionalität, wobei Benutzerschnittstellen-Funktionen den Entwicklern als vorgefertigte Bausteine zur Verfügung stehen. Häufig werden UIMS durch spezielle Werkzeuge (interaktive Editoren oder Generatoren) unterstützt, in diesem Fall ist die Bezeichnung "User Interface Development System" (UIDS, Hill 1986, Myers 1989) üblich. UIMS bezeichnen dann die Benutzerschnittstellen-Laufzeitkomponenten. Diese Terminologie wird auch im folgenden verwendet. Uebersichten über existierende UIMS bzw. UIDS finden sich bei Keller (1989, S.168ff), Myers (1989) oder Brown und Cunningham (1989, S.207ff).
Die Verwendung von UIMS bzw. UIDS sollen den Entwicklungsaufwand durch "Fertigbauelemente" reduzieren und die Qualität der Benutzerschnittstelle durch bewährte Bausteine verbessern. Der reduzierte Entwicklungsaufwand soll ausserdem ein iteratives Vorgehen (unter Einbezug der Benutzer) und Rapid Prototyping vereinfachen (Hayes, Szekely & Lerner 1985, Schulert, Rogers & Hamilton 1985, Burgstaller, Grollmann & Kapsner 1989).
Die meisten der existierenden UIMS/UIDS sind als mächtige Implementierungs-Werkzeuge für Software-Entwickler konzipiert. Im folgenden wird ein anderer Ansatz vorgestellt, der die Bedürfnisse der zukünftigen Anwendungssystem-Benutzer und der Benutzer-Entwickler-Kooperation in den Vordergrund stellt. Im Gegensatz zu den meisten UIMS/UIDS wird ein besonderes Gewicht auf die Portabilität des Werkzeugs gelegt, damit das Werkzeug für existierende Oberflächentypen und -standards geeignet

ist. Ziel dieser Arbeit ist es, technische Voraussetzungen und Hilfsmittel für den Entwurf und die Implementierung von benutzergerechten Schnittstellen für Anwendungssysteme anzubieten.

2. Eine Architektur für flexible Dialoghandler

2.1 Bestehende Ansätze zur Strukturierung von UIMS

Eine Reihe von UIMS/UIDS sind als geschlossene Systeme mit fest vorgegebenen Dialogelementen ohne sichtbare interne Struktur konzipiert (vgl. Hayes u.a. 1985, Olsen 1986, Hix 1989, Keller 1989). Diese Systeme sind für die Entwicklung von realen Anwendungssystemen jedoch zu starr, da sie von Anwendungsentwicklern nicht oder nur sehr umständlich erweitert werden können. Hill und Herrmann (1989) merken an, dass dies auch für das vielzitierte "Seeheim-Modell" für UIMS (Green 1985) gilt.

Um UIMS/UIDS flexibel, offen ("open-ended") und erweiterbar zu gestalten, müssen diese Systeme modular aufgebaut werden (Cardelli 1988, Burgstaller u.a. 1989). Alle Eigenschaften eines einzelnen Dialogelements (Dialogkontrolle, Darstellung etc.) müssen in einem einzigen Programmbaustein zusammengefasst werden - ein objektorientierter Ansatz drängt sich auf ("vertikale" Gliederung des UIMS).

Die vertikale Gliederung sollte aber zusätzlich durch eine "horizontale" ergänzt werden: die einzelnen Dialogelemente sollten aus verschiedenen Schichten mit wohldefinierten Schnittstellen bestehen (Burgstaller u.a. 1989). Dadurch wird u.a. die Portabilität von UIMS/UIDS verbessert, indem benutzeroberflächen-nahe Schichten ausgetauscht werden können, wenn das UIMS/UIDS auf einen neuen Oberflächentyp übertragen wird.

2.2 Die Architektur von HIDE

Eine horizontale und vertikale Gliederung trägt allerdings der Unterscheidung zwischen UIMS (der Benutzerschnittstellen-Laufzeitkomponente) und UIDS (ein Implementations- oder Entwurfswerkzeug) nicht genügend Rechnung: das UIMS (Laufzeitsystem) verwaltet in erster Linie die Interaktion mit dem Benutzer, mit einem UIDS (Editor) werden die einzelnen Dialogelemente definiert (Layout etc.). Dies sind völlig unterschiedliche Sichten auf ein Dialogelement. Bei der Entwicklung und Implementation des User Interface Management System HIDE (Handler for Interface Description) wurde daher eine andere Architektur gewählt, welche sowohl auf Ideen des objektorientierten Ansatzes als auch des Schichtenmodells für UIMS/UIDS aufbaut und als "mehrdimensional" bezeichnet werden kann (vgl. Abb. 1). Wie der objektorientierte Ansatz für UIMS basiert der für HIDE gewählte Ansatz auf gleichartigen Dialogobjekttypen, welche die Grundbausteine des ganzen Dialoghandlers bilden.

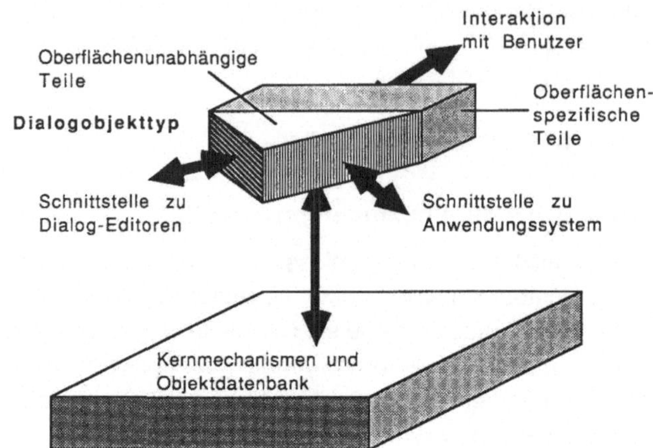

Abb. 1: Schema eine Dialogobjekttyps, der sich aus oberflächenspezifschen und oberflächenunabhängigen Teilen sowie Interaktions-, Editor- und Anwendungsschnittstelle
zusammensetzt und auf Kernmechanismen aufbaut.

Wie im Schichtenmodell ist ein Dialogobjekttyp in oberflächenspezifische und
oberflächenunabhängige Teile unterteilt, die oberflächenspezifischen Teile enthalten die
Interaktionsschnittstelle, welche die Darstellung auf dem Bildschirm sowie die Eingaben
der Benutzer bearbeitet. Die oberflächenunabhängigen Teile besitzen jedoch im Gegensatz zum Schichtenmodell zwei klar verschiedene Schnittstellen: eine Editor- und eine
Anwendungsschnittstelle (siehe unten). Ein Dialogobjekttyp wird mit Hilfe einer
Programmiersprache (Modula-2, Wirth 1983) beschrieben, die einzelnen Objekte dieses
Typs werden dagegen in einer Objektdatenbank verwaltet, welche zusammen mit einigen für alle Dialogobjekttypen benötigten Kernmechanismen die Basis des Dialoghandlers bildet.

Der Aufbau von Dialogobjekttypen und deren Schnittstellen soll an einem Beispiel erläutert werden. Eine Eingabemaske kann als Dialogobjekttyp definiert werden, diese
kann aus verschiedenen Arten von Eingabefeldern (z.B. Texteingabe, Auswahl aus
Alternativen) bestehen, welche wiederum eigene Dialogobjekttypen sind. Der Dialogobjekttyp "Texteingabefeld" z.B. könnte wie folgt aussehen:

- Die **oberflächenspezifischen Teile** enthalten die Darstellung des Feldes sowie des
  Inhalts, die Interpretation von Benutzereingaben (je nach Art der Oberfläche Tastatur und/oder Maus) sowie damit zusammenhängende Funktionen (Grössen-
  oder Positionsangaben).

- **Oberflächenunabhängige Teile** sind z.B. das Lesen und Schreiben des Objekts
  von der Objektdatenbank.

- Die **Editor-Schnittstelle** enthält Funktionen zum Erzeugen, Löschen oder Verändern (Grösse, Name etc.) eines Texteingabefeldes. Diese Funktionen werden zur
  Laufzeit nicht benötigt, wohl aber in einem Entwurfs- oder Implementations-

werkzeug.

- Die **Anwendungs-Schnittstelle** ermöglicht es dem Anwendungssystem, auf die Eingabedaten zuzugreifen bzw. die Ausgabedaten zu verändern (z.B. Abfrage des Eingabewertes, Setzen eines Default-Wertes etc.). Diese Funktionen werden zur Laufzeit benötigt.

Der gesamte Dialoghandler HIDE ist ein offenes System und setzt sich aus der Menge der einzelnen Dialogobjekttypen zusammen, welche baukastenartig aneinandergereiht werden. Die Interaktions-, die Editor- und die Anwendungsschnittstelle wachsen mit jedem Dialogobjekttyp mit (Abb. 2).

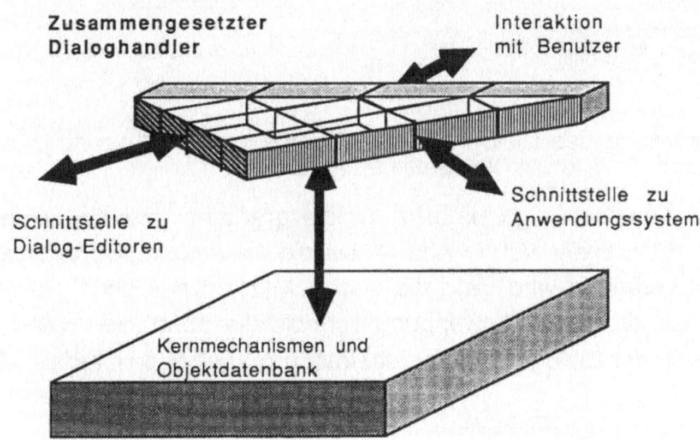

Abb. 2: Der Dialoghandler setzt sich aus den einzelenen Dialogobjekttypen zusammen, die Schnittstellen wachsen mit jedem dazugefügten Dialogobjekttyp mit.

2.3 Die Portiertung des Dialoghandlers HIDE

Bei der Portierung des Dialoghandlers HIDE auf einen anderen Oberflächentyp werden die oberflächenspezifischen Teile jedes Dialogelementtyps durch Teile ersetzt, die für den neuen Oberflächentyp passen (Abb. 3). Die Anwendungs- sowie die Editorschnittstelle sind von einer Portierung nicht betroffen. Durch Auswechslung der oberflächenspezifischen Teile ist es insbesondere möglich, existierende Oberflächentypen und -standards zu unterstützen - dies im Gegensatz zu anderen UIMS/UIDS, welche einen neuen, vorgegebenen Oberflächentyp definieren.

Die erste Version von HIDE wurde für eine direktmanipulative, grafische, fensterorientierte Oberfläche implementiert. HIDE wurde anschliessend auf eine zeichenorientierten Oberfläche portiert, wobei lediglich die oberflächenabhängigen Teile ersetzt werden mussten. Diese bestehen in der zeichenorientierten Oberfläche neu aus 16 Modulen mit einer totalen Grösse von 96 KByte (gegenüber 18 Modulen mit 130 KByte in der grafischen Oberfläche), was etwa 30% des Gesamtumfangs von HIDE ausmacht. Die Portierung wurde in knapp zwei Wochen durchgeführt.

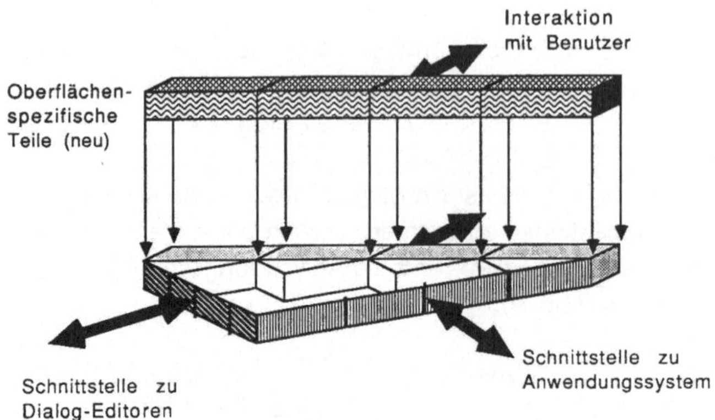

Abb. 3: Die Portierung des Dialoghandlers geschieht durch Auswechslung der oberflächenspezifischen Teile jedes Dialogelementtyps.

Ein Beispiel für dieselbe Eingabemaske für die grafische und die zeichenorientierte Oberfläche von HIDE findet sich in Abb. 4. Da die Anwendungsschnittstelle durch die Portierung nicht verändert wird, sind die beiden Masken aus der Sicht eines Anwendungssystems identisch, die Anwendungsschnittstelle abstrahiert völlig von der visuellen Darstellung der Dialogelemente ("abstract protocol" nach Cardelli 1988).

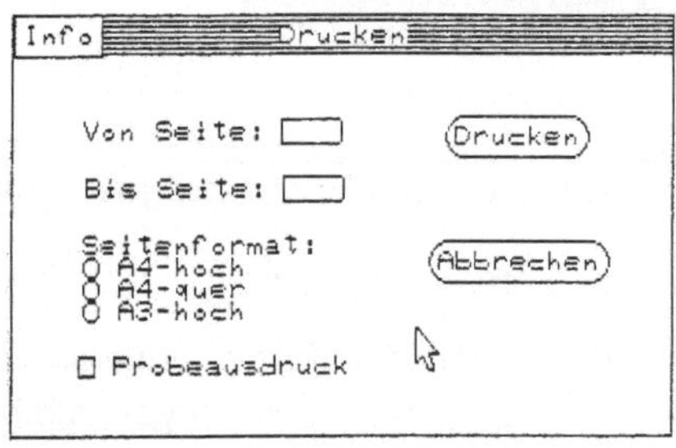


```
Drucken: Von-Seite:_   Bis-Seite:      Probeausdruck: Yes(No)
         Seitenformat:(A4-hoch)A4-quer A3-hoch
```

Abb. 4: Eine Eingabemaske für Druckparameter einer Anwendung für die grafische Oberfläche (oben) und die zeichenorientierte Oberfläche (unten) von HIDE. In der zeichenorientierten Version sind die Operationsknöpfe (Drucken, Abbrechen und Info) nicht sichtbar, sie sind durch spezielle Tasten (ENTER, ESCAPE und ALT-H) aufrufbar.

2.4 Entwicklung von Anwendungssystemen mit dem Dialoghandler HIDE

Anwendungssysteme werden auf der Anwendungsschnittstelle auf den Dialoghandler HIDE aufgesetzt, die Editor-Schnittstelle wird nicht benötigt Im Normalfall wird die gesamte Interaktion mit dem Benutzer über den Dialoghandler abgewickelt, welcher die Dialogkontrolle übernimmt und die Anwendungsfunktionalität in Form von Prozeduren aufruft. Für die Behandlung von speziellen Fällen kann jedoch das Anwendungssystem die Dialogkontrolle übernehmen und den Dialoghandler umgehen.

Weil die gesamte Interaktion über den Dialoghandler abgewickelt wird und die Anwendungschnittstelle von der visuellen Darstellung der Dialogelemente abstrahiert, ist die Portierung von Anwendungssystemen von einer HIDE-Version auf eine andere einfach zu bewerkstelligen. Lediglich die Darstellung von Ausgabedaten (grafisch oder textuell) ist abhängig von der Art und den Möglichkeiten des Oberflächentyps. Ausgabedaten werden durch spezielle, anwendungsspezifische Darstellungsprozeduren auf den Bildschirm gebracht. Bei der Portierung eines Anwendungssystem müssen daher lediglich diese Darstellungsprozeduren ausgewechselt werden, der Programmcode mit der eigentlichen Funktionalität kann identisch übernommen werden.

Die Portierung wurde an zwei Beispielen erfolgreich getestet: ein kleines Adressverwaltungsprogramm und das umfangreiche Prototyping-Werkzeug IDEA (siehe unten) wurden von der grafischen auf die zeichenorientierte Version von HIDE übertragen. In beiden Fällen mussten lediglich die Darstellungsprozeduren, welche ca. 20-30% des Objektcodes ausmachen, ausgewechselt bzw. modifiziert werden. Die Portierungen konnten jeweils von einer Person in deutlich weniger als einer Woche durchgeführt werden.

3. Ein Entwurfswerkzeug für Benutzerschnittstellen

In dem hier vorgestellten Ansatz wird nicht davon ausgegangen, dass Werkzeuge allein das Problem der Gestaltung "guter" Benutzerschnittstellen lösen können, sondern lediglich unterstützend wirken. Dazu müssen diese Werkzeuge in eine Entwicklungsmethodologie eingebettet und auf die spezifischen Bedürfnisse der Methodologie abgestimmt werden. Dabei stehen im hier vorgestellten Ansatz folgende Ueberlegungen im Vordergrund:

- Der Entwurf der Benutzerschnittstelle ist ein sehr zentraler Punkt in der ganzen Software-Entwicklung. Dazu gehören nicht nur Fragen der Befehlsnamengebung, Bildschirmgestaltung oder des Dialogablaufs, sondern auch die Festlegung der Funktionalität des Anwendungssystems und Fragen der Mensch-Maschine-Funktionsteilung. Bildschirmgestaltung und Festlegung der Anwendungsfunktionalität sind stark miteinander verknüpft und - obwohl oft verlangt - nicht ohne weiteres zu trennen.
- Für den Entwurf guter Benutzerschnittstellen und guter Anwendungssysteme ist es notwendig, dass Benutzer aktiv in den Systementwurf einbezogen werden.

Ein UIDS muss daher in erster Linie für den Entwurf von Anwendungssystem-Benutzerschnittstellen (insbesondere Festlegung der Funktionalität und der Mensch-Maschine-Funktionsteilung) unter Einbezug der Benutzer geeignet sein. Es soll als Kommunikationsmedium zwischen Entwickler und Benutzer dienen, welches es erlauben soll, Entwürfe von Benutzerschnittstellen schnell zu erstellen, zu diskutieren und zu verändern. Für letzteres sind insbesondere Simulationsmöglichkeiten (Rapid Prototyping) sinnvoll. Zwischen Simulation und Aendern soll ein schneller Wechsel möglich sein, damit eine gemeinsame Arbeit (Erstellen/Testen/Verändern) von Benutzer und

Entwickler am Bildschirm möglich wird. Die Möglichkeit eines schnellen Wechsels zwischen Simulation und Verändern ist bei existierenden UIDS kaum anzutreffen, höchstens bei speziellen Simulationswerkzeugen (z.B. Trillium, Henderson 1986), welche aber nicht zur Konstruktion von lauffähigen Anwendungssystemen gedacht sind.

Im Rahmen dieser Anforderungen wurde für den Dialoghandler HIDE eine UIDS namens IDEA (Interactive Design and Evaluation of Applications) entwickelt, welche das interaktive Entwerfen, Erstellen, Simulieren und Verändern von Benutzerschnittstellen für Anwendungssysteme erlaubt. IDEA ist selber ein Anwendungssystem, welches auf der Basis von HIDE entwickelt wurde und sowohl auf der Editor- als auch auf der Anwendungsschnittstelle aufsetzt. Die interaktiv erstellten Prototypen können nach Tests mit Benutzern mit Hilfe des Dialoghandlers HIDE zu Anwendungssystemen ausgebaut werden, die Implementation von Benutzerschnittstellen wird also gleichermassen unterstützt. Erste experimentelle Studien (Krähenmann, Kupferschmid & Mayer 1990), in denen der Einsatz von IDEA im Rahmen einer intensiven Benutzer-Entwickler-Kooperation geprüft wurde, deuten darauf hin, dass der Einsatz von solchen interaktiven Werkzeugen die Qualität der erzielten Lösungen verbessern kann.

4.   Individualisierungsmöglichkeiten für Benutzer

Bei der Entwicklung der Werkzeuge HIDE und IDEA wurde davon ausgegangen, dass es unmöglich ist, Benutzerschnittstellen für Anwendungssysteme zu entwerfen, die für alle Benutzer die optimale Lösung ("one best way") darstellen. Gemäss dem "Prinzip der differentiellen und dynamischen Arbeitsgestaltung" (Ulich 1978, 1983) müssen Arbeitssysteme (in diesem Fall Anwendungssysteme als Teil des Arbeitssystems) sowohl auf die unterschiedlichen Bedürfnisse und Qualifikationen der verschiedenen Benutzer als auch auf die sich im Laufe der Zeit ändernden Bedürfnisse und Qualifikationen anpassbar sein (Kriterium der "Flexibilität/Individualisierbarkeit", Ulich 1986). Der Dialoghandler HIDE wurde daher so konzipiert, dass die Benutzerschnittstellen eines Anwendungssystems nachträglich durch die Benutzer modifiziert und an ihre eigenen Bedürfnisse angepasst werden können, ohne dass dazu Programmierung notwendig ist. Das Anwendungssystem ist mit mehreren, verschieden strukturierten Benutzerschnittstellen lauffähig, welches durch die Beschreibung der Benutzerschnittstelle in einer Datei ermöglicht wird: jeder Benutzer kann mit seiner eigenen Benutzerschnittstellen-Datei arbeiten und diese auch selber interaktiv verändern.

Selbstverständlich muss ein geeignetes Werkzeug zur Verfügung stehen, welches es den Benutzern eines Anwendungssystems erlaubt, die Modifikationen ihrer Benutzerschnittstelle durchzuführen. Ein solches "Individualisierungswerkzeug" konnte auf einfache Weise interaktiv durch Anpassung des Entwurfswerkzeug IDEA (mit Hilfe von IDEA selber) erzeugt werden: gewisse Befehle und Maskenfelder wurden ausgeblendet, da sie nur für Entwickler relevant sind. Dadurch entstand ein neues Werkzeug mit reduzierter Funktionalität, welches nur die für Benutzer relevanten Informationen darstellt und verändert. Das Individualisierungswerkzeug ist nichts anderes als eine

"Individualisierung" (d.h. Anpassung an spezifische Benutzerbedürfnisse) des Entwurfswerkzeugs.

5.   Zusammenfassung und Diskussion

Das hier vorgestellte Konzept für UIMS/UIDS, welcher bei der Realisierung von HIDE
und IDEA verwendet wurde, beruht auf einem interdisziplinären Ansatz, der versucht,
technische und arbeitspsychologische Anforderungen gleichzeitig zu erfüllen. Dies führt
zu deutlich anderen Lösungen als bei einem rein informatikorientierten Ansatz für
UIMS/UIDS. HIDE und IDEA orientieren sich primär an den Bedürfnissen der Benutzer
von Anwendungssystemen anstelle der Bedürfnisse der Entwickler, ganz im Gegensatz
zu anderen UIMS/UIDS. Die Unterschiede manifestieren sich vor allem in den folgenden Merkmalen:

1. **Ausrichtung auf Entwurf statt auf Implementierung.** Oft wird der Implementierung von Benutzerschnittstellen bei der Konstruktion von UIMS/UIDS das Haupt-
   gewicht beigemessen. Beim Werkzeug IDEA hingegen liegt die Betonung auf dem
   Entwurf der Benutzerschnittstelle, welche letzten Endes auch über die eigentliche
   Anwendungsfunktionalität entscheidet. Durch die Simulationsmöglichkeiten wird
   eine enge Benutzer-Entwickler-Kooperation unterstützt.

2. **Individualisierungsmöglichkeiten.** Der Dialoghandler HIDE ist so konzipiert, dass
   dasselbe Anwendungssystem mit verschiedenen, auf individuelle Bedürfnisse jederzeit anpassbare Benutzerschnittstellen benutzt werden kann.

3. **Unterstützung von existierenden Standards für Benutzerschnittstellen.** Myers
   (1989) bemängelt zu recht, dass UIMS/UIDS für existierende und verbreitete Oberflächentypen und Systemumgebungen kaum verfügbar sind. Bei der Entwicklung
   des Dialoghandlers HIDE wurde besonderer Wert auf die Portabilität in bezug auf
   den Oberflächentyp gelegt. Dadurch ist es möglich, HIDE für bestehende Oberflächentypen anzupassen.

4. **Mehrdimensionale Architektur.** Eine Dialogelement- (vertikal) und Schich-
   tengliederung (horizontal) erlaubt zwar die Konstruktion von offenen und portablen
   Dialoghandlern, trägt aber der Unterscheidung zwischen Laufzeitsystem und
   Entwicklungswerkzeug nur ungenügend Rechnung. Eine "mehrdimensionale" Ar-
   chitektur mit verschiedenen Schnittstellen nach verschiedenen Seiten (Anwendung,
   Editor, Interaktion, Kernmechanismen) ist dafür geeigneter.

5. **Einbettung in Entwurfsvorgehen.** Die Benutzerorientierung des hier vorgestellten
   Ansatzes bedingt, dass das Augenmerk nicht nur auf den Werkzeugen - welche
   allein noch nicht die Entwicklung von gut gestalteten Benutzerschnittstellen
   garantieren -, sondern auch auf der Einbettung der Werkzeuge in ein Entwurfs- und
   Entwicklungsvorgehen liegt. Das Entwurfswerkzeug IDEA wurde explizit so entworfen, dass eine enge Benutzer-Entwickler-Kooperation und ein adäquater Einbezug
   von Benutzern in den Entwicklungsprozess möglich sind. Dazu ist ein iteratives
   und/oder inkrementelles Vorgehen bei der Software-Entwicklung notwendig.

6. **Ueberprüfung des Ansatzes**. Auch wenn viele UIMS/UIDS-Entwickler explizit die Eignung ihrer Werkzeuge für "Rapid Prototyping" und die Bedeutung dieser Methode betonen, scheinen die meisten Werkzeuge selber im stillen Kämmerchen entwickelt worden sein - Prototyping ist für alle gut, ausgenommen für sich selber. Gerade UIDS, welche oft auch komplexe interaktive Systeme darstellen, sollten aber ebenfalls in einem solchen Verfahren entwickelt werden. Bei der Entwicklung von IDEA stand der Einbezug von Benutzern und Tests von Vorversionen im Mittelpunkt. Dieses Vorgehen führte nicht nur in einem frühen Stadium zu einer sehr flexiblen Grundkonzeption des Werkzeugs (Zeltner 1989), sondern auch zu einer Reihe von Kritikpunkten (Beeli & Brunner 1990), welche zum Teil deutlich zur Verbesserung des Systems beitrugen. Die Ueberprüfung des Ansatzes darf sich nicht auf das Werkzeug beschränken, sondern muss sich auch auf das Entwicklungsvorgehen beziehen, in das dieses Werkzeug eingebettet ist. Dies heisst, dass der Entwicklungsansatz (Benutzereinbezug, enge Benutzer-Entwickler-Kooperation) in empirischen Untersuchungen überprüft werden muss, um allfällige kritische Faktoren zu identifizieren.

6.   Literatur

Beeli, B. & Brunner, F. (1990). **Evaluation des Prototypingsystems HIDE/IDEA**. Semesterarbeit, Institut für Arbeitspsychologie, ETH Zürich, Betreuer T. Greutmann.

Brown, J.R. & Cunningham, S. (1989). **Programming the User Interface - Principles and Examples**. New York, Wiley.

Burgstaller, J., Grollmann, J. & Kapsner (1989). On the Software Structure of User Interface Management Systems. In: W. Hansmann, F.R.A. Hopgood & W. Strasser (Hrsg.). **EUROGRAPHICS '89**. Amsterdam, North-Holland, S.75-86.

Cardelli, L. (1988). Building User Interfaces by Direct Manipulation. In: **Proceedings of the ACM SIGGRAPH Symposium on User Interface Software**, Banff, Alberta, Canada, 17.-19. Oktober 1988, S.152-166.

Green, M. (1985). The University of Alberta User Interface Management System. **Computer Graphics**, Vol. 19, No. 3, Juli 1985, S.205-213.

Hayes, P.J., Szekely, P.A. & Lerner, R.A. (1985). Design Alternatives for User Interface Management Systems Based on Experience With COUSIN. In: L. Borman & B. Curtis (Hrsg.). **Human Factors in Computing Systems. Proceedings of the CHI'85 Conference**, 14.-18. April 1985, San Francisco, S.169-175.

Henderson, D.A. (1986). The Trillium User Interface Design Environment. In: M. Mantei & P. Orbeton (Hrsg.). **Human Factors in Computing Systems. CHI'86 Conference Proceedings**, 13.-17. April 1986, Boston, S.221-227.

Hill, R.D. (1986). Supporting Concurrency, Communication and Synchronization in Human-Computer Interaction - The Sassafras UIMS. **ACM Transactions on Graphics**, Vol. 5, No. 3, Juli 1986, S.179-210.

Hill, R.D. & Herrmann, M. (1989). The Structure of Tube - A Tool for Implementing Advanced User Interfaces. In: W. Hansmann, F.R.A. Hopgood & W. Strasser (Hrsg.). **EUROGRAPHICS '89**. Amsterdam, North-Holland, S.15-25.

Hix, D. (1989). Developing and Evaluating an Interactive System for Producing Human-Computer Interfaces. **Behaviour and Information Technology**, Vol. 8, No. 4, 1989, S.285-299.

Kasik, D.J. (1982). A User Interface Management System. **Computer Graphics**, Vol. 16, No. 3, Juli 1982, S.99-106.

Keller, R. (1989). **Prototypingorientierte Systemspezifikation. Konzepte, Methoden,**

Werkzeuge und Konsequenzen. Hamburg, Kovac.
Krähenmann, M., Kupferschmid, B. & Mayer, O. (1990). **Rapid Prototyping: Evaluation eines Entwurfswerkzeugs**. Semesterarbeit, Institut für Arbeitspsychologie, ETH Zürich, Betreuer T. Greutmann.
Myers, B.A. (1989). User-Interface Tools: Introduction and Survey. **IEEE Software**, Januar 1989, S.15-23.
Olsen, D.R. (1986). MIKE: The Menu Interaction Kontrol Environment. **ACM Transactions on Graphics**, Vol. 5, No. 4, Oktober 1986, S.318-344.
Olsen, D.R. (1987). Larger Issues in User Interface Management. **Computer Graphics**, Vol. 21, No. 2, April 1987, S.134-137.
Schulert, A.J., Rogers, G.T. & Hamilton, J.A. (1985). ADM - A Dialog Manager. In: L. Borman & B. Curtis (Hrsg.). **Human Factors in Computing Systems. Proceedings of the CHI'85 Conference**, 14.-18. April 1985, San Francisco, S.177-183.
Ulich, E. (1978). Ueber das Prinzip der differentiellen Arbeitsgestaltung. **Industrielle Organisation**, 1978, 47, S.566-568.
Ulich, E. (1983). Differentielle Arbeitsgestaltung - ein Diskussionsbeitrag. **Zeitschrift für Arbeitswissenschaft**, 1983, 37, S.12-15.
Ulich, E. (1986). Aspekte der Benutzerfreundlichkeit. In: W. Remmele & M. Sommer (Hrsg.). **Arbeitsplätze morgen**. Berichte des German Chapter of the ACM, Band 27. Stuttgart, Teubner, S.102-122.
Wirth, N. (1983). **Programming in Modula-2**. Berlin, Springer.
Zeltner, A. (1989). **Dialoggestaltung als erster Schritt beim SW-Entwurf**. Semesterarbeit, Institut für Arbeitspsychologie, ETH Zürich, Betreuer T. Greutmann.

Thomas Greutmann
Institut für Arbeitspsychologie
ETH Zürich
Nelkenstr. 11
CH-8092 **Zürich**

Eigenprogrammierung
als Unterstützung individueller Arbeitsgestaltung

Arbeitskreis Software-Ergonomie Bremen *

Zusammenfassung

Der Arbeitskreis Software-Ergonomie Bremen stellt aufgrund eigener Erfahrungen bei der Einführung individualisierbarer Standard-Software zunächst die Notwendigkeit eines Arbeitsgestaltung mit einbeziehenden Ansatzes der Eigenprogrammierung dar. Eigenprogrammierung wird als von ExpertInnen unabhängige Eigenaktivität verstanden, die allerdings Restriktionen unterliegt. Mit Eigenprogrammierung werden insbesondere Aufgaben unterstützt, die ohne Realitätsverlust nicht exakt zu spezifizieren sind, und informelles Wissen berücksichtigt, das direkt ohne Bindung an formale Strukturen umgesetzt werden kann. Damit bleiben individuelle Arbeitsstile erhalten. Hieraus sich ergebende Formen individualisierter Software-Gestaltung werden auf der Basis eines vom Arbeitskreis entwickelten 5-Stufen-Modells aufgezeigt.

Hoffnungsträger zur Überwindung der Software-Krise

Die Automatisierung in Büro und Verwaltung ist seit einiger Zeit dort in eine Krise geraten, wo es darum geht, dispositive Tätigkeiten formalisieren und automatisieren zu wollen. Angesichts von Bedienungs- und Nutzungsproblemen, verursacht durch disfunktionale und intransparente Programme, sind Wirtschaftlichkeitsüberlegungen und Techniknutzungsprognosen zu reiner Spekulation geworden, nicht eingeplante zusätzliche Tätigkeiten in vor- und nachgelagerten Bereichen haben den erhofften Rationalisierungsgewinn längst kompensiert. In dieser Situation kommt die breite Diskussion um individualisierte Software-Gestaltung wie gerufen, die sogenannte "Software-Krise" scheint mittels Eigenprogrammierung überwunden werden zu können. Aufgabengerechte Dialogformen und Systemfunktionen, die von ExpertInnen aufgrund fehlender Detailkenntnisse und existierender Programmierengpässe nicht codiert werden können, sollen von den BenutzerInnen nun selbst realisiert werden.

---

*   Im Arbeitskreis Software-Ergonomie Bremen arbeiten folgende WissenschaftlerInnen zusammen: Klaus Peter Hasler, Heinrich Riehl, Uwe Schläger, Johannes Schnepel, Wolfgang Taube, Gabriele Winker

Selbstverständnis von Eigenprogrammierung

Software-Ergonomie-ExpertInnen kommt diese Situation nicht ungelegen: Da Eigenprogrammierung der BenutzerInnen in der Praxis nicht so einfach umzusetzen ist, hat sich für WissenschaftlerInnen ein neues Betätigungsfeld ergeben, das den eigenen Arbeitsplatz- und Forschungsinteressen dient und gleichzeitig vielversprechend an Humanisierungsziele anknüpft. Dies gilt auch für den Arbeitskreis Software-Ergonomie Bremen, der ein Zusammenschluß von WissenschaftlerInnen ist, die in der öffentlichen Verwaltung in Bremen in verschiedenen Funktionen für die Umsetzung eines menschengerechten Technikeinsatzes verantwortlich sind.

Für uns hat sich die Auseinandersetzung mit Fragen der Eigenprogrammierung u.a. aus den Schwierigkeiten bei der Realisierung dieses Anspruches ergeben: Trotz unterschiedlichster Partizipationsmodelle in bremischen HdA-Projekten wie DEMOS (Dezentrales Einwohnermeldewesen-Online-System) und PROSOZ (Programm zur Unterstützung der Sozialhilfeverwaltung, vgl. Bergdoll u.a. 1991) und über Dienstvereinbarungen abgesicherter Beteiligungsstrukturen nehmen BenutzerInnen zu wenig an der Gestaltung ihrer eigenen Arbeitssituation und ihrer Arbeitsmittel teil. Trotz gefordertem Aufgabenbezug findet dezentraler Technikeinsatz weitgehend standardisiert statt. Dies ist umso problematischer, da sich nur mit realen Handlungs- und Ermessensspielräumen am Arbeitsplatz die immer vielfältiger und komplexer werdenden Verwaltungsaufgaben im Interesse der BürgerInnen sinnvoll bearbeiten lassen.

Eigenprogrammierung kann im Interesse der BenutzerInnen zur Arbeitsplatzhumanisierung eingesetzt werden und Eigenaktivität der Beschäftigten fördern. Dies setzt jedoch voraus, die Individualisierbarkeit nicht nur auf die Benutzungsoberfläche zu beschränken, sondern auch auf die Gestaltung der am Arbeitsplatz unterschiedlich benötigten Funktionalität auszuweiten. Mit der Untersuchung der Eigenprogrammierung verfolgen wir das Ziel, die Rolle der ExpertInnen zurückzudrängen zugunsten einer größtmöglichen Autonomie der BenutzerInnen bei der Gestaltung des eigenen Arbeitsmittels. Während in einem arbeitsteiligen Systementwicklungsprozeß eine Normierung und Umstrukturierung des Arbeitsprozesses angelegt ist, die oft nicht im Interesse der direkt Betroffenen liegt, können im Rahmen der Eigenprogrammierung die Betroffenen selbst ihren Arbeitsprozeß immer wieder neu gestalten. Da Eigenprogrammierung Stellvertreter-Partizipation überflüssig macht, ist sie sozusagen die höchste Form der Partizipation. Sofern Dritte betroffen sind, sind Beteiligungsstrukturen allerdings notwendig.

Hinter diesen Zielen verbirgt sich ein Menschenbild, das von dem Bedürfnis des Menschen nach Autonomie bzw. Handlungs- und Ermessensspielräumen ausgeht. Jeder Schritt, der den Beschäftigten ermöglicht, ihre Arbeitsinhalte, Arbeitsabläufe, Arbeitsmittel mit zugestalten, ist mittelfristig ein kleiner Schritt zur Demokratisierung der Arbeitswelt.

Voraussetzungen und Rahmenbedingungen

Aus der dargestellten Zielbestimmung lassen sich die dafür notwendigen Voraussetzungen direkt ableiten: Je mehr Gestaltungsspielräume bei der Arbeit existieren, desto sinnvoller wird Eigenprogrammierung. Ohne Gestaltungsspielräume verkommt Eigenprogrammierung zur technischen Spielerei, die von der Notwendigkeit der arbeitsorganisatorischen Umgestaltung solcher Arbeitsplätze eher ablenkt als daß sie eine sinnvolle Arbeitsgestaltung unterstützt. Auch sollten Kooperationsbereitschaft und -möglichkeiten unter den BenutzerInnen vorhanden sein, um der Gefahr der extremen Individualisierung zu begegnen und einen Austausch über sinnvolle Arbeitsstrukturen und technische Unterstützungsmöglichkeiten zu gewährleisten. Neben diesen aufgaben- und arbeitsplatzbezogenen Voraussetzungen müssen im Hinblick auf eine Arbeitsgestaltung mit einbeziehende Eigenprogrammierung weitere Rahmenbedingungen im Vorfeld geschaffen werden.

Arbeitssystembezogene und benutzerzentrierte Qualifizierungs- und Beratungskonzepte sind notwendig, um einerseits den Beschäftigten die Möglichkeit zu geben, ihre Fachkompetenz im Entwicklungsprozeß entsprechend einsetzen und nutzen zu können, andererseits aber die Vermittlung von aufgabenunabhängigem Vorrats- und Balastwissen zu vermeiden.

Eigenprogrammierung kann nur dann zu funktionalen und benutzungsfreundlichen Systemen führen, wenn entsprechende Softwareentwicklungsumgebungen zur Verfügung stehen. In dieser Hinsicht müssen im weiteren Verlauf der Auseinandersetzung um Eigenprogrammierung operationalisierbare Kriterien formuliert werden, die die Auswahl von Software-Tools aus Sicht der Beschäftigten erleichtern.

Eigenprogrammierung erfordert im Gegensatz zu traditioneller Systementwicklung eine weitgehende Abkehr von objektivierenden bzw. bedingungsbezogenen Arbeitsanalyseverfahren wie z.B. VERA-S oder TBS (vgl. Oesterreich, Volpert 1987, S. 55-61). Um inter- und intraindividuelle Unterschiede berücksichtigen und realisieren zu können, sind, wenn überhaupt, subjektive Verfahren wie STA einzusetzen (vgl. Ulich 1981). Es erscheint uns fraglich, ob eine detaillierte Beschreibung des Istzustands auf der Basis handlungstheoretischer Modelle überhaupt angebracht ist (vgl. Holzkamp 1986). Die Systemspezifikation erhält bei der Eigenprogrammierung sowieso einen anderen Charakter. Da der Transformationsprozeß zum Programmierer wegfällt, benötigen Beschäftigte als direkt Betroffene des Istzustands nicht dessen formale Beschreibung, sondern eher Methoden, die die kollektive Auseinandersetzung zur Verbesserung des Istzustands unterstützen (z.B. Zukunftswerkstatt, verschiedene Visualisierungs- methoden, vgl. Baitsch u.a. 1989, S. 141-162).

Aus dem dargestellten Selbstverständnis und den Rahmenbedingungen ergibt sich aus unserer Sicht zusammenfassend folgende Definition: Eigenprogrammierung ist die von DV-ExpertInnen relativ unabhängige, eigenständige Gestaltung (Programmierung, Anpassung, Nutzung) von Software durch die BenutzerInnen hinsichtlich System- funktionalität und Benutzungsoberfläche unter Berücksichtigung der konkreten Fachaufgabe und der inter- und intraindividuellen Problemlösungsstrategien. Eigen- programmierung findet im Rahmen von Arbeitsgestaltung auf der Grundlage eines Qualifizierungs- und Beratungskonzeptes statt und kommt verstärkt dort zum Einsatz, wo es individuelle Handlungs- und Ermessensspielräume gibt. Kooperationsbeziehungen bei der Eigenprogrammierung sind dort erforderlich, wo andere direkt oder indirekt betroffen sind. BenutzerInnen, die für andere BenutzerInnen gemeinsam zu nutzende Lösungen erstellen, sind allerdings für diese KollegInnen bereits wieder ExpertInnen.

Restriktionen und Probleme bei Eigenprogrammierung

AutorInnen, die sich durch Eigenprogrammierung lediglich die Lösung von Bedienungs- problemen versprechen, sehen als Schwächen dieses Ansatzes primär den notwen- digen hohen Qualifizierungs- und Beratungsaufwand und befürchten suboptimale Technikausnutzung durch überforderte BenutzerInnen (vgl. Krause 1988, S.9-10). Ausgehend von motivierten und lernbereiten BenutzerInnen sind wir jedoch der Meinung, daß sich der Qualifizierungsaufwand langfristig positiv auf Arbeitsergebnisse auswirkt und arbeitssystembezogene Beratungsangebote Defizite bei der Technik- nutzung ausgleichen können. Aus eigener Praxis sehen wir allerdings eine Reihe anderer möglicher Probleme, die bei Eigenprogrammierung auftreten können:
- Einschränkung der Software-Qualität hinsichtlich Wartung und Systemsicherheit,
- uneinheitliches Verwaltungshandeln aufgrund individueller Lösungen,
- Realisierungsprobleme bei zu komplexen Aufgabenstellungen,
- unzureichender ArbeitnehmerInnen- und KlientInnendatenschutz bei Anwendungen mit sensiblen personenbezogenen Daten,

- Zurückdrängen der Fachlichkeit zugunsten von technikzentrierten Fragestellungen,
- zu hoher Anteil an Bildschirmarbeit.

Diese Probleme sollten unserer Meinung nach jedoch nicht den Stellenwert von Eigenaktivität bei technischen Aufgabenstellungen von vornherein begrenzen, sondern vielmehr zu einer differenzierten Sicht der Eigenprogrammierung führen.

5-Stufen-Modell

Je nach konkreter Aufgabenstellung und Arbeitsteilung, vorhandenen Handlungs- und Ermessensspielräumen, individuellen Neigungen und Fähigkeiten der BenutzerInnen kann das sinnvolle Ausmaß der Übernahme technischer Aufgaben durch die BenutzerInnen unterschiedlich sein. Hierzu haben wir ein 5-Stufen-Modell entwickelt, dessen Stufen und deren Einsatzfelder im folgenden dargestellt werden.

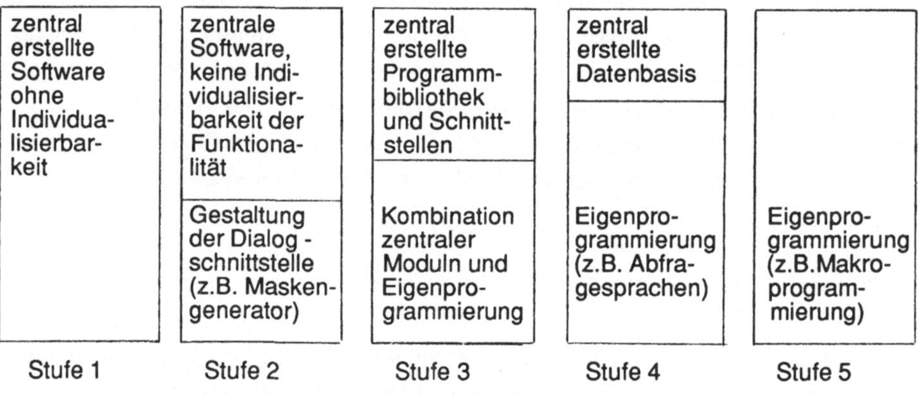

Stufe 1 stellt das klassische Modell der Software-Entwicklung dar. BenutzerInnen können am Entwicklungsprozeß beteiligt sein, übernehmen auf der technischen Ebene aber keine eigenständigen Aktivitäten. Eine partizipative Systementwicklung, die den BenutzerInnen die Aufgaben der Anforderungsermittlung und des Testens zuweist, ist die weitestgehende Ausprägung einer beteiligungsorientierten Systementwicklung auf dieser Stufe. Notwendig mag dieses traditionelle Vorgehen der Software-Entwicklung einerseits bei Aufgaben sein, die wegen erforderlicher Systemsicherheit hohe Anforderungen an die Software-Qualität stellen. Andererseits können Tätigkeiten, bei denen es aufgrund restriktiver gesetzlicher Regelungen sowieso keine Handlungs- und Ermessensspielräume gibt, von vornherein durch zentral erstellte vollautomatisierte Systeme abgewickelt werden (z.B. Batch-Verfahren für gesetzlich festgelegte regelmäßige Auszahlungen).

In der Stufe 2 wird den BenutzerInnen die Funktionalität des Systems in Form der Datenbasis und der Verarbeitungslogik vorgegeben, so daß lediglich Maskenaufbau und Dialogsteuerung gestaltbar sind. Individuelle Masken- und Dialoggestaltung setzt benutzungsfreundliche Maskengeneratoren und Dialog-Manager voraus. Diese Stufe kann bei Tätigkeiten zum Einsatz kommen, die ähnlich wie Stufe 1 aufgrund gesetzlicher Regelungen keine Ermessensspielräume zulassen, die jedoch nicht voll- oder halbautomatisch abgewickelt werden können, sondern Eingaben von BenutzerInnen verlangen (z.B. Lohn- und Gehaltsabrechnungsverfahren). Damit kann wenigstens die Benutzungsoberfläche entsprechend den inter- und intraindividuellen Unterschieden von den BenutzerInnen selbst gestaltet werden.

Auf Stufe 3 kann die BenutzerIn über die Gestaltung der Dialogschnittstelle hinaus auch die Funktionalität des Systems selbst beeinflussen. Innerhalb dieser Stufe sind weitere Unterscheidungen möglich: Zum einen kann unter vorgegebenen Moduln einer Programmbibliothek ausgewählt und eine eigene Lösung konfiguriert werden, zum anderen können selbstgeschriebene Programme der BenutzerInnen mit zentral erstellten Moduln kombiniert werden. Dabei ist eine genaue und für die BenutzerIn verständliche Beschreibung der Schnittstellen zwischen den Moduln sowie der Datenbasis notwendig. Diese Stufe setzt bereits Tätigkeiten mit hohen Handlungs- und Ermessensspielräumen voraus. Wenn für Teilbereiche einer Anwendung mehrere BenutzerInnen die gleiche Funktionalität benötigen, kann es sinnvoll sein, diese zentral von DV-ExpertInnen erstellen zu lassen, zumal bei hoher Komplexität der Aufgabenstellung. Teilbereiche, die je nach Arbeitsplatz unterschiedlich abgearbeitet werden, können dagegen individuell von den BenutzerInnen programmiert werden (z.B. ortsteilabhängige Heizkostenabrechnung innerhalb der Sozialhilfesachbearbeitung).

Stufe 4 stellt zentral nur die Datenbasis zur Verfügung, auf die die BenutzerIn mit Hilfe geeigneter Abfragesprachen zugreifen kann. Dieses Vorgehen bietet sich bei Tätigkeiten mit wiederum hohen Ermessens- und Handlungsspielräumen an, wobei die einzelnen Aufgaben auf Basis einheitlicher Datenstrukturen abzuwickeln sind (z.B. Vorgangssachbearbeitung bei Bauanträgen).

Auf Stufe 5 programmiert die BenutzerIn das gesamte Programm mit allen Komponenten (Datenbasis, Funktionalität, Dialogsteuerung) selbst. Diese Stufe kann sinnvollerweise dort zum Einsatz kommen, wo Tätigkeiten mit hohen Ermessens- und Handlungsspielräumen bei gleichzeitig geringer horizontaler oder vertikaler Arbeitsteilung vorkommen (z.B. Miet- und Wirtschaftlichkeitsberechnungen im Amt für Wohnungsförderung).

Während Stufe 1 den konventionellen Software-Entwicklungsprozeß darstellt, bezeichnen die Stufen 2 bis 5 das unterschiedliche Ausmaß von Eigenprogrammierung im Softwareentwicklungsprozeß. Ziel dieses Modells ist es, unter Beachtung der oben genannten Probleme und Restriktionen dennoch weitgehende Möglichkeiten der Eigenprogrammierung für die BenutzerInnen zu eröffnen. Mit der Umsetzung der Stufe 2 wird nur ansatzweise, bei der Realisierung der Stufe 5 dagegen eine völlige Abkehr von der Dominanz der Spezialisten erreicht. Entsprechend gestärkt wird die autonome Verfügung der BenutzerInnen über ihre Arbeitsmittel.

Erste Ergebnisse aus der eigenen Praxis

In der bremischen Verwaltung haben wir neben dem konventionellen Software-Entwicklungsprozeß der Stufe 1, über deren Entwicklungen und Auswirkungen es bereits eine Reihe von verallgemeinernden Darstellungen gibt (vgl. u.a. Brinkmann, Kuhlmann 1990; Grimmer 1986), bisher Erfahrungen mit der Flexibilisierung der Bedienoberfläche entsprechend Stufe 2 und der vollständigen Eigenentwicklung auf der Grundlage von Standardsoftware entsprechend Stufe 5 gesammelt, aus denen sich folgende Thesen ableiten lassen:

1. Mit arbeitssystembezogener Qualifizierung und Beratung ist ein aufgabenangemessener individualisierter Technikeinsatz möglich.

Ohne entsprechende Systemkenntnisse können sich MitarbeiterInnen kaum gegenüber jenen neuen Technikhierarchien durchsetzen, für die DV-Beschaffungen und DV-Anwendungen mehr eine Status- und Prestigefrage ist als das Ergebnis einer Erforderlichkeitsprüfung. Diese technikzentrierten MitarbeiterInnen passen Programme zentral für alle anderen BenutzerInnen an und standardisieren damit wiederum flexible Bedienoberflächen. Dies muß nicht unbedingt so sein: Durch arbeitssystembezogene Qualifizierung und regelmäßige Workshops, auf denen aufgetretene Probleme besprochen werden, sind BenutzerInnen in der Lage, sich ausgehend von ihrer fachlichen Aufgabenstellung mit Hilfe der PC-Standardsoftware kleine Anwendungen selbst zu erstellen und die Bedienoberfläche entsprechend ihrem Arbeitsstil anzupassen (Makros zur flexiblen Drucksteuerung, Tastenbelegungen zur Verknüpfung von einzelnen Dateien mit entsprechenden Texten, Makros zur Bearbeitung aufwendiger und rechenintensiver Aufstellungen mit gleichzeitigem Formularausdruck etc.).

2. Eigenprogrammierung eröffnet Frauen neue Gestaltungsmöglichkeiten an ihrem
    Arbeitsplatz.

Benutzerinnen haben ausgehend von ihrer Aufgabenstellung häufig Kritik an der
Funktionalität wie am Bedienkomfort der Standard-Programme. Insbesondere wird
jedoch gerade ihnen von den selbsternannten - in der Regel männlichen - DV-Experten
bis zur letzten Tastenbelegung alles zentral vorgegeben, was beinahe zwangsläufig ihre
Experimentierbereitschaft mit der Technik mindert. Wird Frauen jedoch die Kompetenz
und die Zeit zur Eigengestaltung ihres Arbeitsmittels und ihres Arbeitsablaufs zuge-
standen, sind sie nach entsprechender Qualifikation durchaus motiviert, ihren Arbeits-
und Programmablauf entsprechend der Aufgabenstellung zu verändern. Somit stellt sich
die in der Literatur beschriebene andere Herangehensweise von Frauen an Technik
(vgl. u.a. Schiersmann 1987) primär als ein Hierarchieproblem verknüpft mit selbstherr-
lichem Technik-Bluff einzelner Männer dar.

3. Bei Eigenprogrammierung wird die einmalige strukturierte Arbeitsanalyse von
    Dritten ersetzt durch permanente Optimierung der Arbeitsabläufe durch die
    Beschäftigten.

Mit Zunahme der Eigenprogrammierung verändert sich der Arbeitsanalyseprozeß. Die
Notwendigkeit einer exakten Spezifikation für die DV-ExpertInnen entfällt. Nachdem in
einer Vorlaufphase der eigentliche Gegenstand abgegrenzt ist, Probleme diskutiert und
hieraus erste Veränderungen abgeleitet werden, können BenutzerInnen mit einer
informellen, "weichen" Spezifikation arbeiten und diese in Programme umsetzen. Die
Programmabnahme erfolgt dann nicht als Vergleich vorher beschriebener Anforderung
mit der erstellten Software, sondern durch eigene Überlegungen der BenutzerIn,
inwieweit sie aus ihrer Sicht die Arbeitsaufgabe mit dem System zufriedenstellend lösen
kann. Sie kann dann weitere Veränderungen vornehmen, das System optimieren und
so schrittweise ihren Arbeitsablauf besser organisieren (vgl. Denkmodell "lernendes
System", Bonin 1988).

4. Eigenprogrammierung kann zur Enthierarchisierung der Arbeitssystemgestaltung
    beitragen.

Im Gegensatz zur arbeitsteilig organisierten Systementwicklung kann Eigenprogrammierung unter Umgehung formaler und hierarchischer Strukturen kurzfristig erste
Prototypen hervorbringen, die dann wiederum Gegenstand weiterer Auseinandersetzung in der Gruppe sind. Hierdurch werden Abhängigkeiten von DV-ExpertInnen verringert und interessengeleitete Lösungen diskutiert bzw. realisiert, die ohne die

Möglichkeit der Eigenprogrammierung von vornherein durch höhere Hierarchieebenen, z.B. aus Angst vor Status- und Machtverlust, verhindert werden.

5. Eigenprogrammierung kann als Vehikel benutzt werden, um Fachlichkeit zu stärken und Arbeitsinhalte zu verbessern.

Die eigenverantwortliche Realisierung von Systemen zur Unterstützung komplexer Arbeitsaufgaben kann dazu beitragen, sich mit organisatorischen Aspekten wie Arbeitsinhalt und -ablauf anlaßbedingt kritisch auseinanderzusetzen und fachliche Fragen ausführlich zu diskutieren, die sonst nicht hinterfragt werden.

Ausblick

Trotz dieser ersten für das Konzept der Eigenprogrammierung aus Sicht der BenutzerInnen recht positiven Thesen bleiben darüberhinaus noch eine Reihe von grundsätzlicheren Fragen offen, die bisher in der Praxis noch nicht überprüft wurden. Wir wollen diese Fragen in einem beantragten Arbeit&Technik-Projekt überprüfen und führen sie hier als Ausblick auf derartige Diskussionen an:

- Nimmt die Handlungs-, Verfahrens- und Gestaltungsautonomie über die Eigenprogrammierung bei den BenutzerInnen langfristig zu? Entwickeln und verändern sie ihre Arbeitsmittel entsprechend ihrem sich ändernden Arbeitsstil? Nehmen sie über die Technikgestaltung hinaus auch verstärkt auf ihre Aufgabenstellung Einfluß?
- Gelingt es durch arbeitssystembezogene Qualifizierungs- und Beratungskonzepte, die Fachlichkeit im Rahmen der Eigenprogrammierung zu erhalten oder auszubauen? Oder bestätigen sich die Befürchtungen, daß sich die Arbeitszeitanteile zugunsten maschinengebundener Zeit und zuungunsten des Fachwissens verschiebt?
- Können bei der Eigenprogrammierung neue Kooperationsbeziehungen unter den Beschäftigten entstehen oder verstärkt sich die Vereinzelung?
- Nimmt die Arbeitsteilung zwischen ExpertInnen und BenutzerInnen ab? Gibt es stattdessen neue Formen der Arbeitsteilung, in der sich die technikzentrierten MitarbeiterInnen in einer Abteilung profilieren? Gibt es technikzentriertes Herangehen nur bei Männern oder auch bei Frauen?
- Lassen sich ungleiche Artikulations- und damit Durchsetzungschancen der einzelnen MitarbeiterInnen im Rahmen der Eigenprogrammierung abbauen oder werden sie verstärkt? Wie läßt sich im Gestaltungsprozeß Chancengleichheit herstellen?

Literaturverzeichnis

Baitsch, C.; Katz, C.; Spinas, P.; Ulich, E.: Computerunterstützte Büroarbeit. Ein Leitfaden für Organisation und Gestaltung. Zürich 1989

Bergdoll, K.; Friedrich, J.; Schläger, U.; Schnepel, J.: Computergestützte Sozialhilfeverwaltung (Projekt PROSOZ). Bremen 1991 (in Vorbereitung)

Bonin, H.: Die Planung komplexer Vorhaben der Verwaltungsautomation. Heidelberg 1988

Brinckmann, H.; Kuhlmann, S.: Computerbürokratie. Ergebnisse von 30 Jahren öffentlicher Verwaltung mit Informationstechnik. Opladen 1990

Grimmer, K. (Hrsg.): Informationstechnik in öffentlichen Verwaltungen. Handlungsstrategien ohne Politik. Basel 1986

Holzkamp, K.: Handeln, in: Rexilius, G.; Grubitsch, S. (Hrsg.): Psychologie. Theorien, Methoden, Arbeitsfelder. Reinbek 1986

Kommunale Gemeinschaftsstelle für Verwaltungsvereinfachung (KGSt): Informationstechnische Infrastruktur in Kommunalverwaltungen. Köln 1989

Krause, J.: Adaptierbarkeit, Adaptivität, Intervenierbarkeit und Hilfesysteme. Ergänzende Konzepte zu grafischen Benutzerschnittstellen auf der Grundlage erweiterter Kontextsensitivität und Wissensbasiertheit. Regensburg, Juli 1988

Oesterreich, R.; Volpert, W.: Handlungstheoretisch orientierte Arbeitsanalyse, in: Kleinbeck, U.; Rutenfranz, J.: Arbeitspsychologie (Enzyklopädie der Psychologie, Band 1) Göttingen, Toronto, Zürich 1987, S. 43-73

Riehl, H.; Schäfer, W.; Treeck, W.van: Selbstgestaltung in der Verwaltungsarbeit. Entwicklung von kommunalen DV-Anwendungssystemen durch den Sachbearbeiter in A. Kassel 1989

Schiersmann, Ch.: Computerkultur und weiblicher Lebenszusammenhang. Zugangsweisen von Frauen und Mädchen zu neuen Technologien. Bonn 1987

Schwellach, G.; Winker, G.: Veränderungen der Arbeitssituation von Frauen in der bremischen Verwaltung durch den verstärkten Einsatz von PCs im Bereich der Text- und Sachbearbeitung, in: Schelhowe, H. (Hrsg.): Frauenwelt - Computerräume, GI-Fachtagung im September 1989 in Bremen, Proceedings. Berlin, Heidelberg 1989, S.41-47

Ulich, E.: Subjektive Tätigkeitsanalyse als Voraussetzung autonomie-orientierter Arbeitsgestaltung, in Frei, F.; Ulich, E. (Hrsg.): Beiträge zur psychologischen Arbeitsanalyse. Bern 1981, S. 327-347

Arbeitskreis Software-Ergonomie
c/o Gabriele Winker
Rechenzentrum der bremischen Verwaltung
Achterstr. 30
2800 Bremen 34

Empirische Nutzungsuntersuchung adaptierbarer Schnittstelleneigenschaften[1]

Cornelia Karger und Reinhard Oppermann
- St. Augustin -

Zusammenfassung:

Gegenstand des Beitrages ist die Nutzung der Adaptierbarkeit von Systemeigenschaften in marktgängigen Bürosystemen. Adaptierbarkeit wird eingeordnet in Ziele und Wege der Flexibilität. Im empirischen Teil wird untersucht, welche der gegebenen Adaptionsmöglichkeiten der entsprechenden Anwendung für die am Arbeitsplatz authentisch bearbeiteten Aufgaben sinnvoll gewesen wären und inwiefern die BenutzerInnen hiervon Gebrauch gemacht haben. Die Ergebnisse zeigen, daß sich die Nutzung der Adaptionsmöglichkeiten nicht monokausal erklären läßt. Weder die Qualifikation, noch die Aufgabe, noch die Persönlichkeit sind jeweils allein zureichende Erklärungsgrößen. Nur deren Zusammenschau ergibt ein einigermaßen nachvollziehbares Bild von der faktischen Nutzung der Anpassungsleistungen durch die Benutzer.

1. Einleitung

Flexible Systemnutzung ist ausgerichtet auf die Möglichkeit, die Vorgehensweise des Arbeitens und die Darstellung der Arbeitsergebnisse gemäß individueller Präferenzen zu gestalten. Dabei können sich die zu nutzenden Freiheitsgrade prinzipiell sowohl auf die Funktionalität als auch auf die Schnittstelle des Systems beziehen. Das Ziel der Flexibilität kann auf verschiedenen Wegen erreicht werden. Einmal können im System alternative Nutzungsvarianten enthalten sein, zwischen denen sich der Benutzer im Sinne von Wahlmöglichkeiten entscheiden kann. Diese Eigenschaft nennen wir **Vielfältigkeit**. Flexibilität kann sich zweitens ausdrücken in Möglichkeiten zu vorbereitenden Maßnahmen der **Individualisierung**. Diese Individualisierungsmöglichkeiten lassen sich wiederum in zwei Formen realisieren: in der Form der aktiven Systemveränderungen durch den Benutzer (Adaptierbarkeit) und in der Form der Systemveränderungen durch das System (Auto-Adaptivität). Ein System wird als **auto-adaptiv** bezeichnet, wenn das System eigeninitiativ eine Anpassungsleistung auf der Grundlage ausgewerteter Benutzerprotokolle vollzieht. Ein System wird als **adaptierbar** bezeichnet, wenn der Benut-

---

[1] Die Untersuchung wurde durchgeführt als Teil eines Projektes zur „Software-ergonomischen Analyse und Gestaltung der Adaptivität" (SAGA). Das Projekt wird seit Nov. 1988 vom Bundesminister für Forschung und Technologie im Rahmen des Programms „Arbeit und Technik" (früher „Humanisierung des Arbeitslebens") gefördert und hat eine Laufzeit von drei Jahren.

zer das System selbst an seine Bedürfnisse anpassen kann. Systemseitig werden nur die Werkzeuge zur Verfügung gestellt, derer sich der Benutzer für die Anpassung bedienen kann.

Die technische Umsetzung der Flexibilität erfolgt heute weitgehend mittels einer vielfältig angebotenen Zugänglichkeit von Funktionen. Dies ist sicherlich ein brauchbarer Weg, weil er den Benutzer permanent in die Lage versetzt, ad hoc zu entscheiden, welchen Weg der Systemnutzung er gehen möchte, ob er sich beispielsweise eines Menüs bedienen oder Tastenkombinationen für den Funktionsaufruf benutzen will. Dabei ist es grundsätzlich nicht erforderlich, mehrere Wege zu erlernen; man kann aber zu jeder Zeit mit alternativen Nutzungsmöglichkeiten beginnen. Unter diesen Gesichtspunkten ist die Vielfältigkeit sicherlich ein Königsweg zum Ziel flexibler Systemnutzung. Aber auch dieser Weg hat Nachteile. Ein umfangreich vielfältiges System wird u.U. schnell zu komplex. Der Benutzer beherrscht die Fülle der alternativen Interaktionsmöglichkeiten nicht mehr und der Entwickler kann die Äquivalenz von Wirkungsweisen identisch gedachter Funktionen über alternative Zugangswege nicht mehr gewährleisten. Daher spielen die beiden anderen Wege zur flexiblen Systemnutzung ebenfalls eine Rolle: die Individualisierung in der Form der Auto-Adaptivität und der Adaptierbarkeit.

Bezüglich der drei Varianten flexibler Systemauslegung bestehen Forschungs- und Entwicklungsaufgaben: Die Vielfältigkeit muß als Bestandteil von Anwendungen realisiert werden. Möglichkeiten der Adaptierbarkeit sind hinsichtlich der inhaltlichen Angebote vor allem aber bezüglich der methodischen Darbietung zu realisieren. Die Auto-Adaptivität ist sowohl bezüglich der Sinnhaftigkeit wie auch bezüglich der Realisierbarkeit noch ein weites Forschungsfeld. Wir wollen uns in dem vorliegenden Beitrag mit der Anpassung von Systemen durch BenutzerInnen (Adaptierbarkeit) befassen. Dabei soll es nicht um eine Klassifikation unterschiedlicher Adaptionsarten gehen (vgl. hierzu Oppermann 1989), sondern um eine Untersuchung der faktischen Nutzung von Anpassungsmöglichkeiten durch BenutzerInnen. Die Arbeit steht im Zusammenhang mit einem größeren Forschungsprogramm unseres Instituts in der GMD, das sich mit der Thematik eines **Assistenz Computers** beschäftigt, der neue Assistenzeigenschaften (Adaptivität, Verstehen ungenauer Anweisungen, Reflektivität u.a.) und neue Assistenzleistungen vereinigen soll.

2. Bisherige empirische Befunde

Bisherige empirische Untersuchungen über adaptierbare Benutzerschnittstellen bezogen sich in der Regel auf Prototypen, die unter laborexperimentellen Bedingungen getestet wurden. Dabei werden sowohl die Komplexität der Anwendung reduziert als auch der authentische Arbeitskontext vernachlässigt. Ein Grund hierfür ist wohl, daß marktgängige adaptierbare Systeme erst neuerer Entwicklung sind und daher noch wenig Anpaßbarkeitserfahrung vorliegt.

Untersuchungen sowohl von Raum (1984) als auch von Ackermann (1986) zeigten, daß individuelle Arbeitsweisen mindestens so effizient sein können wie in ihrem Ablauf vorgeschriebene und zu einer Vermehrung von Kompetenz und Interesse an der Tätigkeit führen können. Anhand des wissensbasierten Tabellenkalkulationssystems FINANZ, das dem Benutzer Gestaltungsmöglichkeiten auf verschiedenen Ebenen bietet, konnte gezeigt werden, daß eine adaptierbare Benutzer-schnittstelle den Benutzer bei seiner Aufgabe wirkungsvoll unterstützen kann (Rathke 1987). Untersuchungen zur Menü-Organisation jedoch wiesen nach, daß individualisierte Menü-Stukturen den nach Kriterien der Ähnlichkeit bzw. der Häufigkeit gemeinsamen Auftretens gruppierten Menü-Items nicht signifikant überlegen sind (McDonald et al. 1988).

Was die faktische Nutzung von Anpassungsleistungen betrifft, zeichnet sich ab, daß diese in unterschiedlichem Maße genutzt werden. Koller/Ziegler (1989) kamen anhand des Benutzerverhaltens an einem Graphik-Editor, der alternative Eingabe-techniken bei identischer Funktionalität unterstützt, zu dem Ergebnis, daß die Benutzer individuell stark differierende Präferenzen bilden. Diese weisen zudem eine hohe Stabilität auf. Dagegen zeigten Untersuchungen von Rosson (1984a, 1984b) an einem Textverarbeitungseditor, daß eine Reihe von Benutzern potentiel-le Anpassungsmöglichkeiten nicht nutzten. Selbst Makros, die mehr eine Erweite-rung genereller Editierfunktionen, denn spezialisierte Funktionen für den Exper-ten waren, wurden nicht in die Systemnutzung einbezogen. Da der Grad der Nut-zung nicht notwendigerweise mit dem Grad der Expertise einherging, werden Fak-toren wie die individuelle Einschätzung des Aufwandes, sich neue Funktionen zu erschließen oder motivationale Faktoren wie der Wunsch nach "get something done, rather than to learn more about the system" (Rosson 1984a) als kriterial ange-sehen.

3. Eigene Untersuchungen der Adaptierbarkeitsnutzung

3.1 Fragestellung

Gegenstand der Untersuchung war, ob und inwieweit Adaptionsleistungen genutzt werden, welche Bedingungsfaktoren dafür kriterial sind, und welche Vor- und Nachteile die Nutzung adaptierbarer Systeme mit sich bringen. Zudem sollten auf-grund der Untersuchungen Ansatzpunkte für potentielle Anpassungsmöglich-keiten eruiert werden.

Der Untersuchung der faktischen Nutzung von Adaptionsmöglichkeiten lag die Hypothese zugrunde, daß Benutzungsschnittstellen vom Benutzer nur bezüglich solcher Eigenschaften geändert werden, deren Veränderung suggestiv (ent-deckungsfreundlich) und komfortabel (unaufwendig) zugänglich und bezüglich der Aufgabenbearbeitung von erkennbarem Vorteil (effektiv) sind. Diese Hypo-these folgt einem rationalistischen eher als einem hedonistischen Gedankengang: nicht der Spieltrieb und die Freude an der Exploration, sondern die Aufwand-Nutzenüberlegung führt zur Veränderung einer Schnittstelle; die Änderung er-folgt als Anpassung an Handlungspläne, die eine schnellere/einfachere Aufgaben-bearbeitung erlauben. Eine zweite Fragestellung richtete sich auf die kognitive Erfassung der Adaption bzw. der Adaptionsmöglichkeit

3.2 Versuchsplanung

Entsprechend dieser Fragestellung waren die Aufgaben und deren Bearbeitungs-möglichkeiten mit gegebenen Systemen Ausgangspunkt der Untersuchung. Es galt BenutzerInnen zu finden und bezüglich ihrer Aufgabenbearbeitung zu beobachten bzw. zu befragen, die Systeme benutzen, die Anpassungsmöglichkeiten an verschiedene Aufgabenstellungen und Vorgehensweisen zulassen. Als solche Systeme kamen für die empirischen Erhebungen (1989-90) Textverarbeitungs-, Tabellenkalkulations-, Graphik- und Datenbankprogramme auf Personalcomputern in Frage. Untersucht werden sollte, welche der gegebenen Adaptionsmöglichkeiten für die am Arbeitsplatz authentisch bearbeiteten Aufgaben sinnvoll gewesen wären und ob die BenutzerInnen hiervon Gebrauch gemacht haben. Außerdem wurde untersucht, ob einige vom Versuchsleiter vorgenommene Änderungen von Schnittstelleneigenschaften an einem Graphiksystem von BenutzerInnen, die in unterschiedlicher Häufigkeit mit diesem System arbeiteten, bemerkt bzw. bei der Aufgabenbearbeitung als hinderlich oder förderlich eingestuft wurden. Bei diesen Änderungen wurden einige Angleichungen von Bezeichnungen „generischer" Funktionen im Menü an die Bezeichnung in anderen Systemen von den BenutzerInnen benutzten Systemen am selben Rechner und einige willkürliche Änderungen der Bezeichnung von systemspezifischen (nicht-generischen) Menü-Einträgen vorgenommen.

3.2.1 Systeme

Im Bereich von Büroanwendungen existieren einige Systeme, deren Benutzungsschnittstelle eine Reihe von Anpassungsmöglichkeiten sowohl im Hinblick auf die Aufgabe als auch die individuellen Differenzen der Benutzer bieten. Fünf solcher Systeme sind die Gegenstand dieser Untersuchung:

- das Textverarbeitungssystem Microsoft WORD 3.01 und 4.0 für Apple Macintosh (im folgenden Mac-Word bezeichnet),
- das Textverarbeitungssystem Microsoft WORD 4.0 bzw. WordPerfect für DOS-PC´s (im folgenden PC-Word bezeichnet),
- das Tabellenkalkulationsprogramm MULTIPLAN 3.02 für DOS-PC´s,
- das Datenbanksystem ADIMENS für DOS-PC´s,
- das Graphiksystem MacDraw II 1.1 für Apple Macintosh.

3.2.2 Benutzer

Insgesamt nahmen 62 BenutzerInnen an der Untersuchung teil.

- Mac-Word: 22
- PC-Word: 18
- Multiplan   7
- Adimens   2
- MacDraw   11

Der BenutzerInnenkreis waren überwiegend Personen aus dem wissenschaftlichen und administrativen Bereich der GMD, die zu ca. einem Drittel über DV-Fachkenntnisse verfügen, aber mit den Fragestellungen des Projektes nicht befaßt sind; die GMD-externen Benutzer arbeiten überwiegend freiberuflich mit der eingesetzten Software. Der größere Teil der BenutzerInnen hatte zwar Benutzererfahrung mit Systemen, jedoch keine explizite DV-Ausbildung.

3.2.3 Methode

Grundlage der Untersuchungen sind vollständige Beschreibungen von Anpassungspotentialen der jeweiligen Systeme mit Angabe der Standard-Einstellungen der Systemparameter in der nicht adaptierten Fassung. Bei der Untersuchung handelt es sich um Arbeitsplatzuntersuchungen, bei denen die BenutzerInnen am Arbeitsplatz hinsichtlich der üblicherweise mit dem System bearbeiteten Aufgaben und der Vorgehensweise befragt wurden, um den authentischen Arbeitskontext einzubeziehen. Folgende Schritte bestimmen den Versuchsablauf:

1. Identifizierung vorgenommener Adaptionen
Um die jeweilige persönliche Nutzung von Adaptionen zu eruieren, werden zunächst die in den jeweiligen Anwendungssystemen vorgenommenen Adaptionen geprüft. Dazu werden zum einen durch Aufruf eines Leerdokumentes permanente Adaptionen bis auf expliziten Widerruf durch Abgleich mit den Standardeinstellungen des Systems ermittelt; zum anderen werden anhand repräsentativer Dokumente des Benutzers die faktische Nutzung und zudem nicht genutzte, jedoch für den jeweiligen Benutzer sinnvolle Anpassungen bestimmt.

2. Befragung von Benutzern
Anhand eines Fragebogens zur Aufgabe und Qualifikation des Benutzers, zur Aneignung der Systemnutzung, der Nutzung und Einschätzung von Adaptionen werden Bedingungsfaktoren für die Nutzung bzw. Nichtnutzung von Adaptionsmöglichkeiten erfasst.

3. Bearbeiten einer Aufgabe
Um die in den Teilschritten 1 und 2 gewonnenen Daten abzusichern und die Variable "Aufgabe" als relevante Einflußgröße für die Nutzung von Adaptionen kontrollieren zu können, wurde bei den Untersuchungen mit Word eine Probeaufgabe gestellt. Drei Textteile in unformatierter Form mußten nach einer Vorlage in einen formatierten Gesamttext gebracht werden. Involviert waren sich wiederholende Arbeitsschritte von durchschnittlich ca. 15 Minuten, um über die Aufgabe die Möglichkeit von Adaptionen zu induzieren.

3.3 Ergebnisse[2]

3.3.1. Klassifikation von Adaptionen

Grundsätzlich lassen sich Anpassungsleistungen in zwei Hauptkategorien einteilen:

- Anlegen und Benutzen von Makros
- Bestimmung von Umgebungsparametern

Makros sind in der einfachsten Form eine Folge von Tastatureingaben, die unter einem Namen zusammengefaßt und über diesen aktivierbar sind. Sowohl PC-Word als auch Multiplan erlauben die Benutzung von Makros. Bei Mac-Word be-

---

[2] Eine erste Ergebnisdarstellung findet sich bei Karger 1990. An den Erhebungen waren neben den Autoren noch Wolfgang Altenburg, Cosima Kurp und Michael Paetau beteiligt.

steht in der Anwendung selbst nicht die Möglichkeit der Benutzung von Makros, jedoch kann durch den Einsatz anwendungsunabhängiger Werkzeuge wie Makro-Maker oder QuicKeys mit Makros gearbeitet werden.

Umgebungsparameter sind autonom setzbare Parameter, die die Randbedingungen für die Ausführung von Aktionen und Befehlen redefinieren. Beispiele dafür sind die Druckformate bei PC-Word oder Mac-Word, oder die Definition von Format und Druckoptionen bei Multiplan.

3.3.2. Nutzung von Adaptionen

Generell ist zu sagen, daß Anpassungsleistungen nicht sehr umfassend eingesetzt wurden, oft auch dort nicht, wo die Aufgabe die Benutzung von Adaptionen nach Effizienzkriterien nahegelegt hätte. Von den komplexeren Anpassungen sind v.a. eigene Druckformate weniger häufig auch Makros genutzt wobei sich DV-Experten finden, die keinen Gebrauch von diesen Adaptionen gemacht haben, wie auch Benutzer ohne DV-Ausbildung, die intensiv Anpassungen genutzt haben. Änderungen von Menüs oder Redefinitionen von Kommandokürzeln für Menü-Optionen kamen nur selten vor, umfaßten aber auch weitreichende Eingriffe wie das Erweitern bzw. Verkürzen von Menüs.

3.3.3. Einschätzung von Adaptionen

Nützlichkeit

Anpassungen werden nicht unbedingt nur nach rationalen Nützlichkeitsüberlegungen vorgenommen. Es finden sich auch Benutzer, die Anpassungsmöglichkeiten schon allein aus Interesse und Neugier ausprobiert haben. Allerdings werden solche Änderungen, die nicht durch Aufgaben- oder Personmerkmale begründet sind, häufiger wieder vergessen. Auch hatten Benutzer, die sehr viele Druckformate erstellt hatten, das Problem, daß sie sie nicht alle auseinander halten konnten, so daß sie immer erst noch einmal nachschauen mußten, welches Druckformat eigentlich was bewirkt bzw. um welches es sich handelt.

Einige der Adaptionen wurden durchweg als positiv bewertet, andere nur unter bestimmten Rahmenbedingungen. Die Bezugspunkte dieser Bedingungen sind zum einen die Aufgabe, das System, aber auch bestimmte organisatorische Aspekte, wie die Kooperationsfähigkeit solcher Anpassungen. Zum anderen scheint die Bewertung der Nützlichkeit von persönlichkeitsspezifischen Charakteristika abhängig zu sein. Einer der kriterialen Aspekte in der Bewertung der Nützlichkeit ist der mentale und operative Aufwand für das Entdecken und Realisieren der Adaption.

Aufwand

Es lassen sich drei Kategorien des operativen Aufwands unterscheiden:

- der Aufwand der Aufgabe
- der Aufwand der Systemnutzung ohne Anpassungen
- der Aufwand der Anpassungsausführung

Generell wird der Aufwand für die Anpassungsausführung als zu hoch eingeschätzt. Bei Multiplan erfolgt der größte Teil des Anfertigens von Tabellen manuell. Auch in der Textverarbeitung ziehen vor allem Gelegenheitsbenutzer manuelles Formatieren und das Benutzen der Standardeinstellungen dem Arbeiten mit Druckformaten vor.

Die Bewertung des Aufwandes ist aufgaben-, nutzen-, interessen- und kenntnisabhängig. Man muß von einem individuellen "trade-off" zwischen den präferierten Zielen und den potentiellen Nachteilen ausgehen, der die Nutzung der Adaptionen bestimmt.

Selbsterschließung

Die Transparenz der Anpassungsmöglichkeiten und -effekte wird größtenteils als ungenügend bewertet. Insbesondere die mangelnde Transparenz der Funktionalität bezüglich des "was" und "woran" adaptiert wird, führt zu erheblichen Schwierigkeiten. Die Selbsterschließung von Adaptionen hängt von ihrem Grad an Steuerbarkeit und Nachvollziehbarkeit ab.

3.3.4. Aneignung von Adaptionen

In Verbindung mit der Problematik der Selbsterschließung ist die Frage der Aneignung zu diskutieren. Der Wissenserwerb erfolgt primär über Probieren, auch bei einer Teilnahme an einem Schulungskurs, in dem Anpassungsmöglichkeiten kaum vermittelt werden. Nachgeordnet spielt das Handbuch und andere Personen als Einarbeitungsstütze oder Hilfe bei speziellen Schwierigkeiten eine Rolle. Neben dem Wissenserwerb am Anfang der Benutzung eines Systems zeigen sich jedoch Probleme in der Dynamik der Benutzung, insbesondere von Anpasssungsleistungen wie Makros oder Druckformate, hinsichtlich ihrer Modifikation oder Erweiterung. Entweder werden diese einmalig erstellt und damit potentiell ineffiziente Anpassungen weitergeführt oder im Laufe der Nutzung der jeweiligen Aufgabe entsprechend modifiziert bzw neu generiert, was im Extremfall zu einem Sich-Verselbständigen des Ausschöpfens von Anpassungspotentialen führen kann.

4. Diskussion

Die Interdependenz der Merkmale und die Mehrdimensionalität ihrer Wirkungen läßt sicherlich keine exakten Aussagen über die Faktoren zu, die eine Nutzung bzw. Nicht-Nutzung von Adaptionen bedingen. Die Schwierigkeit besteht insbesondere darin, daß zum einen eine Vielzahl interkorrelierender Variablen, wie die Aufgabe, das System, die Qualifikation oder die Persönlichkeit als unabhängige Variablen eine Nutzung bzw. Nicht-Nutzung von Adaptionen bedingen. Auf der anderen Seite ist die Nutzung von Adaptionen ihrerseits die unabhängige Variable für eine Reihe von abhängigen Variablen wie die Effizienz, die Handlungskontrolle oder Zufriedenheit des Benutzers, die ebenfalls zu berücksichtigen sind.

Eine Möglichkeit, diese Abhängigkeiten zu erfassen, sind experimentelle Untersuchungen unter kontrollierten Laborbedingungen aufgrund einer systematischen Variablenvariation und entsprechenden -reduktion. Die somit aufgrund des mangelnden Bezugs zu authentischen Arbeitskontexten beschränkte Aussagekraft von Untersuchungsergebnissen ist nur eines der Probleme, die dann zu bedenken sind. Auf dieses methodische Dilemma der Analyse komplexer Arbeitssysteme verweisen Dürholt et al. (1983). Der Vorteil von Arbeitsplatzbeobachtungen, liegt jedoch in der Möglichkeit des Einbezugs von realen Arbeitskontexten, wie es in dieser Untersuchung durch eine Analyse des realen Arbeitsmittels zum Teil vollzogen wurde. Gerade auf dem Gebiet der Individualisierung von Software, in dem auf wenig wissenschaftlich empirische Kenntnisse rekurriert werden kann, ist es zunächst notwendig, Wirkungszusammenhänge global zu betrachten, um potentielle Erkenntniszugänge nicht durch zu frühes Abschneiden realer Bedingungen zu verbauen. Dies kann dazu dienen, erste Anhaltspunkte zu gewinnen, und schließlich adäquate und spezifische Fragestellungen formulieren zu können, die eine experimentelle Analyse dann auch erst sinnvoll machen.

Die Nutzung der in den drei Systemen vorhandenen Anpassungspotentialen erfolgte in sehr unterschiedlichem Maße. Offensichtlich unabhängig von der **Qualifikation** finden sich auf dem Kontinuum des Nutzungsgrades sowohl DV-Experten, die keinen Gebrauch von Adaptionen gemacht haben, sowie Benutzer ohne DV-Ausbildung, die intensiv Anpassungen genutzt haben.

Was die **Aufgabe** betrifft, zeigte sich, daß Benutzer mit gleicher Aufgabe Anpassungen unterschiedlich nutzten. Außerdem läßt sich zeigen, daß in den meisten Fällen Adaptionen unter dem Blickwinkel der Arbeitseffizienz sinnvoll gewesen wären.

Die **Komplexität** der Anpassungen spiegelt sich nicht durchschlagend in dem Grad der Nutzung wider. Systeme, bei denen die Ausführungsleistung der Anpassungen eher als schwierig einzustufen ist, sind nicht signifikant weniger angepaßt worden. Faktoren wie die **Persönlichkeit** oder spezifische **Problemlöseprozesse** scheinen jedoch einen Einfluß auf die individualisierte Systemnutzung zu haben. Es zeigte sich, daß Benutzer eher dazu neigen, an gewohnten Verhaltensweisen festzuhalten, als sich neues Wissen anzueignen, das über die unmittelbare Aufgabenbearbeitung hinausgeht. Dies deckt sich mit Untersuchungen von Rosson (1984a) und Carroll/Rosson (1987), die zeigten, daß Benutzer nicht notwendigerweise aus eigenem Antrieb versuchten, Experten in der Benutzung ihres Systems zu werden. Aus diesem Grund schlagen die Autoren vor, den Benutzer in seinem explorativen Verhalten anzuleiten und zu unterstützen - eine für adaptierbare Systeme ebenfalls unabdingbare Voraussetzung.

Da von allen Benutzern der **mentale** und **operative Aufwand** für die Nutzung von Adaptionen als entscheidend angesehen wird, läßt dies ein situatives Abwägen von Vor- und Nachteilen der Nutzung von Anpassungen gegenüber der von Standardeinstellungen vermuten. Bezieht man auf der anderen Seite die positive Reaktion der Benutzer, denen in der Untersuchung Defizite und als sinnvoll antizipierte Anpassungen aufgezeigt und die Ausführung dieser Adaptionen exemplarisch vorgeführt wurden, mit ein, kommt man zu dem Schluß, daß die Erschließung von Adaptionen durch sorgfältiges Design erleichtert werden und somit auch die Anfangshürde gesenkt werden kann.

280

Individualisierbarkeit von Software per se ist somit noch keine Gewähr für eine optimale Systemnutzung im Sinne ökonomischer und/oder Human-Kriterien. Das **sozio-organisatorische** Umfeld wie die Zeit, sich in ein System einarbeiten zu können, das Aufgabengebiet, das einen Anreiz zum Eröffnen von Handlungsspielräumen gibt, sowie die jeweilige **Interessenlage** des Benutzers, der sein Arbeitsmittel nicht nur als Instrument, sondern als Teil seines zu gestaltenden Arbeitsfeldes sieht, spielen eine wesentliche Rolle. Auf der Seite des **Systems** ist der entscheidende Faktor, dem Benutzer den Aufwand für die Ausführung der Adaptionen im Verhältnis zur Benutzung der Standardversion und die damit verbundenen Arbeitserleichterungen jeweils als Basis für entsprechende Kosten-Nutzen-Berechnungen zu verdeutlichen. Dies kann durch explizites Anbieten einer Menüoption "Adaptionen", durch handlungsrelevante Hilfemeldungen bis hin zu einer adaptiven Unterstützung der Erschließung von Adaptierbarkeit erfolgen. Im letzteren Fall wäre eine systemseitige Initiative im Sinne eines Vorschlagens von Adaptionsmöglichkeiten bzw. Vormachens konkreter Adaptionen bei suboptimalem Arbeiten mit der Standardversion denkbar.

Literaturliste

Ackermann, David (1986): A pilot study on the effects of individualization in man-computer-interaction. Proceedings of the 2nd IFAC/IFIP/IFORS/IEA Conference on Analysis, Design and Evaluation of Man Machine Systems, Varese 1985. London 1986: Pergamon Press, pp. 293-297.

Carroll, John M./Mary Beth Rosson (1987): Paradox of the active user. In: John M. Carroll (Ed.): Interfacing thought. Cambridge, Massachusetts, London: The MIT Press, pp. 80-111.

Dürholt, E./Facaoaru, C./Frieling, E./Kannheiser, W./Wöcherl, H. (1983): Qualitative Arbeitsanalyse. Frankfurt/New York 1983: Campus.

Karger, Cornelia (1990): Empirische Untersuchung adaptierbarer Systeme. Arbeitspapier Nr. 442. St. Augustin: GMD.

Koller, Franz/Jürgen Ziegler (1989): Benutzerpräferenzen bei alternativen Eingabetechniken. In: Susanne Maas /Horst Oberquelle (Hrsg.): Software-Ergonomie '89, S. 304-312.

McDonald, James E./Tom Dayton/Deborah R. McDonald (1988): Adapting menu layout to tasks. In: International Journal of Man-Machine Studies, 28, pp. 417-435.

Oppermann, Reinhard (1989): Individualisierte Systemnutzung. In: M. Paul (Hrsg.): GI-19. Jahrestagung I, 1989. Berlin, Heidelberg: Springer, S.131-145.

Rathke, C. (1987): Adaptierbare Benutzerschnittstellen. In: Wolfgang Schönpflug/Marion Wittstock (Hrsg.): Software-Ergonomie '87. B.G. Teubner Verlag, Stuttgart, S.121-135.

Raum, Harald (1984): Aufgabenabhängige Gestaltung des Informationsangebots bei Bildschirmarbeit. In: Schweizerische Zeitschrift für Psychologie, 43, S. 25-33.

Rosson, Mary Beth (1984a): The role of experience in editing. In: Brian Shackel (Ed.): INTERACT '84: Proceedings of the First IFIP Conference on Human-Computer Interaction. Amsterdam 1984: North Holland, pp. 45-50.

Rosson, Mary Beth (1984b): Effects of experience on learning, using, and evaluating a text-editor. In: Human Factors, 26, pp.463-475.

Cornelia Karger und Dr. Reinhard Oppermann
GMD F3.MMK
Postfach 1240
5205 St. Augustin 1

Systemanpassung als Kooperationsproblem

Michael Paetau, Sankt Augustin

Zusammenfassung

Systemanpassungen, die von BenutzerInnen an ihre spezifischen Bedürfnisse vorgenommen werden können (Individualisierungen), werden gegenwärtig sowohl aus software-*technischer* als auch software-*ergonomischer* Sicht propagiert. In einer empirischen Untersuchung über die Relevanz anpaßbarer Software in neueren Gestaltungskonzeptionen der Büroarbeit, ihren Realisierungsmöglichkeiten und antizipierbaren Problemen zeigte sich, daß in der gegenwärtigen informatikinternen Debatte um »auto-adaptive« oder »adaptierbare« Realisierungsformen wichtige praxisrelevante Probleme unterbewertet werden. Das betrifft insbesondere die Berücksichtigung des organisatorisch-kooperativen Kontextes für die Ableitung und Realisierung von Systemanpassungen, das Verhältnis von Persönlichkeitsmerkmalen und Tätigkeitsmerkmalen bei der modellhaften Bestimmung von Anpassungsleistungen und das Verhältnis von individuellen und sozialen Aspekten bei der Nutzung von Modifikationswerkzeugen. Praktische Probleme, die die ganze Konzeption zu gefährden drohen (Trend zur Re-Standardisierung), zeigten sich insbesondere in bezug auf geeignete Unterstützungsformen, in Vertretungsfällen, bei vernetzter Software-Nutzung und in bezug auf existierende organisatorische Macht- und Einflußfaktoren. Als Konsequenz dieser Erkenntnisse werden einige in der betrieblichen Praxis gewachsenen Ansätze zur kooperativen Bewältigung ähnlich gelagerter Probleme aus dem fachlichen Zusammenhang aufgegriffen und das Konzept einer »kooperativen Modifizierbarkeit« entworfen.

1. Einleitung

Software-ergonomische Forschungs- und Entwicklungsarbeiten sind sehr eng mit der Zielvorstellung verbunden, technische Systeme an menschliche Eigenschaften (und Arbeitsanforderungen) *anzupassen*. Daß die Erreichung dieses allgemeinen Ziels nicht zwangsläufig ein *Kopieren* des menschlichen Vorbildes im technischen System bedeuten *muß*, sondern eher in einer die Besonderheiten beider Seiten berücksichtigenden Gestaltung des *Verhältnisses* zwischen Mensch und Maschine zu suchen ist, scheint sich in den letzten Jahren als Einsicht durchgesetzt zu haben. Nach wie vor ist aber umstritten, wie sich die erforderlichen Anpassungsleistungen auf Mensch und Computer verteilen sollen. Zwei grundsätzliche, sich gegenüberstehende Positionen lassen sich identifizieren: In der einen wird der Schwerpunkt mehr auf den Versuch gelegt, das System so intelligent wie möglich zu machen, den kognitiven Aufwand des Benutzers zu reduzieren und ihn weitgehend von eigenen Anpassungsleistungen zu entlasten, die andere legt den Schwerpunkt mehr auf die Nutzung des menschlichen Problemlösungspotentials, auf die Gestaltung eines flexiblen, auch innovative Handlungen unterstützenden »Werkzeugs« und der Öffnung von Systemleistungen für menschliches Eingreifen. Beide Ansätze tauchen in modifizierter Form in der gegenwärtigen Diskussion um eine angemessene technische Realisierung von »individualisierbarer« Software unter den Begriffen »Adaptivität« und »Adaptierbarkeit« wieder auf. Als entscheidendes Abgrenzungskriterium zwischen beiden Ansätzen gilt die Frage: von welcher Seite aus wird die *Initiative* für bestimmte Anpassungsleistungen ergriffen, vom Menschen oder von der Maschine.

In dem vom Projektträger »Arbeit & Technik« geförderten Vorhaben »Menschengerechte Gestaltung von manuell und automatisch anpaßbarer Software« [1] sind diese Fragen Gegenstand

---

[1] Das Vorhaben wird von einer aus Informatikern, Psychologen und Soziologen zusammengesetzten ForscherInnengruppe am GMD-Institut für Angewandte Informationstechnik (Forschungsgruppe Mensch-Maschine-Kommunikation) durchgeführt (Laufzeit: 1989 - 1991).

interdisziplinärer Forschungs- und Entwicklungsarbeiten. Insgesamt befaßt sich das Vorhaben mit inhaltlichen und methodischen Fragen der Adaptivitätskonzeption, mit der Entwicklung prototypischer Realisierungen und der sozialwissenschaftlichen Evaluation möglicher Auswirkungen auf die BenutzerInnen.

2. Systemanpassung als Mittel zum Zweck

Plausible Begründungen für eine »Individualisierung« von Anwendungssoftware sind sowohl aus *software-technischer* als auch aus *software-ergonomischer* Sicht vorgelegt worden.

Aus software-technischer Sicht dient Individualisierung hauptsächlich der Überbrückung der Distanz zwischen Systementwicklung und Anwendung. Bekanntlich ist es eines der grundlegenden Probleme bei der Entwicklung von Anwendungssoftware, die potentielle Einsatz- und Anwendungssituation des in Entwicklung begriffenen Produktes so weit zu antizipieren, daß die Ansprüche auf eine »aufgabenangemessene« und »benutzeradäquate« Unterstützung der Tätigkeit der angepeilten Zielgruppe erfüllt werden können. Dies gelingt um so eher, je dichter die Software-Entwicklung an den Anwendungsbereich gekoppelt ist, je enger die zu unterstützenden Arbeitstätigkeiten eingegrenzt werden können und je genauer die besonderen Arbeitsstile der betreffenden Personen bekannt sind. Allerdings läßt sich in den letzten Jahren ein Trend beobachten, der eher in die umgekehrte Richtung zielt: Durch die weite Verbreitung von PCs wächst der Anteil an Standardsoftware, während die innerhalb des Anwendungskontextes (z.B. von unternehmenseigenen DV-Abteilungen oder im Rahmen betriebsbezogener Aufträge von speziellen Software-Firmen) erstellten Lösungen zurückgehen. Das hat vor allem ökonomische Gründe, denn eine weitgehende Spezifizierung der Software auf *bestimmte* Aufgaben- und Benutzertypen kann zwar die Benutzbarkeit des Produkts verbessern, erhöht aber die Herstellungskosten.[2] Jede Software-Erstellung, die für einen anonymen Markt produziert, also nicht in einem besonderen Anwendungszusammenhang selbst produziert wird, steht somit vor dem grundlegenden Problem, Systeme zu produzieren, die einerseits so allgemein sind, daß sie von möglichst vielen Personen einer bestimmten Anwendungsklasse verwendet werden können, andererseits aber für sehr spezielle Erfordernisse und Bedürfnisse von Benutzern einsetzbar sind, die dem Software-Entwickler noch gar nicht bekannt sind und die er dementsprechend nicht oder nur unzulänglich modellieren kann.[3] Von individualisierbarer Software, also eine vom Benutzer vor Ort selbst vorzunehmende Anpassung, wird erwartet, dieses grundlegende Problem jeder Software-Entwicklung auffangen zu können.

Der zweite Begründungsstrang für die Individualisierung von Anwendungssoftware ist im Kontext arbeitswissenschaftlicher Untersuchungen entstanden. Insbesondere aus arbeitspsychologischen Erkenntnissen über die persönlichkeitsförderliche Wirkung von Freiheitsgraden im Arbeitshandeln (vgl. Hacker 1978) und der grundsätzlichen Fragwürdigkeit, Arbeitssysteme zu entwickeln, die einem »One-Best-Way« aller denkbaren Arbeitsformen folgen (vgl. Ulich 1978), wurde die Forderung erhoben, informationstechnische Systeme sollten nicht nur eine bestimmte

---

[2] Für eine große Zahl von Klein- und Mittelbetrieben bis hin zu Privatpersonen gibt es ohnehin keine Alternative zu Standardsoftware-Produkten.

[3] Dieses Problem ist kein spezifisch *software*-technisches, sondern ein sehr allgemeines Problem jeglicher Arbeitsgestaltung. Aber gerade computergestützte Arbeitsmittel scheinen wegen ihrer Universalität und Flexibilität eine gute Voraussetzung zu bieten, die Forderung nach »differentiell-dynamischer Arbeitsgestaltung« auch technisch einzulösen, also nicht lediglich als organisatorische Kompensationsform für technisch bedingte Starrheiten.

(vom Systementwickler konzeptuell antizipierte) Art der Nutzung und Verarbeitung der Informationen vorschreiben, sondern dem Benutzer zumindest Freiheitsgrade bei der Bewältigung vorgegebener Aufgaben belassen und ihm einen individuellen Arbeitsstil ermöglichen. Darüber hinaus sollten sie dem Benutzer die Möglichkeit gewähren, individuelle Strategien zur Problembewältigung auf einer höheren Ebene zu entwickeln, also Freiheitsräume überhaupt zu entdecken, Handlungsspielräume zu schaffen, traditionelle Formen der Aufgabenbewältigung verändernd zu beeinflussen, sie in einer dynamischen Weise neuen Situationen (z.B. Umweltbedingungen) anzupassen.[4] Somit ist die Nützlichkeit informationstechnischer Systeme nicht nur zu messen am Grad einer möglichst effizienten Erfüllung vorgegebener Aufgaben (Hacker), sondern auch an der Möglichkeit, in die Strukturen des Aufgabenerfüllungsprozesses selbst einzugreifen (vgl. hierzu: Fricke 1975, Mickler/Dittrich/Neumann 1976, Projektgruppe Automation und Qualifikation 1978). In Anlehnung an Fricke (1975) können wir in diesem Zusammenhang von *»innovativem Handeln«* sprechen.

3. Kooperative Probleme bei der Nutzung individualisierbarer Software

Das Spektrum der gegenwärtig diskutierten Individualisierungsansätze reicht von der Endbenutzerprogrammierung (vgl. Döbele-Berger u.a. 1988) über verschiedene Formen der (manuellen) Adaptierbarkeit (vgl. Karger 1990, Simm 1991) bis hin zur Auto-Adaptivität (vgl. Oppermann 1989). In unserer Untersuchung[5] ging es uns darum, zunächst ganz generell den Stellenwert anpaßbarer Software in neueren Gestaltungskonzeptionen der Büroarbeit festzustellen, ihre Realisierungsmöglichkeiten abzuschätzen und mögliche Probleme zu identifizieren und sie in die konzeptionellen und technischen Entwicklungsarbeiten zurückfließen zu lassen. Für die empirischen Untersuchungen wurden ausschließlich qualitative Methoden (Gesprächsanalysen) eingesetzt. Um die Benutzerseite in die Untersuchung einzubeziehen, wurden Expertengespräche mit den für diese Branchen zuständigen Gewerkschaften geführt, sowie mit einer beide Branchen betreuenden Technologieberatungsstelle des DGB. Insgesamt wurden 20 Expertengespräche durchgeführt, davon 8 in Versicherungsunternehmen, 6 in Industrieunternehmen, 3 in Beratungsorganisationen und 3 in Gewerkschaften. Die Themenkomplexe der Befragungen erstreckten sich auf:
- Fragen zu den gegenwärtigen Tendenzen in der Organisations- und Arbeitsgestaltung der betreffenden Branche, vor allem zu Konzepten und Realisierungsformen »ganzheitlicher Büroarbeit« in fachlich-inhaltlicher Hinsicht (z.B. Integration bisher getrennter Einkaufsbereiche in der Industrieverwaltung) in funktional-rollenspezifischer Hinsicht (z.B. Reintegration von bisher zwischen Experten und Assistenzkraft getrennten Tätigkeiten) und in formal-prozessualer Hinsicht (z.B. die Integration unterschiedlicher Informationsverarbeitungsaktivitäten);
- Fragen zur Benutzbarkeit und zur betrieblichen Praxis bei der Bewältigung solcher Probleme, z.B. zur Rolle der Beratungsdienste, Bedeutung der individuellen Datenverarbeitung etc.;
- Fragen zur Qualifikationsentwicklung und zur Mensch-Maschine-Funktionsteilung;
- Fragen zu den zukünftigen Einsatzmöglichkeiten von »adaptiven und kooperativen Systemen« wie z.B. Personenkreis und ggf. Konzeptrevisionen bei Verfügbarkeit derartiger Systeme etc..

---

[4] Riehl/Schäfer/van Treek (1989) gehen einen Schritt weiter und sprechen von »Selbstgestaltung« der Arbeit, was auch die Möglichkeit zur Gestaltung von Aufgabenstrukturen einschließt.

[5] Die Untersuchung, über die hier berichtet wird, ist Teil einer sich über drei (zum Teil parallel verlaufende) Phasen erstreckenden sozialwissenschaftlichen Analysekonzeption. Zur detaillierten Darstellung dieses »Drei-Phasen-Ansatzes« vgl. Paetau 1990.

Unsere Vermutung, daß der in den letzten Jahren zu beobachtende Trend zu einer ganzheitlichen Büroarbeit auch mit höheren Freiheitsgraden für System-Individualisierungen verbunden ist, erwies sich als trügerisch. Als allgemeine software-ergonomische Anforderung wurde das Kriterium der Flexibilität und der Individualisierbarkeit von Software zwar nahezu von allen Befragten anerkannt, gleichzeitig wurden aber eine Reihe von organisatorischen Bedenken geäußert. Versucht man diese Bedenken zu verallgemeinern, ist zwischen den beiden untersuchten Branchen (Versicherungswirtschaft und Industrieverwaltung) zu differenzieren.

Im *Versicherungsgewerbe* ist generell eine etwas positivere Haltung zu individualisierter Software festzustellen. Allerdings vor dem Hintergrund, einer starken Differenzierung zwischen der Sachbearbeitertätigkeit einerseits und der Tätigkeit von Experten in zentralen Stabsbereichen, wie z.B. Revision, Mathematik, Betriebsorganisation, Recht, Steuern etc.. Die Sachbearbeitungstätigkeit wird durchgängig als sehr standardisiert und kaum offen für individuelle Anpassungen der Systeme bezeichnet.[6] Demgegenüber haben die Experten deutlich mehr Handlungsspielraum. In diesen Bereichen wird auch individuelle Datenverarbeitung genutzt. Hierbei handelt es sich oft um Personen, die aufgrund ihrer Vorbildung (z.B. Mathematik) zum Teil recht weitreichende Kenntnisse über Informationstechnik besitzen. Insofern ist hier das von den Mitarbeitern selbst durchgeführte individuelle Anpassen von Software bis hin zum Schreiben kleiner Programme keine Seltenheit. Dennoch werden auch hier Grenzen gesehen, die zum Teil umschlagen in Restandardisierungstendenzen.

In der *Industrieverwaltung* ist die Trennung zwischen Experten und Sachbearbeitung nicht so stark ausgeprägt. Der Handlungsspielraum der Sachbearbeiter ist deutlich größer als im Versicherungswesen. Individuelle DV wird nicht nur von Knowledge-Workern verwendet, sondern z.T. auch von Sachbearbeitern. Der größere Handlungsspielraum schlägt sich konzeptionell allerdings nicht in größeren Freiräumen zur Individualisierung von Systemen nieder. Im Gegenteil, die vorhandene Möglichkeit, individuelle Systeme zu verwenden und diese auch noch nach eigenen Bedürfnissen zu modifizieren, wird als eine gefährliche Tendenz (sogenannter »Wildwuchs«) betrachtet, der von organisatorischer Seite explizit ein Riegel vorgeschoben werden muß.

Insgesamt lassen sich die in beiden Branchen geäußerten Vorbehalte in folgenden Punkten zusammenfassen:

- *Unterstützungsprobleme:* Dadurch, daß im Zuge einer weit verbreiteten Individualisierung nahezu jeder Mitarbeiter ein eigenes, individuelles System hat, ist eine Unterstützung durch die Zenrale DV-Abteilung kaum noch möglich. Das Gleiche gilt für Hilfe, die - vor allen in regional dezentralen Organisationsgliederungen - von bestimmten Kollegen geleistet wird. Selbst Standardsoftware wäre nicht mehr einheitlich, so daß gerade die Unterstützung nach dem Motto »Ein Kollege hilft dem anderen« nicht mehr möglich wäre.

> »Wir sind nur für Individualisierung, wenn eine Unterstützung durch den Beratungsdienst gewährleistet ist. Eine zu weitgehende Individualisierung kann oft nicht mehr vom Beratungsdienst unterstützt werden und treibt die Kosten hoch. Das ist gegenwärtig häufig der Fall. Vor allem im Bereich der IDV gibt es sehr viele unterschiedliche Lösungen. Das ist ein Problem, weil das alles nicht mehr vernünftig gewartet werden kann. Deshalb gibt es gegenwärtig einen Trend zu einer höheren Standardisierung.« (Protokoll 5)

---

[6] In den Gesprächen wurde teilweise in Anlehnung an die Industriearbeit von »Fließbandarbeit« oder »Fabrikarbeit« gesprochen. Dies betrifft in erster Linie die Bestandsverwaltung, also die Verwaltung der Versicherungsverträge, angefangen von der Policierung, über Vertragsänderungen (z.B. Risikoveränderungen, Summenveränderungen, Neuberechnungen von Prämien etc.) bis hin zu Stornierungen. Hier gibt es kaum Freiheitsgrade im Ausführungshandeln der Sachbearbeiter. Die einzelnen Arbeitsschritte sind weitgehend formalisiert und dementsprechend auch automatisiert, so daß das Arbeitshandeln weitgehend an die software-technischen Formalismen gekoppelt ist.

- *Vertretungsprobleme:* Im Krankheits- oder sonstigen Abwesenheitsfall ist eine Vertretung durch einen anderen Mitarbeiter um so schwieriger, je mehr die Arbeitsumgebung des zu Vertretenden individuell gestaltet ist. Dieses Problem bezieht sich weniger auf die Systemoberfläche als eher auf die individuell gestaltete Struktur der Dateiverwaltung, den individuell geregelten Zugriffsformen auf bestimmte Dateien, etc..

> »Wenn da jeder sein eigenes kleines System aufmacht, dann gibt das natürlich schon enorme Probleme. Was die Oberfläche betrifft, kann man das ja noch am ehesten hinkriegen, über individuelle Profiles oder so. Aber auch inhaltlich gibt es Schwierigkeiten. Denken sie nur mal an die Ablage. Da kranken wir ja heute noch dran, daß wir nicht in der Lage sind, eine größere Gruppe auf irgendeine bestimmte Ablagestruktur einzuordnen.« (Protokoll 17, S. 12).

- *Machtprobleme, Transparenz:* Je nach Position meines Gesprächspartners wird eine steigende Intransparenz über die Leistungserstellungsprozesse im Unternehmen oder der Verlust des Überblicks der zentralen DV-Abteilung befürchtet.

> »Wir haben ja in der Vergangenheit, dadurch, daß wir Sachbearbeitung in maschinelle Prozesse gegossen haben, sehr viel über die Sachbearbeitung gelernt. Wir haben auch gemeinsam mit den Fachabteilungen vieles erst definiert, was vorher gar nicht so klar war. Wir haben viel Einheitlichkeit hergestellt. Demgegenüber hatte früher jeder Sachbearbeiter so irgendwie irgendwas gemacht. Für den gleichen Sachverhalt gab es oft recht unterschiedliche Reaktionen zum Kunden hin und relativ unterschiedliche Entscheidungen. Der Vorteil der ganzen Mechanisierung war nicht nur, daß wir Arbeitskräfte eingespart haben - das natürlich auch -, sondern auch, daß wir klare Regeln für die Bearbeitung geschaffen haben, daß wir Transparenz geschaffen haben. Und das Problem mit solch einem Assistenz-Computer sehe ich nun darin, daß - weil die Maschine ja sehr individuell reagiert - diese Transparenz wieder verloren geht. Und daran wäre ich nicht interessiert. Wir sind eigentlich mehr daran interessiert, die Abläufe transparenter zu machen, klare Regeln zu haben, einheitliche Reaktionen bei gleichen Sachverhalten. Insofern sehe ich solch eine Maschine im Bereich der Sachbearbeitung ziemlich kritisch.« (Protokoll 2, S. 16).

- *Vernetzungsprobleme:* Wegen der Vernetzung mit anderen Arbeitsplätzen werden Probleme gesehen, die in der Weiterverarbeitung von Dokumenten bestehen, deren Erstellung individualisierte Elemente enthalten.

> »Wir forcieren das (..) nicht besonders, weil dadurch hinterher eine Reihe von Inseln entstehen. Wenn da mal einer den Arbeitsplatz verläßt und ein anderer muß das übernehmen, kann der damit nichts anfangen. (...) Ich sehe da zwei sich widersprechende Konzepte: Das eine geht mehr vom Individuum aus. Was braucht er, um sich wohlzufühlen? Das andere Konzept geht davon aus, die Betriebsmittel möglichst sparsam und effizient einzusetzen. Zwischen diesen beiden Konzepten wird man irgendwie einen Mittelweg finden müssen. Wahrscheinlich wird die Grenze da zu suchen sein, wo die rein individuelle Arbeit verlassen wird (...) und wo andere Mitarbeiter betroffen sind. Da müssen dann Regeln vorgeschrieben werden. Hier wird dann nicht nur das Werkzeug sondern auch die Art und Weise, in der gearbeitet wird, vorgeschrieben.« (Protokoll 18, S. 10f.)

Eindeutig dominant war die Frage der Benutzerbetreuung. Selbst bei einer weitgehenden Übertragung der Benutzerunterstützung auf das technische System selbst, glaubten nur sehr wenige der Befragten an eine Überwindung dieses Problems.

> »Der Mensch braucht Wärme, und so ein Bildschirm ist nicht besonders warm. Ich bin nicht sicher, ob die Help-Funktionen den großen Durchbruch bringen werden. Jeder ist froh, wenn er mal eine Stimme höhrt, die ihn auch mal beruhigt: komm, kein Problem, wir machen das schon etc. anstatt immer den kalten "More Questions, dann drücke nächste Seite" zu lesen. Aber natürlich ist das eine Frage der Güte des Help-Systems. Ich kann mir jedenfalls nicht vorstellen, die persönliche Betreuung völlig zu ersetzen.« (Protokoll 12, S. 11).

Zusammenfassend kann man festhalten, daß als generelles Konzept die Möglichkeit zur stärkeren Modifizierbarkeit der Informationstechnik in den Fachabteilungen bis hin zum Arbeitsplatz im Prinzip positiv bewertet wird (das gilt auch für die befragten Gewerkschaftsvertreter), aber aus den bislang gemachten Erfahrungen die Realisierungschancen eher skeptisch beurteilt werden.

> »Ich denke der Benutzer-Service hat eine sehr wichtige Funktion. Das kann ja auch verteilt angesiedelt sein. Wenn Benutzer anfangen, alles allein zu machen, dann entsteht ein heilloses Chaos. Auch unter datenschutzrechtlichen Aspekten, wenn es um personenbezogene Daten geht, muß es Leute geben, die schon ein bißchen aufpassen auf das, was da eigentlich passiert, und die den Benutzern fachlich zur Seite stehen. Aber die sollten vor Ort zur Verfügung stehen, nicht nur in der Zentrale. Wahrscheinlich werden sich bestimmte Mischformen herausbilden. Einerseits entwickelt sich die Technik so, daß sie auch für Gelegenheitsbenutzer besser handhabbar wird und daß da einige Leute vor Ort sind, die ein bißchen tiefer in die technischen Probleme eindringen können. Daß die Systeme mal so sein werden, daß sie mal alles selber machen können, das halte ich für eine Illusion.« (Protokoll 20, S. 7)

Daraus ergeben sich recht unterschiedliche Lösungskonzeptionen. Zum Teil wird der Individualisierungsansatz als nicht praktikabel verworfen. In anderen Fällen werden betriebliche Formen zur Nutzung des in den Organisationen vorhandenen Qualifikationspotentials für eine kooperative Lösung gesucht. Die organisatorischen Strukturen, vor allem das Verhältnis von zentralen zu dezentralen Organisationseinheiten spielte bei der Frage, wie die verschiedenen Unternehmen auf den genannten Widerspruch reagierten, eine große Rolle. Hier zeigen sich zwischen den beiden untersuchten Branchen charakteristische Unterschiede. So sind Versicherungsgesellschaften in bezug auf die Verwaltung der Vertragsdaten stark zentralisiert, in bezug auf die Betreuung der Kunden jedoch stark dezentralisiert. Aus der Schwierigkeit, für die denzentralen Bereiche einen zufriedenstellenden Benutzerservice zur Verfügung zu stellen,[7] wurden zum Teil kooperative Formen der Benutzerunterstützung entwickelt. Dabei wird ein bestimmtes Potential von Fachkräften mit einer gewissen technischen Affinität und entsprechender Qualifikation (sogenannte »Computer-Freaks«) genutzt. Solche zusätzlichen Qualifikationen, die nicht selten durch die Verfügbarkeit eines Home-Computers als Hobby-Gerät mitgebracht werden, werden von den Unternehmen durch Fortbildungsmaßnahmen gezielt gefördert.[8] Die betreffenden Personen fungieren dann als Ansprechparter für Kollegen in den Fachabteilungen oder -gruppen (sogenannte »Koordinatoren«), die je nach persönlichem Wissenstand Beratungen, »Erste Hilfe« oder auch modifizierende Eingriffe in die Systeme vornehmen.[9]

4. Die Reichweite von Systemmodifikationen im Spannungsverhältnis zwischen »Anpassung« und »Innovation«

Die Untersuchungsergebnisse über die in den Gestaltungskonzepten enthaltenen Individualisierungspotentiale haben in zweierlei Hinsicht eine Bedeutung für die weiteren technischen Entwicklungsarbeiten: zum einen hinsichtlich der Frage nach dem Inhalt und der Reichweite der Anpassungsleistungen und zum anderen hinsichtlich der Frage nach dem Subjekt des Anpassungsprozesses.

---

[7] Für diese Mitarbeiter steht ein telefonischer Beratungsdienst rund um die Uhr zur Verfügung.

[8] »Ich würde gerne die persönliche Betreuung beschränken auf grundsätzliche Dinge, die generalisierbar sind. Für einzelne Probleme würde ich gerne das Freak-Potential nutzen. Denn die befassen sich ja soundso mit den Systemen. Warum soll dieses Potential denn unkanalisiert verpuffen. Das kann man für das Unternehmen nutzbar machen.« (Protokoll 14).

[9] »Neben den zentralen Support-Strukturen (...) gibt es noch dezentrale Koordinatoren. (...) Und in der Regel geht jemand, der ein Problem hat, zuerst zu seinem Kollegen und erst dann, wenn der nicht weiter weiß, zu uns« (Protokoll 4).

Die Reichweite von Anpassungsleistungen kann sich prinzipiell auf eine oder mehrere der *vier Abstraktionsebenen der Mensch-Maschine-Beziehung* (vgl. VDI 5005) beziehen:
- auf die *Aufgabenebene* (z.B. beliebiges Zusammensetzen von unterschiedlichen Dokumentformen, wie Grafik, Text, Tabellen etc.),
- auf die *funktionale Ebene* (z.B. Verfügbarkeit von Serienbrieffunktionen, Fußnotenfunktionen, geometrische Grafikfunktionen etc.),
- auf die *operative Ebene* (z.B. Modifikation des Zugriffs auf die Funktionen über Menüoptionen oder Kommandokürzel) und
- auf die *Ein- und Ausgabenebene* (z.B. Modifikation von Darstellungsformen, Tastenbelegungen etc.).

Aus dem Blickwinkel einer menschengerechten Softwaregestaltung ist die Anzahl der Ebenen, auf die sich die Anpassungsleistungen erstrecken, von erheblicher Bedeutung. Anpassungsleistungen auf den unteren drei Ebenen ermöglichen es den BenutzerInnen, Systemoperationen und Eingabeaktionen nach persönlichen Handlungsstilen, Vorlieben und Gewohnheiten einzustellen, die Systemfunktionen den vorgegebenen Aufgaben anzupassen und die Übersichtlichkeit der auf der Bildschirmoberfläche in Erscheinung tretenden Informationen zu beeinflussen. Über Eingriffsmöglichkeiten auf der *Aufgabenebene* könnten BenutzerInnen über Veränderungen ihres Arbeitsmittels einen modifizierenden Einfluß auf die Tätigkeitsstrukuren selbst ausüben.[10] Die Technik könnte es erleichtern, gegebene (oft verkrustete) Strukturen aufzubrechen, Eigeninitiative hinsichtlich der Arbeitsgestaltung zu entwickeln anstatt bloß gegebene Handlungsmuster effizient nachzuvollziehen. BenutzerInnen könnten innovative Handlungsstrategien entwickeln, mit denen sie Einfluß nehmen auf ihre individuellen Handlungsspielräume und damit auf die »soziale Qualität« ihrer Arbeit (Paetau 1990).

Derart weitreichende, die Aufgabenebene selbst modifizierende Anpassungsleistungen gehen allerdings über das hinaus, was der Begriff »Anpassung« auszudrücken vermag[11] und sind bislang nur über Eingriffe mittels Programmierung möglich gewesen. Da jedoch Programmierung für EndbenutzerInnen nur in Ausnahmefällen zu geeigneten Lösungen geführt hat, ist die Reichweite der bisherigen Adaptierbarkeits- und Adaptivitätskonzepte in der Regel auf die unteren Ebenen der Mensch-Maschine-Beziehung beschränkt worden. In dem Spannungsverhältnis zwischen einer zwar weit in die Systemfunktionalität hineinreichenden, aber vom einzelnen Endbenutzer nicht mehr zu bewältigenden »Modifizierbarkeit« und einer vom Benutzer zwar durchzuführenden, aber weniger weitreichenden »Anpassung«, wurde der zweite Weg beschritten.

Wie unsere Untersuchung allerdings zeigt, stellt dieser Weg nur eine *scheinbare Lösung* dar. Sie mag technisch machbar und individuell-kognitiv beherrschbar sein, ob sie jedoch eine praktische Relevanz im betrieblichen Arbeitsalltag zu entfalten vermag, muß bezweifelt werden. Selbst Anpassungsmaßnahmen verminderter Reichweite (ob adaptierbar oder auto-adaptiv) stoßen

---

[10] Ein Beispiel wäre die Ausdehnung des individuellen Tätigkeitsfeldes auf bisher als Expertentätigkeit geltende Bereiche innerhalb einer Gruppe. Ein Versicherungssachbearbeiter, der bislang komplizierte Rückversicherungsfragen (z.B. bei Industrieversicherungen) immer an einen hierin als Experten ausgewiesenen Kollegen in seiner Arbeitsgruppe weitergegeben hat, könnte sich - vermittels einer Anpassung der Anwendungsmöglichkeiten und der Systemfunktionen *seines* Arbeistmittels und anfängliche Unterstützung durch seinen Experten-Kollegen - selbst einmal auf dieses Feld vorwagen.

[11] Ich möchte deshalb im folgenden lieber von »Modifikation« anstatt von »Anpassung« reden. Mit ähnlichen Inentionen sprechen Fischer u. Girgensohn (1990) von »End-User-Modifiability«, wenngleich ihr Begriff sich nicht so weit in den Anwendungsbereich erstreckt, wie hier.

nach dem Urteil der befragten Experten sehr schnell auf Grenzen, die zu organisatorisch erforderlichen Gegenmaßnahmen zwingen, die ganz generell Individualisierungen zurückschrauben und sogar zu expliziten Strategien der Re-Standardisierung führen können. Diese Erkenntnisse erfordern ganz offensichtlich eine Neubewertung der bislang für gängige Anpassungskonzepte vorgebrachten Argumente.

5. Systemmodifikation als kooperative Handlung

Zwei konzeptionelle Schlußfolgerungen lassen sich aus den bisherigen Ausführungen ziehen. Erstens: *Individualistische* Konzepte, die allein den Enbenutzer im Auge haben, sind illusionär. Eine Lösung der »Kommunikationsbarriere zwischen Mensch und Maschine« durch immer weitergehende Verlagerungen von Kommunikationselementen auf die Maschine ließe sich letztlich nur dann *praktisch* realisieren, wenn alle relevanten Informationen, die ein Mensch für die Benutzung seines Arbeitsmittels benötigt, ihm von der Maschine zur Verfügung gestellt werden, mit anderen Worten unter der Voraussetzung einer vollständigen Individualisierung der Systemunterstützung.[12] Solange noch ein Rest von gegenseitiger Durchdringung von zwischenmenschlichen und maschinellen Handlungen erforderlich ist, führen Indivdualisierungsleistungen zu einer *sozialen* Intransparenz des Systems, die zu gravierenden Problemen in den betrieblichen Aufgabenbewältigungsprozessen führen kann. Wenn also eine menschliche Unterstützung bei der Nutzung von it-gestützen Systemen ohnehin erforderlich bleibt, gibt es keinen Grund mehr, die Anpassungs- oder Modifikationsleistungen nicht in ein bewußtes sozial-kooperatives Konzept einzubauen.[13] Ein derartiges sozio-technisches Gesamtkonzept muß einerseits bestimmte Anforderungen an das soziale Umfeld, andererseits darauf zugeschnittene technische Anforderungen umfassen.[14]

Zweitens: Überwindung von individualistischen Konzeptionen bedeutet auch Überwindung von *kognitivistischen* Verkürzungen in der modellhaften Ableitung von Anpassungs- bzw. Modifizierungsleistungen, wie es bei den meisten adaptiven Systemen der Fall ist. Sie bedürfen der Ergänzung um Umweltfaktoren, wie den Tätigkeitsbereich und den organisatorischen Strukturen, in dem die kognitiven Leistungen zu erbringen sind. Konzepte, die sich ausschließlich an dem singulären Verhältnis zwischen Computer und persönlichen Merkmalen des Benutzers orientieren, wie z.B. persönlichen Lernstilen, Denk- und Arbeitsstilen etc. oder Stufen des Kenntnisgrades eines Benutzers über sein System, können dem Vorwurf einer *kognitivistischen Verkürzung* nur schwer entrinnen. Eine Ausweitung der Reichweite von Modifizierungsleistungen auf Aspekte des Tätigkeitszusammenhangs (Aufgabenebene) ist nicht nur notwendig sondern auch - unter der Voraussetzung der oben genannten ersten Schlußfolgerung - möglich.

---

[12] Ich kenne niemanden, der einer derart radikalen technozentrierten Konzeption das Wort reden würde; und zwar allein aus *technischen* Gründen, von den *sozialen* Aspekten ganz zu schweigen.

[13] Hier zeigt sich m.E. ein Grundproblem der gesamten MMK-Debatte der letzten zehn Jahre. Da meistens die singuläre Mensch-Maschine-Beziehung betrachtet wurde, sind auch zum größten Teil solche Lösungsansätze vorgeschlagen worden, die einer individualistisch verkürzten Sichtweise folgen. Das heißt im Klartext: Trotz aller gegenteiligen Beteuerungen sind letztendlich doch *technozentrierte* Ansätze verfolgt worden.

[14] Der Technik kommt hierbei die Aufgabe zu, den sozial-kooperativen Prozeß einer Systemmodifikation vor Ort durch Bereitsstellung entsprechender technischer Potenzen zu unterstützen. In erster Linie muß es dabei um das Wieder-Herstellen von Transparenz gehen, um die genannten organisatorischen Probleme aufzufangen (Paetau 1990b).

In den drei zentralen Untersuchungsdimensionen, die der vorliegenden Analyse zugrundeliegen (Handlungsspielräume, Handlungskontrolle, Handlungskompetenz, vgl. Paetau 1990) ist zwar das einzelne Individuum der Bezugspunkt, aber es darf natürlich nicht über die starke *soziale Vermittlung* hinweggesehen werden, in der die Probleme der MMK praktisch verlaufen und diese Dimensionen beeinflussen. Wenn man den Systemcharakter moderner Arbeitszusammenhänge betrachtet, wird deutlich, daß eine vollständige individuelle Handlungskontrolle zunächst einmal nur auf bestimmte Elemente des (sozio-technischen) Systems gerichtet sein kann, nämlich diejenigen Element, die für das betreffende Individuum den *unmittelbaren* Arbeitszusammenhang bilden. Dennoch ist eine über diesen unmittelbaren Zusammenhang hinausgehende Handlungskontrolle für alle beteiligten Individuen wichtig, da sie sonst den Blick für das Ganze, in dem sich ihre eigenen Teilhandlungen bewegen, verlieren und zu »innovativem Handeln« nicht mehr in der Lage wären. Diese sich auf »das Ganze« beziehende Handlungskontrolle kann natürlich niemals einen solchen Detaillierungsgrad erreichen, wie diejenige, die auf den individuellen Arbeitsplatz bezogen ist. Sie muß es auch nicht sein, da die Eingriffsnotwendigkeiten sich für das Individuum auf einer allgemeineren Ebene zeigen, in der es vor allem um die *kommunikative Vermittlung* von Sachverhalten in einem Arbeitskontext geht, der sich als Kooperationszusammenhang darstellt. Es stellt sich somit die Frage, welche sozio-technischen Formen lassen sich entwickeln, in der das Individuum, den in seiner unmittelbaren Arbeitssituation zunächst aufgelösten Gesamtzusammenhang wieder zurückgewinnt?

Das gleiche Problem stellt sich für die Dimension der Handlungskompetenz. Hier sind hinsichtlich der *fachlichen* Problembewältigungsprozesse in verschiedenen Organisationen Lösungsansätze entwickelt worden, die sich für die uns interessierende Problematik der Mensch-Maschine-Kommunikation nutzbar machen lassen. Aus der Einsicht, daß nicht jeder alles wissen kann, wird versucht, über eine *kommunikative Vermittlung* des individuell differenzierenden Qualifikationspotentials die Gesamtaufgabenerfüllung einer Organisationseinheit sicherzustellen.[15] Dieses kooperative Potential, das in den Organisationen vorhanden ist, läßt sich - mit etwas abweichender Zielsetzung - auch für die Modifizierbarkeit von Anwendungssystemen nutzbar machen. Der Vorteil einer solchen Lösung würde darin bestehen, daß die befürchteten Folgekonsequenzen (Vertretungsproblematik, Wartungsproblematik etc.) im Vorfeld der technischen Anpassungsleistungen kommunikativ gelöst werden könnten, durch Reflexion der eigenen individuellen Anpassungswünsche mit den sich aus dem Gesamtzusammenhang ergebenenden Wechselwirkungen. Die Handlungskompetenzen sind individuell unterschiedlich, können aber in einer Gruppe einen Synergieeffekt entfalten, der zu einem Ausgleich von individuellen Anpassungswünschen und Gruppenerfordernissen führt. Anpassung wird dann nicht zu einer Angelegenheit jedes einzelnen Benutzers mit seinem individuellen System, sondern zu einer Angelegenheit der Gruppe. Ähnlich, wie die Lösung der Qualifikationsfrage bei außergewöhnlichen Fachproblemen zu einer Angelegenheit der Gruppe wird. Einige Unternehmen - das zeigen unsere Konzeptanalysen - haben diesen Ansatz, wenn auch noch nicht sehr systematisch, bereits als möglichen Lösungsweg in ihre konzeptionellen Überlegungen eingeschlossen.

Zusammenfassend läßt sich als Konsequenz der hier dargestellten Untersuchung folgende Lösungsmöglichkeit der Probleme mit individualisierbarer Software skizzieren: Erstens die

---

[15] Das Wissen der Mitarbeiter umfaßt ja immer ein bestimmtes Verhältnis von *allgemeinen* Kenntnissen, über die (mehr oder weniger) *jeder* in gleicher Weise verfügt (ca. 80-90% aller Vorfälle) und - darauf aufsetzend - partikulares Spezialwissen, das inter-individuell unterschiedlich verteilt ist, das aber durch die prinzipielle Verfügbarkeit innerhalb der Gruppe die restlichen 10-20% des für die Gesamtaufgabenlösung erforderlichen Wissens bereitstellt.

stärkere Vermittlung von individuellen und sozialen Aspekten in der Frage der Modifizierbarkeit und Individualisierbarkeit von Arbeitsmitteln und zweitens die stärkere Hervorhebung der »innovativen« Komponente im Arbeitshandeln, woraus sich eine Ausweitung von der persönlichkeitsbezogenen Anpassungsdiskussion zu einer *aufgabenbezogenen* Modifizierbarkeit ergibt. Theoretisch ist damit der Übergang von einer kognitiv-individuellen zu einer sozial vermittelten Herangehensweise verbunden, die ich »kooperative Modifizierbarkeit« nennen möchte.

6. Literatur

Döbele-Berger, C.; Schwellach, G.; van Treek, W.; Zimmer, G. (1988): Softwarenutzung am Arbeitsplatz und berufliche Weiterbildung. Eine explorative Studie. Arbeitspapier der Forschungsgruppe Verwaltungsautomation 47. Kassel 1988

Fischer, G.; Girgensohn, A. (1990): End-User Modifiability in Design Environments. CHI '90 Conference Proceedings. Seattle 1990

Fricke, W. (1975): Arbeitsorganisation und Qualifikation. Ein industriesoziologischer Beitrag zur Humanisierung der Arbeit. Bonn 1975: FES

Hacker, W. (1978): Allgemeine Arbeit- und Ingenieurpsychologie. Psychische Struktur und Regulation von Arbeitstätigkeiten. 2. überarbeitete Aufl., Bern-Stuttgart-Wien 1978: Huber

Karger, C. (1990): Empirische Untersuchung adaptierbarer Systeme. GMD-Arbeitspapier Nr. 442. Sankt Augustin 1990: Selbstverlag GMD

Mickler, O.; Dittrich, E.; Neumann, U. (1976): Technik, Arbeitsorganisation und Arbeit. Eine empirische Untersuchung in der automatisierten Produktion. Frankfurt am Main 1976: Aspekte Verlag

Oppermann, R. (1989): Individualisierte Systemnutzung. In: Paul, M. (Hg.): Proceedings der 19. GI-Jahrestagung. Berlin - Heidelberg - New York 1989: Springer, S. 131-145

Paetau, M. (1990): Mensch-Maschine-Kommunikation. Software, Gestaltungspotentiale, Sozialverträglichkeit. Frankfurt am Main - New York 1990: Campus

Paetau, M. (1991): Mensch-Maschine-Kommunikation im Spannungsfeld zwischen Individualisierung und Standardisierung. Eine Untersuchung über Möglichkeiten und Bedingungen des Einsatzes adaptiver und adaptierbarer Systeme in der Bürokommunikationspraxis. GMD-Arbeitspapier. Sankt Augustin 1991

Projektgruppe Automation und Qualifikation (1978): Theorien über Automationsarbeit. In: Argument Sonderband 31, Berlin 1978

Projektgruppe Automation und Qualifikation (1987): Widersprüche der Automationsarbeit. Berlin 1987: Argument Verlag

Riehl, H.; Schäfer, W.; van Treeck, W. (1989): Selbstgestaltung in der Verwaltungsarbeit. Entwicklung von kommunalen DV-Anwendungssystemen durch den Sachbearbeiter in A. Arbeitspapier der Forschungsgruppe Verwaltungsautomation 49. Kassel 1989

Simm, H. (1991): Adaptierbarkeit in marktgängigen Systemen. GMD-Arbeitspapier. Sankt Augustin 1991

Ulich, E. (1978): Über das Prinzip der differentiellen Arbeitsgestaltung. In: Industrielle Organisation, 47 (1978), S. 566-568

VDI 5005: Bürokommunikation - Software-Ergonomie (Richtlinien-Entwurf)

Michael Paetau
GMD-Institut für Angewandte Informationstechnik,
Forschungsgruppe Mensch-Maschine-Kommunikation
Schloß Birlinghoven, D-5205 Sankt Augustin

Anpaßbare Informationssysteme
Basis für aufgabenorientierte Systemgestaltung und Funktionalität

Detlef Haaks, Hamburg

Zusammenfassung

Die Anpaßbarkeit von Anwendungssystemen ist eine Voraussetzung für eine aufgaben- und benutzerorientierte Systemgestaltung und Funktionalität. Die Anpaßbarkeit kann insbesondere als Fortsetzung einer partizipativen Systemgestaltung angesehen werden. Während adaptive Systeme schwerwiegende Defizite im Hinblick auf die Gestaltungsziele der Arbeitswissenschaften und der Software-Ergonomie haben, bieten vom Benutzer adaptierbare Anwendungssysteme vielfältige Chancen für eine anregende und persönlichkeitsförderliche rechnergestützte Arbeit. Dabei ist die Möglichkeit zur Adaption der bereitgestellten Funktionalität von besonderer Bedeutung. Mit dem vorgestellten Konzept der objektorientierten Anwendungsrahmensysteme werden weitreichende Möglichkeiten zur Adaption der Funktionalität bereitgestellt.

1. Einleitung

Mit den zunehmenden Einsatzmöglichkeiten moderner Informationssysteme, die aus der Integration vieler Funktionen mit dem Ziel, ein vielfältiges Anwendungsspektrum abzudecken, resultieren, steigt die Notwendigkeit der Adaption an die konkreten Aufgabenstellungen. Darüberhinaus ist aufgrund der vielfältigen interindividuellen Benutzer-Unterschiede eine Adaption der Informationssysteme an die Bedürfnisse und Fähigkeiten des individuellen Benutzers notwendig. Dabei können die Bedürfnisse eines Benutzers nicht als statisch betrachtet werden. Vielmehr müssen die zeit- und aufgabenabhängigen intraindividuellen Unterschiede berücksichtigt werden. Im Extremfall werden Benutzer anfänglich überfordert, während sie mit der Zeit ein derartiges System als zu umständlich bzw. zu eingeschränkt empfinden. Das System sollte mit dem Benutzer wachsen. Es gibt daher keine optimale, benutzerfreundliche Softwaregestaltung; vielmehr existiert in Abhängigkeit von Klassen von Aufgabenstellungen und Benutzern eine Vielzahl guter Softwaregestaltungen.

Mit dem Ansatz, daß die Benutzer und die von ihnen zu bearbeitenden Aufgaben als Ausgangspunkt dienen, steht die gewählte Betrachtungsweise im Gegensatz zu vielen Forschungs- und Entwicklungsanstrengungen, die ein wesentliches Augenmerk auf den Einsatz zur Verfügung stehender Technologien richten. Der zunehmende Einsatz von Informationssystemen am Arbeitsplatz darf sich aber nicht allein durch die bereitstehenden Technologien bestimmen lassen, sondern muß sich an den Bedürfnissen der Benutzer orientieren. Ziel der Anpassung darf es nicht sein, eine möglichst einfache Benutzbarkeit – im Sinne geringer Anforderungen an die

---

Dieser Bericht stellt die wichtigsten Ergebnisse meiner Dissertation [Haaks 90] dar, die im Projektbereich „Angewandte und Sozialorientierte Informatik", Fachbereich Informatik, Universität Hamburg, erstellt und von Prof. Dr. Horst Oberquelle betreut wurde.

Benutzer – unter Ausnutzung des technisch Machbaren zu gewährleisten. Vielmehr muß die Anpaßbarkeit von Informationssystemen, unter Berücksichtigung der aus den technischen Möglichkeiten resultierenden Chancen, eine abwechslungsreiche und insgesamt anregende Arbeit zum Ziel haben.

Mangelnde Kenntnisse über die Aufgaben und Benutzer, häufig wechselnde Aufgabenstellungen und die ständige Weiterentwicklung der Benutzer begründen die dynamischen Aspekte der Systemgestaltung und führen direkt zu der Forderung nach anpaßbaren Informationssystemen. Die Gestaltungsziele der Arbeitswissenschaften und der Software-Ergonomie weisen auf eine aktive Rolle der Benutzer bei der Adaption der von Ihnen verwendeten Systeme hin. Die Beteiligung von Benutzern formuliert kann dabei schon einer partizipativen Systemgestaltung beginnen. Durch eine frühzeitige Beteiligung können die Benutzer die zur Durchführung von Adaptionen notwendige Qualifikation erlangen. Vor und während des Systemgestaltungsprozesses sollten Benutzer umfassend qualifiziert werden, um **aktiv** an der Gestaltung und Realisierung des Informationssystems teilzunehmen. Damit würde der Grundstein für eine spätere Adaption des Systems durch die Benutzer gelegt: Dann erscheint die **Adaption als Fortsetzung eines partizipativen Systemgestaltungsprozesses.**

2. Geeignete Konzepte für anpaßbare Informationssysteme

Die aus der Literatur bekannten, anpaßbaren Informationssysteme zeigen eine Vielfältigkeit an Konzepten, die aus unterschiedlichen Zielvorstellungen und den verfolgten Wegen, die zum Erreichen der gesetzten Ziele führen sollen, resultiert. Die Konzepte anpaßbarer Informationssysteme lassen sich anhand verschiedener Dimensionen charakterisieren [Haaks 90]. Zu diesen Dimensionen gehören der Initiator und Akteur[1], der Gegenstand, das Ziel, der Zeitpunkt und der Geltungsbereich von Adaptionen. Während z.B. das AiD-System [Thomas et al. 87] das Ziel verfolgt, dem Benutzer durch adaptives Verhalten einen intelligenten persönlichen Assistenten zur Verfügung zu stellen, war das Ziel der Adaptierbarkeit des EMACS-Editors [Stallman 84], ihn an die Syntax verschiedener Programmiersprachen anzupassen und dem Benutzer die Definition eigener Kommandos zu ermöglichen. Mit Apple´s HyperCard-System soll dem Benutzer ein Baukasten zur Verfügung gestellt werden, der ihm die Erstellung eigener Anwendungen ermöglicht.

Für eine Bewertung der unterschiedlichen Ausprägungen anpaßbarer Informationssysteme sind die Gestaltungsziele der Arbeitswissenschaften und der Software-Ergonomie zu berücksichtigen. Die Gestaltung der Mensch-Maschine-Interaktion ist dabei als abhängige Komponente der umfassenderen Gestaltung der rechnergestützten Arbeit anzusehen [Hacker 87]. Die Benutzer sollten im Mittelpunkt der Betrachtung der Wirkung anpaßbarer Systeme stehen. Die Eignung adaptierbarer und adaptiver Systeme muß daher anhand der Gestaltungsziele der Arbeitswissenschaften und der Software-Ergonomie überprüft werden. Adaptierbare Systeme stellen dem

---

[1]Adaptierbare vs. adaptive Systeme.

Benutzer einen größeren Gestaltungsspielraum zur Verfügung, der ein Aspekt des wichtigen Konzepts des Tätigkeitsspielraums ist [Ulich 88].

Die Adaptierbarkeit trägt zur Erfüllung sowohl der sequentiellen als auch der hierarchischen Aspekte der Vollständigkeit [Hacker 87] von Tätigkeiten bei. In sequentieller Hinsicht werden durch adaptierbare Systeme neben dem Aufstellen von Zielen insbesondere das Entwickeln von Vorgehensweisen und die Auswahl zweckmäßiger Vorgehensvarianten als Merkmal vollständiger Arbeitsaufgaben ermöglicht. Je nach Inhalt der vom Benutzer durchgeführten Adaptionen – insbesondere der Funktionalität – können diese in der Kategorie der Problemlösungen oder der schöpferischen Tätigkeiten eingeordnet werden. Die Automatisierung häufig wiederkehrender Aktionen durch adaptive Systeme steht im Widerspruch zu der Notwendigkeit, auch weniger anspruchsvolle Tätigkeitsaspekte bereitzustellen. Dadurch, daß adaptive Systeme dem Benutzer die Anpassung seines Arbeitsmittels aus der Hand nehmen, schränken sie wichtige Möglichkeiten zu schöpferisch-kreativen Tätigkeiten ein.

Die Qualifikationsförderlichkeit ist ein weiteres Gestaltungsziel der Arbeitswissenschaften. Adaptierbare Informationssysteme erlauben dem Benutzer, selbständig neue Handlungswege zu erschließen, und sind damit lernförderlich. So regen die durch die Adaptierbarkeit entstehenden Gestaltungsmöglichkeiten die Kreativität eines Benutzers an und fördern explorative Arbeitsweisen. Im Gegensatz dazu führt die einigen adaptiven Systemen zugeschriebene Eigenschaft, bestimmte Benutzerfehler automatisch zu korrigieren, zu einer Einschränkung der Qualifizierung während der Benutzung . In [Greif 89] und [Zapf, Frese 89] wird im Zusammenhang mit explorativem Lernen auf die besondere Bedeutung von Benutzerfehlern für deren Qualifizierung, insbesondere im Hinblick auf das Bewältigen zukünftiger Fehlersituationen, hingewiesen.

Adaption der Benutzungsoberfläche und der Funktionalität

Die möglichen Gegenstandsbereiche von Systemadaptionen reichen von einfachen Umstellungen von Benutzungsoberflächen bis zur Realisierung neuer Funktionalität [Haaks 90]. Ist eine funktionale Anpassung des Systems nicht möglich, muß der Benutzer seine (veränderte) Aufgabenstruktur an die vorhandene Funktionalität anpassen. Die wichtige Kontrollierbarkeit [Frese 87] eines Systems durch den Benutzer wird durch eine derartige Dominanz des Systems in eine Bevormundung des Benutzers umgekehrt. Die Anpaßbarkeit der realisierten Funktionalität ist daher als eine wesentliche Voraussetzung für ein effektives Arbeiten einer breiten Benutzerschicht an variierenden Aufgabenstellungen anzusehen. In Anlehnung an die Hierarchie der Gestaltungsebenen der Arbeitswissenschaften [Hacker 87] kommt den Arbeitsinhalten – und damit der Funktionalität – eine größere Bedeutung zu als einer ausschließlichen Adaption der Benutzungsoberfläche.

Die Anpassung eines Systems (Arbeitsmittels) erfordert Erfahrungen im täglichen Umgang des Benutzers mit dem System und der organisatorischen Umgebung. Erfahrungen im eigentlichen Sinne – gerade im Bezug auf die Funktionalität und Aufgabenstellung – macht nur der Benutzer; insbesondere sind sie nicht vorausplanbar. Daher können derartige Anpassungen nur unter

Mitwirkung des Benutzers durchgeführt werden [Oberquelle 86]. Eine wichtige Grenze adaptiver Systeme ist darin zu sehen, daß nur vorgedachte Strukturen zur Anwendung kommen können, so daß insbesondere keine Innovation und keine Anpassung der Funktionalität ermöglicht wird.

Als Voraussetzungen für die vom Benutzer durchgeführte Adaption sind eine hinreichende Erfahrung im normalen Gebrauch des Informationssystems und Kenntnisse der Adaptierbarkeit notwendig. Diese Voraussetzungen treffen für den gelegentlichen Benutzer im allgemeinen nicht zu, so daß für diese Benutzergruppe nur die Adaption durch einen lokalen Experten, der ihre informellen, oft nur vage beschriebenen Wünsche in eine gute Adaption umsetzen kann, in Frage kommt (vgl. [Oberquelle 86]). In diesem Zusammenhang bekommt eine kooperative Anpassung innerhalb einer Gruppe von Benutzern eine besondere Bedeutung: Am Systemgestaltungsprozeß beteiligte, besonders erfahrene und besonders interessierte Benutzer können ihre Kollegen bei der Durchführung der Adaptionen unterstützen. Dadurch kann insbesondere durch den Transfer des Wissens, wie Anpassungen durchgeführt werden, eine Qualifizierung der Benutzer erreicht werden. Die von Benutzern ausgeführten Adaptionen enthalten somit wichtige Chancen für die Weitergabe von Erfahrung im Arbeitskontext (vgl. [Dzida et al. 87]).

Zusammenfassend kann festgestellt werden, daß wesentliche Gestaltungsziele der Arbeitswissenschaften und der Software-Ergonomie von adaptierbaren – aber nicht von adaptiven – Informationssystemen erfüllt werden. Insbesondere kann eine Adaption der Systemfunktionalität nur unter Beteiligung der Benutzer vorgenommen werden. Vom Benutzer durchgeführte Adaptionen sollten als Fortsetzung einer partizipativen Systemrealisierung angesehen werden. Dabei ist die Adaption als Aufgabenstellung in einer Gruppe von besonderer Bedeutung.

3. Objektorientierte Anwendungsrahmensysteme als Basis für funktional adaptierbare Informationssysteme

Die Möglichkeiten der Adaptierbarkeit müssen bereits im Systemdesign berücksichtigt werden [Haaks 90]. Insbesondere muß das Gesamtsystem in kleine Einheiten strukturiert sein, die auf verschiedenen Abstraktionsebenen eine inkrementelle Anpaßbarkeit und Erweiterbarkeit ermöglichen. Während eine hohe Abstraktionsebene (komplexe) anwendungsnahe Objekte beschreibt, stellen untere Ebenen kleine Einheiten, die jeweils eine klar abgegrenzte Funktionalität besitzen, zur Verfügung. Ein komplexes, unübersichtliches System kann selbst von einem erfahrenen Programmierer nur unter großen Schwierigkeiten an neue Anforderungen angepaßt werden.

Eine wesentliche Anforderung an diese kleinen Einheiten ist in deren Wiederverwendbarkeit zu sehen. Sie müssen sowohl von ihrer Struktur, als auch von ihrer Semantik her auf eine möglichst flexible Verwendbarkeit ausgerichtet sein. Sie müssen leicht an neue Anforderungen anpaßbar sein und zugleich ihre internen Details verbergen können. Eine wichtige Anforderung an die Software-Architektur adaptierbarer Informationssysteme ist in einer separaten Definition und Realisierung der Funktionalität und der Benutzungsschnittstelle zu sehen. Durch die Trennung wird neben einer erhöhten Modularisierung des Gesamtsystems eine unabhängige Adaptierbarkeit von funktionalen Einheiten und Benutzungsschnittstellen-Komponenten erreicht.

Anwendungs-Rahmensysteme

Ein Anwendungs-Rahmensystem stellt ähnlich wie Toolbox-Systeme (vgl. construction kit in [Fischer 87]) gewisse Bausteine zur Verfügung, die der Benutzer in beliebigen Kombinationen für seine Aufgabenstellung verwenden kann. Ein Anwendungs-Rahmensystem enthält zusätzlich eine interaktive Umgebung, so daß die realisierte, **anwendungsspezifische** (Basis-) Funktionalität direkt vom Endanwender benutzt werden kann. Sie stellen somit ein offenes, direkt benutzbares Anwendungssystem dar. Anwendungs-Rahmensysteme können, auf die vorhandenen Datenstrukturen und Funktionalität aufbauend, erweitert werden – sie stellen einen Rahmen für vielfältige, an einen bestimmten Benutzer und dessen Aufgabenstellung angepaßte Informationssysteme zur Verfügung.

Es existieren verschiedene Vorstellungen über das, was ein Anwendungs-Rahmensystem ausmacht. So wird in [Weinand et al. 88] ein um einige Basisdatentypen erweitertes Benutzungsschnittstellen-Rahmensystem als Anwendungs-Rahmensystem (application framework) bezeichnet. In [Meyrowitz 86b] wird das Hypermediasystem INTERMEDIA als ein Anwendungs-Rahmensystem vorgestellt. INTERMEDIA ist allerdings nicht als ein eigenständiges Anwendungssystem konzipiert, sondern stellt eine integrierende Umgebung für verschiedene Anwendungen[2] zur Verfügung.

Anwendungs-Rahmensysteme bilden noch kein allgemein anerkanntes Konzept. Für die folgenden Betrachtungen ist daher eine genaue Begriffsdefinition notwendig [Haaks 90]:

> **Ein Anwendungs-Rahmensystem ist ein eigenständiges, direkt vom Endanwender benutzbares Anwendungssystem. Die in dem „Basis"-Anwendungssystem enthaltenen, anwendungsspezifischen Funktions- und Interaktionskomponenten werden in Form von Bausteinen zur Verfügung gestellt, die eine flexible Anpaßbarkeit und Erweiterbarkeit ermöglichen.**

Die gleichzeitige Bereitstellung von Funktions- und Interaktionskomponenten läßt eine gewisse Vermengung unterschiedlicher Konzepte erkennen. Tatsächlich ist eine völlig isolierte Betrachtung von Interaktionskomponenten und funktionalen Einheiten aufgrund der vielfachen Wechselwirkungen nicht möglich (vgl. [Olson 87]). Allerdings kann durch eine wohlstrukturierte Systemarchitektur eine weitgehende Separation durchgeführt werden. Die wesentlichen Anforderungen an Rahmensysteme – Modularität, einfache Anpaßbarkeit und Erweiterbarkeit, inkrementelle Modifikationen und Wiederverwendbarkeit von Softwarekomponenten – werden in nahezu idealer Weise von objektorientierten Entwurfsprinzipien unterstützt. Ausgehend von dem Gedanken, daß Rahmensysteme funktionale **und** strukturelle Bausteine (Datenstrukturen) bereitstellen müssen, kommt man leicht zu der Idee einer objektorientierten Architektur.

Viele Benutzungsschnittstellen-Rahmensysteme (z.B. MacApp [Schmucker 86]) wurden daher objektorientiert konzipiert. Die Anordnung der Komponenten eines Rahmensystems in der Vererbungshierarchie einer objektorientierten Systemarchitektur unterstützt insbesondere die Erwei-

---

[2]Textverarbeitung, Tabellenkalkulation, Graphikeditoren, …

terung bzw. Anpassung durch Spezialisierung[3] existierender Objekte. Durch die strenge Kapselung und durch die Vererbung von Eigenschaften wird ein hohes Maß an Wiederverwendbarkeit der Bausteine eines Rahmensystems erreicht. Die Realisierung eines objektorientierten Anwendungs-Rahmensystems als Kombination eines Benutzungsschnittstellen-Rahmensystems und eines funktionsspezifischen Teilsystems wird im folgenden exemplarisch dargestellt.

Ein objektorientiertes Anwendungs-Rahmensystem für Bildverarbeitungsaufgaben

Die Realisierung von funktional adaptierbaren Anwendungs-Rahmensystemen kann nur in Zusammenhang mit einem bestimmten Anwendungsgebiet sinnvoll durchgeführt werden [Haaks 90]. Im folgenden möchte ich daher die diskutierten Konzepte anhand eines Beispielsystems aus dem Bereich der Bildverarbeitung verdeutlichen [Haaks, Carlsen 89]. Anwendungsrahmensysteme enthalten – entsprechend der vorgestellten Definition – neben den funktionalen Bausteinen eine Benutzungsumgebung, die eine interaktive Verwendung des Systems ermöglicht. Andererseits ist die Trennung der funktionalen Bausteine von Interaktionskomponenten eine wichtige Anforderung an Anwendungsrahmensysteme.

Dieser scheinbare Widerspruch wird durch die im folgenden vorgestellte Architektur aufgelöst: Um eine klare Trennung der unterschiedlichen Konzepte zu erreichen, wurde das Bildverarbeitungs-Rahmensystem als eine Kombination von zwei unabhängigen, objektorientierten Rahmensystemen entworfen: Das eine – das ikonische Rahmensystem (IRS) – stellt die funktionalen Bausteine zur Verfügung, während das andere – das Benutzungsschnittstellen-Rahmensystem (BRS) – die anwendungsspezifischen Interaktionskomponenten enthält. Diese beiden Rahmensysteme werden durch spezifische Kommunikationsobjekte zu dem eigentlichen Bildverarbeitungs-Rahmensystem verbunden (Abb. 1).

Bildobjekte

Bildobjekte sind aus der Benutzersicht von zentraler Bedeutung; sie stehen in direktem Zusammenhang mit der durchzuführenden Aufgabenstellung (z.B. der Diagnose im medizinischen Bereich). Bildobjekte unterscheiden sich bezüglich vielfältiger Eigenschaften: Format, 2D, 3D, SW, Farbe, Farbtiefe etc. Die Bildobjekte enthalten neben den „eigentlichen" Bilddaten weitere Attribute (z.B. einen Deskriptor, Zugriffsrechte, Formatbeschreibung, Historie), die für administrative Aufgaben Verwendung finden. Die unterschiedlichen Bildtypen sind in dem IRS in einer Vererbungshierarchie angeordnet. Ausgehend von der Klasse eines allgemeingültigen Bildobjektes, in der die für alle Bildobjekte gemeinsamen Eigenschaften definiert sind, werden durch inkrementelle Beschreibungen spezialisierte Bildobjekte gebildet.

---

[3]Dazu gehören insbesondere die Subklassen-Bildung, das Überladen von Default-Methoden und die Einführung neuer Methoden.

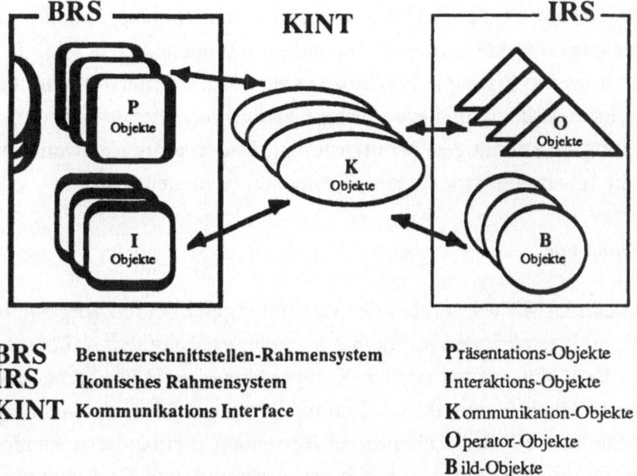

BRS	Benutzerschnittstellen-Rahmensystem	**P**räsentations-Objekte
IRS	Ikonisches Rahmensystem	**I**nteraktions-Objekte
KINT	Kommunikations Interface	**K**ommunikation-Objekte
		Operator-Objekte
		Bild-Objekte

Abb. 1: Das Kommunikations-Interface enthält aktive Objekte, die die Verbindung der funktionalen Bausteine mit den Benutzungsschnittstellen Komponenten herstellen.

Operatorobjekte

Die Operatorobjekte haben die Aufgabe, alle Informationen einer generischen (polymorphen) BV-Operation, deren Realisierung auf mehrere Bildobjekte verteilt sein kann, zusammenhängend bereitzuhalten. Zu diesen Informationen gehört z.B. das Wissen, wie in Abhängigkeit der verwendeten Parameter dieser Operation die Geschichte des betroffenen Bildes aktualisiert wird, und die Unterstützung spezieller Hilfe-Funktionen. Die Operatorobjekte enthalten selbst Daten und Methoden. Die Daten beschreiben bestimmte Eigenschaften der Operatorobjekte (z.B. Default-Parametereinstellungen, aktuelle Parametereinstellungen ...), während die Methoden die algorithmische Funktionalität bereitstellen.

Interaktionsobjekte

In dem Benutzungsschnittstellen-Rahmensystem für Bildverarbeitungsanwendungen werden Bausteine für anwendungsspezifische Benutzungsschnittstellen bereitgestellt. Die Bausteine können zu Interaktions-Komponenten zusammengesetzt werden, die eine Sicht des Benutzers auf die Komponenten des Bildverarbeitungs-Rahmensystems bereitstellen. Es wird keine zentrale Beschreibung einer Benutzungsoberfläche angestrebt, sondern eine direkte Zuordnung von Interaktions- und Funktionsobjekten bereitgestellt. Aber nicht nur eine flexible Kombination dieser Bausteine, sondern auch die Anpassung (Weiterentwicklung) der Bausteine selbst wird durch das Prinzip der Rahmensysteme gewährleistet.

Es existieren vielfältige Benutzungsschnittstellen-Komponenten, die als anwendungsneutral betrachtet werden können. Dazu zählen die Bausteine der bekannten, graphischen Benutzungsoberflächen: Fenster, Rollbalken, Pop-Up-Menüs, Drop-Down-Menüzeilen, Dialogboxen,

Piktogramme etc. Sobald ein über diese Standardbausteine hinausgehendes „Look and Feel" oder eine weitergehende Funktionalität der Interaktionskomponenten erwünscht wird, bieten die bekannten Benutzungsschnittstellen-Toolbox-Systeme keine Unterstützung mehr. Es ist daher wünschenswert, eine anpaßbare und erweiterbare Menge von Interaktionskomponenten speziell für Bildverarbeitungsanwendungen bereitzustellen. Dabei können anwendungsneutrale Bausteine als Basis für anwendungsspezifische Komponenten dienen.

Kommunikationsobjekte

Im Gegensatz zu den UIMS werden bei der Verbindung der beiden vorgestellten Teilsysteme nicht alle zulässigen Interaktionen mit dem Anwendungssystem zentral beschrieben, sondern Beziehungen von Benutzungsschnittstellen-Komponenten und Bildverarbeitungseinheiten hergestellt. Zu diesem Zweck finden aktive Kommunikationsobjekte Verwendung, deren einzige Aufgabe darin besteht, die Kommunikation in Beziehung zueinander stehender Komponenten herzustellen. Die Kommunikation wird durch den Austausch von Nachrichten und Daten expliziert. Diese direkte Verbindung hat den für für die funktionale Adaption wichtigen Vorteil, daß ausgehend von den Interaktionsbausteinen die funktionalen Einheiten direkt erreicht werden können.

Die Kommunikationsobjekte stellen den Teilsystemen eine logische Sicht des jeweiligen anderen Teilsystems zur Verfügung, um eine Abstraktion von den spezifischen Konzepten zu erreichen. Die über eine Interaktionskomponete zu aktivierende Funktion darf dem Benutzungsschnittstellen-Teilsystem nicht direkt bekannt sein, um deren Austauschbarkeit zu gewährleisten, ohne die entsprechende Interaktionskomponente ebenfalls ändern zu müssen. Das gleiche trifft für eine umgekehrte Betrachtungsweise zu: Funktionale Einheiten sollten nicht von der Annahme ausgehen, daß bestimmte Interaktionseinheiten (z.b. Dialogboxen oder Pop-Up-Menüs) existieren, sondern von abstrakten Konzepten, die eine Selektion oder Präsentation ermöglichen. Auf diese Art und Weise können Benutzungsschnittstellen-Komponenten leicht adaptiert oder ausgetauscht werden, ohne daß die jeweiligen funktionalen Einheiten ebenfalls einer Adaption bedürfen.

4. Zusammenfassung

Um eine aufgaben- und benutzerorientierten Gestaltung von Informationssystemen zu erreichen, werden Adaptionen an die konkrete Arbeitsaufgabe und an individuelle Benutzer erforderlich. Die vielfältigen intra- und interindividuellen Benutzerunterschiede sind als wesentliche Voraussetzungen für die Anpaßbarkeit von Informationssysteme anzusehen. Statische – nicht anpaßbare – Systeme können insbesondere der Dynamik der Aufgabenstellungen und der Benutzerentwicklung nicht gerecht werden. Eine aufgaben- und benutzerorientierte Systemgestaltung und Funktionalität kann nur durch adaptierbare Informationssysteme erreicht werden. Die Anpaßbarkeit kann insbesondere als Fortsetzung einer partizipativen Systemgestaltung verstanden werden, die die Erfahrungen der Benutzer im Arbeitskontext mit einbezieht und somit einen wesentlichen Einfluß auf eine aufgaben- und benutzergerechte Systemrealisierung hat.

Ein wesentliches Ergebnis der Bewertung der Anpaßbarkeit besteht darin, daß die Anpassung der Benutzungsoberfläche nicht ausreichend ist. Vielmehr ist sie – in Anlehnung an die Hierarchie der Gestaltungsziele der Arbeitswissenschaften – der Anpassung der Funktionalität untergeordnet. Ein ebenso wichtiges Ergebnis einer Diskussion anpaßbarer Systeme ist darin zu sehen, daß adaptive Informationssysteme – neben den Problemen ihrer Realisierbarkeit – erhebliche Defizite im Hinblick auf die Gestaltungsziele der Arbeitswissenschaften und der Software-Ergonomie haben. Dem gegenüber stehen die vielfältigen Chancen adaptierbarer Informationssysteme – insbesondere seien die Vollständigkeit der Arbeitstätigkeiten, die Förderung der Benutzerqualifizierung und die Möglichkeit zur Umsetzung von Benutzererfahrungen in eine evolutionäre Weiterentwicklung des Software-Systems genannt.

Objektorientierte Anwendungs-Rahmensysteme stellen anwendungsspezifische Funktions- und Interaktionskomponenten auf verschiedenen Abstraktionsebenen zur Verfügung und ermöglichen dem Benutzer, die vorhandene Funktionalität zu explorieren und inkrementell anzupassen. Anwendungs-Rahmensysteme sind – wie konventionelle Anwendungssysteme – direkt vom Endbenutzer einsetzbar; darüber hinausgehend bieten sie durch die bereitgestellten Basiskomponenten eine Modellierung des Anwendungsgebietes, die es dem Benutzer ermöglicht, Adaptionen an (im System abgebildeten) Objekten seines Arbeitsgebietes vorzunehmen. Objektorientierte Anwendungsrahmensysteme bilden somit eine geeignete Basis für funktional adaptierbare Informationssysteme.

5. Literatur

[Balzert et al. 88] Balzert, H. & Hoppe, H.U. & Oppermann, R. & Peschke, H. & Rohr, G. & Streitz, N.A. (Hrsg.): "Einführung in die Software-Ergonomie", de Gruyter, Berlin, New York, 1988

[Barstow, Shrobe, Sandewall 84] Barstow, David R. & Shrobe, Howard E. & Sandewall, Erik (eds.): „Interactive Programming Environments", McGraw-Hill, New York, 1984

[Dzida et al. 87] Dzida, W. & Hoffmann, C. & Valder, W.: "Der 'Arbeitskontext' als Komponente der Benutzerschnittstelle", in: [Schönpflug, Wittstock 87], S. 87 - 97

[Fischer 87] Fischer, Gerhard: „An Object-oriented Construction and Tool Kit for Human-Computer Communication, in: [Olsen 87], S. 105 - 109

[Frese 87] Frese, Michael: "A Theory Of Control And Complexity: Implications For Software Design And Integration Of Computer Systems Into The Workplace", in: [Frese, Ulich, Dzida 87], S. 313 - 337

[Frese, Ulich, Dzida 87] Frese, M. & Ulich, E. & Dzida, W. (eds.): "Psychological Issues of Human-Computer Interaction in the Workplace", Elsevier Science Publishers B.V., Amsterdam, 1987

[Greif 89] Greif, Siegfried: "Exploratorisches Lernen durch Fehler und qualifikations-orientiertes Software-Design", in: [Maaß, Oberquelle 89], S. 204 - 212

[Haaks 90] Haaks, Detlef: „Anpaßbare Informationssysteme – Auf dem Weg zu aufgaben- und benutzerorientierter Systemgestaltung und Funktionalität", Dissertation, Fachbereich Informatik, Universität Hamburg, 1990

[Haaks, Carlsen 89] Haaks, D. & Carlsen, I. C.: „IKS^{PFH} – Konzeption eines Rahmensystems für die Bildverarbeitung", in: [Lippe 89], S.266 - 280

[Hacker 87] Hacker, Winfried: "Softwaer-Ergonomie – Gestalten rechnergestützter geistiger Arbeit?!", in: [Schönpflug, Wittstock 87], S. 31 - 54

[Lippe 89] Lippe, W.-M. (Hrsg.): „Software-Entwicklung: Konzepte, Erfahrungen, Perspektiven", Proceedings, IFB Band 212, Springer Verlag, Berlin etc., 1989

[Maaß, Oberquelle 89] Maaß, Susanne & Oberquelle, Horst (Hrsg.): "Software-Ergonomie '89 –
Aufgabenorientierte Systemgestaltung und Funktionalität",
GCACM Berichte 32, Teubner, Stuttgart, 1989

[Meyrowitz 88] Meyrowitz, Norman (ed.): „OOPSLA '88 Object Oriented Programming Systems, Languages
and Applications", Conference Proceedings, Special Issue of SIGPLAN Notices, Vol. 23, No. 11, San
Diego, November 1988

[Meyrowitz 86] Meyrowitz, Norman (ed).: „OOPSLA '86 Object Oriented Programming Systems, Languages
and Applications", Conference Proceedings, SIGPLAN Notices, Vol. 21, No. 11, 1986

[Meyrowitz 86b] Meyrowitz, Norman: „Intermedia: The Architecture and Construction of an Object-Oriented
Hypermedia System and Application Framework", in: [Meyrowitz 86], pp. 186 - 201

[Oberquelle 86] Oberquelle, Horst: "Adaption mit und durch den Benutzer an Stelle von automatischer Adaption",
in: Problemangemessenheit von Benutzerschnittstellen und Anwendungssystemen, 6. Arbeitstagung
Mensch-Maschine-Kommunikation, Burg Feuerstein bei Ebermannstadt, 1986

[Olsen 87] Olsen, Dan R. Jr. (Workshop Chair): „ACM SIGGRAPH Workshop on Software Tools for User
Interface Management", in: Computer Graphics, Vol. 21, No. 2, pp. 71 - 147, April 1987

[Paul 87] Paul, M. (Hrsg.): „GI - 17. Jahrestagung: Computerintegrierter Arbeitsplatz im Büro",
IFB 156, Springer Verlag, Berlin, 1987

[Schmucker 86] Schmucker, Kurt: „MacApp: An Application Framework",
in: Byte, Vol. 11, No. 8, pp. 189 - 193

[Schönpflug, Wittstock 87] Schönpflug, W. & Wittstock, M. (Hrsg.): "Software-Ergonomie '87 – Nützen
Informationssysteme dem Benutzer ?", Tagung II/1987 des GCACM, Teubner Verlag, Stuttgart, 1987

[Stallman 84] Stallman, Richard M.: „EMACS: The Extensible, Customizable, Self-Documenting Display
Editor", in: [Barstow, Shrobe, Sandewall 84], S. 300 - 325

[Thomas et al.87] Thomas, C. G. & Finke, Elke B. & Kellermann, Gert M.: „AiD: Ein wissensbasierter Ansatz
für adaptive Mensch-Computer-Schnittstellen", in: [Paul 87], S. 324 - 336

[Ulich 88] Ulich, Eberhard: "Arbeits- und organisationspsychologiche Aspekte",
in: [Balzert et al. 88], S. 49 - 66

[Weinand et al. 88] Weinand, André & Gamma, Erich & Marty, Rudolf: „ET++ – An Object-Oriented
Application Framework in C++", in: [Meyrowitz 88], pp. 46 - 57

[Zapf, Frese 89] Zapf, Dieter & Frese, Michael: "Benutzerfehler im Kontext von Arbeitsaufgabe und
Arbeitsorganisation", in: [Maaß, Oberquelle 89], S. 213 - 222

Dipl. Inform. Detlef Haaks

Systematics EDV-Systemberatung

Ifflandstraße 81 - 83

2000 Hamburg 76

Inkompatibilitäten zwischen mentalen und rechnerinternen Modellen im rechnerunterstützten Konstruktionsprozeß

E. A. Hartmann (Aachen) & E. Eberleh (Walldorf)

Ausgehend von Johnson-Lairds (1983) Typologie wird eine Taxonomie mentaler Modelle vorgeschlagen. Diese dient zur Beschreibung möglicher Arten von Inkompatibilitäten zwischen mentalen und rechnerinternen Modellen mit dem Ziel, im Bereich der rechnergestützten Konstruktion (CAD) auftretende Benutzungsschwierigkeiten zu klassifizieren. Es wurde eine empirische Untersuchung in drei Phasen durchgeführt: (1) Erhebung vorhandener Probleme durch Interviews mit CAD-Benutzern, (2) Einordnung der Problembeschreibungen nach der theoriegeleiteten Systematik der Inkompatibilitäten durch mehrere Beurteiler und (3) Klassifizierung der Problembeschreibungen durch die Benutzer/innen. Aufgrund der so gewonnenen Daten wurden zwei Vergleiche durchgeführt: Übereinstimmung zwischen den Beurteilern (Objektivitätsprüfung) und zwischen den Beurteilern und den Benutzer/inne/n (Validitätsprüfung). Die Ergebnisse zeigen, daß eine objektive Klassifikation der erhobenen Problembeschreibungen anhand der Inkompatibilitätsklassen möglich ist. Weiterhin besteht ein globaler Zusammenhang zwischen der theoriegeleiteten Klassifikation und der Klassifikation durch die Benutzer/innen. Auch auf der Ebene einzelner Inkompatibilitätsklassen ließ sich eine zentrale theoretische Klasse von Inkompatibilitäten in den Urteilen der Benutzer/innen deutlich wiederfinden. Einzelne Inkompatibilitätsarten lassen sich zu Kriterien der DIN 66 234, Teil 8 in Beziehung setzen und stellen so einen Beitag zu deren theoretischer Fundierung dar.

Im CAD-Konstruktionsprozeß stehen sich zwei Repräsentationen oder Modelle von Objektstrukturen und zulässigen Arbeitsvorgängen gegenüber: mentale auf Seiten des Benutzers und rechnerinterne innerhalb des CAD-Systems. Es stellt sich die Frage, ob sich bei der Benutzung solcher Systeme auftretende Probleme als Effekte von Inkompatibilitäten ("Unverträglichkeiten") zwischen diesen Modellen interpretieren lassen. Im folgenden wird eine Klassifikation von Inkompatibilitäten zwischen Wissensstrukturen eines CAD-Benutzers und rechnerinternen Objektdarstellungen (RID) sowie erste empirische Ergebnisse zur Objektivität und Gültigkeit des Beschreibungs- und Erklärungsansatzes vorgestellt.

1 Eine Taxonomie mentaler Modelle

Aufbauend auf Johnson-Lairds (1983) Taxonomie werden zwei große Klassen mentaler Modelle unterschieden: physikalische und begriffliche. Physikalische Modelle beziehen sich auf wahrnehmbare bzw. vorstellbare Aspekte der realen Welt. Zu dieser Klasse von Modellen gehören: (1) Relationale Modelle. Sie enthalten Elemente, die Objekten der realen Welt entsprechen, Eigenschaften dieser Elemente entsprechen Eigenschaften der jeweiligen Objekte, Beziehungen zwischen Elementen Beziehungen zwischen den realen Objekten. (2) Kausale Modelle erlauben Aussagen über Ursache-Wirkung-Beziehungen. Dazu müssen über die Möglichkeiten relationaler

Modelle hinaus Sequenzen von "Zeitpunkten" repräsentierbar sein (vgl. de Kleer & Brown 1983). (3) Zeitliche Modelle stellen ein mögliches Repräsentationsmedium unserer akustischen Welt dar. Sie erlauben eine Repräsentation kontinuierlicher Zeitverläufe. (4) Räumliche Modelle sind (i. d. R. dreidimensionale) Abbildungen der wahrgenommenen Welt, wobei im Unterschied zu den bisher genannten Modellen die metrischen Eigenschaften des externen Raumes erhalten bleiben. In (5) sequentiellen Modellen ist darüber hinaus eine zeitliche Abfolge repräsentiert, die allerdings keine kontinuierlichen Abläufe abbildet. Man kann sich diesen Modelltyp am besten als eine Aneinanderreihung statischer "Momentaufnahmen" vorstellen. (6) Kinetische Modelle können weiterhin Prozesse in kontinuierlicher Zeit und in einem metrischen Raum darstellen. Die 2x3-Matrix in Abbildung 1 faßt diese Taxonomie systematisch zusammen, wobei sich die beiden Dimensionen auf mögliche räumliche und zeitliche Struktureigenschaften beziehen: topologisch oder metrisch im Raum, statisch, diskret oder kontinuierlich in der Zeit.

		in der Zeit	
Metrik	statisch	diskret	kontinuierlich
topologisch	relational	kausal	zeitlich
metrisch	räumlich	sequentiell	kinetisch

(im Raum)

Abb. 1: Taxonomie physikalischer mentaler Modelle

Im Unterschied zu physikalischen Modellen können begriffliche Modelle auch abstrakte Sachverhalte abbilden. Hierzu zählen wir in Anlehnung an Johnson-Laird (1983) die folgenden: (1) Monadische Modelle bestehen aus Elementen, deren Eigenschaften den Eigenschaften von abstrakten Sachverhalten der realen Welt entsprechen. (2) Relationale Modelle können darüber hinaus abstrakte Relationen zwischen Objekten abbilden. (3) Metalinguistische Modelle erlauben die Zuordnung von sprachlichen Einheiten (z. B. Namen) zu den Elementen mentaler Modelle. Sie stellen sozusagen die "Brücke" zwischen wahrnehmungsnahem und sprachgebundenem Wissen dar. (4) Mengentheoretische Modelle dienen zur Abbildung von Klasseninklusionen (Menge-Teilmenge-Beziehungen).

Begriffliche Modelle stellen topologische, insbesondere relationale, Modelle höherer Ordnung dar. Sie lassen sich auf einer Dimension zunehmender "Mächtigkeit" des Repräsentationssystems anordnen (vgl. Abbildung 2 auf der folgenden Seite). "Mächtigere" Modelle können all jene Sachverhalte repräsentieren, die sich mit weniger "mächtigen" repräsentieren lassen, und darüberhinaus weitere Sachverhalte.

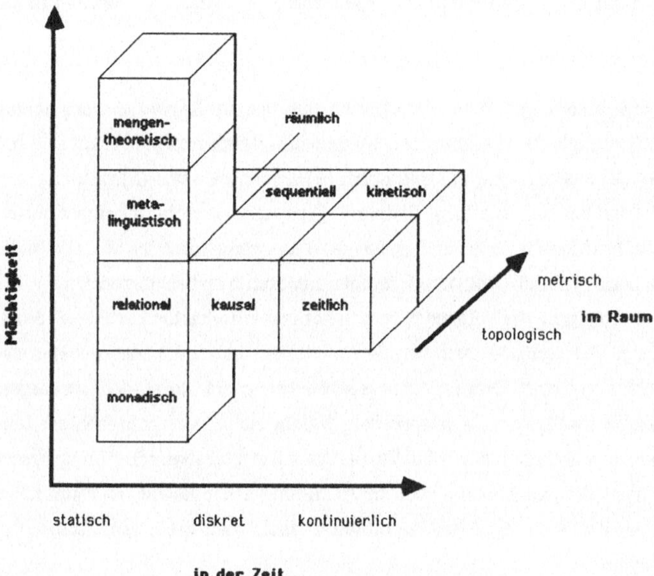

Abb. 2: Allgemeine Taxonomie mentaler Modelle

Der Schnittpunkt dieser Achse mit der Fläche der physikalischen Modelle liegt bei den relationalen Modellen: Physikalische und begriffliche relationale Modelle unterscheiden sich im Gegenstandsbereich, nicht in den Struktureigenschaften.

Im Zusammenhang mit dem Gegenstandsgebiet "rechnerunterstützte Konstruktion" ist von Interesse, daß der Konstruktionstheoretiker Yoshikawa (1983) einen Ansatz zur Beschreibung der frühen Konstruktionsphasen vorschlug, der Ähnlichkeiten zum Konzept analoger mentaler Modelle aufweist. Yoshikawa geht aus von einer "Entitätsmenge", die analoge Repräsentanten aller dem Konstrukteur bekannten Objekte des relevanten Gegenstandsbereiches enthält. Innerhalb dieser Entitätsmenge lassen sich Teilmengen bilden. Hierbei unterscheidet Yoshikawa Funktionsmengen, die Objekte mit gleichen funktionalen Eigenschaften (z. B. "kann Kraft übertragen") zusammenfassen, und Eigenschaftsmengen, die Objekte mit gleichen physischen Eigenschaften (z. B. "ist zylindrisch") enthalten. Die Aufgabe des Konstrukteurs besteht nun darin, die als Schnittmenge mehrerer Funktionsmengen verstandene funktionale Spezifikation sukzessive so auf den Eigenschaftsraum abzubilden, daß die Lösung des Konstruktionsproblems als Schnittmenge mehrerer Eigenschaftsmengen identifizierbar wird. Funktionsmengen und Eigenschaftsmengen entsprechen dabei strukturell relationalen Modellen sensu Johnson-Laird (1983).

2 Inkompatibilitäten zwischen mentalem und rechnerinternem Modell

Folgende Klassen von Inkompatibilitäten lassen sich aus der in Kapitel 2 vorgeschlagenen Taxonomie ableiten (Beispiele für die einzelnen Inkompatibilitätsarten finden sich in Abschnitt 4): (1) taxonomische, (2) topologische, (3) metrische, (4) sequentielle und (5) zeitliche. Die einzelnen Inkompatibilitätsarten sind wie folgt definiert: Eine taxonomische Inkompatibilität liegt dann vor, wenn die beiden Modelle nach der allgemeinen Taxonomie mentaler Modelle (vgl. Abb. 2) von unterschiedlichem Typ sind. Taxonomische Inkompatibilitäten beziehen sich auf die Taxonomie insgesamt. Die Ableitung der folgenden vier Inkompatibilitätsarten beruht auf der Überlegung, daß auch dann Unterschiede zwischen den Modellen bestehen können, wenn sie vom gleichen taxonomischen Typ sind. Dies ist dann gegeben, wenn sich die in den jeweiligen Modellen repräsentierten Sachverhalte nicht entsprechen. Welche Arten von Sachverhalten dies sind, hängt von den Struktureigenschaften der Modelle ab. Diese Struktureigenschaften unterscheiden sich im Falle der physikalischen Modelle, wie in Abbildung 1 dargestellt, in räumlicher und zeitlicher Hinsicht, mit den Ausprägungen "topologisch" und "metrisch" resp. "statisch", "diskret" und "kontinuierlich".

Eine topologische Inkompatibilität liegt dann vor, wenn Eigenschaften von Objekten oder nicht-metrische Relationen ("hat-ein", "ist-ein", "gehört-zu" etc.) zwischen Objekten in den beiden Modellen unterschiedlich sind. Dies bezieht sich auch auf das Vorhandensein oder Nichtvorhandensein von Objekten. Von Streitz (1988) wird diese Situation als "Anlogie 2. Ordnung" beschrieben. Metrische Inkompatibilitäten beziehen sich auf mögliche Unterschiede zwischen Modellen, die beide metrische Abbildungen darstellen. (Wenigstens) zwei Fälle können hier unterschieden werden. Zum einen können die Dimensionen der Repräsentationsräume zwischen den beiden Modellen in ihrer Anzahl (z. B. zwei- vs. dreidimensional) differieren. Zum anderen können Größenverhältnisse zwischen den Objekten unterschiedlich sein. Bei sequentiellen Inkompatibilitäten entsprechen sich die zeitlichen Reihenfolgen von Ereignissen in den beiden Modellen nicht. Diese Ereignisse können z. B. einzelne Arbeitsschritte sein. Zeitliche Inkompatibilitäten liegen dann vor, wenn die zeitliche Metrik kontinuierlicher Prozesse bei gleichbleibender Reihenfolge variiert. Ein Beispiel ist die Simulation von Fertigungsprozessen o. ä. in nicht-realer Zeit.

3 Empirische Untersuchung über Benutzungsprobleme bei CAD

Es wurde eine empirische Untersuchung durchgeführt zur Überprüfung der folgenden Hypothesen: (1) Kommt der vorgeschlagenen Klassifikation von Inkompatibilitäten ein wissenschaftlicher Erklärungs- und Beschreibungswert zu, sollten empirisch vorgefundene Schwierigkeiten im Umgang mit CAD-Systemen hinreichend objektiv einer der oben beschriebenen Inkompatibilitätsarten zugewiesen bzw. als nicht zum Gegenstandsbereich der Taxonomie zugehörig beurteilt werden können. (2) Kommt ihr darüber hinaus unmittelbare psychologische Realität zu, sollten unterschiedliche Arten von Inkompatibilitäten von Benutzer/inne/n unterschieden werden können. Im Idealfall sollte eine nach der oben beschriebenen Systematik vorgenommene Klassifikation mit einer Problemklassifikation durch die Benutzer/innen korrespondieren.

Die Untersuchung gliederte sich in drei Phasen: (1) Erhebung von systembedingten Problemen beim CAD-Konstruieren durch halbstrukturierte Interviews mit Benutzer/inne/n, (2) Klassifizierung der Problembeschreibungen anhand der vorgeschlagenen Taxonomie durch entsprechend unterrichtete Beurteiler, (3) Klassifizierung der Problembeschreibungen durch die Benutzer/innen in selbstgewählte Kategorien.

Insgesamt zehn Benutzer und vier Benutzerinnen von CAD-Systemen im Alter von 24 bis 49 (im Mittel 33) Jahren aus drei Betrieben und einem Hochschulinstitut in Aachen und Umgebung nahmen an der Untersuchung teil, davon drei nur in Phase 1 und zwei nur in Phase 3. Die übrigen Personen nahmen an den beiden genannten Phasen teil, so daß in der ersten Phase zwölf und in der dritten Phase elf Personen zur Verfügung standen. Fünf Personen waren Hochschulabsolventen (Dipl.-Ing. bzw. Dipl.-Ing. FH), die übrigen neun Techniker oder Technische Zeichner/inne/n. Die Dauer der Tätigkeit an einem CAD-System betrug zwischen drei Monaten und fünf Jahren (im Mittel ein Jahr und zehn Monate). Die Aufgabengebiete umfaßten konstruktive Tätigkeiten im engeren Sinn (fünf Personen), Planung und Optimierung von Anlagen, Erstellung von Zeichnungen, Schaltplänen etc..

In der ersten Untersuchungsphase wurden die Teilnehmer/innen aufgefordert, Schwierigkeiten zu schildern, die sich unmittelbar aus der Arbeit mit dem System ergeben. Nicht-systemabhängige Faktoren wie z. B. Arbeitsorganisation, Auslegung der Möbel, Raumklima etc. wurden ausdrücklich ausgeschlossen. Auf weitere Eingrenzungen des Gegenstandsbereiches wurde bewußt verzichtet. Auf diese Weise wurden (ohne Mehrfachnennungen) insgesamt 77 Problembeschreibungen erhoben. Drei Personen (Psychologiestudenten) klassifizierten in der zweiten Untersuchungsphase unabhängig voneinander die Problembeschreibungen nach der oben vorgestellten Taxonomie möglicher Inkompatibilitätsarten. Dabei wurde jede Problembeschreibung entweder einer der fünf Inkompatibilitätsarten zugeordnet oder als nicht zum Gegenstandsbereich der Taxonomie zugehörig beurteilt. In der dritten Phase wurde den Benutzer/inne/n zunächst der komplette Satz aller Problembeschreibungen vorgelegt. Sie wurden gebeten, die Beschreibungen der Reihe nach zu lesen und dabei die ihnen bekannten Probleme von den unbekannten zu trennen. Die unbekannten Problembeschreibungen wurden daraufhin entfernt. Die verbliebenen bekannten Problembeschreibungen sollten nun so auf Stapel verteilt werden, daß Gruppen subjektiv ähnlich erlebter Probleme einen Stapel bilden. Die Wahl der Ähnlichkeitskriterien, die Anzahl der Stapel und die Anzahl der Karten pro Stapel wurde freigestellt.

Anschließend wurden die Benutzer /innen gebeten, die einzelnen Stapel verbal zu charakterisieren.

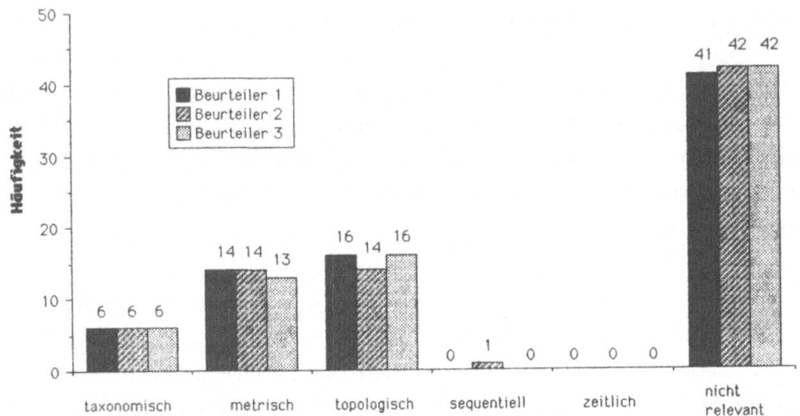

Abb. 3: Einteilung der Benutzungsprobleme in die Inkompatibilitätsklassen

Die Verteilung der Problembeschreibungen auf die theoretisch hergeleiteten Klassen ist für die drei Beurteiler in Abbildung 3 dargestellt. Aufgrund dieser Ergebnisse liegen in der erhobenen Stichprobe von Problembeschreibungen taxonomische, metrische und topologische Inkompatibilitäten sowie theorieirrelevante Probleme vor. Im folgenden wird daher von vier Inkompatibilitätsklassen (drei taxonomierelevanten und einer Restklasse) ausgegangen.

Für jede der drei taxonomierelevanten Klassen sei ein Beispiel angeführt: (1) Taxonomische Inkompatibilität: "In der Konzipierungsphase interessieren mich nur funktionale Aspekte, die genaue Geometrie ist für mich nicht von Belang. Wenn ich nun am CAD-System arbeite, bin ich jedoch gezwungen, eine exakte geometrische Gestalt einzugeben." Das mentale Modell in diesem Fall ist offenbar topologisch, genauer relational (vgl. auch Abschn. 2: Funktionsmodelle sensu Yoshikawa), das rechnerinterne jedoch metrisch. (2) Topologische Inkompatibilität: "Eine Linie wird über eine schon bestehende Linie gezeichnet. Wird nun die zuletzt gezeichnete Linie gelöscht, verschwinden beide Linien vom Bildschirm. Die untere Linie ist jedoch im Speicher noch vorhanden und wird wieder auf dem Bildschirm angezeigt, wenn der Befehl zum Neuaufbau des Bildschirminhaltes gegeben wird." Die Eigenschaften "vorhanden" und "sichtbar" der Linie stimmen hier nicht mit dem mentalen Modell überein. (3) Metrische Inkompatibilität: "Beim Zeichnen mit mehreren Ansichten im 2D-Bereich wechseln die Achsrichtungen in Seitenansicht und Draufsicht. Dabei sind schwierige Umdenkprozesse notwendig, um in Seitenansicht und Draufsicht etwas zu verändern." Die Schwierigkeit resultiert hier aus der Inkompatibilität der

Polaritäten von Raumdimensionen.

Die Übereinstimmung zwischen den drei Beurteilern stellt Tabelle 1 dar. Neben der prozentualen Übereinstimmung finden sich dort auch Cohen'sche Kappa-Koeffizienten, die den Anteil überzufälliger Urteilsübereinstimmung, relativiert an der maximal möglichen überzufälligen Übereinstimmung, angeben. Alle Werte sind statistisch hoch signifikant ($\alpha \le 0,001$).

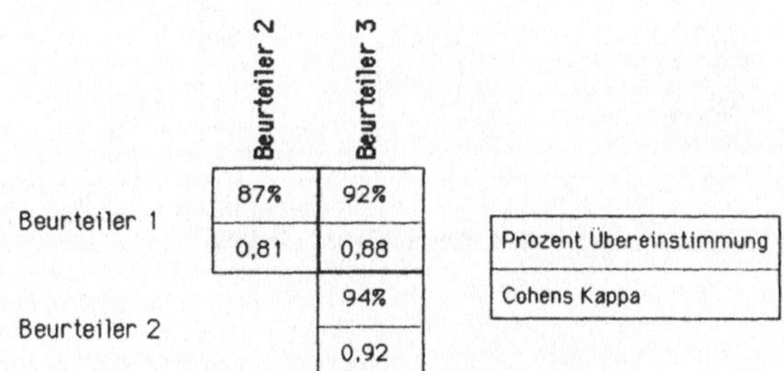

Tab. 1: Übereinstimmung zwischen den Beurteilern

Anhand der Klassifikationen der Benutzer/innen wurden Ähnlichkeitswerte für alle Paare von Problembeschreibungen bestimmt (vgl. Rubin 1967, S. 108). Anschließend wurde eine partitionierende Clusteranalyse mit k=4 Clustern durchgeführt. Die Anzahl der Cluster wurde aufgrund der Ergebnisse der konstruktgeleiteten Klassifikation festgelegt (s. o.). Als Optimierungskriterium wurde in Anlehnung an Rubin (1967, S. 116) die mittlere Itemstabilität gewählt. Die gefundene Clusterlösung läßt sich grob wie folgt charakterisieren: In Cluster 1 finden sich u. a. Probleme, die daraus resultieren, daß Objekte auf dem Bildschirm dargestellt werden, die (zumindest an dieser Stelle) nicht erwartet werden, weil sie z. B. gelöscht, verschoben oder an einer anderen Stelle eingegeben wurden. Dieser Teilgruppe wurde in der theoriegeleiteten Klassifikation als "topologisch" klassifiziert. Weitere Items beziehen sich z. B. auf das "Herausholen" einer Detailzeichnung oder die Zuordnung der Bemaßung zu einem Objekt. Vorherrschend sind in Cluster 2 solche Fälle, wo durch die Bildschirmdarstellung der "Überblick" über die Zeichnung bzw. die Vorstellung des technischen Objektes beeinträchtigt wird. Andere Problembeschreibungen beziehen sich auf die CAD-spezifische Arbeitsweise, die sich u. a. durch (über)große Genauigkeit und "Beschreiben" statt "Zeichnen" auszeichnet. In diesem Cluster befinden sich alle taxonomischen Inkompatibilitäten. In Cluster 3 sind v. a. Schwierigkeiten vertreten, die aus der Anwendung eines 3D-Systems für Arbeitsaufgaben im 2D-Bereich oder aus der Arbeit mit mehreren Ansichten resultieren. In Cluster 4 finden sich fast ausschließlich Beeinträchtigungen durch mangelnde Systemgeschwindigkeit oder schwer zu erlernende und zu behaltende Befehle. Die hier vertretenen Problembeschreibungen gehören bis auf eine nicht zum Gegenstandsbereich der Taxonomie.

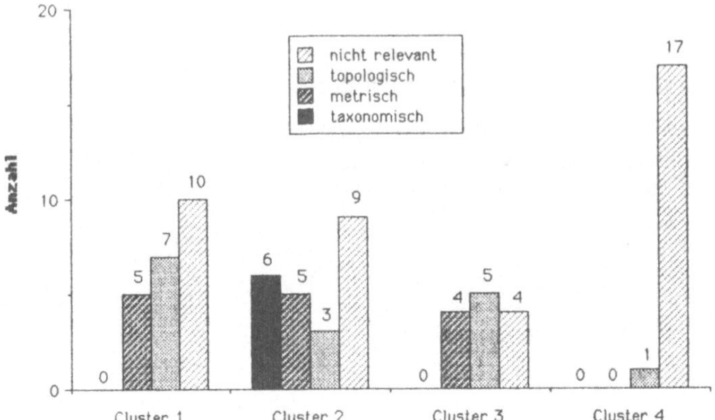

Abb. 4: Verteilung der theoretischen Klassen innerhalb der Cluster

Abbildung 4 veranschaulicht den Zusammenhang zwischen der theoriegeleiteten Klassifikation und dem Ergebnis der Clusteranalyse anhand der Daten von Beurteiler 1. Aufgrund der hohen Übereinstimmung zwischen den Beurteilern ergibt sich für die beiden anderen Beurteiler ein sehr ähnliches Bild; auf die Darstellung wurde daher aus Platzgründen verzichtet. Die statistische Prüfung zeigt für alle drei Beurteiler hochsignifikante Zusammenhänge ($\alpha \leq 0{,}001$; $0{,}64 \leq CC_{korr} \leq 0{,}66$).

4 Diskussion und Folgerungen

Das erste wesentliche Anliegen dieser Untersuchung war die Klärung der Frage, ob sich vorhandene Probleme bei der Benutzung von CAD-Systemen aufgrund der vorgeschlagenen Taxonomie hinreichend objektiv klassifizieren lassen. Die Ergebnisse der Untersuchungsphase 2 lassen es zu, diese Frage positiv zu beantworten (vgl. Tab 1). Weiterhin erscheint der Anteil taxonomierelevanter Probleme von über 40% angesichts der sehr offenen Fragestellung bei der Erhebung der Problembeschreibungen nicht als gering; die vorgestellte Taxonomie bezieht sich lediglich auf Benutzungsprobleme durch Inkompatibilitäten zwischen mentalen und rechnerinternen Modellen, was selbstverständlich nur eine unter mehreren Ursachen für auftretende Probleme sein kann. Der gewählte kognitionspsychologische Ansatz stellt somit einen sinnvollen Ausgangspunkt zur Erfassung und Erklärung vieler Benutzungsprobleme bei CAD-Systemen dar.

Hinsichtlich der Kontingenz zwischen theoriegeleiteter Klassifikation und der Klassifikation durch die Benutzer stellt sich die Situation differenzierter dar. Wenn auch ein allgemeiner Zusammenhang von nicht unerheblicher Größe besteht, ist doch das Ergebnis bei der Betrachtung der einzelnen Kategorien teilweise weniger eindeutig. Die als taxonomische Inkompatibilitäten klassifizierten Items finden sich vollständig in einem Cluster. Dies ist deshalb erfreulich, weil diese Klasse in einem besonders direkten Bezug zur vorgeschlagenen Taxonomie steht. Weiterhin ist auch eine "Grenze der Taxonomie" in der Clusterstruktur erkennbar: In Cluster 4 finden sich praktisch keine taxonomierelevanten Items. Die topologischen und metrischen Inkompatibilitäten verteilen sich hingegen auf drei der insgesamt vier Cluster. Auf der Ebene einzelner Probanden finden sich jedoch durchaus Hinweise auf die Existenz "topologischer Klassen". Sie bildeten Klassen mit Elementen, die von den Beurteilern als topologische Inkompatibilitäten klassifiziert worden waren und bezeichneten diese in einer Weise, die der Definition einer topologischen Inkompatibilität recht nahe kommt ("Es ist etwas nicht mehr da, was eigentlich da ist" bzw. "Die Zugehörigkeit von Elementen ist nicht klar"). Im Falle der metrischen Inkompatibilitäten scheint die Verteilung der einzelnen Items auf mehrere Cluster u. a. darauf zurückzuführen zu sein, daß die Benutzer hier wesentlich differenzierter urteilten. Dies ist nicht weiter verwunderlich, da viele verschiedene Aspekte der Konstruktionsarbeit mit metrischen Repräsentationen technischer Objekte in Beziehung stehen.

Eines der von den Benutzern beschriebenen Probleme soll an dieser Stelle noch einmal näher besprochen werden. Es bestand darin, daß den Konstrukteur in der Konzipierungsphase (Funktionsfindung, Prinziperarbeitung) lediglich funktionale Aspekte interessieren, das CAD-System jedoch die Eingabe einer exakten geometrischen Gestalt verlangt (s. o.). Interpretiert wurde dies dahingehend, daß in dieser Phase topologische mentale Modelle vorliegen (vgl. hierzu auch Yoshikawas Konzeption topologischer Eigenschafts- und Funktionsmodelle in Abschn. 2, die sich ebenfalls auf frühe Konstruktionsphasen bezieht). Diese Überlegung führt zu einem Aspekt der Gestaltung von CAD-Systemen. Verschiedentlich wurde gefordert, eine Möglichkeit zur Freihandeingabe von Skizzen zu schaffen (vgl. z. B. Waern 1989, Kap. 11). Im Rahmen des ESPRIT-Projekts 1217 (1199) "Human Centered CIM" (Rasmussen et al. 1987) wurde ein "elektronischer Skizzenblock" als CAD-Eingabegerät entwickelt. Vor dem Hintergrund der oben ausgeführten Überlegungen erscheint eine solche Lösung als sinnvoll, da sie es dem Konstrukteur gestattet, Entwürfe funktionaler Strukturen in gewohnter Weise zu fixieren, ohne ein präzises metrisches Modell generieren zu müssen. Über ein solches Eingabegerät hinaus sollte eine CAD-interne "Ideenbank" zur Archivierung solcher Skizzen vorhanden sein. Weiterhin ist nicht nur davon auszugehen, daß die Art der konstruktiven Aufgabe Struktur und Inhalt des mentalen Modells beeinflußt. Vielmehr kann mit einiger Sicherheit angenommen werden, daß verschiedene Personen je nach ihren individuellen Arbeits- und Denkgewohnheiten unterschiedliche mentale Modelle generieren werden. Daraus ist zu folgern, daß bei der Gestaltung von CAD-Systemen im Sinne der hier vorgestellten Taxonomie unterschiedliche Methoden der Darstellung rechnerinterner Modelle auf der Benutzeroberfläche sowie der Erzeugung und Manipuation dieser Modelle vorgesehen werden müssen. Während des Entwicklungsprozesses sind die von den zukünftigten Benutzern üblicherweise verwendeten Modellarten zu identifizieren, etwa durch Untersuchungen am bisherigen Arbeitsplatz oder an Prototypen des Systems.

Die hier vorgestellte Systematik der Inkompatibilitäten ist keineswegs auf den Anwendungsbereich CAD beschränkt. Untersuchungen in anderen Gegenstandsbereichen wären wünschenswert. Ein Ziel solcher Untersuchungen könnte es sein, die vorgeschlagene Systematik der Inkompatibilitätsarten als "konzeptuelles Raster" zur Identifikation potentieller Inkompatibilitätsquellen
während des Gestaltungsprozesses nutzbar zu machen.

Abschließend soll der hier vorgeschlagene Ansatz in Beziehung gesetzt werden zu den in der
DIN-Norm 66234, Teil 8, aufgeführten Kriterien der Dialoggestaltung. Taxonomische Inkompatibilitäten (bzw. die Vermeidung derselben) entsprechen in etwa dem Aspekt der Aufgabenangemessenheit. Topologische Inkompatibilitäten korrespondieren mit mangelnder Erwartungskonformität. Vielleicht könnte die in dieser Arbeit entwickelte Konzeption einen Beitrag zur
bisher mangelhaften theoretischen Fundierung dieser Gestaltungsrichtlinien leisten.

Literatur

Johnson-Laird, P. N. (1983). Mental Models. Towards a cognitive science of language, inference,
and consciousness. Cambridge: Cambridge University Press.
de Kleer, J. & Brown, J. S. (1983). Assumptions and ambiguities in mechanistic mental models. In
Gentner, D. & Stevens, A. (Eds.), Mental Models. Hillsdale, N. J.: Erlbaum.
Rasmussen, L. B., Tøttrup, P., Andersen, E., Andersen, K. M. & Hansen, F. (1987). Work
Culture and CAD Requirements. ESPRIT Project 1217 (1199) Human-Centered CIM
Systems, Deliverable R 12. o. O..
Rubin, J. (1967). Optimal classification into groups: an approach for solving the taxonomy
problem. Journal of Theoretical Biology, 15, 103-144.
Streitz, N. A. (1988). Metaphors, analogies, and mental models: implications for the design of
adaptive user-system interfaces. In Mandl, H. & Lesgold, A. (Eds.), Learning Issues for
Intelligent Tutoring Systems. New York: Springer.
Waern, K.-G. (1988). Cognitive aspects of computer aided design. In Helander, M. (Ed.),
Handbook of Human-Computer Interaction. Amsterdam: North-Holland.
Waern, Y. (1989). Cognitive Aspects of Computer Supported Tasks. New York: Wiley.
Yoshikawa, H. (1983). Designer's designing models. In Hubka & Andreasen (Eds.), Computer
Aided Design, Konstruktionsmethoden, Design Methods. Proceedings of ICED 83. Zürich:
Heurista.

* * *

Dipl.-Psych. Ernst A. Hartmann
RWTH Aachen
Hochschuldidaktisches Zentrum
Rolandstr. 7-9
5100 Aachen

Dr. Edmund Eberleh
SAP AG
Abt. SAA-C
Max-Planck-Str. 8
6909 Walldorf

Diskussionsgruppe

Benutzungsoberflächen von CAD-Systemen - Standardisierung versus Individualisierung?

Einleitung

(Andreas M. Heinecke, Hamburg)

Die vielen verschiedenen am Markt erhältlichen CAD-Systeme unterscheiden sich stark in Bezug auf Anwendungsgebiet, Leistungsumfang, Hardware-Anforderungen und Benutzungsoberfläche. Mit dem Ziel, Vergleichsmaßstäbe für unterschiedliche CAD-Systeme zu setzen, Übergänge und Kommunikation zwischen CAD und anderen Systemen zu erleichtern, einen Leitfaden für die Entwicklung neuer bzw. die Weiterentwicklung existierender CAD-Systeme zu bilden und als Ordnungsschema im Vorfeld internationaler Normen zu dienen, wurde ein Referenzmodell für CAD-Systeme (Abeln, 1989) von einem Arbeitskreis der Fachgruppe 4.2.1 "Rechnerunterstütztes Entwerfen und Konstruieren" in der Gesellschaft für Informatik entwickelt. Dieses Referenzmodell gliedert die Gesamtfunktion eines CAD-Systems in eine Reihe von Dienstleistungen oder Funktionsgruppen, wobei die Benutzungsoberfläche und Benutzungsunterstützung durch eine solche Funktionsgruppe realisiert wird.

Gegenüber den Benutzer/innen erscheint jedoch die Benutzungsoberfläche als das gesamte System (Norman und Draper, 1986). Ihrer Gestaltung kommt also besondere Bedeutung zu, zumal sich daraus auch Rückwirkungen auf andere Funktionsgruppen des Modells wie etwa die Organisation des Konstruktionsablaufs oder die Anwendungsbezogene Systemkonfiguration ergeben. In der Vergangenheit sind hier Defizite deutlich geworden (John, 1987), was auch zu verschiedenen Arbeiten geführt hat, die sich mit der Verbesserung der Benutzungsoberfläche von existierenden CAD-Systemen beschäftigen. Hierbei werden meist jedoch nur bestimmte Gestaltungsaspekte berücksichtigt. Schwerpunkte bilden etwa die Frage der Aufgabenangemessenheit und Funktionalität (z.B. Martin, 1989; Heinecke und Koschel, 1989), die Dialogstrukturen und die Dialogführung (z.B. Schwier und Philipsen 1989) und die Gestaltung der Interaktionsoberfläche (z.B. Frieling und Pfitzmann, 1987). Andererseits gibt es eine große Zahl von Empfehlungen zur Gestaltung von Benutzungsoberflächen (z.B. Smith und Mosier, 1986) bis hin zu Richtlinien und Normen (z.B. DIN 66234, VDI 5005). Diese sind jedoch häufig von allgemeinem Charakter und müssen für eine konkrete Umsetzung im Rahmen einer bestimmten Anwendung wie etwa CAD noch weiter operationalisiert werden. Dies ist in den oben genannten Projekten zur Gestaltung der Interaktionsoberfläche und zu Dialogstruktur und Dialogführung für einzelne CAD-Systeme bzw. -Anwendungen durchgeführt worden. Eine Gesamtbetrachtung der Benutzungsoberfläche unter ergonomischen Gesichtspunkten mit dem Ergebnis konkreter Richtlinien für die Gestaltung auch unabhängig von existierenden Systemen steht dagegen noch aus.

Der Arbeitskreis "Benutzungsoberflächen von CAD-Systemen" in der Fachgruppe 4.2.1 der GI hat zum Ziel, Kriterien für die menschengerechte Gestaltung der Benutzungsoberfläche von CAD-Systemen zu entwickeln. Hierbei werden die Erfahrungen der Benutzer/innen mit existierenden CAD-Systemen ebenso berücksichtigt wie Forschungsergebnisse aus Software-Ergonomie und Arbeitswissenschaft. Aufbauend auf dem IFIP-Modell für Benutzerschnittstellen (Dzida, 1983) werden zunächst die einzelnen Komponenten der Benutzungsoberfläche herausgearbeitet. Für diese Komponenten wird durch Benutzerbefragungen und aus der Literatur und eigenen Forschungsvorhaben der Ist-Zustand analysiert. Im dritten Schritt sollen dann für die einzelnen Komponenten der Benutzungsoberfläche Gestaltungsempfehlungen gegeben werden. Bereits in den einführenden Überlegungen des Arbeitskreises (Heinecke u.a., 1989) findet sich als ein wichtiger Gestaltungsgrundsatz für CAD-Benutzungsoberflächen die Forderung nach Anpaßbarkeit und Konfigurierbarkeit des Systems, verstanden einerseits als die Möglichkeit zur Individualisierung des Systems für einzelne Benutzer/innen (vgl. Oppermann, 1989) und andererseits als die Möglichkeit, daß CAD-System flexibel in die bestehende betriebliche Organisation einpassen zu können.

Es ergibt sich so ein Spannungsfeld zwischen dem Wunsch nach konkreten Gestaltungsempfehlungen und Richtlinien für die Benutzungsoberfläche des CAD-Systems und einer weitgehenden Flexibilität und Anpaßbarkeit auf verschiedenen Ebenen, das unter anderen zu folgenden Fragestellungen führt:
* Wem nützen Gestaltungsempfehlungen für CAD-Benutzungsoberflächen (Benutzer/innen, Systembetreuer/innen, Anwender/innen, Entwickler/innen)?
* Wie konkret sollen und können Gestaltungsempfehlungen sein?

* Wie wirken sich Normen und Markt-Standards auf die Entwicklung, Anwendung und Benutzung von CAD-Systemen aus?

* Lassen sich Gestaltungsempfehlungen oder Richtlinien zur Flexibilität formulieren?

* Wer darf / kann /soll welche Elemente des CAD-Systems und seiner Benutzungsoberfläche anpassen oder individualisieren (Benutzer/innen, Systembetreuer/innen, Anwender/innen, Systementwickler/innen)?

* Wie verträgt sich individualisierte Systemnutzung mit betriebsinternen Regelungen und Verfahren?

* Beeinträchtigt oder verbessert Individualisierbarkeit die Kommunikation unter und zwischen Konstrukteur/inn/en und technischen Zeichner/inne/n?

* Erleichtert Anpaßbarkeit des CAD-Systems die Arbeit der Benutzer/innen oder stellt sie zusätzliche Anforderungen, die zu neuen Belastungen führen?

* Wie muß ein CAD-System daten- und programmtechnisch beschaffen sein, um eine weitgehende Flexibilität zu ermöglichen?

* Inwieweit kann das CAD-System die Anpassung oder Individualisierung, etwa durch Hilfesysteme oder Vorschläge, unterstützen?

In der Diskussion sollen diese Fragen aus Sicht der verschiedenen Fachdisziplinen (Informatik, Arbeitswissenschaft, Ingenieurswissenschaft, Psychologie) und der verschiedenen an der Gestaltung von CAD-Benutzungsoberflächen interessierten Personengruppen (Benutzer/innen, Anwender/innen, Systementwickler/innen) erörtert werden.

Individualisierung und Standardisierung
(Dagmar Cords, Bremen)

Ausgangspunkt meiner Überlegungen ist die These von Andreas Heinecke, daß sich die Diskussion um CAD-Benutzungsoberflächen im Spannungsfeld zwischen dem Wunsch nach Standards - im Sinne von konkreten Gestaltungsrichtlinien - und dem Wunsch nach Individualisierung bewegt.

Individualisierung läßt sich nicht vermeiden, denn eine standardisierte Oberfläche ist nur für den "optimalen" CAD-Nutzer im "optimalen" CAD-Anwendungsfall optimal. CAD-Systeme können nicht für den Einzelfall geschneidert werden, betriebliche Einzelfälle sind aber von den Menschen, den Aufgaben, dem Produkt, der Organisation, der Managementstrategie, der Betriebskultur her unterschiedlich, zudem ändern sich all diese Bedingungen mit der Zeit. So kam gerade bei der Betrachtung unterschiedlicher Anwendungsfälle die Diskussion im Arbeitskreis "Benutzungsoberflächen" auf Individualisierung (oder "weiche" Soll-Regelungen), hiermit setzte der AK "Erweitertes Referenzmodell" in seiner Kritik an Standardisierung an. Da ich zudem der These zustimme, daß sich dem Nutzer über die Oberfläche das ganze System darstellt, betrifft diese Aussage auch die Funktionalität, es wird nicht nur Individualisierung, sondern eine produkt- und aufgabenspezifische Anpassung erforderlich.

Das Leben mit diesem Spannungsfeld hat aber m. E. nichts Besorgniserregendes. Denn die Möglichkeit zur Anpassung entledigt den Entwickler nicht von der Mühe einer - bezogen auf eine Nutzergruppe oder Aufgabenstellung - durchdachten "optimalen" Voreinstellung. Auch sind Standards durchaus von großer Bedeutung, allerdings mehr im Hinblick auf standardisierte Schnittstellen zur Konfigurierung und Erweiterung der Systeme.

Mein Arbeitsschwerpunkt im Forschungszentrum Arbeit und Technik, das sich mit arbeitsorientierter Technikbewertung und -gestaltung befaßt, liegt bei der Erstellung von Empfehlungen für die Individualisierung und betriebliche Anpassung von CAD. Denn auch für Anpassungen, deren Erstellung und Pflege sind m. E. Empfehlungen notwendig. Im Zentrum meines Interesses stehen dabei Arbeiten, die direkt von den Benutzern durchgeführt werden. Wesentlich ist dabei, daß Individualisierung und Anpassung nicht nur ein technisches Problem ist, sondern auch organisatorische und qualifikatorische Voraussetzungen und Veränderungen erfordert, auf die sich ein Großteil der Empfehlungen beziehen wird.

Standardisierung und Individualisierung
(Werner Diedrich, Darmstadt)

Standardisierung Hier: Vorgang der Erarbeitung von Normen, Gestaltungsempfehlungen, betriebsinternen Arbeitsunterlagen usw. nach gesicherten arbeitswissenschaftlichen Erkenntnissen und Anwendung dieser "Standards" bei der Gestaltung von Benutzungsoberflächen. Bestrebungen nach einer "Einheitlichen Benutzungsoberfläche" zählen ebenfalls zur Standardisierung.

Individualisierung Hier: Nutzung von Gestaltungsmöglichkeiten einzelner Benutzungsoberflächen mit dem Ziel, die jeweilige Benutzungsoberfläche an die Fähigkeiten, Bedürfnisse und Wünsche des jeweiligen Benutzers unter Berücksichtigung seiner Arbeitsaufgaben anzupassen. Diese Anpassung kann entweder vorzugsweise vom Benutzer selbst oder von anderen vorgenommen werden. Individualisierung - umfassend betrachtet - beschränkt sich jedoch nicht nur auf die Veränderung von Details der Benutzungsoberfläche, sondern heißt auch, daß der Benutzer den Funktionsumfang beeinflussen kann und letztlich über Art und Umfang der Arbeitsaufgabe sowie die Funktionsteilung Mensch-Rechner mitbestimmen kann. Triebe, Wittstock und Schiele (1987, S. 173) kommen zu der Auffassung, daß individuell adaptierbare Benutzer-Schnittstellen "... eines der wichtigsten Mittel zur Beanspruchungsoptimierung, Streßprävention und Persönlichkeitsförderlichkeit darstellen." Außerdem werden adaptierbare Benutzungsschnittstellen als wichtige Voraussetzung für differentielle und dynamische Arbeitsgestaltung angesehen (vgl. Triebe, Wittstock und Schiele 1987, S. 70 und Döbele-Berger, Holl und Nullmeier 1988, S. 5). Anpaßbarkeit, Steuerbarkeit, Flexibilisierbarkeit, Konfigurierbarkeit, Adaptierbarkeit und Partizipation stehen in engem Zusammenhang mit Individualisierbarkeit.

Standardisierung:

+ Einheitliche Benutzungsoberflächen erlauben, erworbenes Wissen zu erhalten (hohe Erwartungskonformität, kürzere Einarbeitungszeiten).
+ Kommunikation und Dokumentation werden erleichtert oder erst ermöglicht (Bspl.: Bestimmte Schraffuren für bestimmte Materialien).
+ Berücksichtigung von Standards bereits bei der Software-Produktion ist rationell, Anpassungen im Betrieb sind zeit- und kostenintensiv.
− Unterschiedlichen Benutzern, ihren sich ändernden Erfahrungen bei sich ändernden Arbeitsaufgaben wird man mit einer einheitlichen (= starren) Benutzungsoberfläche nicht gerecht.

Individualisierung:

+ Möglichkeit der optimalen Nutzung menschlicher Fähigkeiten, Bedürfnisse und Wünsche.
+ Schaffung von Entwicklungsmöglichkeiten.

- Kommunikation zwischen Benutzern, z.B. auch bei der Fehlersuche wird erschwert.

Voraussetzungen für eine angemessene Individualisierung fehlen noch weitgehend:
- Benutzer und Systementwickler müssen, um ihren Beitrag im Rahmen des Gestaltungsprozesses einbringen zu können, entsprechend qualifiziert sein und über genügend Spielraum (auch zeitlich) für die Entwicklung verfügen.
- Software-Unterstützung (Simulation, Aufzeigen von Abhängigkeiten zu anderen Anwendungen, Arbeitsaufgaben, -plätzen) wird gebraucht.
- Evaluationsverfahren, mit denen Unterschiede zwischen den Alternativen zuverlässig und schnell erfaßt werden können, sind noch in einem frühen Stadium der Entwicklung.

Die Möglichkeiten der Individualisierung sind eingeschränkt bei (vgl. Döbele-Berger, Holl und Nullmeier 1988, S. 4, 5):
- Verarbeitung sicherheitstechnischer Daten,
- Verarbeitung von Daten, die dem Datenschutz unterliegen (z.B. Personaldaten),
- gemeinsamer Nutzung von Software, z.B. bei integrierten Systemen,
- Arbeitstätigkeiten, die ein hohes Maß an Kooperation erfordern.

Systementwickler sind es eher gewohnt - und es fällt ihnen daher leichter - Standards umzusetzen, als gemeinsam mit Benutzern Benutzungsoberflächen zu entwickeln. Und für Benutzer und ihre Interessenvertretungen ist es einfacher, Produkte anhand von Standards zu prüfen und ggf. Verbesserungen durchzusetzen als zeit- und kostenaufwendige Testreihen durchzuführen.

Meine Einschätzung:
Bereits bei der Produktion von Benutzungsoberflächen sollen gesicherte arbeitswissenschaftliche Erkenntnisse berücksichtigt werden. Bewegen sich diese auf hohem Abstraktionsniveau - in dieser Situation befinden wir uns noch in weiten Bereichen der Software-Ergonomie -, bedarf es schon in dieser Phase der Konkretisierung (mit Hilfe der Arbeitsanalyse, Benutzerbefragung usw.). Eine derartige Berücksichtigung von Arbeitsaufgaben und Benutzeranforderungen und -merkmalen

stellt bereits eine schwach ausgeprägte Form der Individualisierung dar und ist damit ein erster wichtiger Schritt in Richtung einer dem Benutzer und seinen Arbeitsaufgaben angemessenen Benutzungsoberfläche. Die Möglichkeit, die Benutzungsoberfläche individuell anzupassen, ist dann ein zweiter anzustrebender Schritt.

Benutzungsoberflächen-Standards behindern eine innovative Entwicklung

(Matthias Gößmann, Erlangen)

Auf dem Markt haben sich eine Vielzahl von CAD-Systemen in unterschiedlichen Ausprägungen etabliert, die für verschiedene Aufgabenstellungen und Zielgruppen entwickelt wurden. Diese Systeme besitzen teilweise eine größere Vergangenheit und unterschiedliche Marktanteile (Quasi-Standards).

Die Anwender und Benutzer wünschen sich einerseits eine Benutzungsoberfläche der CAD-Systeme, die anderen ähnelt und sich bei zukünftiger Weiterentwicklung nicht wesentlich ändert.

1. Einigung auf Standards erfolgt sehr spät.

Aus marktpolitischen Gesichtspunkten ist es nicht möglich, vor der Markteinführung eines neuen Systems, sich mit den Mitanbietern auf einen Standard zu verständigen, der genau diese Innovation standardisiert. Der Marktvorteil gegenüber den Mitanbietern kann verloren gehen, da frühzeitig Entwicklungstendenzen bekannt werden. Außerdem verzögert es die Entwicklung. Im Normalfall wird die Problematik einer Standardisierung erst dann erkannt, wenn sich Systeme mit gleicher oder ähnlicher Funktionalität auf dem Markt befinden. Daraufhin erfolgt ein lang andauernder Abstimmprozeß, bis ein Standard entwickelt wird.

Daraus ergibt sich:
2. Standards wirken kontra-innovativ.

3. Es ist nicht möglich, nach einer Markteinführung eines Systems, die Benutzungsoberfläche erheblich zu verändern.

Bis zur Verabschiedung einer Norm oder eines Standards kann nach der Markteinführung ein Jahrzehnt vergehen. Systeme besitzen dann teilweise bereits eine lange Vergangenheit und eine Vielzahl von Benutzern, die auf der gewohnten Handhabung bestehen. Eine generelle Änderung ist somit nicht durchsetzbar.

Daraus ergibt sich:
4. Es wird auf dem Markt immer Systeme unterschiedlicher Handhabung geben, die nicht Standard sind.

5. Standards können nur richtungsweisend sein.

Bei der Entwicklung eines neuen Systems kommt es immer wieder vor, daß die vorhandenen Standards nicht ausreichen und sogar der Funktionalität widersprechen. Hier muß entschieden werden, ob der Standard sinnwahrend erweitert werden kann oder dem Nicht-Standard der Vorzug gegeben werden muß.

Ein Standard, der diese Konflikte nicht aufweist, kann nur sehr global abgefaßt sein. Er läßt eine große Interpretationsmöglichkeit offen und ermöglicht damit eine Innovation. Der Effekt der Vereinheitlichung wird allerdings verfehlt und ist damit für den Benutzer nicht sonderlich nützlich.

Werden Systeme nur nach einem Standard entwickelt, dann ergibt sich daraus:
6. Benutzungsoberflächen-Standards behindern eine innovative Entwicklung.

Was bringt dem CAD-Anwender die Zukunft?
(Jürg Zehr, Uster / Schweiz)

Als CAD-Anwender hat man sich zwischenzeitlich mehr oder weniger an das "elektronische Zeichenbrett" gewöhnt. Einerseits ist man erstaunt, was die heutige Generation der CAD-Systeme alles so zu bieten haben, andernseits ist man mit dem Vorhandenen schnell einmal nicht mehr zufrieden. Man will noch schnellere, komfortablere und vor allem billigere Systeme. Die Ansprüche an Hard- und Software steigen immer höher. Trotzdem kommt irgendwann die Ernüchterung, wenn es darum geht, die erzeugten Daten weiter zu verarbeiten. Durch die Individualisierung und Vielfalt von Systemen entstehen Ungereimtheiten, die beim Datentransfer zu Problemen führen können. Kommen dann noch die Schwierigkeiten mit den Schnittstellen (trotz 100%ig versprochener Kompatibilität) oder Softwarefehler bei Revisionen dazu, so ist die Enttäuschung perfekt.

Ich bin der Meinung, dass diese Problematik angegangen werden muss, denn immer mehr Firmen entschliessen sich für die Einführung und Verknüpfung solcher Systeme, auch mit andern Bereichen und Firmen. Hier einige Beispiele zu diesem Thema, die uns Schwierigkeiten bereiten:

Datenübergabe auf PC oder Fremd-Systeme:
- Uebernahme von Zeichnungen in Textsysteme
- NC-Daten auf kleinere Systeme (Versuchswerkstatt)
- Herstellung von Modellen (Stereo-Lithographie)
- Zulieferanten und Kunden (Anbauvarianten)
- usw.

Als Anwender bin ich an einer Individualisierung interessiert, wenn oben erwähnte Schwierigkeiten beseitigt werden könnten. Gleichzeitig finde ich, dass für eine reibungslose Kommunikation zwischen den unterschiedlichen Systemen eher eine Standardisierung anzustreben ist. Und zwar eine 100%ige! Ich bin mir bewusst, dass diese widersprüchlichen Forderungen bei dem heutigen Angebot an CAD-Systemen kaum gelöst werden können.

Inwieweit eine weitere Individualisierung der Benützeroberfläche sinnvoll ist, werden die gemachte Umfrage unter den CAD-Anwendern und die Diskussionsrunden an der Software-Ergonomie'91 zeigen. In unserer Firma habe ich jedenfalls festgestellt, dass die CAD-Anwender das bei uns installierte System (Medusa, Prime) unterschiedlich nutzen. Aeltere und unerfahrene Anwender beschränken sich auf die allernötigsten Eingabebefehle, Jüngere und Erfahrene dagegen nutzen die ganze Palette der vom System zur Verfügung gestellten Möglichkeiten. Sie benutzen auch die Gelegenheit, mit Makros oder eigenen in BaCIS geschriebenen Programmen, ihre individuellen Menübefehle oder Hilfsprogramme selber zusammenzustellen. Das zeigt, dass die Anforderungen der CAD-Anwender an die Benützeroberfläche sehr unterschiedlich sein können und es nicht einfach sein wird, allen Anwendern eine für sie optimale Lösung vorzulegen. Ich verspreche mir daher einiges von der Software-Ergonomie'91 und hoffe, dass ein Weg gefunden wird, der in Zukunft alle Beteiligten befriedigen kann.

Literatur

Abeln, O. (1989): Referenzmodell für CAD-Systeme, Bericht aus einem Arbeitskreis der GI. Informatik Spektrum Band 12 Heft 1.

Döbele-Berger, C.; Holl, F.; Nullmeier, E. (1988): Individualisierbarkeit von Software durch Endbenutzer - Realistische Entwicklung oder Übergangslösung? Abschlußberichte der 8. MMK-Tagung, Niedenstein/ Kassel 13.-16.11.1988.

Dzida, W. (1983): Das IFIP-Modell für Benutzerschnittstellen. Office Management, Sonderheft 31.

Frieling, E.; Pfitzmann, J. (1987): Neuentwicklung einer Menütablett-Vorlage, in: Schönpflug, W. und M. Wittstock (Hrsg.), Software-Ergonomie'87. Teubner, Stuttgart.

Heinecke, A.M.; Fischer, M.; Martin, P.; Gößmann, M.; Pfitzmann, J. (1989): Probleme bei der Gestaltung von CAD-Benutzungsoberflächen, in: Paul, M. (Hrsg.), GI - 19. Jahrestagung 1989 II. Springer-Verlag, Berlin u.a.

Heinecke, A.M.; Koschel, M. (1989): Benutzungsoberflächen von CAD-Systemen: Ist weniger mehr? , in: Maaß, S.; Oberquelle, H. (Hrsg.), Software-Ergonomie'89. Teubner, Stuttgart.

John, P. (1987): A requirements specification for next-generation CAD systems, in: Bullinger, H.-J. und Shackel, B. (Ed.), INTERACT'87. North-Holland, Amsterdam.

Martin, P. (1989): Aufgabenangemessene Gestaltung von CAD-Systemen , in: Maaß, S.; Oberquelle, H. (Hrsg.), Software-Ergonomie'89. Teubner, Stuttgart.

Norman, D.A.; Draper, S.W. (1986): User Centered System Design. Lawrence Erlbaum Associates, London.

Oppermann, R. (1989): Individualisierte Systemnutzung, in: Paul, M. (Hrsg.), GI - 19. Jahrestagung 1989 II. Springer-Verlag, Berlin u.a.

Schwier, W.; Philipsen, G. (1989): Aufgabenorientierte Dialoggestaltung am Beispiel des CAD-Systems AutoCAD , in: Maaß, S.; Oberquelle, H. (Hrsg.), Software-Ergonomie'89. Teubner, Stuttgart.

Smith, S.L.; Mosier, J.N. (1986): Guidelines for Designing User Interface Software. The MITRE Corporation, Report ESD-TR-86-278.

Triebe, J.K.; Wittstock, M.; Schiele, F. (1987): Arbeitswissenschaftliche Grundlagen der Software-Ergonomie. Schriftenreihe der Bundesanstalt für Arbeitsschutz Dortmund - Sonderschrift S 24. Wirtschaftsverlag NW, Bremerhaven.

Teilnehmer der Diskussion

Dipl.-Ing. Dagmar Cords
Universität Bremen
Forschungszentrum Arbeit
und Technik
Postfach 330440
D-W 2800 Bremen 33

Dipl.-Inf. Matthias Gößmann
Siemens AG
AUT E 2154
Günther-Scharowski-Str. 1
D-W 8520 Erlangen

Dr. Andreas M. Heinecke
Universität Hamburg
FB Informatik / ANT
Troplowitstr. 7
2000 Hamburg 54

Dipl.-Ing. Werner Diedrich
Posttechnisches Zentralamt
Zentralstelle für Arbeitssicherheit und
Ergonomie
Postfach 100002
D-W 6100 Darmstadt

Jürg Zehr
Zellweger Uster AG
U31432
Wilstr. 11
CH-8610 Uster

Zur Schwierigkeit selbständigen Benutzerlernens durch Handeln

Raimund Schindler und Frank Belke
Humboldt-Universität zu Berlin, FB Psychologie

Zusammenfassung

Es wird die Hypothese erkundet, daß die Probleme unerfahrener BenutzerInnen beim Erlernen neuer Anwendungssysteme zum Teil auch daraus erwachsen, daß sie Schwierigkeiten bei der Generalisierung von Beispielwissen haben. Zwei Ursachenkomplexe werden diskutiert und im Experiment variiert: (1) Aufmerksamkeitsverteilung und (2) Interferenzen zwischen Lösungsfindung und Lernen. Die Ergebnisse stützen die Hypothese. Es werden Schlußfolgerungen für die Gestaltung von Benutzerschulungen und für die weitere Forschung gezogen.

1. Ziel

BenutzerInnen haben beträchtliche Probleme, die Handhabung neuer Anwendungssysteme zu erlernen.

In diesem Beitrag soll die Hypothese erkundet werden, daß die Schwierigkeiten unerfahrener BenutzerInnen nicht einfach darauf zurückzuführen sind, daß Computersysteme vielfach nicht sehr benutzerfreundlich gestaltet sind und daß der Benutzerschulung häufig zu wenig Aufmerksamkeit gewidmet wird. Wir vermuten demgegenüber, daß ein Teil der Probleme unerfahrener BenutzerInnen auf Besonderheiten ihres Lernens selbst zurückzuführen ist.

2. Theoretischer Hintergrund

BenutzerInnen lehnen Frontalunterricht ab. Sie versuchen, das Lesen in Handbüchern zu vermeiden und brechen häufig aus Trainingsprogrammen aus. Demgegenüber tendieren sie dazu, sehr schnell zum Lernen durch Handeln überzugehen (Scharer, 1983; Mack, Lewis & Carroll, 1983; Carroll et al., 1985; Carroll & Mazur, 1986).

Da Anwendungssysteme als Arbeitsmittel in den Arbeitsprozeß integriert sind, haben sie für die meisten BenutzerInnen nur Werkzeugcharakter. Sie sind nicht am Computersystem insgesamt interessiert, sondern nur an solchen Aspekten, die von funktioneller Bedeutung für die interaktive Aufgabenlösung sind (z.B. Rosson, 1984 a,b; Schindler, 1989). Eine Folge ist, daß sie aufgabenbezogen lernen. Richtschnur für die Aktivitäten, die BenutzerInnen beim Lernen durch Handeln entwickeln, ist die Aufgabenmenge, für deren Lösung das Anwendungssystem entwickelt wurde. Obwohl ihnen wesentliche Merkmale dieser Aufgabenstellungen aus ihrer bisherigen Tätigkeit bekannt sind, wird die interaktive Aufgabenlösung zum Problem. Es sind sowohl die Operatoren, mit deren Hilfe geforderte Zielzustände erreichbar werden, als auch deren Anwendbarkeitsbedingungen unbekannt; beides ist durch das neue Anwendungssystem festgelegt.

Aufgabenbezogenes Lernen durch Handeln hat also Problemlösecharakter. Die kritische Anforderung, die BenutzerInnen hierbei zu bewältigen haben, ist die Wissensgeneralisierung. Bei der Gestaltung des Anwendungssystems sind der/die EntwicklerInnen von bestimmten Prinzipien (Regeln) ausgegangen, was zur Folge hat, daß es Ähnlichkeiten zwischen den Lösungen konkreter Einzelaufgaben gibt. Je eher und besser diese Ähnlichkeiten erkannt werden, desto größer ist der Lernerfolg.

Beim Lernen durch Handeln geht es also nicht einfach darum, die Lösung von konkreten Einzelfällen zu finden und im Gedächtnis abzuspeichern. Die für den Lernerfolg kritische Anforderung besteht vielmehr darin, Einzelfälle nach Ähnlichkeiten durchzumustern und durch Prozesse der Wissensgeneralisierung Regeln (Schemata, Geschehenstypen) zu bilden, mit deren Hilfe Klassen von Aufgabenstellungen erkannt und gelöst werden können (Klix, 1989).

Die eingangs formulierte Hypothese beruht auf der Annahme, daß BenutzerInnen Schwierigkeiten haben könnten, die Lösung von Einzelfällen mit der Gewinnung von verallgemeinerbarem Wissen zu verbinden. Einerseits dadurch, daß sie sich von ihrem dominanten Ziel leiten lassen und ihre Aufmerksamkeit stärker auf das Finden von Lösungen für konkrete Aufgabenstellungen konzentrieren könnten als darauf, Schemata zu bilden (Carroll & Rosson, 1987). Andererseits ist denkbar, daß BenutzerInnen, die ihre Aufmerksamkeit auf beide Teilanforderungen zu richten versuchen, in eine Überforderungssituation geraten. Möglicherweise ist die Informationsverarbeitungskapazität unerfahrener BenutzerInnen durch die Lösungsfindung so stark beansprucht, daß Prozesse der Wissensgeneralisierung behindert werden (Sweller, 1988).

Die beiden Ursachenkomplexe können auch kombiniert wirken. Sie führen zum gleichen Effekt: Lernschwierigkeiten.

3.   Untersuchungsansatz

3. 1. Unabhängige Versuchsvariable

Die eingangs formulierte Hypothese kann also präziser formuliert werden: Wir vermuten, daß Schwierigkeiten bei der Generalisierung von Beispielwissen für einen Teil der Probleme verantwortlich sind, die unerfahrene BenutzerInnen beim Erlernen neuer Anwendungssysteme haben. Diese Hypothese kann geprüft werden, indem der Lerneffekt herkömmlichen Lernens durch Handeln mit dem von aufgabenbezogenen Lernformen verglichen wird, für die zweierlei gilt: (1) die Aufmerksamkeit der LernerInnen wird auf die Wissensgeneralisierung gelenkt und/oder (2) von den Lernenden wird nicht gefordert, Lösungsfindung und Bildung von Schemata miteinander zu verbinden.

Dreierlei ist demnach zu diskutieren: (1) auf welche Weise die Aufmerksamkeit von LernerInnen beeinflußt werden kann, (2) wie Lösungsfindung und Lernen voneinander getrennt werden können und (3) welche Realisierungsform aufgabenbezogenen Lernens durch Handeln als Kontrollbedingung dienen soll.

Ad 1. Eine direkte Beeinflussung der Aufmerksamkeit z.B. durch Fragen, Anleitungen oder Hinweise setzt, soll sie wirksam sein, differenzierte Kenntnisse über die Aufmerksamkeitsverteilung beim aufgabenbezogenen Lernen durch Handeln voraus. Da solche Daten gegenwärtig noch nicht in ausreichendem Maße für den hier interessierenden Realitätsbereich vorliegen, soll zunächst eine indirekte Beeinflussung auf folgende Weise versucht werden:

Es werden zwei Mengen strukturidentischer Beispielaufgaben konstruiert. Es handelt sich um Aufgaben, die sich zwar in ihrer konkreten Erscheinungsform voneinander unterscheiden (Merkmalsausprägungen des Ausgangszustandes, zu transformierende Objekte, geforderte Systemeingaben), die jedoch nach gleichen Prinzipien zu lösen sind. Die eine Menge fungiert als Lern-, die andere als Testmenge. In den Versuchen mit "gelenkter Aufmerksamkeit" werden die Versuchspersonen (Vpn) darüber informiert, daß sie im Wechsel zwei Aufgabenmengen (Lern- und Testaufgaben) zu bearbeiten haben. Nach jeder Lernaufgabe sind die Testaufgaben zu lösen. Die Vpn werden desweiteren darauf hingewiesen, daß sowohl innerhalb der Lern- und der Testaufgaben als auch zwischen den beiden Aufgabenmengen Ähnlichkeiten existieren und daß der Versuch solange andauern wird, bis alle Testaufgaben fehlerfrei gelöst sind. Über die Güte der Testaufgabenlösung wird den Vpn jedoch keine Rückmeldung gegeben. Das Lernziel kann also nur dadurch erreicht werden, daß das aus der Bearbeitung der Lernaufgaben erworbene Wissen durch Generalisierung auf die Testaufgaben übertragen wird. Auf diese indirekte Weise soll versucht werden, die Aufmerksamkeit der Vpn nicht nur auf die Lösungsfindung, sondern auch auf deren Generalisierung zu richten.

Ad 2. Durch folgende Modifikation ist beim aufgabenbezogenen Lernen vermeidbar, daß Lösungsfindung und Lernen miteinander verbunden werden müssen: Es wird nicht nur die zu lösende Aufgabenstellung (Istzustand, zu erreichender Zielzustand) vorgegeben, sondern auch deren Lösung (auszuführende Tastendrucksequenz). Die Vpn sollen zu erklären versuchen, warum die angezeigte Aufgabenstellung in der angegebenen Weise zu lösen ist.

Ad 3. Aufgabenbezogenes Lernen durch Handeln setzt voraus, daß sich die LernerInnen aus der Umgebung diejenigen Informationseiheiten "beschaffen" können, die zum Verständnis der interaktiven Aufgabenlösung benötigt werden. Diese Informationseinheiten können in Handbüchern oder Hilfesystemen oder aber im Kopf erfahrener KollegInnen gespeichert sein. Als Vergleichsbedingung soll hier davon ausgegangen werden, daß zur Lösungsfindung ein Hilfesystem genutzt werden kann. Durch Betätigen der Fragezeichentaste kann ein Hilfemenü aufgerufen werden, das die Wahl zwischen folgenden Informationseinheiten ermöglicht: (1) zu erreichender Folgezustand, (2) geforderte Transformation (sie wurde durch allgemeinverständliche Kombinationen von Verben für die geforderte Operation (z. B. löschen) und Substantiven für das zu verändernde Objekt (z. B. "Textprofi") angezeigt), (3) zur Transformationsschrittrealisierung geforderte Tastendrucksequenz und (4) letzter richtiger Systemzustand. Diese Hilfsinformationen können einzeln oder in beliebigen Kombinationen angefordert werden. Grundlage für diese Gestaltungsvariante des Hilfesystems waren Ergebnisse früherer Untersuchungen (Schindler, 1989; Schuster, 1990; Schindler & Schuster, 1990). Zusätzlich gilt für alle Untersuchungen, daß die Abfolge der zu bearbeitenden Beispielaufgaben nicht von den Vpn festgelegt wird.

3. 2. Lernanforderung

Anhand welcher Sachaufgaben die Hypothese untersucht wird, ist beliebig. Wir haben uns für Textverarbeitungsaufgaben entschieden, da das zur Aufgabenlösung benötigte Sachwissen relativ gering ist und bei vielen Personen vorausgesetzt werden kann. Ohne großen zusätzlichen Instruktionsaufwand kann also die für Benutzerqualifizierungen typische Situation realisiert werden, daß das Interaktions- und nicht das Sachproblem im Mittelpunkt des Lernprozesses steht.

Der aus der Bearbeitung von Beispielen erzielbare Lerngewinn hängt natürlich nicht nur von den im Punkt 2 diskutierten individuellen Bedingungen ab, sondern auch von den Regelhaftigkeiten der interaktiven Aufgaben-/Problemlösung, die objektiv gegeben sind. Diese sind durch die Gestaltung des Anwenderprogrammes und insbesondere des Benutzerinterfaces festgelegt. Dieser moderierenden Variablen ist bei der Entwicklung der Lernanforderung besondere Aufmerksamkeit zu widmen. Es ist nicht Thema dieser Untersuchungen festzustellen, wie sich die Konsistenz der Systemgestaltung auf das Lernen von BenutzerInnen auswirkt. Deshalb ist von einem Anwendungssystem auszugehen, das durchgängig nach festgelegten Prinzipien gestaltet wurde, bei dem also tatsächlich Regelwissen ableitbar ist und nicht zusätzlich das Erkennen von Regelverletzungen gefordert wird. Da kommerzielle Textverarbeitungsprogramme häufig nicht konsistent gestaltet sind, ist ein Experimentiersystem entwickelt worden. Unter Verwendung von gebräuchlichen Prinzipien der Eingabefeld- und Menütechnik wurde dies so gestaltet, daß die mit dem System lösbaren Teilaufgaben in sechs Klassen eingeordnet werden können. Für jede dieser Klassen sind regelhafte Verknüpfungen zwischen bestimmten Merkmalen und Merkmalsausprägungen des Ausgangszustandes, der geforderten Transformation und der zu realisierenden Tastendrucksequenz charakteristisch. Sie können durch Bedingungs- /Aktionseinheiten beschrieben werden, die das von den Vpn im Verlaufe des Lernversuches zu erwerbende Regelwissen charakterisieren. Da in der vorliegenden Arbeit der Einfluß der Systemgestaltung auf die Wissensgeneralisierung nicht interessiert, kann auf eine genauere Darstellung des Regelwissens verzichtet werden.

Durch Kombinationen von maximal drei Teilaufgaben zu komplexeren Aufgabenstellungen sind je acht strukturidentische Lern-und Testaufgaben konstruiert worden. Insgesamt verlangt die Lösung der Lern- und Testaufgaben die Ausführung von jeweils 15 Teilaufgaben.

3. 3. Versuchsdurchführung

Die Lernexperimente wurden rechnergestützt durchgeführt. Die zu lösenden Aufgaben wurden auf dem Bildschirm durch Anzeige des aktuellen Systemzustandes und durch eine verbale Umschreibung der zu lösenden Aufgabe dargestellt. Bei den Versuchsgruppen (VGn), die aus ausgearbeiteten Lösungsbeispielen zu lernen hatten, wurde zusätzlich die Tastendrucksequenz angezeigt, die zur richtigen Lösung der gestellten Aufgabe zu realisieren ist.

Der hier interessierende Versuchsablauf umfaßte zwei Phasen:

Phase 1.: Alle Vpn hatten die acht Lernaufgaben in einer vorgegebenen Abfolge abzuarbeiten, ohne daß der Versuchsleiter (VI) zusätzliche Hinweise gab. In Abhängigkeit von der Unterstützungsform war der konkrete Ablauf in den VGn unterschiedlich.

Die durch Handeln lernenden VGn hatten die auf dem Bildschirm dargestellten Aufgaben selbständig zu lösen. Die Korrektheit jedes Tastenanschlages wurde zurückgemeldet. War die gestellte Aufgabe insgesamt gelöst, wurde dies zusätzlich optisch und akustisch angezeigt. Waren die Vpn nicht in der Lage, Hypothesen über die zur Aufgabenlösung notwendigen Tastatureingaben aufzustellen, konnten sie mit Hilfe der Fragezeichentaste das Hilfemenü aufrufen und frei zwischen den oben beschriebenen Informationseinheiten wählen.

Die aus Lösungsbeispielen lernenden VGn sollten zu erklären versuchen, warum die gestellte Aufgabe die auf dem Bildschirm angezeigte Tastendrucksequenz erfordert. Hilfsinformationen konnten diese VGn nicht anfordern.

In dieser ersten Versuchsphase unterschied sich auch der Versuchsablauf in den VGn, die mit bzw. ohne von außen gelenkter Aufmerksamkeit zu lernen hatten. Erstere hatten im Wechsel die Lern- und Testaufgaben zu bearbeiten (nach jeder Lernaufgabe waren alle acht Testaufgaben zu lösen), wobei keine Rückmeldung über die Güte der Testaufgabenlösung gegeben wurde. Letztere bekamen die Testaufgaben nicht geboten; sie hatten hintereinander die acht Lernaufgaben zu bearbeiten.

Phase 2: Die Versuchsphase 2 begann damit, daß die Vpn aller vier Gruppen die Testaufgaben zu lösen hatten. Waren sie dazu nicht in der Lage, konnten sie die Option "kann ich nicht" wählen und die nächste Testaufgabe wurde geboten. Erst nachdem alle acht Testaufgaben abgearbeitet waren, gab der VI eine globale Rückmeldung über die Lösungsgüte. In keiner der VGn trat der Fall auf, daß alle Testaufgaben fehlerfrei gelöst werden konnten.

Der sich dann anschließende Versuchsablauf unterschied sich in zwei Merkmalen von dem der ersten Versuchsphase: Einerseits wies der VI die Vpn wiederholt darauf hin, daß sowohl innerhalb der Lern- und Testaufgaben Ähnlichkeiten bestehen als auch zwischen diesen beiden Aufgabenmengen. Der andere Unterschied bestand darin, daß die zu bearbeitenden Lernaufgaben nicht mehr für alle Vpn gleich waren. Aus der Menge der acht Lernaufgaben wurden den Vpn nur solche zu Bearbeitung vorgelegt, deren Struktur mit der der nicht richtig gelösten Testaufgaben identisch war. Ein Wechsel zwischen Lern- und Testaufgaben wurde in dieser zweiten Versuchsphase in keiner der VGn mehr realisiert. Zum Abschluß der zweiten Versuchsphase hatten alle Vgn die Testaufgaben zu lösen.

In allen vier VGn wurden die Vpn zum lauten Denken aufgefordert. Dies erfolgte mit dem Ziel, eine vertiefte Einsicht in das Lernen aus Beispielen zu gewinnen. Da diese Daten bisher noch nicht vollständig ausgewertet sind, kann über sie in diesem Beitrag auch nicht berichtet werden.

3. 4. Versuchspersonen

Die Hypothese bezieht sich auf unerfahrene BenutzerInnen. Es wäre ein anderes Thema, die Schwierigkeiten erfahrener BenutzerInnen beim Lernen durch Handeln zu untersuchen. Denn diese werden stärker damit zu tun haben , daß unterschiedliche Anwendungssysteme nicht nach gleichen Prinzipien gestaltet sind.

Der Vorwissensstand wurde mit Hilfe eines Fragebogens/Interviews ermittelt, in dem das Wissen der Vpn über Aufbau und Funktionsweise von Dialogsystemen, über den Umgang mit Anwenderprogrammen und speziell mit Textverarbeitungsprogrammen erfragt wurde. Zusätzlich hatten alle Vpn die entwickelten Testaufgaben selbständig zu lösen (Vortest). Waren die Vpn nicht in der Lage, eine Hypothese über die zur Testaufgabenlösung notwendigen Tastatureingaben aufzustellen, war dies durch Wahl einer entsprechenden Option ("kann ich nicht") anzugeben.

Jede der vier VGn war mit 10 Studenten unterschiedlicher Fachrichtungen besetzt. Als zusätzliches Homogenisierungskriterium diente die verbale Lernfähigkeit (geprüft mit Hilfe des SASKA, Riegel, 1967).

3. 5. Auswertungsfragen und abhängige Versuchsvariable

Im Mittelpunkt der Auswertung steht die Beantwortung der Frage , in welchem Grade die vier VGn aus der Bearbeitung der acht Lernaufgaben verallgemeinerbares Wissen (Regelwissen) erworben haben. Die Güte der Testaufgabenlösung zu Beginn der Versuchsphase 2 bildet dies ab.

Zur Bewertung der Güte der Testaufgabenlösung wurde ein Punktsystem entwickelt, das berücksichtigt, ob das Ziel/Teilziel und/oder der zur Aufgabenlösung geforderte Operator richtig realisiert wurden. Wenn bei allen acht Testaufgaben unterstellt werden konnte, daß beide Ebenen richtig ausgeführt wurden, war die maximale Punktzahl 28 erreicht.

Bei den durch Handeln lernden VGn wurde auch die online registrierte Zeit von der Aufgabendarbietung bis zum ersten Tastenanschlag (Analysezeit) und von der richtigen Aufgabenlösung bis zum Aufrufen der nächsten Aufgabe (Rekapitulationszeit) ausgewertet. Die Analysezeit kann Aufschluß darüber geben, wie lange sich die Vpn der Analyse der gestellten Aufgabe widmen. Wie intensiv sich die Vpn mit der Analyse der durch eigene Aktivität gefundenen Aufgabenlösung beschäftigen, bildet die Rekapitulationszeit ab.

4. Ergebnisse

Die Güte der Testaufgabenlösung zu Beginn der Versuchsphase 2 ist entscheidend für die Beantwortung der Hypothese. Da die Varianzen nicht homogen sind, wurde der zweifaktorielle Versuchsplan mit dem parameterfreien erweiterten H-Test ausgewertet (ein alpha von 0.05 wird in diesem Beitrag verwendet).

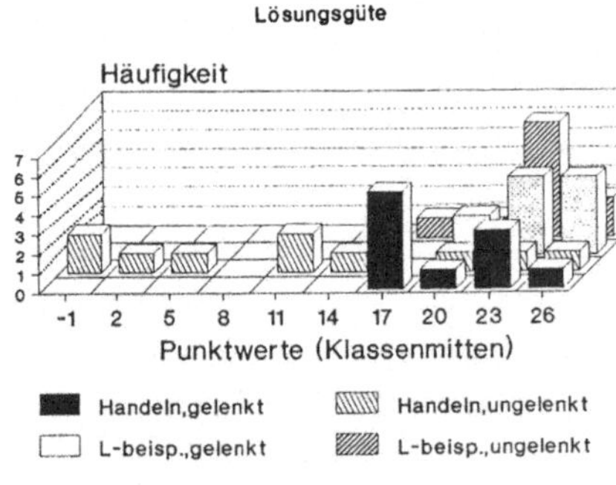

Abb. 1.: Leistungsverteilung

Es kann ein signifikanter Einfluß der Lernform (Hm = 10.62), nicht aber der indirekten Aufmerksamkeitslenkung (Hm = 2.77) gesichert werden: Die VGn, die aus ausgearbeiteten Lösungsbeispielen zu lernen hatten, lösten die Testaufgaben besser als die durch Handeln lernenden.

Eine Analyse der Leistungsverteilung verdeutlicht zweierlei (s. Abbildung 1): (1) In der VG, die durch Handeln zu lernen hatte und bei der die Aufmerksamkeit nicht auf indirekte Weise beeinflußt wurde, sind die Leistungsunterschiede extrem groß. Es gibt sowohl Vpn, die fast kein Regelwissen aus der Lösung der acht Lernaufgaben erworben haben, als auch solche, denen dies relativ gut gelingt. (2) Die aus didaktischer Sicht günstigste (rechtsschiefe) Leistungsverteilung weist die VG auf, die aus Lösungsbeispielen lernte und deren Aufmerksamkeit zusätzlich auf indirekte Weise gelenkt wurde.

Der Abbildung 2 kann entnommen werden, daß die indirekte Aufmerksamkeitslenkung durchaus tendenziell den Erwerb von Regelwissen fördert. Wegen der großen interindividuellen Unterschiede in der durch Handeln lernenden VG (ohne Aufmerksamkeitslenkung), sind jedoch nicht alle diesbezüglichen Unterschiede signifikant.

Unter der Bedingung einer von außen gelenkten Aufmerksamkeit kann der Einfluß der beiden Lernformen auf den Erwerb von Regelwissen in der Versuchsphase 1 über die acht Lernaufgaben verfolgt werden.

Die aus Lösungsbeispielen lernende VG erwirbt aus der Bearbeitung der Lernaufgaben

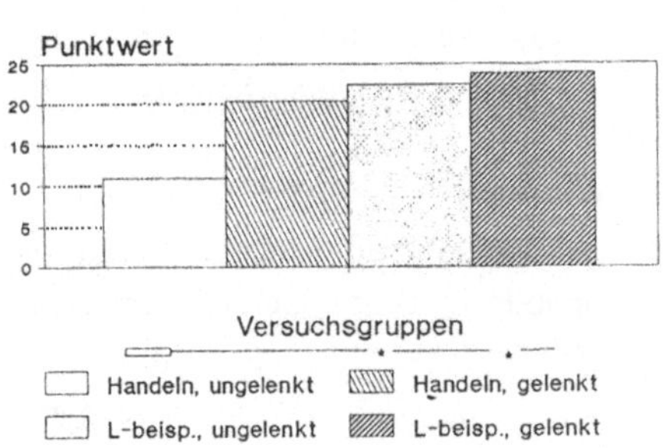

Abb. 2: Güte der Testaufgaben

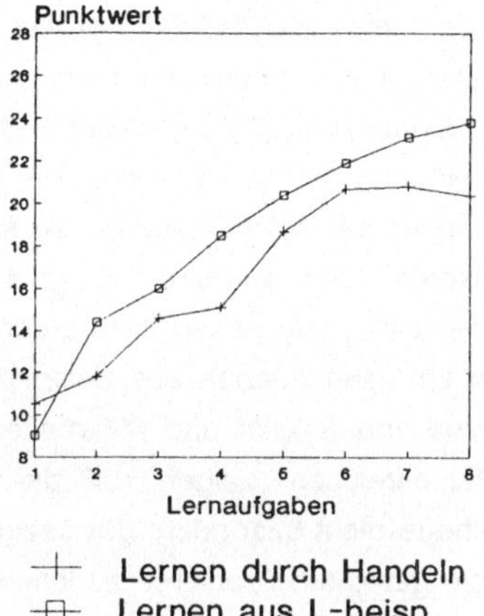

Abb. 3: Lernverlauf Phase 1

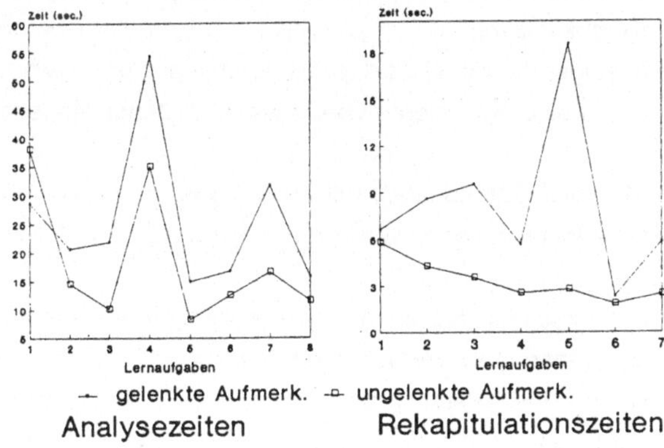

Abb. 4: Analyse- und Rekapitulationszeiten

5. Diskussion und Schlußfogerungen

Die dargestellten Ergebnisse sprechen für die Verifikation der eingangs formulierten Hypothese: Es ist die Generalisierung von Beispielwissen, die vielen Vpn beim Lernen durch Handeln Schwierigkeiten bereitet.

mehr Regelwissen als die durch Handeln lernende Gruppe (t(.05,7)=3.249, s. Abb. 3). Interessant ist auch der Vergleich der Analyse- und Rekapitulationszeiten (in der Versuchsphase 1) zwischen den VGn, die durch Handeln zu lernen hatten und bei denen die Aufmerksamkeit entweder gelenkt oder nicht gelenkt wurde. Bei beiden abhängigen Versuchsvariablen kann eine signifikanter Einfluß der Aufmerksamkeitslenkung gesichert werden (Hm=14.77 bzw. 17.65, Chi2(.05,1)=3.84; s. Abb. 4). Diese Ergebnisse besagen, daß die Vpn unter der Bedingung mit indirekt beeinflußter Aufmerksamkeit mehr Zeit zur Analyse der gestellten Aufgaben aufwenden. Es vergeht auch eine längere Zeitspanne bevor sie - nach erfolgreicher Aufgabenlösung - die nächste Lernaufgabe aufrufen.

Die Befunde stehen im Widerspruch zu der noch verbreiteten didaktischen Auffassung, daß der Lernerfolg um so größer ist, je mehr Aktivität vom Lernenden gefordert wird. In den durchgeführten Untersuchungen hatten die durch Handeln lernenden VGn die größte Aktivität zu entfalten. Sie mußten aus den Resultaten selbstinitiierter Aktivitäten (Überprüfen von Effekten mehr oder weniger hypothesengeleitet realisierter Systemeingaben, Auswahl und Integration von Hilfsinformationen) nicht nur die zur Aufgabenlösung geforderten Operatoren gewinnen, sondern auch die relevanten Merkmale und Relationen, auf deren Grundlage Wissen über die Lösung von Einzelfällen in Regelwissen überführt werden kann. Der Lernerfolg dieser VGn war jedoch signifikant geringer als der, den die VGn erzielten, von denen nicht gefordert wurde, vorgegebene Aufgabenstellungen durch Handeln zu lösen (Lernen aus Beispiellösungen). Ähnliche Ergebnisse wie die hier vorgestellten sind von Sweller und Mitarbeitern berichtet worden. Sie konnten in unterschiedlichen Realitätsbereichen zeigen, daß die wiederholte selbständige Lösung von Problemen als Lernmethode nicht besonders gut geeignet ist. Die Vpn hatten zwar keine gravierenden Probleme, die gestellten Probleme zu lösen (im Unterschied zu den hier vorgestellten Untersuchungen waren die zur Problemlösung anzuwendenden Operatoren den Vpn bekannt), verallgemeinerbares Wissen wurde jedoch nur sehr selten erworben (Mayer & Sweller, 1982; Sweller & Levine, 1982; Sweller, Mawer & Howe, 1982; Sweller, Mawer & Ward, 1983).

Wir schlußfolgern , daß dem Problem der Wissensgeneralisierung bei der Gestaltung von BenutzerInnenschulungen eine größere Aufmerksamkeit gewidmet werden muß. Die Lehr-/ Lernsituation ist so zu gestalten, daß BenutzerInnen einen maximalen Lerngewinn aus Beispiellösungen erzielen können. Grundvoraussetzung ist - dies kann nicht oft genug betont werden -, daß die objektiven Voraussetzungen für einen positiven Wissenstransfer innerhalb und zwischen Anwendungssystemen durch eine konsistente Gestaltung des Benutzerinterfaces gegeben sind.

Da diese moderierende Bedingung in allen vier VGn konstant gehalten wurde, ist aus den Ergebnissen zu schlußfolgern, daß BenutzerInnen beim Erwerb von Regelwissen zusätzliche tutorielle Unterstützung benötigen.

Wie dargestellt, ist die Lenkung der Aufmerksamkeitsausrichtung eine geeignete Unterstützungsmaßnahme. Sie scheint, für sich genommen, jedoch nicht auszureichen, um den Lerngewinn aus Beispielen zu maximieren. Eine differenzierte Analyse der Schwierigkeiten, die aus der Verbindung zwischen Aufgaben-/Problemlösen und Lernen (Generalisieren) erwachsen, ist notwendig, um wirksame Ansatzpunkte für Lernunterstützungen zu finden. Dies wird Ziel nachfolgender Untersuchungen sein.

6. Literatur

Carroll, J. & Mazur, S. (1986). LisaLearning. IEEE Computer, 19/11, 35-49.

Carroll, J. , Mack, R., Lewis, C., Grischkowsky, N. & S. Robertson (1985). Exploring a word processor. Human-Computer- Interaction, 1, 283-307.

Carroll, J. & Rosson, M. (1987). Paradox of the active user. In: Carroll, J. (Hg). Interfacing Thought. Cambridge, London: MIT Press, 80-111.

Klix, F. (1989). Concepts, Interference, and Cognitive Learning: Towards a Computer Model of Human Active Memory. In: Klix, F., Streitz, N., Waern, Y. & Wandke, H. (Hgs). Man-Computer Interaction Research, MACINTER-II. Amsterdam, New York, Oxford, Tokyo:North-Holland. 321-336.

Mack, R., C. Lewis & J. Carroll (1983). Learning to use office systems: Problem and prospectus. ACM Transactions in Office Information Systems, 1, 254-271.

Mawer, R. & J. Sweller (1982). The effects of subgoal density and location on learning during problem solving. Journal of Experimental Psychology: Learning, Memory and Cognition, 8, 252-259.

Nielson, J., R. Mack, K. Bergendorf & N. Grischkowsky (1987). Intergrated software usage in the professional work environment: Evidence from questionaires and interviews. In: Mantei, M. & P. Orbeton (Hg). Proceedings CHI'87 Human Factors in Computing. N.Y.: Association for Computing Machinery, 162-167.

Riegel, K. (1967). Der sprachliche Leistungstest SASKA, Göttingen.

Rosson, M. (1984a). The role of experience in editing. In: Schackel, B. (Hg), INTERACT'85: Proceedings of the FIRST IFIP Conference on Human-Computer Interaction, Amsterdam: North-Holland.

Rosson, M. (1984b). Effects of experience on learning, using, and evaluating a text-editor. Human Factors, 26, 463- 475.

Scharer, L. (1983). User training: Less is more. Datamation, 29, 175-182.

Schindler, R. (1989). Wissenerwerb und -nutzung in der Mensch-Rechner-Interaktion: Experimentelle Untersuchungen zur Gestaltung von Benutzerschulungen. Zeitschrift für Psychologie, 197, 351-385.

Schindler, R. & A. Schuster (1990). What kind of information do users use to operate a text editing system? In: Falzon, P. (Hg). Cognitive Ergonomics: Understanding, Learning and Designing Human Computer Interaction. London u.a.: Academic Press, 173-186.

Schuster, A. (1990). Untersuchungen zur Effektivität selbständigen Benutzerlernens in Abhängigkeit vom Vorwissen. Diss. A., Sektion Psychologie der HUB, unveröffentlicht.

Sweller, J. & M. Levine (1982). Effects of goal specifity on means-ends analysis and learning. Journal of Experimental Psychology: Learning, Memory and Cognition, 8, 463-474.

Sweller, J., R. Mawer, & M. Ward (1983). Development of expertise in mathematical problem solving. Journal of Experimental Psychology: General, 112, 636-661.

Sweller, J. (1988). Cognitive load during problem solving. Effects on learning. Cognitive Science 12, 257-285.

Dr. Raimund Schindler, Dipl. Psych. Frank Belke
FB Psychologie
Humboldt- Universität zu Berlin
Oranienburger Str. 18
D-O 1020 Berlin

Untersuchungen zum Prozeß der Fehlerbewältigung bei einem Textverarbeitungsprogramm[1]

Dieter Zapf, Thomas Lang, Angela Wittmann, München

Zusammenfassung

Der Prozeß der Fehlerbewältigung läßt sich untergliedern in Auftreten eines Fehlers, Fehlerentdeckung, Fehlererklärung und Fehlerbehebung. In der vorliegenden Untersuchung wurden Benutzer des Textverarbeitungsprogrammes WORD an ihrem Arbeitsplatz beobachtet. Zusätzlich wurde der Fehlerbewältigungsprozeß in einem Experiment mit standardisierten Aufgaben untersucht, in dem das gleiche Textverarbeitungsprogramm verwendet wurde. Es zeigte sich, daß etwa 3/4 aller Fehler nur von den handelnden Personen selber entdeckt werden konnten. Wissensfehler benötigten die längste Fehlerbewältigungszeit und verlangten am häufigsten, daß der Benutzer das System explorierte.

1. Einleitung

Die Analyse von Fehlern bei der Benutzung von Software ist von hoher praktischer Bedeutung. Fehlerbewältigung kostet Zeit und kann bei den Benutzern zu Streß führen. In den Felduntersuchungen des Projektes FAUST (Fehler Analyse zur Untersuchung von Software und Training) traten bei den Benutzern von Bürosoftware in der Stunde etwa 4-5 Fehler auf; die Fehlerkorrektur nahm etwa 12% der Arbeitszeit in Anspruch (Brodbeck, Zapf, Prümper & Frese, 1990; Zapf, Brodbeck, Frese, Peters & Prümper, 1990).

Fehler bei der Computerarbeit sind damit ein bedeutsames Problem. In dem folgenden Beitrag wird der Prozeß der Fehlerbewältigung dargestellt und es werden Ergebnisse aus einem Experiment und aus einer Felduntersuchung des Projektes FAUST referiert. Dabei steht die Frage im Vordergrund, welche Konsequenzen man aus der Analyse des Fehlerbewältigungsprozesses für die Softwaregestaltung ziehen kann.

2. Der Prozeß der Fehlerbewältigung

Im Rahmen der Fehlerbewältigung können folgende Stufen unterschieden werden (vgl. Bagnara & Rizzo, 1989; Reason, 1990; Zapf, Lang & Wittmann, 1991): (a) das Auftreten eines Fehlers; (b) die Fehlerdiagnose; (c) die Fehlerbehebung.

Der Prozeß vom Zeitpunkt der Entdeckung bis zur Behebung soll als Fehlerbewältigung bezeichnet werden. Die Fehlerdiagnose läßt sich trennen in **Fehlerentdeckung,** und **Fehlererklärung.** Die Fehlerbehebung läßt sich unterscheiden in die **Entwicklung eines Lösungsweges** und die **Ausführung der Fehlerkorrektur.**

[1] Der vorliegende Beitrag entstand im Rahmen des Forschungsprojektes FAUST (Fehler Analyse zur Untersuchung von Software und Training). Das Projekt wurde vom Bundesministerium für Forschung und Technologie (Arbeit & Technik) gefördert (Förderkennzeichen: 01 HK 8067). Projektmitglieder: Felix Brodbeck, Michael Frese (Projektleitung), Caren Irmer, Helmut Peters (TÜV Bayern), Jochen Prümper, Dieter Zapf. Die Verantwortung für den Inhalt dieses Beitrages liegt bei den Autoren.

2.1 Fehlerentdeckung

Fehlerentdeckung wird hier so verstanden, daß der Benutzer erkennt, **daß** ein Fehler aufgetreten ist unabhängig davon, daß er auch weiß, worin dieser Fehler besteht. Eine wichtige Frage im Zusammenhang mit der Fehlerentdeckung ist, ob Fehler durch das Computersystem entdeckt werden können oder nicht. Hierzu lassen sich folgende Überlegungen anstellen. Fehler lassen sich darüber definieren, daß Handlungsziele nicht erreicht werden (Frese & Zapf, 1991; Zapf et al., 1990). Um festzustellen, ob ein Fehler aufgetreten ist, muß deswegen das Ziel der handelnden Person bekannt sein. Unter bestimmten Bedingungen ist das Ziel nur der Person selbst bekannt. Wir sprechen dann von Fehlerentdeckung durch **interne Informationsquellen**. Eine Person möchte bei einem Text beispielsweise vor dem Ausdruck eines Manuskriptes noch die Seitenränder verändern. Versehentlich löst sie jedoch sofort den Druckbefehl aus. Das Ergebnis kann nur als fehlerhaft beurteilt werden, wenn man von der Person erfährt, daß sie eigentlich andere Seitenränder haben wollte. Unter bestimmten Bedingungen gibt es jedoch auch **externe Informationsquellen** der Fehlerentdeckung, also Informationen in der Situation, aus denen zu entnehmen ist, daß ein Fehler vorliegt. Wenn jemand beispielsweise bei einem Befehl einen nicht zulässigen Parameter setzt, kann dieser Fehler vom Softwaresystem identifiziert werden. Denn durch die Menge möglicher Parameter ist die Menge möglicher Handlungen festgelegt. Ein Teil von Fehlern, über den externe Fehlerinformationen vorliegen, kann also über das System entdeckt werden. In unseren Untersuchungen unterscheiden wir dazu zwei Mechanismen: Forcing functions (vgl. Lewis & Norman, 1986) - das System reagiert nur bei erlaubten Eingaben - und Systemmeldungen. Darüber hinaus gibt es auch "evidente Fehlerinformationen", aus denen eine dritte Person, die die Arbeitsziele nicht kennt, ebenfalls ersehen könnte, daß ein Fehler vorliegt (Einzelheiten in Zapf et al., 1991).

Das Erkennen, daß ein Fehler aufgetaucht ist, bedeutet noch nicht, daß man auch weiß, worin dieser Fehler besteht und wie er zustande gekommen ist (Fehlererklärung). Nicht selten kommt es vor, daß man nur weiß, daß etwas schiefgelaufen sein muß. Wenn z.B. bei statistischen Berechnungen plötzlich eine ungewöhnlich lange Systemreaktionszeit auftaucht, ist dies dem erfahrenen Benutzer oft ein Hinweis darauf, daß etwas nicht stimmt. Er weiß aber noch nicht, worin der Fehler besteht. Bei Novizen kommt es häufig vor, daß sie feststellen, daß etwas schiefgelaufen sein muß. Sie verfügen aber nicht über das Wissen zur Fehlererklärung.

2.2 Fehlererklärung und Fehlerbehebung

Im nächsten Schritt stellt sich nun die Frage, wie schwierig die Fehlererklärung und die Fehlerbehebung für die Benutzer ist. Unter Fehlererklärung wird verstanden, daß der Benutzer herausfindet, was falsch ist, worin der Fehler besteht und wie er zustande gekommen ist. Die Fehlerbehebung besteht darin, daß der Benutzer überlegt, wie der Fehler zu beheben ist und die Fehlerbehebung dann auch ausführt. Nicht immer ist nach einer erfolgreichen Fehlerdiagnose auch eine Fehlerbehebung möglich. Z.B. ist es relativ einfach festzustellen, daß man eine Datei gelöscht hat, die man eigentlich noch braucht. Löschen läßt sich aber nicht immer rückgängig machen. Manche Datensätze mögen überhaupt nicht rekonstruierbar sein. Umgekehrt gibt es Fälle, in denen der Fehler nicht diagnostiziert werden kann. Durch Standardroutinen (z.B. Aussteigen aus dem System mit ESCAPE) kann man aber den Fehler beheben, ohne zu wissen, worin er eigentlich besteht. In jedem Fall ist das **Entdecken** eines Fehlers notwendig, um ihn auch beheben zu können.

Manchmal sind Fehlererklärung und -behebung allerdings miteinander verwoben. Wenn z.B. eine Person mit Versuch und Irrtum einen Fehler zu beheben versucht, erkennt sie oft aus der Fehlerbehebung, worin der Fehler bestand. Da Fehlererklärung und Fehlerbehebung empirisch oft nicht auseinander zu halten sind, werden diese Prozesse im folgenden zusammen betrachtet.

Um die Frage zu klären, wie schwierig die Erklärung und Behebung eines Fehlers für den Benutzer ist, haben wir folgende Kategorien unterschieden (in Anlehnung an Bagnara & Rizzo, 1989):

(a) In vielen Fällen weiß die Benutzerin sofort, worum es sich bei dem Fehler handelt und wie er zu beheben ist. Die Fehleranalyse und Korrektur hat für sie den Charakter einer Routineaufgabe. Im Sinne der Handlungsregulationstheorie bedeutet dies Handlungsregulation auf den unteren Ebenen (Hacker, 1986). Wir sprechen dann von **routinisierter Fehlerbewältigung.**

In anderen Fällen ist nicht sofort ersichtlich, worin der Fehler besteht und wie er zu beheben ist. Die Benutzerin muß die Situation systematisch überprüfen, um sich den Fehler erklären zu können (Handlungsregulation auf der intellektuellen Regulationsebene erforderlich). Die Fehlerbewältigung hat eher den Charakter eines Problems. Es werden jedoch keine Probehandlungen ausgeführt. Die Fehlerbehebung gelingt vielmehr sofort. Dies wird in Anlehnung an Bagnara und Rizzo (1989) als **bewußte Fehlerbewältigung** bezeichnet.

In einer Reihe von Fällen kommt es vor, daß die Benutzerin nicht weiß, worin der Fehler besteht und wie sie ihn beheben kann. Sie erforscht dies durch Exploration des Systems. Wir sprechen dann von **explorativer Fehlerbewältigung.** Dies kann systematisch geschehen, indem verschiedene Thesen aufgestellt und überprüft werden. Häufig wird aber auch vom Benutzer unsystematisch und ohne erkennbare Hypothesen oder Strategien vorgegangen (vgl. Lang, 1991; Zapf et al., 1991).

3. Eine Taxonomie von Handlungsfehlern

Es läßt sich vermuten, daß sich die Fehlerbewältigung bei einzelnen Fehlerarten unterschiedlich darstellt. Um dies zu klären wird auf eine handlungstheoretische Taxonomie von Fehlern bezug genommen, die im Projekt FAUST entwickelt und empirisch überprüft wurde (Frese & Peters, 1988; Frese & Zapf, 1991; Zapf et al., 1990; Zapf, Brodbeck & Prümper, 1989).

Ein Fehler wird in Anschluß an Rasmussen (1985, 1987) unter dem Mismatch-Gesichtspunkt - einer "Unangepaßtheit" zwischen Mensch und Computer - betrachtet. Um deutlich zu machen, daß es sich um Merkmale des Gesamtsystems handelt, werden diese "Mismatches" als **Nutzungsprobleme** bezeichnet (vgl. Zapf et al., 1989). Nutzungsprobleme lassen sich nach den Schritten im Handlungsprozeß, sowie nach Ebenen der Handlungsregulation (Hacker, 1986; Semmer & Frese, 1985; Volpert, 1987) unterscheiden. Eine Handlung kann folgendermaßen dargestellt werden: Zuerst wird ein Handlungsziel und ein dazugehöriger Plan aufgestellt. Dieser Plan muß über kurze oder längere Zeit im Gedächtnis behalten werden, bis es zur Ausführung der Handlung kommt. Ist die Handlung ausgeführt, erhält die Person eine Rückmeldung darüber, ob ihre Handlung erfolgreich ausgeführt wurde oder nicht. Neben diesen Kategorien zur Handlungsregulation gibt es die Kategorie der Regulationsgrundlage. Darunter werden alle Wissensvoraussetzungen verstanden, die notwendig sind, damit eine Person eine Handlung überhaupt ausführen kann.

Daraus ergibt sich folgende Taxonomie von Nutzungsproblemen (Einzelheiten s. Zapf, 1991; Zapf et al., 1989).

(a) **Wissensfehler.** Wir sprechen dann von Fehlern auf der Regulationsgrundlage oder Wissensfehlern, wenn einer Person nicht die notwendigen Informationen aus dem Langzeitgedächtnis zur Verfügung stehen, um einen Handlungsplan zu erstellen oder auszuführen.

(b) **Fehler auf der intellektuellen Regulationsebene: Denk-, Merk/Vergessens- und Urteilsfehler.** Fehlern auf der intellektuellen Regulationsebene ist gemeinsam, daß sie während des bewußten Bearbeitens oder Abarbeitens von Handlungsplänen entstehen. Dabei kann es sich um Denkfehler (einer Person steht zwar das nötige Wissen zur Verfügung, es werden jedoch fehlerhafte Ziele und Pläne entwickelt), Merk- und Vergessensfehler (eine Person kann sich einen aufgestellten Handlungsplan nicht merken oder vergißt das Ergebniss einer bereits ausgeführten Handlung) oder Urteilsfehler handeln (eine Person macht einen Fehler bei der Interpretation der Rückmeldung auf ihre eigene Handlung).

Abbildung 1: Taxonomie von Nutzungsproblemen (aus Zapf et al., 1989, S. 181)

Regulations-grundlage	Wissensfehler		
Regulations-ebenen	Ziele/ Planung	Gedächtnis/ Monitoring	Feedback
Intellektuelle Regulationsebene	Denk- fehler	Merk-/Ver- gessensfehler	Urteils- fehler
Ebene der flexiblen Handlungsmuster	Gewohnheits- fehler	Unterlassens- fehler	Erkennens- fehler
Sensumotorische Regulationsebene	Bewegungsfehler		

(c) **Fehler auf der Ebene der flexiblen Handlungsmuster: Gewohnheits-, Unterlassungs- und Erkennensfehler.** Fehler auf der Ebene der flexiblen Handlungsmuster lassen sich dadurch charakterisieren, daß sie bei gut beherrschten Handlungen auftreten, die trotzdem ein bestimmtes Maß an bewußter Zuwendung benötigen, um die Zielerreichung zu gewährleisten. Gut beherrschte Handlungen entstehen durch sehr häufiges Ausführen von Handlungsabläufen. Dabei kann es sich um Gewohnheitsfehler (eine Person benutzt einen routinisierten Handlungsplan, der jedoch an dieser Stelle nicht paßt), Unterlassensfehler (eine Person überspringt einen notwendigen Handlungsschritt oder führt diesen erst zu einem späteren Zeitpunkt aus) oder Erkennensfehler (eine Person übersieht oder verwechselt eine Rückmeldung aus der Umwelt) handeln .

(d) **Fehler auf der sensumotorischen Regulationsebene.** Bei Fehlern auf der sensumotorischen Regulationsebene handelt es sich um hochautomatisierte Handlungsabläufe, bei denen die Ausführung der einzelnen Handlungsschritte keiner bewußten Zuwendung bedürfen. Im Rahmen der Mensch-Computer-Interaktion handelt es sich meistens um Schreibfehler oder Fehler bei Bewegungen mit der Maus.

4. Empirische Untersuchungen

In der empirischen Untersuchung geht es um die Analyse des Prozesses der Fehlerbewältigung. Dazu werden Ergebnisse aus einem Experiment mit dem Textverarbeitungsprogramm WORD 4.0[2] sowie einer Felduntersuchung von WORD-Benutzerinnen in zwei Verwaltungen berichtet. Bei der Felduntersuchung handelt es sich um 12 Personen aus einer Gesamtstichprobe von insgesamt 198, die im Rahmen des Projektes FAUST am Arbeitsplatz beobachtet wurden (genaue Darstellung bei Irmer & Prümper, 1991; Zapf et al., 1990). Das Durchschnittsalter betrug 34 Jahre, die durchschnittliche Zeit am Arbeitsplatz 3-5 Jahre, die durchschnittliche Zeit, die sie mit dem Textverarbeitungsprogramm arbeiteten, etwa ein halbes Jahr. Die Beobachtung dauerte zwei Stunden. Der oder die BeobachterIn saß so, daß sie den Bildschirm der Benutzerin mitverfolgen konnte. Auf einem Protokollbogen zur Arbeitsbeobachtung wurde mitprotokolliert, welche Arbeitsaufgaben von der Benutzerin durchgeführt wurden und an welcher Stelle Fehler auftraten.

Daneben werden Ergebnisse aus einem Experiment mit demselben Textverarbeitungsprogramm berichtet, an dem 39 Personen (StudentInnen der Psychologie, Pädagogik, Betriebswirtschaftslehre) teilnahmen. Das Durchschnittsalter betrug 26 Jahre. 59% waren Frauen. Sie waren seit durchschnittlich 5,4 Monaten WORD-Benutzer. Sie mußten standardisierte Aufgaben in einer vorgegebenen Zeit bearbeiten. Dabei wurden sie beobachtet. Die Lösung der vorgegebenen Aufgaben wurde außerdem über Logfiles aufgezeichnet (Einzelheiten bei Lang, 1991). Experiment und Feldstudie werden hier nebeneinander berichtet, da das Experiment wegen der standardisierten Aufgaben und den erweiterten Meßmethoden eine höhere interne Validität und die Felduntersuchung eine höhere externe Validität beanspruchen kann.

5. Ergebnisse

Im folgenden sollen zur Fehlerentdeckung, Fehlerbewältigungszeiten und Art der Fehlerbewältigung einige Ergebnisse berichtet werden.

5.1 Fehlerentdeckung durch interne und externe Informationsquellen

In der Tabelle 1 sind die Ergebnisse zur Fehlerentdeckung durch internes und externes Feedback aus der Felduntersuchung und aus dem Experiment dargestellt.

Aus Tabelle 1 ist ersichtlich, daß bei den 12 WORD-Benutzerinnen am Arbeitsplatz insgesamt 81 Fehler auftraten, bei den 39 Personen im Experiment wurden 707 Fehler beobachtet. Dies scheint uns ein Hinweis dafür zu sein, daß die Fehleranzahlen in Experimenten eher überschätzt werden (vgl. etwa bei Allwood, 1984; Rizzo, Bagnara & Visciola, 1987). 2/3 (in der Felduntersuchung) bzw sogar 3/4 (im Experiment) aller Fehler konnten nur von den Benutzerinnen selbst entdeckt werden. Nur ca. 9 bzw 12% der Fehler wurde über das System entdeckt. Evidente Fehlerinformationen führten in ca. 15 bis 22% aller Fälle zur Fehlerentdeckung. Das ist ein wichtiges Ergebnis, weil es die Grenzen der Fehlerentdeckung durch das System

---

[2] WORD ist ein eingetragenes Markenzeichen der Firma Microsoft.

aufzeigt (s.u.). Interessanterweise unterscheiden sich bei der vorliegenden Untersuchung mit dem Textverarbeitungsprogramm die einzelnen Fehlerarten nicht. Bezogen auf die Gesamtstichprobe (N = 198) der Arbeitsplatzbeobachtungen des Projektes konnte dagegen gezeigt werden, daß Fehler auf den unteren Regulationsebenen eher durch das System entdeckt werden können als Wissensfehler und Fehler auf der intellektuellen Regulationsebene (vgl. Zapf et al., 1991).

Tabelle 1: Informationsquellen der Fehlerentdeckung

	Fehlerzahl	Person	System	evidente Fehlerinfo
Felduntersuchung	81	65.4%	12.3%	22.2%
Experiment	707	76.4%	8.8%	14.9%

5.2 Ergebnisse zu den Fehlerbewältigungszeiten

Tabelle 2: Fehlerbewältigungszeiten bei unterschiedlichen Fehlerarten

Fehlerklasse	Experiment		Felduntersuchung	
	Anzahl Fehler	Mittelwert in Sekunden	Anzahl Fehler	Mittelwert in Sekunden
Wissensfehler	223	83	22	225
Denkfehler	44	68	17	81
Merk-/Vergessensf.	14	27	3	265
Urteilsfehler	14	42	5	168
Gewohnheitsfehler	50	23	10	24
Unterlassensfehler	45	36	6	38
Erkennensfehler	12	29	8	26
Bewegungsfehler	74	8	11	19
Total	476	55	82	108
F-Wert	4.65**		2.97**	

** P < 0.01
Erläuterung der Tabelle im Text

Eine entscheidende Variable ist die Fehlerbewältigungszeit. Sie wurde gemessen von dem Zeitpunkt der Fehlerentdeckung durch die Untersuchungsperson bis zu dem Zeitpunkt, an dem der Fehler behoben war. In der Felduntersuchung wurde die Korrekturzeit von den Beobachtern über eine 5-stufige Ratingskala, die anschließend in eine Intervallskala überführt wurde (sofort = .25 min., bis 2 min. = 1 min, mehr als 2 bis 5 min. = 4 min., mehr als 5 bis 10 min. = 8 min., mehr als 10 min. = 12 min.) erhoben. Im Experiment erfolgte die Messung über Logfileaufzeichnungen. Der Beobachter hielt den Zeitpunkt der Fehlerentdeckung und den Zeitpunkt der vollständigen Fehlerbehebung fest und konnte bei der Auswertung die Zeitdifferenz aus den Logfileaufzeichnungen ablesen. Fehler die nicht korrigiert wurden, bzw. bei denen keine Korrektur notwendig war, sind in diese Analyse nicht einbezogen.

5.3 Ergebnisse zu Art der Fehlerbewältigung

Als nächstes stellt sich die Frage, wie schwierig für den Benutzer die Bewältigung der einzelnen Fehlerklassen ist. Die Fehlerbewältigung ist natürlich leicht, wenn sie für den Benutzer den Charakter einer Routineaufgabe hat, schwer dagegen, wenn er gezwungen ist, das System zu explorieren.

Tabelle 3 bezieht sich auf das Experiment. Aus ihr ist folgendes zu ersehen: Nur wenige Wissensfehler konnten von den Untersuchungspartnern leicht bewältigt werden (10.7 %). Fast die Hälfte der Wissensfehler (44.3%) verlangte, daß das System exploriert wurde. Bei den Fehlern auf der intellektuellen Regulationsebene war Exploration weniger häufig erforderlich: bei den Denkfehlern in 12.5% und bei den Urteilsfehlern in 30% aller Fälle. Bei den Fehlern auf der flexiblen Handlungsmusterebene war explorieren selten notwendig. Bei Bewegungsfehlern mußte nie exploriert werden. Dagegen hatte hier die Fehlerbehebung in 82% der Fälle den Charakter einer Routineaufgabe. In der Felduntersuchung zeigte sich insofern ein vergleichbares Ergebnis, als etwa die Hälfte der Wissensfehler nur mit externer Unterstützung bewältigt werden konnte, während externe Unterstützung bei Bewegungsfehlern nie notwendig war (Brodbeck, 1991; Brodbeck et al., 1990). Da den Teilnehmern im Experiment außer dem Hilfesystem keine zusätzlichen Unterstützungsmöglichkeiten zur Verfügung standen, mußten sie in allen Fällen, wo sie unter "Realbedingungen" vielleicht jemanden gefragt hätten, das Problem durch Systemexploration lösen.

Tabelle 3: Fehlerbewältigung bei unterschiedlichen Fehlerarten im Experiment (N = 630)

	Art der Fehlerbewältigung					
	automatisiert		bewußt		explorativ	
Fehlerart	N	%	N	%	N	%
Wissensfehler	30	10.7	126	45.0	124	44.3
Denkfehler	33	41.3	37	46.3	10	12.5
Merk-/Vergessensf.	9	47.4	7	36.8	3	15.8
Urteilsfehler	4	17.4	12	52.2	7	30.4
Gewohnheitsfehler	26	37.7	39	56.5	4	5.8
Unterlassensf.	29	52.7	25	45.5	1	1.8
Erkennensfehler	4	30.8	8	61.5	1	7.7
Bewegungsfehler	75	82.4	16	17.6	0	0.0
Spalte	210	33.3	270	42.9	150	23.8

$Chi^2 = 236.81$ (d.f. = 14) p < .001

6. Diskussion und Konsequenzen für die Softwaregestaltung

Fehler lassen sich nie ganz vermeiden. Auch wenn die Schätzungen aus experimentellen Untersuchungen überhöht sein mögen, zeigt sich in der vorliegenden Feldstudie eine zwar geringere, aber nicht unerhebliche Zahl von Fehlern. Aus diesem Grund erhält die Strategie des Fehlermanagements gegenüber Strategien der Fehlervermeidung ihre besondere Bedeutung (Frese & Peters, 1988; Frese, Irmer & Prümper, 1991). Mit Fehlermanagement ist gemeint, daß man sich sowohl bei der Gestaltung von Trainingsmaßnahmen als auch bei der Gestaltung von Software verstärkt auf die Bewältigung von Fehlern konzentrieren sollte. Auch die vorliegenden Untersuchungsergebnisse unterstützen in verschiedener Hinsicht die Strategie des Fehlermanagements.

(1) Die Untersuchung zeigte, daß ein großer Teil von Fehlern nur von der arbeitenden Person selbst entdeckt werden konnte. Der Prozentsatz an Fehlerentdeckung durch evidente Fehlerinformation zeigt, daß es hier zwar noch Spielräume für die technische Unterstützung der Fehlerentdeckung gibt. Meist wird dies jedoch sehr aufwendig sein. Natürlich könnte man die technische Unterstützung der Fehlerentdeckung weitertreiben, indem man die Aufgaben rigider festlegt. Dadurch könnten Abweichungen von Handlungszielen (die über die

indem man die Aufgaben rigider festlegt. Dadurch könnten Abweichungen von Handlungszielen (die über die Aufgaben vorgegeben sind) leichter identifiziert werden. Dies aber würde Grundprinzipien psychologischer Arbeitsgestaltung (Beschneidung von Handlungsspielräumen) widersprechen (z.B. Ulich, 1989). Im Sinne des Fehlermanagements sollte vielmehr verstärkt Wert darauf gelegt werden, durch geeignete Systemgestaltung die Fehlerentdeckung durch die Benutzerin zu erleichtern. Norman (1988) hat dazu beispielsweise das Prinzip der "visibility" formuliert: Mache Handlungskonsequenzen immer klar sichtbar! Da viele Fehler nur von der Person selbst entdeckt werden können, ist es sehr wichtig, daß die Person gutes Feedback durch das System in bezug auf den Fortschritt ihrer Handlungen erhält. Je klarer dieses Feedback ist und je unmittelbarer es mit der jeweiligen Handlung verbunden ist, desto einfacher sind Abweichungen von den eigenen Handlungszielen und damit Fehler festzustellen (vgl. dazu Hutchins, Hollan & Norman, 1986).

(2) Die Fehlerbewältigungszeiten zeigen, daß - wie zu erwarten - Probleme vor allem bei der Bewältigung von Wissensfehlern und Fehlern auf der intellektuellen Regulationsebene bestehen. Die Tatsache, daß bei dem Textverarbeitungsprogramm WORD die Korrekturzeiten kürzer sind als bei der Gesamtstichprobe, zeigt, daß es Spielräume im Software- und Hardwarebereich gibt, um Fehler möglichst schnell zu bewältigen. Fast die Hälfte aller Wissensfehler müssen durch exploratives Vorgehen bewältigt werden. Systeme sollten deswegen "explorationsfreundlich" gestaltet werden. Da Explorationsprozesse verglichen mit der bewußten oder routinisierten Fehlerbewältigung sehr lange dauern (Lang, 1991), geht es hier darum, Hilfsmittel zur effizienten Exploration zur Verfügung zu stellen. Dazu gehört, daß die Benutzerin sich im System nicht verläuft, daß Handlungen einfach und schnell rückgängig zu machen sind; daß man beim Rückgängig machen von Handlungen möglichst an dem Punkt aufsetzen kann, an dem die Arbeit noch richtig war, um nicht unnötig Arbeit zu verlieren (in der vorliegenden experimentellen Untersuchung mußten in 5% aller Fehler korrekte Arbeitsschritte wiederholt werden, vgl. Zapf et al., 1991). Systematisches Explorieren sollte zwar bereits im Training gezielt geübt werden (Greif, 1990; Irmer, Pfeffer & Frese, 1991), kann aber auch durch das Softwaredesign unterstützt werden, indem z.B. bei einzelnen Menüpunkten beim Anwählen zusätzliche Informationen auf dem Bildschirm erscheinen, die Hinweise über den Inhalt des Menüs geben oder allgemein, indem die Selbsterklärungsfähigkeit des Systems erhöht wird.

Die Analyse des Fehlerbewältigungsprozesses verweist auf eine Reihe von Ansatzpunkten zur Unterstützung des Fehlermanagements durch Softwaregestaltung. Hier besteht noch ein breites Betätigungsfeld.

Literatur

Allwood, C.M. (1984). Error detection processes in statistical problem solving. **Cognitive Science, 8,** 413-437.

Bagnara, S., Rizzo, A. (1989). A methodology for the analysis of error processes in human-computer interaction. In M.J. Smith & G. Salvendy (Hrsg.), **Work with computers: Organizational, management, stress and health aspects** (S. 605-612). Amsterdam: Elsevier Science Publishers.

Brodbeck, F.C. (1991). Was macht ein Computerbenutzer bei einem Fehler? Empirische Ergebnisse zur Fehlerbewältigung. In M. Frese & D. Zapf (Hrsg.), **Fehler bei der Arbeit mit dem Computer: Ergebnisse von Beobachtungen und Befragungen im Bürobereich.** Bern: Huber, im Druck.

Brodbeck. F.C., Zapf, D., Prümper, J., & Frese, M. (1990). **Error handling in office work with computers: A field study.** Munich: University of Munich, Dept. of Psychology.

Frese, M., Irmer, C., & Prümper, J. (1991). Das Konzept Fehlermanagement: Eine Strategie des Umgangs mit Handlungsfehlern in der Mensch-Computer Interaktion. In M. Frese, C. Kasten & B. Zang-Scheucher

(Hrsg.), **Software für die Arbeit von Morgen. Bilanz und Perspektiven anwendungsorientierter Forschung.** Heidelberg: Springer, im Druck.

Frese, M., Peters, H. (1988). Zur Fehlerbehandlung in der Software-Ergonomie: Theoretische und praktische Überlegungen. **Zeitschrift für Arbeitswissenschaft, 42,** 9-17.

Frese, M. & Zapf, D. (Hrsg.). (1991). **Fehler bei der Arbeit mit dem Computer: Ergebnisse von Beobachtungen und Befragungen im Bürobereich.** Bern: Huber, im Druck.

Frese, M. & Zapf, D. (1991). Fehlersystematik und Fehlerentstehung: Eine theoretische Einführung. In M. Frese & D. Zapf (Hrsg.), **Fehler bei der Arbeit mit dem Computer. Ergebnisse von Beobachtungen und Befragungen im Bürobereich.** Bern: Huber, im Druck.

Greif, S. (1990). Exploratorisches Lernen in der Mensch-Computer Interaktion. In F. Frei & I. Udris (Hrsg.), **Das Bild der Arbeit** (S. 143-157). Bern: Huber.

Hacker, W. (1986). **Arbeitspsychologie.** Bern: Huber.

Hutchins, E.L., Hollan, J.D., & Norman, D.A. (1986). Direct manipulation interfaces. In D.A. Norman & S. W. Draper (Hrsg.), **User centered system design** (S. 87-124). Hillsdale: Lawrence Erlbaum.

Irmer, C., Pfeffer, S. & Frese, M. (1991). Praktische Konsequenzen für das Training. In M. Frese & D. Zapf (Hrsg.), **Fehler bei der Arbeit mit dem Computer: Ergebnisse von Beobachtungen und Befragungen im Bürobereich.** Bern: Huber, im Druck.

Irmer, C. & Prümper, J. (1991). Beschreibung der Untersuchungsinstrumente und Stichproben. In M. Frese & D. Zapf (Hrsg.), **Fehler bei der Arbeit mit dem Computer: Ergebnisse von Beobachtungen und Befragungen im Bürobereich.** Bern: Huber, im Druck.

Lang. T. (1991). **Fehler- und Problembewältigung bei der Arbeit mit einem Textverarbeitungssystem.** Unveröff. Diplomarbeit: Institut für Psychologie, Universität München, in Vorbereitung.

Lewis, C., Norman, D.A. (1986). Designing for error. In D.A. Norman & S.W. Draper (Hrsg.), **User centered system design** (S. 411-432). Hillsdale: Lawrence Erlbaum.

Norman, D.A. (1988). **The psychology of everyday things.** New York: Basic Books.

Prümper, J. (1991). Methodische Probleme bei der Erfassung von Fehlern. In M. Frese & D. Zapf (Hrsg.), **Fehler bei der Arbeit mit dem Computer: Ergebnisse von Beobachtungen und Befragungen im Bürobereich.** Bern: Huber, im Druck.

Rasmussen, J. (1985). **Human error data. Facts or fiction.** Roskilde (DK): Riso National Laboratory.

Rasmussen, J. (1987). The definition of human error and a taxonomy for technical system design. In J. Rasmussen, K. Duncan & J. Leplat (Hrsg.), **New technology and human error** (S. 23-30). Chichester: Wiley.

Reason, J. (1990). **Human error.** New York: Cambridge University Press.

Rizzo, A., Bagnara, S. & Visciola, M. (1987). Human error detection processes. **International Journal of Man-Machine Studies, 27,** 555-570.

Semmer, N. & Frese, M. (1985). Action theory in clinical psychology. In M. Frese & J. Sabini (Hrsg.), **Goal directed behavior: The concept of action in psychology** (S. 296-310). Hillsdale: Lawrence Erlbaum.

Ulich, E. (1989). Arbeitspsychologische Konzepte der Aufgabengestaltung. In S. Maaß & H. Oberquelle (Hrsg.), **Software-Ergonomie '89. Aufgabenorientierte Systemgestaltung** (S. 51-65). Stuttgart: Teubner.

Volpert, W. (1987). **Psychische Regulation von Arbeitstätigkeiten. In U. Kleinbeck & J. Rutenfranz (Hrsg.), Arbeitspsychologie. Enzyklopädie der Psychologie, Themenbereich D, Serie III, Band 1** (S. 1-42). Göttingen: Hogrefe.

Zapf, D. (1991). Nutzungs- und Funktionsprobleme: Einige empirische Ergebnisse. In M. Frese & D. Zapf (Hrsg.), **Fehler bei der Arbeit mit dem Computer: Ergebnisse von Beobachtungen und Befragungen im Bürobereich.** Bern: Huber, im Druck.

Zapf, D., Brodbeck, F.C., Frese, M., Peters, H., & Prümper, J. (1990). Errors in working with computers: A first validation of a taxonomy for observed errors in a field setting. In J. Ziegler (Hrsg.), **GI Ergonomie** und Informatik. Mitteilungen des Fachausschusses 2.3 "Ergonomie in der Informatik" (Bd. Nr. 9, März 1990, S. 3-26).

Zapf, D., Brodbeck, F.C, Prümper, J. (1989). Handlungsorientierte Fehlertaxonomie in der Mensch-Computer-Interaktion. Theoretische Überlegungen und eine erste Überprüfung im Rahmen einer Expertenbefragung. **Zeitschrift für Arbeits- und Organisationspsychologie**, 33, 178-187.

Zapf, D., Lang, T. & Wittmann, A. (1991). Der Prozeß der Fehlerbewältigung. In M. Frese & D. Zapf (Hrsg.), **Fehler bei der Arbeit mit dem Computer. Ergebnisse von Beobachtungen und Befragungen im Bürobereich.** Bern: Huber, im Druck.

Dr. Dieter Zapf
Department of Psychology
University of Manchester
Manchester M13 9PL
U.K.

Thomas Lang & Angela Wittmann
Institut für Psychologie
Ludwig-Maximilians-Universität München
Leopoldstr. 13
D-8000 München 40

DIBA – der digitale Bildarbeitsplatz für die Medizin

Markus Dahm, Karlheinz Glaser, Hinrich Jansen-Dittmer, Andreas Keizers,
Dietrich Meyer-Ebrecht, Kerstin Münker-Kaupp, Heinrich Rudolf,
Christian Schilling, Andreas Selbmann, Wolfgang Winkler
Lehrstuhl für Meßtechnik, RWTH Aachen

Zusammenfassung

Das *DIBA*-Projekt hat zum Ziel, arbeitswissenschaftlich gesicherte Konzepte für
die Gestaltung und Funktionalität zukünftiger *digitaler Bildarbeitsplätze* für die
medizinische Diagnostik zu entwickeln. Seine Methodik stützt sich auf Ist-
Analyse und Benutzerbeteiligung. Ein evolutionäres Software-Engineering ist
Werkzeug für das Prototyping. Eine Systemumgebung auf der Basis neuent-
wickelter Architekturkonzepte schafft die Voraussetzungen für die geforderte
schnelle Bearbeitung großer Mengen hochaufgelöster Bilder.

PACS: Filme werden durch digitale Medien ersetzt

Bildgebende Verfahren haben in der medizinischen Diagnostik eine Schlüssel-
funktion. Bilderzeugung und Bildbefundung sind im Krankenhaus zentrale
Dienstleistungen, die die Radiologie für sämtliche klinischen Fächer anbietet.
Menge und Durchsatz (ca. eine halbe Million Bilder pro Jahr in größeren
Kliniken) machen Auswertung, Transport und Archivierung des diagnostischen
Bildmaterials zeitaufwendig und kostspielig. Die Weiterentwicklung der Com-
putertechnologie läßt jedoch erwarten, daß wir in naher Zukunft auch Bilder wie
Texte und Grafiken ohne Informationsverlust ausschließlich *digital* handhaben
können werden. Statt an Lichtkästen werden dann (Röntgen-)Ärzte und medizi-

nisches Personal ihr Bildmaterial an digitalen Bildarbeitsplätzen auswerten [1–3]. Datenbanken werden Karteien und "Tüten"-Archive ersetzen, Glasfasern werden das Bildmaterial digital transportieren. Damit auch nach einem Ersatz des Films durch digitale Techniken der Tätigkeitszusammenhang in seinen wesentlichen Bestandteilen und Merkmalen der bisherigen Arbeitsroutine entsprechen kann, werden die zukünftigen Bildarbeitsplatzsysteme eingebettet sein in die Infrastruktur eines vollständig digitalen Bildinformationssystems, dem sogenannten *Picture Archiving and Communication System (PACS)* [4].

Markante Punkte der bisherigen Arbeitsweise sind:

- Die technische Qualität des vorliegenden Bildmaterials ist extrem hoch.

- Befundung findet allein, im Team oder als Präsentation, z. B. in einer Visite vor einem Auditorium, statt. In vielen Fällen ist die Befundungsaufgabe nicht *entdeckungs-* sondern *interpretationsorientiert.* Die *gleichzeitige* Präsentation mehrerer evtl. großformatiger Bilder sowie Bildserien ("Bildlandschaft") ist dafür unverzichtbar.

- Die Geschwindigkeit, mit der Röntgenbilder bearbeitet werden, ist immens hoch (die eigentliche Befundung findet im Extremfall innerhalb eines "Augenblicks", d.h. in ca. 200 msec., statt). Andererseits kann die Hinzuziehung zusätzlichen Materials auch eine intensive, zeitaufwendige Befundung verursachen.

- Die Menge, in der Röntgenbilder bearbeitet werden, ist enorm groß (durchschnittlich 90 Röntgenbilder innerhalb einer etwa 30 Minuten währenden klinischen Visite [5]). Die Bilder werden deshalb bereits vor der Befundung bzw. Visite 'großflächig' am Lichtkasten aufgehängt.

Ungeklärt ist in vieler Hinsicht, wie sich das bisherige Arbeiten des Radiologen auf eine vollständig digitale Technik umsetzen läßt. Viele Fragen zur Funktion und Gestaltung der für den Anwender wichtigsten Komponente eines PACS, dem digitalen Bildarbeitplatzsystem, sind offen: »Welche Bildqualität ist für welche diagnostische Fragestellungen notwendig (Grauwertebereich, räumliche Auflösung, Größe, Bildaufbauzeit bei sequentieller Darstellung)?« – »Welche Bildverarbeitungsoperationen können die Diagnose unterstützen?« – »Wie müssen die unterschiedlichen Informationen (Bilder, Texte etc.) dargeboten werden (nebeneinander oder nacheinander, "Bildlandschaft", Grenze der Verkleinerung, Anzahl der Bildschirme, Integration von Zusatzinformation)? Wie erhält der Anwender den Durchblick über die Fülle der Informations- und Dienstleistungsresourcen im System?« – »Wie organisiert der Radiologe die

Bilder eines Patienten für seine Diagnose? Wie führt er Interaktionen durch? Ändert sich das Bildanforderungsverhalten durch notwendigerweise andersartige Auswahlkonzepte?« – »Wie werden Ärzte und Assistenten im diagnostischen Prozeß an einem digitalen Bildarbeitsplatz miteinander kommunizieren?« – Diese Fragen müssen durch eine möglichst umfassende *qualitative und quantitative* Analyse der Tätigkeit des Radiologen an seinem jetzigen Arbeitsplatz beantwortet werden, bevor mit der Konzeption des neuen Arbeitsgerätes 'digitaler Bildarbeitsplatz' begonnen wird.

Sowohl Tätigkeit als auch Arbeitsorganisation sind bereits hochkomplex. Dazu kommt eine aufwendige Technik, die erst im Entstehen ist. Ein gemeinsames Handeln von Technikern, Arbeitswissenschaftlern *und* Anwendern wird hier notwendig, um aus den technischen Optionen ein nützliches und willkommenes Werkzeug zu machen. Die DIBA-Arbeitsgruppe, zusammengesetzt aus Ärzten, Arbeitspsychologen, IngenieurInnen und InformatikerInnen, sucht in diesem arbeitswissenschaftlich bisher wenig untersuchten Anwendungsfeld disziplinintegrierend nach neuen Methoden für die Technikgestaltung [6]. Aufbauend auf der Analyse von Tätigkeit und Arbeitsorganisation werden Gestaltungsalternativen als Ausgangspunkte für ein Prototyping im Anwendungsfeld erarbeitet.

Die Ist-Analyse der radiologischen Tätigkeit

Unsere Ist-Analyse bestand aus

- *Prozeßanalyse* zur Erfassung der Ablauforganisation, des Informationsflusses und des Tätigkeitszusammenhangs und

- *Tätigkeitsanalyse* zur Bestimmung der dem Diagnoseprozeß korrespondierenden mentalen Modelle.

Die Tätigkeitsanalyse führten wir mit Hilfe von teilnehmender Beobachtung und durch Visualisierungstechniken unterstützten Interviews durch, die auf Tonband dokumentiert wurden. Zusammen mit den Ergebnissen der Prozeßanalyse (die gesamte Organisation ist zugeschnitten bzw. ausgerichtet auf diesen Moment des Befundens!) ergaben sich die Merkmale der radiologischen Befundtätigkeit. Der enge Zusammenhang zwischen Wahrnehmung und Umgang mit verschiedenen Bildern (arrangieren, vergleichen, manipulieren) hat sich dabei sehr schnell als zentraler Untersuchungsgegenstand dargestellt.

Die Befundtätigkeit ist ein Prozeß, der sich über mehrere abteilungsinterne Befund- und Kontrollebenen erstreckt. In den untersuchten Radiologien lassen sich unterschiedliche Organisationsformen finden (Informationsbedarf, Patientenkontakt, Arbeitsablauf). Der Radiologe verfolgt unterschiedliche Zielsetzungen, deren wichtigste Primärdiagnose und Befundvalidierung sind. Dabei beruht die radiologische Wahrnehmung ganz wesentlich auf einem Vergleich zwischen Bildern – Vergleichsbilder sind solche aus vorangegangenen Untersuchungen, Bilder aus anderen Perspektiven, virtuelle, d.h. "innere Bilder" etc. – oder zwischen verschiedenen Regionen innerhalb eines Bildes – z.B. im Fall paariger Organe.

Methodik des Prototypings

Beim Prototyping wird die Systemkomplexität stark reduziert. Gleichwohl müssen alle wesentlichen Schritte, die zu einer realen Befundungssequenz gehören, erhalten bleiben. Sinn des Prototypings ist es, die zukünftigen Anwender möglichst stark in den Designprozeß einzubeziehen. Da deren Gestaltungsvorschläge häufig aber stark an dem orientiert sind, was ihnen bereits an Gestaltungsmöglichkeiten – auch aus anderen Bereichen – bekannt ist [7], konfrontieren wir die Anwender innerhalb des Prototypings mit einem jeweils sehr weitgehenden, zugleich aber für weitere Gestaltungsmöglichkeiten offenen Designvorschlag, der in mehreren Varianten technisch realisiert wird. Der Benutzer wird nun zum Vergleich der Varianten in eine 'Anwendersituation' versetzt. Die quantifizierten Ergebnisse dieses Vergleichs haben aus experimentalpsychologischer Sicht sicherlich nur bedingte Aussagekraft. Wichtig ist jedoch der *explorative* Charakter dieses Prototypings, durch den die Teilnehmer auf der Basis eines konkreten Designvorschlags zu Beurteilungen, Verbesserungs- und Änderungsvorschlägen animiert werden sollen.

Ziel ist also ein 'spielerischer' Umgang mit dem System, zu dem mit den folgenden Maßnahmen motiviert werden soll:

- Wir verwenden durchschnittliches, aber vielfältiges Bildmaterial, stichprobenartig entnommen aus verschiedenen Befundungen (vermieden werden Belastungen durch komplizierte Fälle).

- Die Oberfläche ist relativ einfach und wenig differenziert gestaltet.

- Gestaltungsvorschläge sind 'zugespitzt', provozierend (z.B. jeweils nur *ein*

Bild auf dem Befundbildschirm).

- Die Systemgestaltung ist leicht und schnell veränderbar (Menüoberfläche, Bildhandhabungsfunktionen etc.).

Prototyping zum Problem der Bildhandhabung

Die Ist-Analyse ergab, daß eines der zentralen Probleme des digitalen Bildarbeitsplatzes die *Bildhandhabung* sein wird. Innerhalb der Tätigkeitssequenz einer Befundung gehören zur Bildhandhabung:

Auswahl von Bildern aus der Patiententüte

Aufhängen der Bilder am Lichtkasten

Betrachten: Signale in den Bildern werden entdeckt und im Kontext der gesamten 'Bildlandschaft' sowie unter Hinzunahme nicht-bildhafter Information (z. B. Geburtsdatum des Patienten) interpretiert.

Demonstration: Gegebenenfalls werden Bilder vor anderen Radiologen erläutert.

Diagnose und Befunddiktat

Aufräumen: Abschließend werden die benutzten Bilder in die zugehörigen Patiententüten gesteckt und nachfolgenden Tätigkeiten (z.B. Demonstration vor Klinikern), anderen Abteilungen oder dem Archiv zugeleitet.

Aus der Ist-Analyse wurden nun die nachfolgenden Anforderungen zur Bildhandhabung an einem digitalen Bildarbeitsplatz hergeleitet:

Bilder müssen gezielt aus dem gesamten Bildmaterial eines Patienten ausgewählt werden können: In der heutigen Arbeitstechnik wählt der Radiologe anhand der Beschriftung auf den Bildern aus dem Bildergesamtbestand eines Patienten die Bilder aus, die er für die Abklärung der anstehenden Fragestellung für wichtig hält.

Beim Betrachten der Bilder muß ein schneller und willkürlicher Zugriff auf mehrere Bilder eines Patienten möglich sein: Der Radiologe muß verschiedene Bilder miteinander vergleichen können. Seine Diagnose ergibt sich oft auf der Grundlage nicht nur eines einzelnen Bildes, sondern einer 'Bildlandschaft'. In der heutigen Arbeitsweise stehen ihm diese Bilder durch gezielte Blickbewegungen zur Verfügung, da sie nebeneinander am Lichtkasten hängen. Welche Bilder in welcher Reihenfolge für die momentane Betrachtung relevant werden, ergibt sich aus der Dynamik des Diagnoseprozesses. Beides wird durch Information gesteuert, die während des diagnostischen Prozesses aus den Bildern entnommen wird. Diese Art der Tätigkeitssteuerung kann nur ermöglicht werden, wenn der Radiologe jederzeit auf beliebige Bilder zugreifen kann, um diese zu betrachten. Die Wartezeit ist dabei eine äußerst kritische Größe.

Bilder müssen individuell organisiert werden können: Die Ordnungsstruktur der Bilder ('Bildlandschaft') ist Orientierungsschema für die kognitiven Prozesse der Diagnose.

Der Prozeß des Befundens muß kontinuierlich möglich sein, Betrachten und Bildhandhabung dürfen nicht interferieren: Sachaufgabe (Bild*betrachtung*) und Interaktionsaufgabe (Bild*handhabung*) müssen kompatibel miteinander bleiben, um simultan ablaufen zu können.

Aufgrund dieser Anforderungen wurde ein Grundkonzept entwickelt, in dem ein *Organisationsbildschirm* benutzt wird, um Bilder mit Unterstützung einer Datenbank aus den 'Patiententüten' auszusuchen und verkleinert zu sog. *OrgIcons* als 'Bildlandschaft' zu organisieren. Nach Aktivieren der jeweiligen OrgIcons erscheinen willkürlich ausgewählte Bilder innerhalb weniger Zehntelsekunden in ihrem *vollem* Informationsumfang auf einem zweiten Bildschirm, dem hochauflösenden *Befundbildschirm*.

Grundlage für eine *Automatisierung* der Interaktion, mit der die gewünschte Kompatibilität von Bildhandhabung und Betrachtung erreicht werden soll, ist der Aufbau einer mentalen räumlichen Repräsentation der Bildlandschaft mit Hilfe der OrgIcon-Darstellung. Gestaltungsalternativen wurden aufgrund folgender Hypothesen hergeleitet:

Hypothese A: Eine räumliche Trennung von Interaktionsmedium und Befundbildschirm scheint für den Automatisierungsprozeß wichtig zu sein. Die Gestaltungsalternativen unterscheiden sich deshalb in der räumlichen Anordnung des Organisationsbildschirms zum Befundbildschirm. Einmal steht der Organisationsbildschirm neben dem Befundbildschirm, ist also peripher zu sehen oder kommt durch eine kurze Augenbewegung des Betrachters ins zentrale Blickfeld. Im anderen Fall ist der Organisationsbildschirm aus dem Blickbereich des Befundbildschirms herausgenommen, um eine Entkopplung des Betrachtens der Bilder und der Interaktion zu erreichen (vgl. Blindschreiben lernen auf der Schreibmaschine).

Hypothese B: Falls eine solche Automatisierung stattfindet, kann diese nur funktional genutzt werden, wenn ein direkter räumlicher Bezug zwischen kognitiver Repräsentation der individuellen Bildlandschaft und der Interaktionsform vorliegt. Dieser direkte räumliche Bezug ist nur bei einem *Touch-Screen* ohne visuelle Kontrolle möglich. Eine Maus läßt einen direkten räumlichen Bezug ohne visuelle Kontrolle nicht zu. Der Betrachter muß sich über einen Cursor auf dem Bildschirm orientieren. Deshalb unterscheiden sich die Gestaltungsalternativen außerdem in ihrem Interaktionsgerät Maus bzw. Touch-Screen.

Mit jeder der sich daraus ergebenden vier Gestaltungsalternativen diagnostizierten 16 Radiologen jeweils mehrere unterschiedliche Fälle. Mittels *Logfile* wurden die verschiedenen Zeiten der Bildhandhabung erhoben und zusammen mit Tonbandaufnahmen interpretierend ausgewertet. Dem anschließenden Gespräch liegt ein halbstandardisierter Fragebogen zugrunde. Außerdem fordern wir dazu auf, neue Gestaltungsideen zu entwickeln, die sofort mittels Legetechnik oder sogar am Gerät selbst umgesetzt werden. Die Gestaltungsalternativen sind damit auch ein Kommunikationsmedium für den Anwender, um eigene Vorstellungen zu explizieren, was ihm eher möglich ist, wenn sein handlungsbezogenes mentales Modell im Medium der neuen Technik aktiviert worden ist.

Software- und Hardware-Grundlagen

Um die Vorschläge der Anwender zügig umsetzen zu können, bedarf es einer Software, deren Verständlichkeit und Transparenz es auch dem *casual user* ermöglicht, rasch neue Funktionen einzubinden oder das Systemverhalten zu modifizieren.

Objekt-orientierte Programmiersprachen sind hierfür besonders geeignet. Sie kommen unserem Denk- und Kreationsprozeß entgegen. Ihre Grundelemente sind 'Objekte'. Alle Objekte einer 'Klasse' verfügen über gleichartige Daten und über dieselben Methoden zu ihrer Verarbeitung. Eine Strukturierung erfolgt durch Herstellen von hierarchischen Beziehungen unter den verschiedenen Klassen: Eine neudefinierte Klasse kann einer bereits existierenden Klasse untergeordnet werden. Sie erbt dabei alle Daten und Methoden von der ihr übergeordneten Klasse. Auf diese Weise wird das Entwerfen, Erweitern und Modifizieren des Systems – d.h. die Schaffung eines an die jeweilige Aufgaben angepaßten Sprachumfangs – zu einem einfachen und übersichtlichen Entwerfen von Klassen und Definieren von deren Beziehungen untereinander.

Sehr effektiv ist dieser Prozeß, wenn das System schrittweise *interaktiv* zusammengefügt werden kann, d.h. wenn kein langwieriger Übersetzungsprozeß durchlaufen werden muß, sondern Änderungen sofort nach ihrer Eingabe wirksam werden. Dies wird durch eine *interpretativ* arbeitende Sprache erreicht.

Um die Vorteile Objekt-orientierter Sprachen mit der Interaktivität und der schnellen Erlernbarkeit der Sprache *FORTH* zu verbinden, entwickeln wir ein *Objekt-orientiertes Forth (OOF)*. Es ist Grundlage für einen Werkzeugkasten, mit dem grafische Symbole und Bilder auf Bildschirmen dargestellt, beliebige Interaktionselemente wie Touch-Screen, Maus oder Tastatur bedient und Bildverarbeitungsfunktionen gesteuert werden können sowie das Verhalten des Systems definiert werden kann. OOF erlaubt es, interaktiv Systemparameter (z.B. Größe von OrgIcons auf dem Organisationsbildschirm) oder das Systemverhalten (z.B. automatisches Holen der jeweils neuesten Bilder) zu verändern, sowie auf das Prototyping oder den Routineeinsatz zugeschnittene Befehlssätze zu definieren und zu adaptieren.

Unser Ziel ist es, mit diesem Konzept die Technikgestaltung von der Anwenderbeteiligung bei der Entwicklung zu einem dynamischen Evolutionsprozeß in der Anwendung zu erweitern. Das System soll, auch wenn es sich bereits in der Anwendung befinden wird, weiterhin an die Bedürfnisse der Anwender adaptiert werden können. Der interessierte Anwender soll das System schrittweise erkunden und sogar selbst verändern können.

Für die Durchführung dieses Projekts wird eine Systemumgebung benötigt, die einen Vorgriff auf eine noch nicht verfügbare PACS-Technologie darstellt. Für das Prototyping unter Routinebedingungen muß der experimentelle Bildarbeitsplatz in eine zumindest rudimentäre PACS-Infrastruktur eingebettet werden, die die wesentlichen PACS-Komponenten Bildeingabe, Bildarchiv, Patientendatenbank und Netzwerk für Bild- und Begleitdaten umfaßt. Das DIBA-Projekt kann sich dabei auf mehrjährige Vorarbeiten an Schlüsselkomponenten und -technologien stützen, die bereits im wissenschaftlichen Einsatz erprobt wurden.

Hardware-Grundlage des prototypischen Arbeitsplatzes ist eine Bildverarbeitungsmaschine mit einer neuartigen Bilddatenbus-Architektur [8] (Datenrate 25 MBytes/sec, Arbeitsspeicher >64 MByte, parallel arbeitende Prozessoren). Mit diesem System können Serien großformatiger Bilder sehr schnell auf extrem hochauflösenden Bildschirmen manipuliert werden. Dabei übernimmt einer der

Prozessoren alle Verwaltungs- und Steueraufgaben sowie die Darstellung auf dem Organisationsbildschirm und die Auswertung der Interaktionen. Ein weiterer Prozessor transferiert Bilder vom Arbeitsspeicher auf den hochauflösenden Befund-Bildschirm (2500 mal 2000 pixel), wobei ein Bild der Größe 2000 mal 2000 pixel mit einer beliebigen Grauwert-Manipulation in ca. 0,3 s aufgebaut wird. Angeforderte Bilder werden von wieder anderen Prozessoren aus Hintergrundspeichern in den Arbeitsspeicher gebracht.

Die Bilder für das Prototyping sind z.Z. Röntgenfilme, die mit einem Laserscanner digitalisiert werden. Ein digitales Bildarchiv mit digital-optischen Speicherplatten übernimmt die Langzeitspeicherung der Bilder [9]. Ein separates Datenbanksystem liefert an die Bildarbeitsplatzsysteme außer den Patientendaten für die zu befundenden Patienten auch die Zugriffsschlüssel zu den Bilddaten. Bilddatensätze (typischer Datenumfang einige zehn MByte) werden zwischen dem Bildarchiv und den Arbeitsplätzen für Bildabtastung oder Bildauswertung über das neuentwickelte Lichtleiter-Datennetz *ImNet* (125 Mbit/sec) transportiert [10].

•••

Das DIBA-Projekt wurde in seiner Vielgestaltigkeit und mit seinem multidisziplinären Mitarbeiterstab durch eine umfassende Förderung des Bundesministers für Forschung und Technologie (Kennzeichen 01 HK 577 A) ermöglicht. Darüberhinaus haben die Hamburger Gesundheitsbehörde, die Allgemeinen Krankenhäuser Eilbek und Wandsbek in Hamburg, das Hafenkrankenhaus Hamburg sowie das Klinikum der RWTH Aachen in fruchtbarer Zusammenarbeit wesentlich zu den bisherigen Ergebnissen beigetragen. Für den Inhalt der vorliegenden Arbeit sind allein die Autoren verantwortlich.

Literatur

1 Arenson RL et al: The Digital Imaging Workstation. Radiology August 1990, 303–315

2 Meyer-Ebrecht D: PACS oder der zukünftige Arbeitsplatz des Radiologen. Radiologe 28, 1989, 195-199

3 Dahm M, Fasel B, Kaupp A, Meyer-Ebrecht D: PACS: digitale Bildarbeitsplätze in der medizinischen Diagnostik. In: Paul M (Hrsg.) GI 19. Jahrestagung II, Computergestützter Arbeitsplatz, Informatik-Fachberichte 223. Springer Berlin Heidelberg 1990, 631-643

4 Meyer-Ebrecht D: PACS – Picture Archiving and Communication Systems. In: CAR'89 Computer Assisted Radiology, Tutorial Notes (Supplement). Springer Berlin Heidelberg New York 1989, 0023-0044

5 Schilling C et al: PACS Information Flow Model, In: Osteaux M (Hrsg.) Foundation for a Hospital Integrated Picture Archiving and Communication System HIPACS. Commission of the European Communities: AIM Project A1008 Report 1.2.4.1. Brüssel 1990

6 Barth N et al: Partizipative und prospektive Technikgestaltung des digitalen Bildarbeitsplatzes für die Medizin, In: Frese M (Hrsg.) Software für die Arbeit von morgen. Springer Berlin Heidelberg 1991

7 Greif S, Hamborg K-C: Aufgabenorientierte Softwaregestaltung und Funktionalität, In: Frese M (Hrsg.) Software für die Arbeit von morgen. Springer Berlin Heidelberg 1991

8 Meyer-Ebrecht D, Schilling T, Winkler W: Pixel Pipe – A New Bus Concept for a High-Speed Image Processor, In: Meyer-Ebrecht D (Hrsg.) ASST'87, 6. Aachener Symposium für Signaltheorie, Mehrdimensionale Signale und Bildverarbeitung, Informatik Fachberichte 153. Springer Berlin Heidelberg 1987, 263-264

9 Schilling C, Wein B, Meyer-Ebrecht D: Distributed Image Archival, In: Osteaux M (Hrsg.) Hospital Integrated Picture Archiving and Communication Systems – A Second Generation Concept. Springer Berlin Heidelberg New York 1991 (in Vorbereitung)

10 Fasel B, Meyer-Ebrecht D, Vossebürger F: ImNet: A Fibre-Optic LAN for Digital Image Communication. Europ. J. of Radiology 10/3, 1990, 230-233

Intellektuelle Werkzeuge und werkzeug-vermittelte Erfahrung: Bemerkungen zum Gegenstandsbereich der Software-Ergonomie

Andreas Grünupp & Klaus-Peter Muthig, Tübingen

Zusammenfassung

In diesem Beitrag soll aufgezeigt werden, daß zur Lösung der in der Software-Ergonomie anstehenden Probleme sowohl der aus der klassischen Ergonomie übernommene Werkzeugbegriff als auch die von dort übernommene Trennung zwischen Funktionalitätsgestaltung und ergonomischer Gestaltung inadäquat ist. Es wird dargelegt, daß die Aufgabe der Software-Ergonomie in der Gestaltung intellektueller Werkzeuge liegt und daß eine solche (Neu-)Bestimmung des Gegenstandsbereiches nicht nur neue theoretische Konzepte, sondern einen grundsätzlich neuen Forschungsansatz in der Software-Ergonomie erfordert.

1. Zur Trennung von Funktionalitäts- und Schnittstellengestaltung

In allgemeinster Charakterisierung zielt die klassische Ergonomie darauf ab, die realen Bedingungen des Tätigseins so an die Eigenschaften und Bedürfnisse des Menschen anzupassen, daß diesem ein möglichst hoher Nutzen seiner Fähigkeiten und Fertigkeiten ermöglicht wird (Laurig, 1983). Um dieses Ziel zu erreichen, versucht man wissenschaftliche Erkenntnisse über den Menschen systematisch zur Gestaltung der Objekte einzusetzen, auf die sein Tätigsein bezogen ist und zwar so, daß diese Objekte möglich effizient zu benutzen sind und gleichzeitig die Gesundheit, Sicherheit und Zufriedenheit des sie benutzenden Menschens gewährleisten (McCormick, 1976). Da das Tätigsein des Menschen vor allem auf Werkzeuge bezogen ist, kann als zentraler Gegenstandsbereich der klassischen Ergonomie die Gestaltung von Werkzeugen gesehen werden. Was dabei unter einem "Werkzeug" verstanden wird, bleibt allerdings oft unscharf, deckt sich jedoch im wesentlichen mit dem alltagssprachlichen Verständnis (was auch durch die häufig verwendeten Synonyme wie "Maschine" oder "Technik" indiziert wird).

Mit dem Aufkommen der Software-Ergonomie wurden diese Gestaltungsziele sowie mit ihnen verbundenen Forschungsstrategien weitgehend (implizit) übernommen, ohne daß die Angemessenheit dieser Vorgaben für den eigenen Gegenstandsbereich explizit untersucht wurde. Insbesondere wurde nicht untersucht, ob in der

Software-Ergonomie nicht ein neuer Typ von Werkzeugen zur Gestaltung ansteht, auf den sich die aus der klassischen Ergonomie übernommenen Konzepte und Vorgehensweisen nicht ohne weiteres übertragen lassen.

In der klassischen Ergonomie geht es bei der Gestaltung von "Objekten" primär um die Gestaltung von Werkzeugen. Der dabei zugrundegelegte Werkzeugbegriff ist jedoch relativ unbestimmt: meist liegt ein alltagssprachliches Verständnis des Begriffs "Werkzeugs" zugrunde was sich auch in der häufig synonymen Verwendung von Begriffen wie "Maschine" oder "Technik" ausdrückt. Lassen wir die Mehrdeutigkeit des Werkzeugsbegriffs zunächst beiseite und fragen wir, welcher Stellenwert dem Werkzeugbegriff in der Software-Ergonomie gegenwärtig zukommt. Die Vorstellung, daß Computersysteme Werkzeuge darstellen, ist ein immer wieder benutztes Rahmenmodell zur Konzeptualisierung der Mensch-Computer Interaktion. Faßt man den Umgang mit dem Computer als Werkzeugbenutzung auf, dann sieht man sich sofort mit einer Reihe von Problemen konfrontiert, die sich z.T. aus dem unscharfen Werkzeugsbegriff selbst ergeben, z.T. aber auch aus dem Umstand, daß die Begrifflichkeit der klassischen Ergonomie nicht ohne weiteres auf die Software-Ergonomie übertragbar ist. Dies soll an einem einfachen Beispiel verdeutlicht werden: Im Bereich der klassischen Ergonomie besteht bei der Gestaltung eines Werkzeuges (z.B. eines Hammers) eine Arbeitsteilung zwischen Werkzeugentwicklern, die die Funktionalität des Werkzeugs festlegen (z.B. wie muß ein Hammer beschaffen sein, damit er für den jeweils spezifischen Einsatzzweck geeignet ist) und Ergonomen, die nach Festlegung der Funktionalität des Werkzeuges die Benutzerschnittstelle (z.B. den Hammergriff) so gestalten haben, daß das Werkzeug (der Hammer) effektiv benutzbar ist und bei seiner Verwendung die Zielkriterien für humane Arbeit erfüllt werden.

Diese Arbeitsteilung zwischen der Gestaltung von Funktionalität durch den Werkzeugentwickler und der ergonomischen Gestaltung der Werkzeugverwendung findet sich auch in der Software-Ergonomie wieder. Ausgehend von dem vorab festgelegten Funktionsumfang eines Computersystems bzw. bestimmter Software wird es als Aufgabe der Software-Ergonomie angesehen, die Benutzerschnittstelle so zu gestalten, daß sie allgemeinen software-ergonomischen Gestaltungsgrundsätzen entspricht, wie sie z.B. in der DIN-Norm 66234 Teil 8 (vgl. Dzida, 1985) formuliert wurden.

Auf die Unangemessenheit einer derartigen "nachhinkenden" Vorgehensweise sowie die Notwendigkeit neuer theoretischer Grundlagen für die Software-Ergonomie haben wir an anderer Stelle ausführlicher hingewiesen (Grünupp & Muthig, 1990). In Erweiterung und Vertiefung dieser Argumentation soll im folgenden herausgearbeitet werden, daß neue und angemessenere theoretische Grundlagen für die Software-Ergonomie nur dann entwickelt werden können, wenn man explizit in Rechnung stellt, daß es in ihr nicht um die Gestaltung von herkömmlichen Werkzeugen geht, sondern daß Software-Ergonomie die Gestaltung von intellektuellen Werkzeugen zum Gegenstand hat. Wie im folgenden verdeutlicht werden soll, sind mit der Gestaltung intellektueller Werkzeuge jedoch grundsätzlich andere Anforderungen verbunden als mit der Gestaltung herkömmlicher Werkzeuge. Insbesondere ist hier die überkommene Arbeitsteilung zwischen Funktionalitätsgestaltung und ergonomischer Gestaltung der Benutzerschnittstelle nicht adäquat.

2. Zum Begriff "Werkzeug"

Bevor näher auf den Begriff "intellektuelles Werkzeug" eingegangen wird, muß der Werkzeugbegriff näher expliziert werden. Es wird davon ausgegangen, daß sich Werkzeuge durch die folgenden drei Aspekte charakterisieren lassen (vgl. dazu auch Wingert, 1983).

1. Funktionalität: Werkzeuge sind Objekte (d.h. natürliche oder vom Menschen geschaffene Gegenstände), die als Mittel für spezifische Zwecke eingesetzt werden können. Sie stellen vergegenständlichte bzw. externalisierte Teilstücke aus zielgerichteten Handlungszusammenhängen dar. Entscheidend für die Abgrenzung von Werkzeugen gegenüber anderen Gegenständen bzw. Objekten, die den Menschen umgegeben, ist, daß sie nur durch ihre objektspezifische Verwendung ihren Zweck erfüllen. So stellt z.B. ein Hammer, dessen Funktionalität, d.h. dessen Rolle als Mittel im Rahmen eines Handlungszusammenhangs, einem potentiellen Werkzeugbenutzer nicht vertraut ist, für diesen kein Werkzeug dar, sondern lediglich einen Gegenstand.

2. Spezifität: Jedes Werkzeug ist in bezug auf den Zweck zu dem es eingesetzt werden kann sowie auf die Wirkung, die mit ihm erzielt werden kann, spezifisch. Diese Spezifität von Werkzeugen bedeutet nicht, daß der Zweck zu dem ein Werkzeug eingesetzt wird und die Wirkung, die mit einem Werkzeug erzielt werden kann, vorab vollständig festgelegt ist. Die Zwecke zu denen Werkzeuge eingesetzt werden und die Wirkungen, die mit ihnen erzielt werden können, verändern sich in einem Prozeß der Koevolution zwischen Aufgaben und Anforderungen auf der einen und dazu entwickelten Werkzeugen auf der anderen Seite. Werkzeuge werden nicht nur in Hinblick auf spezifische Anforderungen entwickelt; die entwickelten Werkzeuge ziehen auch neue Anforderungen nach sich, so daß der Prozeß der Werkzeugentwicklung auf einer neuen Stufe fortgesetzt wird (vgl. dazu das von Carroll entwickelte Konzept des "Task-Artifact-Cycle"; Carroll, Kellogg & Rosson, 1990).

3. Funktionsprinzipien von Werkzeugen: Werkzeuge erhalten ihre Funktionalität dadurch, daß sie motorische, sensorische und intellektuelle Funktionsbereiche des Menschen verstärken, erweitern und externalisieren. Im folgenden sollen diese Funktionsprizipien kurz erläutert werden:

a) Verstärkung und Erweiterung: Weizenbaum (1976/1977) hat für funktionale Erweiterungen und Verstärkungen motorischer und sensorischer Funktionsbereiche den Begriff "prothesenartige Werkzeuge" geprägt. Der Unterschied zwischen Verstärkung und Erweiterung soll am Beispiel des Vergleichs von Licht- und Elektronenmikroskop verdeutlicht werden. Das Lichtmikroskop stellt eine Verstärkung der menschlichen Sensorik dar, da durch ein Linsensystem das Auflösungsvermögen des menschlichen Auges verbessert wird. Der Wahrnehmungsvorgang erfolgt prinzipiell auf dieselbe Art und Weise wie beim "unbewaffneten" Auge. Demgegenüber erweitert das Elektronenmikroskop den Bereich der Sichtbarkeit um neue, der Wahrnehmung mittels Licht nicht zugängliche, Dimensionen. Die Wahrnehmung ist in diesem Fall nicht mit der normalen visuellen Wahrnehmung vergleichbar, sondern ist vollständig durch das Werkzeug vermittelt.

b) Externalisierung: Im Verlauf der soziokulturellen Evolution des Menschen wurden nahezu alle Funktionen, die sich in der Evolution der Arten über Anpassung verfeinern, über materielle und intellektuelle Werkzeuge externalisiert: motorische Funktionen, sensorische Funktionen, und in einem noch andauernden und sich beschleunigenden Prozeß kognitive Funktionen. Während dieses Externalisierungsprozesses wurden die entsprechenden menschlichen Fähigkeiten verstärkt, erweitert und endlich teilweise oder vollständig durch Werkzeuge ersetzt (vgl. Leroi-Gourhan, 1965/1988).

"Externalisierung" stellt das zentrale Funktionsprinzip von Werkzeugen dar. Es ist auch für das Verständnis der Mensch-Werkzeug Interaktion grundlegender als die Funktionsprizipien "Verstärkung" und "Erweiterung", die nur zusammen mit ihm wirksam werden. Die in der Literatur häufig vorgenommene Abgrenzung zwischen Werkzeugen, die unmittelbar vom Menschen gehandhabt werden und Maschinen, die ohne menschlichen Eingriff arbeiten (vgl. z.B. Weizenbaum, 1976/1977; Wingert, 1983; Wingert & Riehm, 1985), wird unter dieser Perspektive bedeutungslos (für einen anderen Ansatz vgl. Budde & Zullighoven, 1990). Das dieser Unterscheidung zugrundegelegte unterschiedliche Ausmaß des direkten (manuellen) menschlichen Eingriffs sowie der direkt wahrnehmbaren sensorischen Rückmeldung reflektiert nur unterschiedliche Stufen der Externalisierung von Funktionen in der Werkzeugentwicklung (vgl. Leroi-Gourhan, 1965/1988; VanCott, 1984).

In der Koevolution des Menschen mit seinen eigenen (mentalen) Produkten haben sich nicht nur die motorischen und sensorischen Aktivitäten und Möglichkeiten des Menschen verändert. Auch seine kognitiven Aktivitäten und Möglichkeiten haben sich beträchtlich verändert Es wurden intellektuelle Leistungen möglich, die ohne Werkzeuge nicht hätten entstehen können (z.B. durch die Externalisierung von Behaltens- und Erinnerungsfunktionen über Sprache, Schrift, Buchdruck oder Datenbanksysteme (vgl. Muthig, 1983; 1987; Olson, 1976).

Wenn man "Externalisierung" als zentrales Funktionsprinzip von Werkzeugen akzeptiert, so wird man die Entwicklung von Computersystemen und deren Nutzung unter einer neuen Perspektive zu betrachten haben. Dabei muß insbesondere der zunehmenden Verschiebung des Schwerpunkts der menschlichen Werkzeugbenutzung von der manuellen Bedienung hin zur intellektuellen Kontrolle Rechnung getragen werden. Einige der damit verbundenen Unterschiede zwischen klassischen (auf Funktionen der menschlichen Sensorik und Motorik bezogenen) und neuartigen (intellektuellen) Werkzeugen sollen im folgenden kurz skizziert werden.

3. Zum Begriff "intellektuelles Werkzeug"

In Anlehung an Dzida (1987) lassen sich drei verschiedene Typen von Werkzeugen unterscheiden (vgl. Abbildung 1). Diese markieren nicht nur wesentliche Etappen in der historischen Entwicklung von Werkzeugen, sie erfordern auch verschiedene Arten der Mensch-Werkzeug Interaktion.

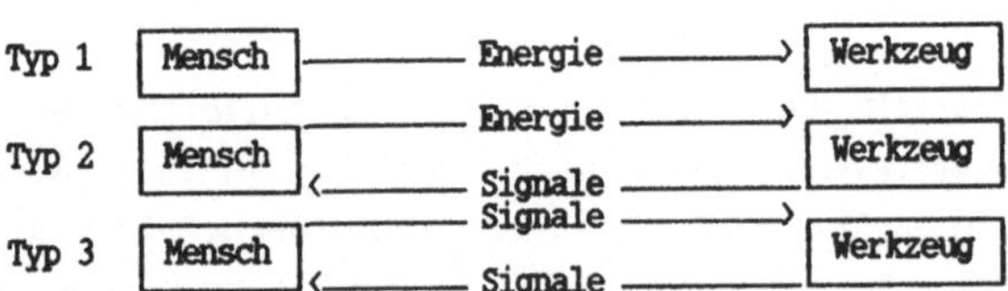

Abbildung 1: Typen der Mensch-Werkzeug Interaktion (nach Dzida, 1987, S. 340).

Zum Typ 1: Hierunter fallen die "klassischen", von Weizenbaum (1976/1977) als "prothesenartig" bezeichneten, (Hand)Werkzeuge (z.B. Hammer, Zange). Zum Typ 2: Hier erfolgt das Feedback nicht mehr energetisch (durch Eigenwahrnehmung via Muskeln und Sehnen), sondern symbolisch (durch Signale und Anzeigen). Dieser Werkzeugtyp war Gegenstand der klassischen Ergonomie (Gestaltung von Anzeigen und von Stellgliedern). Zum Typ 3: Hier erfolgt auch die Steuerung nicht mehr manuell, sondern symbolisch: durch eine (künstliche) Sprache. Zu diesem Typ ist auch das "Werkzeug" Computersystem zu zählen.

Die Art, mit der der Mensch mit Werkzeugen vom Typ 3 ("intellektuelle Werkzeuge") interagiert, unterscheidet sich in einer Reihe von Aspekten gegenüber der Mensch-Werkzeug Interaktion bei klassischen Werkzeugen (Typ 1 und 2). Dies wird schnell deutlich, wenn man Aspekte der Mensch-Werkzeug Interaktion von einer deskriptiven phänomenologischen Analyse her zu erfassen sucht. Im Rahmen eines solchen Zugangs unterschied z.B. Ihde (1979) drei Arten von menschlicher Wahrnehmung, die im Zusammenhang mit Werkzeugbenutzung relevant sind: (1) unvermittelte Wahrnehmung, (2) vermittelte Wahrnehmung: Typ a (Erfahrung durch Werkzeuge), (3) Vermittelte Wahrnehmung: Typ b (Erfahrung mit Werkzeugen). Auf die unvermittelte Wahrnehmung muß in diesem Zusammenhang nicht näher eingegangen werden; die beiden Typen vermittelter Wahrnehmung werden anschließend kurz erläutert.

Vermittelte Wahrnehmung, Typ a: Erfahrung durch Werkzeuge ((Mensch-Werkzeug) -> Welt): Durch Werkzeuge allgemein wird der Bereich der mittels direkter Wahrnehmung zugänglichen Umwelt erweitert (z.B. wenn ein Blinder mit dem Blindenstock seine Umwelt "erspürt"). Charakteristisch für diese Art der Wahrnehmung ist, daß die Umweltwahrnehmung in hohem Maße über Werkzeuge vermittelt ist. Budde und Zullighoven (1990, S. 133 ff.) sprechen davon, daß Werkzeuge zu Erkenntnismitteln werden, mit denen wir unsere äußere Natur zugänglich machen. Bei dieser Art der Wahrnehmung ist eine Abgrenzung zwischen internen Prozessen und externen Umweltsachverhalten nur schwer vorzunehmen. Ihde (1979) spricht in diesem Zusammenhang von einer "Verkörperlichungs"-Relation: Werkzeuge werden zu empfindungsbegabten Verlängerungen des Körpers. Polanyi (1966/1985, S.23) hat auf eine Konsequenz dieser "Verkörperlichung" hingewiesen. Da der Körper das grundlegende Instrument ist, mit dessen Hilfe wir Kenntnisse über die äußere Welt gewinnen, ist er das einzige Ding, daß wir gewöhnlich nie als Gegenstand, sondern als die "Welt" erfahren. Werkzeuge werden über die Verkörperlichungs-Relation zu einem Bestandteil des von Polanyi (1966/1985) als "Tacit Knowledge" bezeichneten Hintergrundwissens. So ist für eine hämmernde Person der Hammer ein Teil des Hintergrunds an "Zuhandenheit", der als selbstverständlich vorausgesetzt wird, ohne ausdrücklich als Objekt erkannt oder identifiziert zu werden (vgl. auch Winograd und Flores, 1986/1989, S. 69 ff.). Die Mensch-Werkzeug Interaktion bei den Werkzeugtypen 1 und 2 läßt sich mit dieser "Verkörperlichungs-Relation" beschreiben. Philosophiegeschichtlich geht dieser Gedanke auf Heidegger zurück (vgl. dazu die Darstellung bei Budde & Zullighoven (1990): Im älltäglichen Umgang wird "Zeug" ziel- und zweckgerichtet verwendet, ohne daß dies auf den Begriff gebracht wird. "Zeug" wird nie als einzelnes Ding, sondern immer als Teil eines Zusammenhangs betrachtet. Beim Umgang mit "Zeug" steht der Arbeitsgegenstand, das "Werk" im Vordergrund (Budde & Zullighoven, 1990, S. 82).

Nach Ansicht von Ihde (1979) kann die Beziehung Mensch-Werkzeug jedoch nicht nur in der eben diskutieren "Verkörperungs-Relation" bestehen ("Erfahrung durch Werkzeuge"), sondern auch in einer, wie er es nennt, "hermeneutischen Relation":

Vermittelte Wahrnehmung Typ b: Erfahrung mit Werkzeugen (Mensch -> (Werkzeug-Welt)): Während bei der "Verkörperlichungs-Relation" das Werkzeug als Gegenstand von Erfahrung nicht gegeben ist, wird bei diesem Typ der Werkzeugbeziehung das Werkzeug zu einem "Quasi-Anderen", über den die Erfahrung von "Welt" vermittelt ist. Erfährt ein Nutzer von Computersystemen seine "Welt" (die Arbeitsaufgabe) über das Werkzeug vermittelt, dann muß Gegenstand einer software-ergonomischen Gestaltung von Comptersystemen die Gestaltung von Möglichkeiten der werkzeugvermittelten Erfahrung sein.

Die in den letzten Abschnitten mit dem Begriff "hermeneutische Relation" bezeichnete Mensch-Werkzeug Interaktion hat eine wichtige Implikation: Intellektuelle Werkzeuge beeinflussen menschliche kognitive Fähigkeiten nicht nur aktuell während ihres Gebrauchs, sondern sie verändern sie auch dauerhaft (vgl. Muthig; 1987; Olson, 1976). Um es anhand eines Beispiels deutlich zu machen: So wie das Elektronenmikroskop völlig neue Dimensionen der Wahrnehmung erschließt, ermöglicht z.B. das intellektuelle Werkzeug "Datenbanksystem" Formen des intellektuellen Umgangs mit Wissen, die ohne dieses Werkzeug nicht denkbar wären (z.B. die schnelle Verknüpfung unterschiedlicher Informationsspeicher). Wenn dies bei der Gestaltung von Schnittstellen unberücksichtigt bleibt, dann werden für intellektuelle Werkzeuge zentrale Aspekte unberücksichtigt.

Der Gedanke, daß (intellektuelle) Werkzeuge menschliches Wahrnehmen und Denken verändern ist nicht neu, er findet sich z.B. schon bei Bacon, 1620/1980, S. 27). Dennoch hat sich die Einsicht, daß sich menschliche kognitive Strukturen und Prozesse durch den Gebrauch von Werkzeugen grundlegend verändern in der Psychologie bislang noch nicht durchgesetzt. Es gibt jedoch einige Ansätze hierzu (z.B. bei Leontjew, 1959/1975; oder bei Olson, 1976). Im Bereich der Software-Ergonomie findet sich dieser Gedanke bei Brown, (1986) oder z.B. in der jüngst von Budde und Zullighoven (1990) vorgelegten Arbeit, in der, auf der Basis von Konzepten aus der Heidegger'schen Philosophie, der Umgang mit Software-Werkzeugen und seine Konsequenzen für menschliches Wahrnehmen und Erleben zu erfassen versucht wird, um daraus Gestaltungskriterien für Software-Werkzeuge abzuleiten.

Diese Ansätze erscheinen uns für die Software-Ergonomie insofern bedeutsam, als die Software-Ergonomie sich in ihren Gestaltungsaufgaben nicht auf die in der klassischen Ergonomie übliche Arbeitsteilung verlassen kann. Die durch intellektuelle Werkzeuge entstehenden neuen funktionellen Möglichkeiten und Anforderungen können von Seiten der technischen Software-Entwicklung nicht hinreichend antizipiert werden, da das Werkzeug selbst die der Benutzung zugrundeliegenden kognitiven Fertigkeiten und Fähigkeiten verändert. Für funktionelle Anforderungen, die bei der Werkzeugentwicklung nicht antizipiert wurden, läßt sich aber auch nur schwer im Nachhinein – bei der Schnittstellengestaltung – geeignete Abhilfe schaffen. Dennoch scheint es gerade dieser Bereich zu sein, in dem Software-Entwickler Unterstützung von Seiten der Software-Ergonomie begleitend zum Software-Entwicklungsprozeß erwarten.

4. Konsequenzen für die Software-Ergonomie

Aus den im zweiten Abschnitt skizzierten allgemeinen Merkmalen von Werkzeugen und den im dritten Abschnitt dargestellten spezifischen Merkmalen von intellektuelle Werkzeugen ergeben sich Konsequenzen für die software-ergonomische Gestaltung von Computersystemen, auf die im folgenden eingegangen werden soll.

Aus dem Funktionalitätsaspekt (vgl. 2.1.) wird deutlich, daß ein Computersystem (eine bestimmte Kombination von Hardware, Software und Peripheriegeräten) erst dann zu einem Werkzeug werden kann, wenn seine Funktionalität für den Nutzer transparent ist, d.h. wenn der Nutzer nachvollziehen kann, wie und für welche Tätigkeiten und Aufgaben das Computersystem einsetzbar ist.

Betrachtet man Computersysteme unter dem Aspekt der Spezifität (vgl. 2.2.), dann wird deutlich, daß Computersysteme keine universellen Werkzeuge darstellen. Es ist eine bestimmte Kombination von Hardware und benutzter Software, die das Werkzeug ausmacht; den Charakter der Universalität vermitteln Computersysteme nur deshalb, weil auf ein und derselben Hardwarekonfiguration viele verschiedene Werkzeuge realisiert werden können.

Will man der Wechselwirkung zwischen spezifischen Anforderungen und Zwecken und dazu geeigneten Werkzeugen Rechnung tragen, so muß in der Software-Ergonomie den Zwecken bzw. den Aufgaben, für die Computersysteme eingesetzt werden, größere Aufmerksamkeit geschenkt werden als bisher: Nicht die Gestaltung von Schnittstellen ist die Aufgabe, sondern die Gestaltung von Werkzeugen in ihrer Gesamtheit. Dabei muß jedoch nicht nur der Angemessenheit der Benutzeroberfläche, sondern auch der Funktionalität sowie ggf. neu entstehenden werkzeugspezifischen Anforderungen Rechnung getragen werden. Dies ist jedoch nicht durch "kontextfreie" Aufgabenanalysen zu erreichen, in denen z.B. für die Mensch-Computer Interaktion als relevant erachtete kognitive Prozesse auf (scheinbar) elementare und invariante Prozesse zurückgeführt werden. Dies läßt sich nur durch ökologisch valide Aufgabenanalysen erreichen, in denen die jeweiligen Wechselbeziehungen zwischen Mensch, Arbeitsaufgabe und Werkzeug erfaßt werden (vgl. dazu Grünupp & Muthig, 1990; Keil-Slawik, 1990).

Neue Fragestellungen und neue Forschungsstrategien: Gewöhnlich wird es als Ziel der Software-Ergonomie angesehen, Computersysteme möglichst gut an reale Arbeitsabläufe und -aufgaben sowie an die der menschlichen Informationsverarbeitung zugrundeliegenden Prinzipien in den Funktionsbereichen Wahrnehmung, Denken, Gedächtnis und Handeln anzupassen (z.B. Streitz, 1988;). Daß sich Arbeitsaufgaben und -abläufe durch den Einsatz von Computern verändern und daß es deshalb darum gehen muß, dafür angemessene Konzepte der Arbeitsstrukturierung und des partizipativen Designs zu entwickeln, wird immer mehr akzeptiert. Wie gezeigt wurde, ist diese (notwendige) Erweiterung um soziale und arbeitsorganisatorische Perspektiven allein jedoch nicht ausreichend, da sich nicht nur Arbeitsabläufe und -aufgaben, sondern auch die der Erledigung dieser Arbeitsabläufe und -aufgaben zugrundeliegenden menschlichen kognitiven Fähigkeiten mit den entsprechenden Werkzeugen verändern. Es geht also nicht nur um eine Erweiterung der kognitiven Ergonomie durch eine "soziale Ergonomie" (Brown, 1986), die die Gestaltung des Umfelds, in das das Computersystem eingebettet ist, mit berücksichtigt, sondern es geht um eine Neubestimmung der Inhalte von kognitiver Ergonomie.

Prospektive Gestaltung statt nachträglicher Evaluation: Wenn die Software-Ergonomie an der Gestaltung werkzeugvermittelter Erfahrungen mitwirken soll, dann ist es notwendig, auf der Basis hierzu geeigneter theoretischer Modelle (vgl. Grünupp & Muthig, 1990), Annahmen darüber zu entwickeln, welche möglichen Veränderungen bei Arbeitsabläufen und -aufgaben und den ihnen zugrundeliegenden menschlichen kognitiven Fähigkeiten durch neue Werkzeuge zu erwarten sind. Ziel muß es dabei sein, durch geeignete Gestaltungsmaßnahmen die Gestaltung von neuen Werkzeugen so zu beeinflussen, daß die eingangs erwähnten ergonomischen Gestaltungsziele erfüllt werden können. Gegenstand der Software-Ergonomie muß also die Mitwirkung an der Gestaltung der Fuktionalität zukünftiger Computersysteme sein, nicht die nachträgliche Evaluation von Schnittstellen bereits fertig entwickelter Systeme.

Neue Aufgaben der Software-Ergonomie im Designprozeß: Eine Software-Ergonomie, die den in diesem Beitrag skizzierten Anforderungen gerecht wird, hat die Chance, sich eine neue Aufgabe im Designprozeß zu erschließen. Auf der Basis von theoretisch fundierten und empirisch überprüfbaren Annahmen über die Art und Weise wie neue Werkzeuge das Gesamtsystem Mensch-Werkzeug-Aufgabe verändern, müßte sie nicht nur auf neue technische Entwicklungen reagieren, sondern könnte ihrerseits Vorgaben für die Richtung der technischen Weiterentwicklungen formulieren. Aus vielen Diskussionen im Zusammenhang mit der Entwicklung interaktiver Computersysteme wird deutlich, daß von Seiten der Technik ein solcher Beitrag der Software-Ergonomie auch erwartet wird. Ob es sich um die Gestaltung der Interaktion mit dem Computer mittels multimedialer Dialogformen, die Nutzung von gesprochener Sprache als Eingabemedium oder um die Gestaltung von Hypertext-Systemen geht, überall ist festzustellen, daß von seiten der Technik erwartet wird, daß die Software-Ergonomie diese Systeme mitgestaltet und nicht nur "nette" Schnittstellen zu ihnen bastelt. Einige der Gründe warum die Software-Ergonomie diese Erwartungen derzeit noch enttäuscht aber auch mögliche neue Ansätze zur Vermeidung zukünftiger Enttäuschungen haben wir in diesem Beitrag zu skizzieren versucht.

Literatur

Bacon, F. (1980). Aphorismen über die Interpretation der Natur und das Reich des Menschen. In G. Gawlick (Ed.), Geschichte der Philosophie in Text und Darstellung Band 4: Empirismus (pp. 26-49). Stuttgart: Reclam. (Originalveröffentlichung 1620).

Brown, J. S. (1986). From cognitive to social ergonomics and beyond. In D.A. Norman & S.W. Draper (Eds.), User centered system design (pp. 457-486). Hillsdale, NJ: Erlbaum.

Budde, R. & Zullighoven, H. (1990). Software-Werkzeuge in einer Programmierwerkstatt. München: Oldenbourg.

Carroll, J. M., Kellogg, W. A. & Rosson, M. B. (1990). The task-artifact cycle. Research Report RC 15731. IBM T.J. Watson Research Center. Yorktown Heights, NY 10598.

Dzida, W. (1985). Ergonomische Normen für die Dialoggestaltung. In H.J. Bullinger (Ed.), Software-Ergonomie '85: Mensch-Computer Interaktion (pp. 430-444). Stuttgart: Teubner.

Dzida, W. (1987). On tools and interfaces. In M. Frese, E. Ulich & W. Dzida (Eds.), Human computer interaction in the work place (pp. 339-355). Amsterdam: North Holland.

Grünupp, A. & Muthig, K.-P. (1990). Software-Ergonomie als prospektive Gestaltung der Funktionalität von Werkzeugen. In A. Reuter (Ed.), Informatik auf dem Weg zum Anwender: Bericht über den 20. Kongreß der Deutschen Gesellschaft für Informatik (pp. 532-542). Heidelberg: Springer.

Ihde, D. (1979). Technics and praxis. Dordrecht: Reidel.

Keil-Slawik, R. (1990). Konstruktives Design: Ein ökologischer Ansatz zur Gestaltung interaktiver Systeme. Unveröffentlichte Habilitationsschrift. Berlin, März 1990.

Laurig, W. (1983). Wissenschaftstheoretische Inhaltsbestimmung des Begriffs Ergonomie. Zeitschrift für Arbeitswissenschaft, 37, 129-133.

Leontjew, A. N. (1975). Probleme der Entwicklung des Psychischen. Berlin: Volk und Wissen. (Originalveröffentlichung 1959).

Leroi-Gourhan, A. (1988). Hand und Wort: Die Evolution von Technik, Sprache und Kunst. Frankfurt: Suhrkamp. (Originalveröffentlichung 1965).

McCormick, E. J. (1976). Human factors in engineering and design (4th edition). New York: McGraw-Hill.

Muthig, K. P. (1983). Externe Speicher: Implikationen für Modellvorstellungen vom menschlichen Gedächtnis. In G. Lüer (Ed.), Bericht über den 33. Kongreß der Deutschen Gesellschaft für Psychologie in Mainz 1982 (pp. 252-259). Göttingen: Hogrefe.

Muthig, K. P. (1987). Internal and external memory in human-computer interaction: Some lessons from the interaction of human thought with human technology. Tübingen (unveröffentlichtes Manuskript).

Olson, D. R. (1976). Culture, technology, and intellect. In L.B. Resnick (Ed.), The nature of intelligence (pp. 189-202). Hillsdale: Erlbaum.

Polanyi, M. (1985). Implizites Wissen. Frankfurt: Suhrkamp. (Originalveröffentlichung 1966).

Streitz, N. A. (1988). Fragestellungen und Forschungsstrategien der Software-Ergonomie. In H. Balzert, H.U. Hoppe, R. Oppermann, H. Peschke, G. Rohr & N.A. Streitz (Eds.), Einführung in die Software-Ergonomie (pp. 3-24). Berlin: De-Gruyter.

VanCott, H. P. (1984). From control systems to knowledge systems. Human Factors. 26, 115-122.

Weizenbaum, J. (1977). Die Macht der Computer und die Ohnmacht der Vernunft. Frankfurt: Suhrkamp. (Originalveröffentlichung 1976).

Wingert, B. (1983). Werkzeugerfahrungen und Qualifikationsveränderungen beim CAD. Office Mangement (Sonderheft), 22-25.

Wingert, B. & Riehm, U. (1985). Computer als Werkzeug. Anmerkungen zu einem verbreiteten Mißverständnis. In W. Rammert, G. Bechmann & H. Nowotny (Eds.), Technik und Gesellschaft: Jahrbuch 3 (pp. 107-131). Frankfurt: Campus.

Winograd, T. & Flores, F. (1989). Erkenntnis, Maschinen, Verstehen: Zur Neugestaltung von Computersystemen. Berlin: Rotbuch. (Originalveröffentlichung 1986).

Dipl.-Psych. Andreas Grünupp, Dr. Klaus-Peter Muthig
Psychologisches Institut der Universität Tübingen
Abteilung Allgemeine und Ökologische Psychologie
Friedrichstr. 21
D-7400 Tübingen 1

Erste Ergebnisse des Einsatzes der "Kontrastiven Aufgabenanalyse"

Martina Zölch und Heiner Dunckel, Berlin

Zusammenfassung: Mit der "Kontrastiven Aufgabenanalyse" wurde ein Verfahren entwickelt, das die Bewertung und Gestaltung von Arbeitsaufgaben in Büro und Verwaltung anhand von neun Humankriterien unter dem besonderen Blickwinkel des Einsatzes von Informations- und Kommunikations-(I&K-)Techniken erlaubt. Im folgenden Beitrag werden Untersuchungsergebnisse des Verfahrenseinsatzes dargestellt, die – auf der Basis von 88 Arbeitsplatzanalysen – deutlich machen, in welcher Weise der Leitfaden zur "Kontrastiven Aufgabenanalyse" im Rahmen der Software-Entwicklung eingesetzt werden kann.

1 Einleitung

Auf der "Software-Ergonomie '89" wurde der Entwurf des Leitfadens zur "Kontrastiven Aufgabenanalyse" vorgestellt (vgl. Dunckel, 1989). Dort wurden die theoretischen Grundlagen und die sich daraus ableitenden Humankriterien, die bei der Analyse und Gestaltung von Arbeitsaufgaben und Technik zu berücksichtigen sind, ausführlich dargestellt. Der Leitfaden wurde inzwischen einer praktischen Erprobung und Evaluation unterzogen. 94 Arbeitsplätze wurden im Zuge der Entwicklung untersucht, weitere 91 Arbeitsplätze im Rahmen der daran anschließenden Erprobung des Leitfadens. Im Rahmen dieser Erprobung wurden auch die Reliabilität und Validität des Verfahrens überprüft; diese Ergebnisse werden jedoch hier nicht dargestellt. Auf der Grundlage empirischer Daten soll im folgenden gezeigt werden, in welcher Weise der Leitfaden zur "Kontrastiven Aufgabenanalyse" für eine Anforderungsanalyse (vgl. z. B. Balzert, 1982) genutzt werden kann. Vor diesem Hintergrund wird beispielhaft dargestellt, in welcher Weise Auswirkungen geplanter und eingesetzter I&K-Techniken mit dem Verfahren der "Kontrastiven Aufgabenanalyse" ermittelt werden können. Daran anschließend wird – vor dem Hintergrund unserer betrieblichen Erfahrungen – die Praxisrelevanz des Leitfadens diskutiert.

2 Kennzeichnung des Leitfadens

Ziel des Forschungsprojekts[1] "Kontrastive Aufgabenanalyse (KABA)" ist es, einen Leitfaden zur Analyse der angemessenen Aufgabenverteilung zwischen Mensch und Rechner in Büro und Verwaltung zu entwickeln. Der Begriff "Kontrastive Aufgabenanalyse" verweist auf ein Konzept menschlicher Stärken und Besonderheiten, die es

---

[1] Das Forschungsprojekt wird mit Mitteln des Bundesministeriums für Forschung und Technologie, Projektträger AuT, gefördert und unter dem Förderkennzeichen 01HK6465 geführt. Weitere Projektmitglieder sind: Dipl.Psych. Karin Hennes, Dipl.Psych. Ulla Kreutner, Dr. Rainer Oesterreich, Dipl.Psych. Cordula Pleiss, Prof. Dr. Walter Volpert.

im Rahmen humaner Arbeitsgestaltung zu schützen und zu unterstützen gilt (vgl. Volpert, 1987a). Diese grundlegenden Merkmale menschlichen Handelns sind

- die Zielgerichtetheit,

- die praktische, tätige Auseinandersetzung des Menschen mit der realen Welt und

- die soziale Eingebundenheit (vgl. Dunckel, 1989).

Den theoretischen Hintergrund des Konzepts menschlicher Stärken bilden handlungsregulationstheoretische Ansätze (vgl. Hacker, 1986; Volpert, 1987b) ergänzt durch Überlegungen aus dem Bereich der KI-Kritik (vgl. z. B. Dreyfus, 1985).

Im Rahmen des Forschungsprojektes wurden theoretisch begründete **Humankriterien** abgeleitet, die der Analyse und Gestaltung von Arbeitsaufgaben und Arbeitsplätzen unter dem besonderen Blickwinkel des Einsatzes von I&K-Techniken dienen. Arbeitsaufgaben, welche die Besonderheiten und Stärken des Menschen berücksichtigen, müssen

- einen großen **Handlungs- und Entscheidungsspielraum** haben und

- einen angemessenen **zeitlichen Spielraum** bieten;

- die Arbeitsaufgaben und gerade auch die I&K-Techniken müssen **durchschaubar** und gemäß eigener Ziele **gestaltbar** sind und

- die Aufgabenerfüllung darf nicht durch organisatorische und/oder technische Bedingungen **behindert** werden.

- Sie erfordern ausreichende **körperliche Aktivität**,

- einen konkreten **Kontakt zu materiellen und sozialen Bedingungen** des Arbeitshandelns und damit

- die Beanspruchung **vielfältiger Sinnesqualitäten**;

- sie müssen darüber hinaus **Variationsmöglichkeiten** bei der Erledigung der Arbeitsaufgaben und

- Möglichkeiten aufgabenbezogener **Kommunikation** und **unmittelbarer zwischenmenschlicher Kontakte** bieten.

Das Verfahren bedient sich einer schon bei der Anwendung anderer Arbeitsanalyseinstrumente bewährten Methode, des **bedingungsbezogenen Beobachtungsinterviews**, das auf einer strukturierten Beobachtung des Arbeitsablaufs und darauf

bezogener Interviews der Arbeitenden am Arbeitsplatz beruht (vgl. Oesterreich &
Volpert, 1987). Ergänzt wird dieses Vorgehen durch Expertengespräche.

Gegenstand der Analyse ist die **Arbeitsaufgabe**. Erst in einem zweiten Schritt
werden vor dem Hintergrund der Kenntnis der Aufgabenstruktur die (möglichen)
Auswirkungen des (geplanten) Technikeinsatzes beurteilt. Darüber hinaus erlaubt
das Arbeitsanalyseverfahren KABA die Ableitung von Gestaltungshinweisen, die
in den Prozeß einer partizipativen und prospektiven Arbeitsgestaltung (vgl. Ulich,
1990) eingehen können. Das Verfahren ist im Bürobereich branchenübergreifend
einsetzbar und wendet sich an System- und Softwaregestalter und andere betriebliche
Praktiker/innen. Aus diesem Grunde ist im Projektrahmen geplant, diese Zielgruppe
in der Anwendung des Arbeitsanalyseverfahrens KABA zu schulen.

3   Untersuchungsfeld

Die im folgenden dargestellten Ergebnisse beziehen sich auf eine Stichprobe von 88
Arbeitsplätzen, die insgesamt 134 analysierte Arbeitsaufgaben umfassen. Die Arbeitsplätze stammen aus vier Großbetrieben jeweils unterschiedlicher Branchen (Industrieverwaltung, Bank- und Versicherungsgewerbe). Pro Betrieb wurden zumeist
mehrere Abteilungen in ihrer Gesamtheit untersucht und damit die Bandbreite typischer Büroaufgaben abgedeckt: von Schreib- und Sekretariatstätigkeiten über einfache und komplexe Sachbearbeitungstätigkeiten bis hin zu Organisationstätigkeiten
leitender Angestellter. Die eingesetzten Techniken werden in sehr unterschiedlichem
Maß genutzt:

- Gut zehn Prozent der Arbeitsaufgaben wurden ohne Einsatz von I&K-
  Techniken erledigt und sollen auch in Zukunft ohne derartige Technikun-
  terstützung durchgeführt werden.

- Bei weiteren gut fünf Prozent ist in der nächsten Zeit die Einführung von
  I&K-Techniken geplant.

- Bei dem überwiegenden Teil der Arbeitsaufgaben kommen I&K-Techniken
  zum Einsatz. Bei etwa 25 Prozent dieser Arbeiten sind diese noch nicht zentral
  für die Aufgabenerledigung, da die I&K-Techniken wesentlich nur zu Informa-
  tionszwecken genutzt werden. Bei den verbleibenden Arbeitsaufgaben können
  die I&K-Techniken als wesentliches Arbeitsmittel für die Bearbeitung der Arbeitsaufgabe angesehen werden; ohne diese Techniken können diese Arbeitsaufgaben nicht mehr oder nicht in dieser Form bearbeitet werden.

An den Arbeitsplätzen der Versicherungsbranche wurde der höchste Technisierungs-
grad angetroffen. Genutzt werden in allen untersuchten Betrieben unterschiedlichste,
auf Großrechenanlagen installierte DV-Anwendungen, die in der Regel firmenintern
für verschiedene Sachbearbeitungsgebiete entwickelt oder angepaßt wurden. Den

meisten Arbeitsplätzen standen ein Electronic-Mail-System sowie ein Textverarbeitungssystem zur Aufgabenerledigung zur Verfügung. Insgesamt wurden 26 unterschiedliche auf Großrechenanlagen und sechs auf Personal-Computern installierte DV-Anwendungen sowie vier in Planung befindliche DV-Anwendungen hinsichtlich ihrer (möglichen) Auswirkungen auf die Humankriterien überprüft.

4 Kontrastive Aufgabenanalyse in der Systemgestaltung

Wesentliches Ziel der Anforderungsanalyse im Rahmen der Software-Entwicklung ist die exakte Ermittlung, welchen Anforderungen das zu entwickelnde Produkt, d. h. das Software-System, gerecht werden soll. Eine Forderung (z. B. der DIN 66234, Teil 8) ist dabei, daß die Software aufgabenangemessen sein soll, d. h. die Aufgabenerledigung des Benutzers unterstützen soll. Unter arbeitspsychologischer Perspektive greift diese Forderung dann zu kurz, wenn nicht gleichzeitig Forderungen nach humanen Arbeitsaufgaben gestellt werden. In diesem Sinne bedeutet "Aufgabenangemessenheit" die Angemessenheit eines Software-Systems für **humane** Arbeitsaufgaben.

Der Leitfaden zur "Kontrastiven Aufgabenanalyse" unterstützt die Realisierung dieser Forderung, indem er den/die Systemgestalter/in dazu anleitet, Arbeitsaufgaben abzugrenzen und anhand von Arbeitseinheiten differenziert zu beschreiben und zu kennzeichnen, bei welcher Arbeitseinheit I&K-Techniken eingesetzt werden (sollen). Darüber hinaus wird ermöglicht, jede Arbeitsaufgabe nach den Humankriterien zu beurteilen und festzustellen, welche Auswirkungen eingesetzte oder geplante I&K-Techniken bezüglich der Humankriterien besitzen.

Im folgenden soll beispielhaft gezeigt werden, welche Ergebnisse hinsichtlich einzelner Humankriterien und möglicher Auswirkungen der I&K-Techniken von einer "Kontrastiven Aufgabenanalyse" erwartet werden können.

5 Ergebnisse hinsichtlich ausgewählter Humankriterien

Entscheidungsspielraum

Mit dem Entscheidungsspielraum wird beurteilt, inwieweit die Arbeitenden eigenständige Planungen und Entscheidungen bezüglich Arbeitsablauf, Arbeitsergebnis, verwendeter Informationen und Arbeitsmitteln einer Arbeitsaufgabe vornehmen können und müssen. Der Entscheidungsspielraum wird anhand einer siebenstufigen Skala eingeschätzt, die sowohl die reine Ausführung vorgegebener Vorgehensweisen (Stufe 1) wie auch Planungstätigkeiten mit komplexen, neuartigen Anforderungen (Stufe 7) abbildet.

In unserer Stichprobe wurden Arbeitsaufgaben mit Entscheidungs- und Planungserfordernissen von Stufe 1 bis 5 gefunden. Es zeigt sich jedoch, daß der Großteil der untersuchten Arbeitsaufgaben nur geringe Entscheidungs- und Planungserfordernisse beinhaltet. Nahezu zwei Drittel der Arbeitsaufgaben beinhalten im wesentlichen nur die Ausführung oder den Nachvollzug vorgegebener Entscheidungen; selbständige Entscheidungen im Sinne des Durchdenkens und Planens von Vorgehensweisen sind hier nicht erforderlich. Geringe Entscheidungs- und Planungserfordernisse sind bei den untersuchten Arbeitsaufgaben meist nicht auf die I&K-Techniken zurückzuführen, da diese oft nur im Rahmen der Arbeitseinheiten eingesetzt werden, die nicht bestimmend für den Entscheidungsspielraum sind. Jedoch zeigen sich – soweit dies im Rahmen einer Querschnittstudie feststellbar ist – bei etwa 15 Prozent der Arbeitsaufgaben Auswirkungen der I&K-Techniken auf den Entscheidungsspielraum in der Form, daß einige Entscheidungen wegfallen (z. B. durch automatische Vorgabe von Arbeitsschritten und Informationen), in der Regel allerdings bei Erhalt der ursprünglichen Stufe des Entscheidungsspielraums.

Allerdings legen unsere Analysen **geplanter EDV-Anwendungen** nahe, daß eine Gefährdung des Entscheidungsspielraumes durch EDV-Lösungen bestehen kann. Wir möchten dies an einem Beispiel deutlich machen und damit auch auf die Frage eingehen, ob und in welcher Weise eine "Kontrastive Aufgabenanlyse" mit einer **präventiven Arbeitsgestaltung** verknüpfbar ist. Nach Ulich (z. B. 1990) meint präventive Arbeitsgestaltung die Berücksichtigung arbeitswissenschaftlicher Erfordernisse bereits im Stadium des Entwurfs von Arbeits- oder auch Software-Systemen.

Im Rahmen unserer Untersuchungen bei einer Bank bestand eine Aufgabe darin, abzuschätzen, in welcher Weise sich ein **neues EDV-System** auf die Arbeiten in einer Firmenkreditabteilung auswirkt. Ziel dieses EDV-Systems ist u.a., die Vorgangsbearbeitung bei bestimmten Krediten (sogenannten Avalen) zu effektivieren, indem z. B. die Bestimmung und Berechnung von Provisionen und Gebühren, die Aufschlüsselung der Konten sowie die buchhalterische Abwicklung der Kredite wesentlich durch das System realisiert werden soll (im folgenden EDV-Lösung 1 genannt). Darüber hinaus wurde geplant, ein Großteil der Schreibarbeiten über eine integrierte – im wesentlichen auf Standardtexten basierenden – Textverarbeitung abzuwickeln (im folgenden EDV-Lösung 2 genannt). Zur Beurteilung des neuen EDV-Systems dienten uns einerseits unsere Untersuchungsergebnisse der Arbeitsaufgaben, andererseits schriftliche Unterlagen der Bank zu der geplanten EDV-Anwendung sowie Expertengespräche.

Die zu erwartenden Auswirkungen des neuen EDV-Systems auf den Entscheidungsspielraum zeigt die folgende Abbildung.

Es wurden 10 unterschiedliche Arbeitsaufgaben untersucht, die sich auf 8 Arbeitsplätze verteilen. Im wesentlichen können diese Arbeitsaufgaben zwei Gruppen von Arbeitstätigkeiten zugeordnet werden: Arbeitsaufgaben der Schreibkräfte (Arbeitsaufgaben 1, 6 und 7) sowie die Arbeitsaufgaben der Sachbearbeiter/innen (die restlichen Arbeitsaufgaben). Die Abbildung zeigt, daß bei allen Arbeitsaufgaben, die mit der Bearbeitung der sogenannten Avale zu tun haben (Arbeitsaufgaben 1, 3, 4, 5, 6, 8, 9 und 10) der Entscheidungsspielraum vermindert wird, weil einige Entscheidungen (z. B. die Aufschlüsselung der Konten, manuelle Buchungsverfahren) durch

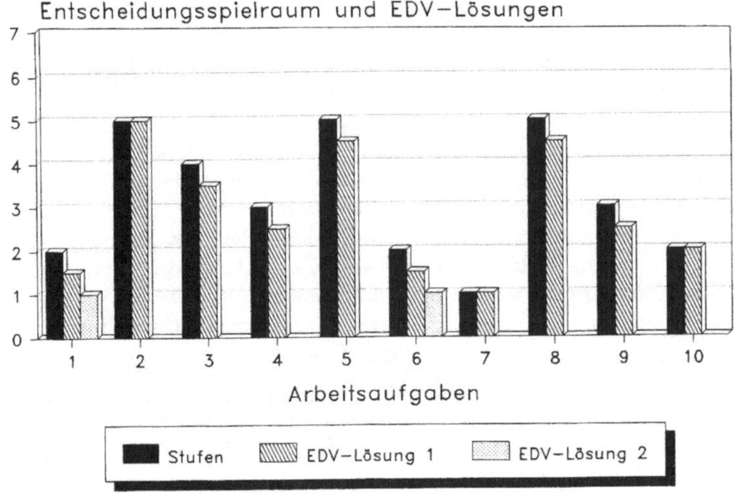

das System übernommen werden sollen.

Insbesondere die Schreibkräfte werden von der geplanten EDV-Lösung 2 beeinträchtigt. Durch die geplante integrierte Textverarbeitung wird die Schreibarbeit überwiegend zu einer Eingabetätigkeit von Textbausteinen und/oder Zahlenkombinationen reduziert.

Inwieweit diese Ergebnisse den betrieblichen Entscheidungsprozeß beeinflussen, bleibt derzeit noch abzuwarten. Es gibt jedoch Anzeichen, daß die Implementierung des EDV-Systems in der genannten Form mit integrierter Textverarbeitung voraussichtlich nicht realisiert werden soll.

Kommunikation

Unter Kommunikation wird erfaßt, in welchem Maße die Aufgabenbearbeitung die **Abstimmung** mit betriebsinternen und betriebsexternen Personen erfordert und auf welchem Wege (z. B. im direkten Gespräch oder schriftlich) dies vorwiegend geschieht. Das Ausmaß **aufgabenbezogener Kommunikationserfordernisse** mit internen Personen wird auf einer siebenstufigen Skala, die **aufgabenbezogenen Kommunikationserfordernisse** mit externen Personen werden auf einer sechsstufigen Skala abgebildet. Beide Skalen sind in Analogie zu der Skala des Entscheidungsspielraumes entwickelt, d. h. es wird danach gefragt, ob und in welchem Ausmaß die Abstimmungen mit internen oder externen Personen auch gemeinsame Entscheidungen beinhalten. Die **Direktheit der Kommunikation** wird dadurch erfaßt, daß pro Arbeitsaufgabe analysiert wird, welche Kommunikationsmittel (z. B. direktes Gespräch, Telefon, Briefpost) genutzt werden. Die Ergebnisse werden in einer vierstufigen Skala (Stufe 1: direktes Gespräch, Stufe 4: schriftliche Kommunikation) zusammengefaßt.

In unserer Stichprobe wurden Arbeitsaufgaben mit Kommunikationserfordernissen von Stufe 1 bis 5 (intern und extern) gefunden. Bei mehr als zwei Drittel der Arbeitsaufgaben sind die Kommunikationserfordernisse eher gering, d. h. die Abstimmungen mit internen oder externen Personen gehen bei diesen Arbeitsaufgaben nicht über einfache Formen des Informationsaustausches hinaus oder aber es ist überhaupt keine Kommunikation mit internen (bei ca. 25 Prozent der Arbeitsaufgaben) oder externen Personen (bei ca. 50 Prozent der Arbeitsaufgaben) erforderlich. Diese geringen Kommunikationserfordernisse sind auf einen hohen Grad der Formalisierung und/oder eine Arbeitsorganisation zurückzuführen, die Kommunikation nur noch in geringem Maße erfordert.

Sofern überhaupt Abstimmungen mit **internen** Personen erforderlich sind, erfolgen diese vorwiegend in schriftlicher Form, in etwas selteneren Fällen auch in direktem Gespräch. Erforderliche Abstimmungen mit **externen** Personen geschehen überwiegend auf schriftlichem oder etwas seltener auf telefonischem Wege. Kommunikation im direktem Gespräch mit internen Personen ist bei ist bei ca. ein Drittel der kommunikationserfordernden Arbeitsaufgaben vorherrschend, mit externen Personen sind direkte Gespräche kaum möglich oder erforderlich.

Sofern Auswirkungen des Einsatzes von I&K-Techniken festzustellen sind, zeigen sich diese bei ca. 15 Prozent der Arbeitsaufgaben in Einschränkungen der Kommunikationserfordernisse und der Direktheit der Kommunikation, jedoch bei Erhalt der ursprünglichen Stufe. Beispiele hierfür sind, daß

- durch Datenbanken zunehmend Informationen vorhanden sind, die früher durch Kommunikation mit internen oder externen Personen abgefragt werden mußten,

- durch die Nutzung von Electronic-Mail-Systemen weniger Telefongespräche geführt werden oder

- durch Textbausteinsysteme eine höhere Formalisierung der schriftlichen Kommunikation bewirkt wird.

Behinderungen des Arbeitshandelns

Behinderungen des Arbeitshandelns liegen vor, wenn die Aufgabenerfüllung durch betrieblich festgelegte oder organisatorisch/technisch entstandene Bedingungen erschwert, behindert oder sogar blockiert wird. Diese Bedingungen sind – unter der Voraussetzung, daß sie vom Arbeitenden nicht grundsätzlich beseitigt werden können – objektiv belastend, da sie zusätzlichen Aufwand verlangen. Zu diesen Hindernissen zählen

- **informatorische Erschwerungen** (z. B. sind für die Aufgabenerledigung erforderliche Informationen unvollständig, unübersichtlich, nicht verfügbar etc.),

- **motorische Erschwerungen** (z. B. sind Arbeitsmittel erschwert verfügbar, umständlich zu bedienen, unzuverlässig) sowie

- **Unterbrechungen** des Arbeitshandelns (z. B. durch Telefonate, Ausfälle von technischen Arbeitsmitteln).

Pro Arbeitsaufgabe konnten durchschnittlich neun derartige Hindernisse ermittelt werden.

Negative Auswirkungen der eingesetzten I&K-Techniken kommen bei diesem Humankriterium deutlich zum Tragen. Sie sind in der Regel auf eine mangelnde **Durchschaubarkeit** und **Gestaltbarkeit** (Selbstbeschreibungsfähigkeit und Steuerbarkeit im Sinne der DIN 66234, Teil 8) sowie **Funktionsmängel** der I&K-Techniken zurückzuführen. Drei bis vier der festgestellten Hindernisse pro Arbeitsaufgabe konnten auf die eingesetzten I&K-Techniken zurückgeführt werden. Im folgenden sind beispielhaft die häufigsten I&K-spezifischen Hindernisse aufgeführt.

Informatorische Erschwerungen ergeben sich vor allem aufgrund

- unübersichtlicher, unstrukturierter und informationell überladener Masken,

- einer uneinheitlichen Oberfläche unterschiedlicher DV-Anwendungen,

- der Verteilung von bei einem Arbeitsschritt benötigten Informationen auf unterschiedliche Masken oder Anwendungen,

- fehlender, falscher oder unverständlicher Fehlermeldungen,

- fehlerhafter oder nicht aktueller Daten,

- unklarer Systemzustände bzw. Systemmeldungen.

Motorische Erschwerungen resultieren aus einer erschwerten oder umständlichen Handhabung der I&K-Techniken, was zusätzliche Arbeitsschritte, Umwege zur Zielerreichung, Wiederholung von Arbeitsschritten sowie "Tricks" mit dem System und damit Zusatzaufwand für den/die Arbeitende/n nötig macht. Sie ergeben sich vor allem aufgrund

- fehlender Möglichkeiten, Eingaben zu korrigieren,

- fehlenden Möglichkeiten der Zwischenspeicherung,

- fehlender Möglichkeit des unmittelbaren Zugriffs auf häufig benötigte Masken,

- unangemessenen automatischen Cursorpositionierungen,

- Systemvorgaben, die der Aufgabenerledigung nicht angemessen sind,

- eines umständlichen Wechsels zwischen unterschiedlichen DV-Anwendungen etc.

Unterbrechungen des Arbeitshandelns erfolgen aufgrund von Systemausfällen, Blockierungen des Druckers oder anderer Ausgabegeräte und sehr langen Systemresponsezeiten.

Weiterhin konnten in Zusammenhang mit I&K-Techniken stehende arbeitsplatzbezogene **Überforderungen** angetroffen werden. Diese sind in der Regel auf eine mangelnde ergonomische Ausstattung der Bildschirmarbeitsplätze zurückzuführen und schlagen sich in Einschränkungen der **körperlichen Aktivität** – d. h. einseitigen Körperhaltungen und -bewegungen bis hin zu Zwangshaltungen und -bewegungen – nieder. Hierzu zählen:

- für den Technikeinsatz unzureichendes Mobiliar und ungeeignete Räume,

- unzureichende Beleuchtung,

- mangelnde Bildschirmqualität usw.

6   Praxisrelevanz

Die dargestellten Ergebnisse sollten verdeutlichen, daß der Leitfaden geeignet ist, die im Rahmen der Software-Entwicklung geforderte Anforderungsanalyse um bisher vernachlässigte humanwissenschaftliche Aspekte zu ergänzen. Die genannten Ergebnisse weisen erheblichen Bedarf bei der Gestaltung der Arbeitsaufgaben hinsichtlich der Humankriterien auf. Sie zeigen einmal mehr, daß Softwaregestaltung zunächst Arbeitsgestaltung ist bzw. diese voraussetzt (vgl. Hacker, 1987).

Im Rahmen unserer Untersuchungen stießen wir auf ein großes Interesse an Verfahren zur Analyse von Humankriterien, die bei der Arbeits- und Technikgestaltung zu berücksichtigen sind. Dieses Interesse basiert u. a. auf betrieblichen Vereinbarungen zur Sozialverträglichkeit der Technikeinführung zwischen Arbeitgebern und Arbeitnehmervertretungen, die neben Festlegungen zu Datenschutz, Beteiligung von Arbeitnehmer/innen am Einführungsprozeß u. ä. auch Forderungen nach Erhalt der Qualität der Arbeit enthalten. Mit dem arbeitspsychologisch orientierten Arbeitsanalyseverfahren KABA liegt ein Instrumentarium vor, welches die Qualität der Arbeit zu bewerten erlaubt, indem sowohl die Arbeitsaufgaben als auch die eingesetzte und/oder geplante I&K-Technik nach Humankriterien beurteilt werden. Der Leitfaden erlaubt bei einem Beobachtungs- und Auswertungsaufwand von ca. 8 Std. pro Arbeitsplatz ein hohes Ausmaß an Differenziertheit der Ergebnisse, die sich nach Bekunden innerbetrieblicher Experten/innen und Beschäftigten praktisch umsetzen lassen und umgesetzt werden. Anzumerken ist, daß das Verfahren verschiedene Möglichkeiten der ökonomischeren Handhabung (z. B. modulares Vorgehen, Beschränkung auf ausgewählte Arbeitsplätze oder Arbeitsaufgaben) beinhaltet.

Literaturverzeichnis

Balzert, H. (1982). *Die Entwicklung von Software-Systemen*. Prinzipien, Methoden, Sprachen, Werkzeuge. Zürich: Bibliographisches Institut.

DIN Deutsches Institut für Normung (Normenausschuß Ergonomie)(1988). *DIN 66 234, Teil 8. Grundsätze ergonomischer Dialoggestaltung*. Berlin: Beuth Verlag.

Dreyfus, H. L. (1985). *Die Grenzen der Künstlichen Intelligenz. Was Computer nicht können*. Königstein: Athenäum.

Dunckel, H. (1989). Arbeitspsychologische Kriterien zur Beurteilung und Gestaltung von Arbeitsaufgaben im Zusammenhang mit EDV-Systemen. In S. Maaß & H. Oberquelle (Hrsg.), *Software-Ergonomie '89* (S. 69-79). Stuttgart: Teubner.

Hacker, W. (1986). *Arbeitspsychologie. Psychische Regulation von Arbeitstätigkeiten*. Berlin (DDR): Deutscher Verlag der Wissenschaften.

Hacker, W. (1987). Software-Gestaltung als Arbeitsgestaltung. In K. P. Fähnrich (Hrsg.), *Software-Ergonomie* (S. 29-42). München: Oldenbourg.

Oesterreich, R. & Volpert, W. (1987). Handlungstheoretisch orientierte Arbeitsanalyse. In U. Kleinbeck & J. Rutenfranz (Hrsg.), *Arbeitspsychologie* (Enzyklopädie der Psychologie, Themenbereich D, Serie III, Band 1) (S. 43-73). Göttingen: Hogrefe.

Ulich, E. (1990). Individualisierung und differentielle Arbeitsgestaltung. In C. Hoyos, Graf v. & B. Zimolong (Hrsg.), *Ingenieurpsychologie* (Enzyklopädie der Psychologie, Themenbereich D, Serie III, Band 2) (S. 511-535). Göttingen: Hogrefe.

Volpert, W. (1987a). Kontrastive Analyse des Verhältnisses von Mensch und Rechner als Grundlage des System-Designs. *Zeitschrift für Arbeitswissenschaft, 41*, 147-152.

Volpert, W. (1987b). Psychische Regulation von Arbeitstätigkeiten. In U. Kleinbeck & J. Rutenfranz (Hrsg.), *Arbeitspsychologie* (Enzyklopädie der Psychologie, Themenbereich D, Serie III, Band 1) (S. 1-42). Göttingen: Hogrefe.

Dipl.Psych. Martina Zölch
Dr. Heiner Dunckel
Institut für Humanwissenschaft
in Arbeit und Ausbildung
Technische Universität Berlin
Ernst-Reuter-Platz 7
1000 Berlin 10

Software Tools for Practical Work with
Formal Task Descriptions:
A Case Study with an Extended GOMS Technique[1]

Thomas Strothotte, Berlin
Peter Fach, Berlin
Erik Olsson, Uppsala
Lars Reichert, Heidelberg

Abstract

Formal task descriptions are of theoretic interest but have yet to achieve their break-through in practical software development. We conjecture that this lack of their use in practice stems to a large extent from the facts that (1) they are tedious and difficult to write, (2) there are no procedures for checking their correctness and (3) they find almost no uses other than for descriptive purposes. For these reasons, they are presently not economical for use in real software development. In this paper we motivate and describe the design and implementation of a set of tools in the form of dialog systems for alleviating these problems. The complete package, which allows practical work with an extended GOMS technique, consists of about 10.000 lines of C and Presentation Manager code running on an IBM PS/2 under OS/2.

1. Introduction

The quality of a user interface depends not only on its functionality but to an equal extent also on the tasks which users are to carry out with the software. The tasks and the interface must make a good match; checking this the primary job of a usability tester. Formal task analyses are one promising tool for guiding systematic studies of the usability of a software product.

Numerous methodologies for carrying out task analyses and for formally describing tasks have been developed over the last decade. Ideally, an appropriate analysis should be carried out early in the software development process so that it can affect the design to help make the user interface more appropriate for solving the problems which users will actually want to solve. However, the realities of task analyses in practical software development processes are quite different: Typically no formal analyses are carried out at all and even if then only as a **post mortem** when preparing a usability test.

---

[1] This work was carried out while the authors were at the IBM Scientific Center, Heidelberg.

We feel that this lack of practical use of formal task descriptions finds its roots in the following aspects:

- **Writing formal task descriptions is difficult.**
  A great deal of time and effort is typically required to produce a formal task description, since many details must be specified. Formal methods enforce rigor and completeness, hence parts which are considered unimportant must be specified in as much detail as parts which are deemed to be crucial.

- **It is difficult to check a formal description.**
  How can one be sure that the description actually corresponds to what its author wanted to describe? Unlike with programming languages, for example, task descriptions are not directly executable.

- **Formal task descriptions tend not to be re-used for other purposes.**
  With only a small number of recent exceptions, task descriptions are used for the sake of description only. Little effort has been expended on using them for the purposes of designing or constructing something else. Hence the effort to construct a task description is often not economical.

Indeed, we conjecture that these problems are not unique to formal task descriptions but actually common to many formal methods. For example, denotational semantics [Tennant 1981] is a theoretically sound method of defining the semantics of computer programs but is virtually unused in software houses.

In this paper we report on steps toward alleviating these fundamental problems with formal task descriptions. Our aim is to reduce the effort required to produce formal task descriptions while allowing more to be done with them so as to make their use more economical. We assume an environment in which a usability tester is given a prototype of a software product and wishes to work with a formal task description as a first step in his usability evaluation. We designed and implemented a prototypical workbench which is to help the usability tester in his work with one of the formal task description methods, in our case GOMS* which was developed by U. Arend [Arend 1989] [Arend 1990] in cooperation with the IBM Heidelberg Scientific Center, and which we extended further. The workbench consists of several interactive dialog systems on an IBM PS/2 under OS/2 with the Presentation Manager. We tested our systems with a prototypical application.

The paper is organized as follows. Chapter 2 briefly describes formal task descriptions and their role in usability testing. The description method used in the present study, an extension of GOMS*, is outlined. The design of our workbench discussed in Chapter 3. In Chapter 4, some lessons learned during the implementation are discussed. Concluding remarks are made in Chapter 5.

2. Formal Task Descriptions

The formal specification of tasks has been a topic of interest within computer science since the late 1970's. The goal is to be able to analyze in a systematic manner the expected performance and competence of users of a software system. Such specifications provide a basis for stating hypotheses about the human-computer interaction which can be tested through experimental sessions of users working with the system. Furthermore, they provide a basis for explaining experimental observations.

Numerous formalisms have been presented in the literature: a BNF-oriented approach [Reisner 1977] [Reisner 1981], the keystroke-level model [Card/Moran/Newell 1983], GOMS (standing for Goals, Operators, Methods and Selection Rules) [Card/Moran/Newell 1983], an extension of GOMS called GOMS* [Arend 1990], Cognitive Complexity Theory [Kieras/Poulson 1985], Task-Action Grammars [Payne/Greene 1986], Extended Task Action Grammars [Tauber 1990], and notations for help-systems [Schwab 1988] [Hoppe 1988].

Most of the above mentioned task description methods address direct manipulative interfaces, which are of particular interest in the context of the present study. The approach taken is to reduce the description of the interaction down to a command-language "equivalent" (for example, dragging the icon for a file X on top of the trash can is treated like a command "delete X"). Only one of the techniques [Tauber 1990] attempts to incorporate the spatial relationships among the objects; however, his scheme is rather complicated and has not been tested in practice. [Arend 1989] also bases his work on a command-oriented representation, but suggests ways of extending it to model visualizations and spatial relationships.

While each of the above-mentioned techniques has various strengths and weaknesses, none can be considered to be the all-purpose solution, in particular when dealing with user interfaces with direct manipulation. Indeed, we conjecture that all the methods have the drawbacks alluded to in the introduction. To work on these problems, it was thus prudent to chose one method and work with it. The GOMS* method appeared most appropriate as a basis.

GOMS* is an extension of GOMS. Like GOMS, its basis is formed by the specification of user goals, operators (motoric actions carried out by the user), methods which the users invokes to achieve his goals and selection rules for deciding which of competing methods to use. The main new aspect of GOMS* is that goals and operations are treated more precisely through the introduction of new predicates in the formalism. Further, a number of Algol-like control structures (REPEAT, WHILE etc.) are introduced to make the flow of control explicit. While these additions make the task descriptions longer and more complicated, they help in providing more details for the specification of tasks.

Arend is able to use GOMS* for analyzing the consistency of the user interface (similar to TAG) and he is able to predict the time-to-learn for a software system. Further, he suggests that automatic logfile analysis could be carried out with GOMS* and that user errors can also be analyzed. Finally, he discusses how his work can be extended so as to integrate aspects of the screen layout. Such extensions are necessary to pay tribute to the unique requirements of direct manipulative interfaces.[2] An example of part of a GOMS*-like description is illustrated in Figure 1.

```
Method( Entryfield, type_in )
     if (Entryfield.Text == FALSE )
       . G: SPECIFY( Entryfield )
       . . O: MOVE( Mouse, Entryfield )
       . . O: CLICK( Right_button)
      while (Entryfield.Text == FALSE)
        . G: SPECIFY( Key )
        . . O: PRESS( Key )
      endwhile
     endif
```

Figure 1. Example of a GOMS*-like description: This method describes a subtask for text input into an entry-field.

3. Design and Implementation of a Task Description Workbench

Recall that we are assuming an environment in which a user is presented with a software product and wishes to construct and work with a GOMS-like task description. In this chapter we describe the facets of a software workbench to facilitate practical work with our extended GOMS*. The workbench has three main modules, corresponding to the three deficits described in the introduction. In the first module, a new concept for the construction of a task description is realized. The second allows checking the correctness of a task description in a new way. With the third, a task description can be exploited to guide the compilation of end-user documentation for the software product.

3.1 Constructing Task Descriptions

3.1.1 Design

The intuition behind our method of constructing task descriptions stems from the observation that they typically contain a significant amount of regularity. There is much repetition, often with only small variations.

We are able to exploit this regularity. Our strategy is to allow the author to demonstrate to the system the tasks "by example" and having the system construct the formal description from

---

[2] In fact, we have made such extensions [Reichert 1990] and the implementations we describe in the remainder of the paper work with them. However, these extensions alter nothing in principle for the present study and are beyond the scope of this paper.

the example. After globally planning the tasks, the author carries them out with the product (see Figure 2).

All the author's actions are monitored by an "observation" program running in a second window; periodically he switches to it to specify certain structural information of the task, such as the names of high-level goals. As a result, the observation program is able to construct a GOMS*-like description of the the tasks demonstrated to it.

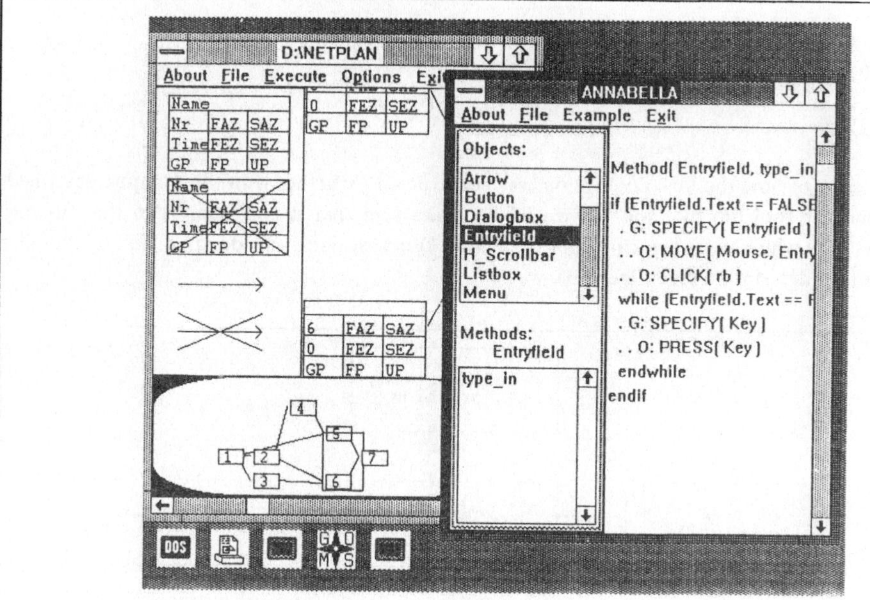

Figure 2. Screen layout for dialog system for inputting task descriptions "by example": The author carries out the tasks with the software product (here a graphical activity network editor, running in the left window). Periodically he comments, in a menu-based dialog with the observation program (right), the demonstration. As a result, the information necessary for a complete task description is gathered and its formal description constructed (extreme right).

3.1.2 Implementation

A prototype corresponding to the description above has been implemented [Reichert 1990]. The observation program has predefined GOMS*-like "subtask schema" associate with each of the object types which the Presentation Manager can produce such as windows, menus and dialog boxes. Furthermore, the user can extend this set of schema by performing examples and naming them in the observation program. A task description is constructed by the user performing the tasks, which are reduced down to their constituent subtasks by the observation program.

The Presentation Manager proved to be a very good environment for the purposes of an observation program. An application programmer is forced to make explicit many details of his program, such as the names of menus and their selection items and details of windows in a standardized manner. Moreover, at run-time this information is available to external processes, as is information pertaining to what the user is doing with respect to these items. Thus much of the low-level information necessary for a GOMS* task description can be collected by the observation program. Furthermore, a structure of the lower levels of the description can be ascertained by window- and menu-manipulations of the user.

3.2 Checking Task Descriptions

3.2.1 Design

Irrespective of how the task description was constructed - whether with the tool just described, with another tool or "by hand" - we wish to make sure that it corresponds to the software product with which users can carry out the tasks. Our technique is to design a kind of compiler for the task description (see Figure 3).

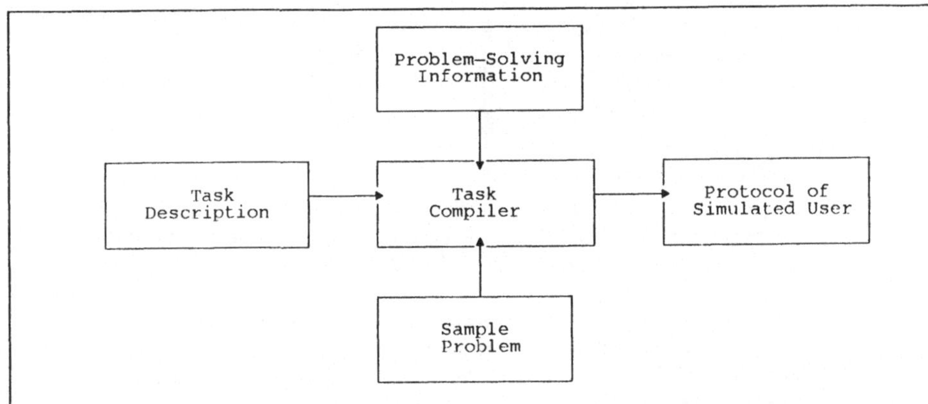

Figure 3. **Checking task descriptions:** The diagram shows the components of the system. A "task compiler" accepts as input a task description, a sample problem and problem-solving information. The output is a protocol of a simulated user solving the problem with the software product. This can then be piped into the application, allowing the person wishing to check the task description to observe the solution to the sample problem.

The input to the compiler is a task description, a sample problem and problem-solving information. The output is a sequence of keystrokes, like a logfile, simulating an end-user solving the sample problem with the product. This protocol is then piped into the application and the author of the task description can sit back and watch the problem being solved on the screen in front of him. While this cannot be a proof of correctness of the task description, just as successful sample runs of a program do not yield a proof of correctness of the program, it nonetheless can give the author a feeling for the appropriateness of his task description.

3.2.2 Implementation

A detailed design of a system corresponding to the above architecture has been worked out and parts of an implementation in Prolo and C have been completed [Olsson 1990]. The problem-solving component essentially finds a path in the task description which when followed will solve the given problem. This implies that the problem-solving component must keep track of state information which is missing in GOMS-like task descriptions. A further difficult aspect of the problem-solving component turned out to be that the application is object-oriented while GOMS* is not.

The protocol produced by the compiler is written into a file. In a second pass, a resident program first loads the application, reads the protocol file and by calling up appropriate interrupts leads the application to think that a real user is entering data, whereas in fact the input is coming from the file via the resident program.

The protocol file also contains information as to the goals which the user is pursuing during his work. These goals, obtained directly from the task description, accompany the simulation of the end-user. Thus the author of the task description can not only follow what the simulated user is doing but also what he is "thinking", i.e., what goals he has set for himself and what methods he is using to achieve them. The person checking the description can informally convince himself of the appropriateness of these goals and thus the task description.

3.3 Using Task Descriptions to Design End-User Documentation

3.3.1 Design

End-user documentation is an aspect of software which is gaining in importance. Since user interfaces have traditionally been command-language oriented, end-user documentation has centered around the definitions of commands. This is not appropriate for user interface with direct manipulation because of their emphasis on "languageless" input. Furthermore, special care must be taken to convey to the reader the feeling for spatial relationships and synchronously presented information on the screen.

We conjectured that end-user documentation for user interfaces with direct manipulation could be drastically improved by organizing it in a task-oriented manner. In our prototypical system, the person compiling the documentation is led through tasks and can make screen-dumps upon demand. He then adds documentation to the screen dumps in the form of graphic symbols and usually some textual explanations. Thus the documentation focuses on the visual impressions of the interface. Our work builds on that of [Gong/Elkerton 1990] which instead focuses on the sequential verbal aspects of the tasks and their underlying concepts.

The design of the system is based on the "dual coding" theory of human information processing [Paivio 1986] which we applied to the problem of designing end-user documentation. The theoretic background is beyond the scope of this paper; the interested reader is referred to [Fach 1990].

3.3.2 Implementation

The system which we have implemented is independent of the application and runs on the PS/2 as a separate process parallel to the application. It consists of the following modules:

- **Window-Inspection module**: Upon demand, this generates bitmap representations of the window contents at run-time.

- **Picture-Editor**: The person compiling the documentation can edit the bitmaps and assure their correspondence to subtasks. The editing can go so far as to construct comic-strip-like sequences of documentation.

- **Run-time system for end-users**: These are programs for providing end-users wishing to use the documentation access to the information. This access is either via the picture (bitmap) or via keywords. Access via motoric actions is in principle also possible, though this aspect has not yet been implemented.

The end-user thus has on-line documentation which is picture-oriented and centered around tasks. In principle, hard-copy documentation could be produced but such a module has not yet been implemented.

4. Discussion

We tested the tools described in Chapter 3 with a prototypical application. For this purpose, we designed and implemented a program to construct activity networks [Elmaghraby 1977], also using the IBM Presentation Manager. This implementation, as well as that of the tools, turned out to be significantly more effort than initially estimated. The Presentation Manager provides a solid basis for programming high-quality user interfaces but is difficult to manage; it is akin to writing assembler code. However, this kind of programming, in which all kinds of information has to be coded explicitly in data structures which are made available to other processes, is ideal for the kind of tools which we designed. Practical work with the tool for constructing task descriptions showed that this kind of interaction is much more pleasant for the author than using pencil and paper to write the description. Further, our experience shows that the technique is less prone to errors.

The component to check task descriptions is plagued by a number of fundamental problems. First, if the task description is constructed with the tool described in this paper, then it will already correspond to the application and hence the checking procedure is not likely to be needed. Second, since the checking is accomplished essentially by a person watching the simulation of a user, errors in the granularity of the task description well go unnoticed, particularly if the person checking the simulation is also the author of the task description. Finally, it turned out to be a significant effort to write the problem-solving component; since this must be done for each application, this process should be supported by appropriate tools.

The methodology for compiling end-user documentation we have developed takes steps toward bridging the gap between a verbal explanation of an action and actually carrying it out. Since the emphasis is on the pictorial impression of the screen, we feel that the user can better recognize practical situations during his work and be able to recall what to do based on the documentation through which he previously worked. Here we are able to tap in on the enormous human memory capacity for pictures.

5. Concluding Remarks

We have shown that working with formal task descriptions can be simplified with some appropriate tools. However, our work is only the "tip of the iceberg"; there is significantly more room for improvement in this direction.

In our work we assumed the practical situation of today, that is that a formal task analysis is carried out when a prototype of a software system is ready for usability evaluation. Of course, this analysis should be carried out earlier in the design process. This, in turn, implies that the task description should be less bound to th actual interaction style of the software. Indeed, GOMS and its derivative we used describe the tasks down to the keystroke level, which is actually too detailed. The description should be cut off at a conceptually higher level and combined with a description of a potential user interface for the tasks. Usability information could then be ascertained from the mapping of the tasks onto the interface characteristics. Since the trend in user interface development is going more and more in the direction of object-oriented programming, it would make sense to use a more strongly object-oriented task description method [Reichert 1990].

A new and potentially important use formal task descriptions is in the area of rapid prototyping. To improve usability testing, it would be useful to have a prototype of a software product produced automatically or at least semi-automatically from a task description. This way, potential usability problems could be tested much earlier and much more simply.

6. Acknowledgements

The authors wish to thank Udo Arend for many helpful discussions.

7. References

[Arend 1989] U. Arend, "Analysing complex tasks with an extended GOMS Model", in: D. Ackermann, M. Tauber (Eds.), *Mental Models and Human-Computer Interaction*, North-Holland, Amsterdam, 1989.

[Arend 1990] U. Arend, *Wissenserwerb und Problemlösen bei der Mensch-Computer-Interaktion*, Dissertation, Universität Darmstadt; S. Roderer Verlag, Regensburg, 1990.

[Card/Moran/Newell 1983] S. K. Card, T. P. Moran, A. Newell, *The psychology of human-computer interaction*, Lawrence Erlbaum, Hillsdale, NJ, 1983.

[Elmaghraby 1977] A. Elmaghraby, *Activity Networks*, Academic Press, New York, 1977.

[Fach 1990] P. Fach, *Aufgabenorientierte Endbenutzer-Dokumentation für Benutzerschnittstellen mit direkter Manipulation*, Diplomarbeit, Fakultät Informatik der Universität Stuttgart, August, 1990 (written at IBM Heidelberg).

[Gong/Elkerton 1990] R. Gong, J. Elkerton, "Designing minimal documentation using a GOMS model: a usability evaluation of an enginnering approach", in: J. C. Chew, J. Whiteside (Eds.), *Human Factors in Computing Systems. Proc. CHI '90*, ACM/SIGCHI, New York, 1990, pp. 99-106.

[Hoppe 1988] H. U. Hoppe, "Task-oriented parsing - a diagnostic method to be used by adaptive systems", in: E. Soloway, D. Freye, S. B. Sheppard (Eds.), *Human Factors in Computing Systems, Proc. CHI '88*, ACM/SIGCHI, New York, 1988, pp. 241-247.

[Kieras/Polson 1985] D. E. Kieras, P. G. Polson, "An Approach to the Formal Analysis of User Complexity", *International Journal of Man-Machine Studies 22* (1985), pp. 365-394.

[Olsson 1990] E. Olsson, *Generierung aus formalen Aufgabenbeschreibungen*, Examensarbete, Faculty of Mathematics, University of Uppsala, Sweden, September, 1990 (written at IBM Heidelberg).

[Paivio 1986] A. Paivio, *Mental Representations: A Dual Coding Approach*, Oxford University Press, Oxford, 1986.

[Payne/Green 1986] S. J. Payne, T. R. G. Green, "Task-action grammars: a model of the mental representation of task languages", *Human-Computer Interaction 2* (1986), 93-133.

[Reichert 1990] L. Reichert, *Formale Beschreibungen von direktmanipulativen Benutzerschnittstellen*, Diplomarbeit, Fakultät Informatik der Universität Stuttgart, September, 1990 (written at IBM Heidelberg).

[Reisner 1977] P. Reisner, "Use of psychological experimentation as an aid to development of a query language", *IEEE Trans. on Software Engineering 3*(3) (1977), pp. 218-229.

[Reisner 1981] P. Reisner, "Formal grammar and human factors design of an interactive graphic system", *IEEE Trans. on Software Engineering 7*(2) (1981), pp. 229-240.

[Tauber 1990] M. Tauber, "ETAG - Extented Task Action Grammar - A Language for the Description of the User's Task Language", in: D. Diaper et al. (Eds.), *Human-Computer Interaction - INTERACT '90*, Elsevier Science Publishers (North-Holland), pp. 169-174.

[Tennant 1981] R. D. Tennant, *Principles of Programming Languages*, Prentice-Hall, Englewood Cliffs, N.J., 1981.

Authors

Prof. Dr. Thomas Strothotte, Institut für Informatik, Freie Universität Berlin, Nestorstraße 8-9, D-1000 Berlin 31, Germany.
Dipl.-Inform. Peter Fach, Institut für Informatik, Freie Universität Berlin, Nestorstraße 8-9, D-1000 Berlin 31, Germany.
Erik Olsson, Faculty of Mathematics, University of Uppsala, Uppsala, Sweden.
Dipl.-Inform. Lars Reichert, IBM Wissenschaftliches Zentrum Heidelberg, Tiergartenstraße 15, D-6900 Heidelberg, Germany.

Verzeichnis der Autorinnen und Autoren

* Arbeitskreis Software-Ergonomie Bremen
Autoren von Diskussionsbeiträgen

Berichte des German Chapter of the ACM

Band 20: Gorny/Kilian, Computer-Software und Sachmängelhaftung
Workshop des German Chapter of the ACM und der Gesellschaft für Rechts- und
Verwaltungsinformatik e. V. am 29./30. 11. 1984 in Hannover. 208 Seiten, DM 48,–

Band 21: Kölsch/Schmidt/Schweiggert, Wirtschaftsgut Software
Tagung I/1985 des German Chapter of the ACM in Kooperation mit Softwaretest e. V.
am 26./27. 3. 1985 in Ulm 318 Seiten, DM 58,–

**Band 22: Molzberger/Zemanek, Software-Entwicklung:
Kreativer Prozeß oder formales Problem?**
Seminar des German Chapter of the ACM am 20. 3. 1985 in Neubiberg. 176 Seiten, DM 42,–

Band 23: Klopcic/Marty/Rothauser, Arbeitsplatzrechner in der Unternehmung
Tagung II/1985 des German Chapter of the ACM und der Schweizer Informatiker
Gesellschaft am 12./13. 9. 1985 in Zürich. 355 Seiten, DM 66,–

Band 24: Bullinger, Software-Ergonomie '85 Mensch-Computer-Interaktion
Tagung III/1985 des German Chapter of the ACM am 24./25. 9. 1985 in Stuttgart.
482 Seiten, DM 78,–

Band 25: Wedekind/Kratzer, Büroautomation '85
Tagung IV/1985 des German Chapter of the ACM vom 2. bis 4. 10. 1985 in Erlangen.
280 Seiten, DM 56,–

Band 26: Wippermann, Software-Architektur und modulare Programmierung
Tagung I/1986 des German Chapter of the ACM am 24./25. 2. 1986 in Kaiserslautern.
181 Seiten, DM 36,–

Band 27: Remmele/Sommer, Arbeitsplätze morgen
Tagung II/1986 und Tutorial des German Chapter of the ACM vom 11. bis 14. 3. 1986
in Marburg. 431 Seiten, DM 78,–

Band 28: Balzert/Heyer/Lutze, Expertensysteme '87
Tagung I/1987 des German Chapter of the ACM am 7./8. 4. 1987 in Nürnberg.
493 Seiten, DM 82,–

Band 29: Schönpflug/Wittstock, Software-Ergonomie '87
Tagung II/1987 des German Chapter of the ACM vom 27. bis 29. April 1987 in Berlin
512 Seiten, DM 82,–

**Band 30: Winkler, Proceedings of the International Workshop on Software Version
and Configuration Control**
January 27–29, 1988 Grassau, 478 Seiten, DM 78,–

**Band 31: Dillmann/Swiderski, WIMPEL '88
1. Konferenz über Wissensbasierte Methoden für
Produktion, Engineering und Logistik**
Tagung I/1988 des German Chapter of the ACM und der Interface Computer GmbH
vom 28. bis 30. Juni 1988 in München. 479 Seiten, DM 78,–

Band 32: Maaß/Oberquelle, Software-Ergonomie '89
Gemeinsame Fachtagung des German Chapter of the ACM und der Gesellschaft
für Informatik (GI) vom 29. bis 31. März 1989 in Hamburg
509 Seiten, DM 88,–

Preisänderungen vorbehalten

 B. G. Teubner Stuttgart